Collecter et recycler les déchets à Hà Nôi

Acteurs, territoires et matériaux

Sylvie Fanchette (éd.)

Collecter et recycler les déchets à Hà Nội

Acteurs, territoires et matériaux

IRD Éditions
Institut de recherche pour le développement
Marseille, 2023

Coordination éditoriale
IRD/Catherine Guedj

Cartographie éditoriale
IRD/Éric Opigez

Photographie
Nội-Pictures/F. Carlet-Soulages

Préparation de copie
Stéphanie Quillon (34)

Mise en page
Marianne Smolska-Chauveau (75)

Correction
MZ Éditions (22)

Fabrication
Pascaline Garreau/Ominicité Production (75)
IRD/Corinne Lavagne

À partir de la maquette de la collection Petit Atlas urbain

Conception maquette
IRD/Catherine Guedj
Adaptée pour ce volume par Marianne Smolska-Chauveau (75)

ISBN papier : 978-2-7099-2965-3
ISBN PDF : 978-2-7099-2966-0
ISBN EPub : 978-2-7099-2967-7

Remerciements

Mes remerciements vont tout d'abord aux *đồng nát*, aux gérants de *bãi* de Hà Nội et aux artisans et ouvriers du recyclage des villages du delta du fleuve Rouge, pour leur accueil chaleureux et patient, leurs témoignages. Sans eux, ce livre n'aurait jamais été écrit.

Par ailleurs, je remercie les nombreux étudiants vietnamiens et français qui ont participé à la JEAI Recycurbs-Viet, arpentant les rues de Hà Nội et ses périphéries pour interviewer de nombreux acteurs de la collecte et du recyclage, et dessiner la vie dans la ville.

Une pensée particulière est destinée à Uyên qui m'a accompagnée sur le terrain et a fait un travail remarquable d'enquêtes auprès des gérants de *bãi*. Une autre est destinée à Trâm qui, par sa sensibilité d'anthropologue et son endurance, a réussi à recueillir des témoignages très pertinents sur les négociations des collecteurs et commerçants avec leur voisinage et les autorités locales, et a su les transmettre. Enfin, merci à Minh Phương pour la finesse de ses analyses sur les pratiques des recycleurs, les chaînes de valeur et son engouement pour ce sujet.

Je tiens à remercier le recteur de l'université d'architecture, le professeur Le Quan, pour m'avoir accueillie dans son établissement, et madame Nguyễn Thái Huyền qui a porté l'équipe vietnamienne de la JEAI pendant plusieurs années.

Merci à François Carlet-Soulages qui, appareil photo en main, nous a suivis dans de nombreux villages, jour et nuit, et au fin fond des interstices de la ville. Il aura su donner une lumière particulière à nos textes.

Merci à Cathy Chatel pour son savoir en cartographie et sa capacité à analyser les espaces sous tension de cette activité.

Enfin, un grand merci à la *dream team* sur les déchets, Baptiste Monsaingeon, Rémi de Bercegol, Bénédicte Florin, Yann Tastevin, Marie Lan Nguyễn-Leroy et Jérémie Cavé, et à Romani Badr, Sonia Maria Dias et Idaa Warmadewanti qui ont donné une envergure internationale à ce projet centré sur Hà Nội, et ont su croiser leurs regards sur nos terrains lors de leurs séjours au Việt Nam.

Sommaire

Sommaire

Préface

Mathieu **Durand**

L'EXISTENCE de toute société humaine nécessite l'absorption de ressources en entrée et le rejet d'inconsommés, de résidus de production ou de consommation en sortie. C'est ainsi qu'il est impossible d'imaginer la disparition, un jour, des déchets. La question est donc celle du regard que l'on porte sur eux, de leur insertion ou non dans un cycle de la matière et des quantités produites. L'ouvrage *Collecter et recycler des déchets à Hà Nội* montre bien en quoi une ville en pleine croissance de son niveau de vie, en pleine évolution de ses modes de consommation, voit sa production de déchets changer, augmenter et se diversifier. L'émergence des classes moyennes s'accompagne d'une consommation plus importante basée sur les emballages jetables, validant le constat déjà opéré aux échelles mondiales et locales d'une corrélation forte entre niveau de richesse et quantités de déchets produits : plus on est riche, plus on produit de déchets et plus notre impact sur l'environnement est fort. Il s'agit là de la caractérisation des inégalités écologiques venant différencier notre empreinte environnementale selon notre niveau de richesse. Cet accroissement de la quantité de déchets s'accompagne également toujours d'une modification de leurs typologies, réduisant progressivement la part des déchets organiques (facilement valorisables localement) pour faire croître les déchets d'emballages (plastiques, cartons...) dépendant de filières internationales pour leur gestion.

Cet ouvrage, issu d'un travail collectif dont l'ensemble des participant.e.s note le caractère enthousiaste et stimulant, montre également l'impact de ces évolutions sociétales sur le modèle de gestion des déchets. Les évolutions démographiques et socio-économiques impactent la production de déchets, mais aussi leur perception et la projection dans un système de gestion. Deux modèles de gestion des déchets voisinent ainsi, comme dans d'autres régions du monde. Le modèle informel est très présent, permettant à Hà Nội de collecter 20 % de ses déchets (chiffres similaires à de nombreuses villes d'Asie et d'Amérique latine). Ce modèle s'appuie sur les acteurs informels que sont les récupérateurs de rue, les acheteurs et les commerçants de déchets. Sa logique est donc essentiellement marchande, avec une réelle économie permettant de récupérer les déchets ayant une valeur ajoutée locale. Il permet donc de réaliser un recyclage de certains déchets, donc par ce biais une préservation des ressources naturelles planétaires. Celle-ci se fait toutefois au détriment des conditions de vie des travailleurs informels et des conditions sanitaires locales, puisque les déchets non revendables sont abandonnés à leur sort. Le déchet est alors un bien privé entrant dans une logique de marché. À l'opposé, il existe un second modèle de gestion considérant que le déchet relève d'un bien public, ou plutôt d'un bien public « impur », tel que qualifié par Jérémie Cavé. C'est alors l'absence de déchets qui constitue le bien public. À Hà Nội, c'est dans le cadre de ce second modèle que la majorité des déchets est récupérée. Il s'appuie sur une collecte massive de déchets indifférenciés de la part des acteurs publics, pour ensuite les faire « disparaître », c'est-à-dire les envoyer vers une installation de stockage, plus communément appelée « décharge ». Au-delà de la décharge, et comme dans beaucoup de villes des pays du Sud, les autorités locales sont appelées par le tropisme des pays du Nord et rêvent de développer l'incinération comme mode ultime de traitement des déchets. Cette incinération est perçue comme solution idéale permettant à la fois de faire disparaître les déchets avec un moindre impact foncier, tout en produisant de l'énergie. Il est largement établi que ces deux idées sont fausses puisque les déchets ne disparaissent jamais et que

Préface

Mathieu **Durand**

l'efficacité énergétique d'une telle installation reste modérée. C'est notamment le cas lorsque la majorité des déchets est encore constituée de déchets organiques, brûlant très mal par nature, tel qu'observé à Hà Nội.

On retrouve donc dans la capitale vietnamienne une tension entre ces deux modèles de gestion des déchets. Celle-ci s'exprime dans le rapport entre les acteurs formels et informels, mais aussi entre une gestion centralisée et technologisée *versus* une gestion de proximité et humanisée. Si la réalité des terrains est très différente d'un pays à un autre, ces tensions sont les mêmes de l'Afrique à l'Europe, en passant par l'Asie ou les Amériques. Ces modèles se positionnent tous deux comme permettant d'aller vers la terminologie du moment, à savoir l'économie circulaire. Pour autant, ils montrent des réalités très différentes, parfois complémentaires, parfois antagonistes. Ces tensions et contradictions sont ici parfaitement illustrées dans la réalité de Hà Nội.

Au-delà des résidus en eux-mêmes, les chercheur.e.s ayant collaboré à cet ouvrage ont fait un travail très important et intéressant d'articulation des lieux de la gestion des déchets et de leur espace urbain proche. Ce travail de dentelle n'est permis que par une présence longue et continue sur le terrain, en interaction forte avec l'ensemble des acteurs : autorités locales, commerçants de déchets, récupérateurs informels, habitants. L'implication des porteuses du projet sur place entre 2017 et 2020, la collaboration étroite avec les universités vietnamiennes et la venue de nombreux.ses chercheur.e.s et étudiant.e.s depuis la France fondent la recette de ce succès. À une époque où les recherches à distance se multiplient, seul ce travail approfondi de terrain permet de nouer une relation de confiance et de réellement comprendre les interactions sociales et spatiales à l'œuvre.

L'analyse territoriale ici réalisée a fait surgir le fonctionnement de certains espaces, qualifiés d'éphémères pour certains, d'interstitiels pour d'autres, se glissant au sein du tissu urbain pour permettre la persistance de certaines activités illégales, quoique vitales pour le fonctionnement du système urbain, telles que la gestion des déchets. La localisation de ces espaces est capitale afin d'avoir un accès de proximité aux gisements de déchets de meilleure qualité en termes de revente, à savoir ceux des classes moyennes et des quartiers aisés. Ces espaces urbains informels, très répandus dans de nombreux pays, entrent toutefois de plus en plus en opposition avec la logique de modernisation de la ville de Hà Nội qui cherche à cadastraliser, à officialiser et à assainir l'ensemble des quartiers. Toutefois, la persistance des quartiers illégaux ayant des activités informelles est nécessaire à l'équilibre social de la ville afin de servir d'exutoire et de concentrât d'activités nuisibles, tout autant que fonctionnellement cruciales. Sans que cela soit officiellement assumé, ces espaces sont donc préservés en l'état. Cette logique est observable dans de nombreuses autres villes de pays émergents. Il s'agit de poches de pauvreté et d'insalubrité persistantes, permettant toutefois au reste de la ville de se développer à ses dépens. L'intérêt de l'ouvrage est de comprendre finement ces mécanismes, de les localiser, jusqu'à l'analyse précise de la structuration des ateliers-logements des commerçants de déchets.

L'approche ultralocalisée proposée dans l'ouvrage s'ouvre ensuite largement sur des dimensions internationales. Il s'agit de positionner l'activité des recycleurs de Hà Nội dans les flux mondiaux de déchets et de matières recyclés, ainsi que de mettre en regard la réalité vietnamienne avec les expériences d'autres régions du monde. Ainsi, le texte montre avec grand intérêt la façon dont les recycleurs locaux, informels, récupérant des matériaux recyclables de qualité moyenne, entrent en concurrence avec les récupérateurs de déchets venant de l'étranger, déjà prétriés et massifiés. Ces déchets internationaux arrivent notamment de façon importante depuis le choix fait par la Chine en 2018 de ne plus les récupérer. Cet afflux vient déstabiliser les filières locales, créant une activité nouvelle qui ne profite pas toujours aux petits collecteurs anciens et multitâches travaillant la récupération, le tri, le nettoyage et la revente de tous les types de déchets, dont l'appareil productif (les ateliers-logements en zone urbaine) ne permet pas d'intervenir sur ces nouveaux gisements. À l'inverse, d'autres récupérateurs, notamment ceux situés dans les villages périphériques, peuvent opérer une spécialisation accrue dans certaines tâches et traiter les déchets internationaux à la chaîne. Cette insertion accrue dans les flux mondiaux restructure complètement les acteurs, les filières et les territoires. Cet apport de matériaux recyclables nouveaux est d'ailleurs perçu de façon positive par l'industrie vietnamienne, en pleine dynamique de croissance et qui a besoin de matières premières de récupération, malgré les dommages collatéraux relatifs aux impacts environnementaux du traitement de ces déchets. Il s'agit ici d'une injustice environnementale, caractérisant l'internationalisation des externalités négatives de la part des pays (riches), ayant initialement produit ces déchets. L'ouvrage va jusqu'à croiser ces analyses territoriales avec le cours des prix à l'international de certains matériaux, amenant à une approche complète du sujet.

L'angle d'analyse international est complété par une méthodologie originale, à savoir solliciter des chercheur.e.s ayant travaillé ce sujet sur d'autres terrains, afin d'offrir un regard comparatif avec la réalité de Hà Nội. C'est ainsi que Rémi de Bercegol est venu évoquer les tensions entre une gestion perçue comme moderne et une autre informelle dans la gestion des déchets en Inde. Bénédicte Florin a comparé la structuration de l'informalité avec les *zabbâlîn*[1] du Caire, et Sonia Maria Dias et Juliana Gonçalves, puis Jérémie Cavé avec les *catadores*[2] du Brésil. Warmadewanti a pour sa part exposé le modèle original des « banques de déchets » en Indonésie, allant jusqu'aux impacts récents de la crise du covid. Enfin, Baptiste Monsaingeon a fait dialoguer le modèle vietnamien avec la structuration européenne, permettant de créer artificiellement la rentabilité économique pour le recyclage : les filières de « responsabilité élargie du producteur » (REP). Ces exemples, quoique tous différents, montrent une certaine régularité dans les tensions qui peuvent exister autour du rôle des acteurs de la gestion des déchets. Celle-ci se caractérise autour des informels, dans le cas des pays d'Asie, d'Afrique ou d'Amérique latine. On retrouve toutefois les mêmes tensions en Europe, du fait de la prééminence que prennent les filières REP dans le recyclage des déchets, mettant en difficulté certains acteurs historiques tels que ceux de l'économie sociale et solidaire.

Cet ouvrage, coordonné par Sylvie Fanchette, propose en somme une approche originale mêlant, d'une part, l'identification des acteurs en présence et la lecture des logiques spatiales à l'œuvre avec, d'autre part, la connaissance des matériaux et l'approche par filière. Il s'agit là d'un travail complet de rudologie, mêlant les dimensions sociales, spatiales et techniques, telle une « systémique de la question des déchets » construite selon des échelles multiples de travail. Les déchets sont ainsi vecteurs d'interprétations de l'ensemble des dynamiques urbaines, socio-économiques et culturelles à l'œuvre. Hà Nội en est le parfait exemple ici !

1. Le terme *zabbâlîn*, traduit par « chiffonniers », se prononce zabaline et dérive de *zabbâl* (déchet, ordure) et de *zibbâla* (poubelle).

2. Le terme *catadores* désigne les glaneurs ou fouilleurs qui récupèrent les déchets gratuitement dans les rues ou sur les décharges.

Mathieu Durand est maître de conférences en aménagement et urbanisme (Le Mans Université, UMR ESO CNRS, Institut universitaire de France). Il est co-responsable du master « Déchets et économie circulaire » et responsable adjoint du laboratoire ESO-Le Mans CNRS.

Introduction générale

Sylvie **Fanchette**

La collecte des déchets ménagers et de construction recyclables constitue un enjeu primordial pour la municipalité de Hà Nội, du fait de la croissance de la production de déchets solides depuis les années 2000 et de la saturation des décharges dans un contexte d'absence de tri et de recyclage par le secteur institutionnel, public comme privé. Avec la métropolisation de la ville, la croissance de la consommation d'une classe moyenne en augmentation, qui produit de plus en plus de déchets (emballages, livraison à domicile de nourriture...), la ville est dépassée par la quantité de déchets à ramasser. Chaque jour, près de 10 000 t sont ramassées par les services de la ville et enfouies dans des décharges saturées, dont les effets négatifs sur l'environnement et la santé des habitants du voisinage sont très élevés. Ce système de ramassage des ordures, dont les coûts ne font qu'augmenter, est financé par des opérateurs publics qui ne peuvent se permettre d'augmenter les taxes payées par les citadins. Dans les zones périurbaines, le taux de collecte atteint 89 % (Nguyễn-Leroy et Vương, 2018), tandis que dans les zones rurales il dépasse difficilement 70 %, et une part élevée des déchets est brûlée ou déchargée dans la nature.

Les opérateurs institutionnels et ceux du secteur privé formel ne parviennent pas à mettre en place un système de tri à la source ou après ramassage, et à recycler les déchets. Par ailleurs, depuis 2015, le Việt Nam se situe au quatrième rang des pays les plus émetteurs de plastique dans les océans, et les autorités de tous les pays s'alarment et cherchent des solutions pour mieux collecter ces matériaux, sans réelle mise en place de systèmes de réduction de déchets. Des provinces sollicitent des organisations non gouvernementales (ONG) ou des organismes internationaux pour les aider à cibler, à des horizons proches, des politiques « zéro plastique » ou à augmenter leurs capacités de recyclage ou de collecte. De nombreuses politiques d'amélioration de la collecte et de la gestion des déchets sont en cours, certaines pour améliorer le tri à la source, d'autres pour le traitement des déchets (incinération). Cependant, à quelques exceptions près, rares sont les autorités provinciales au Việt Nam qui reconnaissent la performance des systèmes de collecte et de recyclage des déchets organisés par le secteur informel.

Pourtant, un système très innovant de collecte sélective et de recyclage des déchets (plastique, métaux, papier et cartons) est organisé depuis plusieurs décennies par des individus, pour la plupart d'origine rurale, qui collectent environ 20 % des déchets de la ville. Non reconnus par les autorités, car non enregistrés en tant que collecteurs itinérants (*đồng nát*), commerçants de déchets qui tiennent les dépôts (*bãi phế liệu* ou *bãi*) ou recycleurs dans les clusters de villages artisanaux, ces entrepreneurs familiaux et informels (pour la plupart) de déchets recyclables exercent leur activité dans les interstices de la loi. Appartenant au secteur informel, la plupart ne sont pas soumis à la législation et sont non taxés officiellement. Les collecteurs et les fouilleurs de déchets, situés en bas de l'échelle, vivent dans des situations de très grande précarité foncière ou économique.

Nous nous interrogeons sur les stratégies de maintien des acteurs de ce système de collecte et de recyclage, pourtant très polluant pour l'environnement, dans cette capitale en pleine refonte métropolitaine et en cours de modernisation. De même, nos questionnements portent sur les moyens qu'ils développent pour s'installer jusqu'au cœur de la ville, et l'ancienneté de leur ancrage, malgré des lois de plus en plus restrictives sur l'accès au foncier et aux espaces publics. Par ailleurs, l'intégration du Việt Nam dans les réseaux internationaux de commerce et les nombreuses lois libérales sur les échanges instaurées dans le cadre de l'Asean et avec l'Europe (EVFTA[3]), en insérant dans la mondialisation toutes ces parties prenantes des clusters de collecteurs et de recycleurs, ne risquent-t-elles pas de remettre en cause un système fondé sur la proximité ?

Plusieurs hypothèses pour analyser la dynamique du système de collecte et de recyclage des déchets

Cet ouvrage est organisé autour de plusieurs entrées pour appréhender la complexité du système de collecte et de recyclage des déchets, les tensions entre les acteurs au sein des territoires et l'accès aux matériaux au niveau local, comme international. Ces tensions répondent à des intérêts partagés de certains d'entre eux, tandis qu'ils entrent en contradiction avec les logiques économiques et politiques de l'économie de marché ou des autorités. Nous avançons quatre hypothèses pour répondre aux questions posées dans le paragraphe précédent.

Une demande économique, sociale et environnementale

C e système répond à une triple demande économique, sociale et environnementale à laquelle les autorités publiques ne peuvent apporter de solutions, et ainsi lui donne une légitimité temporaire et non dite : la municipalité de Hà Nội a besoin de ces collecteurs, commerçants et recycleurs des périphéries. Ils récupèrent 20 % des déchets ménagers recyclables produits par la population et ne sont ainsi pas enfouis dans les décharges déjà saturées. Les entreprises artisanales sont demandeuses de matières premières secondaires moins chères que les matières premières vierges, tandis que les usines mondialisées produisent de plus en plus de déchets (emballages, malfaçons et chutes) qu'elles cherchent à vendre. Enfin, les paysans expropriés par les grands projets urbains ou les jeunes ruraux au chômage sont à la recherche d'emplois rémunérateurs et flexibles. Le système informel au Việt Nam constitue le deuxième poste d'emplois après l'agriculture. Il joue un rôle important dans la résilience de l'économie du pays depuis l'ouverture économique des années 1980 (Pasquier-Doumer *et al.*, 2017).

Ainsi, au niveau macro-économique, le système de collecte et recyclage offre du travail (plusieurs dizaines de milliers d'emplois à Hà Nội et ses périphéries) et des matières premières secondaires en demande croissante sur les marchés de l'industrie, dont les cours fluctuent au niveau international et influent sur la demande et les prix. Enfin, ce système offre des opportunités de location de parcelles en attente de construction. Cependant, au niveau méso-économique, celui des quartiers, les tensions entre les logiques métropolitaines et de gestion du territoire, celle particulière des collectivités locales, s'accélèrent. Le projet de construction d'une ville, avec des services modernes destinés à une population « civilisée », entre en conflit avec les logiques d'expansion des *bãi phế liệu*, dont l'image est peu reluisante. C'est au niveau local que les particularités territoriales et sociales suggèrent des réponses à l'utilisation de l'espace par les *bãi phế liệu*, à l'offre de déchets dans un rayon de moins de 2 ou 3 km et aux négociations entre les acteurs publics et privés. Le statut non constructible des terres le long des canaux, la présence d'un chantier, un réseau de collecteurs particulièrement bien intégré et en connivence avec les autorités locales, les relations de voisinage et l'empathie pour les populations pauvres et laborieuses sont des facteurs qui favorisent l'ancrage des membres du secteur informel. Le maintien de l'illégalité (foncière, résidentielle, environnementale) constitue une aubaine pour les collectivités locales.

Les opportunités foncières des interstices urbains

La dynamique métropolitaine dans laquelle est engagée la ville de Hà Nội depuis les années 2000 crée à la

3. Accord de libre-échange entre l'Union européenne et le Việt Nam.

fois des opportunités foncières temporaires pour l'établissement des *bãi phế liệu* dans les interstices urbains (de nombreux chantiers sont en cours, des friches urbaines ou des maisons en attente de destruction ou de reconstruction) et pour l'accès aux déchets, du fait de la croissance de la consommation et de la production de déchets valorisables. En parallèle, ce processus limite l'accès au territoire métropolitain en cours de modernisation aux collecteurs et commerçants informels du fait de la règlementation plus stricte du foncier et de l'espace public, de l'envolée des prix au mètre carré, sources d'inégalités territoriales dans cette ville qui prône la civilisation comme modèle d'une ville moderne, verte et propre. Les dépôts subissent les fluctuations des prix des matériaux sur les marchés internationaux en raison de leur intégration dans la mondialisation des échanges, et donc le commerce international des déchets. Ces fluctuations des prix se répercutent sur l'intégralité de la chaîne de la collecte et fragilisent le système. La crise du covid en témoigne au regard de la chute des prix des matériaux en 2020. C'est donc la tension entre ces deux tendances qu'il importe de décrypter localement à travers des enquêtes de terrain.

Le concept des « interstices urbains » prend ici tout son intérêt méthodologique. En effet, les espaces laissés-pour-compte, *left-over*, ou entre-deux, *in-between*, considérés comme des espaces qui offrent des possibilités de développement au secteur informel (BRIGHENTI, 2016), accueillent de nombreux *bãi phế liệu* et dortoirs pour migrants dans la ville, et dans les espaces périurbains. Ce sont des « espaces temporels qui sont en constante production, entretenant des relations complexes aux événements, à la loi, aux luttes de pouvoir et aux projets urbains » (BRIGHENTI, 2016). Ce concept permet de comprendre pourquoi, jusqu'au cœur de la ville en pleine métropolisation et modernisation, le secteur informel de la collecte et du commerce des déchets peut s'immiscer, malgré toute la stigmatisation dont les personnes en lien avec les déchets font l'objet. La tension entre l'élévation du prix du foncier, des règles plus strictes d'usage de l'espace public et l'offre importante de déchets de qualité dans les quartiers centraux se règle au quotidien par les différentes parties prenantes grâce à des négociations sur le territoire. Les niches urbaines offrent aux gérants de dépôts des opportunités pour s'installer ou pour utiliser les trottoirs avec les *đồng nát*, espaces publics tant nécessaires pour leur activité du fait de la taille très petite de leurs dépôts dans le centre-ville.

Les atouts de la proximité

Ce système de collecte des déchets urbains et de leur recyclage dans des villages artisanaux en périphérie possède une des caractéristiques développées par les tenants de l'économie circulaire et de la ville durable, à savoir la proximité. Toutefois, on s'interroge sur sa réalité dans l'avenir, en raison des changements d'échelle d'approvisionnement liés à l'industrialisation et l'intégration du Việt Nam dans les réseaux du commerce international des déchets. Le principe de proximité fait dorénavant partie des obligations en termes de gestion des déchets dans les villes du Nord (DURAND *et al.*, 2016) et reprend les termes de l'économie circulaire et de la ville durable. Éviter les déplacements trop lointains des déchets, pour des raisons hygiénistes et de coûts de transport, revient à promouvoir le développement local et l'autonomie des territoires, mais surtout à revisiter l'intérêt économique des déchets considérés dorénavant comme une ressource économique (en raison de leur valeur une fois recyclés) et non plus comme une nuisance.

Ces questions de recherche, qui interrogent la proximité dans la gestion des matières premières urbaines et leur mise en valeur locale, restent pour le moment très peu abordées au Việt Nam : « Dans ce sens, il est possible d'interroger le concept de proximité spatiale et sociale, la gouvernance des flux, impliquant le rôle des modes de vie et pratiques urbaines dans l'échange de matières, et le rôle des acteurs locaux et territoriaux. À ce jour, ce champ de recherche est incomplet. » (BARLES, 2010). La proximité dans la gestion des déchets peut également être comprise par la remise en cause du paradigme, longtemps dominant, des grands réseaux techniques centralisés. Ils sont aujourd'hui contestés par l'impératif du développement urbain durable, car « le métabolisme réticulaire tend à s'opposer terme à terme au métabolisme "écocyclique", vanté par les tenants de la "ville durable" » (COUTARD et RUTHERFORD, 2009, cité par DURAND, 2015). Au-delà de l'intérêt environnemental anciennement mis en avant pour le recyclage, l'économie circulaire propose des opportunités de développement économique et de création d'emplois. Elle vise à réfléchir à la structuration cyclique de flux de matières, faisant des déchets une matière première ou, plus précisément, une matière secondaire. La recherche d'une optimisation des ressources est l'objectif d'un modèle économique circulaire. C'est un modèle d'utilisation intensive de la matière, voire régénératif. Il nécessite de créer des filières dédiées à l'écoconception, à la collecte, à la réutilisation, à la valorisation, et de développer un réseau d'échanges entre les différents acteurs d'un territoire, de façon à développer des synergies locales, des systèmes productifs localisés (COURLET et PECQUEUR, 2013) et d'optimiser les flux de déchets qui deviennent alors des ressources (DURAND, 2015).

Toutefois, les logiques foncières, économiques, environnementales et des réseaux contredisent ce principe de proximité selon les pays, les cultures et le niveau d'intégration des villes dans la mondialisation. L'approche multiscalaire et en réseaux offre donc une opportunité méthodologique pour aborder les conditions sociales, environnementales et politiques de l'exercice de ces nombreux individus qui opèrent dans les marges du système et les interstices de la ville.

Le recyclage ou la justification de la collecte des déchets

Enfin, le recyclage est abordé sous l'angle de la justification de la collecte des déchets qui nourrissent les usines de matériaux secondaires. Mais les conditions très dommageables pour l'environnement et la santé publique dans lesquelles sont réalisées ces activités dans les villages artisanaux remettent en cause tout le système de collecte-recyclage. En Occident, le recyclage paraît être la solution à tous les maux de la surproduction de déchets de nos sociétés, « qui clament une maîtrise de ceux-ci, à travers une gestion idéale et politiquement magnifiée, le recyclage » (MONSAINGEON, 2017). Contrairement aux pratiques et représentations que les Occidentaux ont des déchets et rebuts qu'ils cachent dans les poubelles, puis dans des décharges, ou qu'ils brûlent dans des incinérateurs pour mieux les oublier (MONSAINGEON, 2017), au Việt Nam, les déchets sont des ressources à réutiliser, recycler ou réparer. Nous faisons l'hypothèse que la discordance entre ces deux approches du recyclage (la transformation des déchets en matières premières secondaires dans les villages artisanaux et le recyclage à visée environnementale dans des usines performantes à faibles émissions de CO_2) explique pourquoi les autorités publiques ne les considèrent pas, en raison du mode de fonctionnement *top down* et de l'intérêt pour les solutions technico-opérationnelles importées des pays occidentaux.

Plusieurs questions sont abordées en filigrane : 1) Comment ce système de collecte et de recyclage peut-il évoluer, au risque de disparaître, dans un contexte de métropolisation de plus en plus contraignant pour l'accès au foncier, de modernisation de la ville et de ses services, de la non-reconnaissance du secteur informel et de sa précarisation face à des cours internationaux de plus en plus fluctuants, notamment en temps de crise ? L'ancienneté du système de recyclage dans les villages de métiers (plusieurs siècles) valide-t-elle l'efficacité sociale et économique de cette filière et de la collecte à l'amont ? 2) Le système de recyclage actuel dans les clusters de villages artisanaux peut-il évoluer vers un système plus soutenable sur le plan environnemental, dans un contexte de forte concurrence entre les entreprises de production vietnamiennes et étrangères (libéralisation du commerce au sein de l'Asean et avec l'Europe) et d'absence de soutien de l'État ? 3) Ce système de collecte et de recyclage des déchets a-t-il un avenir face à la transposition du modèle occidental de gestion des déchets, qui fait fi des dispositifs locaux existants ? Ces modèles (incinération, *waste-to-energy*, responsabilité étendue aux producteurs) entreront en concurrence pour l'accès aux déchets recyclables les plus valorisables par les collecteurs informels, et ils posent les questions du tri, très coûteux en main-d'œuvre, et du stockage des matériaux 4) À travers leur valorisation non institutionnelle par le secteur informel, comment les déchets créent-ils de nouveaux territoires et interfèrent-ils avec les transformations urbaines guidées par les paradigmes du « propre » et du « vert » (CIRELLI et FLORIN, 2015) ?

Le projet Recycurbs-Viet

À la suite de l'ouvrage *Hà Nội future métropole* que Sylvie Fanchette avait édité aux éditions de l'IRD dans la collection « Petit Atlas urbain » (2015), l'atlas que se propose de réaliser la JEAI (jeune équipe associée à l'IRD) Recycurbs-Viet offre l'occasion de resituer la problématique de la gestion des déchets par les travailleurs du secteur informel, dans cette ville en complète recomposition territoriale, sociale et économique, dans un environnement de plus en plus dégradé, que la municipalité peine à gérer, et dans un contexte de fluctuation des cours des matériaux internationaux très sensibles aux crises économiques et sanitaires.

Cet ouvrage vise à valoriser les quatre années de recherche de la JEAI Recycurbs-Viet sur la collecte des déchets et leur recyclage dans la ville de Hà Nội (2017-2020). L'équipe était portée par Nguyễn Thái Huyền, architecte urbaniste, enseignante à l'université d'architecture de Hà Nội (HAU) et directrice adjointe de l'Institut des formations et des relations internationales de cette université. La correspondante de l'IRD était Sylvie Fanchette, géographe et directrice de recherche, en affectation au Việt Nam jusqu'à fin 2021. Cette équipe a regroupé des enseignants-chercheurs de l'HAU et leurs étudiants, en partenariat avec l'université des ressources naturelles et de l'environnement, l'École nationale de génie civil, l'Institut des métiers de la ville de Hà Nội (devenue Paris Région Expertise) et des chercheurs et étudiants de l'IRD.

Ce projet de recherche visait à comprendre le fonctionnement du réseau des collecteurs et commerçants de déchets recyclables informels (*đồng nát* et gérants de *bãi phế liệu*) dans la ville de Hà Nội, sa structuration, sa rationalité organisationnelle et sa durabilité dans un contexte de privatisation des espaces publics, de croissance et de diversification du volume de déchets liées à la croissance économique et à la globalisation du commerce des déchets recyclables. Nous avons tenté de comprendre quelles sont les relations entre le réseau informel des *đồng nát* et le réseau officiel de la municipalité, et la nature de son intégration dans la chaîne de production des nombreux clusters de villages de métier du delta du fleuve Rouge, qui recyclent des déchets de métaux, de papier et de plastique. Par ailleurs, ce projet s'est intéressé à la logique territoriale de ce réseau : l'implantation des dépôts de déchets (*bãi*), le circuit de collecte des déchets recyclables et les liens avec les clusters de villages du recyclage, les usines qui revendent des chutes de produits à recycler et les ports par lesquels transitent les déchets importés de l'étranger. Le système de collecte des déchets et de leur recyclage doit en effet être analysé au regard de la métropolisation de la capitale (extension de la ville, tertiarisation du centre-ville et rapide croissance du prix du foncier), de l'accès des collecteurs au foncier urbain, des monopoles publics et privés, et des systèmes de concurrence entre les différents opérateurs publics et privés pour contrôler les filières d'accès à la manne des déchets.

Méthodologie

Sylvie **Fanchette**

La méthodologie du projet de recherche Recycurbs-Viet est fondée sur une triple approche : la formation par la recherche sur le terrain d'étudiants vietnamiens et français de plusieurs disciplines (architecture, urbanisme, ingénierie de l'environnement, géographie et droit) pour réaliser des enquêtes quantitatives et qualitatives à plusieurs échelles, la comparaison avec les sytèmes de collecte et de recyclage dans d'autres villes du Sud et la mise en perspective avec les études réalisées aux Việt Nam par une analyse bibliographique exhaustive des modes de gestion des déchets.

Formation par la recherche sur le terrain, interdisciplinarité et transcalarité

« Les déchets ont été reconnus comme un matériau social particulièrement utile pour réfléchir aux relations entre la société, la politique et l'environnement. Comme beaucoup d'autres problèmes environnementaux, les déchets ont des impacts à de multiples échelles, reliant des acteurs et des processus aussi divers que les travailleurs informels du secteur des déchets, la gouvernance environnementale locale et le commerce de plus en plus mondialisé des déchets et des biens recyclés. » (Millington et Lawhon, 2018).

Par le regroupement d'enseignants-chercheurs et doctorants de plusieurs disciplines (architecture, urbanisme, ingénierie de l'environnement, géographie et droit), nous avons mis en œuvre une approche interdisciplinaire, multiscalaire et développé la formation des étudiants (licence, master, postmaster et doctorat) par la recherche sur le terrain.

Lors de la première étape de la recherche, Nguyễn Thái Huyền a initié une méthodologie d'enquêtes fondée sur la formation sur le terrain, et effectué avec plusieurs équipes d'étudiants de l'HAU un recensement exhaustif des *bãi* dans les trente arrondissements et districts ruraux de la ville-province de Hà Nội. Plusieurs questions ont été posées aux gérants de *bãi* sur leur origine géographique (plus de la moitié sont des migrants), la date de leur installation à Hà Nội, ou dans leur site actuel, leur âge, les types de matériaux achetés, le nombre de đồng nát les approvisionnant... Ces étudiants ont réalisé des dessins et des photos qui ont permis de dresser des typologies morphologiques de l'architecture des dépôts, leur taille et leur environnement géographique et urbain, afin de mesurer le volume de déchets collectés quotidiennement par ces *bãi* au regard de leur capacité de stockage, de leur accessibilité et de leur réseau d'approvisionnement. Chaque dépôt a fait l'objet d'une fiche où toutes les informations tirées des enquêtes sont mentionnées, avec son emplacement géoréférencé et localisé sur une image Google Earth. Ce travail long et difficile a été encadré par plusieurs doctorants, et la base de données retravaillée et synthétisée par Nguyễn Tiến Tâm, doctorant en cotutelle de l'HAU et l'université Bordeaux-Montaigne, sous le contrôle de Nguyễn Thái Huyền. En 2020, la base a été révisée et mise à jour par Nguyễn Thái Huyền, Lê Thị Thảo Trang, Nguyễn Thị Hải Yến et Sylvie Fanchette, qui s'est focalisée sur les arrondissements urbains, où de nombreux dépôts n'avaient pas été recensés. Elle a pu en parallèle localiser les dépôts qui ont disparu depuis les premières enquêtes de 2015 et 2016. Nous avons bénéficié de l'aide de Cathy Chatel, ingénieure de recherche au Cessma et spécialiste des SIG et de la gestion des bases de données, pour traiter la base en 2018-2019.

Cette base de données de plus de 1 100 dépôts a alimenté la recherche sur la dynamique territoriale du système de collecte, et a nourri la réflexion qui fait l'objet de cet ouvrage. De nombreuses cartes ont été réalisées par Cathy Chatel et Sylvie Fanchette à l'échelle communale, permettant de croiser la localisation de ces dépôts avec de nombreuses données environnementales, géographiques et économiques, qui offrent des hypothèses pour analyser les déterminants spatiaux de leur localisation dans une ville en pleine mutation et constituée de nombreux interstices urbains. À partir de ces cartes, nous avons sélectionné des échantillons de *bãi* à étudier de façon plus approfondie par les étudiants, et par les chercheurs et enseignants-chercheurs de l'IRD et de l'HAU. Ainsi, une deuxième série d'enquêtes qualitatives a été réalisée par des étudiants en sciences sociales (géographie, sciences politiques et anthropo-sociologie) et architecture, venant des universités françaises qui ont travaillé en équipe avec les étudiants de l'HAU. Plusieurs thématiques ont été abordées dans le cadre de ces stages de recherche sur le terrain : la recomposition métropolitaine du système de collecte et le rôle des migrants, le recyclage et les migrations originaires du delta du fleuve Rouge, la perception du rôle environnemental de leur métier par les collecteurs de déchets à Hà Nội, les conditions de l'utilisation de l'espace public – et notamment les trottoirs – par les collecteurs et commerçants de déchets, les relations avec les voisins et les autorités publiques, le rôle des réseaux de commerçants et de collecteurs, l'organisation spatiale des dépôts et l'impact des modèles de gestion de déchets japonais sur celui du Việt Nam. Six masters ont été soutenus en France et co-encadrés par Nguyễn Thái Huyền sur le terrain, et par Sylvie Fanchette pour la rédaction en France. De même, plusieurs dizaines d'étudiants de l'HAU et des écoles d'architecture françaises ont participé à des ateliers du master architecture-paysage organisés par Nguyễn Thái Huyền dans les villages d'origine des *đồng nát* à Nam Định, et à Xa Caû, un village de pré-recycleurs de plastique.

Une troisième série d'enquêtes a été réalisée en 2020 pour compléter les premiers travaux. Nguyễn Thái Huyền et deux assistantes de recherche, Lê Thị Thảo Trang et Nguyễn Thị Hải Yến, de l'HAU ont entrepris de nouvelles enquêtes pour compléter des données manquantes, dans le cadre du projet Compose[4]. Sylvie Fanchette et une assistante, Nguyễn Ngọc Phương Uyên, ont réalisé plusieurs dizaines d'enquêtes ciblées sur un échantillon de dépôts dans les arrondissements des deux premières couronnes de la ville, pour aborder les questions de l'accès au foncier des commerçants de déchets, des relations de voisinage qu'entretiennent les commerçants et collecteurs de déchets, et de l'impact de la pandémie de covid sur ce secteur informel, déjà très vulnérable. Nguyễn Ngọc Phương Uyên s'est intéressée aussi aux stratégies des collectrices et des commerçants de déchets dans les quartiers modernes de la zone péricentrale, les KĐTM[5], où la verticalité de l'habitat et la gestion plus stricte des espaces publics changent complètement les relations avec les habitants. Nguyễn Ngọc Trâm, étudiante en licence d'anthropologie à l'université des sciences sociales de Hà Nội, a réalisé un stage de trois mois sur les relations que les gérants de dépôts développent avec leurs voisins, les collectrices et les autorités locales afin d'utiliser les espaces publics pour leur activité, sous la codirection de Sylvie Fanchette et d'Emmanuel Pannier, chargé de recherche à l'IRD. Nguyễn Minh Phương, doctorant en urbanisme et géographie en cotutelle (université Paris-Diderot et HAU), co-encadré par Sylvie Fanchette et Nguyễn Thái Huyền, et bénéficiaire d'une bourse Arts de l'IRD depuis 2017, participe activement au projet dans la cadre de la réalisation de sa thèse sur la dynamique territoriale des réseaux de recycleurs dans les clusters de villages de métier du papier, plastique et métaux. Il réalise son travail de terrain dans trois clusters de villages du recyclage des provinces voisines de Hà Nội. Il s'appuie pour cela sur les travaux antérieurs traitant les dynamiques des clusters de villages de métier réalisés dans le cadre des programmes

4. Le projet Compose vise à améliorer la production et la diffusion de connaissances scientifiques, afin d'informer et sensibiliser les citoyens et décideurs publics vietnamiens sur la pollution de l'environnement par les matières plastiques. Le projet est piloté par l'ambassade de France et l'IRD en partenariat avec IUCN, PRX-Paris, et Icise (2019-2021).

5. *Khu Đô Thị Mới* ou nouvelle zone urbaine.

de recherche codirigés par Sylvie Fanchette, avec ses partenaires du Center for Agrarian System Research and Development (Casrad) et de l'Institut national des sciences appliquées (Insa) (2005-2010), sur les clusters de villages artisanaux et la métropolisation de Hà Nội. Il bénéficie d'échanges très riches avec Baptiste Monsaingeon, maître de conférences à l'université de Reims, sur la complexité de l'intégration du Việt Nam dans le commerce international des plastiques, lors de son stage de postdoctorat en 2017. Enfin, François Carlet-Soulages, photographe à l'agence Nội Pictures, nous a accompagnés sur le terrain pendant cinq ans, en ville comme dans les villages, pour immortaliser les moments magiques des rencontres avec les collecteurs et les recycleurs, leur utilisation de l'espace et leur savoir-faire en matière de tri des déchets. Cinquante de ses photos parcourent cet ouvrage et rendent la lumière nécessaire à ces acteurs infatigables.

Pour mettre en perspective le cas d'Hà Nội et ses périphéries aux autres grandes villes du Sud, nous avons organisé dans le cadre de la JEAI plusieurs séminaires de 2017 à 2020 en invitant des experts, chercheurs et opérateurs du développement. En 2018, il s'agissait tout d'abord de comparer les modes de gestion informelle des déchets dans les villes du Sud et de faire ressortir les déterminants politiques, sociaux et environnementaux particuliers par rapport à la mondialisation des métropoles et l'intégration du Việt Nam dans les circuits internationaux du commerce des déchets recyclables (Yann Tastevin). Ensuite, nous avons abordé la question de la conflictualité de l'accès aux déchets et matériaux entre acteurs, ressources qui pourraient être considérées comme faisant partie des communs (Jérémie Cavé), enfin de présenter le cas célèbre des *zabbâlîn* du Caire, collecteurs et à la fois recycleurs des deux tiers des déchets ménagers de la métropole cairote (Bénédicte Florin et Romani Badre). Puis en 2019, nous nous sommes intéressés à l'intégration des travailleurs informels dans les services des municipalités, au regard de la mise en place de nouvelles politiques importées de l'Occident, telles la responsabilité étendue des producteurs (Nguyễn Hoàng Phượng) au Việt Nam et dans d'autres pays (Inde, Indonésie et Brésil), le *waste-to-energy* (Rémi de Bercegol), et nous avons étudié les conditions pour ce faire au sein de projets telles des coopératives (Sonia Maria Dias) ou des banques de déchets (Warmadewanti). Parmi ces invités, plusieurs participent à la rédaction de cet ouvrage et enrichissent de leurs expériences sur le terrain notre réflexion collective.

Le programme de recherche Recycurbs-Viet est ainsi fondé en grande partie sur la formation sur le terrain de plusieurs centaines d'étudiants, sur l'interdisciplinarité et le partage d'expériences entre étudiants français et vietnamiens sur le terrain lors des stages et des ateliers, mais aussi avec des spécialistes et opérateurs du développement intervenant dans d'autres pays, à l'origine de la richesse, l'abondance et la diversité des matériaux recueillis pendant quatre ans. Cet ouvrage est ainsi le résultat de tous ces travaux et permet aux étudiants en master et doctorat français et vietnamiens de pouvoir valoriser leurs recherches par la participation à sa rédaction. Un film de présentation de la méthodologie développée par l'équipe a été réalisé par Jean-Michel Boré de l'IRD en 2017 et posté sur la chaîne YouTube[6].

Les enjeux de la recherche sur la gestion des déchets au Việt Nam

Il est nécessaire de rappeler l'importance des enjeux de la thématique de la gestion des déchets au Việt Nam, et notamment du tri et du recyclage dans la recherche et pour le développement. À l'instar de la gestion interministérielle des déchets, les études menées sur ce thème au Việt Nam, et tout particulièrement à Hà Nội, sont très fragmentées entre disciplines et thématiques. Celles sur la collecte et le recyclage sont très limitées, et sont surtout entreprises par des chercheurs étrangers ou vietnamiens résidant à l'étranger. Elles n'abordent qu'une partie de la chaîne de collecte et de recyclage, sont mono-

6. https://www.youtube.com/watch?v=bFeWYJG6nX8

disciplinaires – en sciences sociales ou techniques – et ne prennent pas en compte l'intégralité du système. Peu d'études abordent la question du recyclage, excepté dans son caractère très dégradant pour l'environnement dans les villages de métier (DIGREGORIO *et al.*, 1999 ; NGUYỄN MẬU, 2011 ; MONRE, 2012 ; KONSTADAKOPULOS, 2008 ; DUCHÈRE et FANCHETTE, 2014).

Les études socio-anthropologiques s'intéressent principalement aux *đồng nát* (NGUYỄN MINH, 2016 et 2019 ; RESURRECCIÓN et KHANH, 2007) et peu aux commerçants et intermédiaires. Elles abordent la question de la vie de ces migrants (surtout des femmes), entre leur village de Nam Định et la ville de Hà Nội, sous l'angle des *gender studies*. À l'instar des études dans les autres grandes villes du Sud, la recherche académique sur le sujet s'intéresse à la partie la plus basse de la hiérarchie du système, à savoir les collecteurs. Jusqu'en 2008, peu a été écrit au Việt Nam sur les commerçants de déchets, les gérants de *bãi*, mis à part la recherche pionnière de Digregorio en 1994. Cet ouvrage permet de théoriser la structuration du réseau dans la capitale à travers une typologie des acteurs et de leurs relations, ainsi qu'une analyse socio-économique et urbaine des enjeux de la collecte informelle des déchets (LITOU, 2016). Il pose la question essentielle de la survie de ce système informel dans une ville en pleine transformation métropolitaine. En 2008, Mitchell vient compléter et actualiser les résultats de Digregorio par la publication de sa thèse de géographie, et comble un manque de recherche sur les commerçants (les gérants de *bãi*), mais aussi sur les fouilleurs (*waste pickers*) et leur rôle dans les réseaux de la collecte et du recyclage. Elle adopte un angle d'étude qui relève de la politique économique pour analyser les évolutions du réseau de collecte informel à Hà Nội, à travers les conséquences du *Đổi mới* de 1986, de la croissance de la consommation, et donc de la production de déchets et de l'urbanisation qui s'en est suivie (LITOU, 2016). Ces deux études se focalisent sur les arrondissements urbains de la capitale et les collecteurs de la filière de Nam Định. Entre-temps, Hà Nội a triplé de superficie et intégré dans son périmètre de nombreux districts ruraux densément peuplés, où l'urbanisation *in situ* et les grands projets sont autant de vecteurs et sources de croissance de production de déchets, donc de collecte.

Plus récemment, en 2012, Kosuke Kawai et Masahiro Osako se sont également intéressés à ce sujet à travers une analyse de la contribution des collecteurs informels dans le recyclage des déchets fondée sur la composition des déchets ménagers à Hà Nội. Enfin, l'étude particulière du recyclage des déchets organiques a fait l'objet d'un projet (Blue Barrel) sur l'élevage des porcs avec les restes de restaurants de la ville de Hà Nội (CESARO *et al.*, 2019) et pose la question essentielle de la nécessaire proximité entre les sources de déchets et les entreprises du recyclage pour limiter les coûts financiers et environnementaux.

En sciences de l'environnement, de nombreuses études ont été réalisées par des universitaires vietnamiens, comme NGUYỄN THI KIM (2009), et japonais sur l'organisation et la performance du système de ramassage des ordures par les services de la municipalité, notamment la société Urenco[7]. D'autres études ont été réalisées sur les déchets industriels et dangereux, les déchets électroniques et les législations mises en place pour les gérer (HUYNH TRUNG *et al.*, 2015), et sur les enjeux qu'ils rencontrent avec la croissance de la production de déchets et son impact sur l'environnement et la santé (VU TUNG et PINNOI, 2000). De façon très dispersée, des étudiants vietnamiens et occidentaux se sont particulièrement intéressés à un segment du système de ramassage, tel celui des zones industrielles (PALLADINO, 2001) ou le village de recycleurs de plastique de Triều Khúc (TRẦN HOÀI, 2012). La question du recyclage est peu abordée en tant que telle dans les villages de métier : cette partie de la chaîne de production est peu reconnue et considérée, car très polluante.

L'étude de Paris Région Expertise en 2018 (NGUYỄN-LEROY et VƯƠNG, 2018) offre une vision complète de la gestion des déchets solides à Hà Nội et

7. Urban Environment Limited Compagny (Urenco) est une compagnie publique sous le contrôle du comité populaire de la ville-province de Hà Nội. Elle se charge du ramassage des ordures et de l'entretien des rues dans les arrondissements centraux.

de sa fragmentation, à partir de la bibliographie existante et d'enquêtes auprès des services institutionnels. Elle replace le rôle de la filière informelle de collecte et de recyclage au sein du système plus large de la gestion des déchets dans la ville. Elle montre combien le système de gestion est fragmenté entre divers ministères et l'incapacité du système formel à trier et à recycler les déchets, d'où la place importante de la filière des *đồng nát* et des clusters de villages artisanaux. Si certains chercheurs en sciences de l'environnement et de l'industrie abordent la question des collecteurs de déchets recyclables, ils ne font que les mentionner, et nous n'avons pas trouvé d'étude empirique réalisée sur ce sujet.

Cet ouvrage, sous forme d'atlas, vise à combler les lacunes des recherches sur la thématique de la collecte et du recyclage des déchets à Hà Nội. Il cherche à aborder l'intégralité de la chaîne de collecte, de commerce et de recyclage dans le territoire et le long de réseaux diversifiés en recomposition, car dépendante des chaînes de valeur globales, dans le contexte très changeant de la métropolisation de Hà Nội. La crise du covid a aussi a été l'occasion de mesurer comment ce système a été impacté et quelles stratégies ont été développées par les différents acteurs pour se maintenir à flot.

Enfin, nous comptons démontrer aux collectivités locales et aux compagnies notamment Urenco, l'intérêt de ce système de collecte informel, en présentant des expériences réalisées dans d'autres pays aux services de la ville et faire des propositions pour mieux intégrer les systèmes formels et informels. Nous avons organisé plusieurs workshops auxquels ont été conviées différentes parties prenantes de la ville et du ministère des Ressources naturelles et de l'Environnement (Monre), ce qui a été l'occasion de comparer les différents systèmes de collecte informelle dans plusieurs pays du Sud.

Nous avons fait le choix d'aborder les questions des dynamiques du système sous trois angles : 1) les acteurs très diversifiés travaillant dans des entreprises familiales de façon informelle, mais au sein de réseaux très structurés, et qui comptent sur la mobilité entre villes et campagnes et au sein des villes pour accéder à la manne des déchets ; 2) les territoires en pleine refonte métropolitaine et pour l'accès desquels les parties prenantes de ce système sont en complète concurrence avec les autres activités. Ceux-ci ne bénéficient que de peu d'atouts pour y accéder en raison de leur statut de migrants ou de la stigmatisation dont ils font l'objet, du fait de leur proximité avec les déchets ; 3) les matériaux recyclables (plastiques, papiers, cartons et métaux), dont les cours fluctuent sur les marchés internationaux et qui circulent le long d'une longue chaîne d'intermédiaires aux savoir-faire et aux pouvoirs économiques et territoriaux très inégaux.

Cette triple approche offre le moyen d'analyser la complexité de ce système profondément ancré dans plusieurs logiques sociales, territoriales et économiques, et de mesurer comment elles se rencontrent sur le territoire.

Pour ouvrir sur le futur et les possibilités d'évolution de ce système dans l'avenir, nous avons invité plusieurs spécialistes de la question du secteur informel dans la collecte des déchets à nos séminaires, pour qu'ils participent à la réflexion des possibles transitions du système hanoïen et présentent le cas de leurs pays d'étude (Brésil, Égypte, Indonésie et Inde) dans la dernière partie.

Partie 1

Des acteurs diversifiés

Introduction de partie

Sylvie **Fanchette**

La chaîne de collecte et de recyclage des déchets valorisables de Hà Nội et ses périphéries est composée d'acteurs aux statuts, savoir-faire et dotations financières très inégaux. À l'amont, la collecte est réalisée par des populations rurales marginalisées, établies temporairement en ville et souvent pauvres ; les commerçants, installés en ville composent une strate mieux dotée financièrement ; enfin, à l'aval de la filière, les recycleurs ont des revenus supérieurs et exercent dans leur village d'origine, ce qui leur confère un ancrage territorial et social au sein de leurs réseaux.

Le système très innovant de collecte et de recyclage des déchets (plastique, métaux, papier et cartons) est organisé par des individus pour la plupart d'origine rurale. Cependant, non reconnus par les autorités – car non enregistrés en tant que collecteurs itinérants ou *đồng nát*, commerçants de déchets qui tiennent les dépôts (gérants de *bãi*) ou recycleurs dans les clusters de villages artisanaux –, ces entrepreneurs familiaux et informels exercent leur activité dans les interstices de la loi (rarement enregistrés à la chambre de commerce, ils ne sont pas affectés par la législation et ne sont pas officiellement taxés). Ils sont installés dans les nombreux interstices urbains et niches foncières de la ville. Une part élevée vit donc en très grande précarité foncière ou économique. La ville a besoin d'eux (ils en collectent environ 20 % des déchets), les entreprises artisanales sont demandeuses de matières premières secondaires moins chères que les matières premières vierges, et les paysans expropriés par les grands projets urbains ou les jeunes ruraux au chômage sont à la recherche d'emplois rémunérateurs et flexibles. Le système informel au Việt Nam constitue le deuxième poste d'emplois après l'agriculture. Il joue un rôle important dans la résilience de l'économie du pays depuis l'ouverture économique des années 1980 (Pasquier-Doumer *et al.*, 2017). La globalisation et l'ouverture de l'économie vietnamienne au marché international ont eu un impact sur la croissance du secteur informel. Le secteur formel subit une concurrence accrue. Il réagit en sous-traitant une partie des éléments de la chaîne de production aux entreprises du secteur informel[1] pour réduire les coûts de production (Pasquier-Doumer *et al.*, 2017).

Au niveau macro-économique, le système de collecte et de recyclage pourvoit donc plusieurs dizaines de milliers d'emplois, en grande partie des migrants collecteurs à Hà Nội et des ouvriers permanents ou temporaires dans les villages du recyclage en périphérie. Avec la mécanisation de l'industrie villageoise et l'intégration dans les chaînes de valeur globales (plastique, papeterie et métallurgie), l'envergure de cette chaîne de collecte et de recyclage s'étend et crée de nombreux emplois pour une main-d'œuvre peu qualifiée en pleine croissance. Mais elle offre l'occasion à d'anciens artisans de devenir de réels entrepreneurs qui capitalisent grâce à la mécanisation. Elle permet à des commerçants de déchets de monter des entreprises qui rapportent plusieurs millions de VNĐ[2] par mois, d'intégrer des réseaux d'échanges de savoir-faire, de technologies, et de monter des partenariats à travers des mariages. Ainsi, « plusieurs clefs de lecture peuvent

1. Selon l'étude sur le secteur informel au Việt Nam (Pasquier-Doumer *et al.*, 2017), le General Statistics Office of Vietnam (GSO) définit les entreprises familiales et le secteur informel comme suit : « Les entreprises familiales sont des entreprises appartenant à un individu ou un foyer qui n'est pas enregistré selon la loi sur les entreprises, et dont l'activité principale est non agricole. Elle emploie entre une et 10 personnes. C'est en général une petite entreprise qui parfois n'a qu'un travailleur, le patron. Le secteur informel comprend toutes les entreprises qui produisent des services et des biens non agricoles pour la vente ou le troc, mais qui ne sont pas enregistrées (elles n'ont pas de licence). » En d'autres mots, le secteur informel est composé d'entreprises familiales qui n'ont pas de licence. Selon le décret n° 78/2015/ND-CP sur l'enregistrement des entreprises, les propriétaires d'entreprises familiales doivent s'enregistrer auprès des comités populaires du district, et doivent avoir un code de taxe. Cependant, les entreprises familiales à faibles revenus, comme les vendeurs de rues, sont exemptées de ce type d'enregistrement.

2. Le đồng est la monnaie officielle du Việt Nam. Son code ISO est VNĐ.

être convoquées pour qualifier cette économie informelle des déchets : d'un côté, celle d'une économie de survie caractérisée par la persistance des assignations identitaires, de la dureté des conditions de vie et d'une exploitation d'une force de travail pauvre ; de l'autre, celle d'un petit capitalisme fragile, mais pouvant être l'instrument d'une élévation socio-économique et d'outils d'une affirmation de certains groupes marginalisés » (ZÉRAH, 2020).

Les relations entre ces différents acteurs sont encastrées au sein de clusters de production, à savoir des territoires où toutes les étapes de la chaîne de production sont installées, avec une forte division du travail, chaque étape étant effectuée dans un environnement particulier et fortement spatialisé. Toutefois, il importe de questionner les liens existant entre les différents groupes qui exercent au sein de ces clusters de collecte et de recyclage, et de comprendre comment ceux-ci évoluent dans le contexte de l'augmentation du nombre de parties prenantes, de l'internationalisation des réseaux et de la redéfinition des conditions d'accès au foncier et aux déchets que la métropolisation dicte. L'étude sur le secteur informel au Việt Nam (PASQUIER-DOUMER *et al.*, 2017), composé essentiellement d'entreprises familiales, montre combien « les relations interpersonnelles sont déterminantes pour la performance des entreprises du secteur informel, leur permettant l'accès au crédit, au foncier, à la main-d'œuvre et à l'information sur les opportunités du marché. Les réseaux sociaux jouent un rôle majeur dans les mécanismes de partage du risque. C'est pour cela qu'il est important d'analyser les caractéristiques des réseaux sociaux des entreprises familiales informelles pour analyser les déterminants de leurs performances et leurs vulnérabilités ».

Malgré tout, les enjeux de la migration entre villes et campagnes et au sein des zones rurales sont élevés et posent la question des conditions de vie et de travail des migrants en ville et dans les clusters de villages artisanaux, notamment leur accès au logement et aux infrastructures sociales, en bref leur « droit à la ville ».

Cette première partie aborde la question des acteurs de la collecte, du commerce informel et du recyclage des déchets et leurs stratégies socio-économiques et migratoires. Dans un contexte de pression foncière et de concurrence entre les entreprises, comment les ateliers et entreprises familiales parviennent-ils à se maintenir en ville ou dans les villages ? Quel est l'avenir de ces métiers, eu égard à la recherche d'ascension sociale par l'éducation de nombreux enfants des collecteurs et commerçants de déchets et aux représentations parfois négatives de ces métiers ? Quelles sont les recompositions familiales à l'œuvre lorsque l'on mène des vies translocales ? En quoi l'ancienneté des réseaux de collecteurs et de recycleurs entre villes et campagnes participe-t-elle à l'ancrage territorial de ce système pluriséculaire ?

Chapitre 1

Des collecteurs pauvres mais au fort capital social

Nguyễn Ngọc Phương Uyên, Sylvie **Fanchette**, Marine **Litou**, Coline **Berret**, Pascaline **Fournier**, Célia **Dedeyan**, Louise **Alvergnat**, **Nguyễn** Ngọc Trâm, **Nguyễn** Minh Phương, Cathy **Chatel**

Les collecteurs de déchets recyclables constituent la partie la plus vulnérable de la chaîne de collecte et de recyclage. Migrants saisonniers, sans logement fixe dans la ville, ayant laissé leur famille au village pour la plupart, ils doivent développer des stratégies pour accéder aux ressources et au droit à la ville en utilisant leurs réseaux villageois, familiaux et de voisinage. Leur vie est caractérisée par la fluidité entre ville et campagne et par leur mobilité pour accéder aux déchets dans la ville.

Une logique de cluster et de réseau

À Hà Nội, entre 10 000 et 20 000 collecteurs itinérants ou *đồng nát*, pour la plupart des femmes, achètent au porte-à-porte auprès des habitants et des entreprises des déchets recyclables (Mitchell, 2008b). Elles les revendent auprès de 1 115 dépôts de déchets répartis de façon plus ou moins régulière dans la ville. Les dépôts s'approvisionnent auprès des *đồng nát*, des entreprises, des commerces et chantiers de construction et commercialisent environ 20 % des déchets ménagers de la ville.

Dans les dépôts, les déchets sont triés par types de matériaux (plastiques, papier, carton et métaux) et revendus à des transporteurs, ou directement vendus dans les villages de métier du recyclage. Certains matériaux comme le plastique doivent être triés une seconde fois par type (selon sept classes), car les circuits de commercialisation varient. Les villages de recyclage du plastique sont spécialisés par type de plastique et chacun possède sa filière d'approvisionnement. Plusieurs types d'opérateurs fournissent en matériaux les usines et les ateliers des villages de métier du recyclage, et la chaîne des *đồng nát* ne constitue qu'une petite partie (entreprises, importations internationales...). Puis, les matières premières secondaires, granules de plastique ou *pellets*, lingots de métaux (aluminium, fer) seront vendus à des producteurs.

Ce système est organisé au sein d'un cluster[3] de production, à savoir un territoire où toutes les étapes de la chaîne de production sont installées, avec une forte division du travail, chaque étape étant effectuée dans un environnement particulier et fortement spatialisé.

Que ce soient les réseaux villageois de l'importation de main-d'œuvre ou les réseaux de collecteurs dans la ville, ils sous-tendent l'intégralité du système et portent attention aux nombreux migrants qui pratiquent les activités de collecte ou de recyclage. Dans les villages artisanaux, des

3. Nous développons la notion de « cluster » aux pages 51 à 53.

filières professionnelles très anciennes sous-tendent des migrations vers des villages spécialisés et l'embauche des ouvriers se fonde sur la confiance et la mise en relation.

Les villages spécialisés dans la provision de services, telle la collecte de déchets en ville, notamment ceux du district de Xûan Trường de la province de Nam Định (delta du fleuve Rouge), fonctionnent selon les mêmes normes sociales et morales que les villages de métier. Cela témoigne de la segmentation du marché du travail d'origine rurale installé en ville. La filière de Xûan Trường draine la moitié des collecteurs et commerçants de déchets des arrondissements urbains de la ville de Hà Nội, sans compter le nombre élevé de ceux qui ont essaimé dans tout le pays, jusqu'à Hồ Chí Minh-Ville.

Les relations sociales au sein de ce système de collecte, de commerce et de recyclage s'organisent de façon horizontale et verticale autour de trois formes d'échanges : la réciprocité, la redistribution et le marché (DIGREGORIO, 1994). Dans les villages de métier (villages du recyclage ou villages de collecteurs urbains), l'organisation sociale s'appuie sur la solidarité familiale et clanique qui est essentielle pour la circulation du crédit et la création de relations de confiance. Que ce soient des entreprises familiales de Triều Khúc, de Chợ Dừa ou de Nam Định, l'organisation des ménages ruraux paysans, en tant qu'unité de base de production intégrée dans le système de collecte de déchets recyclables, offre des produits subventionnés à l'industrie à travers des coûts de reproduction des familles peu élevés, tout en augmentant la sécurité économique des ménages à travers la diversification de leurs revenus. La solidarité villageoise offre un moyen de sécuriser l'accès aux déchets recyclables et de faire pression sur les autorités locales pour qu'elles soient plus tolérantes à l'égard des migrants.

Comme les autres industries paysannes, le système social interne des collecteurs se base sur la loyauté à la famille, à la famille élargie et au village pour la régulation des problèmes. Cette loyauté affecte les relations d'échange, influence les actions des autorités locales et permet d'accéder à de nombreuses ressources, notamment les déchets (NGUYỄN MINH, 2019).

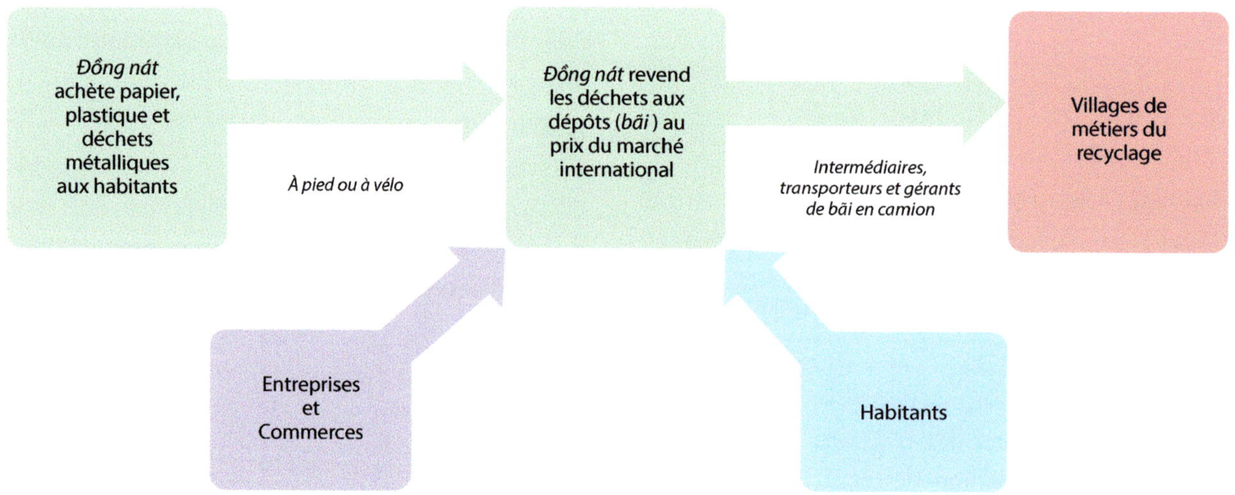

Figure 1
Organisation de la chaîne de production.
Source : Nguyễn Thái Huyền et Sylvie Fanchette.

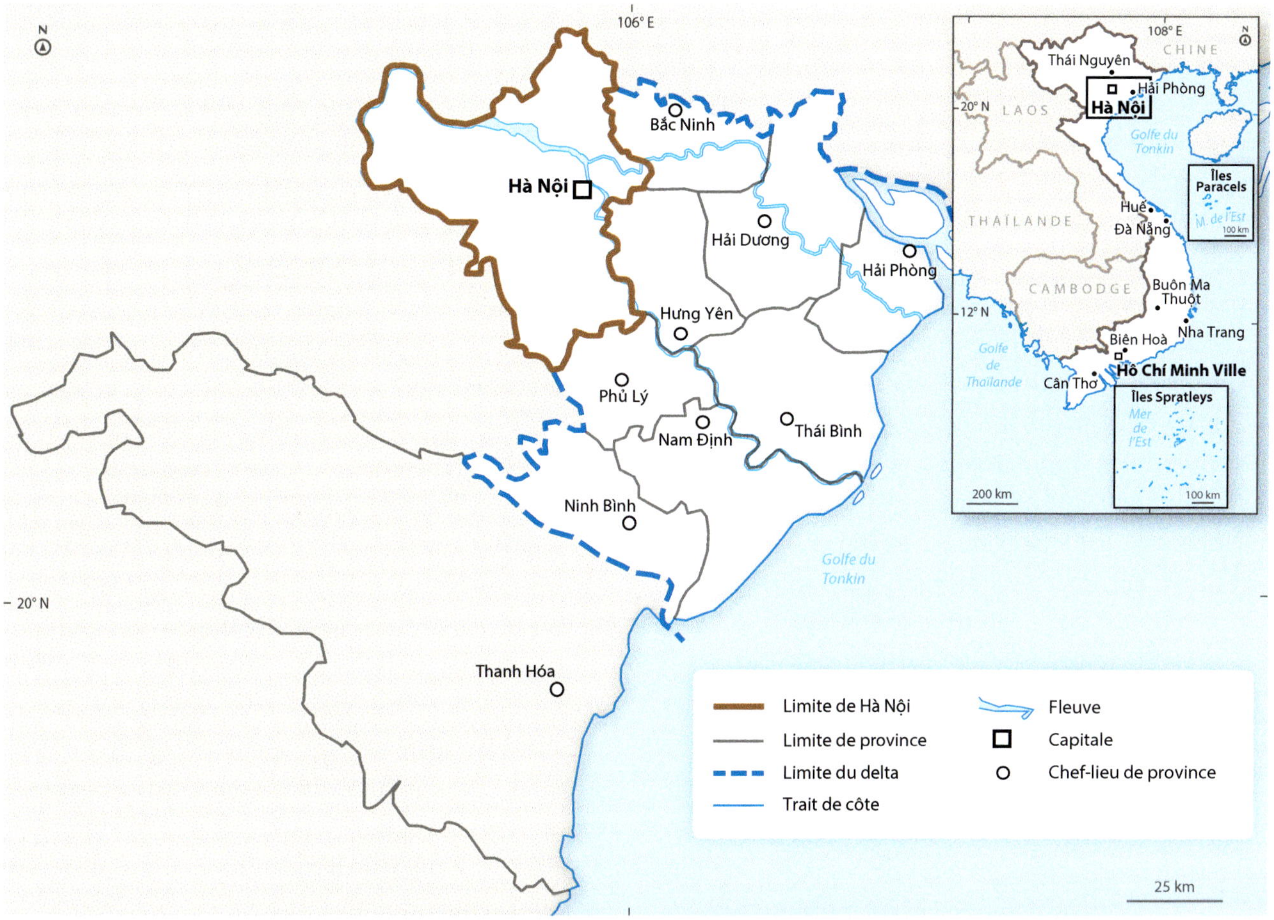

Carte 1

Hà Nội et les provinces du delta du fleuve Rouge en 2020.

Réalisation : Sylvie Fanchette, Cessma ; Éric Opigez, Ceped.

Source : département de l'Urbanisme, ministère de la Construction du Việt Nam.

Une histoire migratoire ancienne de la précarité et de la résistance

Depuis des décennies, les habitants des villages de Nam Định, et tout particulièrement ceux du district de Xuân Trường (Xuân Thượng, Xuân Hồng, Xuân Ngọc et Xuân Tân), migrent temporairement ou définitivement en ville pour travailler dans le secteur de la collecte et du commerce des déchets recyclables. Organisés en réseau et développant des stratégies de mise en confiance auprès des habitants et des collectivités locales de Hà Nội, ces migrants comptent sur le rôle des réseaux de leur province pour asseoir leur légitimité. « Différentes formes de hiérarchie, dépendance et segmentation du marché du travail montrent l'importance du rôle du lien de territorialité. » (DIGREGORIO, 1994). Les schémas migratoires suivent le calendrier des saisons agricoles.

Les réseaux sociaux qui relient le district de Xuân Trường au système de collecte de déchets recyclables de Hà Nội remontent à plus de quatre-vingt-dix ans et à un homme, M. Nam Diệm. Après qu'il ait été embauché par l'entreprise sanitaire française qui opérait à Hà Nội pour vider les fosses septiques en 1930, la rumeur arriva à son village de Nam Định qu'il y avait des opportunités d'emplois à la capitale et de nombreux villageois vinrent ainsi y travailler. Pendant que les parents vidaient les fosses septiques, les enfants fouillaient les décharges et récupéraient les déchets dans la ville. Certains ont fini par s'installer en ville et monter des dépôts de déchets, principalement dans le quartier de Ô Chợ Dừa, dans l'arrondissement de Đống Đa. Ils furent les premiers d'une longue lignée de collecteurs et de commerçants de déchets recyclables de Hà Nội. Ainsi, cette filière fut créée et elle structure jusqu'à présent ce métier dans le nord du Việt Nam (DIGREGORIO, 1994). Aujourd'hui, la plupart de ces commerçants et collecteurs vous diront qu'ils sont rentrés dans le métier à partir d'amis ou de membres de leurs familles. La moitié des gérants de dépôts de déchets ont commencé leur carrière dans le métier en tant que collecteurs (MITCHELL, 2008b ; enquêtes Recycurbs-Viet, 2020).

Avec la décadence des coopératives à la fin de l'époque collectiviste (années 1980), de nombreux ouvriers et ouvrières se sont lancés dans l'activité de collecte et de commerce des déchets, faute de mieux. Les allers et retours des migrants collecteurs de Xũan Trường vers Hà Nội montrent combien ils ont organisé leur vie de façon translocale : ils ont un pied en ville et l'autre au village. Pour une grande partie des acteurs de cette filière, le fait que les enfants soient restés au village avec les grands-parents renforce ce sentiment de vie multisituée. Selon le géographe Mike Douglass (2012), « les processus de formation et de maintien des foyers doivent être compris comme un projet de soutien à travers plusieurs sites et à travers plusieurs formations sociales, car les ménages cherchent des solutions aux "disjonctions locales" qui limitent les mouvements de travail et des personnes ». Ce qu'il appelle disjonctions sont à la fois les problèmes au sein de la famille, les mariages, le vieillissement, l'enfantement et l'éducation, et le déclin de l'approvisionnement de services sociaux aux migrants en ville. Le terme de translocalité fait référence aux trajectoires de mobilités au cours desquelles la reproduction sociale d'une famille s'opère sur plusieurs sites (NGUYỄN MINH, 2019). La multiplicité des trajectoires des migrants n'empêche pas que les catégories morales guident la mobilité des membres de ces ménages.

Une blague locale circule dans les villages du district de Xũan Trường et fait référence à Hà Nội comme une « nouvelle zone économique ». Cela renvoie aux années 1960, période durant laquelle de nombreux villageois du delta du fleuve Rouge très peuplé furent envoyés dans les montagnes pour développer et coloniser ces régions occupées par des ethnies minoritaires. Jusqu'à la fin des années 1980, il était habituel pour les hommes de migrer aussi bien vers la ville que vers des régions éloignées pour trouver d'autres emplois ou faire leur service militaire. Dans le contexte économique stagnant de l'époque, l'absence des hommes n'avait pas trop d'impact sur l'économie locale. Ensuite, les femmes, qui avaient la charge du ménage en l'absence des hommes, commencèrent à aller à Hà Nội pour travailler dans le secteur de la collecte des déchets recyclables. Le marché était en expansion avec le renouveau économique (*Đổi mới*), la croissance de la consommation et l'ouverture de chantiers de construction. Ce commerce des déchets a fini par dépasser les revenus provenant de l'agriculture. Hommes et femmes quittèrent le village, laissant les enfants aux grands-parents. Depuis les années 2000, un certain nombre de foyers se sont établis en ville, ouvrant des dépôts de déchets ou d'autres business, tout en maintenant des liens serrés avec le village grâce à des migrations circulaires (NGUYỄN MINH, 2019).

Comme partout en Asie du Sud-Est, les populations d'origine rurale migrent vers les villes de façon saisonnière ou, à plus long terme, pour travailler dans les services urbains. Ces emplois sont en général précaires, mais cette précarité, qui peut être définie par une combinaison d'insécurité, d'incertitude et de vulnérabilité, n'est pas si différente de celle de l'agriculture. Ces migrants continuent de vivre dans l'incertitude du travail en ville et de l'agriculture au village, et dans celle de la fluctuation du prix des matériaux recyclables et de la météo pour les cultures. Les gérants de dépôts installés en ville, quant à eux, doivent se battre pour accéder au foncier et aux ressources, négocier leur position inférieure dans la

Photo 1

Une *đồng nát* trie des cartons sur le trottoir dans le quartier de Trúc Bạch (2021).

ville (NGUYỄN MINH, 2019) et leur droit à la ville avec les autorités locales et leur voisinage.

Avec le temps, un mode de vie précaire et mobile se met en place par des populations qui naviguent entre le village et la ville, et entre différents sites au sein de la ville du fait des déménagements successifs. L'analyse de ces pratiques et des négociations territoriales entre tous les acteurs sera l'objet du chapitre 8.

Des gérants de dépôts très actifs au sein de leurs réseaux

L'enquête exhaustive des dépôts de déchets dans la province de Hà Nội en a dénombré 1 115 répartis dans tous les arrondissements et districts de la ville, selon le même rapport de densités que la population. Nous développerons les dynamiques de répartition de ces dépôts dans le chapitre 5. Les gérants de dépôts de déchets achètent aux *đồng nát*, aux habitants et à différents types d'entreprises et services (usines, magasins, bureaux, chantiers de construction, restaurants...) des matériaux et déchets recyclables (plastiques, papiers, cartons et métaux) qu'ils trient et revendent à des intermédiaires spécialisés par matériaux. Leurs origines géographiques varient entre la province de Nam Định (34,8 %), la province de Hà Nội (36,5 %), les autres provinces du delta du fleuve Rouge (6,9 %), le reste du Việt Nam (3,3 %), avec 18,5 % de non-réponse (**tableau 1**).

Une concentration des migrants de Nam Định dans la ville

Cette répartition change selon les couronnes de la ville. Dans l'hypercentre, les *bãi* tenus par les migrants de Nam Định sont très nombreux : deux tiers des gérants de dépôts. Originaires de quatre villages du district de Xũân Trường, ils font partie de l'ancienne chaîne migratoire organisée en réseau d'entraide dans la ville.

L'analyse de la répartition spatiale des origines provinciales des gérants de dépôts nous informe sur l'histoire des migrations dans les couronnes de la ville. La concentration dans le centre-ville des migrants de Nam Định suggère la force des réseaux d'entraide pour leur installation dans un environnement urbain difficile d'accès. De nouveaux commerçants originaires d'autres provinces du delta, surtout de Hà Nội, participent à cette activité, même s'il y a toujours eu dans les villages du delta du fleuve Rouge des personnes qui s'adonnaient à la collecte et au commerce des déchets. Plus on s'éloigne du centre, plus les commerçants originaires de Hà Nội sont nombreux.

Des *đồng nát* originaires d'autres provinces que Hà Nội ou Nam Định affirment que pour ouvrir un *bãi phế liệu* il faut vraiment pouvoir s'appuyer sur des réseaux et des personnes de confiance (du village ou de la famille) (DEDEYAN, 2018). Certains villageois du périurbain et des zones rurales périphériques de Hà Nội s'installent à leur compte pour ouvrir un dépôt dans respectivement

Tableau 1
Origine géographique des gérants de dépôts de déchets entre 2017 et 2020

Couronne	Nombre de dépôts	Origine des gérants de dépôts (%)				
	Unités	Nam Định	Hà Nội	Autres deltas	Autres Việt Nam	Non-réponse
Couronne 1	220	64,4	10,0	7,3	2,7	16,9
Couronne 2	356	46,1	14,3	9,0	5,3	25,3
Couronne 3	16,3	54,4	6,5	2,4	20,4	
Couronne 4	245	14,3	71,0	4,1	2,0	7,8
Total Hà Nội	**1 115**	**34,8**	**36,5**	**6,9**	**3,3**	**18,5**

Sources : JEAI et Sylvie Fanchette.

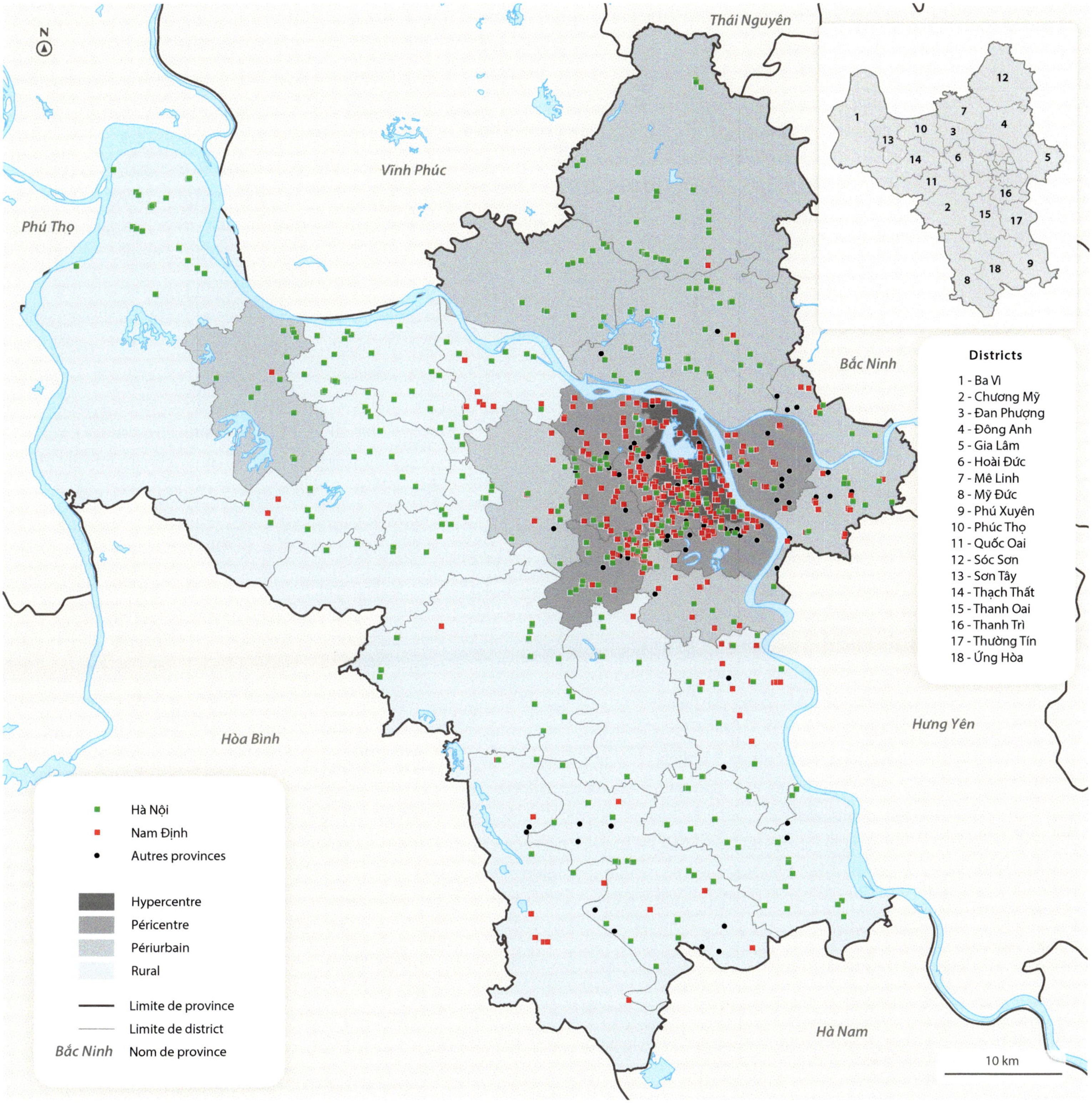

Carte 2

Les gérants de *bãi phế liệu* par origine provinciale en 2017-2020.

Réalisation : Cathy Chatel, Sylvie Fanchette, Cessma ; Éric Opigez, Ceped.
Source : JEAI Recycurbs-Viet, 2020.

54,4 et 71 % des cas (**tableau 1**). Ils se sont reconvertis dans ce métier après avoir été expropriés par les grands projets fonciers. Dans le district rural de Sóc Sơn, où se trouve la grande décharge de Nam Sơn, de nombreux villageois ont ouvert des dépôts sur place, tandis que d'autres se sont installés dans le district voisin de Đông Anh. À Võng Xuyên, dans le district de Phúc Thọ, ce métier semble mobiliser des commerçants qui s'installent dans le district de Thạch Thất. Nous n'avons malheureusement pas pu creuser l'origine éventuelle d'une filière de commerçants de déchets essaimant dans le delta, mais les résultats de l'enquête exhaustive semblent le supposer.

Des ex-collecteurs ou des héritiers du métier

Dans les arrondissements urbains, les deux tiers des *bãi* sont tenus par des villageois originaires de deux villages de Nam Định, Xuân Thượng et Xuân Hồng. Cette filière structure à la fois le réseau des collectrices, les *đồng nát*, et celui des gérants de dépôts. L'itinéraire professionnel est le suivant : agricultrice, puis collectrice ; une fois un capital suffisant économisé, elles ouvrent un *bãi phế liệu* dans un quartier qu'elles connaissent. Cela leur demande plusieurs savoir-faire, notamment la connaissance des matériaux, l'intégration dans des réseaux pour mieux négocier les prix avec les collectrices et les intermédiaires, et de la diplomatie avec le voisinage et les collectivités locales. Avoir été une *đồng nát* et mené une vie difficile et précaire leur permet d'établir des relations avec celles qui à leur tour vendront des matériaux et de connaître les rouages du métier. « Grâce à cette activité, je connais donc énormément de *bãi* à Hà Nội, car auparavant je leur apportais les déchets. » (62)[4]. Plus de la moitié des enquêtées affirment avoir été *đồng nát* avant d'ouvrir un *bãi phế liệu*, principalement celles ayant plus de 40 ans. Les enquêtes de DIGREGORIO (1994) et MITCHELL (2008b) donnent les mêmes résultats.

Telle gérante rencontrée a une connaissance étonnante des matériaux, ce qui lui permet de bien les identifier, notamment les métaux, et d'éviter les arnaques (88). Une autre affirme avoir attendu de se marier pour ouvrir son *bãi*, car « il faut un homme pour ouvrir un *bãi* ». Toutefois, de nombreux dépôts sont tenus par des femmes dont le mari exerce un autre métier, car cette activité ne rapporte pas assez au couple.

L'appartenance à la filière de Nam Định est pour de nombreux gérants de *bãi* une sorte de sésame justifiant leur vocation : « Comme notre village est connu pour ce métier "de la collecte des déchets", on a suivi les gens pour s'installer à Hà Nội et faire ce métier. » (67). « En voyant les gens de la région qui viennent en ville pour ce travail, on a voulu faire la même chose. » (63).

Les générations se suivent, les enfants éduqués au village, quand ils n'ont pas d'autre expérience, prennent la relève des parents qui s'en retournent au pays natal (*quê*) passer leur retraite et, pour certains, éduquer leurs petits-enfants. Les filles suivent leur mari et leur belle-mère dans la migration vers la ville et retournent au village le temps d'élever un an ou deux les nouveau-nés, puis reprennent la route pour « aller au marché des *đồng nát* » à Hà Nội. Certaines apprennent le métier auprès des aînées en allant dans les sites de construction pour désosser des matériaux et aussi ramasser les restes des métaux abandonnés par les mafias de la récupération sur les chantiers (66). Devenir gérant de dépôts impose de s'installer en ville et d'arrêter la translocalité, car cette activité suppose une présence continue sur place pour maintenir le lien avec les *đồng nát*. La vie de famille change et la plupart des enfants restent au village avec les grands-parents.

Un changement de profil chez les jeunes générations

La plus jeune génération (moins de 40 ans) a suivi d'autres voies, notamment car elle a pu aller à l'école.

4. Les numéros d'entretiens sont entre parenthèses et renvoient à la liste en annexe des enquêtes utilisées pour la rédaction de cet ouvrage. Y sont mentionnés les noms des étudiants et chercheurs, la date, le lieu. Les noms des personnes enquêtées ne sont pas mentionnés par souci d'anonymat.

Photo 2
Une gérante de *bãi* paie les déchets d'une *đồng nát* à Hà Đông (2016).

Les parents, souvent gérants de dépôts eux aussi, avaient d'autres espoirs pour leur avenir. Huit sur 54 des gérants interrogés ont travaillé dans le dépôt de leurs parents ou d'autres membres de la famille avant d'ouvrir le leur, 9 sur 54 ont eu un autre métier. Ils ont été ouvriers, manœuvres itinérants sur des chantiers de construction ; ils ont cherché à se rapprocher de leur famille et se sont stabilisés. D'autres ont été commerçants, restaurateurs ou ont fait des études, mais ils n'ont pas trouvé de travail assez rémunérateur. Comptant sur l'aura de leur village et leur appartenance à des réseaux de collecteurs, quatre ont ouvert des *bãi* et abandonné la rizière sans expérience dans la collecte. Certains rares gérants en ont ouvert un à la sortie de l'université, en l'absence d'autres opportunités. Le cas le plus étonnant est cet ancien médecin hanoïen à la retraite et marié à une femme originaire du cluster de villages du papier qui, depuis vingt ans, tient un dépôt spécialisé dans le carton et le papier. Les revenus élevés que ce métier offre attirent de nombreux prétendants, mais cela nécessite de nombreuses qualités et conditions, surtout l'intégration dans des réseaux de soutien.

Les gérants de *bãi* des zones périurbaines et rurales sont originaires de la province de Hà Nội pour respectivement la moitié ou les trois quarts, en général du village d'installation ou de villages voisins. Dans de rares cas, ils ont été collecteurs dans le centre-ville, puis se sont installés à leur compte dans leur village, suivant la trajectoire professionnelle de leurs collègues de Nam Định. Certains étaient ouvriers.

Tenir un dépôt de déchets dans la ville est plus profitable que la collecte de déchets au porte-à-porte, mais cela demande plus de capital et de travail. Les deux époux ont tendance à migrer ensemble. Certains ont investi dans un camion pour vendre directement leurs matériaux dans les villages du recyclage ou pour servir d'intermédiaires entre les petits dépôts et les entreprises des villages. Cela leur permet de rentabiliser leur véhicule et de déstocker rapidement leur dépôt pour acheter plus de matériaux.

Un métier difficile mais avec ses avantages

Certaines gérantes de dépôts interviewées sur la perception de leur métier tiennent des discours très ambivalents. Elles peuvent avoir une image très négative d'elles-mêmes, en raison de l'aspect « sale » de leur métier et du manque de formation qui les pousse à faire ce genre d'activité peu valorisable sur le plan social, voire misérable. Les aspects négatifs du métier surgissent durant la discussion, notamment l'aspect laborieux et fatigant et son impact sur leur santé. Il occasionne de nombreux maux au dos, des problèmes respiratoires que l'on ne peut éviter du fait de charger et décharger des matériaux toute la journée. Ces maux, « il faut les accepter ». Le masque est la seule protection qu'ils utilisent (38). Le travail est dur, il occupe toute la journée, et il arrive qu'ils n'aient même pas le temps de déjeuner car il faut accueillir les clients, charger et décharger, ranger, porter, trier… faire de la place pour les nouveaux arrivages. Une femme affirme que « le plus dur pour elle, c'est de collecter le métal, car c'est très lourd ». Elle dit que « dans ce métier, il faut avoir de la persévérance ». Et ajoute que « c'est beaucoup plus dur que d'être une *đồng nát*, car au moins, quand celles-ci ont fini leur journée de travail, elles peuvent aller dîner, se reposer. Dans un *bãi*, le travail est quasi permanent, et ils ont peu de repos ». Une gérante de dépôt se plaint de sa vie misérable, qu'elle est malade tout le temps à cause de ce métier. Elle dit : « J'ai des reflux gastriques. Faire ce travail m'épuise. Je ne suis pas du tout satisfaite, je n'ai pas assez d'argent et je dois quand même continuer à faire ce travail. Mon destin est dur. Faire ce travail est misérable, sale, puant et ne me rapporte pas assez d'argent pour en vivre. » (91). Certaines voudraient bien changer de travail, mais ne savent pas quoi faire, car elles n'ont pas de formation. « Tout le monde est pareil, chacun a son propre travail avec sa difficulté. » Elle reste à la maison, les clients lui apportent des matériaux et rebuts à vendre, c'est confortable pour elle. Elle travaille de 8 h à 23 h, mais le travail est beaucoup moins fatigant que celui à la campagne. Elle est juste fatiguée du quotidien, car ce travail est manuel. Parfois, elle a des égratignures, mais pas de maladie professionnelle grave. Elle a un contrôle régulier du foie, du cœur et des poumons, qui s'avèrent en bonne santé (24).

Cependant, la grande liberté et les revenus bien supérieurs à ceux qu'ils gagnaient auparavant les motivent à continuer cette activité qui ne demande pas beaucoup de formation, mais nécessite de nombreuses conditions pour être opérationnels. Ce métier peut rapporter beaucoup plus d'argent que leurs précédentes activités de paysan ou de *đồng nát* (13) (33). Une affirme que son revenu mensuel est d'environ 7 millions de VNĐ[5], après déduction des charges, frais de nourriture, etc., soit l'équivalent de deux salaires d'ouvriers. Pour un autre couple, le travail est beaucoup moins laborieux par rapport au début. La manière de travailler évolue du fait que leur entreprise s'agrandit, le couple investit dans des infrastructures pour transporter les matériaux (camion). Ils font plus de profit, vu que la population urbaine augmente, les déchets ménagers aussi (64).

C'est un métier qui offre une grande liberté d'entreprise. Pour des paysans habitués à une certaine flexibilité dans la gestion de leur calendrier de travail, cet emploi leur convient. Le mot liberté revient souvent dans leur dis-

5. Un million de VNĐ valent 40 euros environ.

Photo 3
Un travail épuisant pour les aidants familiaux des *bãi* (2021).

cours, même si elle est moindre que lorsqu'elles étaient collectrices (10) (28) (57).

Trois gérantes de dépôts affirment : « Ce travail est beaucoup plus léger que d'aller travailler aux champs. » (2). « On est plus libre que dans une entreprise. Je peux sortir quand je veux. » (13) (33). « Un travail libre ça veut dire que je ne dépends pas du patron, même si nous sommes occupées toujours par les clients. » (30). Une autre ne veut pas travailler dans une compagnie car elle veut conserver sa liberté. Travailler chez soi est un avantage : « Même si mon travail est bien sale, car on stocke des déchets chez nous, nous travaillons sous notre propre toit, tranquillement, les horaires sont plus flexibles, le revenu est légèrement meilleur. » (34). « C'est un travail sale, mais j'adore mon boulot et plus je le fais, plus il m'est familier. » Et cette gérante poursuit : « Maintenant que j'ai atteint une certaine expérience et maturité dans la profession, c'est une joie. L'expérience est quelque chose que vous ne pouvez pas avoir en un temps court. Vous devez avoir une compréhension de la profession, de l'offre et de la demande. Le plus important est d'avoir une vision. On dit toujours que ce travail ne peut pas être abandonné après mille ans. Sans nous, la décharge de Nam Sơn serait pleine. Dans ces deux quartiers, il y a au moins vingt dépôts. Je ne suis pas allée à l'école, mais je comprends cela. Regarde comme c'est sale. Je dois travailler toute la journée. » (94). Celles qui ont l'expérience des deux métiers peuvent comparer les situations, tout en mesurant le pour et le contre (37). Mais la chance est importante : « Pour accéder au statut de patron de *bãi*, il nécessite la fortune du ciel [*duyên*], les relations pour l'approvisionnement des matières et pour la revente. Non, ce n'est pas facile de monter un *bãi.* » (34). Mais certains disent ne pas rencontrer de difficultés dans ce métier, « car c'est un héritage familial, les parents faisaient ce métier, donc on le connaît » (12) (32). En plus, « ce n'est pas un métier difficile » (66) et « il ne requiert pas de formation ou de diplôme particulier. Il ne faut pas trop de capital pour investir » (91). « Mon boulot est horrible, mais pour moi c'est normal. Quand j'ai fait mon choix, j'ai bien dû accepter qu'en fait ce travail n'est pas sale. Il faut être persistant et ne pas arrêter d'essayer. Mais tout cela dépend de vous, tous les boulots sont pareils. Et si vous essayez de courir après le boulot des autres, vous ne pouvez pas bien le faire. Ça fait plus de dix ans que je travaille dans ce secteur et je connais tous les aspects de ce métier. En fait, je n'ai plus envie de changer de métier maintenant, même si les revenus ne sont pas très bons, mais il me permet de joindre les deux bouts. Et si je devais changer de métier, je ne saurais pas quoi faire. » (95).

Croissance des aspects négatifs du métier

En effet, la concurrence entre les dépôts pour l'accès aux matériaux et déchets, la fluctuation et l'incertitude du cours des matières premières qui se répercutent sur toute la chaîne des collecteurs, commerçants et recycleurs fragilisent la viabilité de l'activité. Avec la pandémie de covid, tous les acteurs de la chaîne sont encore plus vulnérables, et beaucoup critiquent leur métier. Pour certains, leur revenu ne permet ni de joindre les deux bouts ni de capitaliser (68). Ne pouvant offrir deux salaires pour le couple, certains époux s'adonnent à un autre emploi (91). La concurrence sur les ressources entre les dépôts constitue un des griefs principaux : « Du temps de mes grands-parents, seulement peu de personnes faisaient ce travail et ils gagnaient beaucoup d'argent, mais aujourd'hui on gagne de moins en moins. Les déchets collectés diminuent par dépôt car le nombre de *bãi* augmente. » (38). Selon certains, le nombre de *đồng nát* diminuerait (5) (26). Plusieurs commerçants ont affirmé vouloir changer de métier car ils gagnent moins qu'auparavant (10) (28) (57). « Quand on a ouvert notre dépôt il y a plus de quinze ans, il n'y avait que trois *bãi* dans le quartier de Ngọc Hà [arrondissement de Ba Đình, dans l'hypercentre]. Les déchets, notamment le métal, abondaient. On devait travailler jusqu'à 11 ou 12 h du soir, alors que maintenant à 8 h il n'y a plus personne. Un gros *bãi* s'est ouvert à l'entrée de la ruelle et capte une grande partie des déchets des alentours, car il est bien situé. Mon mari a ouvert un bar à thé glacé sur le trottoir, et il fait aussi le gardiennage de moto pour avoir d'autres revenus. » (69). De plus, l'accessibilité est réellement un caractère volatile dans une ville en pleine reconstruction et profite à certains : même si du fait de l'élargissement de la route Trường Chinh plusieurs dépôts ont disparu, d'autres se sont installés le long de la route en reconstruction et profitent du caractère éphémère de cette très bonne accessibilité (74).

Les *đồng nát*, migrantes saisonnières qui sillonnent la ville

Un service de proximité fondé sur la confiance

En 1992, DIGREGORIO (1994) estimait le nombre total de collecteurs informels de déchets entre 4 800 à 6 000 personnes dans les quatre arrondissements urbains de Hà Nội. En 2006, MITCHELL (2008b), utilisant la même méthode d'échantillonnage par quadrillage dans ces arrondissements, estimait cette population à 8 200. Puis, avec l'élargissement de la province, Mitchell estime le nombre de collecteurs à 22 500. Ce chiffre est à discuter, car le profil des collectrices a changé avec la périur-

Photo 4
Causerie entre *đồng nát* près d'un *bãi* à Tây Hồ (2021).

banisation et l'augmentation du nombre de paysannes hanoïennes qui s'adonnent à cette activité, avec une saisonnalité différente de celles de Nam Định. Contrairement aux gérants de dépôts de déchets du centre-ville, les *đồng nát* viennent de différentes provinces et ne sont pas en majorité de Nam Định[6]. Leurs maris sont collecteurs de produits électroniques et électroménagers, taxi-moto (*xe ôm*), ouvrier sur un chantier de construction ou retournés au village suite à un accident de travail.

Les parcours professionnels et quotidiens sont diversifiés et complexes, mais montrent l'attachement au village vers lequel elles retournent pour voir leurs enfants. Les personnes rencontrées sont migrantes, vivent seules et ont laissé les enfants au mari. Quatre mères vivent avec leurs enfants étudiant à l'université ou employés. On rencontre des cas étonnants de paysannes qui, vivant dans le périurbain, prennent le bus tous les jours pour aller au marché des *đồng nát* et rentrent chez elles le soir.

« Dans les années 1990, les collecteurs étaient reconnaissables à leur palanche posée sur leur épaule avec deux

6. Notre échantillon de *đồng nát* enquêté est relativement faible et ne nous permet pas de généralité.

paniers en équilibre. Seul un tiers circulait alors à vélo. Hà Nội était une ville encore assez petite dans laquelle les collecteurs de déchets, qu'ils soient fouilleurs ou acheteurs, suivaient une rue familière dont ils connaissaient les habitants. En 2006, la part de ceux circulant à pied a largement diminué au profit du vélo. C'était devenu alors plus facile d'acquérir un vélo, même pour les migrants, et cela permettait de charger des volumes de déchets beaucoup plus importants qu'à pied. Enfin, avec l'extension de la ville sur les marges rurales et la compétition pour l'accès aux déchets dans le centre-ville, les collecteurs ont dû se déplacer loin de leur zone de résidence à la recherche de nouveaux sites. » (MITCHELL, 2008a).

Durant les années 2015-2020, les *đồng nát,* sauf quelques dames âgées, ont abandonné la marche pour le vélo. On rencontre parfois des collecteurs à moto, avec ou sans charrette, qui transportent de gros volumes d'emballages achetés dans des centres commerciaux ou des entreprises. Enfin, les charrettes à bras, véritables enseignes devant chaque dépôt de déchets, servent à charger, décharger et récupérer de gros volumes de matériaux dans un périmètre restreint. C'est un véhicule de rupture de charge dans les quartiers où les *bãi* ont presque disparu ou pour les *bãi* non accessibles aux camions. Les déchets sont regroupés sur un trottoir temporairement, puis amenés à un *bãi* parfois situé à plus d'un kilomètre.

Les *đồng nát* font du porte-à-porte pour acheter aux habitants de la ville ou des villages des objets usés ou des déchets recyclables. La plupart sont des femmes qui circulent dans tous les interstices de la ville (ruelles, allées, impasses), y compris les coins d'accès les plus difficiles, ceci contrairement au système de ramassage des ordures effectué par la municipalité. Elles ont chacune leur itinéraire bien précis, qu'elles sillonnent en chantant, ce qui leur permet d'être connues et d'entrer en confiance avec les habitants de leur quartier d'intervention (voir chapitre 9). Cette confiance leur permet aussi d'accéder à d'autres emplois, comme femmes de ménage. Dans ces quartiers, elles ont un certain nombre de clients fidèles (habitants, entreprises ou bureaux) qui les appellent quand ils ont un grand stock de déchets. Les hommes s'adonnent plus à la collecte du petit électroménager en panne et aux métaux usagés. En parallèle, certaines récupèrent des matières déposées par les habitants sur la voie publique pour les revendre.

Seuls 20 % des *đồng nát* enquêtés par MITCHELL en 2008 étaient des hommes, soit beaucoup moins que les 50 % avancés par DIGREGORIO en 1994. Cette première autrice explique la baisse de la part des hommes dans l'activité par le développement économique des grandes villes dans les années 2000. Les fouilleurs et les collecteurs masculins d'hier sont aujourd'hui collecteurs de déchets électroniques, réparateurs de petit électroménager, taxi-moto ou ouvriers dans la construction. D'anciens collecteurs ont ouvert leur propre dépôt.

MITCHELL (2008b) explique la différence genrée de ce travail de collecteur de déchets par le fait que les hommes ne veulent pas faire des travaux dégradants, comme le ménage ou la collecte des déchets. Les femmes en revanche sont toujours enclines à pratiquer ces activités, car elles n'ont pas accès aux emplois mieux payés à Hà Nội. Elles sont d'accord pour « perdre la face » avec ces emplois considérés comme dégradants pour éduquer leurs enfants et leur promettre un avenir meilleur que le leur.

Les *đồng nát* disent qu'elles vont au « marché des *đồng nát* », le marché des déchets et objets usés. Elles achètent la plupart du temps les matériaux et déchets, et négocient dur pour avoir une marge satisfaisante. Elles ont leur fierté et rappellent que c'est un commerce. « Souvent les employés ici me donnent tout, même des gros morceaux de métal. Mais je préfère les payer quand même, car pour moi c'est du commerce, donc je ne me permets pas de prendre gratuitement tout le temps. Il y a des jours où je récupère plus de 30 kg de cartons. Je suis très honnête et franche, s'il y a des choses que j'ai prises par erreur, je les rapporte le jour d'après. » Sa sœur dit qu'heureusement elle reçoit beaucoup d'aide et d'empathie des gens qu'elle rencontre, car sa situation est difficile. Par exemple, dans le restaurant où elle travaille, son patron lui laissait beaucoup de nourriture restante qu'elle ramenait à la maison pour ses enfants (116).

Encadré 1

L'itinéraire de vie de madame Hà

L'itinéraire de Hà[7] est tumultueux (112). Il montre combien toute la famille a été engagée dans la translocalité et a dû adapter son itinéraire professionnel aux aléas de sa vie familiale. Hà a 50 ans, elle vient de la province de Thanh Hóa, dans le sud du delta du fleuve Rouge. Elle était agricultrice, mais ses champs trop petits ne lui permettaient pas de subvenir aux besoins de la famille. En 2005, elle a suivi son mari qui travaillait dans les chantiers de construction à Hà Nội. Elle a commencé par faire des ménages les premiers mois, mais ayant son enfant encore trop petit avec elle, elle ne pouvait pas habiter chez le patron, elle a donc changé de métier. Elle a rencontré des *đồng nát* et les a suivies. Elle s'est installée dans un dortoir proche du lieu de travail de son mari.

Elle vit toujours dans le village urbain de Ngoc Hà, dans un dortoir surpeuplé, pas loin de là où elle vivait à ses débuts. Elle a trois enfants, deux grandes filles qui sont déjà mariées et un garçon de 21 ans, tous restés à Thanh Hoá pour travailler. Sa fille aînée l'a suivie un moment pour pratiquer ce métier de *đồng nát*, mais cela ne lui a pas plu et elle est rentrée au village se marier au bout d'un an. Puis, elle a migré dans le Sud avec sa famille et est maintenant employée dans une entreprise, avec un salaire de 5 à 6 millions de VNĐ par mois. Son mari travaillait comme ouvrier dans la construction, mais il a dû arrêter suite à un accident de travail. Il est maintenant rentré au village où il s'occupe de leur champ, tandis qu'elle vit seule à Hà Nội.

Elle a plusieurs métiers. En fonction de la saison, elle retourne chez elle pour travailler dans sa rizière, mais maintenant elle y retourne moins, car son mari reste en permanence là-bas. Elle fait aussi des ménages et prend soin des malades à l'hôpital Việt Đức à la demande. Récemment, elle s'est occupée d'un patient âgé pendant plus d'un mois et a gagné le salaire très élevé de 11 millions de VNĐ. Cependant, elle préfère le métier de *đồng nát*, même si elle gagne moins (7 millions de VNĐ), car elle a plus de liberté. Elle ne dépend de personne, elle peut rentrer au village n'importe quand, alors que s'occuper des malades, c'est très fatigant. En fonction de la situation de chaque patient, certains peuvent dormir et d'autres non, il faut prendre soin d'eux jour et nuit, les aider à aller aux toilettes, etc. il n'y a pas de pause. Si elle commence un contrat, elle doit rester jusqu'au bout. Elle a mal dormi pendant toute cette période et a perdu 3 kg. Récemment, elle a été rappelée par la même patiente pour lui donner des soins à domicile, mais elle a refusé. Elle n'accepte désormais que des contrats pour une courte durée d'une à deux semaines.

7. Le nom a été changé.

Certaines font plusieurs métiers à la fois ou ont eu un itinéraire professionnel riche, changeant de métiers plusieurs fois (ouvrière, vendeuse de vêtements, éleveuse de cochon, femme de ménage, plongeuse dans un restaurant). Dans le périurbain, elles ont moins d'offres de ménages et de services.

La pluriactivité pour pallier le caractère aléatoire du métier

Carrie Mitchell (2008b) a évalué à 66 % la part des collectrices ayant un second emploi, comparé aux 22 % des hommes. Elles sont femmes de ménage chez des particuliers ou dans des bureaux. Ces emplois leur offrent des revenus supplémentaires, mais aussi un accès à d'autres sources de déchets (restaurants, bureaux et familles pour lesquelles elles travaillent). Telle madame Huong : « Je récupère les bouteilles et cannettes du restaurant où je fais la vaisselle à mi-temps, et je fouille le matin très tôt. Je ne ramasse que des choses dans la poubelle, et je n'achète pas ou ne récupère pas d'objets des habitants. Une fois, j'ai vu une casserole neuve dans la poubelle devant la porte qui avait été jetée par mégarde par le personnel du restaurant, je suis allée la chercher et

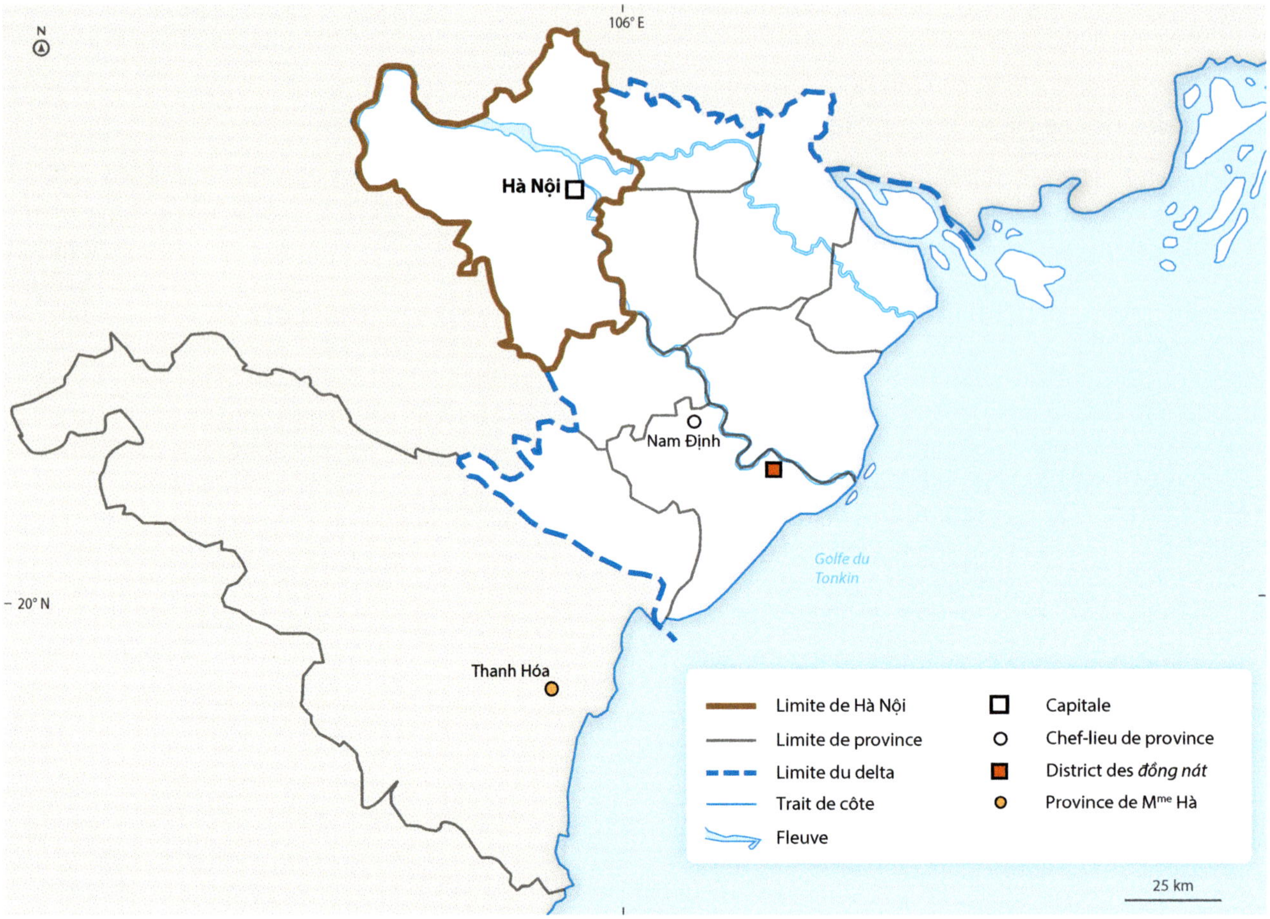

Carte 3

District d'origine des *đồng nát* à Nam Định et de madame Hà à Thanh Hóa en 2020.

Réalisation : Sylvie Fanchette, Cessma ; Éric Opigez, Ceped.
Source : département de l'Urbanisme, ministère de la Construction du Việt Nam.

j'ai appelé le patron pour la rendre. Il m'a remerciée et j'ai pu récupérer les déchets du restaurant. Je fais ce travail parce qu'il me convient. Chaque jour, je commence à 5 ou 6 h du matin, je ramasse des déchets dans la rue, puis à 8 h du matin je pars au restaurant pour débarrasser les tables et laver la vaisselle jusqu'à 14 h, et je peux récupérer les cannettes de bière et les déchets de la poubelle du restaurant. » (117).

Certaines font plusieurs métiers à la fois ou ont eu un itinéraire professionnel riche, changeant de métiers plusieurs fois (ouvrière, vendeuse de vêtements, éleveuse de cochon, femme de ménage, plongeuse dans un restaurant). Dans le périurbain, elles ont moins d'offres de ménages et de services.

Une diversification des clients et des intermédiaires dans les KĐTM

Avec la verticalisation et la modernisation de la ville, les *đồng nát* n'ont plus librement accès aux habitations comme dans les quartiers plus bas et anciens de Hà Nội où elles parcourent un itinéraire habituel, scandé par l'appel des clients fidèles ou qu'elles sollicitent grâce à leur chant. Dorénavant, elles doivent négocier l'entrée dans les tours et *gated communities* et doivent développer de nouvelles stratégies pour accéder aux gisements de déchets de la classe moyenne qui y réside. Se développer un réseau d'habitués composé d'habitants, de femmes de ménage et d'employés de bureau qui leur téléphonent devient essentiel (voir chapitre 9 et pages 153 à 156).

Les gardiens sont les nouvelles parties prenantes que l'urbanisation a intégrés dans la gestion des déchets. Ils jouent le rôle d'intermédiaires entre les habitants des tours et les *đồng nát*, et leur permettent ou leur refusent l'accès aux bâtiments. Une *đồng nát* qui sillonne la KĐTM de Trung Hòa Nhân Chính raconte : « Lors des premières fois où je suis rentrée dans ce bâtiment, j'ai dû informer et demander la permission aux gardiens pour monter à tel étage, tel numéro d'appartement pour récupérer les déchets recyclables d'un client. De toute façon, maintenant, les caméras sont installées partout dans la majorité des bâtiments, donc s'il y a un problème, les gardiens peuvent reporter. Comment j'ai pu trouver des clients là-bas ? C'est par hasard que les gens me rencontrent dans la rue ou bien ils m'introduisent à d'autres clients. » (115). Il y a aussi des clients qui habitent près de leur lieu de travail, où les *đồng nát* ont leurs habitudes. Ils les contactent pour qu'elles aillent récupérer des déchets et matériaux.

Chính, qui évolue du côté du complexe Vincom de Kim Ma, s'arrange parfois avec les gardiens pour passer devant les restaurants et les tours et stationner un court moment. Mais elle ne récupère pas les déchets recyclables du bâtiment et ne descend pas au sous-sol dans les garages où les femmes de ménage stockent les matériaux récupérés auprès des habitants. À l'extérieur, certains employés déposent des cartons pour les revendre, comme les gardiens, afin d'avoir un peu d'argent pour boire. Elle monte seulement le matin, lorsque les employés des restaurants du sixième étage l'appellent (116).

Les fouilleuses et les éboueurs récupèrent ce qu'il reste

Des marginalisés qui passent après les autres

Il existe deux types de fouilleurs : ceux des villes et ceux des champs autour des grandes décharges. Dans son ouvrage sur les collecteurs de déchets, DIGREGORIO (1994) étudie en parallèle les fouilleurs et les *đồng nát*. « Typiquement, les fouilleurs récupèrent des déchets dans les mini-décharges, les poubelles et sur les charrettes des éboueurs. Ils n'achètent pas aux habitants ou aux entreprises comme les collectrices des déchets. Ils sont remarquables avec les crochets qu'ils utilisent pour fouiller plus facilement. » Depuis 1994, du fait de l'augmentation des gisements de déchets de qualité, notamment les emballages, la distinction entre les fouilleurs et les *đồng nát* est plus marquée. Les décharges ont changé d'envergure et sont très éloignées de la ville. Cela n'empêche pas les fouilleurs de maintenir leur activité. Ils sont au plus bas de l'échelle des récupérateurs et sont vraiment en contact avec les déchets les plus sales.

Il est difficile d'évaluer le nombre de fouilleurs, mais on les trouve principalement à côté des charrettes et mini-conteneurs mis en place par Urenco à l'entrée des ruelles, dans les quartiers denses et inaccessibles aux camions-poubelles. Dans ces quartiers, deux systèmes de ramassage sont effectués par cette société : 1) les éboueurs poussent leurs charrettes dans les rues, appellent les habitants en tapant avec deux morceaux de fer récupérés, telle une cloche, pour qu'ils leur apportent leurs sacs-poubelle. Dans certains quartiers populaires, ils passent dans l'après-midi et ne peuvent réceptionner que les ménages dont un membre ne travaille pas, les parents âgés ou les femmes au foyer ; 2) ceux qui ont raté le passage des éboueurs se débarrassent de leur sac-poubelle dans des bennes stationnées à l'entrée des ruelles accessibles aux camions. À cet endroit, on trouve de nombreux fouilleurs, itinérants ou stationnés.

Encadré 2

Fouille de déchets autour de l'université de Hà Nội en 1994

Des collecteurs et fouilleurs reliés par la parenté et le village

Une trentaine de fouilleurs et de collectrices de déchets travaillent dans les environs de l'université polytechnique de Hà Nội. Cette zone, bordée par la rue Bạch Mai à l'est et par une courbe de la rivière Set à l'ouest, est riche en déchets de haute qualité provenant de l'université, de ses dortoirs, d'un quartier commercial et de plusieurs zones d'habitation collective.

Un groupe de quinze fouilleurs et de collectrices arrive tous les jours à 6 h du matin. La majorité a moins de 20 ans et est de sexe féminin. Toutes les filles du groupe utilisent des crochets en fer et portent un panier à palanche. Les garçons utilisent également ces crochets, mais se déplacent à bicyclette et utilisent des sacs suspendus au guidon pour transporter les matériaux collectés.

La plupart des femmes, qui sont les sœurs, cousines et tantes des enfants, utilisent des crochets et des paniers, tout comme les filles. Certaines, cependant, qui travaillent en tant qu'acheteuses de matériaux recyclables, utilisent une balance et une sacoche.

Les quinze personnes sont réparties en trois groupes de parenté. Toutes viennent du même village du district de Xuân Thuy, dans la province de Nam Định. Ensemble, elles se sont arrangées pour partager l'espace autour d'un kiosque inutilisé accolé au mur du terrain de sport de l'université. Elles partagent cet espace avec un coiffeur et un réparateur de vélos.

Une activité très manuelle et divisée en plusieurs étapes

Entre 6 et 11 h du matin, les enfants fouillent les rues, les poubelles et les décharges temporaires du quartier. Ils reviennent périodiquement au kiosque, environ toutes les demi-heures, pour déposer leurs marchandises. Chaque groupe familial stocke sa récolte quotidienne dans de grands sacs attachés aux lampadaires.

Vers 11 h du matin, le groupe entier retourne au kiosque pour trier ses matériaux. Certains sont traités sur place : le plastique est séparé des morceaux de métal et les couvercles en aluminium des cannettes sont découpés.

Mais le gros des efforts est consacré au tri et à l'emballage. Le plastique va dans un sac, le verre dans un autre. La ferraille, le papier et le carton sont regroupés. Les morceaux de bois et de bambou, collectés pour servir de combustible de cuisson, sont attachés en paquets. Une femme, spécialisée dans les os, range sa collecte de la journée de 60 à 80 kg dans trois sacs. Deux seront accrochés de part et d'autre de son vélo et un sera posé sur le porte-bagages.

Après avoir pris le temps de se reposer et de socialiser, le groupe part vendre sa collecte dans les dépôts. Avant de quitter la zone du kiosque, l'une des jeunes filles balaie les débris sur le trottoir. Certains enfants s'attardent pour discuter, lire des magazines et manger des glaces achetées à un vendeur ambulant. Chaque groupe familial a son propre vélo pour le transport des matériaux jusqu'au marché. Lorsque les charges sont trop importantes, des jeunes filles portent sur leur tête des paniers de matériaux triés.

Le groupe fait un premier arrêt à Đại Cồ Việt, à environ un kilomètre du kiosque, où il vend de la ferraille, du calcin de verre et des bouteilles. Il se déplace ensuite au quartier Ô Chợ Dừa, où il vend du papier, du plastique et des os (DIGREGORIO, 1994).

Sylvie Fanchette raconte : « À l'entrée de ma ruelle, sur Đội Cấn, une femme d'un certain âge avait élu domicile à côté des bennes et y passait pratiquement toute la journée, guettant le moindre déchet valorisable que les habitants jetaient : toutes sortes d'objets en plastique (bouteilles, tabourets cassés...), cartons ou métaux. Parfois, elle perçait les sacs-poubelle et récupérait ce qu'elle pouvait. Durant la journée, elle était installée dans la ruelle, juste à côté d'un restaurant de *Phở*, et débitait les objets récupérés, les pliait, les triait et partait en général vers 4 ou 5 h vendre sa récolte aux *bãi* avec lesquels elle avait des liens. Seuls quelques dépôts achètent les déchets récupérés

© Nôi-Pictures/F. Carlet-Soulages

Photo 5
Tri des déchets récupérés dans la décharge de Nam Sơn (2017).

dans les poubelles, car ils sont considérés comme sales, souillés par les ordures organiques et à risque pour la famille qui vit dans le dépôt. Je la voyais parfois errer dans le quartier, poussant sa charrette remplie d'objets hétéroclites. Elle a disparu avec le confinement. »

Les fouilleurs itinérants circulant à vélo sont reconnaissables à la grande boîte en polystyrène accrochée sur leur porte-bagages. Ils circulent entre les entrées de ruelles et fouillent systématiquement les bennes d'Urenco, s'arrêtant parfois au bord d'un trottoir où des habitants et des commerçants ont laissé des déchets de qualité ou leur sac-poubelle. Dans certains quartiers où il n'est pas possible d'installer des bennes à cause de la configuration du site, on autorise la population à laisser à partir de 18 h les sacs à ordure au bord des trottoirs, avant le passage des éboueurs de la tournée du soir. Là encore, les fouilleurs interviennent et percent les sacs en plastique pour récupérer les déchets valorisables. Ils hantent ainsi les rues la nuit et sillonnent la ville au moment où les charrettes des éboueurs stationnent pour que les camions-poubelles viennent charger. Ils passent après les éboueurs, qui récupèrent les déchets valorisables dans les bennes, et doivent négocier leur accès à ce gisement officiel.

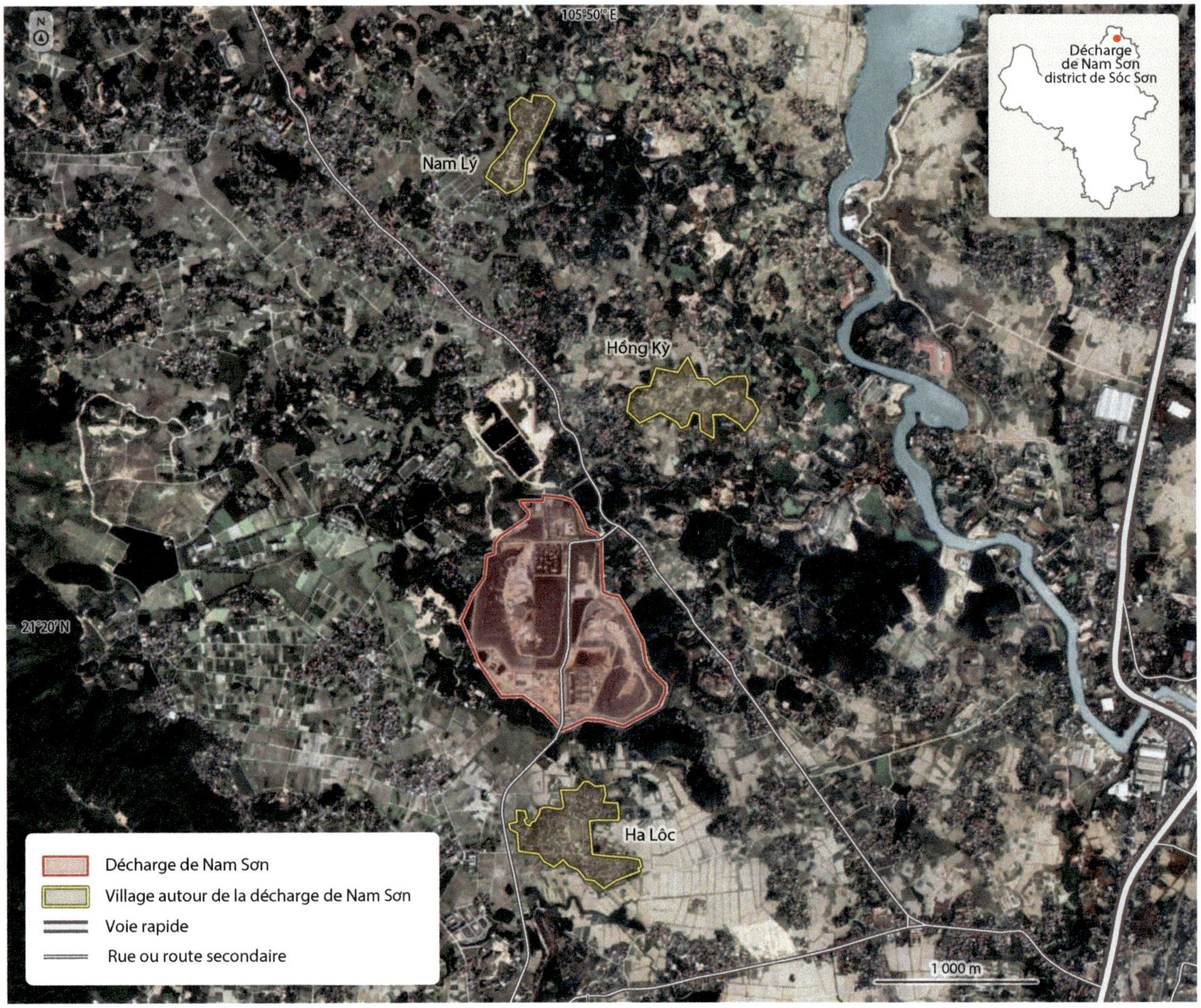

Carte 4
Les villages de fouilleurs autour de la décharge de Nam Sơn en 2020.
Réalisation : Cathy Chatel, Sylvie Fanchette, Cessma ; Éric Opigez, Ceped.

Les villageois qui fouillent la décharge de Nam Sơn (138) (139) viennent des villages de métier de récupérateurs, en lien avec les villages de recycleurs. Le complexe de traitement des déchets de Nam Sơn a été construit en 1999. Il est situé sur le territoire de trois communes, Nam Sơn, Bắc Sơn et Hồng Kỳ du district de Sóc Sơn, et mesure plus de 157 ha. La décharge a une capacité de 5 000 t par jour. Y sont enfouis les déchets ménagers de la province de Hà Nội, après la sélection des déchets les plus valorisables par les *đồng nát*, les éboueurs et les fouilleurs de la ville. Dans cette décharge, on dénombre environ 500 à 600 fouilleurs originaires des villages des alentours (Lai Sơn, Nam Lý...) qui officient dès 3 h ou 4 h du matin et jusqu'à 6 h. Durant cette période, chaque fouilleur peut collecter entre 200 et 300 kg de déchets, tout dépend de sa capacité. Ils s'intéressent essentiellement aux sacs en plastique ou en nylon pour l'emballage alimentaire (qui ne sont pas collectés par les *đồng nát*). Le papier et le carton collectés dans la décharge ne sont vendus que 1 000 VNĐ le kilogramme (parce que très humides) et sont moins rentables que le plastique. Certains récupèrent aussi du caoutchouc. Leur présence est tolérée car c'est une façon de diminuer le volume des déchets à enterrer ou incinérer. Les fouilleurs font directement un premier tri dans la décharge.

La décharge est divisée en plusieurs zones gérées par les *bướng* (le patron informel plus ou moins mafieux). Pour accéder à la décharge, le villageois doit payer une petite somme d'argent (environ 2 000 VNĐ pour « garder leurs vélos », plus d'autres frais). Chaque *bướng* gère environ une centaine de personnes.

Les fouilleurs gagnent entre quelques dizaines de milliers de VNĐ et jusqu'à 100 000 VNĐ par jour. Avant de vendre les déchets collectés à des intermédiaires qui vivent dans le village de Lai Sơn, commune de Nam Sơn, ils les trient à nouveau chez eux en fonction de l'apparence, de la couleur et de l'état, et les font sécher car ils sont très humides. Chaque type de déchet trié a un prix différent (il varie de 2 000 à 3 000 VNĐ par kilogramme). Les intermédiaires regroupent les matériaux de plusieurs ateliers pour vendre de plus gros volumes aux entreprises de recyclage.

Dans le village, les fouilleurs sont en lien avec les intermédiaires qui s'occupent de la revente des déchets aux recycleurs des villages de métier, ou à d'autres intermédiaires des provinces des alentours (Vĩnh Phúc). Tel le cas d'un couple interrogé qui revend les sacs plastiques triés à une entreprise de la province de Hưng Yên, à Lạc Đạo, près de Minh Khai, pour la fabrication de granules, de sacs et de cordes en plastique. Ces commerçants font des allers et retours avec un camion de 3 t plusieurs fois par jour pour vendre ces matériaux (137). Du fait de l'éloignement de Hà Nội et des villages de recycleurs, les fouilleurs sont dépendants des intermédiaires qui peuvent imposer leurs prix.

Les villages de fouilleurs s'adonnaient uniquement à l'agriculture avant l'installation de la décharge en 1999. Cependant, les foyers avaient de très petites parcelles de terre de faible qualité et ne pouvaient en vivre. Depuis lors, la plupart des ménages sont spécialisés dans la fouille de déchets, tout en maintenant leur petite parcelle pour la subsistance. En 2001, une étude dénombrait entre 500 et 900 fouilleurs pour 60 à 70 dépôts de déchets qui leur achetaient leur collecte (NGO, 2001). Les jeunes cherchent plutôt à se faire embaucher dans les parcs industriels, très nombreux près de l'aéroport et dans le district de Đông Anh. Personne ne pratique le recyclage dans les alentours, sans doute en raison de leur faible capacité d'investissement.

Les éboueurs : trieurs non reconnus du secteur formel

Il n'y a pas de tri à la source institutionnalisé au Việt Nam, mais les habitants trient d'eux-mêmes, soit pour vendre ou donner les déchets valorisables aux *đồng nát*, soit pour les donner aux éboueurs. Un grand nombre d'éboueurs d'Urenco récupèrent les déchets recyclables que les habitants leur apportent pendant leur tournée, et ceux qu'ils trient directement de leurs charrettes pour ensuite les déposer dans de grands sacs noirs et blancs accrochés à leur véhicule. Une fois leur tournée terminée, ils mettent leur charrette débordant d'ordures au parking où stationneront les camions-bennes. En attendant leur arrivée, ils trient et plient les déchets recyclables sur les trottoirs les plus larges du site. Devant une école primaire de l'arrondissement de Đống Đa, où il y a un grand espace pour trier des déchets, les éboueurs opèrent à partir de 8 h du soir. Une fois cette activité terminée, ils vont vendre leur récolte aux quelques *bãi* encore ouverts la nuit.

Selon un éboueur rencontré en juin 2019, tous ne font pas ce travail de tri des déchets municipaux, seulement un petit groupe de travailleurs pour gagner un peu plus d'argent. Dans certaines rues, les *đồng nát* fouillent aussi ces bennes pour trouver des déchets recyclables à revendre. Si la plupart des éboueurs récupèrent au fur et à mesure de leur tournée des déchets, peu fouillent leur benne sur le site de stationnement, car ils n'ont pas

Carte 5
Site de tri des éboueuses à Đống Đa en 2019.
Source et réalisation : Pascaline Fournier.

beaucoup de temps entre la fin de la tournée et l'arrivée des camions-bennes.

Une éboueuse jette, trie et entasse sur le trottoir tout ce qu'elle peut trouver dans les poubelles, et qu'elle ramasse dans les rues et ruelles des alentours : bouteilles en plastique, cannettes, cartons, papiers, ferraille, polystyrène, boîtes de conserve... Certains sacs qu'elle amène sont déjà triés, remplis uniquement de papier ou de sacs en plastique donnés par les habitants. Les éboueurs des environs viendront plus tard dans la soirée avec leurs chargements. Les camions-poubelle font deux tournées entre Hà Nội et la décharge de Nam Sơn pour récupérer la collecte des éboueurs en soirée. Une fois qu'ils ont vidé leurs charrettes, les éboueurs repartent faire une seconde tournée.

Grâce aux déchets qu'ils trient et revendent ensuite au *bãi*, les éboueurs gagnent environ 100 000 VNĐ par jour en plus de leur salaire fixe, qui est faible (3 millions de VNĐ par mois). Une éboueuse rencontrée affirme amasser des déchets recyclables dans la zone bien définie par la société Urenco jusqu'à minuit environ pour aller les vendre aux *bãi*. Elle partage équitablement les bénéfices des déchets collectés dans la journée avec ses consœurs.

Il y aurait un système propre à Urenco qui définit dans quelles rues on peut séparer et trier les déchets, ainsi que trois moments dans la journée, le matin, l'après-midi et le soir, pendant lesquels les éboueurs peuvent le faire, l'activité du soir étant la plus rentable. Le passage des camions serait de 17 h à minuit, selon les jours et les rues. Ce serait uniquement les « chefs » des éboueurs, les mieux placés, qui pourraient trier les déchets municipaux pour les revendre, ainsi que celles ou ceux qui « contrôlent » le travail des autres éboueurs. La police est au courant de cette activité qui occupe l'espace public. Un arrangement a été passé, permettant aux éboueurs d'utiliser seulement une certaine partie du trottoir à partir de 19 h. S'ils s'installent avant, ils devront payer une amende. La compagnie Urenco est également au courant de cette activité, car des employés viennent parfois vérifier leur travail. Ils ne reconnaissent pas cette activité comme « formelle », mais ils laissent faire, ils la tolèrent, car cela diminue le volume des déchets qui sont enfouis dans les décharges (FOUNIER, 2019 et BERRET, 2019).

Un autre éboueur rencontré dans le district de Ba Đình récupère lui aussi les déchets recyclables. Il vient du même village que les *đồng nát* de Nam Định. L'homme pousse son chariot-poubelle dans les rues et récupère les déchets recyclables qu'il met dans de grands sacs en plastique, accrochés à la poignée de son véhicule. Au fur et à mesure de ses tournées, il entrepose tous ces déchets près de son vélo stationné à l'angle de la rue où les chariots attendent le camion-poubelle. Quand il a fini sa tournée, il met son chariot à côté de ceux de ses collègues et attend le camion-poubelle qui passe vers 20 h tous les jours. Il dit : « C'est du gâchis de jeter tous ces objets recyclables dans les poubelles. » La vente des déchets aux *bãi* du quartier lui rapporte entre 150 000 et 200 000 VNĐ par jour, en plus du salaire que lui donne Urenco, qui s'élève à 3 ou 4 millions de VNĐ par mois environ, et qui n'est pas suffisant.

Chapitre 2

Des recycleurs qui innovent, investissent et diversifient

Sylvie **Fanchette**, **Nguyễn** Minh Phương, Jean-Daniel **Cesaro**,
Bénédicte **Florin**, Coline **Berret**

LES recycleurs des déchets collectés en ville ou dans les zones et parcs industriels sont installés dans les clusters de villages de métier de la métallurgie, de la papeterie et de la plasturgie. Ces villages, anciens pour la plupart (certains ont plusieurs siècles), ne sont pas considérés comme des villages de recycleurs en tant que tels, mais d'artisanat, utilisant des déchets recyclables comme matière première. Ils sont organisés en clusters et s'intègrent dans les chaînes de valeur nationales et internationales. Ils se sont industrialisés et sont composés d'ateliers et d'entreprises composites, mais surtout intégrés horizontalement. Seule la papeterie a enclenché un processus d'intégration verticale, mais non abouti.

Des territoires pluriséculaires de recyclage

Très nombreuses dans les alentours d'Hà Nội, les entreprises de ces villages, pour la plupart familiales avec des statuts plus ou moins officiels[1], de petites ou moyennes tailles, achètent en partie les déchets commercialisés dans les dépôts de la ville. Ces ateliers font partie de la longue chaîne de collecte, de recyclage et de production de la papeterie, métallurgie et plasturgie qui relie les villes et les villages. Ce cas est unique au Việt Nam et valide l'ancienneté d'un système reposant sur la pénurie des matières premières et la nécessité du recyclage. Dans le sud du pays, les filières d'approvisionnement des entreprises du recyclage en matériaux sont beaucoup plus longues et complexes, et l'exutoire industriel des dépôts de déchets plus éloigné.

Les activités au sein des étapes du processus de prérecyclage (tri, nettoyage et broyage dans le cas du plastique) et de recyclage sont très variées. Certains réalisent en plus des activités de production à partir des matériaux primaires secondaires. Certains disposent de capitaux très élevés pour investir dans la mécanisation de leur entreprise et dans le foncier. Ils sont originaires du village-mère du cluster, ont su capitaliser dans les réseaux locaux et domestiques, et disposent de nombreux atouts, notamment dans les réseaux politiques locaux, ceci contrairement aux collecteurs et commerçants de déchets en ville, pour la plupart migrants.

Les clusters de villages artisanaux sont poussés vers le haut soit par les chaînes d'approvisionnement en matériaux à l'amont, soit par les marchés en produits finis à l'aval. Dans le cas des clusters de villages de recycleurs,

1. Des entreprises sont déclarées sous forme de compagnies, coopératives ou *joint-venture*, et paient des taxes selon leur niveau de production, tandis que d'autres sont considérées comme des entreprises familiales et ne paient qu'un forfait en taxe.

Photo 1
Une éboueuse d'Urenco trie pour son compte (2021).

on peut suggérer que l'accès à la matière première secondaire détermine la capacité de production des ateliers et entreprises des villages. Bien que diversifiés, les marchés d'approvisionnement que nous allons présenter dans la partie 3 (ceux des collecteurs de la ville, des compagnies d'environnement, de l'import et ceux, plus restreints, des décharges) sont très fluctuants, et de nombreux ateliers dans les clusters ne peuvent fonctionner à plein régime, faute d'un accès régulier aux matières premières secondaires ou de matériaux à des prix accessibles. La grande volatilité des prix sur le marché international met à mal certaines entreprises de petite taille.

La division et la spécialisation du travail

Des inégalités croissantes au sein de la chaîne de production

Le profil des entrepreneurs, ouvriers, artisans et commerçants qui exercent dans les clusters du recyclage se diversifie avec la mécanisation, l'innovation et l'intégration dans les chaînes de valeur. Les plus grandes entreprises embauchent de plus en plus de travailleurs pour leurs

Encadré 1

Une civilisation du végétal valorisant le recyclage

Dans le delta du fleuve Rouge, le recyclage des matériaux est une pratique ancienne : le Nord-Việt Nam possède peu de ressources minières et forestières pour son industrie. Les principaux maté-riaux à transformer sont d'origine végétale, dans cette région tropicale à la mousson généreuse. Pierre Gourou (1936) a ainsi qualifié de civilisation du végétal la société villageoise de cette région très peuplée. Il a vanté les savoir-faire de cette population pour transformer en une multitude d'articles les différentes variétés de bambou. En raison de la rareté des arbres dans ce delta intensément occupé par les hommes et les rizières, le bambou est devenu un matériau majeur pour la cons-truction et la fabrication des ustensiles de la vie quotidienne. Les savoir-faire de la population pour la transformation et le recyclage ont été largement conviés lors des périodes de restriction liées aux deux guerres anticoloniales (1946-1954 et 1955-1975). À l'époque collectiviste (1954-1986), le pays a vécu de graves pénuries et un embargo commercial en provenance des pays occidentaux (de 1975 à 1994). Les Vietnamiens ont dû alors compter sur leurs propres ressources, leur ingéniosité et leurs réseaux de connaissances et familiaux pour collecter les déchets et les matériaux usa-gés, les commercialiser, puis les recycler pour la production artisanale et industrielle. Les femmes de certains villages étaient même spécialisées dans la collecte du fumier animal pour la revente aux agriculteurs. Ainsi, la collecte des déchets recyclables par des récupérateurs qui les achètent aux habitants ou qui fouillent, aussi bien en ville qu'à la campagne, est une activité séculaire qui alimente de larges réseaux de villages de métiers et de recyclage, voire des marchés (comme à Đại Bái, voir pages 262 et 263). Les déchets ont toujours été considérés comme une ressource valorisable.

qualifications, leur force de travail ou leur disponibilité. Les patrons des petites et moyennes entreprises sont en général originaires du village le plus important du cluster, d'anciens techniciens et ingénieurs mis au chômage par les entreprises publiques à la fin de l'époque collectiviste ou, et c'est nouveau, des petits entrepreneurs du sud du pays qui se sont installés dans le Nord car les conditions d'exercice y sont plus favorables (voir le cas du cluster de l'aluminium, page 253).

Les ouvriers ne sont pas déclarés, sauf dans certaines compagnies, et ils travaillent quand les entreprises ont des commandes. Ils sont de quatre origines : 1) des petits artisans des villages employés sous contrat à domicile ; 2) des ouvriers qualifiés et des techniciens (d'anciens ouvriers des usines d'État). Leur qualification et leur exposition aux polluants expliquent les salaires élevés qu'ils reçoivent au regard des équivalents ruraux. En 2021, deux ouvriers fondeurs du cluster de Mẫn Xá recevaient 800 000 VNĐ de salaire par jour ; 3) des ouvriers non qualifiés des villages environnants qui y travaillent de façon saisonnière en dehors des périodes de travaux agricoles pour effectuer les étapes les moins valorisantes (tri des déchets, broyage des plastiques...) ; 4) des villageois originaires des provinces reculées, notamment montagneuses, où vivent les ethnies « minoritaires » qui s'installent pendant plusieurs mois dans les ateliers pour exécuter les tâches les plus consommatrices de main-d'œuvre et les moins valorisantes.

Cette main-d'œuvre fixe et flottante est difficile à estimer car elle varie beaucoup selon les années ou les saisons. Elle vit dans des conditions difficiles, dort dans l'atelier ou des chambres précaires dans les villages. Souvent stigmatisés en raison de leur origine migratoire, ces travailleurs s'intègrent difficilement dans les clusters et ne font pas venir leur famille.

Les entreprises doivent investir dans des machines de plus en plus sophistiquées si elles veulent améliorer la qualité de leurs produits. Dans la province de Bắc Ninh, la grande concentration des clusters de villages artisanaux, mais surtout des parcs industriels, offre des conditions d'échanges, de développement, de transferts de savoir-faire et d'économie d'échelle qui ont permis l'émergence d'une classe d'entrepreneurs villageois capable d'investir dans la mécanisation de leur production (chaînes de cuisson de papier, fonderie pour le métal, etc.). Dans la province de Hà Nội, en revanche, peu de villageois ont suffisamment de capital pour de tels investissements. Le village de Xà Cầu effectue le tri et le broyage des plastiques, mais pas la fabrication des granules car peu d'entrepreneurs en ont les moyens. Seuls quelques chefs d'atelier ont réussi à investir dans des camions pour contrôler une partie plus longue du processus de collecte et de commercialisation des plastiques.

Des villages organisés en clusters

Les villages du recyclage sont organisés en clusters à plusieurs niveaux (**carte 2 du chapitre 12**).

Le premier niveau regroupe plusieurs villages

Il est composé tout d'abord d'un centre principal (le village-mère considéré comme la locomotive) où sont localisés les plus grands producteurs et donneurs d'ordre, des entreprises déclarées, souvent mécanisées et regroupées au sein d'une zone artisanale (*điểm công nghiệp*) accessible par une grande route. Ces producteurs sont les recycleurs et ils ont investi dans de grandes chaînes de production de papier ou des fours pour la fonte des métaux ou des plastiques. Ils produisent des *pellets* de plastique, des lingots d'aluminium ou d'acier et des grands rouleaux de papier qu'ils vendront à des ateliers de leur village ou d'autres du cluster. Ils réalisent les activités « chaudes » nécessitant beaucoup d'énergie (dans les zones artisanales, il y a des transformateurs électriques avec une meilleure puissance que dans le centre villageois, et à des prix subventionnés). Puis, le cluster est aussi composé de villages ou hameaux secondaires, excentrés et plus pauvres, qui ont une main-d'œuvre nombreuse et peu de moyens pour monter des ateliers mécanisés. Leurs ateliers sont de plus petite taille. Ils exécutent des activités à l'amont ou à l'aval de la chaîne de production, soit pour l'approvisionnement en déchets, soit pour des services, soit pour la transformation des matières prétraitées. Ils s'adonnent à plusieurs activités. Tout d'abord, ces villages sont spécialisés dans l'approvisionnement en matières premières secondaires (commerce des déchets, stockage et tri) : il existe une longue chaîne de traitement de ces matières. Dans le cas de la papeterie, différents types de rebuts sont triés (les chutes de papier de bonne qualité, les papiers usagés, les journaux et livres dont il faut enlever le scotch, les parties plastifiées et les agrafes). Dans le cas des villages du plastique, certains s'adonnent principalement au prérecyclage et réalisent les activités de tri et de broyage des rebuts. D'autres villages se sont spécialisés dans le commerce des produits semi-finis (*pellets*, lingots de métaux et rouleaux de papier) pour la fabrication d'objets.

Ces villages du cluster possèdent de nombreux atouts. Ils ont des savoir-faire particuliers. Certains villages possèdent une spécialisation artisanale depuis des siècles et participent à la fabrication d'objets de luxe ou d'art (martelage et fonderie du cuivre et du bronze à Đại Bái). Ce sont souvent des villages dont les artisans n'ont pas le sens du commerce, ni de la promotion de leur activité, et dépendent des villages plus dynamiques. D'autres villages offrent de larges espaces de production en location. Les donneurs d'ordre des villages-mères sont très gourmands en terre qui peut manquer cruellement dans leur village. Ils louent alors des parcelles dans les villages limitrophes pour y installer des ateliers ou des magasins. C'est le cas des entreprises de Dương Ổ du cluster de la papeterie qui ont installé une zone artisanale dans le village de Ngô Khê, où il y a peu de recycleurs. Des villages développent des services, comme les transports, les commerces, les marchés de matières premières et les ateliers de réparation des machines. C'est le cas des villages périphériques du cluster de la sidérurgie de Đa Hội ou des entreprises fabriquant des sacs en plastique pour l'emballage des produits, des services de réparation des machines, de teinturerie ou de couture pour les villages

Photo 2
Une petite pause sur des balles de plastique à Minh Khai (2018).

du textile. Enfin, des villages approvisionnent en main-d'œuvre les villages-mère où se trouvent les plus grandes entreprises ou travaillent pour celles-ci en sous-traitance ou par apprentissage.

Ainsi, plus la division du travail augmente avec la mécanisation, plus l'espace de production s'étend au-delà des frontières villageoises. Une des particularités des clusters de villages de métier est qu'ils créent à tous les niveaux des satellites, villages ou quartiers, selon les besoins en main-d'œuvre, terrains et division du travail. L'embauche d'ouvriers des villages voisins permet à ceux-ci d'apprendre un métier. Une fois qu'ils détiennent les savoir-faire et ont développé une clientèle, ils se mettent à leur compte ou travaillent en sous-traitance pour leur ancien patron qui détient les réseaux. Aussi, pour des raisons environnementales, certaines activités sont interdites dans les villages-mères. C'est le cas des villages-satellites du cluster de la plasturgie de Minh Khai qui ont essayé de produire des granules de plastique, profitant de leur localisation dans la province limitrophe où les règlementations environnementales sont moins strictes (167). De même, dans le sous-cluster du plastique, à 3 km au nord de Xà Cầu, deux villages, Ngô Đồng et Ba Dự, ont développé les activités de prérecyclage. Après avoir travaillé comme apprentis à Xà Cầu pendant dix ans, les ouvriers se sont mis à leur compte et ont ouvert des ateliers ou des dépôts. Le village polarise aussi la main-d'œuvre des villages des alentours, notamment de Chuông, le village des chapeaux coniques localisé à environ 4 km (168). Les salaires offerts par cette activité sont en moyenne deux fois supérieurs à ceux de l'artisanat manuel de vannerie (soit 4 millions contre 2 millions de VNĐ par mois).

Au niveau villageois

Les relations entre les entreprises des hameaux ou sous-quartiers des villages urbains peuvent aussi être complémentaires. Le travail est divisé entre activités froides et activités chaudes, et entre entreprises, chacune effectuant une étape du processus en fonction de ses savoir-faire ou de ses machines, et revend à un autre artisan la partie semi-finie de son article. Par exemple, le laminage des plaques d'aluminium s'effectue à partir de lingots, les plaques seront vendues à des fabricants de casseroles ou de plateaux.

Entre les entreprises villageoises et les entreprises formelles des zones industrielles

Des grandes entreprises installées dans les zones industrielles urbaines sous-traitent aux ateliers spécialisés des villages de métier la fabrication de pièces détachées. On rencontre ce type de relation dans la métallurgie ou dans la plasturgie pour le moulage d'objets (cas d'un atelier à Triều Khúc, installé dans la zone artisanale formelle sous-traitant d'une usine de jouets).

Des relations de confiance et de concurrence au sein du cluster

Dans les clusters de villages de métier, la confiance fait partie intégrante du fonctionnement et de la circulation des biens, des matériaux et des savoir-faire au sein de la chaîne de commerce et de transformation. Ces réseaux villageois s'étendent avec l'ouverture du pays au commerce international, notamment vers la Chine. Cette diversité de statuts, de savoir-faire et d'envergure de production est propre aux clusters qui sont fondés sur la complémentarité des entreprises intégrées au sein de la chaîne de production dont elles sont interdépendantes. Cette intégration dans des réseaux villageois et supravillageois est fondée sur le lien familial, le voisinage, le partage d'un territoire productif, même si les entreprises de même niveau peuvent entrer en concurrence. La confiance et la morale de cette économie villageoise cimentent les liens productifs (DIGREGORIO *et al.*, 1999).

Les caractéristiques particulières de leur propre histoire prennent de l'importance dans l'explication du succès individuel et de celui du village à redévelopper leur profession. À Đa Hội, elles se déclinent ainsi : l'expérience intergénérationnelle dans le secteur du fer et de l'acier, qui remonte à plus de quatre cents ans, la division du travail entre les sexes qui met en valeur les compétences techniques des hommes et les compétences commerciales des femmes, la disponibilité de la main-d'œuvre des villages environnants, leur expérience de contournement des autorités à l'extérieur de leur village et de leur commune lorsque ce qu'ils considèrent comme leurs moyens raisonnables de gagner leur vie va à l'encontre des politiques gouvernementales. « En somme, le succès de Đa Hội tient, selon les habitants, à la connaissance du marché, la concurrence, leur flexibilité pour s'adapter à la demande, l'apprentissage, l'innovation pour assembler des technologies variées, la spécialisation des processus et la flexibilité, l'expérience intergénérationnelle, la division du travail entre les sexes, l'identité locale basée sur la fusion des communautés professionnelles et territoriales et, sans oublier la camaraderie au sein d'une économie souterraine. Ils décrivent un système de production en réseau qui leur a permis de "s'appuyer les uns sur les autres", malgré la concurrence. » (DIGREGORIO, 2001).

Croissance des emplois et de la sphère d'embauche

La mondialisation et le développement du secteur informel

L'intégration du Việt Nam au marché international, *via* l'OMC, et du Sud-Est asiatique, *via* l'Asean[2], et l'accélération de la mondialisation ont eu un impact économique important sur les villages de métier : ils ont diversifié et changé les standards de production et mécanisé certaines étapes. Par l'intermédiaire des donneurs d'ordres branchés sur les marchés d'exportation, la production augmente, embarquant de nombreux petits ateliers-satellites informels.

Tirés par les agents d'exportation, les clusters s'étendent, parfois au-delà des frontières, et diversifient leur production, la modernisent et cherchent à s'adapter aux marchés diversifiés. Interroger l'histoire de l'intégration des métiers artisanaux, autrefois strictement manuels, dans les chaînes de valeur offre un éclairage sur le rôle des individus dans l'innovation, l'importance des réseaux d'entraide et la faible intervention des opérateurs publics dans l'amélioration des conditions techniques et sociales de production.

Seules les entreprises formelles bénéficient dorénavant de réelles politiques incitatives pour l'accès aux terrains, afin d'élargir leur envergure de production, et aux crédits bancaires. La formalisation se solde par une augmentation de leurs coûts de production (taxes plus élevées, suivi du Code du travail et de l'environnement, gestionnaire déclaré et contrôle de la gestion de l'entreprise par le service industriel provincial). La part des entreprises déclarées demeure faible (14,8 %, en 2008, dans le cluster de Phong Khê ; tableau 1). Toutefois, le poids de l'emploi informel dans les entreprises formelles reste très élevé : peu d'employés ont des contrats de travail et sont couverts par des assurances. Chaque patron négocie au coup par coup les conditions d'embauche (FANCHETTE et NGUYỄN-XUÂN, 2012).

Les entreprises familiales informelles ne sont pas régies par le Code du commerce, ni soumises au Code du travail ou aux taxes sur la production et elles ne délivrent pas de factures. Les activités commerciales et de gestion sont effectuées par des membres de la famille, souvent non rémunérés (ce sont en général les épouses qui s'y adonnent). Cette forme d'organisation permet de mobiliser tous les membres de la famille, de valoriser le temps de travail et l'espace résidentiel au profit de la production, et elle gagne en souplesse pour l'utilisation de la main-d'œuvre au gré des commandes (travail de nuit, heures supplémentaires, etc.). L'emploi est flexible et s'adapte au marché ou aux conditions de production (les coupures d'électricité sont régulières, les problèmes d'approvisionnement en matière première freinent la production, etc.). En période de récolte du riz, les ouvriers désertent l'atelier, même si les commandes auraient exigé leur présence (FANCHETTE et NGUYỄN-XUÂN, 2012).

Même non déclarés, ces ateliers ont une capacité d'embauche non négligeable et sous-traitent aussi un large

2. Respectivement : Organisation mondiale du commerce et Association des nations d'Asie du Sud-Est.

© Nội-Pictures/F. Carlet-Soulages

Photo 3
Gérante d'une entreprise de papeterie à Dương Ổ (Phong Khê) (2016).

volant de main-d'œuvre originaire du cluster ou des migrants (**tableau 1**). En moyenne, chaque atelier de production emploie régulièrement vingt-sept personnes et recrute huit à dix travailleurs saisonniers. Par ailleurs, les plus grandes entreprises non déclarées parviennent tout de même à exporter, moyennant le paiement de 10 % de taxes aux entreprises intermédiaires dont elles utilisent les licences d'exportation.

Dans le secteur du recyclage, la papeterie et la plasturgie ont rapidement évolué grâce à l'importation de gros volumes de déchets standardisés et accessibles sur le marché mondial, stimulées par une offre croissante des marchés occidentaux pour se débarrasser de cette ressource coûteuse à recycler et par la demande des industries asiatiques en granules de plastique.

L'innovation technique, la mécanisation des papetiers et la diversification

L'ouverture économique, la fin du système collectiviste et l'urbanisation des marges de Hà Nội ont eu raison du système de production traditionnel pluriséculaire de la papeterie. Certains villages ont perdu leur métier avec l'urbanisation (aux abords du lac de l'Ouest à Hà Nội),

Tableau 1

Types d'entreprises dans le cluster de papeterie en 2006

Données	Quantité
Nombre de villages dans le cluster	5
Nombre d'ateliers déclarés, dont :	110
- sociétés et compagnies	19
- entreprises privées	73
- coopératives	28
Foyers artisans non déclarés	630
Total des ateliers	**740**
Part des ateliers déclarés	14,8
Foyers dans les services	65
Actifs dans artisanat	8 200
Actifs de l'intérieur du cluster	4 160
Actifs de l'extérieur du cluster	4 040

Sources : enquêtes auprès des comités populaires des communes, Nguyễn-Xuan (2008) et Casrad (2006).

tandis que d'autres (ceux du cluster de Phong Khê) ont mécanisé leur production. En 1994, l'État vietnamien interdit la fabrication des pétards, devenue trop dangereuse, et sonne le glas de la papeterie manuelle. De nombreux papetiers vendaient leur papier de faible qualité aux fabricants de pétards du village de Bình Đà dans la province de Hà Tây.

Plusieurs grands artisans appartenant à des familles conjuguant capital financier et social décident alors de se convertir dans la production de masse et achètent des machines d'occasion aux entreprises d'État en faillite ou en Chine. La première chaîne de papier industrielle fait son apparition en 1988 dans l'atelier d'une puissante famille de Dương Ổ qui possède deux des trois plus grandes entreprises sises dans l'actuelle zone artisanale. Les entrepreneurs se forment dans les usines étatiques de Thanh Hóa et Bãi Bằng et auprès des coopératives en faillite. Les firmes se verticalisent et intègrent plusieurs étapes de production, notamment le tri. Des politiques incitatives de la Province facilitent la reconversion des artisans et la création de zones artisanales.

Entre 1989 et 1999, les papetiers effectuent un saut technologique impressionnant : de la production manuelle de *giấy dó*, ils se reconvertissent dans la production mécanique de papier machine, de papier toilette, de papier kraft ou de carton, sur des chaînes de moyenne ou grande envergure, certaines occupant une centaine d'ouvriers. Les plus gros entrepreneurs se spécialisent dans le papier machine et le papier destiné à la fabrication des cahiers de qualité. Ils investissent un montant élevé de capitaux et prennent de grands risques pour s'ouvrir au marché capitaliste. Ils achètent des chaînes de cuisson de papier et agrandissent leur atelier, embauchent des ouvriers et cherchent de nouveaux clients, entreprise complexe dans ce pays en transition vers l'économie de marché. Ils dépendent du marché international pour s'approvisionner en cellulose et non plus seulement de celui local du papier recyclable. Ils ciblent le marché domestique, notamment celui du papier de qualité moyenne dans les mains des grandes entreprises d'État subventionnées qui alimentent les marchés urbains. La nécessité d'améliorer la qualité, de mécaniser la production et donc d'effectuer des économies d'échelle explique le rapide développement de l'envergure de la production (130) (132).

En 2009, la commune de Phong Khê compte 210 chaînes industrielles de production ayant une capacité de 300 à 2 000 t par an. Cependant, le marché est très fluctuant et la concurrence féroce. L'accès à la matière première détermine le choix des entrepreneurs à produire chaque type de papier.

Avec la mécanisation, les femmes de Dương Ổ ont perdu leur métier (la fabrication manuelle du papier *dó*) et se sont reconverties dans le tri, le commerce des papiers à recycler ou la gestion de leur entreprise familiale. Certaines travaillent comme ouvrières dans les ateliers de moyenne envergure. La fabrication manuelle du papier *bản* résiste dans le village de Châm Khê, où quelques femmes s'activent autour de leurs bassins et de leurs tamis de levage. Leur production sert à l'emballage et aux objets votifs. Les femmes fabriquent en moyenne un millier de feuilles par jour qu'elles font sécher dans les champs. Elles vendent le papier à des grossistes ou à des ateliers de fabrication d'objets votifs du village qui vont le découper, le teindre ou l'imprimer (pour en faire des

© Nôi-Pictures/F. Carlet-Soulages

Photo 4
Une chaîne de cuisson dans la zone artisanale de Phong Khê (2016).

liasses de faux dollars ou de dôngs vietnamiens pour la banque des morts) et le coller (pour en faire des lingots dorés) (133).

De la pioche aux barres de fer pour le bâtiment

L'ancien village de fabrication manuelle d'outils aratoires (charrues, pioches, faucilles, couteaux), Đa Hội, débute son activité artisanale au XVIIe siècle. Puis, dans les années 1990, il étend son activité sur ses marges pour intégrer une dizaine de villages de la commune de Chau Khê et des environs avec une forte division du travail. Au début, seuls les artisans de Đa Hội s'adonnent à cette activité. À l'époque collectiviste, celle-ci est limitée en raison du manque de matières premières ou recyclables, du contrôle par l'État de leur commercialisation, mais aussi en raison du manque d'énergie électrique. Dans les années 1980, les artisans organisés alors en coopératives doivent recourir aux moteurs à explosion pour faire fonctionner les machines. Les produits du village de métier sont essentiellement des outils manuels, fabriqués dans des petites forges, au service de la production agricole. Le laminage de l'acier se fait également de façon manuelle, avec une petite production de quelque 30 à 50 t par entreprise et par an (NGUYẾN-XUÂN, 2008). Suite aux réformes du *Đổi mới* et à l'électrification de la commune de Chau Khê, l'activité artisanale se mécanise et se développe rapidement. Avec la faillite des entreprises d'État ou des consortiums (sino-germaniques), telle la compagnie métallurgique de Thái Nguyên, les artisans de Đa Hội tentent de prendre la relève de la sidérurgie et diversifient leur activité pour répondre à la demande. Les entrepreneurs ne sont pas tous des artisans du village, certains sont d'anciens commerçants ou ouvriers des usines de Thái Nguyên ou d'autres secteurs qui ont été mis au chômage au moment de la fermeture des usines d'État dans les années 1980 (126).

Puis, le boom de la construction dans les années 1990-2000 fait augmenter la demande en barres et tiges de fer pour le bâtiment. Depuis 1991, les producteurs ont modernisé leurs équipements et techniques de production, à l'origine d'un développement spectaculaire du cluster. Les entreprises investissent dans l'achat de machines pour diversifier et augmenter la qualité et la production (quelque 50 produits différents). La chaîne de production s'étend, chaque entreprise effectuant une étape du processus afin de rentabiliser ses machines : fonte et fabrication des lingots par moulage, laminage, fabrication d'ébauches, nickelage, fabrication de produits finis (clous, quincaillerie, filets et grilles en fer). Les entreprises qui laminaient manuellement l'acier investissent dans l'achat des machines et des équipements, ce qui permet une augmentation rapide de la production, en moyenne de 1 500 à 2 000 t par entreprise et par an. Les clients principaux du cluster de Chau Khê sont les grossistes de matériaux de construction, qui les revendent aux habitants ayant besoin de construire des maisons, des barrières de protection, des tuiles, etc. (NGUYẾN-XUÂN, 2008).

On peut s'interroger sur les moyens développés par d'anciens petits artisans, paysans à certaines heures, pour développer une industrie d'une telle envergure, mobiliser des capitaux, des savoir-faire extérieurs et mécaniser leur production. Une des réponses relève de la forte division du travail entre les différents acteurs de la chaîne de production. Dans sa thèse sur Đa Hội, Digregorio relève la réponse d'un artisan : « Nous avons un système ici, un réseau que les autres villages n'ont pas. Ce système comporte cinq étapes, donc cinq activités : il y a ceux qui approvisionnent, ceux qui effectuent les premiers processus de transformation, ceux qui fabriquent les produits (lingots de métal par exemple) et ceux qui produiront des tiges ou des barres de fer avec ces lingots. Enfin, certains sont spécialisés dans les services (transport, réparation de machines...). » Ces différentes activités sont dispersées dans le territoire industriel.

Dans le cluster de villages de métier de Đa Hội, la plupart des artisans n'effectuent qu'une étape de production, mais ils ont des liens très forts de dépendance avec les membres de la chaîne, ce qui permet au processus de production de s'effectuer rapidement. Toutefois, les fournisseurs de matériaux et d'énergie comme le charbon constituent la base du système industriel. La partie la moins capitalisée de la chaîne est composée des commerçantes de déchets de métaux (une quarantaine de femmes au début des années 2000) qui approvisionnent les fonderies. Ces femmes effectuent cette activité en parallèle à l'agriculture et font partie des paysans les plus pauvres du village. Un second groupe de commerçants de déchets est composé de femmes qui achètent des chutes de métaux neufs ou utilisés dans les usines et les chantiers navals de Hải Phòng et de Thái Nguyên. Parmi ces femmes se trouvent les commerçants les plus riches du village. Elles réalisent des transactions de 7 à 15 t de matériaux à chaque expédition pour approvisionner à la fois les entreprises de leurs familles et celles des autres. Ces commerçants ont besoin de grands espaces pour stocker leurs matériaux (129).

La forte division du travail au sein de la chaîne de production et la rentabilité différentielle de chaque étape,

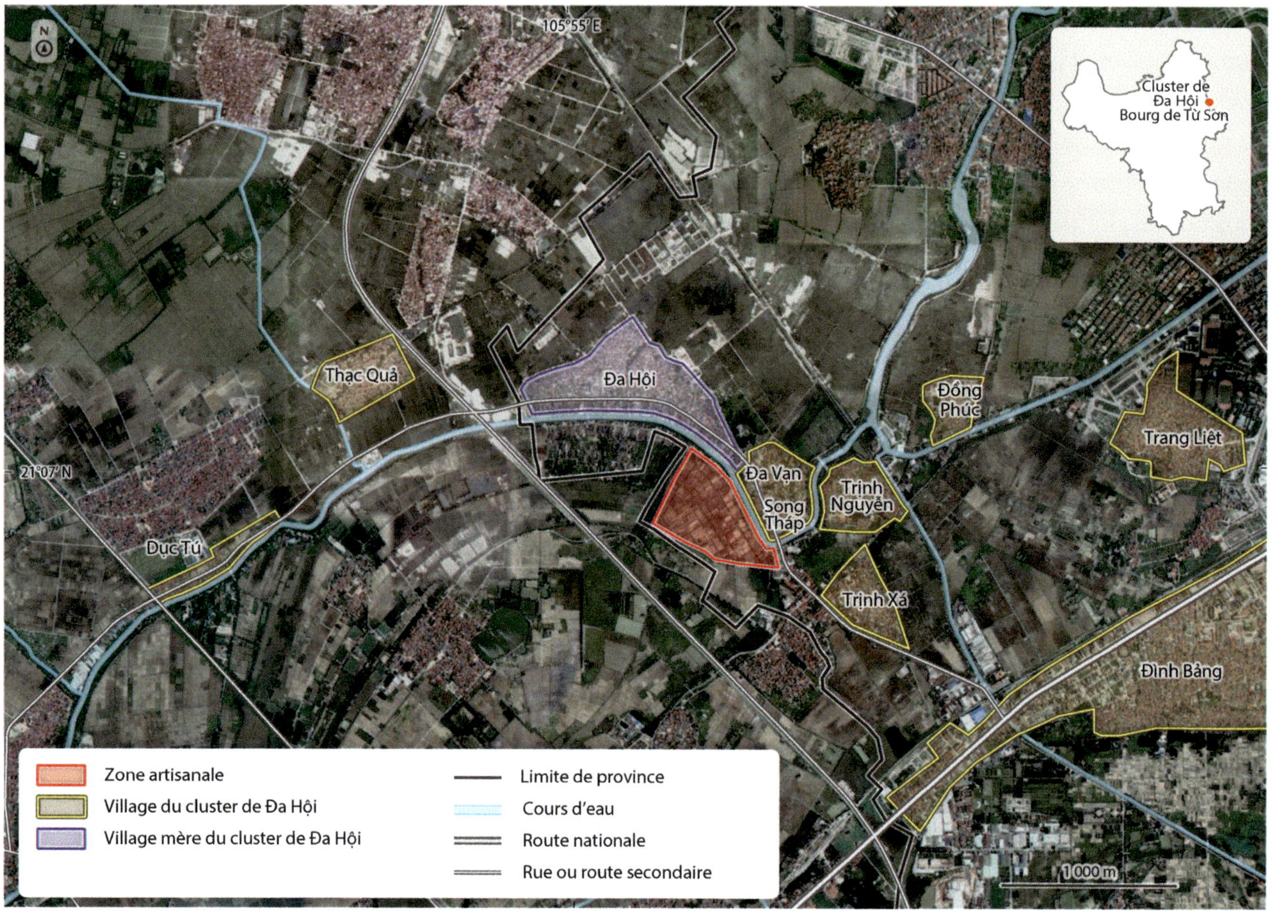

Carte 1

La division du travail entre les villages du cluster de la métallurgie de Đa Hội en 2008.

Réalisation : DIGREGORIO (1999) ; Cathy Chatel et Éric Opigez.
Source : DIGREGORIO, 1999.

dont certaines sont beaucoup plus mécanisées, augmentent la division sociale et les revenus économiques au sein de la société villageoise. Avec l'augmentation de l'envergure de production des entreprises, la sphère d'embauche s'est élargie aux ouvriers des villages environnants et d'autres provinces : en 2006, on compte 5 000 ouvriers de la commune et 3 500 issus de l'extérieur (district voisin de Đông Anh et d'autres provinces). Ces chiffres varient selon les saisons. Pendant la saison sèche, 7 000 ouvriers sont embauchés de l'extérieur, car le secteur de la construction tourne à plein rendement. En 2006, la production totale de la commune de Chau Khê s'élève à 220 000 t par an, pour un chiffre d'affaires annuel de 350 milliards de VNĐ (soit 84,6 % du PIB de la commune) (NGUYỄN-XUÂN, 2008).

Les inégalités de revenus et d'accès au foncier

Dans le cluster de l'aluminium de Văn Môn, une étude de 2005 montre la variété des revenus des entreprises et leurs capacités différentielles à investir dans les étapes de production. La relative égalité des ressources de l'époque collectiviste a disparu. Les capacités d'investissement des entreprises familiales reposent sur des réseaux, parfois d'anciens propriétaires terriens expropriés pendant

Encadré 2

Madame Binh, installée dans la zone artisanale depuis 2002 (126)

Les parents de madame Binh étaient agriculteurs et, en 1988, ils ont commencé à fabriquer des roues de vélo. Puis, ils se sont mis à mécaniser leur activité et à produire des barres de fer pour la construction. Avant, l'atelier de madame Binh était dans le village de Đa Hội, au bord de la route. Elle a déménagé dans la zone artisanale pour élargir son envergure de production. Elle fabrique dorénavant des lingots de fer, et les revend aux entreprises qui fabriquent des tiges et des barres pour la construction des maisons. Des collecteurs des provinces du delta ou du centre du Việt Nam la fournissent en matériaux usés. Elle utilise n'importe quels matériaux de récupération.

En plus des fours, elle a des machines pour compresser les matériaux et les couper. Elle a besoin de plus de place pour élargir sa capacité de production et en acheter d'autres. Avant, dans le village, elle ne disposait que de 200 m^2 de surface d'habitation et d'atelier. Quand elle a enregistré sa demande de parcelle dans la zone artisanale, elle pensait que 500 m^2 suffiraient. C'était déjà beaucoup plus grand que son ancien atelier ! Mais à l'usage, elle s'est rendu compte que cette superficie est insuffisante pour la production industrielle qui demande toujours plus de place, notamment pour installer de nouvelles machines ou stocker des réserves de déchets. Dans son atelier du village, elle ne peut pas mettre de machines car c'est trop étroit. Elle y fabrique des petites pièces de quincaillerie (clefs et serrures). Avant, elle ne fabriquait pas de barres de fer. Elle n'avait pas assez de fonds ni de place et ne fabriquait que des petites pièces. Elle stocke beaucoup de matériaux usés pour une durée d'un mois. Elle n'attend pas d'avoir des commandes pour travailler. Elle approvisionne tous les mois principalement deux ateliers qui fabriquent des barres et des tiges de fer. Les prix baissent quand elle n'a pas assez d'acheteurs. Elle cherche alors à acheter des matériaux usés moins chers.

Elle emploie quatorze personnes qu'elle paie à la tâche. Certains viennent d'autres provinces (Bắc Giang). Ils dorment dans l'usine et travaillent surtout la nuit, car il fait moins chaud et l'électricité est moins chère. Le courant est parfois trop faible. Pendant un an, ils avaient quatre jours avec électricité et un jour sans. Maintenant, la puissance électrique est fluctuante. Quand l'électricité est moins chère, elle travaille. Son four fonctionne à l'électricité. Elle dépense 60 millions de VNĐ d'électricité par mois.

Elle circule entre les deux ateliers. Dans le village, elle fait travailler neuf personnes. Les ouvriers de la commune rentrent chez eux le soir. Son mari s'occupe du transport des produits.

Parfois, elle rencontre des problèmes pour s'approvisionner en matériaux de récupération. Il y a de la concurrence avec les entreprises étatiques, notamment la compagnie de Thái Nguyên qui a les moyens d'acheter les matériaux à des prix élevés.

la révolution ou sur des nouvelles relations que la politique locale a pu faire émerger ou que le coopérativisme a offertes. Les cadres des coopératives de production ont souvent eu plus de facilité à intégrer l'économie de marché que les autres.

La prospérité de certaines activités artisanales a permis d'accumuler des capitaux pour investir dans la mécanisation et l'augmentation de l'envergure des ateliers. Selon une enquête réalisée en 2006 dans le village de Mẫn Xá à Văn Môn, sur 474 foyers, 235 sont engagés dans le recyclage de l'aluminium. La majorité de ces artisans et commerçants tirent leurs revenus de cette activité (**tableau 2**), et non plus de l'agriculture et de l'élevage. Deux des dix plus riches foyers et trois des seize foyers intermédiaires possèdent un camion. Un des dix foyers les plus riches et deux des seize foyers intermédiaires avaient des voitures. Tous les ménages enquêtés avaient des téléviseurs, des motos et de l'électroménager. De même, les foyers qui s'étaient endettés l'année précédente avaient, dans leur majorité, réussi

Encadré 3

Le ramasseur de crabes est devenu un grand homme d'affaires !

Mẫn Ngọc Anh, né en 1971, est actuellement le président de la société anonyme du groupe Hanaka et président de l'association des jeunes entrepreneurs de Bắc Ninh. Il est le plus jeune d'une famille de paysans qui s'adonnait en parallèle au commerce des déchets. Depuis l'âge de 16 ans, il collecte de la ferraille avec sa famille. Il a voyagé dans le pays, dans le Sud, et dans les pays voisins pour faire du commerce et étudier.

Il a ouvert une entreprise de fabrication de matériel électrique afin « qu'il puisse éclairer chaque village, y compris les zones reculées, montagneuses et insulaires ». En 1991, lorsque l'Union soviétique s'est désintégrée, voyant l'opportunité, le jeune homme de 20 ans a rapidement approché des scientifiques et a trouvé des objets provenant d'usines dissoutes sur le territoire de l'Union soviétique. En 1994, Hong Ngoc Co. Ltd (le prédécesseur de Hanaka) est né avec un capital initial modeste (150 millions de VNĐ). Ensuite, il a invité des gestionnaires et des scientifiques nationaux et étrangers pour aider l'entreprise. En 2001, l'usine d'équipements électriques Hanaka a été construite sur les terres agricoles de la commune de Đồng Ky. Deux ans plus tard, le Hong Kong Trade Center de 18 000 m^2 et le parc high-tech de 110 000 m^2 sont nés, contribuant de manière significative à changer le visage de Từ Sơn, à Bắc Ninh. En dix ans, Mẫn Ngọc Anh a fait de Hanaka un groupe économique privé multisectoriel. Actuellement, ce groupe est composé de quinze entreprises, employant plus de 1 000 travailleurs locaux, avec des salaires mensuels moyens de 5 à 7 millions de VNĐ. En 2018, le chiffre d'affaires a atteint 2 700 milliards de VNĐ.

Au cours des vingt-cinq dernières années, des dizaines de milliers de transformateurs et des centaines de milliers de tonnes de câbles électriques Hanaka ont été livrés dans des localités partout dans le pays. Hanaka est l'un des principaux fabricants vietnamiens de transformateurs très diversifiés, de panneaux électriques basse tension, de fils et câbles électriques et de toutes sortes de fils d'aluminium, de cuivre... Des milliers de ses transformateurs sont également exportés au Laos pour servir à la mise à niveau du réseau électrique.

Le groupe a investi dans la construction de la zone artisanale formelle de Văn Môn. Il est partie prenante du projet résidentiel de haut standing de 80 ha, Paris Ocean Park, sur les terres de la commune de Đồng Ky, pour « apporter confort et sécurité aux résidents, ainsi que de belles prestations avec de nombreux éléments de design dont : villas, immeubles de grande hauteur, maisons de ville, centres commerciaux. Avec seulement la commodité et la diversité de la zone urbaine, Hanaka Paris mérite d'être la zone urbaine la plus idéale de la ville de Từ Sơn, province de Bắc Ninh ».

Tableau 2

Revenus net annuels *per capita* des différents groupes sociaux dans Mẫn Xã en 2006 (en millions de VNĐ)

Types de classes	Riche	Moyen supérieur	Moyen	Pauvre
Fondeur	7,5	6,4	9,3	5
Commerçant de déchets	6,5	7,8	9,9	8
Fondeur et commerçant de déchets	0	5,8	0	0
Autres	0	0	5	0
Total	**14**	**20**	**24,2**	**13**

Source : Le Thi Van et Sajor Edsel, 2012.

Photo 5
Des ouvriers enfournent de la ferraille à Mẫn Xá (2021).

à rembourser leurs dettes. Les ménages les plus riches avaient emprunté le montant le plus élevé (16,5 millions de VNĐ par foyer).

La capacité de certains ménages à investir dans des machines, le foncier ou des véhicules explique en partie pourquoi et comment Văn Môn est devenu leader dans le recyclage de l'aluminium au détriment de Đại Bái, pourtant dans le métier de l'artisanat des métaux depuis mille ans. Plusieurs grands entrepreneurs, originaires de familles puissantes, et parfois d'anciens propriétaires fonciers d'avant la révolution, ont réussi, grâce à leur capital social et leurs capitaux, à investir dans des projets fonciers juteux, notamment dans les zones artisanales à Phong Khê et à Văn Môn. Ainsi, des histoires d'ascension sociale étonnantes peuvent être lues dans les journaux.

Les stratégies d'ascension sociale

La reconversion des *đồng nát* en gérants de *bãi*

Dans les arrondissements urbains, les deux tiers des *bãi* ont été ouverts par des villageois originaires de Xuân Thượng et Xuân Hồng, deux villages de Nam Định. Cette filière structure à la fois le réseau des collectrices, les *đồng nát*, et celui des gérants de dépôts. L'itinéraire professionnel des plus anciennes est le suivant : agricultrice, puis *đồng nát* et, une fois un capital suffisant économisé, elles ouvrent un *bãi* dans un quartier qu'elles connaissent. Cela demande de nombreux savoir-faire, notamment la connaissance des matériaux, l'intégration dans des réseaux pour mieux négocier les prix avec les clients qui les approvisionnent et les intermédiaires, et de la diplomatie avec le voisinage et les collectivités locales. Avoir été une *đồng nát* et mené une vie difficile permet d'établir des relations avec celles qui, à leur tour, leur vendront des matériaux en tant que gérante de *bãi*. Plus de la moitié des enquêtées ayant répondu affirment avoir été collectrices avant d'ouvrir un *bãi*, principalement les plus de 40 ans. En effet, certaines affirment avoir été collectrices pour connaître les rouages du commerce des déchets. Elles ont acquis une connaissance des matériaux leur permettant d'évaluer la qualité des déchets qu'elles achètent. Elles peuvent plus facilement trier les métaux et se servent d'aimants pour les distinguer des déchets non ferreux (88). L'appartenance à la filière de Nam Định est pour de nombreux gérants de *bãi* une sorte de sésame justifiant leur vocation : « Comme notre village est connu pour ce métier, on a suivi les gens pour s'installer à Hà Nội et faire ce métier. » (67). Les générations se suivent, les enfants éduqués au village, quand ils n'ont pas d'autre expérience, prennent la relève des parents qui s'en retournent au village passer leur retraite, et pour certains éduquer leurs petits-enfants. Les filles suivent leur mari et leur belle-mère dans la migration vers la ville, puis retournent au village un an ou deux le temps d'élever les nouveau-nés, et reprennent ensuite la route pour « aller au marché des *đồng nát* » à Hà Nội. Une gérante affirme : « Avant, je suivais mon mari et ma belle-mère dans les sites de construction pour démolir des bâtiments et ainsi y récupérer les restes des métaux. Puis, j'ai été *đồng nát* pendant cinq ou six ans, nous venions à Hà Nội pendant la morte-saison. En voyant les gens du village aller en ville pour ce travail, nous avons voulu faire la même chose, et on a fini par ouvrir un *bãi.* » (63). Une autre confie : « J'ai été *đồng nát* pendant vingt ans avant d'ouvrir ce *bãi*. Grâce à cette activité, je connais donc énormément de *bãi* à Hà Nội, car auparavant je leur apportais les déchets. » (62).

La reconversion au sein de la chaîne du plastique

Avec la croissance du volume de déchets à recycler et de la production de sacs en plastique, la place des villageois de Minh Khai et de Xà Cau dans la chaîne de production a beaucoup évolué, chacun se spécialisant dans la partie du processus qui lui est la plus favorable et rentable. La collecte des déchets rapporte moins que la fabrication de produits en plastique. Lorsqu'un villageois occupe un poste plus haut dans la chaîne, il ne fait plus les travaux

Photo 6
La pesée d'une barre de fer dans la zone artisanale de Đa Hội (2008).

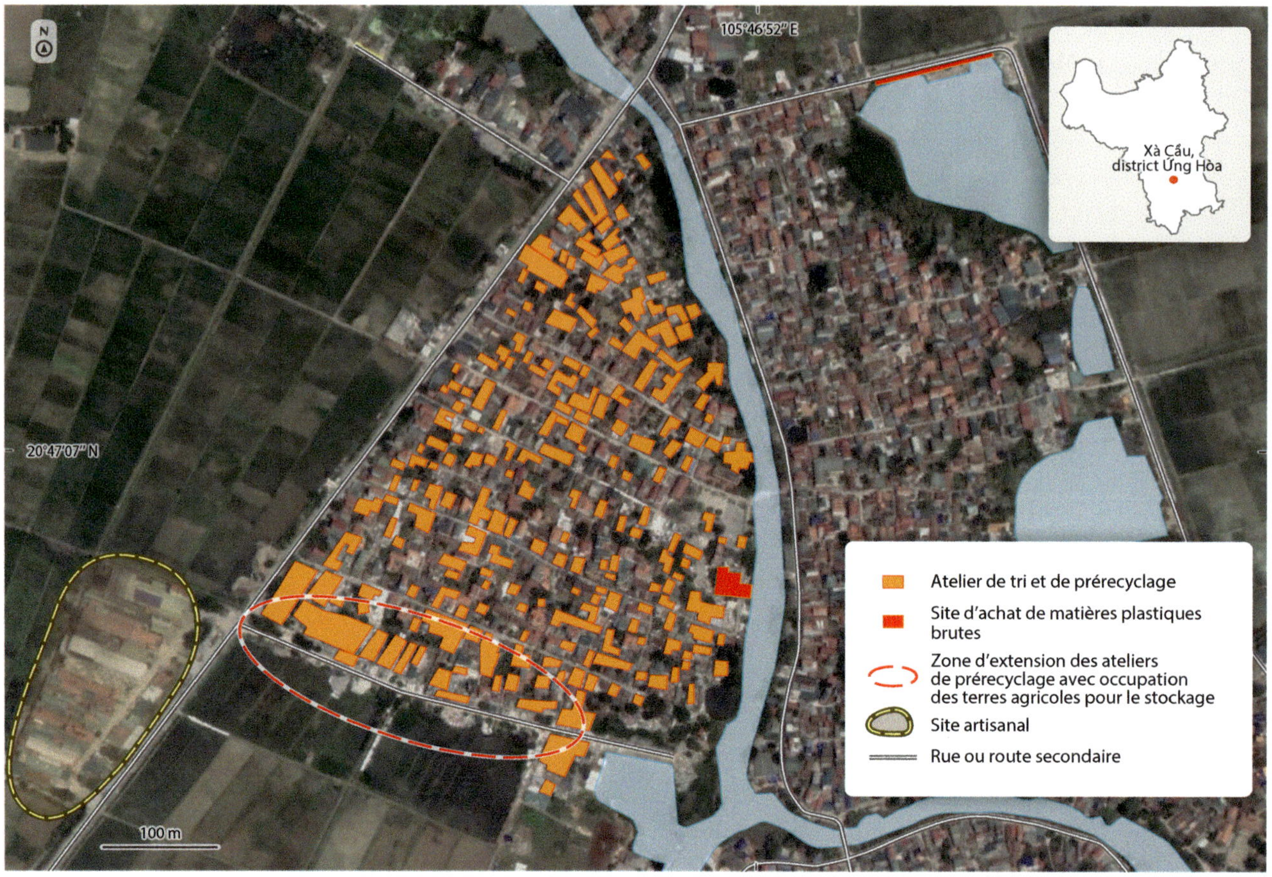

Carte 2
Les ateliers de prérecyclage à Xà Cầu en 2018.
Réalisation : Mathis Lebats, Đình Ngọc Anh et Valentine Bauer.
Source : enquêtes au village de Xà Cầu par les étudiants de la classe FAP09 de l'université d'architecture de Hà Nội en 2018.

des postes antérieurs. Par exemple, un nouveau recycleur de plastiques qui se spécialise dans le broyage des matériaux à recycler ou dans la fabrication des *pellets* ne fait que les travaux en lien avec son poste. Les activités commerciales sont laissées aux autres villageois, qui n'ont pas encore suffisamment de ressource pour accéder à un poste plus haut dans la chaîne, ou à des gens des autres villages. La mécanisation de la production implique toujours plus de capitaux et d'espaces de production qu'une minorité bien intégrée dans les réseaux peut obtenir.

À Minh Khai, avec le développement du métier dans les années 2000-2010, le nombre des recycleurs de plastiques croît suite au processus de succession des postes dans la chaîne de production des villageois, tandis que le nombre de commerçants de déchets se réduit. Les nouveaux recycleurs ne font plus leur ancien travail de commerçants de déchets, car ils investissent toute leur énergie, leur main-d'œuvre et leurs capitaux dans cette activité (Nguyễn Minh P. *et al.*, 2021) : les sources de déchets en plastique disponibles chez des commerçants du marché domestique ne sont pas suffisantes. Ils doivent ainsi s'approvisionner aussi sur le marché international.

Autrefois, à Xà Cầu, les villageois étaient collecteurs de déchets variés. Depuis le *Đổi mới* en 1986, ils se sont mis au commerce des déchets plastiques. Puis, au début des années 2000, sur les 700 ménages du village, 170 s'adonnent aux activités de prérecyclage dans leurs ateliers et embauchent un grand nombre de familles du village et des alentours (149). Cette activité est plus lucrative que celle de collecte simple dans les environs. Les commerçants, trieurs ou broyeurs avaient autrefois d'autres activités (agriculteurs, chauffeurs, commerçants, ouvriers, mécaniciens, commerçants de déchets à Hà Nội...). Ceux qui sont engagés depuis trois décennies dans la collecte et le commerce des déchets ont des réseaux d'approvisionnement dans les environs (les *bãi* le long de la route). Les nouveaux venus doivent aller chercher plus loin les matériaux, jusqu'à Hà Nội.

Ainsi, les enquêtes qualitatives réalisées par notre équipe montrent qu'il y a cinq types d'activités réalisées dans le village, mais seules trois dans les ateliers du cœur : le commerce des déchets, le tri et le broyage du plastique en paillettes. Faute de capital et de terres, ils exercent sur une petite envergure de production. Ils ne recyclent pas les paillettes de plastique produites par le broyage des déchets, car les machines pour fondre le plastique coûtent très cher, contrairement aux broyeuses. Seules deux entreprises installées dans la mini-zone artisanale ont suffisamment de capitaux pour fondre le plastique pour en faire des granules et fabriquer des sacs. Ainsi, le recyclage et la fabrication de sacs en plastique, activités les plus polluantes, ont été évincés du cœur villageois. Les ateliers effectuent une, deux ou trois étapes de la chaîne de production. D'après les entretiens, la moitié des ateliers effectuent deux activités (le tri et le broyage), un quart uniquement le broyage, le tri ou le commerce, et un seul l'intégralité du processus de production (un gros commerçant de déchets). Ce dernier a beaucoup de capital et peut louer des entrepôts où stocker la marchandise et la transporter grâce à son camion. De plus, les commerçants de déchets ont entre trois et cinq entrepôts dans lesquels ils stockent leurs matériaux. Ils les vendent ensuite aux broyeurs : chaque broyeur travaille avec trois ou quatre commerçants. Ces commerçants disposent d'un camion dans lequel ils transportent les déchets ou les paillettes de plastique à destination des ateliers de recyclage de Hưng Yên. On compte 200 camions dans le village (144) (155).

L'activité du tri est surtout pratiquée par les personnes âgées et les femmes. On compte environ deux à trois actifs par atelier qui s'adonnent au tri le matin (300 à 400 kg par jour). Le broyage, en revanche, demande beaucoup plus de main-d'œuvre : entre cinq et sept personnes par atelier l'après-midi. L'accès à la main-d'œuvre et la possibilité de leur payer un salaire influent sur le choix des étapes de production à réaliser. Même si le broyage des déchets plastiques est l'activité qui rapporte le plus, l'approvisionnement en matériaux et en ouvriers pose problème. Pour rentabiliser les machines, il faut traiter 7 t par jour. Durant le confinement imposé par la pandémie de covid, les ateliers ont continué à travailler, mais sans pouvoir déstocker, en raison de l'interdiction de circulation des camions vers les villages du recyclage ou de la baisse des prix liée à la récession industrielle. Les membres de la famille ont dû effectuer l'intégralité du processus de prérecyclage, car ils n'avaient pas les moyens de payer des salaires (154).

Au Việt Nam, il y a une forte division du travail entre les collecteurs, les commerçants de déchets et les recycleurs. Cela s'explique à la fois par le faible capital que chacun des acteurs détient, mais aussi par la division spatiale du travail entre ville et campagne et entre les zones plus ou moins accessibles aux transports. Dans le delta du fleuve Rouge, les activités industrielles sont reléguées dans les villages et à la périphérie des villes. L'industrie formelle s'est développée à l'époque coloniale (industries textiles, brasseries...), puis a élargi son envergure à l'époque collectiviste avec les entreprises d'État. Il existe dans d'autres pays des communautés qui pratiquent à la fois la collecte et le recyclage des matériaux qu'elles récupèrent. Le cas des *zabbâlîn* du Caire est caractéristique de cette situation.

Des éleveurs de cochons en réseau avec les restaurants de la ville

Collecter les déchets alimentaires en ville pour nourrir des animaux d'élevage en périphérie suppose une cer-

Encadré 4

Les récupérateurs-recycleurs du Caire et la corporation des *zabbâlîn*

Au Caire, sept quartiers de chiffonniers ou *zabbâlîn* comptent quelque 100 000 hommes, femmes et souvent enfants occupés à trier et recycler les déchets qu'ils ont collectés. Suppléant un service public plus que défaillant, ramassant les poubelles au porte-à-porte et à chaque étage, les *zabbâlîn* délestent la métropole égyptienne de 6 000 à 9 000 t de déchets sur les 15 000 produits quotidiennement. Ils atteignent un taux de recyclage de 80 %, ce qui est exceptionnel dans le monde.

Initialement, ces récupérateurs sont des migrants ruraux pauvres, venus au Caire dans les années 1930. Chrétiens coptes, minorité religieuse dans un pays musulman, les *zabbâlîn* vivent parmi les déchets, travaillent avec, élèvent des porcs, animal impur en terre d'islam, et ne peuvent qu'être en butte au rejet de leurs concitoyens et des autorités. Entre 1950 et 1970, leurs bidonvilles ont été détruits à de nombreuses reprises jusqu'à une stabilisation très relative. Certes, Manchiat Nasser, leur principal quartier, a été régularisé ce qui a permis aux habitants de remplacer leurs baraques par des bâtiments comprenant des ateliers de recyclage en rez-de-chaussée, des logements aux étages intermédiaires et des espaces de stockage des matériaux sur les toits-terrasses. *A contrario*, les six autres plus petits quartiers restent menacés par la promotion immobilière et les projets urbains. Ainsi, Batn el Baqara ne dispose ni d'eau courante ni d'électricité, et le recyclage s'y réalise au moyen de branchements illégaux ou de groupes électrogènes. Tout ceci explique que les *zabbâlîn* soient longtemps restés discrets, défiants, quasi invisibles, vivant dans des marges urbaines, même s'ils demeurent indispensables au fonctionnement de la ville.

En dépit de cette marginalisation, à laquelle s'est ajouté pendant longtemps le désintérêt des autorités quant à leur rôle, les activités des *zabbâlîn*, relevant du secteur informel, sont très dynamiques. L'originalité du système progressivement mis en place est caractérisée par une économie circulaire d'autant plus remarquable qu'elle intègre les déchets organiques, soit 40 % de la collecte. Ces derniers alimentent les cochons qui fournissent de la viande, un lisier transformé en compost d'excellente qualité et constituent un « capital sur pattes » essentiel pour les familles. C'est surtout à partir des années 1980 que le recyclage connaît un essor impressionnant, grâce à l'électrification du quartier Manchiat Nasser où travaillent environ 60 000 *zabbâlîn* : les matériaux recyclables (40 % de la collecte) y sont triés essentiellement par les femmes et fournissent la matière première secondaire à environ 1 000 ateliers qui se sont équipés de machines-outils, tout d'abord relativement simples, mais aujourd'hui performantes, telles les coûteuses extrudeuses pour le PET. Les 20 % de matières que les *zabbâlîn* ne peuvent pas recycler ont pendant longtemps été brûlés dans leurs quartiers. Depuis les années 2000, un accord conclu avec les autorités leur permet de jeter, en payant, ces rebuts dans les décharges périphériques du Grand Caire.

Enfin, l'une des spécificités des *zabbâlîn* égyptiens est de former une corporation construite sur les dimensions historiques, identitaires et endogamiques de la communauté, matérialisée par des formes de solidarités, et par les liens et complémentarités des activités, illustrés en particulier par l'attribution précise de « territoires de collecte » entre eux, qui évite la concurrence déloyale. Ces interdépendances n'excluent pas des relations de domination entre eux et entre les différents quartiers, des situations de grande précarité (notamment pour les femmes veuves ou divorcées), le travail des enfants et des problématiques liées à la santé (Florin, 2011, 2015).

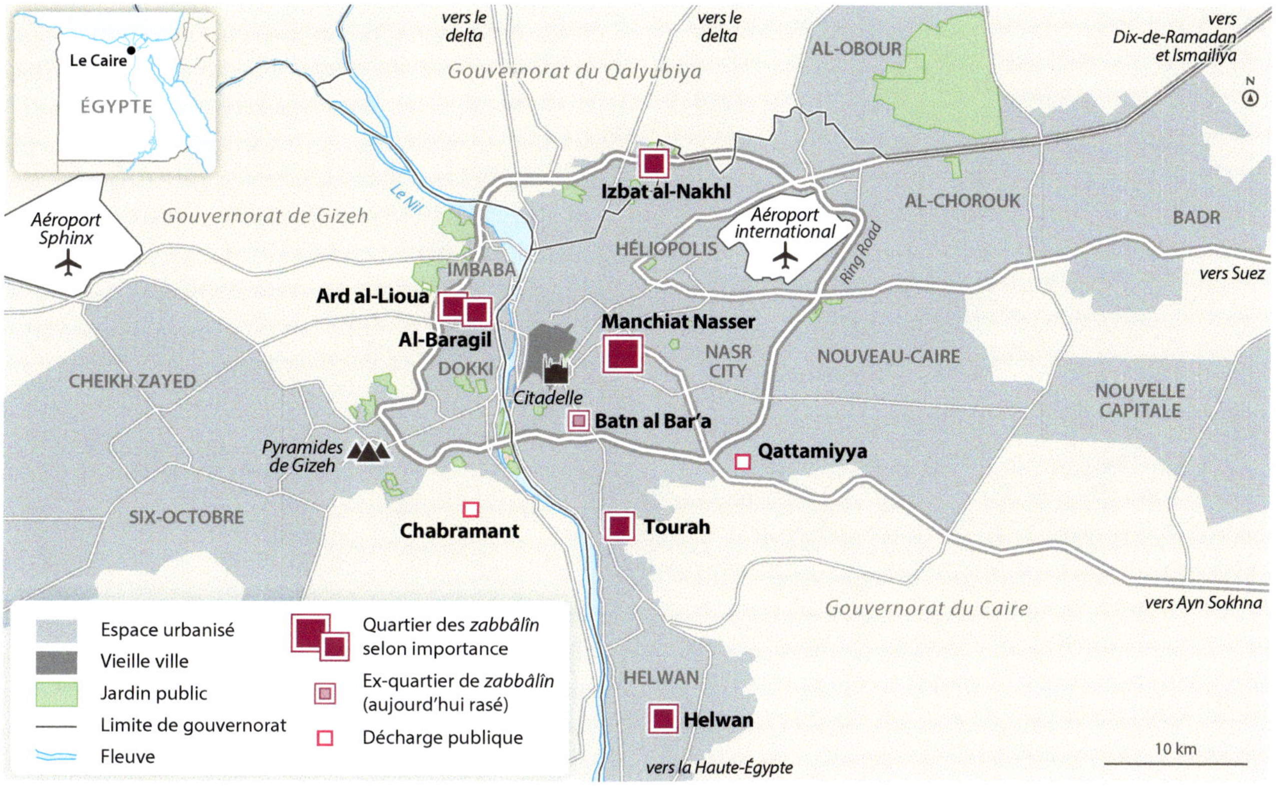

Carte 3

Les quartiers où vivent les *zabbâlîn* du Caire en 2019.

Réalisation : Bénédicte Florin et Florence Troin.
Source : Bénédicte Florin et Florence Troin, *Atlas de l'Égypte contemporaine*, Cedej, 2019.

taine organisation de l'individu engagé dans cette activité. De plus, cette activité se voit fortement contrainte dans son espace géographique. Il y a un effet combiné de la distance et du temps sur l'intérêt économique d'une telle pratique. Ce sont des courbes logistiques liées à l'éloignement de la ressource qui donnent plus ou moins de latitude au collecteur sur ses stratégies. Les collecteurs disposent de trois véhicules de collecte possible : le vélo, la moto et le camion. Les collecteurs à vélo se situent à proximité de la ressource (rayon de 5 km) et ont une capacité de charge inférieure à 50 l. Ils peuvent néanmoins réaliser entre deux et trois collectes par jour. Les motos ont le plus large champ d'action géographique avec un rayon de 15 km. Leur capacité de charge varie en moyenne entre 100 et 200 l. Certains tirent une remorque leur permettant d'aller jusqu'à 400 l. Ceux qui se trouvent plus près de la ressource peuvent faire deux allers-retours par jour. Au-delà de 15 km aller, les motos ne peuvent réaliser qu'une seule collecte. Les collecteurs sont donc intéressés de changer de mode de transport pour augmenter la capacité de charge. Ceux utilisant des camions se situent généralement au-delà de 15 km de leur zone de collecte et peuvent récupérer plus de 600 l (carte 4). Ces camions peuvent par contre réaliser deux collectes par jour, mais il faut s'allier d'un assistant. En effet, transvaser d'aussi grandes quantités de nourriture des restaurants vers des motos ou des camions nécessite beaucoup de temps et de force humaine. En moyenne, la collecte représente trois heures de travail quotidien. Dans ce

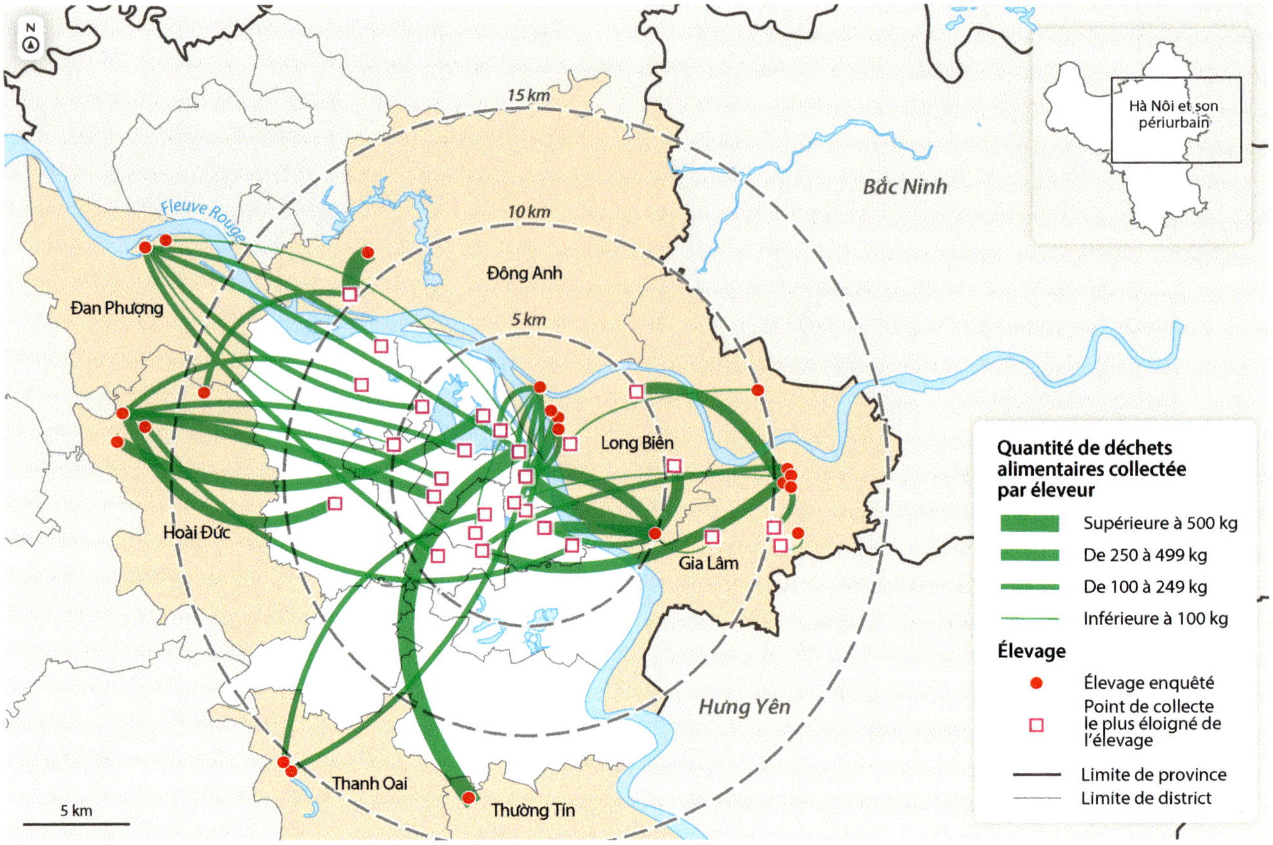

Carte 4

Les éleveurs de porcs et la proximité des points de collecte des déchets alimentaires en 2016.

Réalisation : Timothée Cantard, 2016.
Source : enquêtes projet Blue Barrel, Cirad.

milieu, les travailleurs sont aussi bien des femmes que des hommes.

Une fois de retour à la ferme, une partie des déchets alimentaires collectés est revendue à d'autres éleveurs des environs pour le double du prix. Le reste est utilisé pour les besoins de la ferme du collecteur. Les fermes porcines enquêtées sont de tailles relativement importantes, avec une production moyenne de 50 porcs par exploitation. La moyenne du Việt Nam est d'environ 10 porcs. Ce ne sont pas de pauvres éleveurs, comme la presse vietnamienne les décrit parfois. Il est vrai que l'activité d'élevage n'est pas très rentable et la pluriactivité est souvent nécessaire. L'intérêt des déchets alimentaires est évidemment de baisser le coût de la ration alimentaire, tout en ayant une ration équilibrée aussi bien en énergie qu'en protéines. Souvent, les éleveurs ajoutent de la farine de maïs, du son de riz ou de l'aliment industriel pour compléter. Ils expliquent utiliser les déchets alimentaires pour des raisons économiques, mais par défaut, ne pouvant investir dans un système de production intensif et industriel. Il y a là le sentiment d'être jugé aussi par les services agricoles qui voient dans ces systèmes une forme d'archaïsme nécessaire. Toutes les parties prenantes savent que ces éleveurs-collecteurs contribuent à recycler des matières agricoles et à favoriser un système alimentaire local autour de la métropole. Toutefois, cette pratique n'est pas sans risque et les dernières années ont montré des limites à ce modèle.

La crise de la peste porcine africaine (PPA) de 2018 et 2019 a fortement impacté ce secteur, car il a été montré comme le principal vecteur de diffusion de cette maladie. En effet, les organisations internationales ont vite fait le lien entre PPA et déchets alimentaires. Pourtant, les éleveurs utilisaient déjà des pratiques de cuissons des déchets pour détruire tous les agents pathogènes. Ce système d'élevage est attesté en périphérie de Hà Nội depuis les années 1970 et l'économie de rationnement liée à la guerre du Việt Nam. Ce système était organisé afin de limiter les pertes et gaspillages au niveau des villes. Il y a donc un attachement idéologique pour celui-ci. La crise de la PPA n'a pas conduit le Việt Nam à interdire l'utilisation des déchets alimentaires pour l'élevage, comme la Chine par exemple. En revanche, la crise du covid a eu des effets sur la disponibilité des déchets au niveau des restaurants, les éleveurs collectant principalement les restaurants et les cantines collectives, et assez peu les ménages urbains. La fermeture des restaurants a transféré la production de déchets au niveau des ménages. Malgré le manque de données objectives sur cette période pour l'instant, la double contrainte sanitaire entre la PPA et le covid a certainement provoqué une diminution de la pratique. À voir maintenant si cette pratique est temporaire ou durable.

Chapitre 3

Les migrations ville-campagne et les réseaux d'entraide

Pascaline **Fournier**, **Nguyễn** Ngọc Trâm, Sylvie **Fanchette**, **Nguyễn** Ngọc Phương Uyên, Marine **Litou**, Coline **Berret**, Célia **Dedeyan**, Louise **Alvergnat**

LES activités de collecte, de commerce et de recyclage des déchets sont très consommatrices de main-d'œuvre et, à l'exception des recycleurs, ne demandent pas beaucoup de qualifications. Elles sont surtout réalisées par des petites entreprises familiales, mis à part certaines entreprises du recyclage qui peuvent embaucher plusieurs dizaines d'ouvriers, en général non déclarés et informels. Les marchés sont fluctuants et la fluidité de l'embauche temporaire ou saisonnière rythme l'activité. Ainsi, la migration nourrit ce système et renforce les relations ville-campagne. Cependant, sans droit à la ville et au logement, ces migrants vivent dans des conditions précaires qui interrogent l'avenir du système : est-ce que les jeunes générations, plus scolarisées, suivront leurs parents sur les chemins de la ville ou des villages du recyclage pour exercer ces activités ? Toutefois, « vivre avec les déchets » (WU et ZHANG, 2019) constitue une pratique destinée à faire l'expérimentation de la vie urbaine, de la liberté et l'émancipation du travail en usine, de l'esprit d'entreprise au sein du foyer de la communauté des collecteurs et commerçants de déchets.

Migrations saisonnières et flexibilité de l'offre de main-d'œuvre

Les migrations des ruraux ont participé au développement urbain depuis les réformes du *Đổi mới*. On compte 20 % de migrants dans les villes (GSO et UNFPA, 2016), sans compter ceux issus des migrations saisonnières et circulaires non comptabilisées dans les recensements. L'urbanisation et l'industrialisation ont créé divers espaces de subsistance jusqu'alors inaccessibles aux personnes d'origine rurale, donnant naissance aux « entrepreneurs paysans ». Ils ont tendance à opérer au sein des entreprises à petite échelle, à forte intensité de main-d'œuvre, nécessitant relativement peu d'investissement en capital et reposant sur des réseaux ruraux. Bien qu'ils ne soient pas visibles dans les discours des autorités publiques, les biens et services qu'ils produisent sont essentiels au fonctionnement de l'économie et de la vie urbaine. À Hà Nội, on estime à au moins 2 millions ces travailleurs précaires qui oscillent entre leur village et la capitale pour s'adonner à des emplois informels dans les transports (*xe ôm*), le commerce (vendeuses ambulantes) et les services (collecteurs de déchets, femmes de ménage...). Pour certains, c'est devenu une occupation à plein temps qu'il faut maîtriser, avec des compétences et des connaissances qui ne peuvent être acquises que par l'expérience et les réseaux d'initiés. Pour d'autres, c'est une activité durant la basse saison agricole. « La trajectoire de prospérité des collecteurs de déchets a exigé de longues années de travail acharné et de persévérance de la part des populations locales dans une économie située à la limite obscure de la société urbaine, où elles continuent de lutter contre les dangers de toutes sortes et le statut inférieur de migrant travaillant avec des déchets.

© Nôi-Pictures/F. Carlet-Soulages

Photo 1
Une *luộc nấu* de Phong Khê paie des transporteurs après la vente de matériaux dans une usine de la zone artisanale (2016).

Il a fallu réorganiser en permanence les soins au sein de la famille et au-delà, afin que les femmes et les hommes puissent aller et venir pour s'engager dans le travail migrant des déchets. » (NGUYỄN MINH, 2019).

Malgré des démarches facilitées, le système d'enregistrement de la résidence ou *hộ khẩu* (voir chapitre 18) est toujours un moyen de contrôler les mobilités des populations et de limiter la protection sociale des migrants, source d'inégalité pour l'accès aux services urbains (LE BACH *et al.*, 2011 ; PULLIAT, 2013). Ce système, qui vient d'être formellement aboli, continue malgré tout à lier les Vietnamiens à leur lieu d'origine, leur limitant l'accès à la propriété urbaine et aux services sociaux, et à les considérer comme des étrangers à la ville.

Proximité spatiale, proximité sociale et réseaux d'entraide

« Le vaste réseau des collecteurs urbains formé à partir de la mobilité des foyers du district de Xûan Trường à Nam Định compose la structure pour leur activité en ville. » (NGUYỄN MINH, 2019). Les collecteurs de déchets avancent comme argument que leur choix d'installation à Hà Nội repose sur l'importance des connexions familiales dans le commerce des déchets, qui les aident à établir des relations avec les commerçants et les acheteurs, dans la logistique, et pour trouver des sites où s'installer dans de nouvelles zones (MITCHELL, 2008b). Ce réseau opère à plusieurs niveaux et de façon horizontale entre gérants de *bãi* ou *đồng nát*, et verticale entre les différents acteurs.

Les réseaux de collecteurs et commerçants de déchets participent à l'amont de la chaîne du recyclage et sont parties prenantes des clusters de villages auxquels ils sont rattachés. Une des caractéristiques des clusters est la profonde intégration des différents membres de la chaîne de production au sein de réseaux fondés sur l'appartenance villageoise, du quartier et des clans ou des familles. Dans le cas de la filière de collecteurs de Nam Định, on peut considérer les villages de Xuân Thượng et Xuân Hồng comme des villages de métier spécialisés dans la collecte des déchets en ville. Les membres de ce cluster fonctionnent selon les mêmes valeurs et règles de morale que les villages artisanaux, à savoir la complémentarité et l'entraide, tant que cela ne remet pas en cause la concurrence entre les entreprises, la confiance et la proximité. Faire partie d'un même village, et ce d'autant plus que les membres mènent une vie translocale, participe au renforcement des liens au sein des réseaux. L'originalité de la situation des migrants est qu'ils font partie d'un réseau dont ils suivent les règles, mais doivent tisser, à l'emplacement de leur nouveau lieu d'atterrissage, de nouveaux liens de support dans cette vie pleine d'incertitude qu'est celle d'un migrant, travaillant en ville dans la gestion des déchets de façon informelle. Comme disait une gérante de *bãi*, pour qui la diplomatie est la première qualité pour son métier, « les pauvres ont besoin de voisins, contrairement aux riches » (66). Celle-ci dépense une énergie phénoménale à développer des relations de *tình cảm* (empathie ou compassion) avec ses voisins et les collectivités locales de son quartier pour assurer le maintien de son entreprise et surtout utiliser les trottoirs pour traiter les matériaux.

Tout au long des entretiens avec les gérants de dépôts, la question des relations avec le village d'origine revient et met en lumière les contradictions entre proximité sociale et proximité physique, ceci dans un contexte de forte concurrence entre les commerçants pour l'accès aux déchets, à savoir l'accès aux *đồng nát* et aux ressources vendues par les entreprises, les magasins et les chantiers. L'étude des relations que les collecteurs et les commerçants de déchets ne faisant pas partie de la filière de Nam Định tissent permet, par effet de miroir, de comprendre la force du lien au village et à la famille.

Pour ouvrir un *bãi*, de nombreuses conditions sont nécessaires : des relations, le transfert des connaissances des anciens et un support logistique (concernant le capital, le prix d'achat, la location et le bail de *bãi*...). Un des enquêtés affirme que, dans son cas, l'aide vient de la famille : les parents et les cousins de la famille lui ont prêté environ 20 à 30 millions de VNĐ pour ouvrir son dépôt. Il évoque les difficultés rencontrées au début pour se construire une clientèle et fidéliser les collectrices en leur offrant un prix de rachat attractif. Il a attendu un an avant de stabiliser son réseau (30). Une autre affirme qu'il n'est pas possible d'ouvrir un nouveau dépôt sans relations et sans l'aide de la famille ou des membres du village. Faute de l'assistance de la famille déjà installée dans la ville, la négociation avec le pouvoir local est plus compliquée, et les relations de concurrence et de jalousie avec les autres dépôts plus difficiles à gérer. Il est aussi très important de bien connaître le réseau des *đồng nát* dans son quartier d'installation (40).

Les réseaux sont de plusieurs ordres et fonctionnent à plusieurs niveaux pour réaliser des activités différentes. Cependant, la proximité sociale (familiale ou villageoise) ne coïncide pas avec la proximité géographique en raison de la grande concurrence sur les ressources, et donc sur les collectrices, à laquelle les gérants sont confrontés. Les familles appartenant à la filière de Nam Định ont, dans certains cas, essaimé des *bãi* dans la ville, mais dans différents quartiers. Plusieurs gérants nous ont mentionné jusqu'à huit *bãi* ouverts par leur famille proche et nommé leur quartier d'installation. En effet, les *bãi* du voisinage

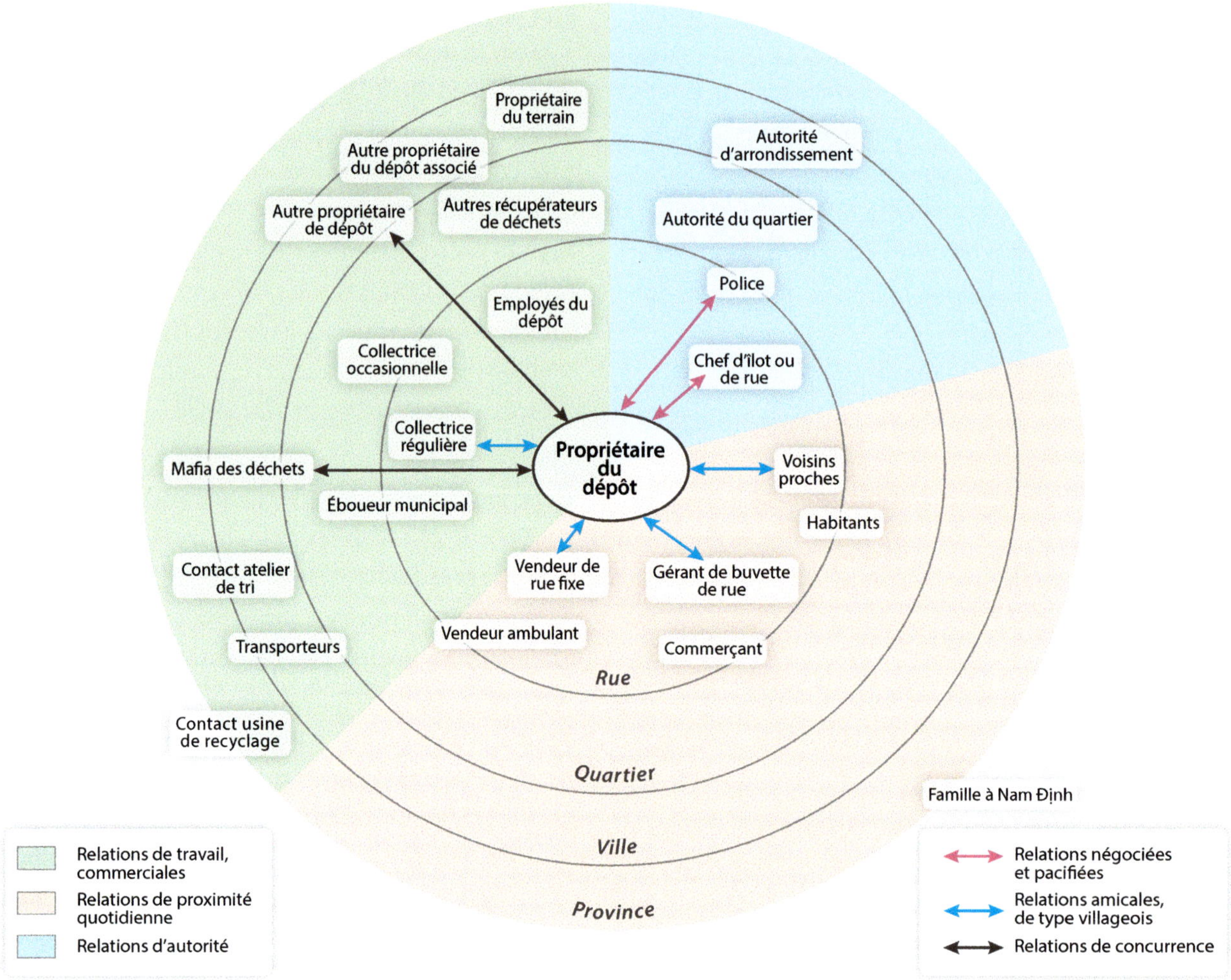

Figure 1

Cartographie interprétative d'acteurs des relations sociales développées par les gérants de dépôts en 2019.

Réalisation : Timothée Cantard, 2016.
Source : FOURNIER, 2019.

se trouvent en concurrence pour capter les déchets des *đồng nát*. « La concurrence existe toujours. Ainsi, les membres de la famille ne peuvent pas ouvrir de *bãi* les uns à côté des autres, car cela aurait une incidence sur le travail. Les bãi situés à proximité sont généralement des connaissances de travail ou des personnes du même village natal. » (40). Dans de rares cas, « ils bénéficient de l'aide de leur famille installée dans la même rue ».

Pour les affaires sérieuses et importantes, on fait appel à ses frères et autres membres de la famille qui sont installés dans d'autres quartiers. « Ça n'a pas été difficile de s'intégrer dans les réseaux de collecteurs, car je connais déjà bien le métier grâce à mes parents. Je garde aussi leur réseau et je m'en sers parfois. Je connais les autres gérants car on est dans le même quartier et on pratique la même activité. » (74). La plupart des gérants de dépôts interrogés connaissent la localisation de tous leurs confrères, ainsi que leur origine géographique, même s'ils n'échangent pas avec eux du fait de la concurrence. Quand on leur demande où les membres de leur famille ont ouvert des dépôts, c'est toujours dans un autre arrondissement ou quartier.

Au sein des familles, les informations circulent et l'intégration dans le nouveau quartier a pu se faire grâce à la famille. Tel ce gérant autrefois installé en centre-ville qui a déménagé dans le périurbain à Gia Lâm et a bénéficié de l'aide de son frère qui y est installé (18). Les parents gestionnaires de *bãi* transmettent à leurs enfants leurs réseaux au moment où ils prennent la relève de leurs parents trop âgés. Les réseaux aident aussi à se maintenir informé du prix des matériaux. « Tous les matins, je contacte des gens de ma famille qui sont dans le métier et je leur demande le cours du jour des matériaux. Je fais aussi mes propres recherches. » (77). « Oui, on s'entraide parfois, lorsque les prix chutent, on se tient au courant si l'un d'entre nous le sait en avance. » (72).

Un autre type d'arrangement entre les chefs de *bãi* s'exerce autour du transport des déchets, depuis les intermédiaires vers les villages de métier ou les usines de recyclage. Ainsi, plusieurs gérants appellent un transporteur pour évacuer un type de matériau. Il faut faire preuve d'anticipation de sorte à avoir toujours une capacité de stockage suffisante pour accueillir les matériaux de la journée. Certains gérants propriétaires de camion sollicitent leurs relations pour le remplir quotidiennement et ainsi déstocker plus rapidement pour faire de la place dans le *bãi*. Une gérante affirme qu'ils travaillent donc en réseau avec d'autres membres de la famille ou proches venant du même village, qui tiennent des *bãi* plus petits. Ils se sont associés pour collecter plus de cartons et remplir les camions d'une tonne. Tous les soirs, un camion, parfois deux, stationnent devant leur *bãi*, prêts à partir avant l'aube pour les villages du recyclage (56).

D'autres façons de mutualiser les sources de déchets consistent à partager les chargements d'emballages issus des grands magasins. Ainsi, tous les jours, une gérante de dépôt du centre-ville va au Vincom de Bà Triệu chercher des cartons avec sa charrette tirée par une vieille moto (56). Seule la proximité familiale associée à la proximité spatiale permet de limiter la concurrence et de travailler ensemble. L'appartenance au même village de Nam Định crée donc des liens. Des réseaux d'entraide de ressortissants de Nam Định au niveau villageois sont créés, tel le groupe *đồng hương* (même village natal). Ce type de groupe ou d'association leur permet de garder le lien. Même si le travail de collecte est individuel, lorsqu'il y a un gros chargement à récupérer, les membres se contactent pour le partager et s'entraider (28). C'est aussi un moyen pour trouver un nouveau local où s'installer. Pour les anciennes đồng nát devenues gérantes de *bãi*, l'utilisation de leurs anciens et nouveaux réseaux les aide à affermir et étendre leur emprise dans la ville. Les relations interpersonnelles dans le milieu s'en trouvent augmentées. Les *đồng nát* sillonnent les rues et ruelles d'un quartier dans lequel elles ont, dans la grande majorité des cas, une connaissance dans l'activité (lien familial ou villageois). Telle cette ancienne *đồng nát* qui affirme : « Quand j'ai commencé ce métier de la collecte, j'ai suivi une *đồng nát* de mon village pendant plusieurs jours. Elle a partagé son expérience avec moi. Puis, je me suis débrouillée seule ensuite. » (30). Là, elles prennent connaissance de l'emplacement de tous les dépôts d'un quartier et tissent des relations avec plusieurs de leurs gérants. Ensuite, lorsqu'elles ouvrent leur propre bãi, ces anciennes *đồng nát* gardent des relations professionnelles avec les chefs de bãi avec lesquels elles ont fait des affaires durant leur période de collectrice. Ces relations tissées durant le parcours professionnel d'un gérant de dépôts peuvent s'avérer très utiles dans certaines stratégies d'alliances entre bãi, développées afin de maximiser les profits (FOURNIER, 2019). Ainsi, madame Hué, originaire de Nam Định, dit : « Tous les gens de Nam Định sont dans les déchets parce que cela rapporte de l'argent. Je connais bien les gérants de *bãi* du quartier. » Et elle liste le nom de plusieurs gérantes de bãi enquêtées par les étudiantes de l'université d'architecture, dont elle considère certaines comme des amies avec lesquelles elles se soutiennent dans leur activité. Toute sa famille du côté paternel comme maternel vit maintenant à Hà Nội : deux de ses sœurs ont ouvert des *bãi* à Cầu Giấy et à Mai Động. Par ailleurs,

Photo 2
Chargement de sacs de matériaux en plastique d'un *bãi* de Tây Hồ (2021).

deux de ses voisins de son village à Nam Định ont ouvert des *bãi* dans le même quartier. Elle a aussi rencontré de nombreux gérants dans le cadre de son travail (47).

Il existe aussi des réseaux de commerçants et de recycleurs liés à des gérants de bãi. « On a des relations fortes avec les gens du village de Bình Đà (environ 15 km du centre de Hà Nội). C'est un ancien village producteur de pétards. Avant, ma famille produisait le papier pour la production de pétards. On se connaît très bien depuis longtemps. Mais en 1994, après l'interdiction du gouvernement de produire des pétards, les villageois ont perdu leur travail traditionnel et durent se reconvertir. Certains sont devenus collecteurs partout à Hà Nội, ils revendent les chutes de papier chez nous. » (25).

Lorsque les gérants de dépôts doivent déménager du fait de la récupération de leur parcelle par son propriétaire, ils réactivent d'anciens réseaux de *đồng nát* pour stabiliser leur ancrage dans leur nouveau site et être introduits auprès du voisinage et des collectivités locales. Nombreux ont affirmé avoir trouvé une parcelle grâce à leur réseau. Dans ce contexte très incertain et de rapide *turnover* des parcelles, l'accès au foncier constitue un des plus grands problèmes que rencontrent les commerçants de déchets. Les liens entre gérants de dépôts se tissent aussi autour de la vente des matériaux et des déchets vers les villages artisanaux. Souvent, les déchets d'un seul dépôt ne suffisent pas à remplir un camion. Dès lors, soit les gérants de bãi nouent des partenariats avec d'autres et se tiennent informés des quantités de matériaux qu'ils stockent dans leur dépôt, soit les transporteurs passent dans plusieurs bãi avec qui ils sont en lien. Par ailleurs, certains gérants de bãi disposent d'un camion. Un gérant de bãi possédant un camion d'une tonne[1], installé à Hồ Tây, proche du lac de l'Ouest, affirme : « Moi, je connais beaucoup de personnes de ma famille et de mon village [il vient de Nam Định] qui ont des *bãi* à Hà Nội, notamment dans les quartiers de Đống Đa, Gia Lâm, Thanh Xuân et Hoàn Kiếm. Je passe chercher les déchets dans tous ces quartiers et je les amène ici car c'est plus pratique ensuite pour les transporteurs d'aller directement dans les villages de métier. Je travaille beaucoup avec les gens de Nam Định, car il y en a beaucoup, mais je travaille aussi avec des gens d'autres provinces. Si la relation est intéressante pour mon business alors je travaille avec la personne. » (FOURNIER, 2019).

Un autre type de relation de confiance et de mise en réseau s'opère dans les zones rurales périurbaines et périphériques. Des collectrices des villages voisins s'insèrent peu à peu dans les réseaux de collecte, tout en continuant à pratiquer l'agriculture, tandis que certaines villageoises installent des dépôts à l'intérieur de leur résidence ou sur des friches. « De la même manière à Dương Xá, on a pu rencontrer une femme originaire de Phú Thị, du district de Gia Lâm, qui a choisi de créer son bãi, suite à une impossibilité de continuer son travail de commerçante. Grâce à l'observation du fonctionnement du système de collecte déjà en place, et ayant accès à une friche, elle a ainsi pu ouvrir son bãi sans avoir un accès privilégié au réseau. Dans les zones semi-rurales, l'accès à la terre étant facilité du fait notamment de loyers moins chers et la densité de *bãi* étant moindre comparativement aux districts urbains, il est bien plus facile d'implanter son dépôt. De la même manière que pour les collecteurs originaires de Nam Định, un type de solidarité, facilité par la connaissance des collectrices du village, se forme. Ainsi se crée une logique de réseau à l'échelle d'un quartier ou d'un village. Pour autant, il ne s'agit plus là d'une dynamique ville-campagne, mais campagne-campagne, dans la mesure où les différents acteurs du réseau viennent pour une large part des villages alentour. Si les propriétaires de bãi de Nam Định s'intègrent progressivement dans ces zones en plein développement, et qui présentent des avantages considérables par rapport aux arrondissements urbains, on observe que les collectrices de Gia Lâm sont généralement originaires de zones rurales. Elles partagent par ailleurs souvent leur temps entre la collecte des déchets et l'agriculture. » (LITOU, 2016).

À travers ces témoignages, on perçoit la prégnance des relations familiales et villageoises dans les réseaux de connaissances et d'alliances entre les chefs de bãi, mais également le fait que la logique commerciale et de rentabilité prend sûrement le dessus une fois que l'entreprise est bien installée. Toutefois, d'après NGUYỄN MINH (2019), les dynamiques familiales et villageoises de réseau observées à Hà Nội dans le système de collecte des déchets recyclables, sont régies par la loyauté entre les membres, par des échanges de cadeaux et de petites attentions et par la réciprocité de l'entraide, propres à la capitale vietnamienne. Les relations sont plus personnelles et la reproduction des trajectoires familiales par regroupement des membres d'une même famille dans un même espace l'expliquent. En revanche, à Hồ Chí Minh-Ville, « les relations entre vendeurs, dépôts de déchets et transporteurs sont entièrement gouvernées par l'argent » (NGUYỄN MINH, 2019). Enfin, l'entraide permet de supporter les coups durs de la vie, notamment les problèmes graves de santé. « Son mari est absent au moment de l'enquête car il aide une femme d'un bãi à Cầu Giấy, dont le mari a eu une attaque cardiaque et est devenu

1. À savoir que cette taille de camion est autorisée à circuler librement dans Hà Nội 24 h sur 24, contrairement aux camions de 2,5 t et plus devant circuler uniquement entre 22 h et 5 h du matin.

Photo 3
Achat de carton à une *đồng nát* à Hà Đông (2016).

paralysé. Elle a laissé son mari aider cette femme pour quelques mois sans salaire et elle se débrouille avec son fils. Elle a monté ce *bãi* toute seule et peut se débrouiller sans prendre d'ouvrier. » (NGUYỄN NGỌC, 2021).

Comment dépasser la concurrence sévère entre les dépôts de déchets ?

Les gérants de *bãi* du même quartier ou de la même rue ont rarement des relations, car ils sont en concurrence pour acheter des déchets aux *đồng nát* et donc pour les fidéliser, notamment dans l'hypercentre où leur présence est très élevée (voir partie 2). Les réponses des gérants de *bãi* à propos du nombre de *đồng nát* qui leur vendent des déchets sont très vagues et donnent des chiffres qui varient entre cinq et trente, soit dix en moyenne, avec parfois des précisions du nombre moyen par jour. Dans le quartier hypercentral des 36 rues, les *bãi* sont tellement peu nombreux qu'un gérant annonçait être en relation avec cinquante ou soixante collectrices. Ces gérants disent ne pas avoir de collectrices exclusives comme cela peut s'opérer dans d'autres villes du Việt Nam. Il y a une certaine fluidité dans la circulation des *đồng nát* (60).

Ils entretiennent pour la plupart des relations superficielles (3). Telle gérante affirme : « Dans mon quartier, il y a des *bãi* tenus par des migrants de ma province natale et je connais tous les gérants. Cependant, cette relation est plutôt superficielle. On se connaît, mais on ne travaille pas ensemble et on ne remplit pas des camions ensemble. » (13). « C'est la logique du business qui prime. » (58). Les informations circulent aussi *via* les đồng nát qui sont en affaires avec plusieurs dépôts de leur quartier. « On ne peut pas compter sur leur loyauté, car les nouveaux *bãi* offrent des prix avantageux pour les attirer et c'est difficile pour eux de suivre avec des prix élevés. » (69).

Fidéliser les *đồng nát*

Quand ils s'installent dans un nouveau quartier, les gérants doivent dans l'urgence fidéliser les *đồng nát* et se créer un réseau pour limiter la concurrence entre gérants. Ces stratégies sont essentielles pour les gérants qui déménagent régulièrement. Certains proposent aux *đồng nát* un prix plus élevé par rapport aux autres *bãi* (1) (13). Au début de leur engagement, ils payaient les collectrices de l'équipe plus que « le prix d'équilibre », afin de les fidéliser. Puis, ils sont entrés dans une logique de négociation sur le prix et passé à des rémunérations correspondant davantage à la moyenne (15).

Dans certains quartiers, la concurrence entre les *bãi* pour attirer les *đồng nát*, donc pour acheter beaucoup de déchets, est âpre. Une gérante installée depuis plus de quinze ans se plaint du manque de loyauté des *đồng nát* de son quartier qui ne leur vendent plus de déchets et se laissent appâter par les nouveaux venus qui, pour les attirer, leur offrent des prix d'achat plus élevés (69). Par ailleurs, les mieux situées sur les voies de communication remportent la mise.

Les relations entre les *đồng nát* et les gérants de *bãi* se sont créées autour du commerce et sont réglées selon l'offre et la demande. Cet échange marchand induit d'après négociations, parfois pour quelques milliers de VNĐ, même s'il est compris de tout le monde que ce sont les intermédiaires, qui vendent les matériaux dans les villages du recyclage, qui fixent les prix selon les fluctuations du marché mondial. Cependant, ces relations peuvent être marquées par une appartenance commune à un village, à une profession et fondées sur la confiance, l'échange de service ou la dette dans un contexte de forte concurrence entre dépôts. Plus de la moitié des gérants de dépôts ont commencé leur carrière dans le métier en étant *đồng nát* et connaissent bien le ressenti de ces femmes, ayant partagé leur vie, leurs déboires et la difficulté de cette vie translocale. Chaque *đồng nát* à sa stratégie spatiale, soit elle ne vend ses matériaux qu'à un seul *bãi* auquel elle est fidèle, soit à plusieurs localisés sur son itinéraire, soit elle développe des relations un peu au hasard d'un itinéraire qui évolue (voir partie 2). Certains *bãi* tournent avec un volant fixe de *đồng nát* fidèles, mais ils en ont rarement des exclusives comme cela arrive dans certaines villes où les gérants de *bãi* logent « leurs » *đồng nát* en échange de leur exclusivité. À Hà Nội, l'étroitesse des locaux rend difficile l'installation de dortoirs à l'intérieur.

Les gérants de dépôts sont conscients de l'importance des *đồng nát* et savent que leur réussite repose sur elles, notamment dans les zones où il y a une forte concurrence entre les dépôts. Cette conscience influe sur leurs pratiques. Telle cette gérante d'un arrondissement de la seconde couronne qui souhaite la bienvenue à chacune dès leur arrivée. Par exemple, elle les invite à s'asseoir, à boire de l'eau ou à partager son déjeuner. Le geste n'est pas très important, mais il témoigne du *tình cảm*. La façon dont chacune se comporte avec les autres témoigne de l'empathie qu'elles ont les unes pour les autres. Cette gérante demande souvent de l'aide aux *đồng nát* pour charger les sacs de matériaux sur le toit de son dépôt, car il lui est impossible de les stocker sur le trottoir. « Elles savent que je suis très occupée et que je travaille seule, donc elles compatissent avec moi et m'aident toujours à ranger les matériaux. J'ai beaucoup d'expérience dans le métier de la collecte, ayant été autrefois *đồng nát*, donc je connais bien ces gens. Je me sens bien avec

© Nôi-Pictures/F. Carlet-Soulages

Photo 4
Une *đồng nát* pèse seule les matériaux à vendre au *bãi* (2021).

elles, je leur montre mon bon côté. Si je ne leur montre pas mon bon visage, elles ne vont pas me vendre leurs matériaux. La deuxième chose importante est qu'il faut savoir bien leur parler. Si, par exemple, j'achète moins cher au kilo que les autres *bãi*, il faut que je puisse leur expliquer et voir comment sympathiser avec elles, car nous avons de l'empathie les unes pour les autres pour qu'elles aient toujours envie de venir chez nous. » (91). Son mari fait un autre métier et elle est toute seule à gérer son dépôt, ce qui accroît sa dépendance envers ses clientes (NGUYỄN NGỌC, 2021).

La fidélité se construit avec le temps grâce à des petits événements qui permettent de tester la confiance. C'est le leitmotiv des gérants de *bãi*. Une d'entre elles affirme qu'au début elle a commencé avec une quarantaine de collectrices, puis elle a fait le « tri » au fur et à mesure en fonction du sérieux de celles-ci (certaines ajoutent de l'eau dans les sacs plastiques pour faire gonfler le poids) (14). Des relations de confiance se développent et certaines *đồng nát*, lorsque c'est possible, suivent les gérantes de *bãi* dans leur nouveau local lorsque celles-ci déménagent.

Les marqueurs de la fidélité

On fait l'hypothèse que les relations de plus ou moins grande fidélité entre les *đồng nát* et les gérants de *bãi* varient selon plusieurs facteurs : 1) la localisation des quartiers selon les couronnes urbaines ; 2) la densité des *bãi* et la distance entre eux sur des territoires de collecte qui augmentent de taille plus on s'éloigne du centre-ville ; 3) l'appartenance à la même province (notamment les membres du réseau de Nam Định), de nombreux *bãi* affirment ne travailler qu'avec des *đồng nát* originaires de leur district de Nam Định ; 4) la fidélité avec le gérant du *bãi* basée sur les prix proposés, une *đồng nát* négocie avec les gérants de *bãi* un prix selon la relation *thuận mua vừa bán* (acheter et vendre avec le prix concordant) ; 5) l'ancienneté des *bãi* dans leur quartier et donc le temps qu'ils ont pris pour tisser des relations avec les collectrices ; 6) le caractère des gérants, leur gentillesse et leurs pratiques du *tình cảm* (71).

Plusieurs marqueurs de fidélité entre ces deux types d'acteurs sont recensés lors des enquêtes : 1) faire confiance aux *đồng nát* au moment de la pesée et ne pas contrôler le poids ; 2) bien peser pour le gérant du *bãi cân tươi* pour qu'avec le temps elles aient confiance en lui ; 3) les aidants familiaux du *bãi* peuvent aider les *đồng nát* à trier leurs matériaux avant qu'elles les pèsent pour les vendre ; 4) accueillir les *đồng nát* pendant la sieste dans le dépôt, leur offrir des boissons, les laisser garer leur vélo à l'intérieur ou leur laisser de la nourriture dans le frigidaire ; 5) les faire participer à la vie de la maison et s'occuper des enfants ; 6) leur prêter de l'argent pour qu'elles achètent de gros volumes de déchets ; 7) s'inviter lors d'événements familiaux ; 8) se faire payer plus tard quand la gérante aura assez d'argent liquide (Litou, 2016 ; Nguyễn Ngọc, 2021).

Pendant la pandémie de covid, des gérantes de *bãi* ont aidé les *đồng nát* à se nourrir pour qu'elles continuent à travailler, malgré la forte baisse des prix des matériaux qui a impacté toute la chaîne des collecteurs et intermédiaires.

Certains gérants de dépôts accordent des crédits aux collectrices qui leur vendent des déchets, d'autres à celles qu'ils connaissent bien, et d'autres non. Il y a deux types de crédits : le crédit à la journée pour l'achat de matériaux quand elles en ont localisé une source importante et le crédit à plus long terme, pour les collectrices qu'elles connaissent et qui n'ont pas de fonds suffisants. Elles remboursent au bout d'un mois.

Certaines gérantes développent des relations particulières avec « leurs » *đồng nát* fidèles : elles marquent sur un cahier les matériaux vendus et les paient à certaines échéances[2].

Les *đồng nát* désirant ouvrir un bãi s'appuient sur l'expérience de la gérante avec laquelle elles ont développé des relations de confiance. Tel est le cas de Huyền qui va « peser » dans un *bãi* de Cầu Giấy et aide de temps en temps les gérants à charger leur camion : « Après, ils ont voulu me donner de l'argent pour les avoir aidés la veille, mais j'ai refusé. Hương m'aide beaucoup et je ne vais pas lui prendre de l'argent. » Cette dernière lui dit : « Si tu ne prends pas cet argent, je ne te demanderai plus de nous aider la prochaine fois. Tous les gens qui viennent ici pour travailler ne le font pas pour s'amuser. Tu sais, mon *bãi* ne ferme jamais. Les gens aiment vendre leurs matériaux chez moi. Comme hier où on a eu des clients réguliers. » (95). Huyền a fini par accepter de prendre une partie de l'argent que la patronne lui tendait, car elle est en train d'ouvrir son premier dépôt à Cầu Giấy.

2. Dans les années 1990, les migrants étaient très pauvres. La plupart des gérants de dépôt sont des femmes. Les enfants participent beaucoup aux activités invisibles de nettoyage et de tri. La plupart des collectrices qui exercent dans la ville sont liées aux gérants des dépôts par des crédits (DiGregorio, 1994). Une gérante de dépôt à Ô Chợ Dừa achetait des déchets divers à une clientèle régulière de 100 à 120 récupérateurs de déchets, originaires du même district qu'elle à Nam Định, qu'elle loge pour la plupart dans un de ses dortoirs. Elle se considère comme travaillant pour le bien-être de ses compatriotes villageois dans le besoin. Souvent, elle leur donne du crédit pour qu'ils puissent acheter de grosses quantités de matériaux ou pour acheter des cadeaux quand ils retournent au village. Elle dit qu'elle se comporte ainsi et surtout les loge, car elle veut garder des relations de long terme avec ses clientes.

Sa patronne l'aide et la guide dans les différentes démarches. Elle l'a accompagnée pour signer le contrat de location de son nouveau local. Elle lui explique toutes les choses dont elle aura besoin au début (sacs plastiques, boissons pour fidéliser les *đồng nát*...) (NGUYỄN NGỌC, 2021).

Une moindre concurrence dans les zones périurbaines

L'intégration des gérants de *bãi* dans un nouveau quartier semble plus facile avec l'éloignement du centre-ville, à la fois du fait de la moindre pression sur les terres et des normes d'usage de la vie citadine moins contraignantes, mais aussi car les voisins sont des villageois ou des migrants. Dans les zones périurbaines, l'intégration des commerçants de déchets paraît plus facile pour les gens issus du quartier. Les gérants de bãi originaires d'autres provinces fixent le prix des matériaux en fonction de ceux pratiqués dans les alentours et des informations diffusées par les collectrices (15).

A contrario, les gérants de *bãi* locaux, très largement situés dans les districts périurbains et ruraux, ont des relations interpersonnelles sur leur territoire natal. Dès lors, même si les relations familiales et de quartier prennent part dans leurs arrangements afin d'obtenir des déchets ou de les transporter, les relations sont géographiquement plus localisées. La concurrence étant peu observée dans ces quartiers, les gérants de *bãi* disposent de sources d'approvisionnement en déchets fixes et locales, ce qui explique la concentration spatiale de leurs relations professionnelles.

Ils ne tissent en général pas de liens professionnels avec d'autres *bãi*, car leur nombre dans le quartier est restreint ; il n'y a donc peu ou pas de concurrence. Certains ont des relations avec des *đồng nát*, mais ces dernières sont également originaires du quartier. Par exemple, à Vĩnh Ngọc, tous les gérants de *bãi* travaillent avec des entreprises locales, qui les approvisionnent en déchets de construction ou d'entreprises, ou des *đồng nát*, anciennes agricultrices dans le village. Il leur est plus facile d'entreposer des déchets sur le trottoir ou à l'extérieur du dépôt avant l'arrivée d'un transporteur. Les interactions dans l'activité sont très restreintes et donc, forcément, leur réseau est peu éparpillé spatialement (FOURNIER, 2019 ; BERRET, 2019).

Un couple de gérants de *bãi* installé à An Khanh, district de Hoài Đức dans le périurbain, explique la constitution de leur réseau de relations (59). Né dans ce quartier dans lequel il n'y avait alors que des entreprises et pas de dépôts de déchets, il a pu ouvrir son dépôt grâce aux liens amicaux anciens avec des ouvriers des entreprises du village qui ont pu l'approvisionner en déchets, en l'occurrence des déchets papier de tous types. Aujourd'hui, avec la construction de *gated communities*, des *đồng nát* entrent dans le réseau, de nouveaux dépôts s'ouvrent et la caractéristique des déchets change. La concurrence s'accroît, le gérant doit à terme nouer des partenariats avec d'autres *bãi* du village pour s'approvisionner en plus gros volumes de déchets, pour le traitement ou le transport, afin de garantir la rentabilité de son affaire (FOURNIER, 2019). Ces schémas se retrouvent également dans les relations entre les collectrices et les gérants de dépôts. Ceux situés dans le centre-ville laissent facilement place aux logiques commerciales envers les *đồng nát* et acceptent donc les déchets venant de tout le monde, même si la majorité des collectrices œuvrant dans le centre-ville sont originaires de Nam Định. Les chefs de *bãi* hanoïens localisés en périphérie ne traitent qu'avec des collectrices de leur quartier, car les travailleurs de Nam Định ne viennent pas collecter jusque dans les franges urbaines de la ville. Les réseaux s'en retrouvent donc plus concentrés pour les chefs de *bãi* installés dans les espaces péricentraux que pour ceux installés dans les quartiers centraux (FOURNIER, 2019).

Les gérants de *bãi* les plus fragilisés sont les jeunes non originaires de Nam Định, installés récemment dans un quartier, sans réseaux ni connaissance des matériaux et des règles qui régissent ce métier. La plupart des jeunes originaires de Nam Định réaffirment le rôle important qu'ont joué leurs parents, chez lesquels ils ont appris le métier, et leur intégration facilitée dans les réseaux de collecteurs (12) (15).

La recomposition des relations entre les acteurs avec la pandémie de covid

Pendant la première vague de la pandémie au printemps 2020, le gouvernement vietnamien a imposé un confinement généralisé à toute la population. Les travailleurs du secteur informel ont été fortement touchés, car ils n'ont pas pu obtenir en ville les aides alimentaires proposées par les municipalités, car non enregistrés sur leur lieu de migration. Certains sont retournés dans leur village natal et ont fermé leur dépôt pendant une durée d'un à trois mois : les affaires marchaient mal, les frontières avec la Chine étaient fermées, le prix des matières premières secondaires avait chuté pratiquement de 50 %, impactant toute la chaîne. Une grande partie des *đồng nát* est rentrée dans leur village, ne pouvant payer leur loyer, tarissant en partie l'approvisionnement des dépôts. De plus, la circulation interprovinciale a été arrêtée pendant un moment et les camions ne pouvaient pas circuler vers les villages de métier. Les gérants de dépôts ont dû arrêter de stocker des matériaux, faute de place. La pandémie a commencé en Chine au moment des fêtes de fin d'année et certains gérants de *bãi* sont restés dans leur village natal. Les problèmes de garde d'enfants au village, alors que les écoles étaient fermées, ont beaucoup contribué à leur décision. D'autres sont restés à Hà Nội et ont développé diverses stratégies pour maintenir leur activité (six dépôts sur vint-deux enquêtés). Une mère de famille n'est pas rentrée au village de peur d'infecter son bébé d'un an qui vit avec ses parents, car elle s'est pensée à risque du fait des nombreuses personnes qu'elle a rencontrées et des déchets qu'elle a manipulés (71). Certaines sont restées avec les enfants dans le *bãi*, car elles n'ont personne pour les garder au village (77). Le plus dur a été de devoir continuer à payer le loyer malgré l'absence de rentrées financières. Une gérante affirme : « J'ai fermé pour de vrai pendant un mois et pour les deux mois restants, je n'ai reçu que les clients les plus fidèles, tout en laissant la porte de l'entrée fermée. Mon mari est rentré au village natal, ma belle-fille est retournée chez sa mère avec ses enfants, tandis que j'ai dû rester pour garder le dépôt. » (78). La police et les autorités du quartier les ont obligés à fermer pendant trois mois, sous la menace d'une amende de 10 millions de VNĐ au premier avertissement et de 30 millions au second, en raison de la proximité d'un hôpital où de nombreux malades du covid étaient traités. De plus, quatre à cinq familles ont été mises en quarantaine dans la zone. Un de ses clients fidèles en qui elle a entièrement confiance est un éboueur d'Urenco. Il a continué à apporter des sacs entiers de bouteilles en plastique bien triées, récupérées auprès des habitants, il ne pouvait plus stocker ces déchets dans le garage des chariots d'Urenco (78).

Avec le covid, le prix de vente des matériaux a baissé et, à la mi-juin, il n'avait toujours pas retrouvé son prix d'avant. Ainsi, une gérante affirme vendre même à bas prix, car elle ne peut pas se permettre d'attendre que les prix remontent, elle n'a pas assez de place pour stocker. Elle retransmet la baisse de 20 % des prix sur celui de l'achat des matériaux aux *đồng nát* et aux habitants (77).

Une *đồng nát* spécifiquement affectée à l'enlèvement des déchets recyclables de l'école internationale de la *gated community* de Ciputra, à l'ouest de Hà Nội, a vu son gisement d'approvisionnement pratiquement tari pendant le confinement, car les enfants n'allaient plus à l'école. Elle a perdu quasiment son emploi dans cette école, et ne récupère qu'un peu de papiers et de cartons auprès de l'administration lorsqu'on l'appelle. Pendant le confinement, elle est restée toute seule chez elle (108).

D'autres collectrices ont été affectées par les dysfonctionnements des transports liés à la pandémie, telle cette femme qui n'a pas pu rentrer chez elle car il n'y avait pas de transport disponible. Certaines de ses collègues ont pu rentrer avant que les bus à destination de Nam Định n'arrêtent leur service. Avec la majorité des locataires de

Photo 5
Échange « ganté» en pleine pandémie de covid (2021).

son dortoir, elle a dû faire la queue très tôt le matin dans différents points de collectes du quartier pour récupérer des portions de nourriture distribuées par le gouvernement. Ensuite, elles retournaient au travail comme d'habitude, mais de nombreux dépôts étaient fermés (112). Certains *bãi* sont restés ouverts pour les recevoir, mais avec une jauge plus faible. Durant le confinement, le propriétaire du dortoir a baissé de moitié le loyer pendant deux mois. De nombreuses đồng nát, qui font essentiellement du ménage, sont restées chez elles pendant le confinement, car leurs patrons ne voulaient pas entrer en contact avec elles (113).

Chapitre 4

Un droit à la ville-centre limité pour des migrants

Sylvie **Fanchette**, Marine **Litou**, Célia **Dedeyan**, Louise **Alvergnat**, **Nguyễn** Ngọc Phương Uyên, Coline **Berret**, Pascaline **Fournier**

SELON l'article 62 de la constitution vietnamienne, « les citoyens ont droit au logement. L'État intensifie la construction de logements, et en même temps encourage et aide les collectivités et les citoyens à construire des logements suivant un plan d'aménagement général pour assurer progressivement à tous la jouissance de ce droit. La répartition des superficies habitables, gérées par l'État, doit être équitable et rationnelle ». Or, en l'absence de construction de logements accessibles pour les populations les plus défavorisées, dont les migrants, celles-ci comptent sur le secteur privé pour se loger, en général dans des conditions difficiles. Sans *hộ khẩu*, il leur est difficile d'accéder aux services publics (santé ou écoles) et de bénéficier des crédits à taux préférentiels. Cette classification administrative, avec ou sans *hộ khẩu*, est source d'inégalité pour ces migrants (PULLIAT, 2013), alors qu'ils offrent de nombreux services à la ville et, notamment, un service de collecte des déchets gratuit pour la municipalité.

Les migrants dans Hà Nội et la croissance des services

Les migrants ruraux composent environ 16,3 % de la population qui vit dans la ville-province de Hà Nội, soit un chiffre légèrement inférieur à celui des autres villes : 19,7 % en 2015 (GSO et UNFPA, 2016). Mais ces chiffres sont sous-évalués en raison de la grande mobilité de la population « flottante » que sont les migrants saisonniers.

Avec la métropolisation de Hà Nội, le développement des activités de construction et de commerce, l'exode rural s'est accéléré au profit de la capitale, même si ce sont les régions industrielles du sud-est du pays qui attirent le plus de migrants. Entre 2014 et 2019, la province de Hà Nội enregistre un excédent migratoire de 322 052 migrants entrants contre 91 349 personnes sortantes (GSO, 2020). Entre 2004 et 2009, ce sont surtout les zones périurbaines et les pôles de main-d'œuvre industrielle qui sont les plus attractifs. L'accélération des migrations s'effectue dans un contexte de relâchement progressif du contrôle des mouvements des populations à l'intérieur du pays.

On distingue deux types de migrants dans les zones péricentrales et périurbaines : 1) les migrants définitifs qui ont acquis un logement et visent à vivre longtemps dans la localité où ils se sont installés. Certains viennent du centre-ville de Hà Nội, où les prix prohibitifs du foncier sont devenus inaccessibles, ou des provinces du delta du fleuve Rouge. Ils ont un travail stable et ont acheté un appartement ou un terrain dans les villages urbanisés. Les nouveaux quartiers et les terrains divisés en lots par le gouvernement communal à la périphérie des villages accueillent principalement les migrants définitifs ;

2) les migrants saisonniers qui louent un logement pour un séjour plus ou moins court dans les dortoirs ou une chambre chez l'habitant sont surtout des étudiants et des ouvriers de la campagne. Ils logent chez l'habitant ou résident dans des chambres construites de façon précaire à l'extérieur de la maison principale des villageois.

La plupart des saisonniers s'installent dans le cœur des villages. Face à la forte demande, les villageois construisent des logements de qualité très variable dans leurs cours, à l'emplacement de leur ancienne maison traditionnelle, de leur jardin ou d'un étang. Parfois, ils louent des chambres dans leur propre résidence. D'un village à l'autre, les possibilités de construction au sein de l'espace résidentiel varient. Les capacités d'investissement des villageois expropriés dépendent de l'importance des compensations foncières qu'ils ont obtenues et de la demande en chambres et en logements locatifs (FANCHETTE, 2017).

Ces migrants sont visibles dans la ville pour laquelle ils participent au fonctionnement de nombreux services, notamment dans la rue. Ils n'ont pas accès à des locaux pour travailler. Avec la métropolisation de Hà Nội et la croissance rapide des services (ménage, garde d'enfant, soin à la personne, transports), de la construction et de l'industrie, le taux de migration s'élève rapidement. Les emplois subalternes et mal payés attirent une population jeune issue des provinces les moins développées. La pandémie de covid aura redonné une réelle visibilité à ces migrants ouvriers. La presse a fait de nombreux reportages sur leur vie dans les dortoirs de fortune installés dans les usines et les difficultés de ceux dont les usines ont fermé. Les travailleurs informels ont beaucoup souffert de la pandémie, notamment les migrants, car non enregistrés en ville, ils ne peuvent pas bénéficier des aides.

La collecte des déchets recyclables est réalisée de façon gratuite par les collecteurs et les commerçants pour la municipalité : on évalue la part des déchets collectés à 20 %. Des chercheurs affirment : « Outre le fait de se procurer des moyens de subsistance pour eux-mêmes et leurs familles, et ainsi participer à l'économie, les recycleurs informels fournissent un certain nombre d'avantages économiques, environnementaux et sociaux. Ils contribuent à réduire les quantités de déchets destinés à l'enfouissement ; ils fournissent un service de collecte alternatif et gratuit, qui constitue un avantage économique direct pour les entreprises et les ménages, et permet de réduire les coûts de collecte et d'élimination pour les communes ; enfin, ils contribuent à réduire la demande d'extraction des ressources primaires et leur activité aide à limiter les émissions de gaz à effet de serre. » (CHATURVEDI *et al.*, 2009). Ainsi, « le recyclage privé informel dans les pays à revenus intermédiaires crée des externalités économiques et environnementales positives. Dans un certain sens, les recycleurs informels subventionnent les systèmes municipaux de gestion des déchets en fournissant gratuitement à la ville des modes d'élimination alternatifs » (DEAT, 1998). De même, cette activité génère de nombreux revenus, notamment des salaires, des loyers et des activités induites qui participent à la dynamique urbaine.

La migration participe à la croissance urbaine, du fait des nombreux emplois faiblement payés qu'elle induit. Pourtant, ces habitants, qu'ils vivent de façon temporaire ou permanente en ville, bien qu'ils participent à la vie de la cité et offrent des services à des prix peu élevés (restauration, commerce, services à la personne) accessibles à une population nombreuse, ne sont pas considérés comme des citoyens à part entière.

Ainsi, avec la métropolisation, la compétition sur les ressources foncières et la privatisation de la gestion urbaine, la ville est de plus en plus inégale et ségréguée. Les populations précaires et à bas revenus, notamment les migrants, rencontrent de nombreuses difficultés pour accéder à des logements. Ceux qui n'ont pas de papiers de résidents longue durée n'ont pas accès aux services sociaux comme l'éducation, la santé et n'ont pas le droit d'accéder à la propriété. La moitié des migrants en ville vivent dans des locations, en comparaison avec les 8,5 % des populations originaires de ces villes (GSO et UNFPA, 2016).

© Nội-Pictures/F. Carlet-Soulages

Photo 1
Les gérants de *bãi* offrent un service gratuit à la Ville (2016).

À Hà Nội, il n'y a pas de bidonvilles comme dans la plupart des grandes villes du Sud, mais on trouve des poches de pauvreté, notamment dans les zones où des dortoirs de mauvaise facture, ou *nhà trọ*, sont construits dans les zones difficilement constructibles comme les abords des canaux devenus de véritables égouts, sur les friches agricoles et les jardins des villages urbains, sur les anciens étangs asséchés.

Un pied au village et un pied en ville

Plus de la moitié des gérants de *bãi* sont des migrants de courte et moyenne durée, et une partie de ceux nés dans la province de Hà Nội exercent dans un district différent de leur lieu de naissance. Lorsque le commerce des déchets recyclables a commencé à se développer parallèlement à la croissance de la consommation urbaine et de la construction dans les années 1990, les revenus de cette activité ont dépassé ceux issus de l'agriculture dans le budget des ménages. Pour de nombreuses familles, le commerce des déchets était devenu une activité domestique qui exigeait des hommes et des femmes qu'ils se déplacent, laissant les enfants aux grands-parents et abandonnant parfois complètement l'agriculture. Depuis les années 2000, un certain nombre de ménages se sont installés dans les villes, soit en gérant des dépôts prospères, soit en ayant d'autres petites entreprises urbaines, tout en conservant la propriété et les liens de parenté avec le village (NGUYỄN MINH, 2019).

La mobilité constitue une stratégie pour travailler en ville tout en maintenant une partie de la famille au village, où l'accès aux services sociaux et la garde des enfants sont plus faciles. Les conditions de translocalité diffèrent selon les collecteurs et les commerçants de déchets. De nombreux freins à l'intégration en ville demeurent pour ces migrants définitifs : le marché du logement locatif en ville, l'accès à des parcelles pour installer les dépôts, les politiques disqualifiantes à l'encontre des migrants basées sur l'exclusion, notamment pour l'usage des trottoirs pour la vente ou les activités de collecte et de tri. « Le besoin d'un *hộ khẩu* en bonne et due forme pour inscrire les enfants à l'école participe au choix de certains gérants à laisser les enfants au village, puis ils rejoignent leurs parents quand ils terminent leur cursus secondaire. Ainsi, les enfants sont présents dans le *bãi* seulement avant qu'ils ne soient scolarisés, pendant les périodes de vacances scolaires ou bien après leur scolarité. Logiquement, le fait d'inscrire ses enfants à l'école est donc un élément moteur dans la décision de déclarer sa résidence à Hà Nội pour les couples qui souhaitent les garder auprès d'eux. » (LITOU, 2016).

En raison de la difficulté des migrants ruraux à s'intégrer en ville et à bénéficier des services sociaux, la plupart des *đồng nát* mènent une vie translocale entre le village d'origine et la ville d'adoption. Les études sur la migration et la mobilité soulignent que l'appartenance est constituée de divers attachements simultanés à un lieu : la migration et la mobilité peuvent créer une appartenance spatiale « multisituée » (BENNETT, 2014 ; MARCU, 2014), mais aussi des sentiments d'« entre-deux » (HUOT *et al.*, 2014). Dans une revue de la littérature récemment publiée, LÄHDESMÄKI et SARESMA (2016) concluent qu'il y a cinq façons principales d'encadrer l'appartenance : la spatialité, l'intersectionnalité, la multiplicité, la matérialité et la non-appartenance (GILMARTIN, 2008). Les processus de formation des ménages doivent être considérés comme des projets soutenus dans de multiples endroits et par le biais de formations sociales variées. La spécificité des villages du district de Xuân (Nam Định) est leur spécialisation dans l'économie des déchets, considérée à la fois comme une source de revenus, mais aussi une catégorie sociale qui diffuse des valeurs morales, sociales et économiques (NGUYỄN MINH, 2019). Cette translocalité des migrants de Hà Nội est pratiquée par d'autres acteurs du secteur informel, les *xe ôm*, les vendeurs ambulants (AGERGAARD et VU THI, 2011 ; KARIS, 2013), et s'explique en grande partie par les distances relativement limitées entre Hà Nội et les autres villages du delta du fleuve Rouge (une centaine de kilomètres au maximum) et la densité du réseau routier dans cette région densément peuplée (plus de 1 000 habitants au kilomètre carré).

Photo 2
La villa d'une gérante de *bãi* dans son village natal de Nam Định (2021).

Nguyễn Minh remarque des contradictions dans la façon dont les collecteurs présentent leur vie en ville et la réalité de celle-ci dans leur village. « De nombreux collecteurs et commerçants de déchets m'avaient parlé de leur vie misérable dans leur village d'origine, à Nam Định. La réalité est en effet différente. Le district de Xûan Trường est riche. Ses rues sont larges, bien pavées, et les écoles et crèches sont du même niveau que celles de la ville. Ce n'est pas rare de voir des villas avec des jardins bien entretenus, surplombant les rizières et les canaux. » (NGUYỄN MINH, 2019).

Contrairement aux gérants de *bãi* qui sont installés en ville pour une longue durée, les *đồng nát* effectuent des migrations saisonnières en ville en suivant les calendriers agricoles (récoltes de riz en mai et en octobre, dans le cas de deux récoltes par an). Celles qui n'ont pas d'enfants en ville retournent au village pour la récolte, pour des événements familiaux ou pour s'occuper de leurs enfants laissés à la charge des grands-parents, voire du mari. Telle cette femme originaire de Nam Định qui « ne retourne que très peu au village car l'un de ses enfants est ici. Elle vit avec son mari et sa fille dans une chambre à Cổ Nhuế (péricentre) pour être près de l'université de sa fille. » (99).

En revanche, les *đồng nát* qui ont encore une parcelle au village rentrent régulièrement pour les travaux des rizières. Les affaires familiales, naissances, décès, anniversaires, suivies des enfants et des maladies dictent les allers et retours, pour certaines au moins une fois par mois. D'autres retournent au village pour se faire soigner car ils ont les soins gratuits. Telle madame Hà qui est retournée la semaine précédant l'enquête dans son village à Thanh Hóa pour aller chez le dentiste, car elle bénéficie de l'assurance santé de son mari qui est un Mường[1]. Elle a aussi assisté à des funérailles (112). Les migrants définitifs qui ont leurs enfants sur place à Hà Nội ne rentrent au village que pour les fêtes. Dans tous les cas, ils rentreront au village pour la retraite. Certains participent aux associations des « sœurs et frères du village natal », quand ils ont le temps. « J'habite à Hà Nội, je ne déménagerai que quand je serai âgée ou quand je serai morte (!) Mais chez moi, c'est ici. J'ai peu de contacts avec les gens de mon village à Mỹ Đức. » (107).

Des migrations originales se sont développées ces dernières années : les migrations pendulaires journalières de paysannes de la province de Hà Nội. De nombreuses collectrices qui exercent leur activité dans les arrondissements du péricentre, comme Hà Đong, ou de districts périurbains comme Gia Lâm, sont des migrantes journalières originaires des zones rurales qui bordent Hà Nội. Elles arrivent tôt le matin en bus pour faire leur collecte dans un quartier la matinée ou bien toute la journée, puis elles repartent dans leur village une fois le travail fini. Ces migrations journalières sont individuelles et ne relèvent donc pas du même type de dynamique que les migrations saisonnières ou de long terme, dont les implications sont beaucoup plus lourdes (familles, logement, etc.). Elles sont bien plus flexibles et moins contraignantes puisqu'elles n'amènent pas un changement de vie radical. Elles se réalisent vers le péricentre de la capitale et impliquent des mouvements pendulaires réduits (LITOU, 2016). Ainsi, de nouvelles logiques de collecte se développent à mesure que la ville s'étend. Les nouvelles opportunités de collecte liées à l'urbanisation poussent les individus des campagnes à prendre part à ce réseau, sans pour autant abandonner leur activité agricole saisonnière comme on l'observe pour les collecteurs de Nam Định (LITOU, 2016).

Ces migrations de femmes renégocient les relations de genre au sein des familles, lorsque le mari reste au village pour s'occuper des enfants. Ces formes de migrations circulaires visent à maintenir la famille au village et à accéder de façon temporaire à des ressources urbaines *via* la collecte des déchets. En 2004, selon l'enquête de RESURRECCIÓN et KHANH (2007) effectuée dans deux villages du district de Xûan Trường, 22 % de la population active du village de Xuân Vinh était engagée dans ces migrations saisonnières et 40 % dans le village voisin de Xuân Phong. Tous les trois mois, les migrants retournent au village et ramènent leurs économies qui étaient utilisées en 2004 par ordre d'importance : la nourriture, la location de machines agricoles, les dépenses ménagères et la scolarisation des enfants. Elles participent aussi aux dépenses familiales comme les mariages et les festivals. L'achat d'électroménager ou d'une télévision est un symbole d'enrichissement lié à la migration (RESURRECCIÓN et KHANH, 2007). D'après cette enquête, les femmes travaillent entre six et huit mois par an à Hà Nội et retournent deux fois au village. La mauvaise santé des membres de la famille, les anniversaires de mort et les mariages les font rentrer au village en dehors des calendriers culturaux.

Au début des années 2000, les femmes partaient la plupart du temps seules et laissaient les enfants au mari avec le soutien des grands-parents. Le mari s'occupait en parallèle des travaux agricoles. Convaincre les maris de s'adonner aux tâches ménagères en l'absence de leur femme rencontre des résistances. Cependant, le caractère temporaire, même si saisonnier, de ce transfert de tâches est plus accepté par les hommes, même s'ils estiment que ce n'est pas leur travail. Les nombreux témoignages de femmes ayant le « mal du pays » que présentent RESURRECCIÓN et KHANH dans leur

1. Apparemment, les ethnies minoritaires bénéficient d'une bonne couverture sociale !

article expriment la douleur, mais aussi l'ambivalence de ces migrations. Les dettes à rembourser et les investissements nécessaires sur l'exploitation sont les principales raisons de départ des femmes vers la ville, au prix de l'éducation des enfants auxquels les hommes ne peuvent donner l'attention nécessaire et qui est habituellement à la charge des femmes.

Dans sa thèse, NGUYỄN MINH (2019) montre un aspect plus ambivalent des raisons migratoires des femmes : « La normalisation des migrations féminines, cependant, a été facilitée par le rôle traditionnel des femmes dans le petit commerce qui leur conférait une certaine mobilité. Le fait que les locaux fassent référence au métier de collecteur de déchet, comme "aller au marché" (*đi chợ*), semble être une façon d'aborder la mobilité des femmes mariées. Même si elles bougent au-delà des limites de l'espace villageois, elles restent dans l'espace du marché. » En l'absence de leur femme, les hommes maintiennent la stabilité morale de la maisonnée (la maison, le jardin, les champs et l'entretien de la tombe des ancêtres). Pour NGUYỄN MINH (2019), ces enquêtes montrent que le fait pour les hommes de ne pas gagner d'argent et de s'occuper d'activités dont certaines relèvent des femmes n'implique pas une réduction de leur statut. Lors des discussions au village, les hommes aiment faire la blague suivante : « Nous, hommes mûrs, maintenant nous restons à la maison pour garder le but. » Cette analogie au football, activité on ne peut plus masculine, leur confère le rôle de patron du royaume intérieur, en tant que gardien et protecteur de la moralité familiale.

Toutefois, dans les familles élargies, la liberté de circulation n'est pas évidente. Les jeunes femmes partent avant le mariage dans de nombreux cas et suivent leur mère dans leurs pérégrinations. C'est tout à fait normal. Une fois mariées, elles retourneront dans la famille de leur mari jusqu'à ce que l'enfant ait atteint un ou deux ans, avant de repartir. NGUYỄN MINH (2019) raconte l'histoire d'une jeune femme, mariée à 18 ans à un homme de douze ans son aîné et chauffeur de taxi à Hà Nội. Elle a un bébé de 6 mois au moment de l'enquête et vit avec sa belle-famille, la grand-mère de son mari et trois de ses nièces dont les parents sont des gérants de dépôts à Hà Nội. Cette jeune femme voudrait retourner à Hà Nội pour continuer son activité de *đồng nát* quand son fils aura un an et demi. Elle se sent nerveuse de rester à la maison sans gagner d'argent et voudrait rejoindre son mari à Hà Nội. Cependant, le beau-père veut qu'elle reste éduquer son fils jusqu'à ce qu'il ait 3 ans, car c'est un garçon, le seul de ses six petits-enfants. L'héritier !

Les enquêtes que nous avons effectuées entre 2016 et 2020 montrent une plus grande participation des hommes à la migration, renforçant ainsi le rôle des grands-parents dans l'entretien des enfants restés au village. La croissance des emplois informels en ville et la volonté de nombreux migrants de se construire une maison au village participent à cette double migration du mari et de la femme. NGUYỄN MINH (2019) aborde la question de la génération perdue des enfants laissés au village à la fois sur le plan éducationnel que scolaire, une question très sensible en Chine où 60 millions d'enfants de migrants sont considérés comme des *left-behind children*, soit 38 % des enfants du monde rural[2]. Peu d'études abordent cette question au Việt Nam où le problème est réel.

Accès précaire au foncier locatif et au logement

La difficulté d'accéder au foncier pour installer leur dépôt constitue un des problèmes majeurs des gérants de dépôts, tandis que les collectrices ne trouvent que des logements précaires durant leur séjour en ville. Le statut résidentiel des migrants est défini par la possession d'un *hộ khẩu* qui donne accès aux services sociaux (voir page 311).

2. https://www.policyforum.net/protecting-the-welfare-of-chinas-left-behind-children/

Photo 3
Un dépôt dont les murs sont percés pour une meilleure circulation des déchets (2021).

Des contrats de location de courte durée

Les gérants de dépôts sont confrontés à deux problèmes importants : devoir déménager régulièrement et subir une forte instabilité des loyers. Cette double incertitude les rend vulnérables. Ce *turnover* des parcelles peut, dans de rares cas, constituer un atout : le caractère temporaire de la location d'une parcelle dans le centre-ville constitue la condition pour que les autorités locales les laissent accéder à la manne de déchets dans cette partie de la ville. Mais il constitue aussi un sérieux inconvénient : le caractère éphémère de leur installation (en moyenne tous les 4,7 ans, selon MITCHELL, 2008a) met à mal le long travail de tissage de réseaux dans le voisinage ou avec les *đồng nát* qu'il faudra reconstruire, sans compter la perte de temps pour trouver un nouveau local. Telle gérante de dépôt affirme qu'« elle a mis un à deux mois pour trouver un terrain de location, mais explique qu'il faut parfois trois à quatre mois » (38). Une autre gérante affirme qu'« ils ont perdu tout leur réseau de Cầu Giấy en s'installant dans un nouveau quartier et ont dû recréer de nouveaux liens avec le voisinage et les autorités locales » (70).

De même, la grande volatilité des loyers que les propriétaires peuvent augmenter comme bon leur semble remet en cause le budget de certains dépôts, exerçant leur métier parfois à la limite de la rentabilité. Les gérants paient jusqu'à 8 ou 10 millions par mois un local de 50 à 80 m² dans le centre-ville. « En plus de la charge du loyer, il faut payer six mois à l'avance, et c'est difficile de trouver les 30 millions de VNĐ. » (29) (89).

« C'est difficile de louer une parcelle car les propriétaires ont peur des incendies » (34), notamment depuis l'explosion d'une bombe dans un dépôt de Hà Đông en mai 2016. « Nous dépendons de la disponibilité du terrain. On ne peut pas décider la durée. Le loyer est élevé avec la croissance de la demande foncière. » Enfin, les conditions de vie pour la famille, ou au moins le couple lorsque les enfants sont restés au village, sont parfois difficiles : vivre au quotidien à proximité des matériaux, sans réel confort, est dur. Certains gérants préfèrent déménager dans le péricentre ou le périurbain car la disponibilité foncière est meilleure, mais les possibilités d'acheter des déchets sont moindres. Cela signifie gagner moins d'argent.

Résidence précaire des *đồng nát*

Les migrants saisonniers et permanents rencontrent de nombreuses difficultés à se loger à Hà Nội. Selon l'enquête migration réalisée par le General Statistic Office en 2015 (GSO, 2016), la recherche de logement constitue la principale difficulté annoncée (42,6 % des cas), devant la recherche d'emploi (34,3 %), alors que chercher un emploi constitue la principale raison de la migration en ville (38,4 %).

Les *đồng nát* s'installent pour plusieurs mois dans des dortoirs où elles ont leurs habitudes, souvent avec un ou deux membres de leur famille ou du village, les *chị em đồng hương*. La plupart ne cherchent pas à déménager définitivement à Hà Nội et ont laissé leurs enfants au village. Leur vie translocale reste très précaire, elles cherchent à payer le moins possible de frais durant leur séjour en ville. Comme elles restent moins de six mois en général, elles n'ont pas de papier de résidence et sont juste déclarées à l'administration du *phường* (quartier) par le propriétaire du dortoir. Les loyers s'élèvent de 700 000 VNĐ à un million selon le type de chambre. Dans l'hypercentre et le péricentre, ces dortoirs se trouvent en général dans les villages urbains et sont des espaces en attente de construction. Ils peuvent être surpeuplés, très précaires et ressemblent à des micro-poches de bidonville en plein quartier résidentiel. On les trouve de préférence dans les zones non constructibles, anciennes parcelles de jardin, le long des canaux devenus des égouts où les constructions en dur de plusieurs étages ne sont pas encore réalisables. Comme les dépôts de déchets, les dortoirs ont une existence parfois courte, ce qui oblige les locataires à déménager régulièrement.

Plusieurs *đồng nát* rencontrées sont âgées et vivent à Hà Nội depuis plusieurs décennies après avoir fait de nombreux métiers. Elles vivent de façon permanente dans des maisons anciennes, avec parfois un enfant adulte. Mais elles doivent retourner au village pour se faire soigner. Dans les villages péricentraux et périurbains, les dortoirs sont plus faciles à trouver, plus spacieux et moins chers.

Des dortoirs localisés dans les zones enclavées

Les dortoirs sont souvent construits de façon précaire sur des parcelles en attente de construction[3], à l'instar des dépôts de déchets. Selon la taille et le statut foncier des parcelles, ils sont construits en longueur sur un étage ou en hauteur. Ils accueillent principalement des étudiants, des ouvriers et des acteurs du secteur informel et précaire.

Les cartes 1 et 2 montrent deux exemples de dortoirs étudiés par des étudiants de la section francophone de l'université d'architecture de Hà Nội. Sur la carte 1, on

3. Interstice, ancien jardin, parcelle non constructible le long d'un canal ou dans la cour d'une ancienne maison rurale que le propriétaire a reconstruite en hauteur.

Encadré 1

La vie d'un dortoir de *đồng nát* dans un village urbain (112)

Des logements précaires…

Le quartier de Ngọc Hà a connu beaucoup de changements depuis que le canal qui le traversait a été recouvert d'une rue. À l'emplacement du dortoir, il y avait autrefois un jardin. Avec l'augmentation de la demande en logements, de nombreuses parcelles non constructibles, comme ce jardin, ont été occupées par des habitations construites en dur, mais de façon précaire, avec des matériaux récupérés. Ces maisons sont divisées en plusieurs chambres pour la location.

Le dortoir de madame Hà est très étroit et le plafond très bas. Il est composé de deux chambres, chacune comprenant six lits faits de planches en bois, surélevés avec une natte en jonc dessus. Le propriétaire est de Hà Nội et Hà ne le trouve pas très sympathique. Il vient chaque fin de mois récupérer ses loyers et ne tolère aucun retard. Celles qui ne peuvent pas payer doivent se débrouiller pour emprunter. Malgré tout, Hà préfère y rester car elle est habituée à vivre là. Elle ne partira que lorsque le propriétaire la mettra dehors ! Dans d'autres dortoirs, le compteur électrique est partagé avec celui du propriétaire, ce qui complique les choses lors du paiement, car la consommation de chacun est difficile à évaluer. Ici, elles ont leur propre compteur, les locataires se partagent la quittance en fonction de leur usage. Pendant les deux premiers mois de confinement liés à la pandémie de covid, le propriétaire a baissé le loyer de moitié. Il sait que les locataires sont des *đồng nát* et celles qui ne sont pas rentrées à Nam Định avaient de faibles ressources à ce moment-là.

La construction est précaire et il y a beaucoup de fuites d'eau pendant la saison des pluies. Le propriétaire fait le minimum et, plutôt que de réparer le toit, il a posé une bâche en plastique au plafond. Les locataires doivent bricoler pour réparer la chambre. Elles ont ramassé des plaques de polystyrène pour arranger le plafond et mis des morceaux de tissu au-dessous pour éviter qu'elles tombent lorsque les rats courent sous les toits la nuit. Souvent, les nouveaux locataires ne peuvent pas bien y dormir les premiers jours.

… pour des populations instables et migrantes

Certains locataires changent souvent de dortoir. Mais Hà et deux autres de ses collègues de Nam Định logent dans ce dortoir depuis près de dix ans. Une *đồng nát* âgée de 70 ans vient de rentrer dans son village pour s'occuper de ses petits-enfants après avoir séjourné pendant environ trois à quatre ans avec elle. Hà parle d'elle avec admiration, disant qu'à son âge, la vieille *đồng nát* portait encore sa palanche pour aller collecter les déchets recyclables. Elle a aussi dit que, malgré son âge, elle a beaucoup de *mà lắm lộc lắm* (fortune).

Souvent, les locataires proposent les lits vacants aux migrantes récemment arrivées à Hà Nội. Un jeune homme habite avec sa mère dans la chambre ; il est livreur. Tous les autres locataires du dortoir sont des femmes. Toutes travaillent comme *đồng nát* et viennent de Nam Định, à l'exception de Hà qui vient de Thanh Hoá.

Les habits sont accrochés sur le mur ou posés sur des tabourets ; chacune a son coin. Chaque moustiquaire sert à trois personnes et est relevée pendant la journée. C'est le propriétaire qui les a achetées.

Le loyer est payé pour la chambre à hauteur de 2 400 000 VNĐ par mois divisé entre tous les locataires. Comme ils sont six au moment de l'enquête, chaque personne paie 400 000 VNĐ. Le propriétaire ne limite pas le nombre de locataires tant qu'il reçoit son loyer chaque mois. Elles ont été jusqu'à dix personnes dans la chambre ! Ce sont elles qui cherchent les locataires quand un lit se libère. En 2004, le loyer mensuel de la chambre était d'un million, mais graduellement le propriétaire a augmenté le prix à 1 500 000, 1 800 000, puis 2 millions... Hà suppose que le prix augmente avec la modernisation du quartier, notamment le recouvrement du canal par une route qui offre dorénavant une bonne accessibilité. En s'installant ici, le propriétaire déclare ses locataires à l'administration du *phường*.

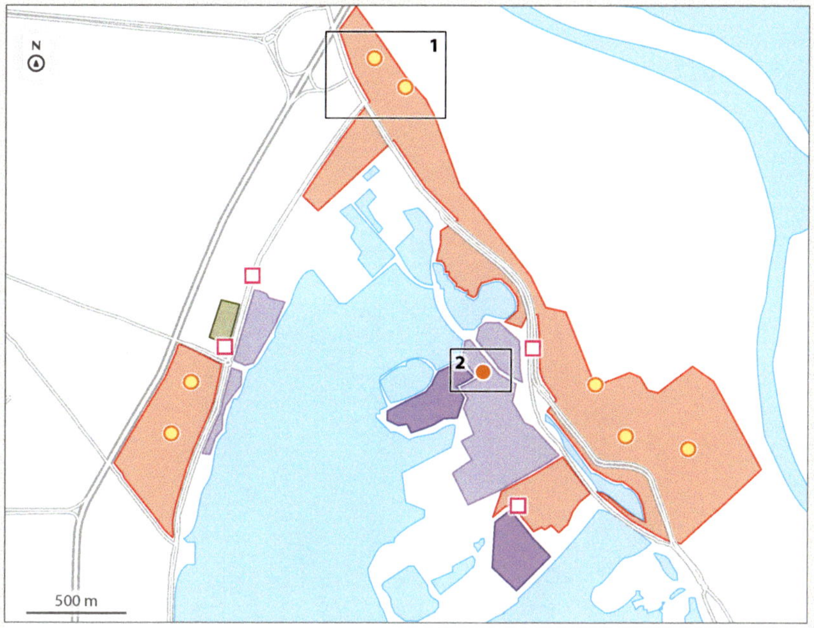

Dans ce cas, les *nhà trọ* (dortoirs) sont installés principalement dans les villages urbains. Celui de la collectrice est étonnamment localisé en plein dans la zone résidentielle de haut standing composée de villas de la rue Tô Ngọc Vân, mais à l'intérieur de l'îlot.

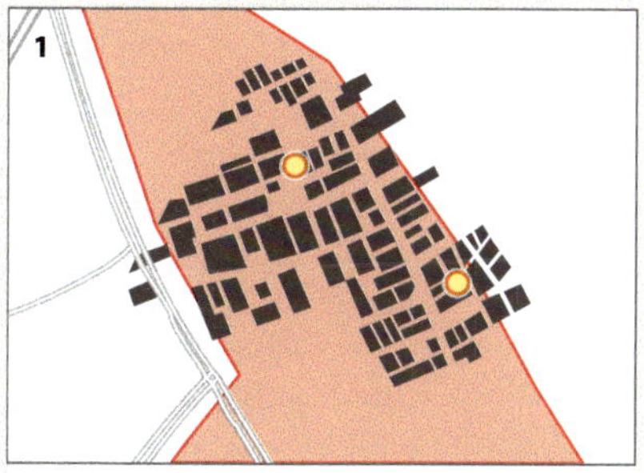

Ces *nhà trọ* sont dans une zone moins développée du quartier, c'est une extension récente du village sur les jardins et les plans d'eau.

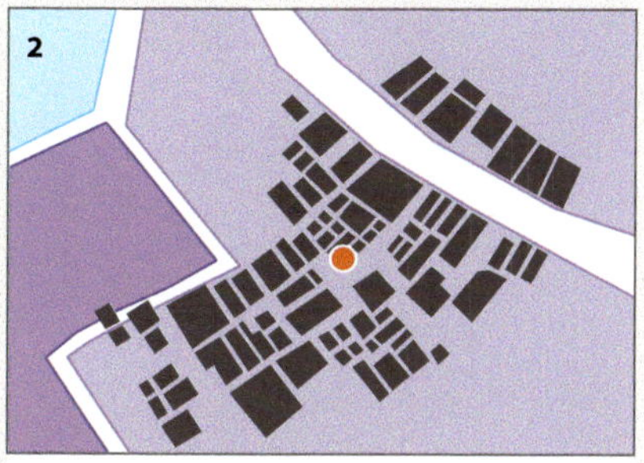

Le *nhà trọ* de la collectrice est situé dans un espace très étroit. Il est entouré par les constructions modernes et de haut standing...

Carte 1

Les *nhà trọ* dans le nord de l'arrondissement de Tây Hồ en 2020.

Réalisation : Trần Chí Minh.

Source : étudiants de licence de la promotion DEEA01, 2019-2020, HAU, groupe de Trần Chí Minh.

remarque que les dortoirs (*nhà trọ*) sont de préférence situés dans la zone hors-digue de Tây Hồ, quartier huppé au nord du lac de l'Ouest (les cinq dortoirs au nord et à l'est de la carte). Les deux dortoirs à l'est sont dans le centre du village urbain de Xuân Là, au fond d'un dédale de ruelles. Les dortoirs représentés sur la carte 2 sont construits en périphérie d'un village urbain de la seconde couronne de la capitale. Dans ce village, il reste des poches de terres non constructibles en attente de changement de statut foncier. Dans l'attente d'obtenir les autorisations formelles de construction, les villageois élèvent des logements précaires, en payant des dessous de table. La plupart de ces logements sont situés dans des ruelles et pour la plupart en fond de ruelle.

Le dortoir représenté sur la figure 1 est construit sur le reste d'une parcelle qui a été divisée entre trois frères, chacun y ayant bâti sa maison. L'espace est très étroit et le propriétaire a construit le dortoir en longueur sans permis de construire. Les occupants ne se connaissent pas et le *turnover* est élevé.

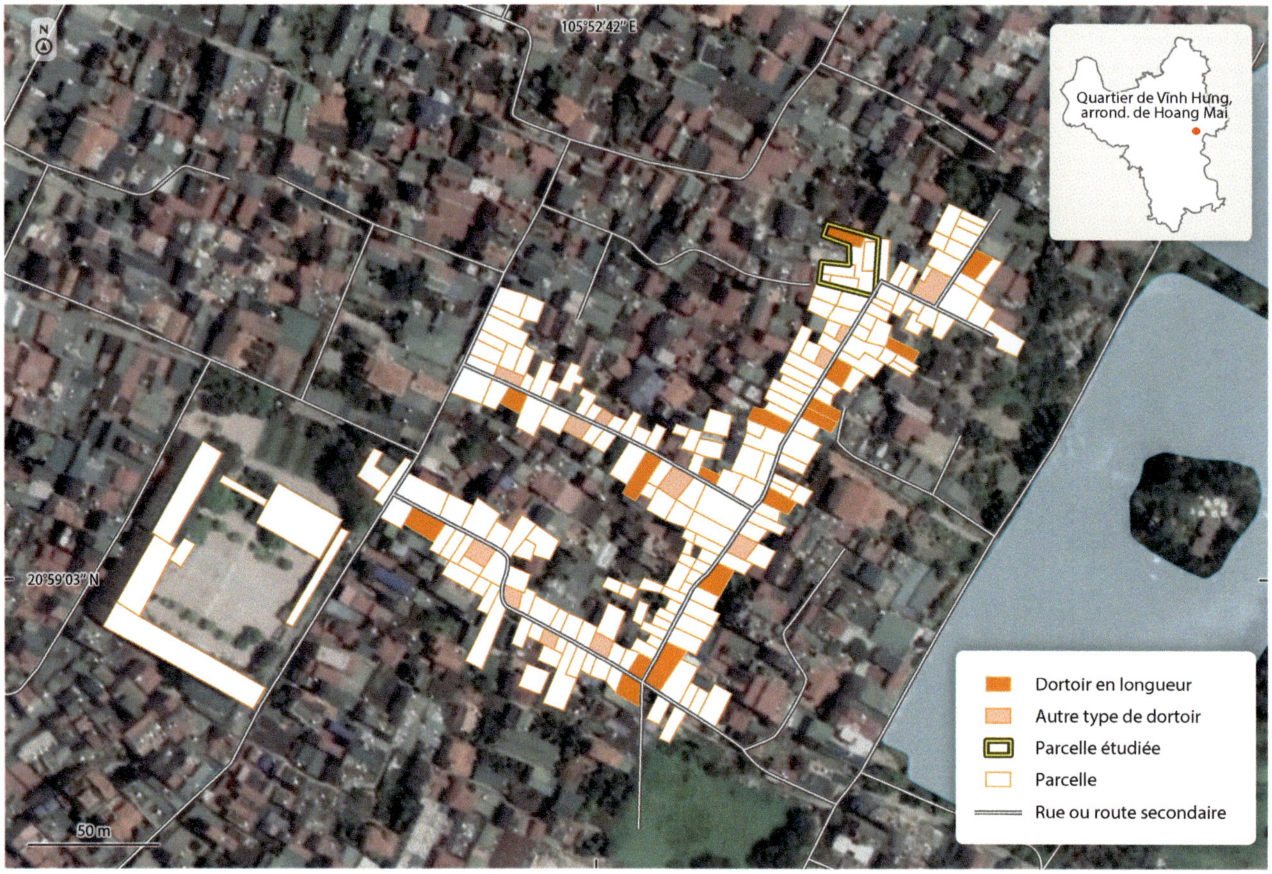

Carte 2

Les *nhà trọ* dans un quartier péricentral en 2020.

Réalisation : Lê Minh Nghia.

Source : étudiants de licence de la promotion DEEA01, 2019-2020, HAU, groupe de Lê Minh Nghia.

L'avenir incertain des collecteurs et commerçants

Discrimination et perceptions négatives du métier

À la discrimination liée au statut de migrant s'ajoute celle à l'égard des travailleurs de déchets, considérés comme sales. Une gérante affirme : « Mes enfants n'ont pas beaucoup d'amis à l'école parce que les parents de ceux-ci disent qu'ils sont sales à cause de mon travail. Même dans le quartier, il n'y a aucun enfant qui veut jouer avec les miens. » (30) (Dedeyan, 2018). Ainsi, certains collecteurs ou commerçants de déchets souffrent du manque de reconnaissance sociale que leur apporte leur métier et ne veulent pas que leurs enfants prennent leur relève (2). Untel déplore notamment le dégoût des classes aisées, un autre (6) le mépris accru depuis l'explosion de Hà Đông. Le suivant aimerait changer de travail, car il ressent qu'il n'est pas reconnu par la société. Alors que les amis avec lesquels il a fait ses études ont de « meilleurs emplois », lui fait un métier physique et il en a un peu honte. Il souhaiterait changer de métier, mais il veut maintenir son niveau de vie (7). Une gérante ne comprend pas pourquoi son métier est

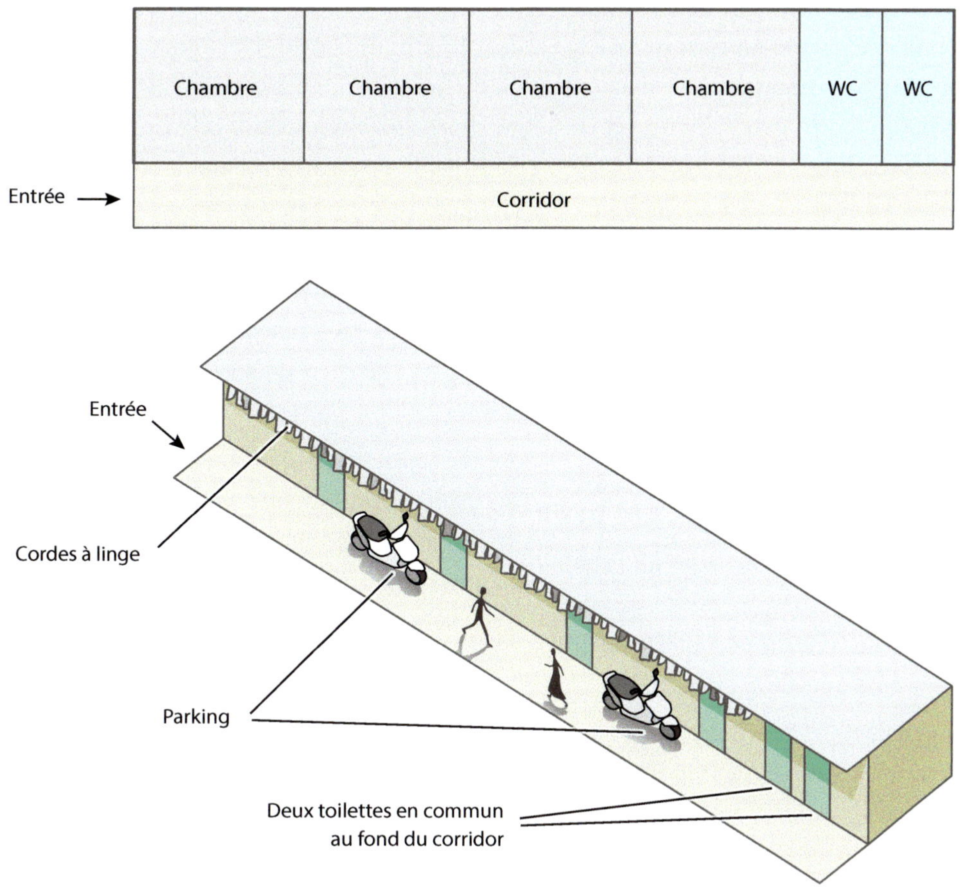

Figure 1
Dortoir en longueur avec un corridor.
Réalisation : Lê Minh Nghia.

dévalorisé, alors qu'il a une véritable valeur et une utilité économique et environnementale (16). Au cours des entretiens, les travailleurs des déchets se dévalorisent, car ils considèrent leur métier sale pour des gens sans éducation comme eux, contrairement à leurs enfants qui vont à l'université (70). Nous avons rencontré des enfants ayant honte du métier de leurs parents et qui ne veulent pas les aider (89). Enfin, d'autres contraintes que rencontrent les gérants des *bãi* leur pèsent : les relations difficiles avec le voisinage, les autorités locales, les *đồng nát*, les mafias du trottoir, les arnaques de matériaux qui précarisent leur vie quotidienne.

À Pékin, le même sentiment de dévalorisation des collecteurs et fouilleurs de déchets appartenant au système informel demeure. Ils sont considérés comme manquant de *suzhi*, mot que l'on pourrait traduire par « qualité humaine ou avoir de la culture ». Leur travail ne donne pas l'image de modernité que le gouvernement veut mettre en avant. C'est surtout dans les quartiers huppés que l'on rencontre une résistance de la part des habitants à leur encontre. Ils sont souvent associés au crime, à la saleté, notamment les fouilleurs qui récupèrent des déchets souillés dans les bennes et les décharges (LANDSBERGER, 2019).

Toutefois, certaines personnes rencontrées par Louise ALVERGNAT dans le cadre de son mémoire de master 1 (2018) semblent avoir une perception positive de leur métier, notamment pour les revenus qu'il apporte et la liberté d'entreprendre. Une collectrice de 55 ans a expliqué que ce métier avait un gros potentiel et que certains gérants de dépôts gagnaient des millions de VNĐ. Des gérants de dépôts ont aussi parlé de la création d'emplois que ce secteur générait. L'une d'elles a renchéri que non seulement ce travail créait de l'emploi pour les habitants de la ville de Hà Nội, mais il générait aussi de l'emploi pour les personnes qui travaillent dans les usines de recyclage aux alentours de la capitale. Elle mentionnait aussi le rôle économique de villages du recyclage. « C'est très efficace pour le gouvernement. Imagine si les gens jetaient des bouteilles usagées par terre, c'est du gaspillage, et on doit acheter des nouveaux matériaux pour la production qui sont très chers. » (106).

Enfin, le rôle environnemental de leur métier a été plusieurs fois mis en avant. Huit gérants de dépôts nous ont expliqué que, sans elles, il y aurait beaucoup trop de déchets à Hà Nội. Selon l'une d'entre elles : « Nous collectons un grand volume de déchets, ce qui améliore la situation environnementale de la ville. » (ALVERGNAT, 2018). Ces discours vont dans le sens des analyses de CIRELLI et FLORIN (2015) : « Face au stigmate, les récupérateurs intériorisent les représentations négatives à leur encontre, mais ils cherchent aussi à les contrer en magnifiant certains aspects de leur travail : l'exposition permanente au risque, au lieu de les affaiblir, les rendrait invulnérables grâce à une sorte d'immunisation physique et symbolique. De même, ils font valoir les effets positifs sur la propreté de la ville et sur l'environnement de leurs activités. Certes, ils n'annulent pas le stigmate, mais ils tentent de s'en arranger et, en quelque sorte, de le renverser par des discours légitimant leurs activités. »

La relève par les enfants des *đồng nát* et des gérants de dépôts

Les enquêtes qualitatives réalisées auprès d'un échantillon de gérants de dépôts donnent une idée de la composition de leur famille et de l'avenir de leurs enfants. Un des objectifs de la vie de labeur que mènent ces migrants est d'offrir à leurs enfants un meilleur avenir professionnel grâce aux études. Pour certains, il est hors de question que leurs enfants prennent la relève et, à force de sacrifice, ils comptent sur l'université pour les sortir de leur condition de chiffonniers. Toutefois, ils rencontrent des difficultés à entrer dans les écoles publiques en tant que migrants sans permis de résidence, et ils doivent donc payer des frais de scolarité élevés dans des écoles privées.

Sur 52 personnes ayant répondu aux questions sur la composition familiale et la scolarité ou l'avenir de leurs enfants, 12 enfants adultes travaillent avec leurs parents ou ont ouvert un dépôt à Hà Nội à leur compte, 3 exercent un autre métier à Hà Nội, 13 enfants adultes font ou ont fait des études à l'université de Hà Nội, 17 ont des enfants mineurs scolarisés à Hà Nội et 7 ont laissé les enfants mineurs au village à la charge des grands-parents.

Sans être assurés de leur représentativité, ces chiffres montrent toutefois que la scolarisation des enfants est importante pour ces commerçants de déchets. Sur 24 familles ayant des enfants mineurs, 17 ont choisi de les scolariser à Hà Nội malgré le coût élevé de l'accès au permis de résidence en ville (*hộ khẩu*) et la difficulté à trouver un logement correct pour accueillir la famille. Seuls 7 ont laissé les enfants au village à la charge des grands-parents, pratique plutôt courante chez les đồng nát et les migrants précaires.

Les jeunes scolarisés trouvent le métier de leurs parents difficile ou dégradant ; certains ne tentent pas de les aider. Une gérante nous confie : « Nous avons trois enfants adultes et indépendants qui ont fondé une famille, mais aucun n'a voulu nous suivre dans ce métier laborieux et "sale". Ils ont tous été éduqués à Hà Nội, mais ils ne trouvent pas de débouchés. Nous avons beaucoup investi dans les études de notre fille benjamine, mais son parcours professionnel n'est pas meilleur que ses aînés et elle a fini par ouvrir un café comme eux. » (51). Dans une autre famille, les parents ont suivi leurs enfants venus

© Nội-Pictures/F. Carlet-Soulages

Photo 4
Un couple de gérants de *bãi* part chercher des matériaux à Hà Đông (2016).

en ville pour faire des études. Ils ont ouvert un dépôt pour les financer (58). Enfin, la migration à l'étranger pour les diplômés déçus de ne pas trouver d'emploi reste une option pour d'autres.

Le passage par l'université n'ouvre toutefois pas assurément la voie vers des emplois plus valorisants. Une jeune gérante de dépôt enceinte nous affirmait avoir suivi des études à l'université et ne pas trouver d'emploi suffisamment rémunéré avec son diplôme. Par dépit, elle a suivi l'exemple de ses parents et ouvert un dépôt qu'elle a bien décoré et entretenu pour accueillir ses clients et son futur bébé.

Dans 12 familles, les enfants ont pris la relève des parents dans la gestion du dépôt, les aident ou ont ouvert leur propre dépôt. Dans de rares cas, les enfants ayant échoué dans le secondaire aident leur parent, le temps de trouver une autre option. À la lumière de ces résultats, on peut s'interroger sur la relève des jeunes générations mieux scolarisées que leurs parents dans ce métier difficile mais rémunérateur.

Conclusion de partie

Sylvie **Fanchette**

La plupart des acteurs qui travaillent dans le secteur des déchets, que ce soit la collecte, le commerce ou le recyclage, sont des ruraux qui migrent en ville ou dans les villages de métier. Ils organisent une vie translocale entre leur village d'origine et la ville d'où ils tirent les ressources nécessaires à l'entretien de leur famille et pour assurer leur avenir. Certains collecteurs des périphéries rurales de la province de Hà Nội sont des populations locales qui s'installent à leur compte pour réaliser ces activités. Malgré les revenus offerts bien plus élevés que l'agriculture ou d'autres services villageois, ces activités sont cependant stigmatisées par une large frange de la population urbaine et principalement les autorités locales.

Les conditions de vie difficiles des migrants, en ville comme dans les villages de recyclage, et les lois concernant la gestion des déchets et leur importation interrogent l'avenir de ces activités. Les commerçants et les collecteurs de déchets subissent une quadruple vulnérabilité dans leur accès à la ville : 1) ils travaillent dans le secteur des déchets et sont fortement stigmatisés par certaines collectivités locales et leurs voisins, alors qu'ils rendent un service gratuit à la municipalité, mais qui n'est pas reconnu ; 2) ils sont pour plus de la moitié des migrants, dont la majeure partie sans statut résidentiel, et subissent les lois mises en place à l'époque collectiviste pour limiter l'exode rural ; 3) ils sont constitués en entreprises familiales « informelles » peu déclarées (certains éléments de leurs activités peuvent être déclarés, voir pages 308 et 309), ce qui leur fait subir de nombreux harassements de la part des autorités locales ; 4) le statut foncier de leur logement ou atelier est précaire (ils doivent déménager souvent), même si, contrairement à la plupart des migrants des villes du Sud, ils ne vivent pas dans des bidonvilles. À Hà Nội, il n'y a pas à proprement parler de bidonvilles, mis à part certains logements précaires dans la zone inondable à l'extérieur de la digue du fleuve Rouge. Cependant, les logements et les ateliers des migrants sont construits avec des matériaux récupérés sur des parcelles, dont le statut est non constructible ou en attente de destruction. Leur vulnérabilité dépend des relations qu'ils développent avec les propriétaires des parcelles et les autorités locales.

Pour limiter leur vulnérabilité socio-économique et migratoire, la plupart des travailleurs informels de la collecte et du recyclage sont intégrés dans des réseaux villageois et familiaux qui leur assurent un appui logistique pour accéder au foncier ou aux déchets, un transfert de savoir-faire et de capital social. Aussi positifs soient-ils, ces supports communautaires répondent à l'absence de toute forme d'organisation politique de la filière. En effet, aucune association professionnelle ne regroupe les collecteurs, les commerçants ou les recycleurs de déchets du type de celle que l'on peut rencontrer dans d'autres pays du Sud, tel le Brésil (voir page 340). Dans les villages du recyclage, la compétition féroce entre les ateliers et les usines, la crainte de copies des produits et des techniques sont des obstacles à l'organisation des artisans et entrepreneurs au sein d'associations professionnelles. Les collectrices et les commerçants de déchets ne s'organisent qu'au sein de réseaux d'entraide villageois de ressortissants de Nam Định, tel le groupe *đồng hương* (même village natal). Ce type de groupe ou association leur permet de garder le lien, mais ne les aide pas à s'organiser pour défendre leur métier ou leur position auprès des municipalités. Si l'intégration entre les villages de métier ou de recycleurs et la ville s'effectue dans le cadre des clusters de villages de métier producteurs de normes sociales, de confiance et de savoir-faire, celle-ci n'est pas assez structurée pour faire évoluer et défendre les professions liées à la gestion des déchets. De nouveaux entrants dans le métier, non intégrés dans ces réseaux, doivent développer des stratégies particulières pour exercer leurs activités. Cela participe au déficit de reconnaissance politique de la filière de collecte et de recyclage des déchets au Việt Nam, et donc de la gestion de programmes à venir pour moderniser ce secteur et mieux faire participer les parties prenantes informelles.

L'accès au foncier pour la location de dépôts de déchets ou d'ateliers de recyclage, mais aussi l'usage temporaire des trottoirs pour que collecteurs et commerçants puissent traiter leurs matériaux sont gérés au quotidien de façon individuelle par les intéressés. De réelles stratégies territoriales pour avoir accès à la ville et à ses ressources foncières et pour négocier chaque mètre carré sont mises en œuvre par les commerçants et les collecteurs de déchets (voir partie 2). Des territoires particuliers, les interstices, accueillent temporairement ces activités que l'administration voudrait reléguer en périphérie.

Quant à l'avenir du métier, eu égard aux politiques discriminantes envers le secteur informel de gestion des déchets, on peut douter que la relève soit assurée par les jeunes générations issues des filières migratoires de Nam Định. On a vu qu'une partie des enfants ne veut pas suivre les parents qui ont investi dans l'ascension sociale de leur progéniture à travers la scolarisation. Enfin, les conditions environnementales dans lesquelles le recyclage s'opère interrogent l'avenir de la filière (voir partie 3).

Partie 2

Des territoires en perpétuelle recomposition

Introduction de partie

Sylvie **Fanchette**

Les territoires de la collecte des déchets et du recyclage sont structurés par des réseaux d'acteurs évoluant à plusieurs échelles locales, nationales et internationales. Dans cette partie, nous n'aborderons que les territoires de la collecte, tandis que ceux du recyclage seront plutôt étudiés dans la partie 3 qui traite des matériaux. Cependant, il importe d'insister dès maintenant sur l'organisation de ces territoires de collecte et de recyclage en clusters. Les clusters de villages artisanaux du delta du fleuve Rouge sont des systèmes de production localisés ancrés dans un territoire porteur d'externalités positives (capital social, proximité, économies d'échelle, dynamiques sociales anciennes…) et organisés à deux niveaux : celui intravillageois, composé d'unités de voisinage et de rues spécialisées, marquées par un lien social et économique très fort ; et celui intervillageois, fondé sur des relations historiques liées à l'organisation du territoire hydraulique. Un cluster de villages de métier comprend un nombre variable de localités et d'entreprises, pour la plupart non déclarées, que l'on appellera « informelles », mais aussi d'ateliers et d'entreprises à l'amont qui s'occupent de la collecte et du commerce des déchets. Ils constituent une source d'approvisionnement non négligeable en matériaux primaires secondaires des entreprises des clusters de villages du recyclage.

Le fonctionnement de ces clusters dépend de la nature des activités qui y sont pratiquées. La concentration géographique de petites entreprises peut être associée au développement des réseaux marchands : elle favorise les économies d'échelle, une meilleure utilisation des réseaux de fournisseurs et la diffusion des savoir-faire au sein d'une société profondément villageoise où plusieurs générations vivent sous le même toit. Ainsi, la proximité entre les entreprises au sein du cluster participe à la rapide mise en connexion d'une multitude de foyers et d'entreprises au sein d'un réseau de connaissances et de praticiens de savoir-faire complémentaires. De tailles très variées, ces clusters sont branchés sur des réseaux de production et de commerce plus larges, orientés vers d'autres régions d'approvisionnement de matières premières ou de commercialisation des produits finis du Việt Nam ou de la sous-région (Chine, Laos, Cambodge).

Nous nous intéressons ici aux territoires à l'amont de la chaîne de collecte et de recyclage des déchets recyclables de la province de Hà Nội et de leur dynamique dans le contexte de la métropolisation. Les activités de collecte, de tri et de stockage sont très consommatrices d'espaces, espaces parfois financièrement inaccessibles qui manquent cruellement aux commerçants et collecteurs informels dans cette ville en pleine refonte métropolitaine. De plus, les politiques d'exclusion des centres-villes des populations marginalisées que sont les migrants, les collecteurs et les commerçants de déchets compliquent leur installation.

Nous tenterons de répondre à la question suivante : comment, malgré l'accès de plus en plus difficile et coûteux au foncier des migrants et des entreprises informelles lié à la métropolisation et à la tertiarisation des centres urbains, les collecteurs et commerçants de déchets parviennent-ils à s'installer en centre-ville et dans les périphéries pour réaliser leurs activités ? Quels sont ces espaces investis ? En quoi la métropolisation participe-t-elle à la création d'espaces en attente et offre-t-elle des opportunités foncières temporaires ? Comment ces travailleurs informels négocient-ils l'utilisation de l'espace public dont ils ont besoin pour traiter les matériaux qu'ils achètent ? Nous faisons l'hypothèse que la création d'interstices urbains temporaires facilite leur accueil pour la pratique d'activités non reconnues et stigmatisées, mais qu'elle fragilise leur intégration à la ville et leur droit aux services urbains en raison de leur caractère temporaire. Ces mutations rapides de la ville de Hà Nội et les pratiques des acteurs du secteur informel posent la question de l'urbanisation éphémère, des temporalités courtes de l'usage des espaces en attente et des recompositions essentielles de la gouvernance de ceux-ci.

Chapitre 5

Des *bãi* en nombre croissant dans les environnements interstitiels

Sylvie **Fanchette**, Cathy **Chatel**, **Đỗ Lương** Quỳnh Hoa

Malgré des prédictions négatives de l'évolution spatiale et numérique des dépôts de déchets dans la ville de Hà Nội, leur nombre ne fait que croître et leur présence jusqu'au centre-ville interroge. En effet, Mitchell (2008b) dans sa thèse faisait l'hypothèse qu'en raison des dures conditions d'accès au foncier et du renchérissement des loyers, dans ce qu'elle appelle les *business districts* (Hoán Kiếm et Ba Đình), et des politiques de plus en plus strictes à l'égard des ateliers informels qui donnent une mauvaise image de cette métropole en pleine modernisation, les dépôts migreraient dans les arrondissements de Đống Đa et de Hai Bà Trưng, au prix d'une concurrence accentuée entre les commerçants de déchets. Elle imaginait aussi des délocalisations de ceux-ci vers les arrondissements péricentraux ou vers les districts périurbains, au prix d'une accessibilité plus limitée aux gisements de déchets dans ces environnements moins peuplés.

Cependant, à la lecture de l'enquête exhaustive que le projet Recycurbs-Viet a réalisée, on remarque une présence relativement régulière dans les différentes couronnes de la ville, liée aux densités de population, avec quelques variations au sein de ces couronnes.

Un service de proximité au sein d'un maillage serré de dépôts

Chaque couronne de la ville-province de Hà Nội (hypercentre, péricentre urbain, périurbain et rural) est desservie par un nombre relativement égal de *bãi* rapporté à sa population (en moyenne 7 677 habitants pour un *bãi* en 2019). En raison des très grandes différences de densités de population entre les quatre couronnes urbaines et rurales (**tableau 1**), les densités de *bãi* au kilomètre carré sont très inégales entre l'hypercentre (3,38) et la zone rurale (0,12). Au sein des arrondissements centraux, on observe une grande différence de densité de *bãi* entre Đống Đa et Hoan Kiem, berceau du métier de collecteurs et de commerçants de déchets, activité qui a commencé dans les années 1930 (Digregorio, 1994), où l'on recense 72 *bãi* actifs en 2020, répartis selon une densité de 7,3 *bãi* au kilomètre carré. En revanche, Hoàn Kiếm, centre touristique et tertiaire, n'accueille que 11 *bãi* (en partie localisés dans la zone hors-digue où vivent de nombreux migrants), soit une couverture très faible du service.

Les *bãi* se créent au fur et à mesure que la ville s'étend. L'augmentation des gisements de déchets est liée à l'ac-

Tableau 1
Répartition des *bãi* par densité démographique selon les couronnes de la métropole en 2020

Caractéristiques des couronnes	Hypercentre	Couronnes de la ville-province de Hà Nội Péricentre	Périurbain	Rural	Total
Habitants (2019)	1 193 198	2 412 166	1 960 417	2 487 882	8 053 663
Superficie (km²)	56,59	246,18	995,20	2 037,54	3 335,51
Habitants au km² (2019)	21 085	9 799	1 970	1 221	2 415
Bãi en activité	192	319	294	245	1 050
Bãi au km²	3,38	1,30	0,30	0,12	0,31
Habitants par *bãi*	6 247	7 562	6 668	10 155	7 677

Sources : Recycurbs-Viet, Sylvie Fanchette.

croissement de la population et à l'enrichissement de la classe moyenne, dont les modes de consommation sont parmi les plus grands « producteurs de déchets de qualité », comme les emballages, les bouteilles en plastique et les cannettes en aluminium. Par ailleurs, la tertiarisation de l'économie urbaine et le développement du commerce sont une véritable aubaine pour les collecteurs et les commerçants de déchets. La densité de *bãi* dans les arrondissements urbains facilite le travail des *đồng nát* qui se déplacent souvent à pied ou à vélo, permettant ainsi d'assurer la collecte de la plus grande partie des déchets recyclables d'un quartier et de les revendre aux dépôts les plus proches. Ainsi, environ 20 000 *đồng nát*[1] (MITCHELL, 2009) collectent une grande partie des déchets recyclables de Hà Nội, volume qui correspond à environ à 20 % des déchets solides produits par la ville.

Les *bãi* se développent avec la croissance urbaine selon plusieurs logiques. Tout d'abord, de nombreuses parcelles sont en attente de construction et leurs propriétaires les louent à l'année aux commerçants de déchets à des prix prohibitifs dans les quartiers hypercentraux (jusqu'à 10 millions de VNĐ pour 50 m²). La flexibilité de ce système de location est à la fois une opportunité pour eux car elle leur permet de profiter des gisements de déchets de ces quartiers riches, même si leur présence n'est pas bien vue par les autorités, mais acceptée car temporaire. Pour les propriétaires des parcelles, la location à des prix élevés de petites surfaces parfois inhabitables ou inconstructibles constitue une aubaine : parcelles vides ou maisons anciennes en attente de (re)construction, maisons neuves inachevées, terrains vagues, chantiers... Toutefois, la grande mobilité des dépôts ne répond pas uniquement à l'incertitude foncière, mais il répond aussi à une volonté de certains commerçants de se positionner près des sites de déchets rentables, mais temporaires, comme les chantiers de construction (MITCHELL, 2009). Enfin, pour ceux qui s'installent dans le périurbain, la recherche d'un local plus grand, mieux situé le long des routes où les autorités locales sont plus tolérantes à leur encontre, constitue de nouvelles raisons de déménager (LITOU, 2016).

Un transect pour décrire leurs logiques d'implantations

Nous avons choisi d'étudier de façon détaillée les logiques d'implantation des *bãi* dans quatre arrondissements et districts selon un transect du centre vers la périphérie (deux arrondissements centraux, Ba Đình et Đống Đa, un péricentral, Hà Đông, et un périurbain

1. Carrie Mitchell a évalué à 22 000 le nombre de collectrices dans les arrondissements de la ville de Hà Nội en 2008. Notre étude concerne l'intégralité de la ville-province de Hà Nội, districts ruraux compris et, bien que l'on n'ait pu recenser les *đồng nát* de ces derniers, on peut sans doute estimer que leur nombre total atteint 30 000.

Photo 1
Un *bãi* dans une impasse en pleine modernisation (2021).

en zone rurale, Thanh Trì) pour mieux comprendre les logiques foncières et d'accessibilité des gérants de *bãi*.

Hypercentre : Ba Đình et Đống Đa

Đống Đa est le berceau de l'activité de collecte des matériaux usagés et des déchets recyclables à Hà Nội, là où les réseaux de migrants de Nam Định se sont le plus implantés (42 sur 55 réponses) (**carte 1**). La densité de *bãi* est la plus élevée, avec 7,7 *bãi* au kilomètre carré. Cet arrondissement est composé de nombreux anciens villages urbains aux ruelles tortueuses et a été bouleversé depuis une quinzaine d'années par le percement de nombreuses rues et la couverture des canaux, constituant autant de pénétrantes dans les quartiers traditionnels et denses. Les *bãi* sont répartis dans tous les quartiers selon des densités de population variables, certains comptant jusqu'à 15 *bãi* au kilomètre carré. Leur accessibilité est moyenne dans 50 % des cas, telles les rues secondaires carrossables, et 45 % des cas sont dans les zones plus difficiles d'accès au sein des îlots des villages urbains ou *Khu Tập Thể* (KTT : quartiers collectifs construits à l'époque collectiviste).

Si les quartiers historiques et militaires de l'ancienne citadelle Ba Đình (**carte 2**) ne tolèrent aucun *bãi* dans cet arrondissement, de nombreuses rues ont été élargies et des canaux ont été recouverts et bénéficient de bonnes

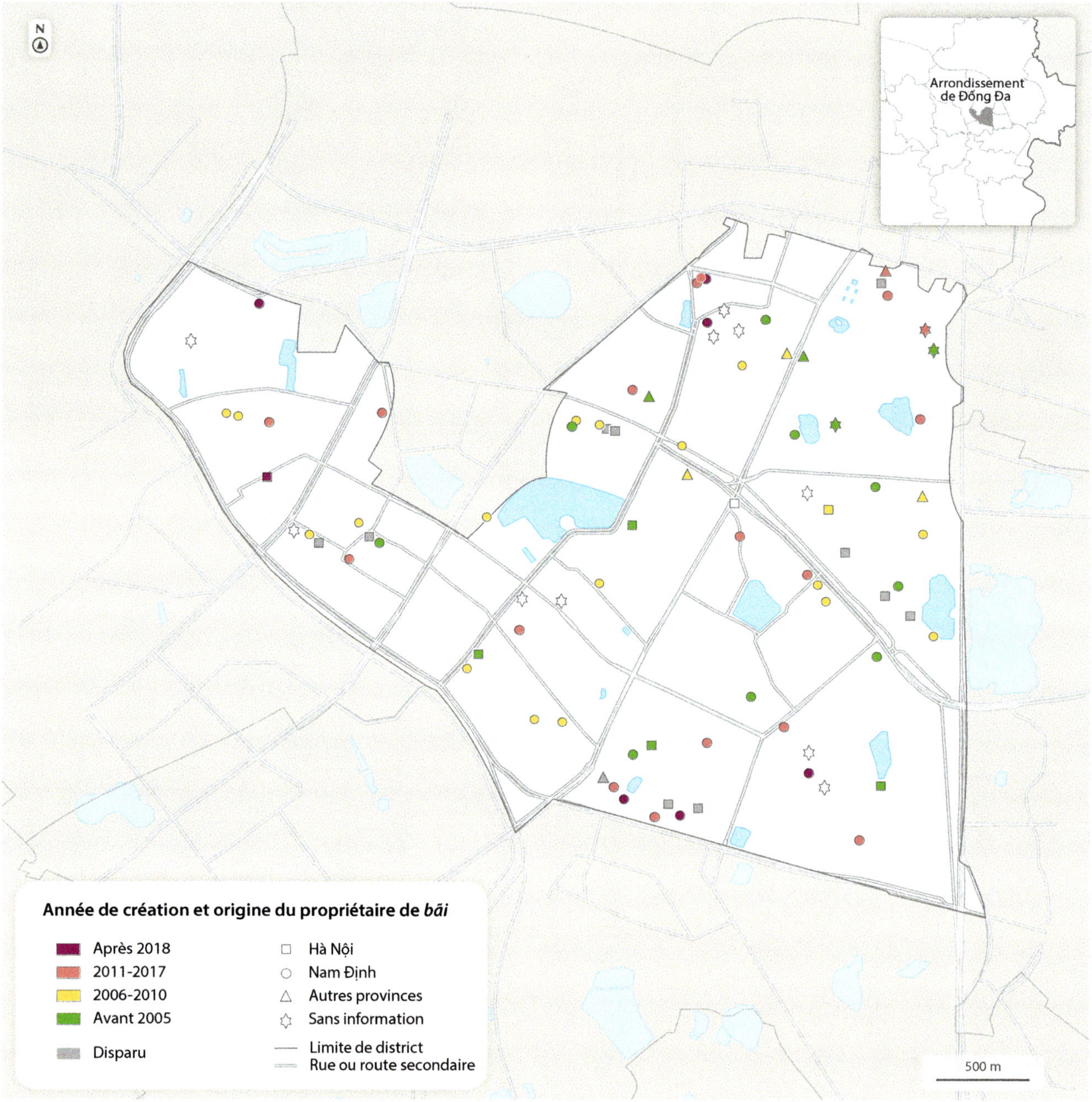

Carte 1
Les dépôts de déchets dans l'arrondissement de Đống Đa par origine géographique des gérants en 2020.
Réalisation : Cathy Chatel, Sylvie Fanchette, Cessma ; Éric Opigez, Ceped.
Source : JEAI Recycurbs-Viet, 2020.

infrastructures urbaines. Un canal recouvert constitue une nouvelle pénétrante dans les quartiers denses de Liễu Giai et Ngọc Hạ, le long de laquelle une dizaine de *bãi* ont profité d'un statut foncier temporaire sur d'anciennes friches agricoles en cours de construction. Le long de la rivière Tô Lịch, la rue Bưởi a été ouverte au début de l'année 2005, puis, en 2015, elle a été élargie en une triple double voie et a occasionné la destruction

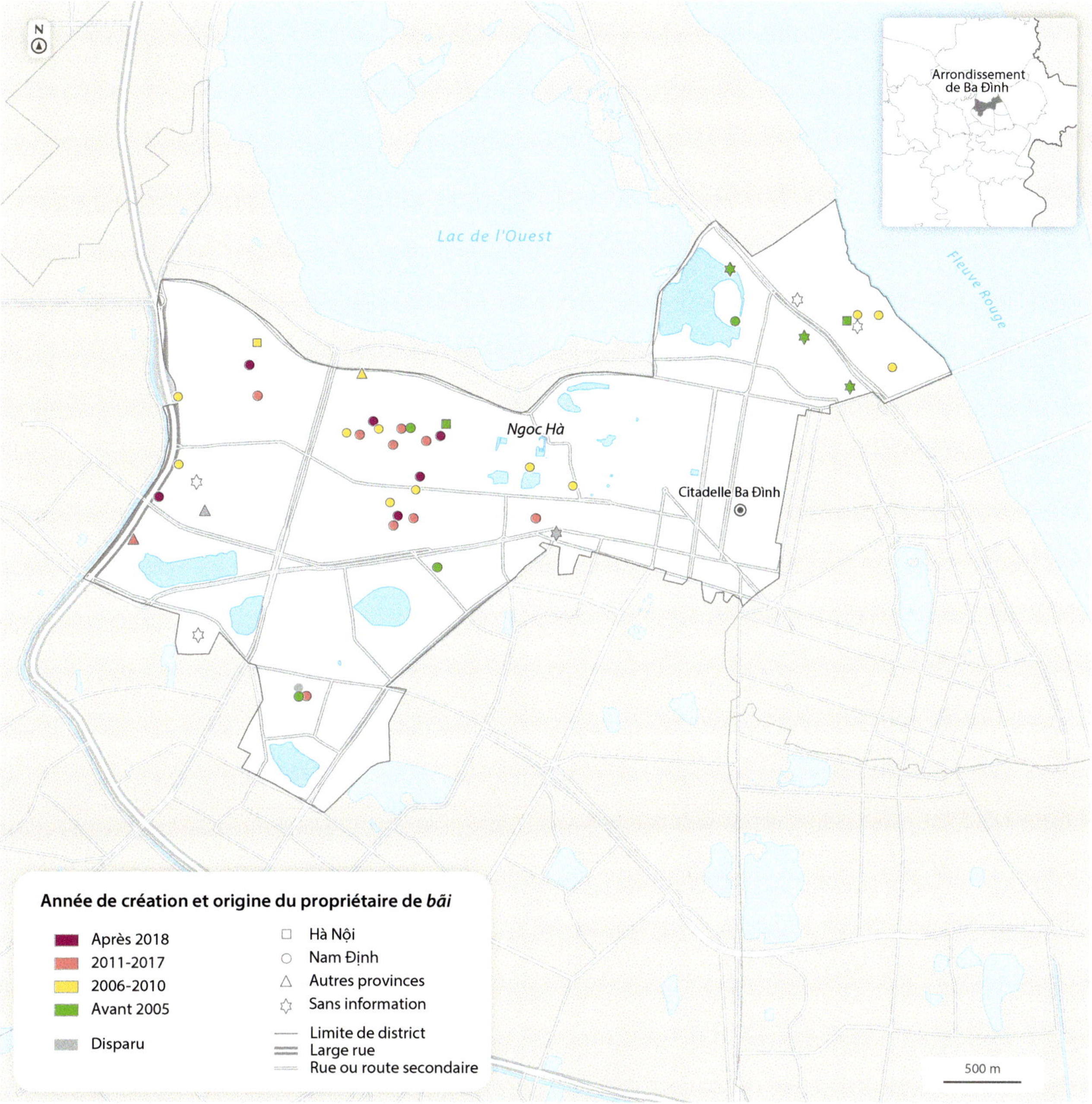

Carte 2

Les dépôts de déchets dans l'arrondissement de Ba Đình par origine géographique des gérants en 2020.

Réalisation : Cathy Chatel, Sylvie Fanchette, Cessma ; Éric Opigez, Ceped.
Source : JEAI Recycurbs-Viet, 2020.

de nombreuses maisons, certaines ont été coupées en deux. Plusieurs *bãi* se sont installés dans ces maisons en attente de destruction et de reconstruction. Ils bénéficient d'une très bonne accessibilité et de larges trottoirs. Dans les quartiers centraux, les rues où de nombreux *bãi* s'installent sont en général des espaces en attente de construction de nouvelles habitations.

Péricentre : Hà Đông

L'arrondissement de Hà Đông correspond à l'ancien district de la capitale de la province de Hà Tây qui a été intégré dans la ville-province de Hà Nội en 2008. Il est formé d'une route nationale, véritable artère de sortie de la ville, le long de laquelle de nombreux commerces et services, notamment des universités, sont établis. Depuis les années 2010, cet arrondissement s'est rapidement urbanisé grâce à la construction de nombreuses nouvelles zones urbaines (NZU) ou *Khu Đô Thị Mới*, véritable miroir de la métropolisation de la ville. On remarque trois tendances dans l'établissement des dépôts de déchets (**carte 3**) : 1) le long de la nationale dans la partie sud-ouest la moins urbanisée, on compte de nombreux *bãi* (16 sur 81), la pression sur le foncier et le désir d'embellissement de la ville sont encore limités. Ces parcelles jouissent d'une très bonne accessibilité, mais les dépôts devront déménager dans un avenir proche, notamment quand le métro sera enfin en activité et que le prix du foncier s'élèvera rapidement ; 2) durant les premières étapes de la construction des *Khu Đô Thị Mới* et dans les lotissements, les parcelles en attente ont accueilli de nombreux dépôts de déchets (38 sur 81), d'une part, car les chantiers sont nombreux et, d'autre part, parce que toutes les parcelles n'ont pas été vendues ; 3) dans les parties les plus accessibles des villages urbains, les *bãi* sont installés depuis longtemps (10 sur 81), mais avec la densification de ces quartiers villageois, les maisons anciennes vont être détruites.

Périurbain : Thanh Trì

Dans le district périurbain de Thanh Trì, on remarque qu'un grand nombre de *bãi* sont installés le long des routes nationales et départementales de grande circulation (14 sur 49), dans les villages ou les lotissements à proximité de ces grands axes (10 sur 40) (**carte 4**). La recherche de l'accessibilité et d'une meilleure visibilité semble motiver les gérants de dépôts dans un environnement où la population est beaucoup moins dense que dans le centre-ville. 16 dépôts sur 49 sont localisés dans le cœur des villages, le long de routes secondaires ou en périphérie, notamment celui de Triều Khúc, spécialisé dans le recyclage du plastique. On ne voit pas de lien entre l'origine géographique et le choix de l'environnement d'installation.

Un service de proximité pour la collecte des déchets recyclables

La proximité constitue un facteur essentiel pour la collecte et le recyclage au sein des clusters. Elle est aussi au cœur de l'efficacité du système local de collecte de déchets au porte-à-porte auprès des habitants et de leur revente dans les dépôts, puis de leur transfert vers les villages du recyclage des environs. Le concept d'économie circulaire remet la dimension territoriale au cœur de la gestion des déchets, même si cette proximité spatiale n'est pas mesurée.

Dans le cas des dépôts de déchets à Hà Nội, mesurer l'aire de desserte des *bãi* et la population desservie permet d'évaluer l'efficacité territoriale de ce système qui repose sur la proximité. Les *đồng nát* circulent à vélo et doivent décharger leurs matériaux dans le *bãi* le plus proche dès que le volume transportable par leur véhicule est atteint. Dans certains quartiers centraux, la densité est très élevée, mais en même temps inégale, tandis que dans les communes rurales, de nombreux villages ne sont pas desservis. Dans le discours des autorités, l'idée de se débarrasser de ces dépôts dans les périphéries de la ville, car ils créent un risque environnemental et donnent une mauvaise image de leur quartier, remet en cause tout le système de la proximité nécessaire à la collecte et au stockage es matériaux.

« Pour se défaire de ces matières, la solution la plus souvent mise en place fut le déplacement des déchets vers des espaces marginalisés (GOUHIER, 2000), c'est-à-dire le transfert des risques (DURAND, 2015), le sacrifice d'espaces (BERTRAND et LAURENT, 2003) ou encore l'utilisation d'espaces de relégation (DE OLIVEIRA NEVES, 2013). Quels que soient le terme utilisé et l'approche privilégiée, la gestion des déchets s'est très souvent faite selon des critères spatiaux, cherchant à concentrer les risques en un point donné, jugé comme

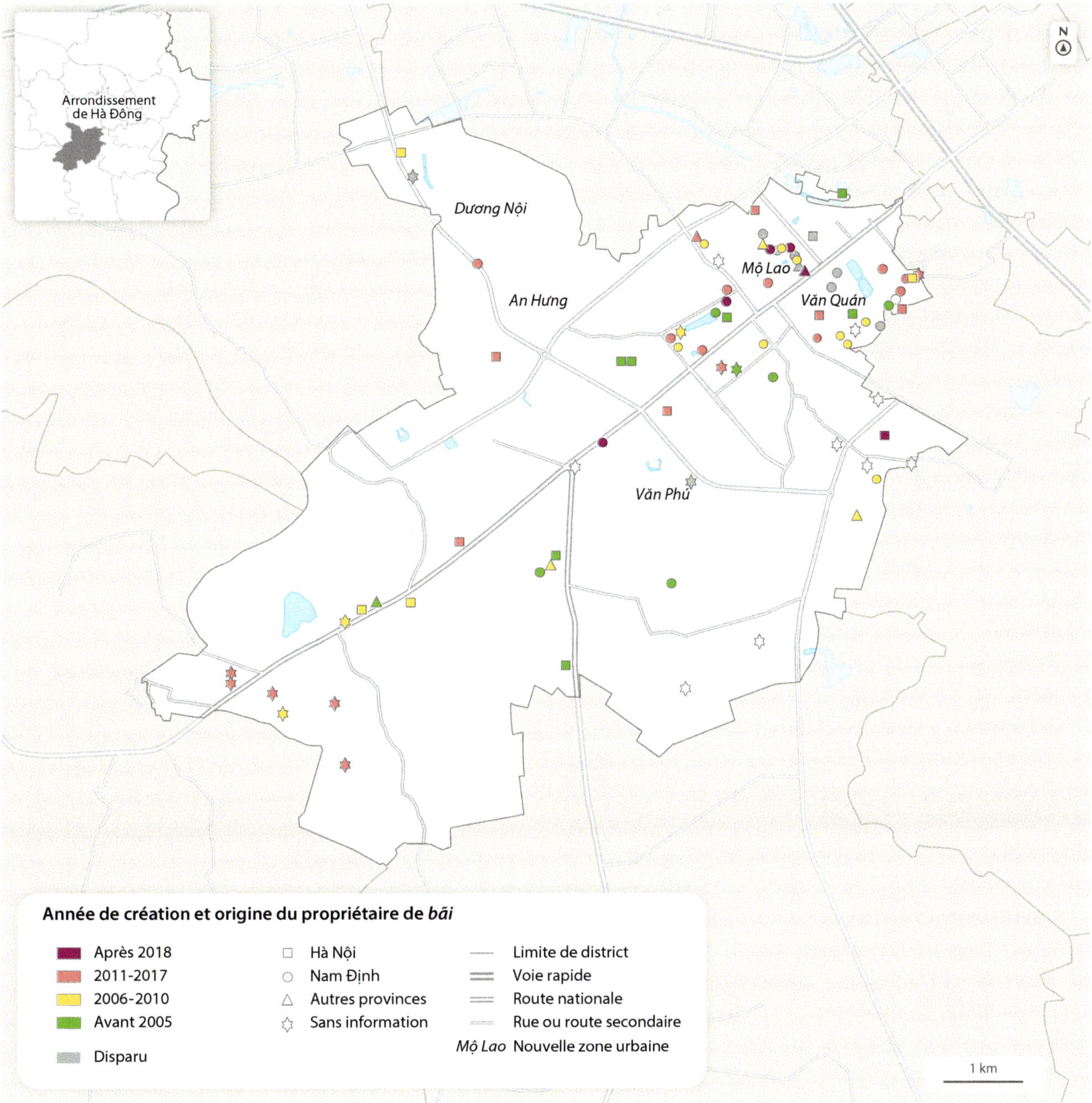

Carte 3

Les dépôts de déchets dans l'arrondissement de Hà Đông par origine géographique des gérants en 2020.

Réalisation : Cathy Chatel, Sylvie Fanchette, Cessma ; Éric Opigez, Ceped.
Source : JEAI Recycurbs-Viet, 2020.

ayant un impact sanitaire, puis environnemental moins important. » (DURAND *et al.*, 2015).

Cette question pleine d'ironie de savoir « quel territoire choisir pour évacuer ses déchets ? » montre que, dans de nombreuses situations, les critères territoriaux et sociaux jouent un rôle bien plus important dans la gestion des déchets que les seuls critères techniques (DURAND *et al.*, 2015). L'objectif est d'éloigner les nuisances pouvant

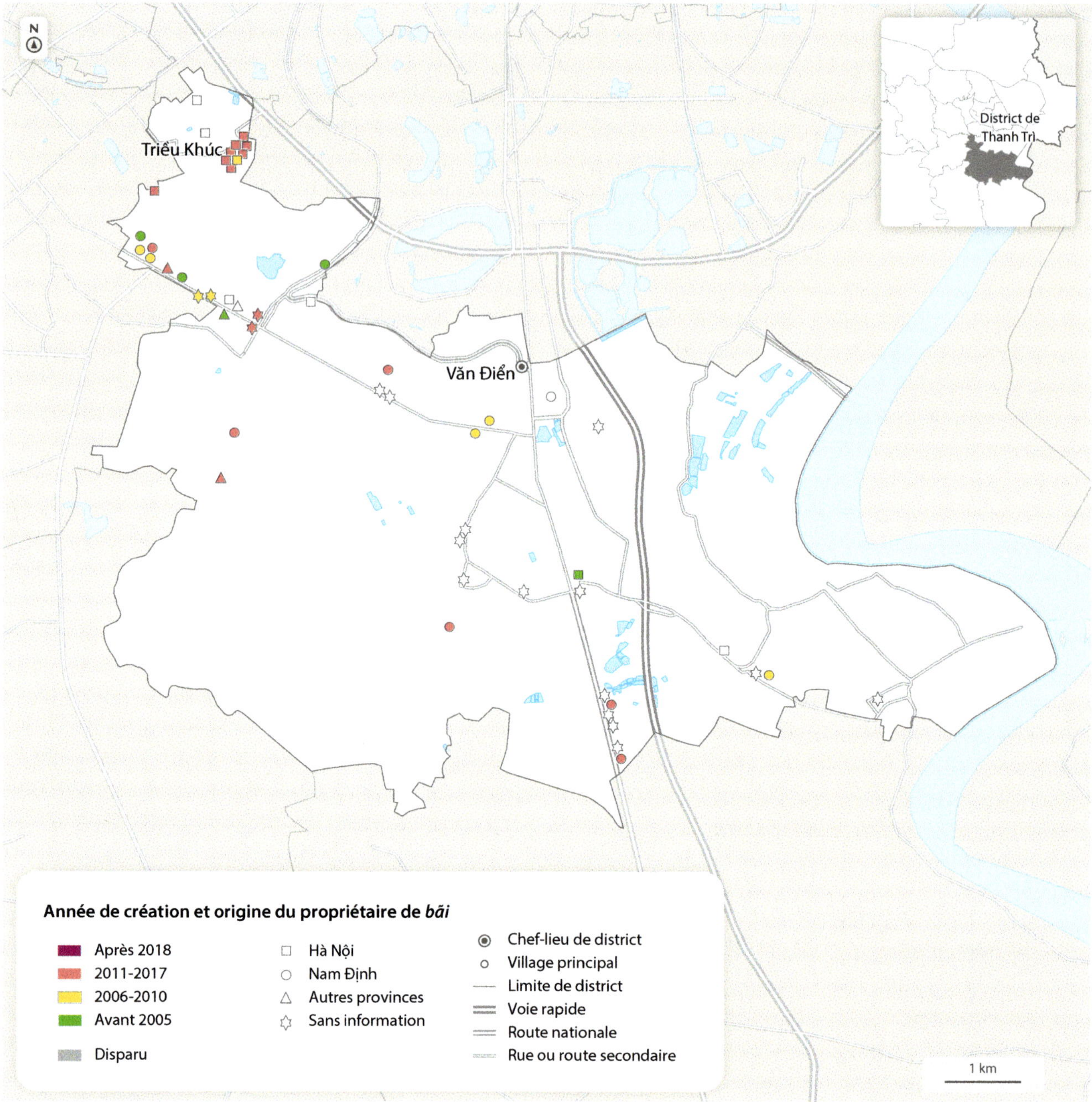

Carte 4

Les dépôts de déchets dans l'arrondissement de Thanh Trì par origine géographique des gérants en 2020.

Réalisation : Cathy Chatel, Sylvie Fanchette, Cessma ; Éric Opigez, Ceped.
Source : JEAI Recycurbs-Viet, 2020.

affecter les populations et leur environnement proche. Il s'agit de limiter les risques sanitaires et environnementaux affectant directement les habitants d'un territoire ou les ressources nécessaires à leur survie. Les termes polysémiques de nuisances et de risques sont ici utilisés pour qualifier une pollution diffuse (DURAND *et al.*, 2015).

On se trouve face à une logique contradictoire entre l'organisation territoriale des grands réseaux favorisant les économies d'échelle et les moindres coûts de transaction, alors que « l'écocycle urbain durable » repose sur des cycles courts, la relocalisation du métabolisme urbain et une volonté d'autonomie (COUTARD et RUTHERFORD, 2009 ; DURAND, 2015).

Par ailleurs, la recherche de conséquences socio-économiques positives à proximité est toujours plus prisée grâce à la création d'emplois que peut engendrer une économie locale dynamique s'appuyant en partie sur ces matières secondaires et sur l'activité du recyclage et du réemploi. L'enjeu socio-économique revêt une importance d'autant plus grande que la gestion de la proximité permet de tirer profit de cette matière secondaire pour tenter de structurer une économie locale et créer des emplois non délocalisables (DURAND, 2015)

Un maillage de *bãi* qui se desserre du centre vers les périphéries

La densité de *bãi* au kilomètre carré suit à peu près celle de la population, avec un nombre moyen d'habitants potentiellement desservis par ceux-ci entre 6 300 et 7 500, sauf pour les zones rurales périphériques où ce chiffre atteint 10 000 habitants. Cependant, ces chiffres ne nous informent pas sur la nature de leur distribution dans l'espace selon les couronnes et les districts.

Nous avons réparti les *bãi* par commune et par quartier (le plus bas niveau de l'administration territoriale) afin d'en analyser la distribution dans l'espace et mesurer les inégalités de desserte des habitants par ce service de proximité dans l'espace.

Le tableau 2 montre tout d'abord la grande inégalité de distribution des types de communes selon leur densité de *bãi*. Plus d'un tiers des quartiers et communes de la ville-province de Hà Nội n'en ont pas sur leur territoire, avec cependant une répartition relativement bien équilibrée des pourcentages de communes par types de densité.

Selon les couronnes, les variations sont très élevées (voir carte 5). On sent une tension dans l'hypercentre où cohabitent des quartiers aux densités très élevées de *bãi* (58 % des quartiers ont plus de trois unités au kilomètre carré) avec des quartiers sans *bãi* (27,2 %). L'arrondissement emblématique de cette rupture spatiale est Hoàn Kiếm, vitrine de la ville, où 72 % des quartiers n'en accueillent pas, ceux existant se concentrant dans quelques quartiers, principalement dans la zone hors-digue où se concentrent les migrants et l'habitat précaire. Cela suppose de grandes difficultés pour les *đồng nát* d'aller décharger le produit de leur collecte dans les *bãi* mal répartis dans l'arrondissement. C'est pour cela qu'on les voit souvent, poussant leur vélo débordant de matériaux dans le quartier des 36 rues.

À Ba Đình, les quartiers de la citadelle, où se trouvent les administrations centrales et les monuments symboliques et politiques, n'accueillent aucun dépôt, tandis que dans les villages urbains proches, on dépasse les sept *bãi* au kilomètre carré. L'arrondissement de Đống Đa, on l'a dit, est le berceau du métier des *đồng nát* de Hà Nội, il est formé principalement de villages urbains denses avec peu de quartiers modernes. Il accueille le plus grand nombre de *bãi* au kilomètre carré de la ville, certains quartiers atteignent le chiffre incroyable de quinze *bãi* au kilomètre carré.

Dans le péricentre, de grandes opérations urbaines des années 2000 sur les rizières ont transformé le paysage urbain. On y trouve une grande régularité de la distribution des quartiers par types de densité. Il y a très peu de quartiers à très faible présence ou absence de dépôts, sauf dans les KĐTM de Trung Hòa Nhân Chính (arrondissement de Thanh Xuân) et de Nam Trung Yên (arrondissement de Cầu Giấy). Dans le périurbain, plus d'un tiers des communes n'accueillent pas de *bãi* et près de 20 % n'en ont presque pas. Il existe peu de pôles où ils se concentrent, mis à part certains quartiers de la ville de Sơn Tây ou les alentours du village du recyclage du plastique de Triều Khúc, dans le district de Thanh Trì.

Enfin, dans les périphéries rurales, la densité de population est plus faible et plus de la moitié des communes n'accueillent pas de dépôts. Les zones où ils se

Tableau 2

Communes par densité de *bãi* selon les couronnes en 2020 (%)

Couronne	Communes (*bãi* par km²) > 3	de 0,9 à 2,9	de 0,5 à 0,8	de 0,3 à 0,4	< 0,4	Communes sans *bãi*
Couronne 1	58,0	14,8	0,0	0,0	0,0	27,2
Couronne 2	23,0	40,2	16,1	10,3	2,3	8,0
Couronne 3	2,1	10,7	20,7	15,7	18,6	32,1
Couronne 4	0,0	2,2	7,3	11,3	29,5	49,8
Total	**12,0**	**11,7**	**10,8**	**10,6**	**18,7**	**36,2**

Sources : JEAI Recycurbs-Viet 2020, calculs de Sylvie Fanchette.

concentrent sont souvent des carrefours de routes importantes, à proximité de parcs industriels ou des bourgs. Dans ces districts, la population n'est pas suffisamment nombreuse pour produire des volumes élevés de déchets pour alimenter les *bãi*, tandis que les commerces et les chantiers sont presque inexistants. Cependant, grâce à leur accessibilité, ils peuvent capter une partie des déchets et matériaux issus des chantiers et zones industrielles de leur environnement.

Une accessibilité qui augmente plus on s'éloigne du centre-ville

« Pour "faire" un bon local, il faut d'importantes sources de déchets, une place pour stationner le camion, un accès à l'eau et à l'électricité. » (2).

Les conditions pour que les gérants de dépôts de déchets accèdent aux gisements de déchets, les traitent rapidement et les revendent sont nombreuses. Certains facteurs sont physiques (l'accessibilité, la taille du local, la présence d'un trottoir ou d'un espace, la proximité de grands magasins, de commerces, d'usines ou de chantiers). Le tableau 3 montre clairement que plus on s'éloigne du centre-ville, plus la part des *bãi* bénéficiant d'une bonne accessibilité[2] augmente : de 11 à 21,6 %. La carte 6 suggère combien les *bãi* à faible accessibilité sont concentrés dans l'hypercentre (100 sur 323). Le tableau 3 montre aussi que presque la moitié des *bãi* du centre-ville ont un accès difficile car situés dans les ruelles éloignées des rues principales et sont peu visibles, tandis que dans les quartiers péricentraux et périurbains la plupart des *bãi* ont un bon ou au moins un accès moyen aux voies de communication. Dans le centre-ville, l'accès difficile se conjugue souvent avec l'absence de trottoir ou d'espace devant les *bãi* pour s'étaler.

2. Pour définir les niveaux d'accessibilité des dépôts de déchets, Sylvie Fanchette s'est servie de la hiérarchie de la trame viaire. La ville de Hà Nội est formée de plusieurs niveaux de rues et routes : dans les arrondissements urbains, il y a de larges avenues (niveau 1) qui mènent ou croisent des rues plus étroites, certaines sont des rues commerçantes anciennes beaucoup moins larges et souvent encombrées ou en sens unique (niveau 2), puis des ruelles carrossables dans les lotissements et les villages urbains (niveau 3) et enfin des ruelles non carrossables dans les villages urbains (niveau 4). Dans les zones périurbaines ou rurales périphériques, la hiérarchie est un peu différente, car on compte des autoroutes qui, bien que larges, ne sont pas accessibles, donc la largeur n'est pas synonyme d'accessibilité. Le long des routes nationales se concentrent de nombreux dépôts soit à l'intérieur des villages traversés, soit en périphérie. L'environnement des routes compte aussi pour l'évaluation de l'accessibilité. L'auteur a évalué l'accessibilité des dépôts à l'aide des photos prises par les étudiants, ou par elle-même, et a contrôlé le niveau d'accessibilité en se référant aux cartes de Google Earth ou Google Map. Bien sûr, cette évaluation est subjective, mais elle permet de se référer aux représentations que les gérants de dépôts ont de l'accessibilité de leur site.

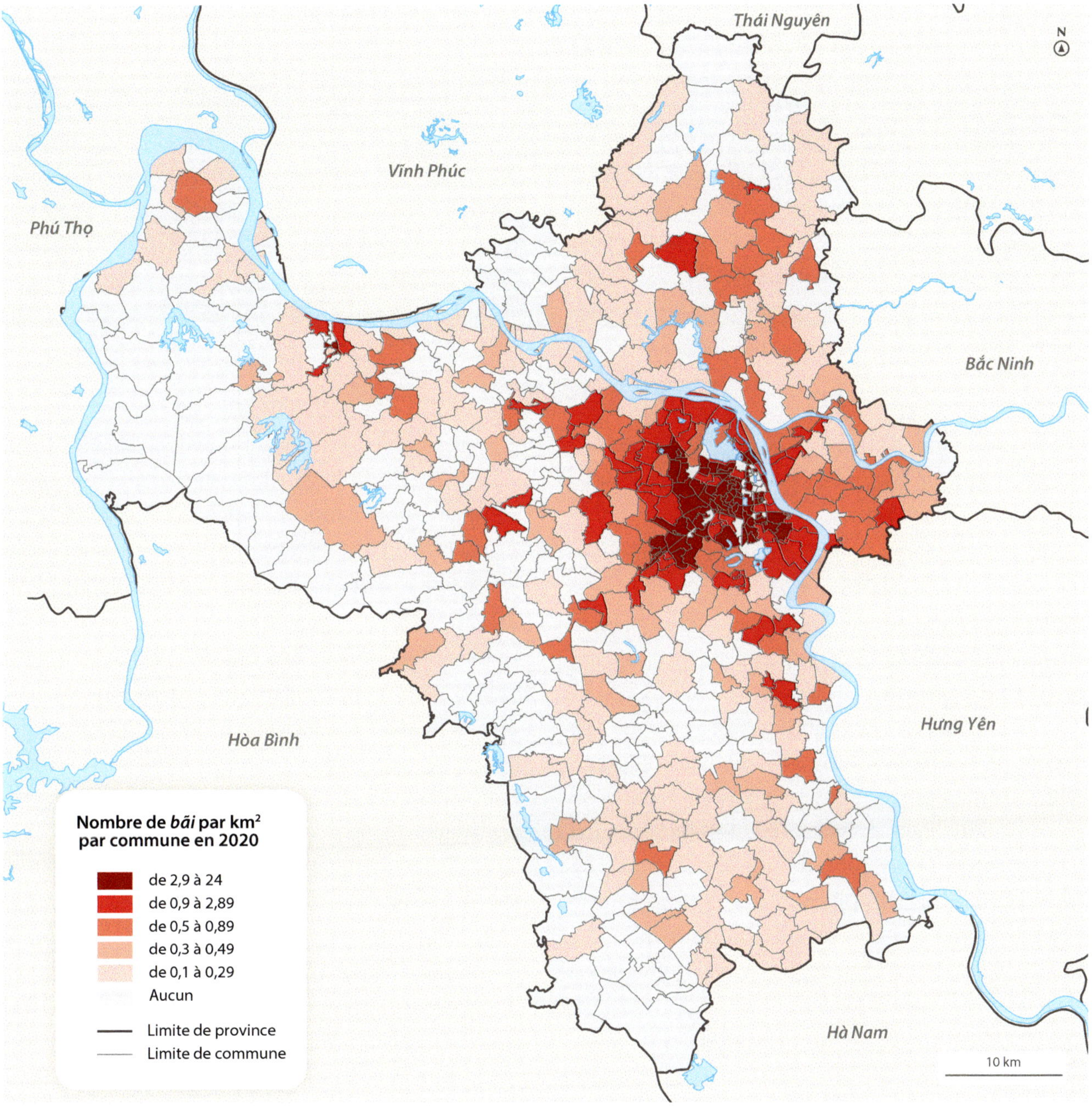

Carte 5
Les densités de *bãi phế liệu* par commune dans la province de Hà Nội en 2017-2020.
Réalisation : Cathy Chatel, Sylvie Fanchette, Cessma ; Éric Opigez, Ceped.
Source : JEAI Recycurbs-Viet, 2020.

L'arrondissement hypercentral de Ba Đình constitue une exception et diffère de celui de Đống Đa en raison du pourcentage de *bãi* profitant de larges trottoirs ou d'espaces devant leur porte (28 % contre 15 %) (voir pages 173 à 175, carte 1 et figure 1). De nombreux quartiers urbains sont d'anciens villages intégrés dans la fabrique de la ville, qui ont gardé leur trame viaire faite d'un lacis de ruelles parfois très étroites. Les villages

Tableau 3

Niveaux d'accessibilité des *bãi* dans quatre districts en 2020

Accès	Couronne 1		Couronne 2		Couronne 3		Couronne 4		Total	
	Nb de communes	%	Nb de communes	%	Nb de communes	%	Nb de communes	%	Nb de communes	%
Bon accès	24	11,0	51	14,3	93	31,6	53	21,6	221	19,8
Accès moyen	87	39,7	196	55,1	164	55,8	122	49,8	569	51,1
Accès difficile	97	44,3	105	29,5	37	12,6	65	26,5	304	27,3
Accès impossible	13	5,9	5	1,4	0	0	1	0,4	19	1,7
Total	**219**	**100**	**356**	**100**	**294**	**100**	**245**	**100**	**1114**	**100**

Source : JEAI Recycurbs-Viet 2020, calculs de Sylvie Fanchette.

urbains sont surtout présents dans les arrondissements de Ba Đình et de Đống Đa et dans le sud de Hai Bà Trưng.

La plupart des ruelles de Hà Nội se sont développées sur la base de la trame viaire ancienne des villages. Les ruelles les plus importantes correspondent aux chemins qui reliaient les villages et les hameaux ou menaient aux rizières. Les plus petites ruelles sont récentes et ont été tracées au cours de l'extension des villages et de leur densification à partir de division et subdivision des parcelles. Dans les années 1990, les autorités locales et les entreprises publiques de Hà Nội ont distribué des terres à la population en petits lots de 30 à 40 m^2 pour l'autoconstruction. Ces terres provenaient du comblement d'étangs, de rizières interstitielles ou de friches. Des petites ruelles de 2 à 2,5 m de large ont ainsi été tracées entre les lots de terre.

Dans les hameaux centraux, les parcelles sont subdivisées et de nouvelles impasses sont donc formées (**figure 1**). L'impasse était au début une entrée donnant accès à l'habitation d'une famille puis, peu à peu, elle s'est transformée en une entrée pour un ensemble de ménages, car cette famille s'est progressivement divisée en plusieurs ménages plus petits. La porte d'entrée était commune à tous les foyers de l'impasse et chaque habitation avait son entrée privée. Les espaces communs comme ceux privatisés se sont transformés. Les impasses sont les espaces communs à quelques familles et servent aussi d'espaces intermédiaires entre les ruelles et l'espace privé des familles. Elles sont le site des relations sociales villageoises (familiales ou de voisinage). Avec une porte commune pour plusieurs familles, les relations entre les habitants d'une impasse sont bien contrôlées et les foyers sont ainsi plus en sécurité face aux voleurs (Trần Nhật, 2015).

L'accessibilité difficile aux automobiles, voire impossible dans certaines zones de l'hypercentre, limite le développement du commerce des déchets. En effet, pour les gérants, l'accessibilité constitue un des critères principaux pour établir un dépôt. Le chargement et le déchargement perpétuels de matériaux pondéreux et encombrants visent à être facilités et la visibilité pour les clients potentiels (*đồng nát* et autres) améliorée.

Cependant, dans le contexte de modernisation et d'embellissement de la ville, ces activités informelles ne donnent pas une bonne image de la ville et ont tendance à être reléguées en marge ou dans les interstices invisibles. Toutefois, un minimum d'accessibilité est nécessaire, sans quoi l'activité ne pourrait pas être maintenue. Les dépôts non accessibles par voiture ou camion sont localisés en général à un maximum de 100 m d'une voie carrossable. Les matériaux sont transbordés par charrettes à bras ou sur la tête par les employés des *bãi* ou les transporteurs. Ainsi, ces *bãi* se nichent dans les venelles des anciens villages attenantes aux rues secondaires ou principales.

Dans la seconde couronne en plein boom immobilier et d'urbanisation, l'accessibilité s'améliore, mais le nombre de *bãi* bénéficiant d'une bonne accessibilité reste faible (14,3 %). Ils sont localisés le long des routes nationales (50 %) et des nouvelles routes percées pour accéder aux nouvelles zones urbaines ou KĐTM. Aussi, dans les zones interstitielles entre les villages et les nouveaux quartiers, de nombreux chantiers s'établissent et attirent des *bãi* qui bénéficient ainsi d'une double accessibilité aux routes et aux riches gisements de déchets de construction. Plus de la moitié des dépôts recensés ont une accessibilité moyenne par voies secondaires. Ils se trouvent en priorité dans les zones interstitielles entre les villages et les nouveaux projets urbains dont le système viaire a été mise en valeur (69 cas), dans les lotissements qui fleurissent dans la seconde couronne (31 cas), dans les rues principales des villages urbains (19 cas) et le long des canaux, des rivières ou aux abords des lacs (19 cas). Le rôle des routes-digues reste important dans l'arrondissement de Long Bien, le long du contrebas desquelles de nombreux *bãi* s'installent, bénéficiant ainsi d'une accessibilité moyenne aux systèmes de communication, tout en étant dans des zones au statut foncier plus ou moins informel. Enfin, on voit que l'équation : « accessibilité, taille de trottoir, montant du loyer et riche gisement de déchets » est difficile à résoudre. Enfin, un tiers des *bãi* sont d'accessibilité difficile. Ils sont en général localisés dans les interstices entre les villages et les friches agricoles ou les zones enclavées des nouveaux projets (41 cas), le cœur des villages (28 cas), les zones excentrées des extensions villageoises mal desservies.

Dans la troisième couronne, un tiers des *bãi* bénéficient d'un bon accès (93 cas). Ils sont en priorité localisés le long de routes nationales ou départementales bien fréquentées dans le cœur des villages traversés, entre les villages ou proches des KĐTM et des parcs industriels. Le long des routes secondaires, la proximité des bretelles d'autoroutes offre une bonne accessibilité. Dans la zone périurbaine, si l'accessibilité est bonne et la présence de gisements de déchets reste essentielle, la proximité des centres de villages ou petites villes, des chantiers, des parcs industriels et des KĐTM est privilégiée.

La moitié des *bãi* de la couronne périurbaine ont une accessibilité moyenne et sont localisés le long des routes secondaires qui traversent les villages en leur cœur (41 cas) ou en périphérie (61 cas) pour bénéficier de la proximité des gisements de déchets villageois. On peut suggérer une meilleure tolérance à l'égard de cette activité dans les villages périurbains, notamment parce que de nombreux dépôts sont tenus par

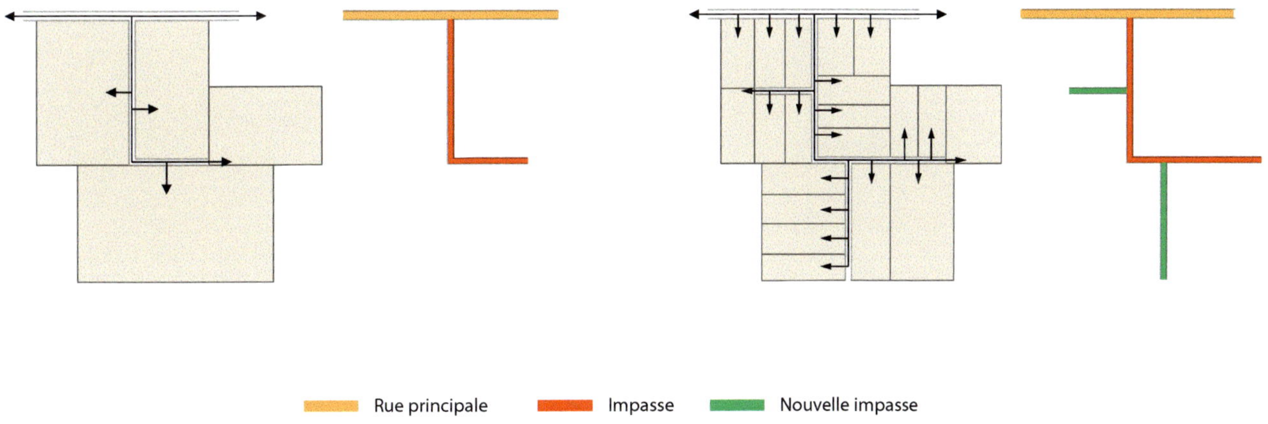

Figure 1

Division et subdivision des parcelles et création de ruelles et d'impasses dans un village urbain en 2015.

Source : Trần Nhật, 2015.

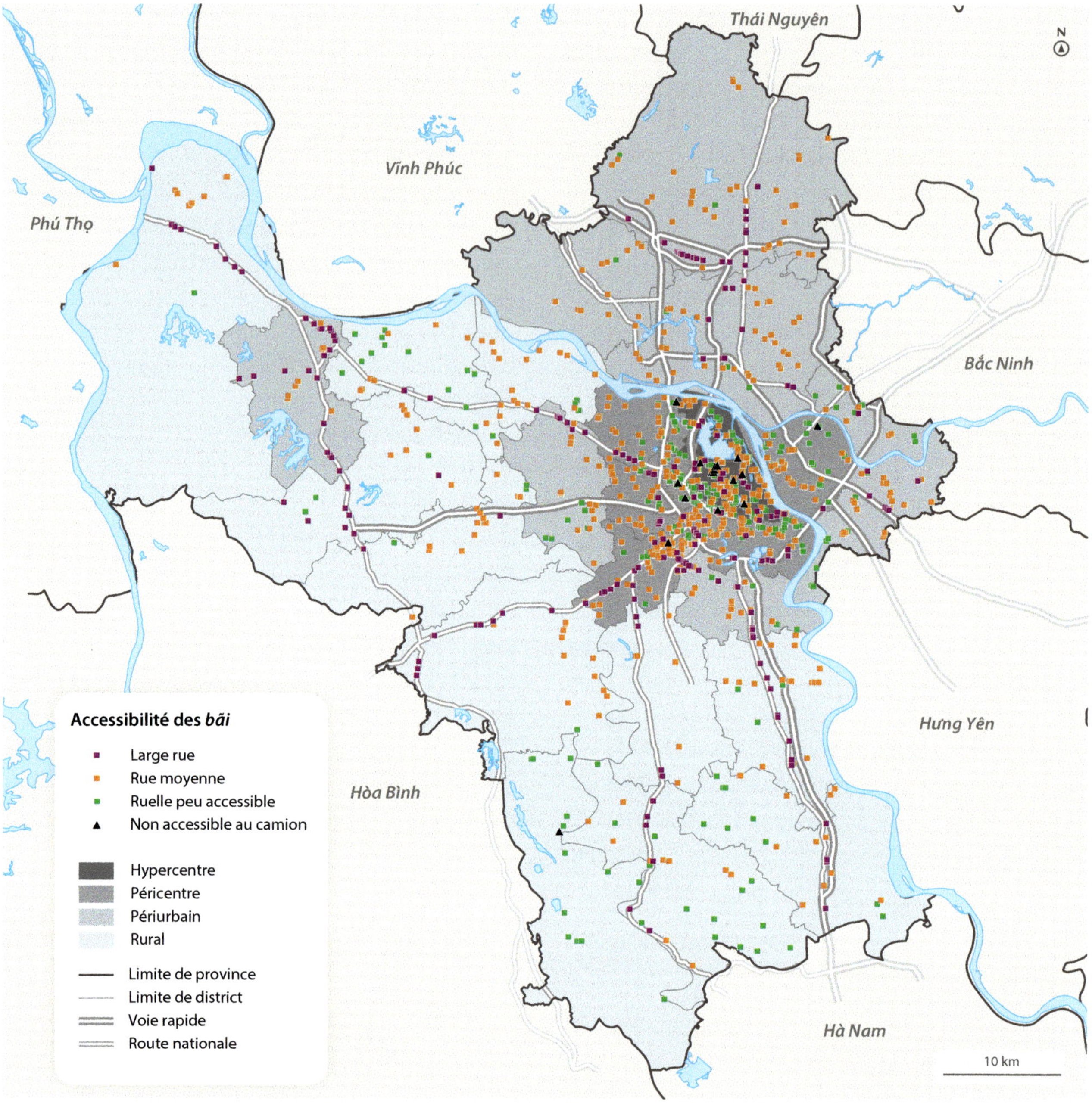

Carte 6

Les niveaux d'accessibilité des *bãi phế liệu* dans la province de Hà Nội en 2017-2020.

Réalisation : Cathy Chatel, Sylvie Fanchette, Cessma ; Éric Opigez, Ceped.
Source : JEAI Recycurbs-Viet, 2020.

des riverains. Les zones villageoises proches des nouvelles grandes routes sont aussi valorisées pour l'ouverture d'un dépôt. Enfin, les *bãi* à faible accessibilité (12,6 %) sont surtout localisés dans les zones enclavées, dans les centres-villes et villages, et le long de routes secondaires à la périphérie des villages.

Dans les zones rurales périphériques, l'accessibilité des *bãi* est moindre (21 %) par rapport aux zones périurbaines, ce qui témoigne de la plus faible dynamique urbaine et routière. Les dépôts sont ouverts principalement par des autochtones dans le cœur ou la périphérie des villages, de préférence le long des routes nationales et départementales. Ceux ayant une accessibilité moyenne se trouvent dans la périphérie des villages, le long des routes secondaires (31 cas), proches des nouvelles *Khu Đô Thị Mới*. Plus d'un quart des *bãi* ont un accès difficile et la plupart se trouvent dans le cœur des villages ou des zones enclavées ou en périphéries très mal desservies.

En conclusion, la carte 6 montre clairement combien les dépôts de l'hypercentre ont une accessibilité limitée, voire impossible (110 sur 323), soit un tiers des dépôts ayant une accessibilité faible voire nulle dans l'hypercentre, alors qu'ils représentent 219 *bãi* sur 1 114. En revanche, les *bãi* bien accessibles représentent 19,8 % des *bãi* et se concentrent surtout dans la zone périurbaine, le long des grands axes (routes nationales), dans des zones où le processus d'urbanisation et d'industrialisation est très rapide et où de nombreux chantiers sont en cours et offrent des ressources en matériaux pour les dépôts.

L'informalité dans les espaces tissés d'eau et de villages

Ville agrégative millénaire, composée à l'origine d'un noyau formé à partir d'une citadelle impériale liée au quartier marchand des 36 rues, auquel se sont ajoutés un quartier colonial français, puis d'anciens villages urbains densifiés, des quartiers de logements sociaux datant de l'époque collectiviste, des lotissements et de nouveaux quartiers urbains construits depuis deux décennies sur les terres agricoles, Hà Nội se développe au milieu d'un lacis de rivières et de canaux, devenus des égouts ou recouverts de rues essentielles à la circulation dans ce bâti dense.

Les changements urbains dictés par la métropolisation, tels l'embellissement et la mise aux normes internationales de la ville, et leurs répercussions sur l'élévation du prix du foncier et sa rareté rendent difficile l'intégration des migrants, notamment dans l'hypercentre mondialisé. Les gérants de *bãi* s'adaptent à ces nouvelles conditions pour se maintenir dans ces zones aux riches gisements de déchets.

Nos hypothèses sont les suivantes : 1) la dynamique métropolitaine dans laquelle est engagée la ville de Hà Nội depuis les années 2000 crée à la fois des opportunités foncières temporaires pour l'établissement des dépôts de déchets dans les interstices urbains, et donc limite les inégalités territoriales, et, en même temps, rejette les travailleurs informels vers les périphéries. Ces interstices urbains et les dents creuses de la construction de la ville sont en plein développement avec la métropolisation, dans un milieu lacustre et composé de villages urbains, sites privilégiés pour la constitution de ces espaces à usage temporaire ; 2) la tension entre l'élévation du prix du foncier, des règles plus strictes d'usage de l'espace public et l'offre importante de déchets de qualité dans les quartiers centraux se règle au quotidien par les différents acteurs grâce à des négociations sur le territoire ; 3) Cependant, le caractère temporaire de l'installation de ces établissements (4,7 ans en moyenne selon MITCHELL, 2009) fonde leur légitimité auprès des collectivités locales et du voisinage. Cette légitimité temporaire est nourrie par des négociations territoriales pour l'accès aux espaces publics, tels les trottoirs et la chaussée, dont ils ont besoin pour élargir leur espace de travail très limité dans les dépôts.

Entre les différentes strates morphologiques très denses et diversifiées de la ville, les espaces laissés-pour-compte (left-over) ou entre-deux (in between) sont considérés comme des espaces qui offrent au secteur informel des possibilités de développement (BRIGHENTI, 2016) et qui accueillent les activités informelles et temporaires (commerces, dépôts de déchets, restaurants, bars à bière, dortoirs pour migrants). Ce sont des « espaces temporels qui sont en constante production, entrete-

Photo 2
Un *bãi* fait de bric et de broc sur une friche urbaine de Hà Đông (2016).

nant des relations complexes aux événements, à la loi, aux luttes de pouvoir et aux projets urbains » (Brighenti, 2016). Ces interstices sont composés de nombreux chantiers en cours de construction sur les terres de rizières périurbaines, de terres expropriées en attente de projets et d'investisseurs, de lots vides dans les lotissements et de maisons en attente de destruction ou de reconstruction. L'abondance de ces interstices constitue une opportunité pour les collecteurs et commerçants souhaitant accéder aux déchets de qualité dans les zones centrales et mondialisées du centre-ville. Dans la zone urbaine de Hà Nội, plus de 50 % des dépôts sont localisés dans les interstices.

Comment la dynamique urbaine crée-t-elle des interstices ?

Les espaces interstitiels sont plus que de simples espaces, « ils résistent aux institutionnalisations et représentent une possibilité de diversification des quartiers et des habitants. Ils constituent une manière de promouvoir la capacité à s'adapter plus facilement aux aléas du marché en accentuant la flexibilité et la mutabilité des espaces » (URBAN CATALYST, 2007). Leur statut est temporaire, dans l'attente de renouvellement des quartiers et de leur gentrification, ou de l'urbanisation des marges.

Les interstices sont des espaces délaissés, produits par le développement économique et démographique, qui font partie de la formation urbaine. On peut les considérer comme le côté inversé des paysages urbains aménagés. Dans les villes du Sud, les quartiers non planifiés composent une grande partie de leur territoire ; certains sont considérés comme des marges de l'espace planifié. Certaines de ces marges sont très dynamiques et innovantes en raison de la flexibilité de leur usage et des normes de production informelles. Certaines zones ont de réels potentiels pour devenir des interstices urbains : les berges de rivières et de canaux, les friches et les parcelles abandonnées, les zones sous les autoponts et les alentours des chantiers de construction.

Cependant, sans les besoins fonciers de certaines catégories de populations pauvres et migrantes, ces interstices n'auraient pas d'usage. En effet, ces espaces sont le lieu du développement d'activités illégales et/ou informelles, comme la collecte des déchets et leur recyclage. Les classes sociales aux bas revenus rencontrent des difficultés à accéder à des logements sociaux, la priorité est donnée à l'investissement dans les logements des classes moyennes et supérieures plus rentables. La spéculation foncière et l'investissement dans le foncier multiplient par deux, voire plus, le prix du mètre carré résidentiel. Les migrants investissent de plus en plus ces interstices construits de dortoirs de facture précaire, tandis que les activités informelles se développent rapidement dans ces espaces en attente. C'est donc la rencontre entre une offre d'espaces délaissés temporairement, de dents creuses, et la demande de locaux pour des activités informelles et peu reconnues qui créent les interstices. La dynamique urbaine se nourrit de ces espaces en transition et en attente qui ont une réelle valeur foncière dans un contexte de changement rapide de villes formées d'un patchwork de quartiers aux configurations historiquement différenciées.

Les interstices urbains et la reconversion temporaire de l'espace

Dans les arrondissements urbains de Hà Nội, les *bãi* s'installent principalement dans des espaces à l'écart des grands axes et dans les zones au statut foncier précaire, ceci contrairement à ceux des districts périurbains et ruraux périphériques qui privilégient la bonne accessibilité. Ces terrains sont soit non constructibles (le long des canaux et aux abords des lacs), soit dans des interstices urbains localisés entre différents types de morphologies de construction (entre les anciens villages urbains, les lotissements ou les nouvelles zones urbaines), où des espaces sont délaissés, soit dans les zones interdites à la construction dans les zones hors-digue. Ponctuellement, des parcelles situées dans les dents creuses du bâti urbain sont louées temporairement. Leur utilisation suit les dynamiques urbaines et la demande commerciale ou foncière. Les propriétaires de dépôts font ainsi face à une forte instabilité foncière ; en raison du *turnover* rapide de l'utilisation des parcelles, ils changent de site tous les 4,7 ans en moyenne (MITCHELL, 2009). Cela affecte leur intégration dans les quartiers. Cependant, cette temporalité courte leur permet de s'installer au cœur de la ville et explique le laisser-aller et/ou la « compréhension » des autorités locales à leur endroit.

Nous avons dressé deux typologies de l'environnement urbain des dépôts de déchets dans les zones urbaines (hypercentre et péricentre) et dans les zones rurales (périurbain et périphérie rurale), car les profils des propriétaires de *bãi* et les niveaux de transition urbaine sont très différents dans ces deux types de couronnes. Dans les deux premières couronnes, la typologie est la suivante par ordre d'importance. 1) Dans la première couronne, les abords des rivières, des canaux ou des anciens canaux recouverts et les lacs plus ou moins remblayés constituent l'environnement le plus sollicité par les gérants de dépôts, car les parcelles ne sont pas constructibles. Hà Nội a été construite « entre les eaux » et les villages, dans cette plaine deltaïque où la présence de l'eau est

Photo 3
Un *bãi* à la lisière d'un village urbain et d'une nouvelle zone urbaine (2021).

importante, comme en témoigne la superficie élevée de lacs. Ces derniers sont devenus de réelles réserves foncières pour des opérations immobilières, que ce soient des lotissements ou des initiatives individuelles souvent illégales. De nombreux lacs ou leurs abords ont été remblayés pour la construction. La précarité foncière de ces zones en fait le lieu privilégié d'activités informelles et temporaires. 17 % des *bãi* y sont installés, tandis que dans la deuxième couronne, où les opportunités foncières sont plus nombreuses, ces espaces liés à l'eau représentent relativement moins de sites (7,9 %). 2) Les interstices urbains morphologiques (localisés entre les quartiers aux morphologies marquées) accueillent une grande partie des dépôts de déchets (30,9 % dans la deuxième couronne urbaine et 17 %, dans celle de l'hypercentre), ce qui montre combien l'histoire de la production urbaine de Hà Nội est dynamique et créatrice d'espaces au statut incertain sur lesquels les activités informelles peuvent se réaliser.

Les anciennes rues commerçantes créées sur les digues secondaires, comme *Đê La Thành* ou *Thụy Khuê*, ont accueilli de nombreux dépôts dans d'anciennes maisons ou ateliers. La plupart ont disparu ces dernières années et laissé place à des maisons tubes étroites au rez-de chaussée desquelles des magasins plus en adéquation avec la modernisation de la ville ont été ouverts. Dans l'hypercentre, elles accueillent 15,6 % des dépôts et leur présence constitue de réelles aberrations dans le quartier colonial français ou aux abords de la citadelle.

On peut suggérer que les propriétaires des parcelles doivent entretenir des relations particulières avec les autorités locales pour parvenir à louer leur bien pour une activité si peu acceptée dans de tels quartiers. La pandémie de covid a frappé le secteur de la restauration et des bars à touristes. Quelle stupéfaction de voir un ancien bar à bière pour touristes aux abords de la citadelle, dont l'enseigne a été préservée, devenir un *bãi* en 2020 !

La présence de l'eau et du contrôle des inondations par les digues marque fortement la ville de Hà Nội et a structuré son aménagement. Ces infrastructures hydrauliques (canaux et lacs) créent des ouvertures dans la fabrique urbaine en raison du caractère particulier du statut foncier des espaces qui les supportent. Dans la zone hors-digue, où le lit majeur du fleuve Rouge s'épand, les constructions sont illégales. Cependant, la construction de digues secondaires a permis de sécuriser les zones les plus éloignées du fleuve pour la construction à une époque où les autorités locales ont laissé l'autoconstruction s'opérer. La zone hors-digue accueille de nombreux dépôts qui n'ont pas la possibilité de s'installer dans les arrondissements centraux et mondialisés, notamment de Hoàn Kiếm, où les autorités locales sont très strictes sur l'utilisation des espaces publics dans cet arrondissement du tertiaire supérieur. 12,8 % des *bãi* sont installés dans la zone hors-digue et 3,2 % en contrebas intérieur de ces digues.

Près de 50 % des *bãi* des arrondissements de l'hypercentre et 45 % de ceux du péricentre sont installés dans des interstices urbains ou des espaces proches des plans d'eau et des infrastructures hydrauliques telles que les digues. Ce sont des espaces délaissés définitivement ou temporairement par les aménageurs urbains du secteur formel, car trop petits, ou à risque, sans protection foncière suffisante, non insérés dans les plans d'aménagement ou en attente d'aménagement (**carte 7**).

Selon la carte 7, on voit une corrélation entre la dispersion des dépôts et la présence d'interstices entre les villages urbains et les zones nouvellement urbanisées. Dans la zone centrale, si les interstices sont moins nombreux, la présence résiduelle des canaux, en grande partie recouverts, et des lacs, qui maillent la ville, ouvre les villages urbains et les rend plus accessibles. La zone hors-digue accueille de nombreux dépôts, notamment aux abords des quartiers riches des arrondissements de Tây Hồ et de Hoàn Kiếm où ils sont relégués. Les lotissements et leurs nombreuses parcelles en attente accueillent 12 % des *bãi* des arrondissements péricentraux. Dans ces nouveaux quartiers, les opportunités foncières sont nombreuses et la pression encore soutenable. Cependant, contrairement aux quartiers centraux, les densités de population restent encore moyennes et les gisements de déchets insuffisants au regard du nombre très élevé de dépôts.

Les dépôts restants sont identifiés sur les routes traversant le cœur urbain des villages, les parcelles attenantes aux nouvelles routes ouvertes, les logements collectifs, les abords des chantiers et des zones industrielles. Très peu de dépôts sont installés dans les nouveaux quartiers KĐTM formés de tours ou de lotissements de villas, en raison de la plus stricte imposition des lois par les autorités locales... Cela pose la question de l'avenir de ce métier dans ces quartiers où la classe moyenne et supérieure a élu domicile, classe sociale très productrice de déchets au vu de ses choix de consommation.

La moitié des dépôts sont situés dans les interstices urbains : entre quartiers morphologiques, cours d'eau, digues dans les quartiers centraux et péricentraux.

Mobiliser ce concept d'interstice permet de comprendre pourquoi, jusqu'au cœur de cette ville en pleine métropolisation et modernisation, le secteur informel de la collecte et du commerce des déchets peut s'immiscer malgré toute la stigmatisation dont les personnes en lien avec les déchets font l'objet. La tension entre, d'une part, l'élévation du prix du foncier et des règles plus strictes d'usage de l'espace public et, d'autre part, l'offre importante de déchets de qualité dans les quartiers centraux se règle au quotidien par les diffé-

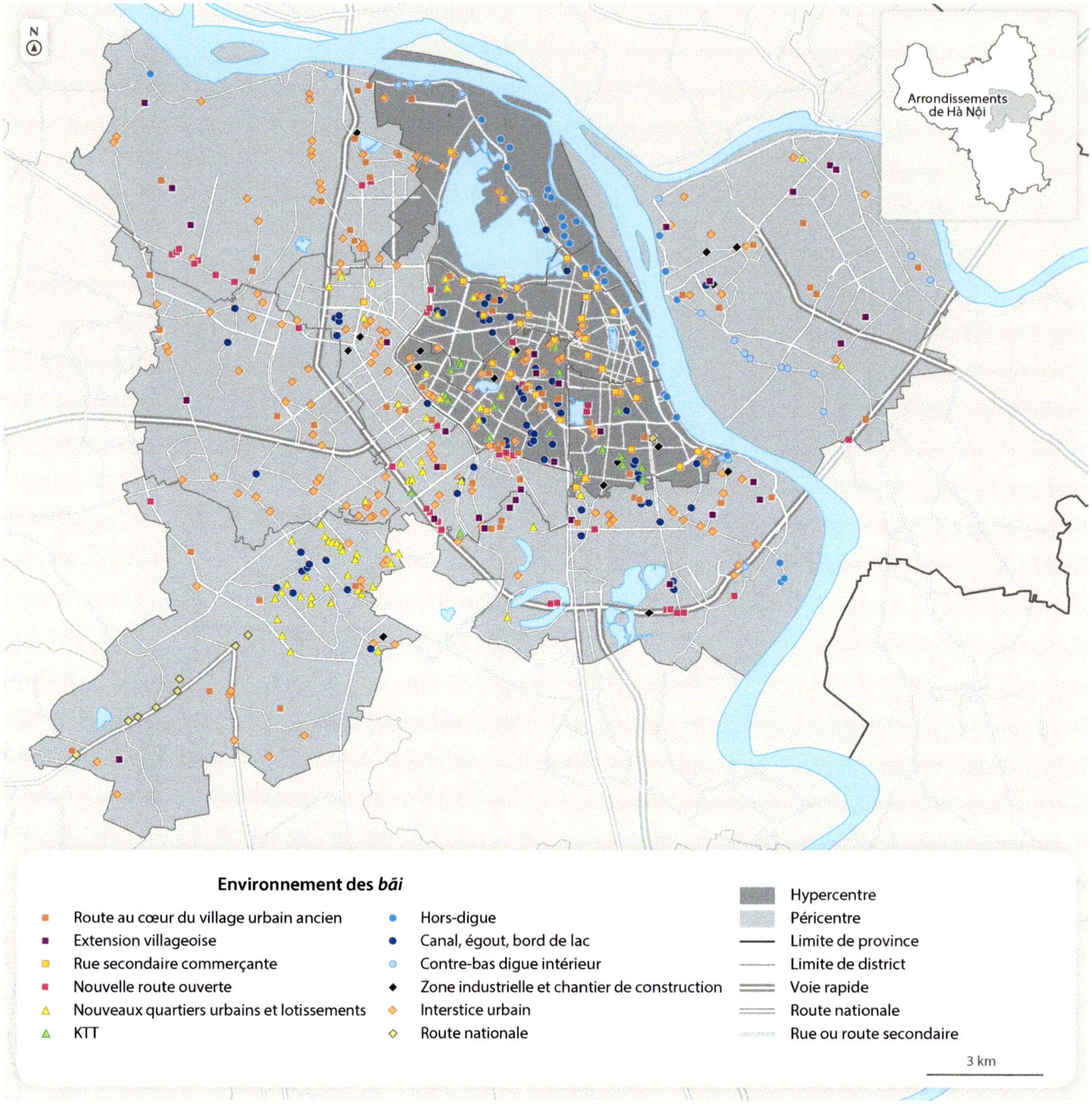

Carte 7
L'environnement des dépôts des couronnes 1 et 2 de Hà Nội en 2020.
Réalisation : Cathy Chatel, Sylvie Fanchette, Cessma ; Éric Opigez, Ceped.
Source : JEAI Recycurbs-Viet, 2020.

rents acteurs grâce à des négociations sur le territoire. Les niches urbaines offrent aux gérants de dépôts des opportunités pour s'installer ou pour utiliser les trottoirs avec les *đồng nát*, espaces publics tant nécessaires pour leur activité du fait de la taille très petite de leurs dépôts dans le centre-ville.

On peut ainsi considérer la ville comme un organisme vivant qui produit des micro-espaces en marge et à l'intérieur de la ville formelle, quartiers informels temporaires qui changent rapidement avec le temps et sont très flexibles aux fluctuations des crises économiques, politiques ou pandémiques. Ainsi, la ville est formée d'un patchwork dynamique de quartiers à la morphologie particulière (les quartiers socialistes de l'époque collectiviste, les lotissements sur les zones lacustres et drainées, les villages urbains, les nouveaux KĐTM) aux limites et interstices desquels se nichent des activités et des populations aux statuts précaires. Il n'y a pas de bidonvilles à Hà Nội tels que l'on peut les voir dans les grandes villes du Sud, mais des poches de logements et de sites d'activités précaires se nichent dans les interstices de la ville planifiée et des villages urbanisés. Ces interstices rendent les populations invisibles, notamment les dortoirs pour migrants, dans les arrière-cours et le fin fond des ruelles, où le prix du foncier est bas et où sont reléguées les populations marginales. Cela accentue leur marginalisation subjective liée à l'informalité de leurs activités. Les interstices, nombreux, remettent en cause le modèle centre-périphérie pour analyser l'évolution des villes du Sud.

Les quatre échelles de la création d'interstices

Les interstices urbains peuvent être analysés à quatre échelles spatiales de la production urbaine.

À l'échelle de la ville, la partie centrale de la capitale est séparée du fleuve Rouge par une digue et la zone hors-digue (la partie supérieure du lit du fleuve) qui peut être considérée comme un interstice entre le fleuve, l'agriculture et l'urbain dense en raison de la complexité du statut des terres, censées être non constructibles. Ces zones sont propices à l'urbanisation et au développement d'activités « informelles » (carte 9).

À l'échelle médiane, la zone de contact entre l'urbain dense des villages et les nouvelles zones urbaines construites sur les terres de rizière peut être considérée comme un entre-deux. Là, se nichent, de façon plus ou moins temporaire, des activités informelles sur les terres qui ne sont pas intégrées dans les plans d'aménagement et n'ont pas obtenu le droit d'être constructibles, car encore considérées comme agricoles pour les villageois. Dans l'arrondissement de Cầu Giấy, on voit ainsi un chapelet de dépôts installés à la lisière des villages de Yên Hòa et Dịch Vọng et au contact de la KĐTM. Certains de ces dépôts ressemblent à des mini-bidonvilles au bord d'un égout à l'ombre des tours.

À l'échelle locale, de larges espaces de terres agricoles sont en attente d'être aménagés par les investisseurs immobiliers. Les terres dédiées à la construction de tours sont occupées pendant plusieurs années par des activités temporaires et informelles. Le temps de leur utilisation temporaire, ces espaces se densifient et prennent de la valeur. Dans l'arrondissement de Cầu Giấy, plusieurs blocs sont en attente de construction au sein de la *Khu Đô Thị Mới* du même nom : des parkings et des garages pour laver les voitures, des restaurants informels, des bars à bière et des *bãi phế liệu*. Dans ce type de quartier de haut standing, c'est uniquement l'aspect temporaire de leur installation qui légitime la présence de ces derniers aux yeux des autorités locales.

À la même échelle, des interstices linéaires se déroulent le long de canaux. Dans le village de Ngọc Hà, dans l'arrondissement central de Ba Đình, un canal, dont

Tableau 4

Interstices urbains et interstices liés à l'environnement hydrographique dans les couronnes 1 et 2 (%)

Types d'interstices	Interstices urbains	Le long des cours d'eau	Hors-digue et contrebas	Total
Couronne 1	16,9	17,8	16,0	50,7
Couronne 2	30,9	7,9	6,2	45,0

Source : JEAI Recycurbs-Viet 2020, calculs de Sylvie Fanchette.

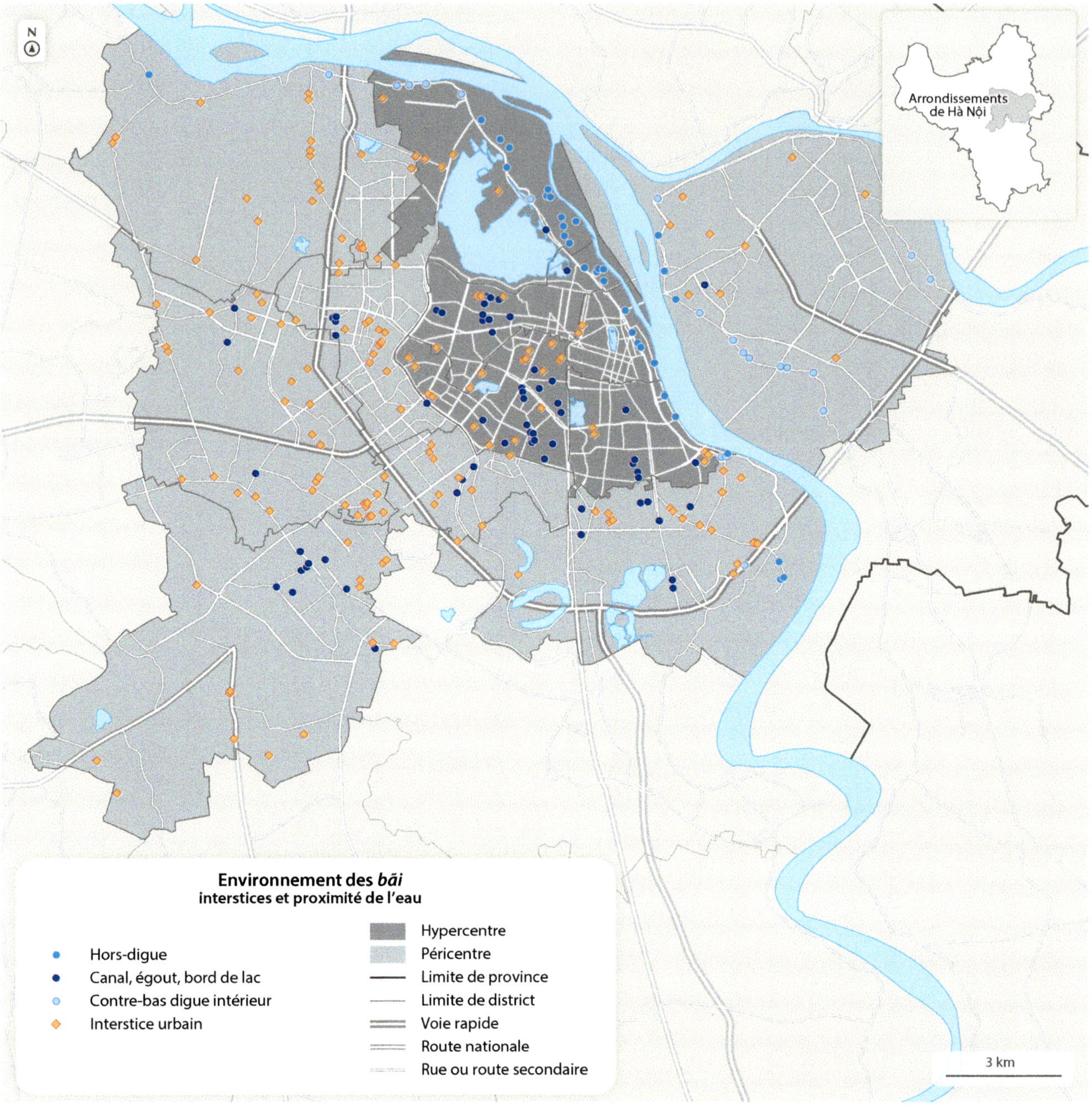

Carte 8

L'environnement des dépôts des couronnes 1 et 2 de Hà Nội : interstices et proximité de l'eau en 2020.

Réalisation : Cathy Chatel, Sylvie Fanchette, Cessma ; Éric Opigez, Ceped.
Source : JEAI Recycurbs-Viet, 2020.

une partie a été recouverte par une route, accueille sur ses bords de nombreux dépôts de déchets (**figure 3**). En plein cœur villageois, ces terres, pour la plupart non constructibles ou en attente de statut, sont bien accessibles par la nouvelle route qui pénètre ce semis urbain ancien et dense. La partie encore non recouverte est un véritable égout, peu accessible par un chemin de terre, mais occupée par plusieurs dépôts et de nombreux dortoirs pour migrants. Ce canal est en attente d'être complètement recouvert par une route qui reliera la zone de

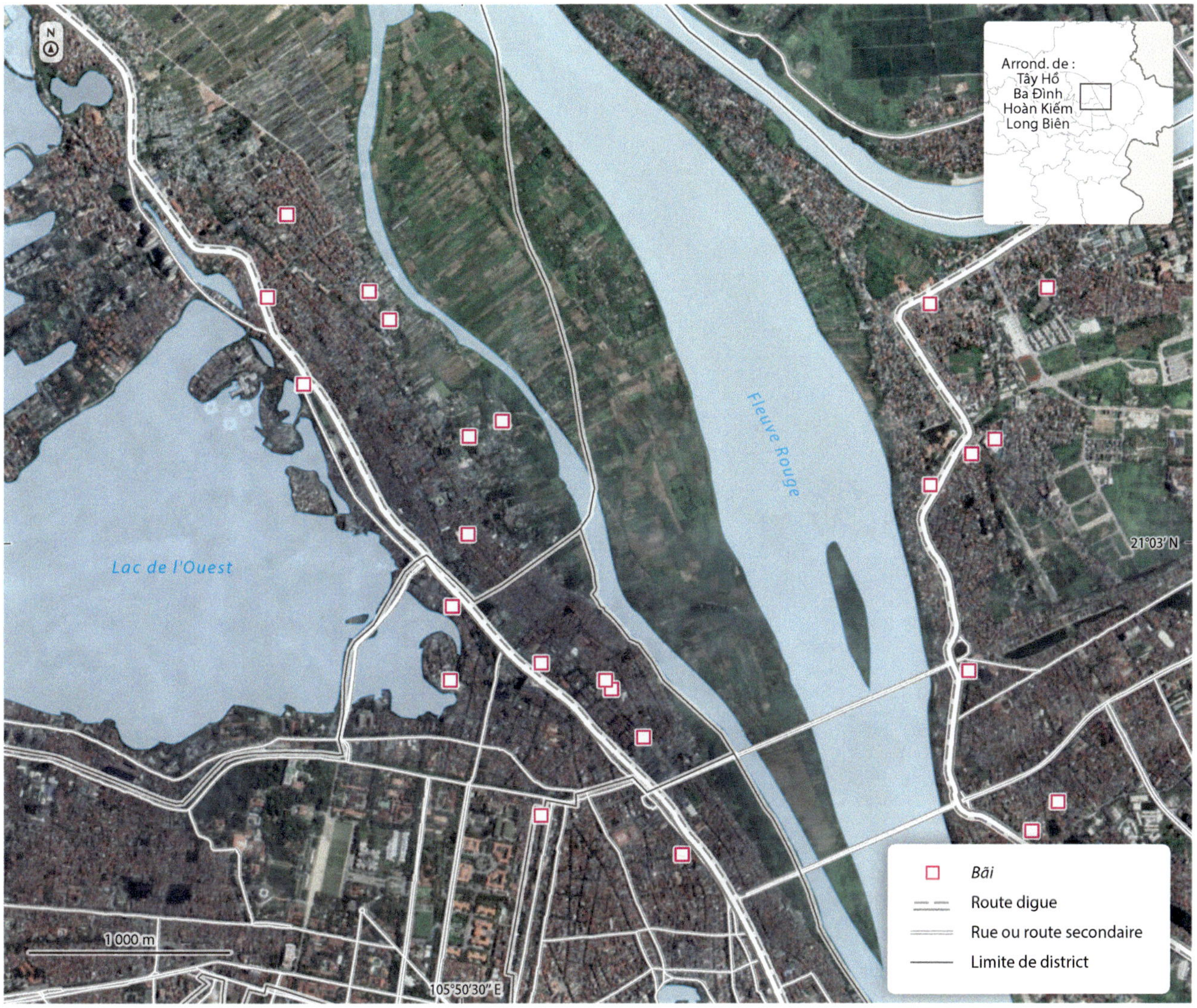

Carte 9
Les interstices dans la zone hors-digue à Hà Nội en 2020.
Réalisation : Cathy Chatel, Sylvie Fanchette, Cessma ; Éric Opigez, Ceped.
Source : JEAI Recycurbs-Viet, 2020.

la citadelle au quartier de l'ambassade du Japon, au foncier très valorisé.

Enfin, à l'échelle microlocale, il existe des dents creuses entre deux bâtiments ou entre plusieurs projets. Sur les franges urbaines de Hà Nội, à Bắc Từ Liêm, plusieurs projets de *Khu Đô Thị Mới* et de lotissements ont été édifiés sur les terres rizicoles à proximité des villages. Un micro-espace résiduel, intégré dans aucun de ces projets, a été squatté par un *bãi* de façon très précaire (**figure 6**).

À cette même échelle microlocale, on observe des dents creuses dans les lotissements ou dans des espaces en attente ou inconstructibles, car trop étroits. Elles sont investies par des commerçants de déchets qui y construisent des ateliers très précaires en tôle ondulée (**figure 7**).

De façon plus spectaculaire, des *bãi* sont édifiés sur les cimetières de villages urbains, espaces non constructibles et cachés, à l'écart de la rue.

Figure 2

Les interstices de niveau 2 : contact entre nouveaux quartiers de Cầu Giấy et village urbain (2022).

Dessin : Đỗ Lương Quỳnh Hoa.
Mise en couleurs : IRD/Éric Opigez

Figure 3

Les interstices de niveau 2 : des interstices linéaires le long de canaux à Ba Đình (2022).

Dessin : Đỗ Lương Quỳnh Hoa.
Mise en couleurs : IRD/Éric Opigez

Figure 4

Les interstices de niveau 3 : des interstices linéaires le long de canaux à Ba Đình (2022).

Dessin : Đỗ Lương Quỳnh Hoa.
Mise en couleurs : IRD/Éric Opigez

Figure 5

Les interstices de niveau 3 : des interstices linéaires le long de canaux à Cầu Giấy (2022).

Dessin : Đỗ Lương Quỳnh Hoa.
Mise en couleurs : IRD/Éric Opigez

Figure 6

Un interstice de niveau 3 : zone de contact entre plusieurs types de morphologies urbaines (2022).

Dessin : Đỗ Lương Quỳnh Hoa.

Figure 7

Un dépôt construit entre deux maisons : le niveau local des interstices urbains (2022).

Dessin : Đỗ Lương Quỳnh Hoa.

Chapitre 6

La métropolisation et les limites de l'accès aux ressources urbaines

Nguyễn Ngọc Phương Uyên, Sylvie Fanchette, Cathy Chatel, Nguyễn Minh Phương

« À l'ÉCHELLE urbaine, l'insertion dans la mondialisation se traduit par une requalification des centres (avec l'apparition d'hypercentres verticalisés, porteurs des signes de modernité urbaine) et la structuration des périphéries (villes nouvelles, parcs technologiques, grands centres commerciaux et zones industrielles). Il en résulte de nouveaux rapports centre-périphérie, portés par des modes de fabrication urbaine spécifiques liés à l'internationalisation. » (GOLDBLUM et FRANCK, 2007). Pour moderniser la capitale vietnamienne, il est question de supprimer toutes les formes de ruralité et d'informalité propres à cette ville fondée sur un substrat de villages. Ainsi, les petits marchés de quartier et la vente de rue sont bannis du centre-ville et des artères les plus importantes.

Les nouvelles zones urbaines plus strictement réglementées

Cependant, contrairement à la Chine, les villages urbains ont été préservés et le bâti s'est de plus en plus densifié. La trame viaire reste encore composée de ruelles et d'impasses, avec toutefois de nouvelles artères plus larges construites sur les anciens canaux. Cela désenclave les villages très denses aux ruelles difficiles à pénétrer. Ces villages donnent une image fragmentée de la ville qui se verticalise. C'est le monde des ruelles où s'immiscent le secteur informel, les migrants et les descendants des anciens villageois.

Les modèles urbains importés par les investisseurs organisent la ville autour d'un système autoroutier dense, valorisant la voiture individuelle, qui doit relier les différentes rocades autoroutières, le centre-ville, les nouvelles zones urbaines, les parcs industriels et les villes-satellites. Les périphéries urbaines sont devenues les nouvelles frontières des villes et de la globalisation car elles accueillent les activités industrielles à investissements étrangers dont les villes se débarrassent. Ces zones, autrefois considérées comme l'hinterland agricole des grandes villes, sont devenues l'hinterland industriel des grandes villes et donc du monde globalisé (LEAF, 2008).

Changement d'échelle de la ville et des règles d'accessibilité

La ville millénaire de Hà Nội, édifiée dans « le coude du fleuve Rouge » à l'apex du delta éponyme, compte parmi les plus anciennes métropoles d'Asie du Sud-Est. Jusqu'à la fin des années 1980, il existait des villages à l'immédiate proximité du centre de la capitale. Les

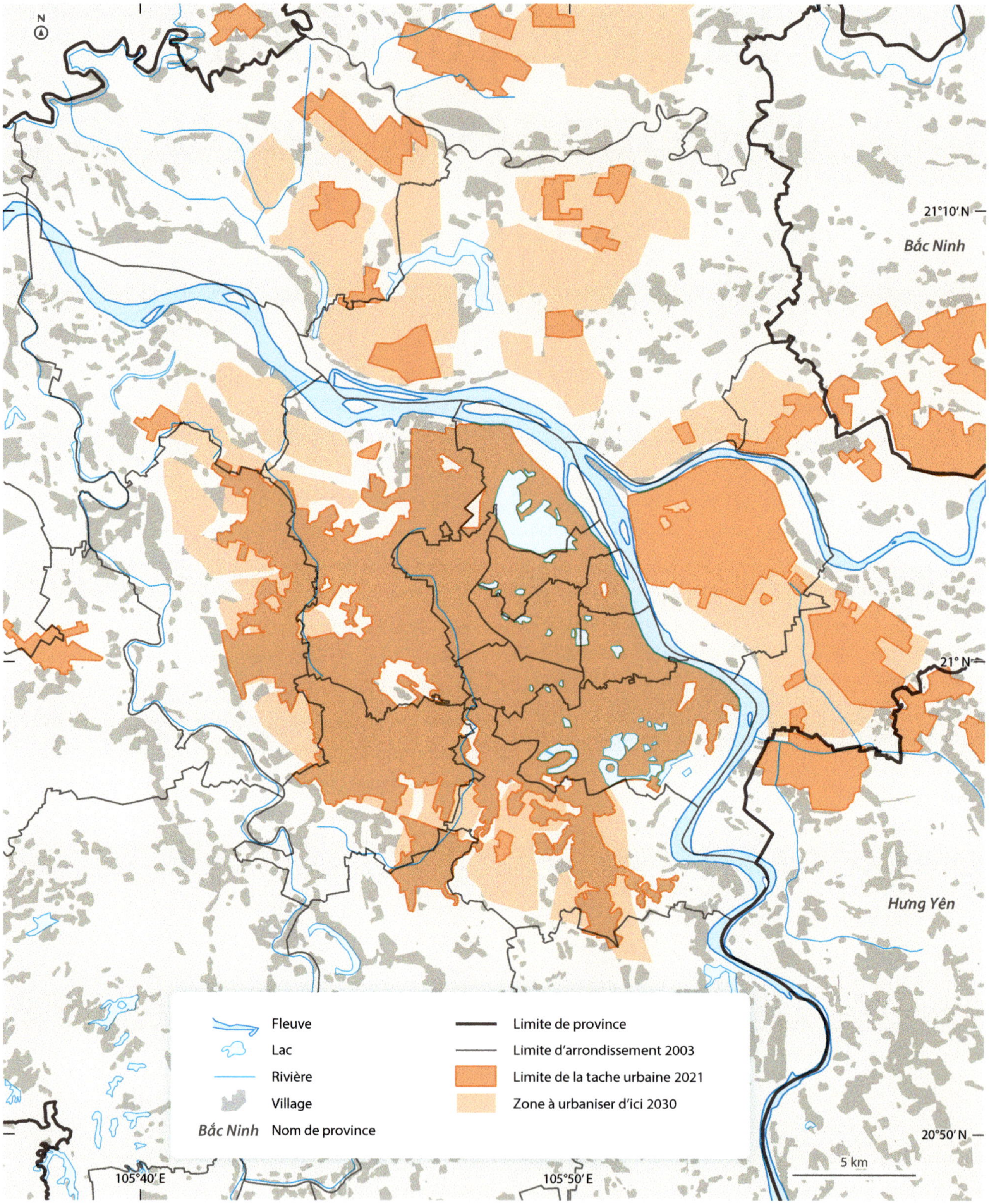

Carte 1

L'extension de la nappe urbaine de Hà Nội et l'intégration des villages en 2021.

Réalisation : Emmanuel Cerise (2009 et 2021) et Éric Opigez.
Source : Google Earth, 2021 ; PPJ-Master Plan Horizon 2030.

quartiers résidentiels péricentraux collectivistes, les KTT, ont été construits dans les vides de cette trame villageoise, le plus souvent sur des lacs comblés. On passait ainsi directement de la trame typiquement urbaine du centre-ville à celle des villages. Ceci signifie qu'il existait au sein même de la ville des réservoirs de terrains appartenant à la population et susceptibles d'être intégrés dans le circuit de l'autoproduction (PANDOLFI, 2001).

Depuis les années 1990, avec la politique de « l'État et le peuple construisent ensemble », certains quartiers se sont densifiés et de nombreuses petites maisons ont été construites offrant à leurs propriétaires de nouvelles opportunités foncières avec la rénovation urbaine. Le temps de trouver un investisseur, nombre de ces habitations délaissées par leurs propriétaires, car trop petites, ont été louées à des gérants de dépôts de déchets. L'arrondissement de Đống Đa accueille de nombreux *bãi* installés dans ce type d'habitation ou à l'emplacement de maisons détruites par leur propriétaire car trop vétustes. À l'époque coloniale, Đống Đa était considéré comme ne faisant pas partie de la ville de Hà Nội, circonscrite au district de Thọ Xương. Le nombre de villages est élevé et c'est à partir de ceux-ci que le peuplement s'est petit à petit opéré et sur les terres agricoles desquels les KTT se sont installés.

Puis, au début des années 2000, un grand projet urbain a été édifié en plusieurs étapes pour hisser Hà Nội au rang de métropole sous l'impulsion des réformes foncières et territoriales édictées depuis l'ouverture économique, ou *Đổi Mới*, des années 1980. De grands projets ont été programmés dans le cadre du schéma directeur signé en 2011 pour la construction de Hà Nội à l'horizon 2030. De nouvelles zones urbaines, ou *Khu Đô Thị Mới*, émergent sur de grandes emprises foncières dans le péricentre ou le périurbain. Mais l'accélération du processus de métropolisation, l'urbanisation « par le haut » et les réformes foncières pour libéraliser le foncier se sont heurtées aux projets des villageois des périphéries urbaines sans pouvoir foncier, la terre agricole appartenant à l'État.

L'étalement urbain s'est effectué au détriment des terres agricoles (**carte 1**), en parallèle d'une densification des villages urbains dont le prix des terres s'est élevé très rapidement. Certains de ces villages ont développé depuis longtemps des activités non agricoles au sein de clusters artisanaux et des commerces. Faute de réserves foncières, les villages se densifient et utilisent les terres de jardins et de maraîchage pour étendre leurs espaces de production et résidentiels. Les grands promoteurs urbains sont considérés comme étant les seuls capables de construire la métropole de demain et bénéficient d'un accès privilégié au foncier.

Les KĐTM, témoignage du projet de « civilisation urbaine »

Les nouvelles zones urbaines (ou KĐTM) sont des ensembles à dominante résidentielle combinant tours d'habitation, maisons unifamiliales, grandes surfaces et équipements publics. Elles sont construites dans les zones péricentrales sur des friches industrielles (tels Royal City et Time City) et en périphérie des villes, principalement sur des terres agricoles. Les principes guidant cette nouvelle politique du logement au Việt Nam avaient été révélés dans le schéma directeur de 1992, mais son envol ne s'est véritablement fait qu'au début des années 2000. Ces NZU sont parfois critiquées par les chercheurs étrangers (DOUGLASS et HUANG, 2007), mais aussi par la presse vietnamienne pour leurs effets ségrégatifs. La facture architecturale moderniste de ces zones, les ruptures morphologiques avec la trame urbaine existante et la fragmentation sociospatiale qu'elles représentent sont autant d'éléments qui rendent difficile leur intégration à la ville. Pourtant, les KĐTM sont au cœur de la stratégie nationale pour le logement à l'horizon 2020.

À l'origine, la politique des KĐTM requérait que 30 à 50 % des nouveaux logements construits soient accessibles à une population à faibles revenus[1] (*thu nhập thấp*). Le schéma directeur de 1992 perpétuait en ce sens les objectifs socialistes du logement subventionné de la période collectiviste, tout en proposant une vision étatique renouvelée de l'habitat urbain, respectueux des nouvelles aspirations résidentielles (logements plus vastes, unifamiliaux, services privés intégrés au logement, etc.). Le nouveau modèle des KĐTM s'éloigne donc volontairement du modèle des « zones collectives » (KTT) qui préconisait des logements minimalistes. À partir de 1954, la politique vietnamienne du logement lançait ce vaste programme de construction de logements subventionnés afin de satisfaire les besoins en logement des employés du nouvel État socialiste indépendant (TRẦN HOÀI, 2015). Les KTT constituaient la première opération de lotissement résidentiel à grande échelle menée de façon autonome par l'administration vietnamienne. Pendant cette période, l'État socialiste a construit de toutes pièces des quartiers autosuffisants, organisés en unités de voisinage autour d'équipements collectifs publics (école, parc, clinique médicale). Ce modèle d'habitat s'inspirait largement de ce qui se faisait à la même époque dans les pays socialistes d'Europe de l'Est et d'Asie (TRẦN HOÀI, 2015).

Les KĐTM sont également planifiés de façon « synchronisée », c'est-à-dire que les immeubles commerciaux, résidentiels et publics doivent être construits simultanément afin de produire des espaces multifonctionnels qui se veulent autosuffisants. Les régulations gouvernementales stipulent que les rez-de-chaussée des tours dans les KĐTM doivent servir uniquement aux services publics, bureaux ou locaux commerciaux[2]. À Trung Hòa Nhân Chính, les rez-de-chaussée des tours donnant sur les artères principales sont occupés par les bureaux, les banques, les restaurants de standing et les bars. Ils sont construits sur des élévations pour montrer une claire démarcation entre les tours et le trottoir, et éviter les débordements des activités sur la rue, ce qui est contre l'idée de maintenir un paysage urbain propre et ordonné (TRẦN HOÀI, 2015).

Les politiques d'embellissement et de nettoyage des trottoirs

À l'approche du millénaire de la capitale d'octobre 2010, le gouvernement a mis en place une politique pour moderniser la ville intitulée : *Hà Nội : Xanh, Sạch, Đẹp và Văn Minh Đô Thị* (Hà Nội : une ville verte, propre, belle et civilisée). De nombreuses décisions ont été édictées par la municipalité pour limiter l'emprise du secteur informel sur l'espace urbain et surtout l'espace public, afin d'embellir la capitale, la rendre plus moderne et civilisée et accélérer le processus de métropolisation. Le projet de civilisation urbaine des autorités passe par la transformation des espaces publics, des rues, des marchés... Ces hauts lieux de vie populaire sont peu à peu démantelés pour être remplacés par des marchés couverts ou des supermarchés. Ces programmes rencontrent d'importantes résistances de la part de la population et ne parviennent pas à faire table rase de ce patrimoine. Les marchés traditionnels sont fréquentés par toutes les couches sociales et les habitants y sont très attachés. Les nouveaux supermarchés et les *mall* connaissent également un franc succès, mais là encore, on ne s'y rend pas que pour faire ses courses, mais aussi pour déambuler dans ces miroirs de la mondialisation (NGUYỄN MAI, 2021).

1. Le qualificatif « faibles revenus » désigne essentiellement les employés de la fonction publique (enseignants, personnel de santé, employés de bureau), les militaires et les familles dites de « politiques publiques » (*gia đình thuoc dien chinh sach*) dont un des membres a joué un rôle dans les guerres coloniales et américaines. Leurs revenus étant faibles, l'État mène une action en leur faveur à travers sa politique du logement. Cette catégorie de ménages n'est pas assimilable à la population pauvre vivant dans les campagnes ou aux migrants illégaux qui ne sont pas visés par la politique du logement.

2. Selon les dispositions de la clause 9, article 2 du décret n° 11/2013/ND-CP du 14 janvier 2013 du gouvernement. https://thuvienphapluat.vn/van-ban/Xay-dung-Do-thi/Nghi-dinh-11-2013-ND-CP-quan-ly-dau-tu-phat-trien-do-thi-164736.aspx

© Nội-Pictures/F. Carlet-Soulages

Photo 1
Un *bãi* spécialisé dans la ferraille dans les marges de la ville (2016).

Certaines rues reçoivent des labels de « rue commerçante civilisée » qui leur font bénéficier d'un certain nombre d'avantages. Selon le décret intitulé « décision 68/2005/QĐ-UB » de 2005, une rue commerçante est reconnue « civilisée » si elle répond aux critères suivants : avoir une surface plane, ne pas être encombrée par les biens appartenant à des individus, des escaliers doivent desservir les maisons, le trafic limité et la signalisation routière est respectée par la population. Les trottoirs doivent également rester propres et la gestion de l'environnement appliquée (eaux usées, déchets, etc.). On ne peut pas construire de parkings le long de grandes artères, mais plutôt sur des rues secondaires disposant de trottoirs de 5 m minimum. Les commerces sont interdits sur les trottoirs. Depuis 2006, la décision 227/2006/QĐ-UBND acte de la décentralisation de la gestion des trottoirs et autres espaces publics au profit des arrondissements et des quartiers ou *phường*. Depuis lors, le désordre est plus apparent et on observe surtout d'importantes différences de traitements entre arrondissements et *phường* (Nguyễn Mai, 2021).

La décision 20/2008/QD-UBND (16 avril 2008), quant à elle, interdit le commerce informel sur les trottoirs de 62 rues de Hà Nội[3]. Les rues concernées sont en fait le plus souvent de grandes artères et des avenues touristiques servant de vitrine à la ville. En ce qui concerne les ruelles des villages urbains, les pouvoirs publics font preuve de plus d'indulgence. En effet, la gestion des espaces varie selon les quartiers et la proximité d'une avenue importante. Cette gouvernance à géométrie variable est essentielle à maints égards pour comprendre le rapport qu'entretiennent les Vietnamiens avec les autorités locales.

Ainsi, dans le centre historique de Hà Nội (arrondissement de Hoàn Kiếm), depuis 2017, douze rues sont interdites au stationnement et les vendeurs ambulants ne peuvent y circuler. Les abords des zones touristiques ont été déclarés « rues civilisées urbaines ». Ce statut permet de limiter drastiquement les stationnements et facilite la circulation piétonne. Les rues interquartiers (*phường*) de la ville doivent répondre aux critères des quatre « pas de » : 1) pas de déchets ; 2) pas d'auvents sur le trottoir, pas de petites annonces publicitaires ; 3) pas de privatisation ni d'utilisation des trottoirs pour un autre objectif que la marche ; 4) pas de parkings de véhicules sur le trottoir. Ainsi, l'application plus ou moins stricte des règlements de la ville dépend du statut de la rue, c'est-à-dire s'il s'agit d'une rue modèle de « rues civilisées urbaines » ou non.

Malgré les politiques de « nettoyage des rues » et la sévérité du contrôle policier sur les espaces publics dans les quartiers centraux, on remarque depuis peu un retour de la vente ambulante et des commerces informels sur les trottoirs. En effet, les autorités, après avoir testé l'interdiction du commerce informel, reviennent progressivement sur leurs décisions. Cette politique du tâtonnement, assez commune au Việt Nam, permet aux pouvoirs publics de jauger la popularité d'une mesure politique et de la moduler à terme (NGUYỄN MAI, 2021).

Dans l'arrondissement de Đống Đa, l'application des règles est moins stricte que dans le centre historique. Selon les statistiques des autorités, il y avait en 2017 plus de 600 ménages qui vendaient du *trà đá* (thé glacé), des patates et du manioc grillé dans les rues de l'arrondissement. Pour réduire le problème du chômage, conséquence du programme de « nettoyage des trottoirs », les autorités ont proposé aux ménages de délocaliser leurs activités informelles ailleurs dans l'arrondissement de Đống Đa, là où la politique d'embellissement n'est pas en œuvre, de préférence dans des ruelles. Si officiellement les autorités s'activent à nettoyer les trottoirs de leurs commerces informels, on constate que de nombreuses exceptions existent et que tous les commerces ne sont pas concernés par ces mesures. Un commerce informel bien intégré dans le quartier et profitant d'une bonne réputation aura en effet beaucoup plus de chances d'être épargné par ce programme de nettoyage. La capacité à « négocier » avec les autorités dépend aussi de l'ancienneté de l'installation (NGUYỄN MAI, 2021) !

Les critiques à l'égard de ces programmes de nettoyage sont nombreuses, notamment de la part des habitants qui regrettent qu'il n'y ait pas de dialogue et de prise en compte de leur nécessité d'avoir accès à de petits commerces de proximité. En réalité, la réglementation urbaine au Việt Nam s'applique différemment selon que l'on soit dans un quartier à l'urbanisation rapide ou que l'on soit dans des zones moins sollicitées par des projets urbains. Par ailleurs, ce qui est souvent le plus reproché aux autorités est que les nouvelles orientations urbaines oublient une caractéristique essentielle de la société vietnamienne : la concertation et la négociation. Dans certains quartiers touristiques, par exemple, les intérêts économiques l'emportent le plus souvent sur le compromis selon lequel les habitants pourraient conserver leurs commerces informels, comme cela se fait ailleurs. L'affichage à l'international d'une ville historique, patrimoniale et où les espaces privés et publics sont clairement délimités prime sur les besoins réels des populations locales (NGUYỄN MAI, 2021).

3. Décret complété par la décision 46/2009/QD-UBND du 15 janvier 2009 concernant 63 rues.

Encadré 1

Le trottoir de Hà Nội : espace multidimensionnel interactif Nguyễn Minh Phương

Un « désordre » organisé

Le livre de Nguyễn Thị Phương et Hoang Cầm (2021) est écrit par deux auteurs de l'Institut des études culturelles de Hà Nội. Son contenu est le fruit d'une recherche de deux ans (2018 à 2020) sur les trottoirs de la ville de Hà Nội.

Ceux qui ont connu ou voyagé à Hà Nội peuvent avoir l'impression que la vie dans cette ville est chaotique et surtout que l'espace des trottoirs est « désordonné » et présente de nombreux problèmes, tels que des appropriations indues de l'espace pour des activités familiales, etc. Cependant, derrière ce chaos apparent se cache une organisation ordonnée et vivante. À travers le contenu du livre, les deux auteurs s'inspirent non seulement des études sur la vie urbaine de Hà Nội par leurs prédécesseurs tels que Lisa Drummond (2000), David Koh (2006) ou Martha Lincoln (2008) et clarifient également un aspect de la vie de rue à Hà Nội : un espace toujours en état de négociation.

Pour expliquer leur point de vue sur la négociation autour de la vie sur les trottoirs de Hà Nội aujourd'hui et ses fondements, les deux auteurs ont donné de nombreux exemples de son foisonnement social à travers des documents historiques, des entretiens avec divers groupes sociaux impliqués dans la vie de la rue de cette ville.

L'intérêt de cet ouvrage repose sur plusieurs aspects : il montre le processus d'évolution de la prise de conscience des groupes sociaux sur leurs « droits » d'usage des trottoirs ; l'évolution dans le temps de la perception des groupes sociaux quant à leurs « droits » sur les trottoirs est conjuguée à l'impossible séparation des activités de subsistance de certains groupes sociaux de l'utilisation des trottoirs, ce qui en a fait un espace très actif et un lieu de négociation permanente.

Une évolution des « droits » au trottoir

L'histoire des « droits » des groupes sociaux sur l'espace des trottoirs à Hà Nội remonte à la période coloniale française. En 1883, l'administration coloniale a construit de grands trottoirs reliant la zone riveraine du fleuve Rouge de la concession française à la citadelle de Hà Nội. En 1889, le gouverneur de Hà Nội, Charles Landes, a publié un décret pour que les populations puissent louer des espaces sur les trottoirs afin d'ouvrir des services tels que des cafés de rue (pour 40 cents annuels par mètre carré). C'est à ce moment que le « droit » au trottoir est apparu pour la première fois. Le gouvernement détenait alors un droit de propriété sur les trottoirs, un droit d'usage et de location à des usagers. Les fonds recueillis servaient à la réfection et à la réparation des routes et des trottoirs. De plus, les riverains étaient responsables de la propreté des trottoirs devant leur maison. Ce mode de fonctionnement a duré jusqu'en 1945, au moment du départ des Français du Việt Nam.

De la période de l'économie subventionnée à 1986, la question de la gestion des trottoirs a été négligée par le gouvernement : il était bien occupé par d'autres problèmes en cette période de guerre et de difficultés économiques et sociales. Pendant cette période, les riverains ont gardé les habitudes de la période coloniale française de nettoyer et de balayer le trottoir devant leur maison. Cependant, dans le contexte de l'économie subventionnée où la question du logement était très critique, les logements publics étaient insuffisants et de nombreuses familles devaient vivre entassées dans un petit espace. Dès lors, le trottoir devint un espace utilisé pour les activités de la vie quotidienne des habitants : de nombreuses activités comme la cuisine et la lessive se sont progressivement déplacées vers l'espace du trottoir. De plus, faute de gestion par l'État à travers des activités de contrôle ou de péage comme à la période coloniale française, les trottoirs sont peu à peu sous le contrôle des « habitants » et non plus de l'État, comme à la période précédente. C'est ce qui a créé une vie sur les trottoirs de Hà Nội telle que nous la voyons aujourd'hui.

Puis, à partir de la période *Đổi mới* jusqu'à aujourd'hui, le gouvernement vietnamien a essayé à nouveau de réaffirmer ses droits de gestion sur les trottoirs à travers la mise en place de lois sur la sécurité routière au début des années 1990. À partir des années 2000, malgré la mise en place de la politique de « civilisation urbaine », les mesures sont difficilement opérationnelles et la vie des habitants sur les trottoirs se maintient.

Ainsi, au cours de l'histoire, la question des « droits » d'usage des trottoirs a évolué. Actuellement, on constate que la vie sur le trottoir est toujours aussi active. Cela tient non seulement au mode de gestion des autorités, mais aussi à l'impossible séparation des activités de subsistance de certains groupes sociaux des trottoirs, ce qui en a fait un espace d'activités et en même temps un lieu pour la négociation de l'utilisation du trottoir.

Des espaces négociés pour des activités commerciales et domestiques

Depuis 1986, les grandes villes comme Hà Nội sont la principale concentration d'activités économiques. Cela permet aux gens d'ouvrir des commerces et des services. Et le trottoir devient un lieu de développement de ces activités.

Cependant, les riverains dont la maison donne sur la rue ne sont pas les seuls à bénéficier des atouts économiques du trottoir. Des ménages, dont la résidence est située au fond des ruelles, veulent aussi utiliser le trottoir pour gagner leur vie. De plus, les vendeurs de rue (migrants d'autres provinces installés à Hà Nội) choisissent également les trottoirs pour développer leurs commerces, sources de leur subsistance. Enfin, ce sont les « gestionnaires de trottoirs » du gouvernement qui interviennent également dans leur gestion. L'espace des trottoirs est devenu un lieu de rassemblement de nombreux groupes sociaux qui souhaitent l'utiliser et en gérer les règles d'accès. Ici, il n'y a pas de lutte acharnée entre eux pour s'approprier le trottoir, tout se règle et s'accorde selon des pratiques basées sur l'empathie ou *tình cảm*, la réconciliation ou *dĩ hòa vi quý* et la compassion ou *biết điều* entre groupes sociaux afin de continuer à entretenir la vie de trottoir.

Une vision très négative du secteur informel

Les collecteurs et commerçants de déchets, à l'instar des commerçants ambulants, ne sont pas bien vus ni acceptés par les autorités locales. La plupart ne sont pas enregistrés auprès des services administratifs de leur quartier, notamment parce qu'ils ont des revenus modestes (voir page 308). Ils ne sont donc pas redevables à ces autorités auxquelles ils ne versent pas de taxes officielles.

Dans sa thèse, NGUYỄN MAI (2021) présente les nombreuses directives mises en place pour nettoyer les trottoirs de leurs activités informelles à travers la lecture de la presse. Selon les pouvoirs publics, le secteur informel envahirait les trottoirs et ne serait pas digne d'une métropole de rang international qui se doit de développer une « économie moderne » dans laquelle les activités de trottoirs n'ont pas leur place. Dans le journal *Dân Trí*, un journaliste écrit : « L'économie de trottoir empêche l'économie "moderne" sise dans les tours, les *shopping mall* et les supermarchés. L'économie de trottoir à vision très courte entraîne des embouteillages et donne une mauvaise image à la ville. » (*Dân Trí*, 2017). Ainsi, les vendeurs ambulants, les fleuristes, les vendeurs de thé font de plus en plus l'objet de critiques et de répressions visant à les évincer des quartiers centraux. Dans les journaux, on trouve des articles vantant la « réussite » du modèle urbain singapourien... ou parisien.

Les vendeuses de rue de fruits et légumes étaient estimées à 9 400 en 2006 (3 470 pour les légumes, 5 900 pour les fruits ; ces chiffres se partagent pour moitié entre vendeuses itinérantes et vendeuses attachées à des points de vente informels). Malgré les restrictions à l'activité imposées en 2008, leur nombre est en augmentation, puisqu'il était estimé à 6 320 en 2009 pour les vendeuses de légumes en zone urbaine de la nouvelle province de Hà Nội (NGUYỄN THI TẤN *et al.*, 2009). La plupart des vendeuses de rue sont des agricultrices qui viennent des zones rurales de la périphérie de Hà Nội (89 % des vendeuses de fruits et légumes dans l'enquête de 2006).

Ces chiffres rejoignent ceux de l'étude de TURNER et SCHOENBERGER (2012) qui porte sur les vendeuses de rue pour l'ensemble des produits. Les revenus tirés de leurs petites exploitations ne permettent pas à leurs

Photo 2
L'horizontalité des villages urbains à l'ombre des grandes tours (2021).

foyers de survivre sans revenus complémentaires, ce d'autant plus que les terres agricoles sont grignotées par les projets urbains. Les autres vendeuses de rue (11 %) sont des résidentes de Hà Nội à faibles revenus, comme les retraitées. Le harcèlement par la police, les amendes et la confiscation des balances sont les principales difficultés auxquelles elles sont confrontées.

Les deux principaux niveaux de gouvernance du Việt Nam (national et provincial) affichent leur volonté de promouvoir la grande distribution et d'éradiquer la vente informelle. Ces objectifs sont indiqués dans la stratégie du département du Commerce intérieur du ministère du Commerce jusqu'en 2020. La justification est un souhait de « modernisation » et de « civilisation » de la ville (VIETNAM MINISTRY OF TRADE, 2006). Les autorités perçoivent la vente de rue comme problématique en termes de circulation, de qualité sanitaire, d'attraction de migrants illégaux et de mauvaise image de la ville. Les fondements de cette perception sont discutables (MOUSTIER *et al.*, 2007).

La décision interdisant la vente de rue dans 62 rues de Hà Nội a frappé beaucoup d'observateurs, notamment les journalistes (décision 20/2008/QD-UBND du 16 avril 2008, puis 46/2009/QD-UBND du 15 janvier 2009 concernant 62 rues). En fait, la nouvelle législation peut apparaître plus favorable en reconnaissant la vente de rue comme légale dans certaines artères. Le décret du 16 mars 2007 reconnaît d'ailleurs les commerçants exerçant « des activités indépendantes, permanentes et non enregistrées ». Dans les faits, la décision de 2008 s'est accompagnée de mesures de rétorsion accrues par la police, facilitées par la difficulté que rencontrent les vendeuses de rue à s'organiser comme une association professionnelle (TURNER et SCHOENBERGER, 2012 ; MOUSTIER *et al.*, 2007).

Des gisements de déchets à l'accessibilité limitée dans les KĐTM

L'image des *đồng nát* est restée gravée dans la mémoire des Vietnamiens, grâce à leur chanson traditionnelle familière *đồng nát sắt vụn bán đi*[4] qui résonne dans les ruelles. Il est difficile de ne pas les reconnaître dans la rue avec leur vélo chargé d'objets recyclables. Sur leur porte-bagages, on trouve des cordes emmêlées, une balance, un amas de cartons et de boîtes en polystyrène plus grandes qu'elles. Mais avec la modernisation de la capitale, cette image iconique s'est progressivement estompée par l'émergence des gratte-ciel, où vivent de plus en plus de jeunes Vietnamiens qui sont les plus grands consommateurs. Éloignés de tout, ces jeunes habitants ainsi que les générations qui suivent sont moins familiers des *đồng nát* et leur système de collecte de déchets.

La verticalité de l'habitat et les grands axes de circulation

Les grands axes routiers comme Lê Văn Lương, Tố Hữu, Khuất Duy Tiến, Trần Duy Hưng et l'érection de nombreuses tours d'habitation accueillant des sièges sociaux, banques et entreprises s'imposent sur le plan économique et témoignent du dynamisme urbain de la NZU de Trung Hoà, Nhân Chính. Les grandes routes qui la traversent sont connectées avec la rocade 3 (Vành đai 3) syooruler (CT.20), un axe routier important de la capitale qui facilite l'accès à l'aéroport. Sur les routes de Lê Văn Lương et Tố Hữu se trouvent aussi les services de transports en commun de bus express (BRT) et de métros qui améliorent la connexion entre les villes de Hà Đông et Hà Nội (voir carte 2).

La NZU est très attractive en raison de la concentration d'établissements scolaires privés de bon niveau, des

4. La chanteuse pop Lê Cát Trọng Lý en a fait une chanson : https://www.youtube.com/watch?v=LIgAJVb-xxY

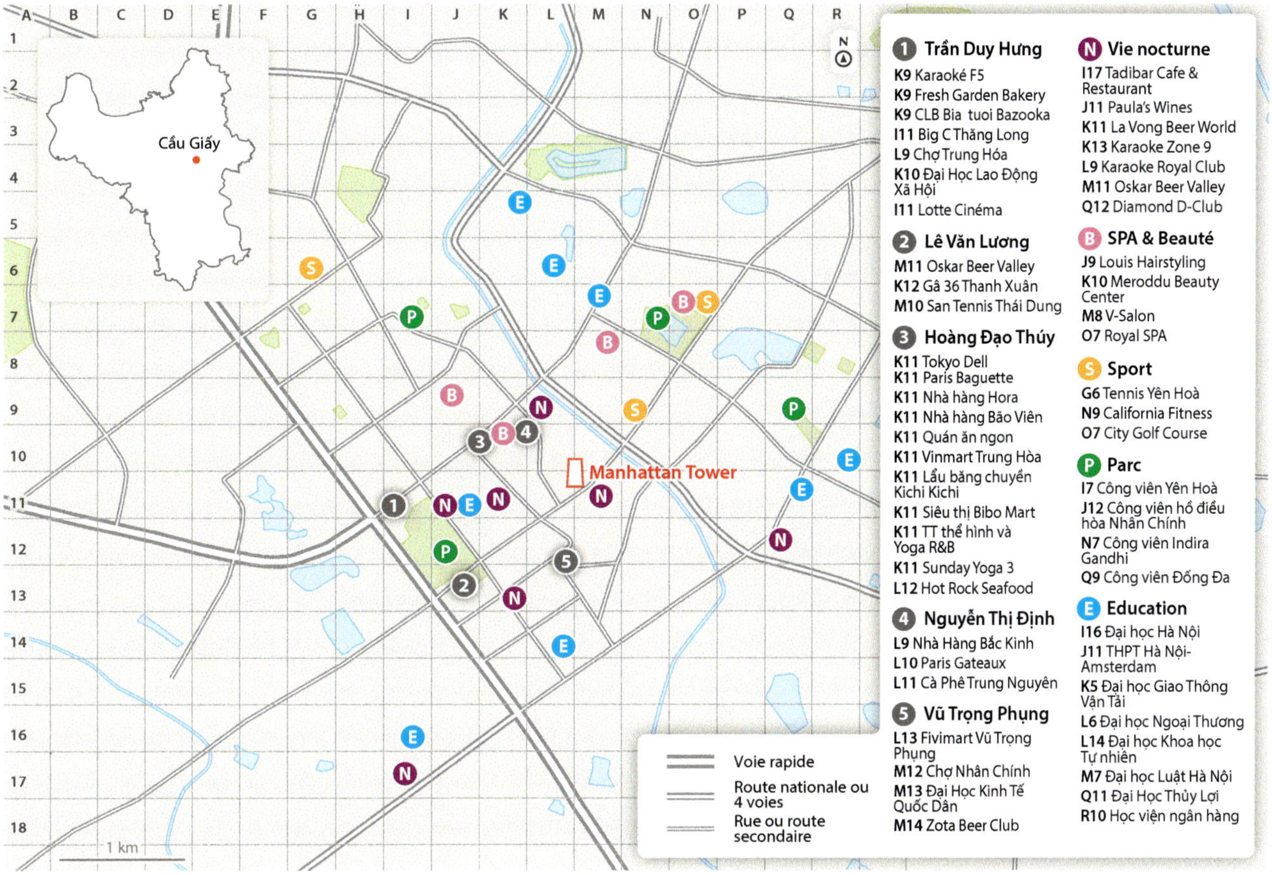

Carte 2

Le quartier Trung Hoà Nhân Chính et ses divers types de services en 2020.

Source : https://tuyenmai.com/du-an/chung-cu-manhattan-tower/

écoles primaires jusqu'au niveau universitaire. Dans un rayon d'un kilomètre se trouvent de nombreuses écoles telles Hoa My Kindergarten, Brendon International Primary School, Phan Đinh Giot Secondary School, Nhan Chinh High School, Archimedes High school et Amsterdam High School. Cela témoigne de l'internationalisation de Trung Hoà Nhân Chính, zone urbaine en fort développement qui devient désormais un nouveau pôle urbain de Hà Nội. Contrairement à Times City qui est une zone urbaine exclusive, avec des établissements scolaires et hospitaliers... fournis par un seul investisseur, Vingroup, Trung Hoà Nhân Chính attire de nombreux investisseurs.

L'urbanisation du sud de l'arrondissement de Thanh Xuân a commencé avec la construction de la KĐTM de Trung Hoà Nhân Chính vers 2003 par l'investisseur Vinaconex (une société vietnamienne d'investissement et de construction). Entreprise à partir de 2003 et achevée en 2006, la première tranche de ce projet est composée d'immeubles résidentiels. Au départ, l'investisseur projetait de construire un quartier résidentiel de standard international destiné à l'élite urbaine. Cependant, quatorze ans après le début du projet, la plupart des bâtiments sont dégradés. Les rez-de-chaussée sont dorénavant occupés par des activités de restauration, de commerce qui débordent sur les espaces publics, développant ainsi une vie de trottoir très vivante.

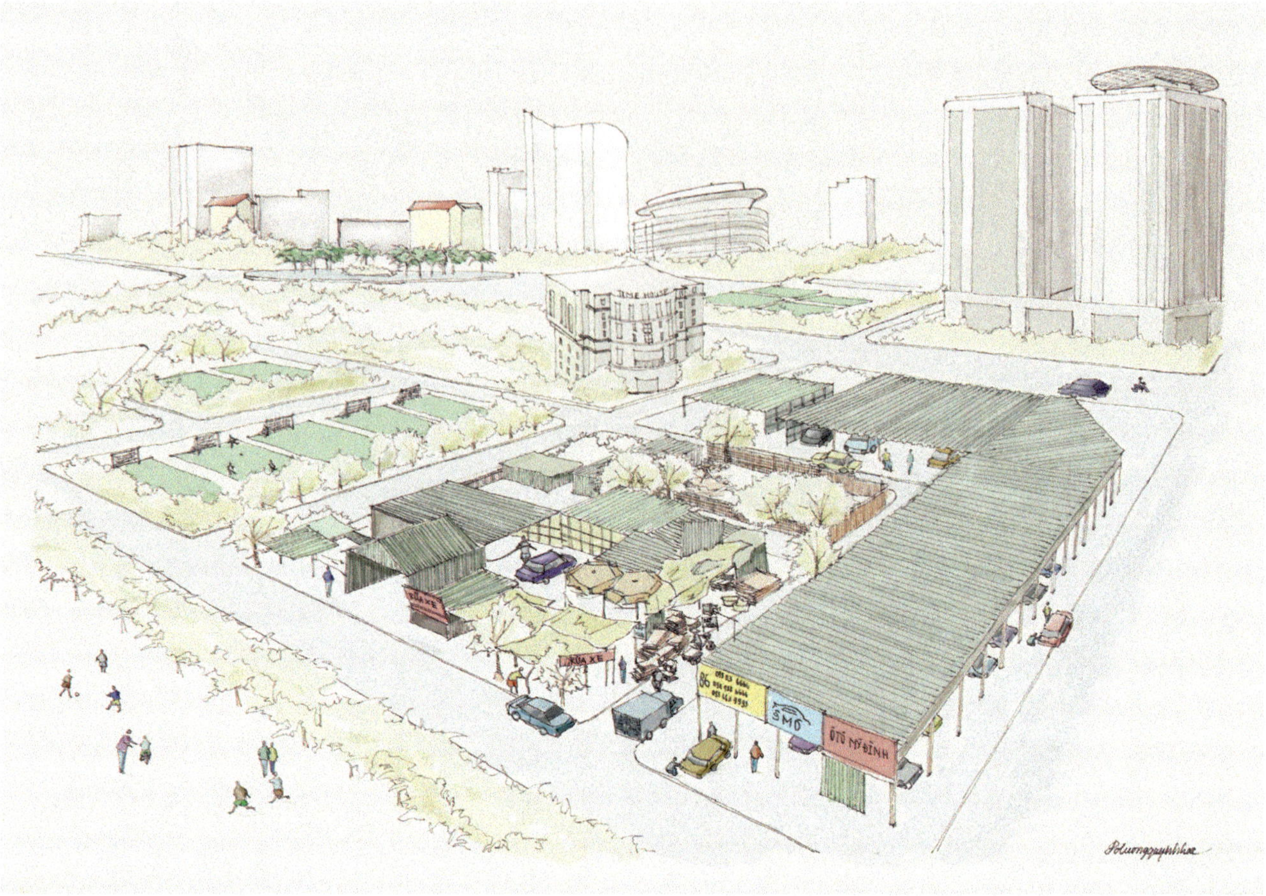

Figure 1

Zone en attente de construction utilisée par des services informels dans la KĐTM de Cầu Giấy (2022).

Dessin : Đỗ Lương Quỳnh Hoa.
Mise en couleurs : IRD/Éric Opigez

Avec le temps, la NZU de Trung Hoà Nhân Chính est devenue célèbre pour son potentiel de développement urbain et spéculatif et pour l'érection de gratte-ciel. Les investisseurs vendent du rêve aux habitants à travers leurs projets d'immeubles luxueux, modernes et de haute qualité. Mais entre le rêve et la réalité, il y a un gouffre car les services ne sont pas à la hauteur de ceux proposés. Les immeubles sont construits d'abord sans les services, qui prennent du retard à être mis en place. Cela pousse les habitants à s'organiser pour mettre en place eux-mêmes les services nécessaires et à occuper les espaces publics pour pratiquer du sport.

Loin de l'utopie d'une NZU exclusive pour les classes sociales supérieures, le projet a échoué en raison de la dégradation des bâtiments et de la lenteur de la mise en place des services. Avec l'implantation des gratte-ciel Vinhomes sur la rue Trần Duy Hưng construits par de grands investisseurs tel Vingroup, l'attractivité de ce quartier semble malgré tout assurée. Plusieurs investisseurs ont encore l'espoir de rehausser l'image de cette NZU avec des projets de construction de bâtiments plus chics, luxueux, et de sécurité assurée pour ses habitants sur les dernières parcelles de terrains qui restent.

Cela crée encore quelques opportunités pour le système de collecte de déchets de s'installer temporairement sur les friches en attente de construction de grands bâtiments, même si, à court terme, il devra disparaître en

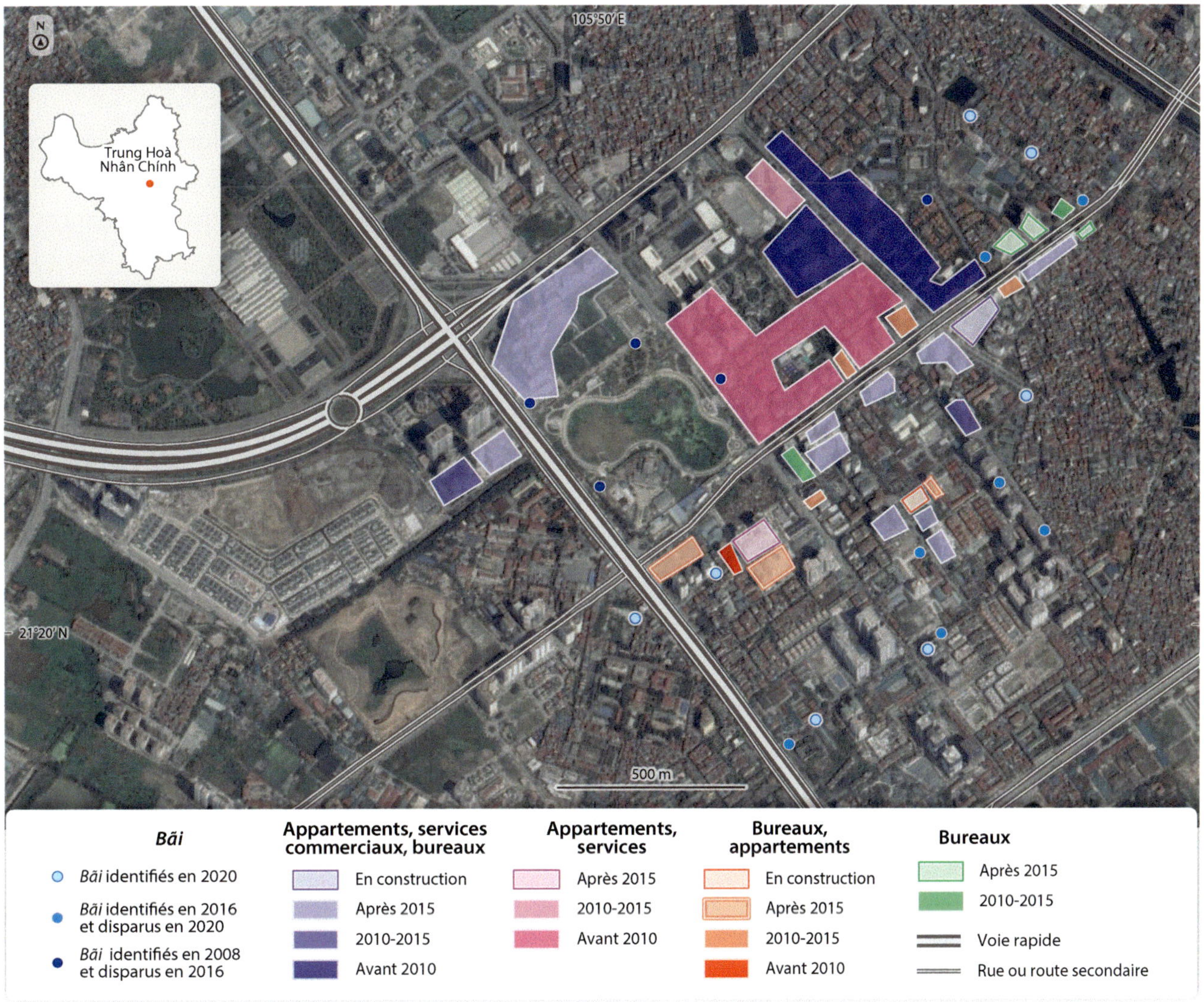

Carte 3

Les types de bâtiments dans le quartier résidentiel de Trung Hoà Nhân Chính en 2020.

Réalisation : Nguyễn Ngọc Phương Uyên et Cathy Chatel.
Source : image Google Earth ; enquêtes Nguyễn Ngọc Phương Uyên.

raison d'un système de contrôle plus rigide et de prix de location inabordables.

La diminution du nombre de *bãi* dans les quartiers modernes

En 2008, les projets de KĐTM de Cầu Giấy et Trung Hoà Nhân Chính étaient en plein essor et de nombreuses terres agricoles en friche en attente d'être construites accueillaient des *bãi* et des services informels (stations de lavage de voiture, bars à bière, etc.). Les gérants de ces dépôts profitaient de la présence de nombreux chantiers pour acheter des rebuts et des déchets de matériaux de construction très valorisables comme les métaux. Carrie Mitchell avait alors recensé cinq dépôts éphémères dans la zone du projet de Trung Hoà Nhân Chính, qui ont tous disparu depuis la construction des tours.

Sur la carte 3, on voit les dépôts recensés par Carrie Mitchell en 2008. Ils ont depuis disparu. Ces dépôts étaient alors localisés sur les terres agricoles en lisière des villages ou en plein dans les champs, le long des chemins de terre. Cette carte représente les différents types de tours et localise les *bãi* dans la KĐTM de Trung Hoà Nhân Chính. On remarque l'absence de ces derniers dans le nord. Sept *bãi* localisés sur des terres agricoles en 2008 et recensés par MITCHELL (2008b) ont depuis disparu avec l'achèvement de la construction de la plupart des tours du projet. Il n'y a que quelques rares *bãi* qui se maintiennent dans la rue Nguyễn Huy Tưởng, dans de vieilles maisons au pied des tours et en lisière du village.

En plus de la disparition de nombreux *bãi*, l'accès aux déchets est de plus en plus difficile. En effet, selon une gérante de *bãi* installée en lisière du village de Nhan Chin, l'accès aux déchets diminue dans les quartiers de KĐTM : « La quantité et la qualité des déchets ont beaucoup baissé depuis quelques années dans les KĐTM. » (86). Avant l'érection des grands bâtiments résidentiels, une dizaine de femmes de ménage vendaient des déchets dans un dépôt enquêté. Elles profitaient de leur pause pour collecter des cartons ou des bouteilles dans leur immeuble. Depuis quelques années, elles ont arrêté d'apporter des matériaux au dépôt. Peut-être que le responsable des tours ou les gardiens leur ont interdit de récupérer des déchets et leur ont fait payer des amendes car c'est interdit. Cette gérante suppose aussi que, dans ces tours, un réseau de collecte des déchets a été mis en place en interne, qui interdit l'accès aux personnes extérieures (88). Une autre gérante affirme que l'ouverture et l'élargissement de routes mettent en péril son activité. La route Nhân Hoà, le long de laquelle elle est installée, doit être élargie ; elle sera alors expropriée. Même si le projet a été reporté en raison de la crise économique liée au covid, elle ne pense pas rester longtemps à cet endroit (90).

Une accessibilité fondée sur la nouvelle morphologie urbaine

La NZU de Trung Hoà Nhân Chính est composée de tours de bureaux, de résidences ou de bâtiments d'usages mixtes. Souvent, les cinq à six premiers étages d'un immeuble sont réservés aux activités commerciales (restaurants, supermarchés, salles de sport...) ou de bureau (banques, agences privées...). Les ressources en déchets recyclables sont abondantes et régulières, et les bureaux deviennent de véritables gisements à partir desquels les *đồng nát* développent leur réseau. Les bureaux et entreprises commerciales offrent surtout du papier, du carton, des objets électroniques, du plastique (à usage unique, film plastique...).

Trung Hoà Nhân Chính est la seule KĐTM à être composée de plusieurs types d'habitats. En plus des maisons privées de trois étages, les immeubles d'appartements de quatre à six étages sont structurés comme une KTT, ce qui suggère le niveau de classe sociale moyen des habitants qui y résident. C'etait la première NZU de Hà Nội à offrir à l'époque des logements à prix raisonnable et à s'être peuplée rapidement. Cependant, les habitants n'appartiennent pas à la classe moyenne grande consommatrice d'articles et produisant beaucoup de déchets recyclables. Les immeubles de quatre à six étages sont adaptés au système de collecte des *đồng nát* en raison de la proximité avec les habitants et surtout d'un moindre contrôle des entrées et sorties des visiteurs par rapport aux tours. Les habitants peuvent entendre leur chant de chez eux et sortir sur leur balcon pour communiquer avec elles. De nombreuses activités commerciales s'installent au rez-de-chaussée et constituent de réels gisements de déchets. Les vendeurs de *trà đá* et les marchands ambulants s'étendent aussi sur les trottoirs, à l'instar d'un marché clandestin sur une friche au beau milieu du quartier. Dans le marché, les *đồng nát* croisent les habitants des autres résidences et élargissent leurs réseaux. Les activités commerciales situées juste à côté des grandes tours de bureaux témoignent du dynamisme d'un quartier résidentiel qui rassemble des gens de différentes classes sociales et offre de nombreux services de restauration et de commerce aux employés et aux élèves pendant leur pause méridienne.

Les tours de Trung Hoà Nhân Chính s'élèvent sur 15 ou 25 étages, chaque étage est équipé d'un local poubelle avec un vide-ordures. Les habitants y jettent les déchets et mettent de côté les plus volumineux comme les cartons, les boîtes en polystyrène... Ceux-ci sont descendus au rez-de-chaussée chaque jour par les femmes de ménage, triés pour être vendus aux *đồng nát* et sortis à l'extérieur des tours. Les *đồng nát* les récupèrent sur le trottoir et ne rentrent donc pas à l'intérieur du bâtiment.

D'autres immeubles construits depuis 2015 ont des standards d'urbanisme plus élevés et visent des classes moyennes supérieures à la recherche de résidences de haut standing. Pour s'adapter à l'image d'un quartier urbain civilisé et moderne, les investisseurs sont censés installer des services commerciaux et productifs tels des supermarchés et des *mall* ou des bureaux intégrés dans les premiers étages des immeubles. L'entrée de ces résidences est avenante, les services de ménage, de gardiennage ou les techniciens entretiennent la sécurité et la propreté des bâtiments, ainsi que l'image de « quartier propre et civilisé ». Tous les étages ont un local poubelle doté d'un vide-ordures entretenu par les femmes de ménage de l'immeuble. Le niveau de sécurité de ces bâtiments est aussi plus élevé, les personnes de l'extérieur voulant entrer doivent passer par les gardiens et montrer leurs papiers d'identité ou bien appeler leurs contacts qui viennent les chercher au rez-de-chaussée. Avec la gentrification de certains quartiers de Hà Nội, les investisseurs construisent des quartiers résidentiels dotés de tours de plus en plus hautes, de 25 à 40 étages, afin de maximiser les profits et conçoivent entre quatre à dix unités d'habitation par étage, soit entre 100 et 400 appartements par tour. Grâce à cette grande capacité de logements destinés à une classe sociale bien éduquée (*dân trí cao*) et grande consommatrice de biens, la quantité de déchets recyclables produits est en théorie très abondante. Ces tours constituent des gisements potentiels de déchets pour les collecteurs et les commerçants de déchets recyclables. Cependant, en réalité, du fait de la flambée des prix de l'immobilier à Hà Nội, la construction des projets de KĐTM modernes ne correspond pas aux revenus d'une grande partie de la population, beaucoup d'appartements restent vides dans des immeubles récents comme VietDuc, Complex, Comatce... Par conséquent, la ressource en déchets ménagers recyclables pour les *đồng nát* est plus faible que prévue. La ressource essentielle provient donc des étages ayant des activités commerciales.

Un urbanisme qui transforme les relations entre les acteurs

La verticalité de l'habitat rompt le lien social entre les habitants et les *đồng nát*. Elle affecte leur visibilité et limite leur accès aux clients avec la mise en place de normes de sécurité strictes dans les gratte-ciel. Leur unique outil de communication, le chant, n'est plus utile dans cette morphologie urbaine moderne. En raison de l'intégration des services de collecte de déchets dans les immeubles, les habitants oublient progressivement les *đồng nát*. Il n'y a pas d'options de tri en parallèle à l'usage des vide-ordures. Les habitants prennent l'habitude de tout jeter dans un même sac-poubelle. En vidant les locaux à poubelles, les femmes de ménage ou les éboueurs font le tri des déchets de leur étage ou immeuble et vont les vendre aux *đồng nát* ou aux *bãi phế liệu*. L'accès des *đồng nát* aux ressources de déchets recyclables se fait donc indirectement par le biais des femmes de ménage qui jouent désormais un rôle d'intermédiaires incontournables dans l'enlèvement des déchets recyclables. Idéalement, cela serait aux habitants de contacter directement les *đồng nát* pour leur proposer d'entrer dans leur immeuble. Pourtant, ceci dépend d'autres éléments liés aux coutumes et à la culture de chaque génération.

Une accessibilité fondée sur le bouche-à-oreille

Les tours de bureau sont considérées comme des lieux de rencontre stratégique des employés et des *đồng nát*. Bien que les premiers n'aient pas d'intérêts particuliers à vendre des déchets recyclables, ils disposent d'une ressource abondante et régulière en déchets de bureau. Cependant, les tours et les quartiers sécurisés refusent

Photo 3
La vulnérabilité des *đồng nát* dans les nouveaux quartiers.

l'accès aux inconnus, il est donc impossible aux collectrices de monter aux étages sans y avoir été conviées. De nouveaux intermédiaires apparaissent pour négocier l'accès aux bâtiments modernes : les femmes de ménage, les gardiens de sécurité, les employés de bureau. Ces nouveaux types de clients rencontrent en général les *đồng nát* dans la rue. Lors de leurs trajets quotidiens, elles ont de grandes probabilités de les croiser et ils les interpellent quand ils ont des matériaux à vendre. Elles les suivent à l'intérieur des bureaux pour récupérer les déchets recyclables. Dans certains cas, elles doivent montrer leurs papiers d'identité au gardien pour des raisons de sécurité. Si la confiance est établie, les employés garderont le contact téléphonique avec la *đồng nát* afin d'éviter que trop de personnes entrent dans le bâtiment. Grâce au téléphone, il leur est plus simple d'être contactées que de réaliser leurs longs itinéraires dans la rue autour de ces immeubles en chantant (114) (115).

Lors des déménagements de bureaux, les *đồng nát* profitent de l'occasion pour acheter de gros volumes de déchets. Les gérants de *bãi* peuvent aussi être appelés dans le cas où les volumes à transporter nécessitent un chariot ou un camion. De plus, les employés vivant à proximité de leur lieu de travail pourront les contacter pour qu'elles viennent chez eux récupérer les déchets recyclables ou pour faire le ménage. Les tours de bureau de Trung Hoà Nhân Chính sont la clef pour que les *đồng nát* puissent accéder à de nouveaux clients et étendre leur réseau. Toutefois, la stigmatisation dont elles font l'objet dans ces quartiers censés représenter la modernisation de la ville rend le contact difficile. Dans sa thèse, Carie MITCHELL (2008b) fait parler les *đồng nát* : « Je n'ose monter dans ces immeubles de tours que lorsqu'on m'invite à entrer car si j'y vais toute seule, sans invitation d'un habitant, des gens peuvent me crier dessus et me traiter de voleuse. » (Interview 5, district de Thanh Xuân, 21 octobre 2006). Au début, lorsque ces quartiers étaient en chantier, de nombreux *bãi* se sont installés sur les friches et les espaces en attente. Les *đồng nát* circulaient aisément. « À l'époque, je pouvais acheter les déchets des appartements de Trung Hoà Nhân Chính, je m'asseyais souvent dehors et j'attendais que les habitants me les apportent. Mais maintenant, les gardiens de sécurité de ces bâtiments ne me laissent plus m'asseoir dehors. Ils disent que je gâche le paysage. » (Interview 7, district de Thanh Xuân, 21 octobre 2006). Le fait que ces immeubles se développent rapidement dans les districts péricentraux et que leur accessibilité est limitée aux *đồng nát* pose des problèmes aux *bãi* qui doivent s'approvisionner d'une autre façon en matériaux recyclables (MITCHELL, 2008b).

Ainsi, avec l'urbanisation et l'extension de la ville, de nouveaux quartiers de haut et moyen standing changent les règles de l'accès aux gisements de déchets. De plus en plus verticaux, les bâtiments ne permettent plus au chant des *đồng nát* de s'élever. La nouvelle classe moyenne, très occupée, n'a plus les mêmes rapports au tri des déchets. La probabilité d'obtenir des clients en circulant dans les quartiers est donc faible. En plus d'avoir un carnet d'adresses de clients, une autre stratégie développée par les *đồng nát* pour accéder aux ressources de déchets dans ces quartiers verticaux est d'être femme de ménage.

La pluriactivité des *đồng nát* pour accéder aux déchets des ménages

En fonction de la demande, les *đồng nát* divisent leur journée entre le ménage chez leurs clients et la collecte de déchets recyclables. Souvent, des clients qui leur proposent de venir faire le ménage habitent dans des maisons, hors des grands immeubles. Mais avec les employés des tours de bureaux du quartier, c'est une grande chance pour les *đồng nát* d'être invitées chez eux et ensuite de faire le ménage lorsqu'elles gagnent leur confiance. Éventuellement, elles vont être en contact avec leurs amis ou leurs proches et étendre leur réseau de clientèle. Être femme de ménage est une bonne stratégie pour accéder aux déchets recyclables de ses clients. Pourtant, elles doivent entretenir leur confiance et leur fidélité pour rester longtemps. Elles peuvent récupérer des bouteilles en plastique ou des cartons après chaque journée de travail, sous réserve de demander la permission. Ayant plus de reconnaissance en tant que femme de ménage que *đồng nát*, l'accès à ces bâtiments leur est donc plus facile. Elles ont aussi plus d'opportunités de croiser les femmes de ménage des bâtiments et de négocier avec elles l'accès au gisement des déchets des habitants de tout l'immeuble. La mise en place de vide-ordures oblige indirectement les résidents à réaliser en partie le tri de déchets à la source. En n'autorisant que des sacs d'une taille limitée à entrer dans le vide-ordures, les habitants sont obligés de laisser de côté tout ce qui est volumineux, majoritairement des emballages recyclables. Mais ceci n'est pas une option de tri optimal, car il ne permet pas de trier d'autres déchets non organiques plus petits.

Développer la confiance avec les habitants

Les *gated communities* limitent et contrôlent les entrées des non-résidents pour des raisons de sécurité et de standing. Les vendeurs des rues et autres acteurs du secteur informel y sont strictement interdits. Pour les collecteurs de déchets, accéder au riche gisement de déchets des classes les plus aisées constitue réellement un défi. Dans la *gated community* de Ciputra, une des plus anciennes et luxueuses de Hà Nội, les gardiens contrôlent les entrées et sorties. Toutefois, certains rares collecteurs ayant réussi à sympathiser et créer une relation de confiance avec des habitants ou des services de ce quartier parviennent à y entrer. C'est le cas de madame Hai, qui a développé des relations de confiance avec les employés de l'école internationale de Ciputra. Originaire d'une province voisine de Hà Nội, elle s'est installée depuis plusieurs dizaines d'années dans ce quartier, autrefois rural, pour faire toutes sortes de métiers. Elle a pendant plus de dix ans élevé des cochons et des poissons et a réussi, grâce à une connaissance, à accéder à une école internationale dont elle récupérait les restes de cantine pour son élevage.

Tous les jours, vers 14 h, elle va dans cette école pour récupérer trois à quatre chariots de déchets. Souvent, elle transporte ces déchets à vélo lorsque les volumes sont limités, sinon elle utilise son propre chariot. Puis, elle ramène une fois par semaine un chariot rempli au *bãi* près de chez elle. Elle est la seule *đồng nát* à être autorisée à rentrer dans ce quartier huppé. Les résidents, pour la plupart des étrangers, la connaissent et l'aiment bien. Certains professeurs de l'école internationale ont été ravis de la revoir durant la pandémie. Elle se dit très honnête et digne de confiance pour entrer dans un tel lieu. Elle ne prend rien d'autre à part les déchets recyclables et ne vole pas. Elle restitue tout ce qui a de la valeur aux gardiens de l'école (téléphones portables, argent trouvés dans les tas de déchets).

À travers l'école, elle a pu monter un réseau de clients résidents du quartier. Ceux-ci l'appellent ou elle les sollicite ; aussi, les habitants la reconnaissent en la voyant devant l'école. Même dans les tours d'appartements de cette *gated community*, les habitants lui donnent des cartons, etc. La plupart de ses clients sont des dames âgées et des étrangers. Selon elle, les habitants ont moins confiance en leur femme de ménage qu'en elle ! Certaines dames lui ramènent directement les déchets vers son « point de collecte » devant l'école. Elles préfèrent les lui revendre ou les lui donner que de les laisser aux éboueurs, car ceux-ci ne nettoient pas le trottoir après avoir trié les déchets qu'elles leur donnent. Un professeur de l'école, avant de retourner dans son pays à cause du covid, l'a appelée pour lui laisser son vélo et un million de VNĐ comme cadeaux pour le *Tết*[5].

Elle transporte aussi les chariots de déchets de l'école vers la poubelle à l'extérieur du bâtiment. En échange, elle peut récupérer ce qui est recyclable. Elle compte environ 180 clients dans ce quartier. Les résidents la contactent directement sans passer par leur femme de ménage. Elle est la seule collectrice à être autorisée à y rentrer comme bon lui semble. Des *đồng nát* se sont servies de son nom pour entrer dans la *gated community*, elles ont fouillé les bacs à déchets et ramassé ce qu'elles pouvaient sur les trottoirs. Madame Hai a été ensuite interrogée par les autorités du *phường* au risque d'y perdre son accès. Mais les gardiens la connaissent depuis bien longtemps. De toutes les façons, des caméras sont installées partout et permettent un contrôle plus strict des personnes extérieures à la *gated community* (108).

La variation intergénérationnelle des relations avec les collecteurs

En raison des difficultés quotidiennes pendant l'époque collectiviste et l'après-guerre faites de restrictions et de limitations à la circulation des personnes et des produits, l'habitude d'économiser est restée ancrée profondément chez les Vietnamiens. Le réemploi et la réutilisation permettent aux habitants de prolonger la durée de vie des produits. Des bouteilles et sacs plastiques étaient réutilisés, les articles électroménagers, en nombre très limité, étaient réparés plusieurs fois. Aujourd'hui, le système informel du commerce de déchets permet aux habitants de gagner un peu d'argent de poche, tout en pouvant se débarrasser de leurs objets en fin de vie. Selon les gérants de dépôts et les *đồng nát* rencontrés, les clients les plus fidèles sont des personnes âgées qui viennent non seulement pour revendre les déchets recyclables, mais aussi pour acheter et chercher des objets

5. Nouvel An vietnamien.

© Nội-Pictures/F. Carlet-Soulages

Photo 4

Un *bãi* installé au rez-de-chaussée d'une villa inachevée dans un quartier de moyen standing (2016).

usés dont ils peuvent avoir usage après réparation. Cette génération trouve encore de la valeur dans les rebuts et, étant très économe, elle n'hésite pas à négocier avec les *đồng nát* pour avoir un bon prix de vente. Les produits auparavant avaient aussi une meilleure durée de vie et étaient aussi destinés à être réparables. Aujourd'hui, avec l'économie qui s'appuie sur l'obsolescence programmée, les produits ont une durée de vie déterminée par les producteurs industriels.

En parallèle, l'essor économique du pays change radicalement les modes de consommation des Vietnamiens, surtout des jeunes. Vivant à une époque où l'on cherche à se faciliter la vie, ceci grâce au numérique, les jeunes d'aujourd'hui sont accoutumés aux produits prêts à l'emploi ou à emporter. Avec de nombreux services mis en place sur Internet comme l'achat en ligne, les jeunes sont de plus en plus distants du monde réel et donc moins familiarisés avec les services traditionnels comme le système informel de collecte de déchets. De plus, avec l'apparition des grands immeubles, leur accès aux *đồng nát* est encore plus limité, du fait de la verticalité de l'habitat.

L'arrivée des applications mobiles comme Grabfood, Baemin, Now, Foody a influencé la culture alimentaire des jeunes. Malgré les conséquences environnementales de l'usage du plastique, l'habitude de commander en ligne de la nourriture est de plus en plus populaire. Par exemple, pour une tour de trente étages, avec dix appartements par niveau, si plus de la moitié des ménages commande un repas en ligne chaque jour, le nombre des emballages (en plastique ou non) est estimé au minimum à quinze ou vingt boîtes, ce qui fait une moyenne de 450 à 600 boîtes par immeuble, soit un total estimé de 4 200 boîtes par semaine pour une tour.

Ainsi, on voit une contradiction entre la conscience environnementale et le mode de vie des jeunes. La plupart d'entre eux n'ont pas l'habitude de trier les déchets et d'appeler des *đồng nát* pour les leur vendre. Certaines *đồng nát* estiment que les jeunes sont paresseux ; ils leur disent de fouiller elles-mêmes les déchets recyclables, au lieu de les trier pour elles. Beaucoup ne vendent pas leurs déchets, ce qui montre qu'ils ne les valorisent pas comme la génération précédente. On trouve aussi désormais des applications mobiles de collecte de déchets qui permettent aux utilisateurs d'échanger les déchets contre des points, qu'ils peuvent ensuite utiliser pour obtenir des bons de réduction. Ce système moderne de collecte de déchets en ligne peut être une solution pour solliciter les jeunes. Toutefois, l'exemple pékinois (voir pages 357 et 358) ne semble pas si performant.

Chapitre 7

Les *bãi*, des sites éphémères au foncier négocié

Sylvie **Fanchette**, Cathy **Chatel**, Marine **Litou**, Clélia **Devedian**,
Nguyễn Ngọc Phương Uyên, **Đỗ Lương** Quỳnh Hoa

Le tableau 1 issu de l'enquête du projet Compose montre clairement que plus on s'éloigne du centre-ville de Hà Nội, plus la taille des dépôts augmente. Cela témoigne de l'accessibilité au foncier plus facile dans les zones péricentrales, périurbaines et rurales.

Une précarité inscrite dans l'histoire urbaine

À quelques exceptions près, il n'y a pas de dépôts de plus de 100 m^2 dans les cinq arrondissements de l'hypercentre et les trois quarts des *bãi* y font moins de 50 m^2. Cela pose la question de la tension sur l'usage des trottoirs par les commerçants de déchets qui, faute de place à l'intérieur de leur dépôt, ont besoin de s'étendre sur l'espace public pour trier et stocker les matériaux.

Des morphologies architecturales témoins de la dynamique urbaine

Les dépôts des couronnes 1 et 2 sont classés en neuf catégories architecturales, selon leur ancienneté, le type de construction, le statut foncier des parcelles et la nature des matériaux avec lesquels ils sont construits.

On peut classer les *bãi* en trois grands types. 1) Les logements reconvertis pour l'activité commerciale, certains sont anciens, en mauvais état et en attente de destruction (28,3 et 11 %, respectivement pour les couronnes 1 et 2). Ces logements datent d'avant le *Đổi mới* ou à son début, à l'époque de la mise en place de la politique « l'État et le peuple construisent ensemble » qui s'était vue accompagnée d'une forte croissance de l'autoconstruction de logements parfois de mauvaise facture. Ils accueillent de nombreux dépôts de déchets dans les quartiers populaires de l'hypercentre. 2) Les ateliers en dur, anciens ou récents (34,2 et 34,1 %, respectivement pour les couronnes 1 et 2). Les constructions récentes, post-2000, ont la forme de hangars ou de bâtiments d'un seul niveau, plus ou moins précaires selon qu'ils sont faits en briques ou en ciment pour renforcer leur assise. Ils sont construits par les propriétaires de la parcelle qui les louent pour différents types d'activités. 3) Les structures récentes construites de façon très précaire avec des matériaux récupérés et des toits de tôles ondulées, à ciel ouvert ou sur le trottoir (32 et 51,5 %, respectivement pour les couronnes 1 et 2). Souvent construites par les

Tableau 1
Superficie des *bãi* dans les quatre couronnes de la province de Hà Nội en 2019 (%)

Couronne	< 20 m²	20-50 m²	50-100 m²	> 100 m²	Nombre de *bãi*
Couronne 1	11,3	65,3	18,7	4,7	150
Couronne 2	9,0	51,7	27,9	11,4	290
Couronne 3	4,2	41,2	39,8	14,9	289
Couronne 4	3,0	37,2	41,2	18,2	148
Total	7,0	48,1	32,5	12,5	877
Nombre d'enquêtes	3,0	19,0	14,0	12,0	48

Source : Compose, NGUYỄN THAI *et al.*, 2021.

gérants de *bãi* sur des parcelles vides, elles témoignent de leur précarité à la fois foncière et du bâti, le temps que les propriétaires en trouvent un meilleur usage.

Ces chiffres montrent que dans l'hypercentre la part des structures en dur est élevée (62,5 %) par rapport au péricentre (45 %), où de nombreuses parcelles en attente de construction accueillent des dépôts éphémères (51,5 %) construits avec des matériaux récupérés. La dynamique urbaine de construction et l'échelle des projets urbains participent à la création d'espaces d'accueil privilégiés pour les commerçants de déchets. Cependant, on peut suggérer qu'avec la disparition des structures en dur (*nhà cấp* IV ou maison de niveau 4, et les ateliers anciens) liée à la modernisation de la ville et sa densification, il y aura de moins en moins d'espaces pour les commerçants de déchets, excepté dans les interstices « aquatiques ».

Une seconde vie pour les vieilles maisons et les ateliers anciens

La reconversion commerciale d'anciennes maisons ou de leur rez-de-chaussée constitue une opportunité pour les propriétaires de récupérer des loyers pour les maisons qu'ils ont désertées en attendant de trouver un meilleur usage à ces parcelles très valorisables. Les maisons anciennes et les ateliers sont souvent situés dans les zones excentrées des quartiers et des villages urbains.

La catégorie 1 du tableau 2 comprend les maisons anciennes et en mauvais état de niveau 4, composées de plusieurs pièces reconverties pour l'activité du commerce des déchets et la vie des gérants du dépôt. Les zones urbanisées à partir des villages traditionnels concentrent un grand nombre de ce type de construction. Ces maisons ont résisté depuis plusieurs décennies et sont encore habitables mais manquent de qualité, de confort et leurs pièces sont petites : elles n'ont la plupart du temps qu'un rez-de-chaussée, avec une seule petite pièce dont la superficie s'élève entre 8 et 15 m² (PHAM, 2010). La construction de maisons de niveau 4 avait eu pour but de rendre accessibles des terrains de petite taille (entre 20 et 40 m²) à de faibles moyens, car « la politique foncière élaborée par la loi de 1993 repose sur le principe que seuls les terrains bâtis peuvent faire l'objet de transactions entre particuliers » (PANDOLFI, 2001). Ainsi, les détenteurs des droits d'usage des sols construisaient des maisons de faible qualité pour pouvoir vendre le terrain, à charge pour l'acheteur de détruire des maisons qui rendaient la terre constructible. Dans l'attente d'acheteurs, ces maisons sont louées pour des activités temporaires, et notamment le commerce des déchets recyclables. Mais depuis, de nombreuses maisons de niveau 4 se sont dégradées. Les maisons nécessitant une réparation représentent 35 à 38 % de l'habitat et les maisons en état d'insécurité 10 à 15 % (ĐANG XUÂN et LE HÔNG, 2000).

Certaines maisons de cette catégorie ont deux étages, d'autres, plus rares, sont d'anciennes villas délabrées datant de l'époque coloniale ou sont des appartements au rez-de-chaussée des KTT. Un petit nombre

Tableau 2

Typologie des dépôts de morphologies architecturales dans les arrondissements urbains des deux premières couronnes en 2020 (%)

Arrondissement	1*	2*	3*	4*	5*	6*	7*	8*	9*	Sans info
Ba Đình	17,4	8,7	4,3	4,3	26,1	21,7	13,0	2,2	0,0	0,0
Đống Da	16,7	2,4	8,3	13,1	21,4	15,5	4,8	2,4	4,8	6,0
Hai Bà Trưng	20,9	0,0	14,0	7,0	34,9	14,0	2,3	2,3	4,7	0,0
Hoàn Kiếm	7,7	0,0	30,8	7,7	30,8	15,4	0,0	0,0	0,0	0,0
Tây Hồ	6,1	3,0	6,1	9,1	18,2	24,2	24,2	3,0	0,0	6,1
Couronne 1	15,5	3,2	9,6	9,1	25,1	17,8	8,7	2,3	3,2	3,2
Bắc Từ Liêm	15,4	0,0	3,8	3,8	21,2	13,5	28,8	11,5	0,0	1,9
Cầu Giấy	12,5	3,1	0,0	6,3	12,5	28,1	31,3	3,1	0,0	3,1
Ha Dông	6,2	2,5	1,2	7,4	23,5	29,6	13,6	9,9	0,0	6,2
Hoàng Mai	1,5	0,0	3,0	9,1	27,3	37,9	15,2	4,5	0,0	1,5
Long Biên	2,2	2,2	2,2	4,4	17,8	33,3	24,4	6,7	0,0	0,0
Nam Từ Liêm	11,6	0,0	0,0	11,6	32,6	9,3	14,0	11,6	0,0	9,3
Thanh Xuân	10,8	0,0	2,7	16,2	40,5	18,9	2,7	5,4	0,0	2,7
Couronne 2	7,9	1,1	2,0	8,1	25,0	25,6	18,0	7,9	0,0	3,7

*1. ancienne maison en mauvais état. 2 : ancienne villa avec cour utilisée comme dépôt. 3 : ancien magasin/atelier en rez-de-chaussée d'une maison. 4 : ancien entrepôt/ atelier. 5 : construction récente en dur, toit en tôle ondulée. 6 : construction récente précaire. 7 : construction récente précaire avec cour. 8 : dépôt à ciel ouvert ou cabane. 9 : dépôt sur trottoir.
Sources : données Recycurbs-Viet réactualisées, conception Sylvie Fanchette, 2021.

ont été surélevées d'un étage en tôle ondulée. Ces habitations, reconverties temporairement pour l'activité du commerce des déchets dans certains quartiers, témoignent des situations d'attente foncière de ces parcelles que leurs propriétaires ont délaissées pour aller vivre dans des logements plus grands, plus confortables ou pour répondre à la spéculation immobilière des années 1990. Dans les zones d'interstices sur terres agricoles ou d'étangs remblayés, les locataires de ces maisons anciennes ont pu s'étendre sur les friches voisines avec des structures précaires en tôle ondulée. Les dépôts situés le long de petites allées ou ruelles sont ainsi constitués d'un espace de réception et de stockage à l'intérieur, évitant les débordements sur la chaussée étroite. Ce type de local se trouve principalement dans l'hypercentre (15,6 %), où il atteint 20 % dans l'arrondissement de Hai Bà Trưng, et moins dans le péricentre (7,9 %). Dans les arrondissements péricentraux comme Bắc Từ Liêm et Cầu Giấy, il se concentre dans les anciens villages urbanisés. On le trouve le long des rues carrossables des villages urbains, le long des anciennes rues commerçantes de Đê La Thành et dans les interstices urbains entre les villages urbains et les nouveaux lotissements. Leur taille moyenne oscille entre 35 et 40 m^2. Il est cependant important de remarquer qu'on trouve peu de dépôts dans les KTT de l'hypercentre (8,7 %). Cela témoigne peut-être du manque d'intégration des collecteurs, dans leur grande majorité originaires de Nam Định, dans les réseaux d'appui par les autorités locales. En effet, les logements collectifs étant d'émanation de l'État, leurs gestionnaires voient d'un mauvais œil l'installation des *bãi* qui donnent une image négative de la modernité et la propreté de la ville. On peut émettre l'hypothèse que la tolérance à leur égard est moins élevée dans ces quartiers.

La catégorie 2 regroupe des villas ou maisons de bonne facture dont la cour couverte est utilisée comme dépôt, des maisons tubes dont la façade a été découpée lors de

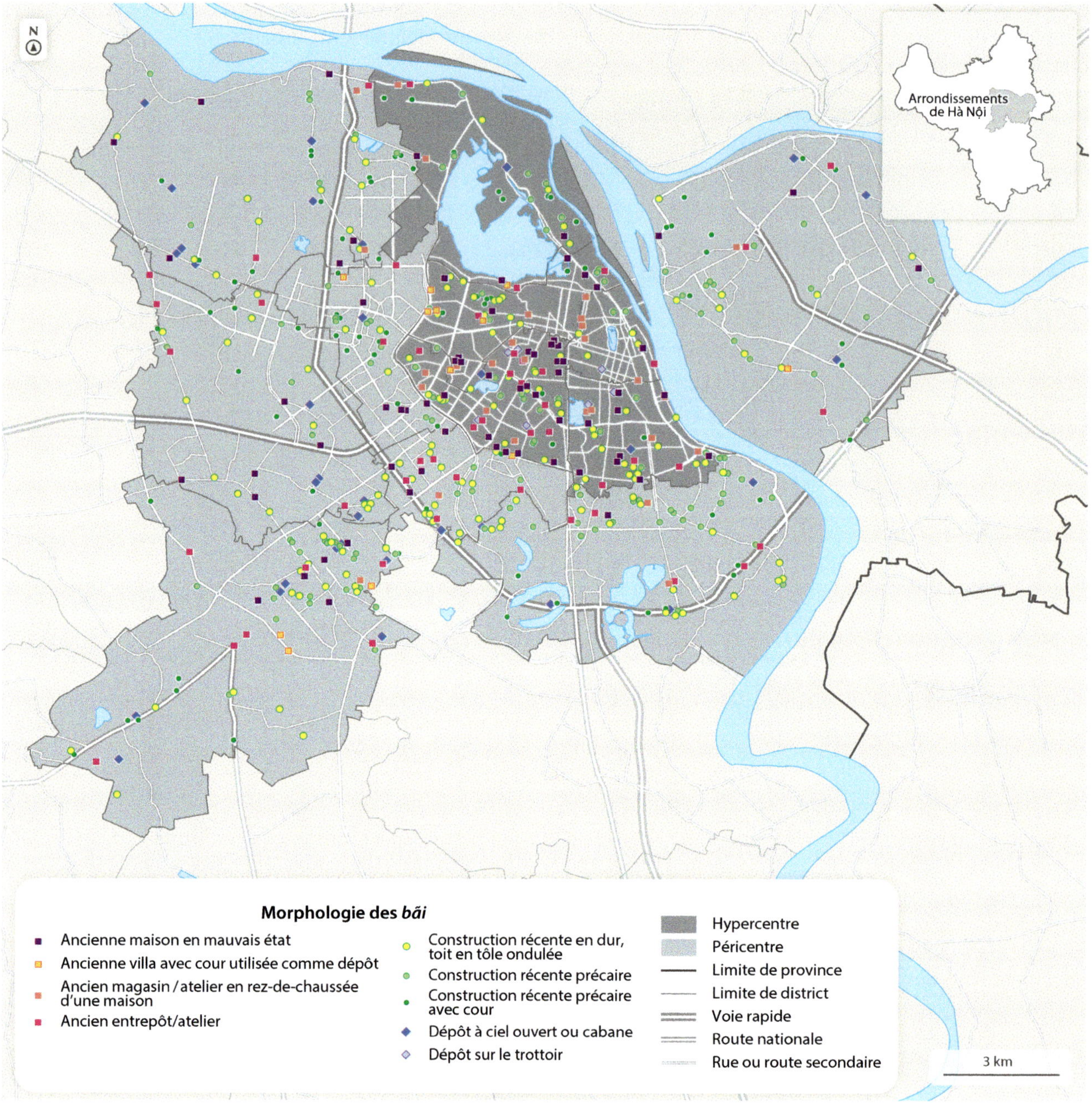

Carte 1

Les *bãi* selon leur morphologie architecturale en 2020.

Réalisation : Cathy Chatel, Sylvie Fanchette, Cessma ; Éric Opigez, Ceped.
Source : JEAI Recycurbs-Viet, 2020.

l'élargissement d'une route et le rez-de-chaussée de villas inachevées dans les nouveaux quartiers. En dépit de leur bonne facture, ces locaux sont pourtant dans une situation d'attente, soit de rénovation, soit de finition que seule la location aux *bãi* peut rentabiliser. Les *bãi* de cette catégorie sont peu nombreux. On en compte onze dans les arrondissements urbains et ils ne représentent que 1,1 % des *bãi* de ces couronnes. On les trouve dans les zones d'élargissement des routes et des nouvelles zones urbaines KĐTM non finies.

Les *bãi* de la catégorie 3 sont constitués de magasins ou d'ateliers en dur (briques ou ciment) en bon état, en rez-de-chaussée d'une maison tube ou d'autres types de maisons à étage, sans cour. Ils ne représentent que 2 % des cas, mais montrent combien la notion de maison-atelier ou maison-magasin reste importante au Việt Nam, malgré le caractère « dégradant » de l'activité de commerce des déchets. On les trouve surtout dans les arrondissements centraux de Đống Đa et Hai Bà Trưng, dans les rues secondaires commerçantes.

Les ateliers en dur anciens ou récents

Les *bãi* de la catégorie 4 regroupent les anciens entrepôts ou ateliers en dur, avec toit en tôles ondulées ou surélévés d'un étage. Ils témoignent des anciennes formes de la petite industrie nichée dans le cœur de la ville, aujourd'hui disparue. Ils concernent 8 % des *bãi* de la zone urbaine et se trouvent surtout à Đống Đa et dans les interstices urbains des arrondissements industriels de Thanh Xuân, Hà Đông et Hoàng Mai.

Les locaux de la catégorie 5 sont des constructions récentes en briques et/ou béton, avec toit en tôles ondulées ou en fibrociment, de plus ou moins mauvaise facture, d'un seul étage. Des extensions sont réalisées, avec une mezzanine ou un étage pour élargir l'espace de stockage, de travail et de vie. Ils concernent 25 % des dépôts et sont surtout concentrés dans les arrondissements péricentraux (60 %), notamment dans les interstices urbains (30 cas), là où les opportunités foncières sont nombreuses, les centres villageois (16 cas) et les parcelles en attente de construction dans les lotissements (10 cas). Ils offrent à leur propriétaire une opportunité de location temporaire fructueuse. Dans les arrondissements centraux, on les trouve principalement le long des canaux et aux abords des lacs (15 cas), là où les terres ne sont pas constructibles, ce qui donne à ces environnements un avantage foncier pour des activités informelles en plein centre-ville.

Les structures récentes construites de façon très précaire

Les locaux de la catégorie 6 sont précaires, construits en matériaux récupérés et en tôles ondulées sur une parcelle vide, avec parfois une mezzanine. Ils représentent 23 % des cas enquêtés. Ils s'immiscent souvent temporairement entre deux maisons tubes (**figure 1**), principalement dans le péricentre urbain où la dynamique de construction est active et où de nombreuses parcelles sont en attente. Plus des deux tiers des cas sont dans le péricentre, et ont été construits durant les années 2006-2010. Dans les lotissements récents du péricentre, la précarité de la situation foncière des gérants de dépôts s'explique par le fait que les propriétaires des parcelles sont en attente de louer ou de vendre leur bien pour une construction durable et plus rentable. Ils louent temporairement leur parcelle pour la construction d'un local précaire (19 cas). Cependant, malgré leur précarité apparente, certains dépôts se sont maintenus pendant plus de vingt ans. Ce type de dépôt se trouve dans 20 % des cas dans le centre, le long des canaux, sur des terres non constructibles en zone hors-digue et dans les interstices urbains.

Les locaux de la catégorie 7 sont des constructions récentes et précaires en matériaux récupérés avec des toits en tôles ondulées. Certains ont une cour et atteignent en moyenne plus de 100 m^2, voire 300 m^2. On les trouve surtout dans la zone péricentrale où les terres en attente de construction sont nombreuses et de plus grande taille, notamment dans les interstices urbains (23 cas) et dans les centres villageois (13 cas). Dans le centre, ils sont localisés le long des canaux, des lacs et dans les interstices urbains.

Les locaux de la catégorie 8 sont des dépôts à ciel ouvert ou composés d'une cabane précaire et bâchée. Ils représentent peu de cas (6 %) et les quatre cinquièmes sont dans les zones péricentrales. Ces dépôts éphémères se trouvent en général le long des routes en cours d'élargissement ou de construction et dans les interstices urbains. Ils bénéficient d'une bonne accessibilité routière et de matériaux de construction issus des chantiers

Figure 1

Un dépôt construit en dur entre deux maisons : le niveau local des interstices urbains en 2022.

Dessin : Đỗ Lương Quỳnh Hoa.

voisins, mais ils seront dégagés dès que le niveau d'urbanisation et de mise aux normes urbaines aura été atteint. La plupart des dépôts de ce type enquêtés en 2016 ont disparu en 2020.

Les *bãi* installés sur les trottoirs constituent la catégorie 9. Ils sont devenus rares, alors qu'en 1994, DIGREGORIO en recensait un grand nombre, à une époque où il n'y avait pas encore de marché foncier et de possibilité de louer des locaux. Ils sont désormais interdits dans les arrondissements centraux et doivent leur maintien à des négociations serrées avec les autorités locales. Les cas enquêtés montrent la spécificité de leur existence. On les trouve surtout dans le centre-ville. Les gérants exercent leur activité sur le trottoir suite à la fermeture de leur magasin (bouquiniste) qui offrait un support au commerce du papier et des cartons usés ou à l'expropriation de leur local du fait de l'élargissement de la rue. Les commerçants de déchets spécialisés dans le papier sont restés sur place malgré la perte de leur local car ils veulent maintenir leur réseau de clientèle, et ils ont réussi à s'arranger avec les autorités locales.

Une urbanisation éphémère

Les *bãi* les plus anciens (plus de quinze ans) représentent 22,9 % des *bãi* enquêtés, ceux installés depuis dix à quatorze ans représentent 36,8 %, ceux entre cinq et neuf ans d'âge 29,9 % et les plus récents installés depuis moins de quatre ans 10,6 %. 10 % des *bãi* enquêtés ont disparu ou changé de place entre 2016 et 2020, ce qui témoigne d'un rapide *turnover* et du changement d'usage des parcelles.

Des durées d'installation variables

Le tableau 3 et la carte 2 montrent la corrélation positive entre l'installation dans le centre-ville et l'ancienneté, mais en même temps la part des *bãi* les plus récents y est aussi supérieure. On peut suggérer que les dynamiques urbaines varient fortement selon les couronnes et qu'il reste dans le centre-ville des niches de très petite taille qui n'ont aucune valeur foncière pour les projets résidentiels. Par ailleurs, on remarque aussi dans les zones rurales une présence ancienne de dépôts, ce qui montre que l'urbanisation des campagnes et la métropolisation ne sont pas à l'origine du dynamisme de ce système de collecte. Le commerce des déchets recyclables est une pratique villageoise fondamentalement ancrée dans les pratiques des habitants du delta du fleuve Rouge. Les densités élevées de population et les changements de modes de consommation sont à l'origine de petits gisements de déchets un peu partout dans les campagnes, la présence de villages de recyclage facilitant la vente de ceux-ci.

Si les enquêtes de Carrie MITCHELL (2008a) montrent qu'en général le *turnover* des *bãi* est de 4,7 ans, notre recensement exhaustif a permis de mesurer leur ancienneté d'installation selon les quartiers. Plus de 20 % des dépôts existent depuis plus de quinze ans, et cela surtout dans l'hypercentre où ce chiffre s'élève à 30 %. L'arrondissement de Đống Đa concentre un peu moins de la moitié des *bãi* les plus anciens, installés dans d'anciennes maisons ou ateliers. L'arrondissement de Ba Đình a un pourcentage de *bãi* récents plus élevé que la moyenne, notamment depuis 2016. Cela peut s'expliquer par l'importance du nombre d'interstices urbains dans cet arrondissement si convoité. Aussi, ces chiffres suggèrent que la période 2006-2010, correspondant à l'élargissement de la métropole de Hà Nội et à la mise en place du Master Plan de la capitale, a été la plus dynamique en termes de création de dépôts dans la ville, avec une proportion égale selon les couronnes. Depuis, le nombre de création et de déménagement a diminué. Toutefois, dans le péricentre, Cầu Giấy n'a conservé que 9 % de *bãi* de cette période durant laquelle de nombreux chantiers ont disparu et les friches urbaines ont été couvertes par de grands projets résidentiels. Les dépôts n'ont pu se maintenir dans ces espaces nouvellement construits. Dans le cœur de la ville, les *bãi* de moins de dix ans sont moins nombreux que dans les couronnes, ce qui est le témoignage de la difficulté de s'y installer, à l'exception de l'arrondissement hypercentral de Ba Đình.

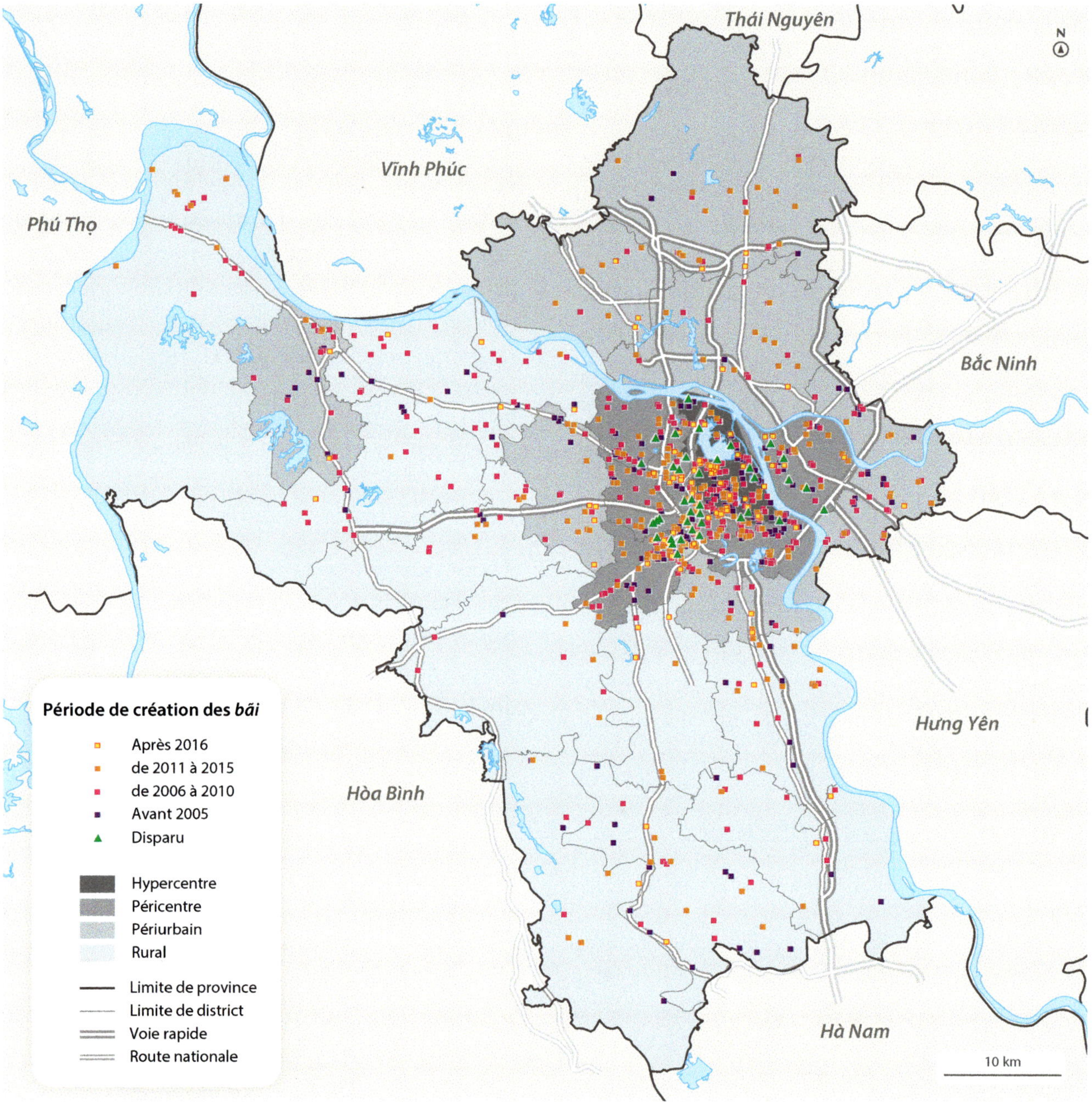

Carte 2

Période d'installation des *bãi* et variations selon les couronnes à Hà Nội (2020).

Réalisation : Cathy Chatel, Sylvie Fanchette, Cessma ; Éric Opigez, Ceped.
Source : JEAI Recycurbs-Viet, 2020.

Cette rapide analyse doit être couplée avec une étude plus approfondie des dynamiques urbaines de chaque quartier. On sait qu'il y a un rapide *turnover* des *bãi* dans les endroits les plus sujets à la gentrification et au développement urbain où les règles d'utilisation des espaces publics que sont les trottoirs sont plus strictes.

Cependant, les négociations au quotidien avec les autorités publiques, les « gens » du trottoir et le voisinage

Tableau 3

Période d'installation des dépôts par couronne et part de ceux disparus depuis 2018

Couronne	Nombre de réponses	Période d'installation				
		Avant 2005	2006-2010	2011-2015	Après 2016	Disparus depuis 2018
Couronne 1	183	30,1	35,0	20,8	14,8	15,8
Couronne 2	286	21,0	36,4	33,2	9,8	12,9
Couronne 3	194	19,1	34,0	36,1	10,8	
Couronne 4	178	22,5	42,7	27,0	7,3	
Total des répondants	841	22,8	36,9	29,8	10,6	

Source : Recycurbs-Viet, mise à jour et calculs de Sylvie Fanchette, 2020.

permettent de limiter le stress lié au changement urbain. Nous n'avons pas pu mettre à jour le recensement des dépôts dans les couronnes 3 et 4 en 2019-2020 pour localiser les dépôts ayant disparu depuis 2015-2016. Dans l'hypercentre, 15,8 % de *bãi* ont changé de place ou disparu (avec la pandémie de covid, certains couples âgés sont rentrés au village et ont arrêté leur activité) tandis que, dans le péricentre, ce chiffre atteint 12,9 %. Toutefois, il existe de grandes différences entre arrondissements, en raison de rythmes différents de gentrification (Hoàn Kiếm ou Tây Hồ) ou de dynamique d'urbanisation et de construction de grands ensembles. Ainsi, dans la couronne 2, les arrondissements de Cầu Giấy et de Thanh Xuân ont eu respectivement des pourcentages de disparition de 31,8 et 37 % durant la période de l'enquête. La comparaison des cartes des *bãi* de Carrie Mitchell en 2008 (sous forme d'échantillons de carroyage) avec les nôtres montre que dans l'arrondissement de Cầu Giấy en complète construction de nombreux *bãi* ont disparu entre 2008 et 2017 (voir chapitre 6, carte 3). À cette époque, de nombreux *bãi* s'étaient installés sur des friches agricoles en attente de construction proches des chantiers. Ceux-ci ayant disparu, leur offre en matériaux variés et les nouveaux quartiers modernes ne laissent que peu de place aux activités informelles.

L'augmentation des loyers : un stress pour les gérants de bãi

Sur les trente gérants pour lesquels nous avons obtenu des informations sur le prix de leur location, quatre paient entre 1 et 3 millions de VNĐ, treize entre 3 et 6 millions et onze entre 6 et 10 millions. Trois gérants ne paient pas de loyers car ils sont de la famille du propriétaire ou sont là pour protéger des squatteurs une maison inachevée ou en très mauvais état... Il apparaît clairement que les prix dans les zones périurbaines sont bien moins élevés. À Gia Lam, les parcelles se louent entre 1,5 et 3 millions de VNĐ en 2016 (entretiens 15 à 20), tandis que les friches nues coûtent beaucoup moins cher que celles avec des bâtiments en dur. Les locataires paient tous les trois mois ou tous les six mois, voire un an en avance, sans aucune sécurité de résidence ; à tout moment, le propriétaire peut reprendre sa parcelle. Les maisons anciennes et les ateliers en semi-dur coûtent le plus cher. Les loyers ont rapidement augmenté depuis les dernières années. Certains gérants de *bãi* affirment payer 5 millions de VNĐ par mois, alors qu'à leur installation en 2014 le loyer n'était que de 1 million de VNĐ (24). Un autre affirme avoir vu son loyer multiplier par trois en douze ans. Certains affirment que les propriétaires des parcelles se basent sur le prix de l'or pour évaluer les loyers. Le changement de quartier lors des déménagements permet de comparer les différences de loyers : « Je paie 6 à 7 millions de VNĐ par mois à Ba Đình, alors qu'avant, à Cầu Giấy, je payais 2 millions de VNĐ. Bien sûr, ce site est plus avantageux que l'ancien car il est bien situé le long d'une route carrossable et accessible aux camions. » (70). Même à Gia Lâm, où les prix sont bien moins chers, ce triplement, voire quadruplement, des loyers pose problème. Les récriminations des voisins qui veulent le départ des

Photo 1
La balance : l'enseigne au sol éphémère d'un dépôt de déchets dans un quartier huppé (2016).

commerçants de déchets poussent à la hausse les loyers. « Il y a cinq ans, le loyer était de 5 millions, après que de nombreux voisins se soient plaints, le propriétaire de la maison a augmenté à 6 millions de VNĐ, puis 7 millions. » (14).

Le statut foncier précaire des parcelles

La nature des contrats de location varie mais reste précaire pour la plupart des gérants qui n'ont pas de bail leur assurant un séjour supérieur à un an. Selon nos enquêtes, les statuts des terres sont pluriels dans les différentes couronnes, mais la plupart sont extrêmement précaires. Seuls quelques commerçants rencontrés sont propriétaires de la parcelle ou du bâtiment qu'ils occupent. Les relations avec les propriétaires des terres sont parfois difficiles, mais leur rôle dans les négociations avec les autorités locales et le voisinage est essentiel.

Les parcelles dans l'hypercentre sont en général de plus petite taille et beaucoup plus chères que dans les zones plus excentrées. Les statuts fonciers des parcelles varient selon les catégories de morphologies architecturales des dépôts et leur localisation dans la ville. Plus le statut des terres est incertain, plus la facture du local est précaire. Cette double précarité n'empêche pas les loyers d'être mirobolants en plein centre-ville.

Dans l'hypercentre, les dépôts de la catégorie 1 (anciennes maisons) sont loués soit très chers (10 millions de VNĐ), avec des contrats précaires, soit parfois légués gratuitement pour protéger et garder un bâtiment dont la valeur foncière est très élevée, mais disputée. L'entraide au sein de la famille permet ainsi à des migrants de s'installer en centre-ville pour réaliser leur activité, tout en préservant des biens dont l'utilisation à venir reste incertaine. Dans les KTT, peu de locaux sont loués aux commerçants de déchets, mais, lorsqu'ils le sont, les négociations sont complexes et intègrent d'autres activités (gardiennage de nuit des motos des habitants, parking...) (72).

Les terres peuvent être non constructibles car d'origine agricole (un ancien jardin villageois, un abord de canal, un étang comblé). Sur ces terrains, les dépôts appartiennent aux catégories les plus précaires (7 à 9). Les abords des canaux sont des zones très dynamiques, car de nombreuses activités informelles et des logements pour migrants s'y concentrent. La lenteur de certains projets de viabilisation, notamment avec la crise liée à la pandémie, ou d'extension de routes permet à tous ces acteurs de renforcer leur présence et de négocier leur maintien sur place. Sur les parcelles en cours de changement de statut, les occupants vont être évincés à très court terme.

Dans l'hypercentre, certains dépôts sont à cheval sur des parcelles de différents statuts : une partie constructible et l'autre pas encore. Pour élargir leur espace, les gérants de dépôts grignotent peu à peu l'espace alentour et négocient ensuite avec les autorités. Un cimetière caché derrière une rangée de nouvelles maisons récentes accueille l'arrière-cour de deux dépôts de déchets auxquels un grand dortoir en hauteur de très mauvaise facture est attenant. Quatre propriétaires se disputent cet interstice niché entre les marges de l'ancien village des *đồng nát* de Hoàng Cầu et les nouveaux lotissements construits sur les terres agricoles de celui-ci. Toutefois, pour compenser l'informalité des relations avec les locataires, les propriétaires des parcelles demandent plusieurs mois de loyers, parfois un an, ce qui est une somme très élevée pour certains (83).

Dans la seconde couronne de la ville, le péricentre, la dynamique de construction est très rapide en raison des nombreux projets de KĐTM. L'incertitude du maintien sur place des dépôts est grande, mais varie selon l'échelle des projets. La présence de nombreux grands interstices entre les KĐTM et les anciens villages offre des solutions de repli dans leur quartier, le temps que les grands projets soient terminés et les gisements de matériaux des chantiers taris. Des arrangements temporaires entre responsables de chantiers, vendeurs de matériaux et commerçants de déchets s'établissent parfois sur la base des réseaux familiaux ou de connaissances (43).

Chapitre 8

Une utilisation négociée des trottoirs

Coline **Berret**, **Nguyễn** Ngọc Trâm, Sylvie **Fanchette**,
Nguyễn Ngọc Phương Uyên

DANS sa thèse, Carrie MITCHELL (2008b) affirme que la dynamique d'expansion des *bãi* dépend de trois facteurs : l'accès au foncier, la disponibilité des déchets recyclables et les fluctuations des prix des matériaux. Nous voudrions ajouter un facteur important : la négociation pour l'accès au territoire et principalement l'usage des espaces publics que sont les trottoirs. L'accès aux terrains du centre-ville pour établir un *bãi* dépend autant de l'offre et de la demande foncière, dans un contexte de boom immobilier et de l'aspect temporaire de la location, que des nombreuses stratégies développées avec les riverains et les collectivités locales pour se faire accepter. Les négociations avec les différents acteurs responsables de la gestion des espaces publics font partie des tactiques de non-confrontation avec les pouvoirs publics pour sécuriser leur accès temporaire au foncier. « Dans un État autoritaire comme le Việt Nam, ces pratiques sont courantes et intègrent la flexibilité dans les relations entre les populations et les différents niveaux de la hiérarchie administrative. » (GEERTMAN et KIM, 2019). Les usages de l'espace par les gérants de dépôts diffèrent selon les quartiers, qu'ils soient hypercentraux, péricentraux, périurbains ou ruraux. La pression foncière et les effets de la métropolisation affectent plus ou moins les gérants de dépôts et leur usage des trottoirs. Alors que dans les quartiers de l'hypercentre, comme Đống Đa et Hai Bà Trưng, l'évacuation des déchets doit être rapide et fréquente, dans les quartiers péricentraux et périurbains, comme Hà Đông ou Đông Anh, l'étalement est plus largement toléré du fait de l'espace disponible et des relations plus anciennes avec les autorités locales (44).

Un usage temporaire des trottoirs variable selon les quartiers

La distribution spatiale des types de trottoirs, ou espaces attenants, varie selon les couronnes de la ville. En effet, dans le centre-ville, si de nombreuses rues disposent de larges trottoirs modernes ou anciens, comme dans le quartier français, leur usage par le secteur informel est plus ou moins réglementé et contrôlé. Les *bãi* sont en général localisés dans les zones les moins mises en valeur, dans les interstices urbains, sur des parcelles en attente de construction, des vieilles maisons ou des ateliers précaires. En effet, les grandes rues disposant de larges trottoirs sont rarement le lieu de l'installation de dépôts, à l'exception notoire de la présence de chantiers sur un bord de rue et du caractère d'attente et temporaire de leur présence.

© Nội-Pictures/F. Carlet-Soulages

Photo 1
Une occupation des trottoirs maximale mais négociée (2021).

L'extension des *bãi* sur l'espace public

Les gérants de *bãi* s'étendent sur plusieurs types d'espaces pour exercer leurs activités. Les trottoirs de plus d'un mètre font jusqu'à quatre mètres dans le quartier français ou le long des nouvelles grandes artères urbaines du péricentre. Certains espaces devant les dépôts sont non viabilisés et dallés. Ils sont en général recouverts de béton ou de terre battue plus on s'éloigne du centre-ville. Ce ne sont pas des trottoirs, car leur présence est irrégulière et ne suit pas l'alignement des façades. Dans certains cas, ces espaces ont plusieurs mètres de profondeur et constituent une seconde pièce temporaire pour le stockage et la gestion des déchets. Les espaces en terre ou ciment peu stabilisés devant les *bãi* et les trottoirs de plus d'un mètre sont un atout recherché par les gérants de *bãi*. Plus des deux tiers en disposent, avec cependant des différences selon les couronnes. Plus on s'éloigne du centre-ville, plus leur part augmente (de 43,4 à 86,2 %) (**tableau 1**), avec une part croissante des espaces attenants.

En revanche, les petits trottoirs de moins d'un mètre sont très présents dans l'hypercentre (26 %). Plus de 40 % de l'ensemble des *bãi* installés devant des petits trottoirs de

Tableau 1
Types de trottoirs dans les quatre couronnes de la province de Hà Nội en 2020

Types	Couronne 1		Couronne 2		Couronne 3		Couronne 4		Total	
	Total	%	Total	%	Total	%	Total	%	Total	%
Trottoir de plus d'1 m	54	24,7	112	31,5	54	18,4	31	12,7	251	22,5
Espace attenant	41	18,7	130	36,5	158	53,7	180	73,5	509	45,7
Trottoir de moins d'1 m	57	26,0	56	15,7	12	4,1	5	2,0	130	11,7
Pas de trottoir, ni d'espace	62	28,3	47	13,5	18	6,1	13	5,3	140	12,6
Sans information	5	2,2	11	3,1	52	17,7	16	6,5	84	7,5
Total	219	100	356	100	294	100	245	100	1114	100

Source : JEAI Recycursb-Viet 2020, calculs de Sylvie Fanchette.

la province de Hà Nội se trouvent dans l'hypercentre, notamment dans l'arrondissement de Đống Đa. Enfin, dans les petites ruelles des villages urbains, il n'y a pas de place pour édifier des mini-trottoirs ou des espaces résiduels. Cela rend impossible le stockage, fût-il temporaire, car il entraverait la circulation des motos et des habitants. Un tiers des *bãi* de Ba Đình et la moitié de ceux de Đống Đa n'ont ni trottoir ni espace attenant. Cependant, selon les moments de la journée et les relations établies avec les riverains et les collectivités locales, certains gérants parviennent à utiliser la ruelle pour trier ou stocker temporairement leurs matériaux. Dans l'hypercentre, plus de la moitié des *bãi* n'ont pas de trottoir ou n'ont qu'un micro-trottoir insuffisant pour stocker et trier des déchets.

Đống Đa est l'arrondissement où l'activité de collecte des matériaux usagés a commencé à Hà Nội et où les réseaux de migrants de Nam Định se sont le plus implantés (42 sur 55 réponses). La densité de *bãi* est la plus élevée de Hà Nội, avec 7,7 unités au kilomètre carré. Cet arrondissement est composé de nombreux anciens villages urbains aux ruelles tortueuses et a été bouleversé depuis une quinzaine d'années par le percement de nombreuses rues, de canaux recouverts, constituant autant de pénétrantes dans les quartiers traditionnels et denses. Dans les ruelles et quartiers populaires très peuplés, il existe peu de larges trottoirs (19 sur 35) et les rares espaces utilisés par les *bãi* sont les bordures de canaux ou les friches en cours de construction.

L'usage des trottoirs pour de nombreuses activités

Les trottoirs, et leurs équivalents non cimentés, sont des lieux de transaction très inégalement répartis dans les quatre couronnes de la ville dont l'utilisation doit être négociée avec le voisinage et les autorités locales. À l'extérieur des dépôts, ils se partagent entre plusieurs activités temporaires. Il s'agit d'un espace de transition, de négociation, de circulation de personnes et de marchandises. Les collectrices ambulantes et autres vendeurs de déchets y déchargent ce qu'ils transportent à pied, à vélo ou à moto. En fonction de la largeur du trottoir ou de l'espace attenant, de la quantité de déchets stockés et de la taille des déchets apportés, l'étalement sur la route est plus ou moins grand. L'espace libre de trottoir ou de rue devant le dépôt sert au tri, puis à la pesée de chaque type de déchet. Une fois le paiement effectué, relativement au poids apporté, les déchets sont rangés dans les sacs ou les tas correspondants. En fonction de la surface disponible à l'intérieur et de la nécessité ou non d'évacuer rapidement un trottoir, ces espaces servent aussi de stockage temporaire, notamment pour les objets volumineux (Berret, 2019).

Le trottoir sert aussi d'espace de traitement ou de transformation : lorsqu'un objet contient plusieurs types de matériaux, il est démonté pour les séparer. Par exemple, la gaine en plastique qui entoure les fils électriques est séparée du cuivre, un métal revendu à bon prix. Le trottoir et la rue s'utilisent aussi pour démonter des objets métal-

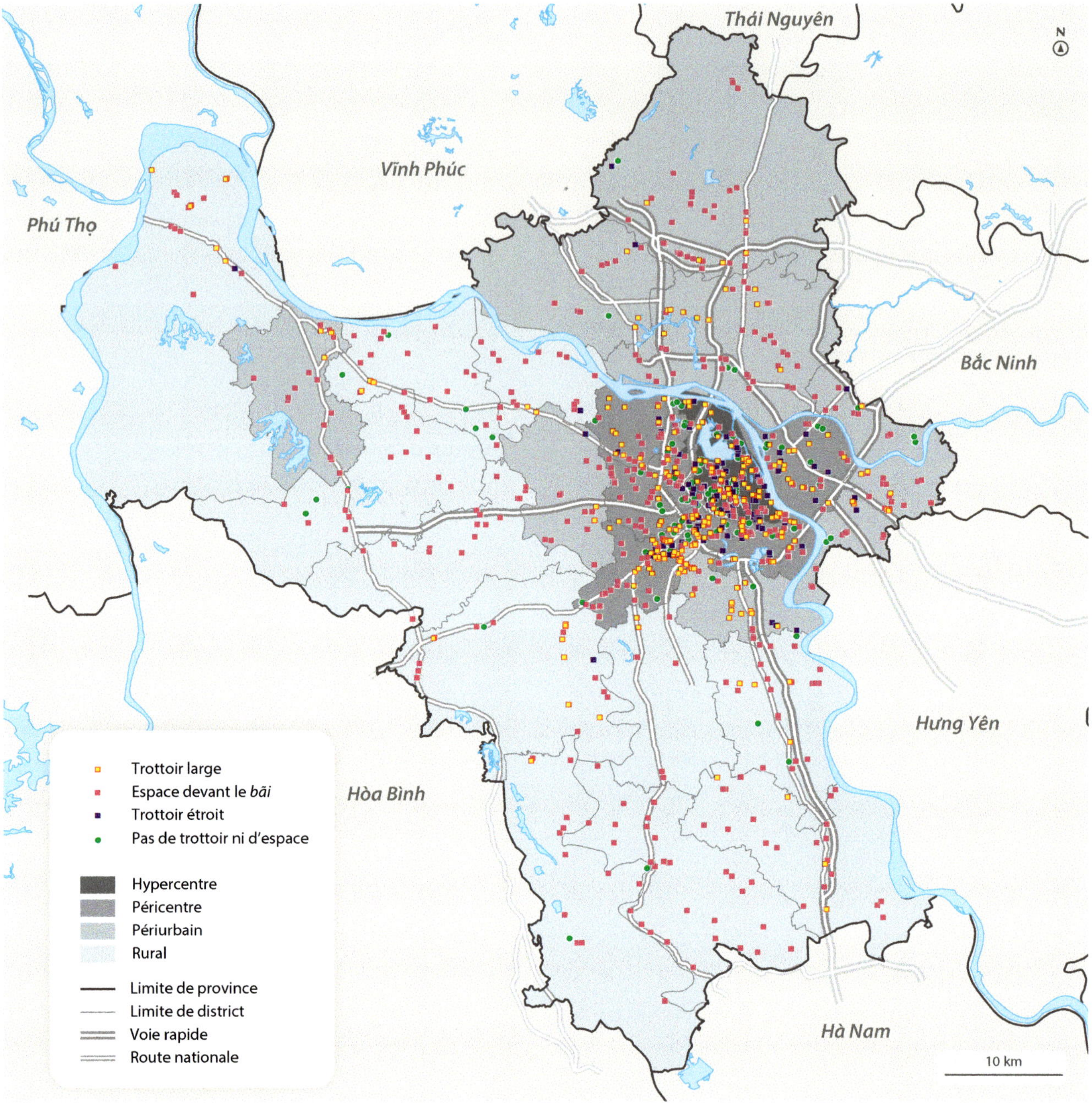

Carte 1
Types de trottoirs et espaces devant les dépôts à Hà Nội en 2020.
Réalisation : Cathy Chatel, Sylvie Fanchette, Cessma ; Éric Opigez, Ceped.
Source : JEAI Recycurbs-Viet, 2020.

liques volumineux pour ensuite les stocker plus facilement à l'intérieur. Enfin, parfois le commerce des déchets encombre les rues lors du chargement des camions qui occupent alors une large partie de la chaussée. Cette activité consomme de l'espace devant et autour des dépôts de déchets, souvent du fait du manque de place à l'intérieur. La surface occupée et le type d'activités exercées sur le trottoir et la rue fluctuent selon de nombreux facteurs.

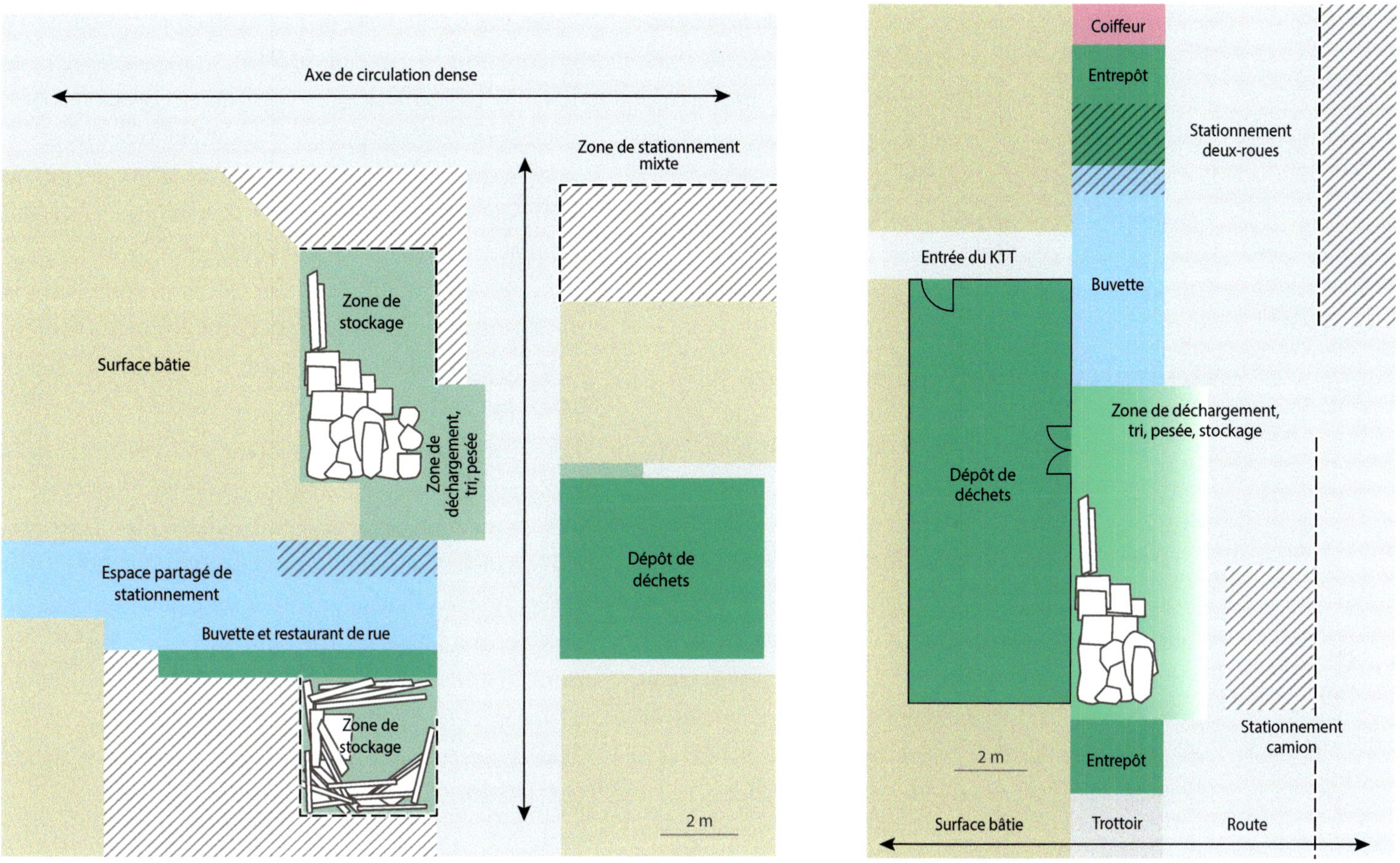

Figure 1

Utilisation du trottoir par deux dépôts de déchets en 2019.

En bordure sud de l'arrondissement central de Đống Đa, la rue où se trouve le dépôt se partage durant la journée entre plusieurs acteurs et activités. Le commerce des déchets est l'activité la plus consommatrice d'espace. Vient ensuite le stationnement des deux-roues, des voitures et des camions qui occupent temporairement de larges portions de la chaussée. L'espace des buvettes et des restaurants, plus restreint, accueille de nombreuses personnes au cours de la journée, créant un lieu de forte sociabilité. Dans cette portion de rue stationnent également les stands mobiles, les chariots des vendeurs ambulants de nourriture qui ne les sortent qu'aux heures de déjeuner et de pointe pour s'installer sur la plus grande artère adjacente.

Le dépôt de déchets n° 56 se trouve au rez-de-chaussée d'un KTT, dans l'arrondissement central de Hai Bà Trưng. Devant cet immeuble, un trottoir étroit borde une rue relativement passante et l'étalement sur la route est restreint. Plusieurs activités occupent le trottoir ; juxtaposées de part et d'autre de la zone de dépôt des déchets se trouvent des buvettes de rue. Des portions de trottoirs sont volontairement inoccupées devant des entrepôts du fait de la place nécessaire pour les chargements. Un coiffeur de rue a également un emplacement dédié. Le stationnement de cyclomoteurs peut se faire sur le trottoir ou en face le long d'une barrière. De nombreux vendeurs ambulants passent devant le dépôt, ainsi que les habitants de ce quartier populaire.

Source et réalisation : Berret, 2019 ; Inkspace.

Les négociations entre acteurs

On a vu que les conditions pour que les gérants de dépôts accèdent aux gisements de déchets relèvent de facteurs physiques (l'accessibilité, la taille du local, la présence d'un trottoir ou d'un espace, la proximité des sources de déchets). D'autres relèvent du savoir-faire des gérants, de leur insertion dans les réseaux de collecteurs et d'intermédiaires, de leur capacité à fidéliser leurs clients respectifs et à obtenir leur confiance. De la nature de leurs relations avec les autorités locales et les riverains dépend leur capacité à utiliser les espaces publics que sont les trottoirs et à négocier leurs statuts migratoires parfois précaires. Ces savoir-faire que certains nomment la « diplomatie » (66) s'acquièrent avec l'expérience et font partie de l'arsenal obligatoire pour que les migrants collecteurs ou commerçants de déchets puissent avoir « droit à la ville ».

Des représentations contradictoires

Le commerce informel des déchets s'insère dans la vie de rue vietnamienne et doit partager l'espace public qu'il occupe avec d'autres activités et usagers. L'espace de rue se transforme selon les heures de la journée et selon les besoins de chaque individu qui dispose d'une durée et d'une surface flexible d'occupation. Les buvettes de rue s'installent généralement entre 8 h et 10 h et se replient entre 18 h et 20 h. Les commerçants de rues, fixes ou ambulants, ont également leurs horaires et leurs espaces réguliers de travail. La circulation et le stationnement sont aussi des formes d'occupations temporaires, plus ou moins importantes selon les heures de la journée (BERRET, 2019).

L'ouvrage de référence sur la thématique des trottoirs et l'usage des espaces publics, ainsi que la démarche méthodologique et certains modes de représentations cartographiques est celui de KIM (2015). Elle y analyse les négociations pour l'accès aux trottoirs à Hồ Chí Minh-Ville entre usagers, propriétaires, autorités locales, passants et habitants. Selon elle, ce qu'on observe sur le trottoir est le résultat d'un processus social négocié et fait partie d'un « régime spatial local ». L'occupation des trottoirs ne résulte pas seulement d'un accord entre particuliers, mais d'une large négociation sociale autour de règles d'utilisation de l'espace public. De plus, la compréhension de l'espace public serait incomplète sans la compréhension de la construction sociopolitique de son environnement : les régimes d'utilisation varient selon les quartiers, le niveau de surveillance, les réseaux de connaissances et la forme du trottoir. Elle questionne également la légitimité de l'accès à l'espace public et les moyens pour y parvenir. Quelles stratégies les gérants de dépôts développent-ils pour utiliser à des fins personnelles les espaces publics que sont les trottoirs ou les espaces devant leur porte ? Comment une légitimité prime sur une autre et comment sont négociés l'accès et la durée d'usage d'un espace public convoité ? Ces questions, pensées pour les vendeurs de rue, s'appliquent aux travailleurs du système informel de collecte des déchets et témoignent de leur droit à la ville et des stratégies développées pour y accéder.

Les espaces publics sont d'autant plus convoités dans le contexte de métropolisation que de nouveaux types d'espaces publics apparaissent dans les centres commerciaux, dans les condominiums (GIBERT-FLUTRE, 2019) et répondent à l'image de modernité que souhaite renvoyer la municipalité. Au contraire, l'occupation des trottoirs et de la voie publique par des déchets dérange les autorités qui tentent de l'interdire par des décrets ou des lois, notamment dans le quartier touristique ancien (MITCHELL, 2009).

Malgré les interdictions légales, dans une ville où les espaces sont de plus en plus convoités du fait de la spéculation foncière et des transformations urbaines, l'utilisation de l'espace public pour une activité informelle de gestion des déchets se poursuit. Cette tolérance serait révélatrice de forts réseaux de sociabilité, d'entraide et d'un mode de partage de l'espace public ancré dans la culture villageoise vietnamienne.

Nous faisons l'hypothèse que l'utilisation du trottoir constitue une des nombreuses stratégies que les gérants de *bãi* développent pour accéder aux ressources urbaines, mais qu'elles dépendent de nombreux facteurs : la taille de leur *bãi*, l'environnement urbain, leur ancienneté dans le quartier et les réseaux qu'ils ont pu développer avec les autorités locales ou des membres de leur village d'origine ayant de bons appuis. La capacité des gérants de *bãi* à « faire de la diplomatie » relève de l'individu, de son caractère, des appuis qu'il a au sein de la filière de la collecte (le réseau de Nam Định) et de ses savoir-faire pour tenir un dépôt.

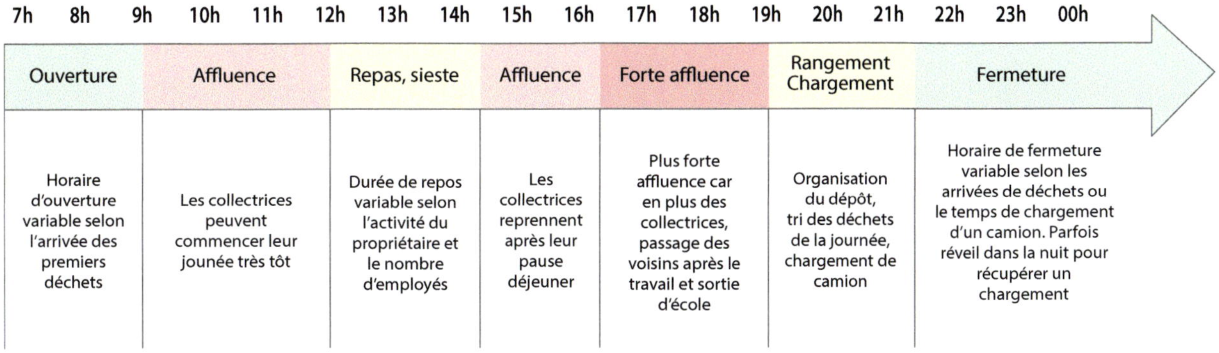

Figure 2
Frise chronologique d'une journée type d'un dépôt de déchets (2019).
Source : BERRET, 2019.

Un usage temporaire

L'espace de la chaussée et du trottoir occupé par les déchets varie selon les flux, les arrivées et sorties des matériaux et les moments de la journée. Un trottoir sera encombré lorsque la fréquence des arrivées, le nombre de personnes apportant des déchets et donc les quantités seront grandes. L'évacuation des déchets du trottoir va dépendre de la place de stockage disponible à l'intérieur, variable selon la fréquence de passages des camions. Si un chargement a été effectué la veille, le dépôt sera vide et donc le trottoir peu encombré ; au contraire, si aucun camion n'est passé depuis plusieurs jours, une accumulation, voire une surcharge de déchets à l'intérieur du dépôt favorisera l'étalement sur le trottoir et la route.

La fréquence et la quantité de ces flux de déchets, et donc la durée de remplissage et d'évacuation des espaces de stockage, sont conditionnées par le statut du propriétaire et du contexte qui déterminent également la durée d'occupation et l'étalement possible sur les espaces publics (BERRET, 2019).

L'alternance entre heures creuses et heures pleines fait varier l'occupation des trottoirs et des rues adjacentes au dépôt. Le compte rendu d'une journée d'observation rue Phương Mai, dans l'arrondissement urbain de Đống Đa, permet d'illustrer ces variations à partir d'un exemple concret (**figure 2**) (BERRET, 2019).

La figure 3 montre que la variation d'apport de déchets correspond aux heures creuses et aux heures pleines évoquées précédemment. La surface occupée fluctue selon la vitesse de rangement par les gérants. Par exemple, entre 12 h et 14 h, les déchets en carton s'accumulent sur la rue, signifiant que les arrivées de déchets se sont poursuivies tandis que les propriétaires étaient en pause déjeuner. Entre 16 h 30 et 17 h 30, plusieurs sacs ont été hissés à l'intérieur du dépôt, permettant ainsi de désencombrer l'espace extérieur (BERRET, 2019).

En soirée, la quantité de déchets apportée dans la journée doit être évacuée de la rue pour permettre de nouvelles arrivées le lendemain, soit en rangeant à l'intérieur du dépôt, soit en chargeant un camion. Le dépôt étudié est approvisionné en déchets par des collectrices, des voisins et des ouvriers de la construction, ces derniers apportant de grandes quantités de ferraille issues des chantiers environnants. Les grandes quantités traitées par ce dépôt demandent des espaces de stockage en

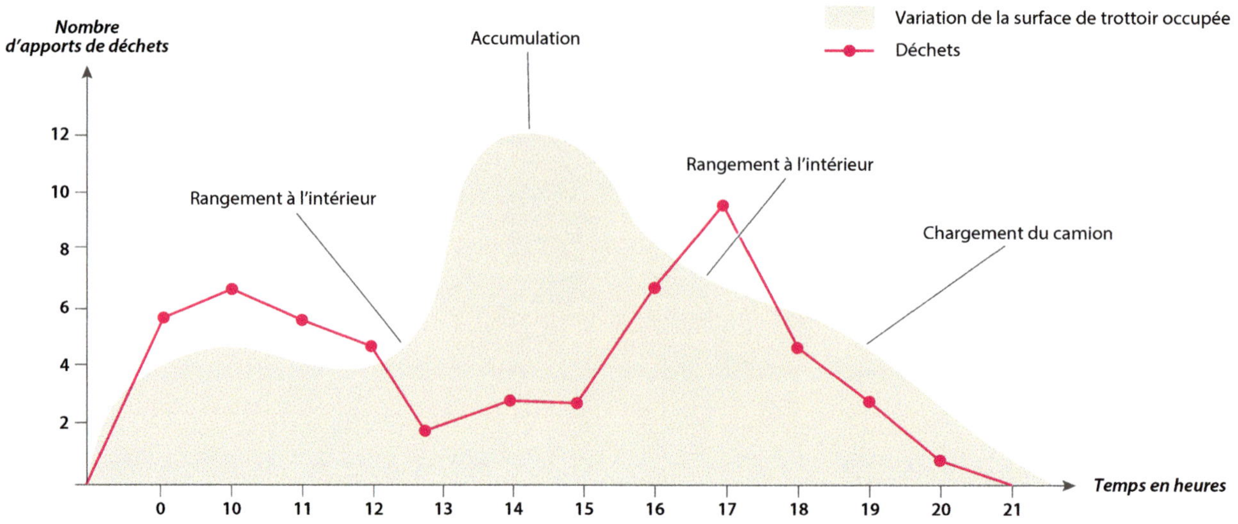

Figure 3

Évolution journalière de l'occupation de l'espace public du dépôt de la rue Phương Mai à Đống Đa en 2019.

Réalisation : à partir des observations des 11 et 25 juin 2019. Le nombre d'apports de déchets a été précisément compté dans la journée. La variation de la surface utilisée est estimée visuellement, du fait des difficultés à mesurer avec précision l'étalement en surface et en volume des déchets stockés.
Source : BERRET, 2019.

conséquence, des espaces convoités dans cet arrondissement urbain central. Les propriétaires du dépôt ont un droit d'usage du trottoir et de la rue pour leur activité, mais doivent cependant les partager avec les autres usagers (BERRET, 2019).

Des relations de voisinage de type villageois

Les gérants de *bãi* développent plusieurs types de stratégies pour mieux s'intégrer dans leur quartier, se faire accepter et resserrer les liens avec leurs voisins et les autorités locales. Ces stratégies dépendent de leurs besoins en espace et varient donc selon les quartiers, l'accès au foncier et l'ancienneté de leur installation.

Le premier enjeu avec les collectivités locales se règle avec de l'argent et de la diplomatie. Le second est plus compliqué car cela prend du temps de comprendre les gens, les voisins en l'occurrence, et de développer la bonne stratégie pour avoir de bonnes relations avec eux (NGUYỄN NGỌC, 2021). Ceux qui estiment que leur métier est positif pour la société et l'environnement espèrent que les autorités locales, ainsi que les voisins, soient plus tolérants sur l'utilisation de l'espace public.

Créer du lien avec le voisinage

En tant que migrants ruraux, la plupart des commerçants et collecteurs de déchets cherchent à recréer dans leurs quartiers d'adoption des relations de type villageois. Le voisinage est important et lors des enquêtes sur la perception du métier les problèmes avec les voisins sont rarement mentionnés, sauf les cas particuliers de personnes difficiles. Pour eux, les relations de *tình cảm*, ou empathie, sont un choix de vie pour s'intégrer dans une communauté et être acceptés en tant que membres. Cela aide les gérants de dépôts de déchets, en tant que migrants, à être plus à l'aise dans leur activité et dans leurs usages des espaces publics. « Dans l'usage courant, le *tình cảm* désigne le contenu affectif, l'attachement émotionnel ou la sympathie présents dans les relations interpersonnelles. Le terme peut aussi être utilisé comme un adjectif lorsqu'il désigne une personne "qui est *tình cảm*", c'est-à-dire ayant la capacité d'impliquer les sentiments dans ses relations sociales ou prêtant une attention particulière à l'entretien de l'affection mutuelle dans ses interactions. La société villageoise du nord du Việt Nam est marquée par un puissant idéal d'harmonie et d'unité. Mais la structure sociale et les interactions quotidiennes reposent sur d'importantes hiérarchies et différenciations fondées sur l'âge, le genre, le statut, la richesse, le pouvoir ou l'appartenance lignagère. Cette fragmentation s'accompagne de conflits latents ou ouverts entre voisins, parents et collègues. Dans ce contexte, les relations *tình cảm* jouent un rôle de contrepoids : elles constituent des espaces de solidarité et d'égalité qui atténuent les tensions et les rapports asymétriques qui définissent les rapports sociaux. Les pratiques expressives de *tình cảm* contrebalancent ainsi l'absence de *tình cảm*, qui est manifeste par ailleurs. Elles permettent aussi de réduire l'écart entre l'idéal communautaire villageois et la réalité structurelle de rapports sociaux segmentés et hiérarchisés. » (PANNIER, 2018).

Des lieux de convivialité favorisent les échanges entre voisins et les formes d'entraide. Ainsi, les gérants de dépôts développent des relations sociales, amicales et de voisinage avec les autres usagers de leur rue et de leur trottoir. Pour Coline Berret, lors des observations longues effectuées à l'occasion de son stage en 2019, s'installer à une buvette de rue ou « thés poussières » constituait un point de vue privilégié d'observation des rapports sociaux. En effet, les échanges y sont nombreux entre les gérants de dépôts et de buvettes, les voisins, les passants, les collectrices, tous ceux qui apportent des déchets ou travaillent autour. Ces interactions sont particulièrement visibles devant un dépôt enquêté, situé dans un KTT de Hai Bà Trưng (56), où les personnes qui fréquentent la buvette semblent bien se connaître. Elles discutent, interpellent les passants qui se joignent parfois à elles et, à la sortie de l'école, les familles s'y arrêtent pour discuter avec leurs voisins avant de rentrer dans la tour d'habitation attenante. L'espace en face du *bãi* semble être partagé entre tous les acteurs de la vie de rue, vendeurs ambulants, restaurateurs, *đồng nát*, employés et gérants du *bãi*, et la famille qui tient la buvette, lieu central de sociabilité.

La gérante du *bãi* utilise aussi ses relations pour faciliter son travail et se sert régulièrement du thé froid à la buvette, ce qui montre la confiance et les bonnes relations qu'elle entretient avec les propriétaires du stand voisin. Cette fréquentation régulière par les habitants du quartier des espaces aménagés sur le trottoir renforce et entretient leurs bons liens sociaux. Lors d'un entretien à Đống Đa (52), une femme qui tient avec sa famille une buvette de rue en face d'un dépôt de déchets entretient de bonnes relations avec les gérants de celui-ci, ses employés et les autres voisins. Si les tenanciers de cette buvette ne sont pas de la même famille ou de la même origine migratoire que les gérants du dépôt, ils semblent tout connaître ou presque de leur activité : leur contrat de location, le poids des déchets vendus ou leurs heures d'activité, ce qui montre les interactions nombreuses et de confiance entre les deux parties. Leur connaissance est issue de relations de voisinage et leur entente d'un arrangement pour la cohabitation de leurs deux activités. Cette buvette de rue, aussi restaurant, est un lieu de sociabilité qui offre un espace de repos pour les travailleurs des déchets et permet des moments d'échange entre familles, voisins et employés du dépôt.

D'autres pratiques témoignent des relations de confiance et des affinités entre les habitants et les gérants de dépôts. Les voisins apportent régulièrement leurs déchets (selon les quartiers et les habitudes) ; cette régularité renforce la connaissance et les liens. Certains les donnent et ne les vendent pas, ce qui montre une certaine compassion envers la dureté du travail dans le secteur des déchets. Une voisine interrogée explique que les habitants sont pour la majorité conscients du besoin de cette activité, de sa difficulté et expriment leur empathie. Les formes de sociabilité peuvent se manifester de façon

Photo 2
Utilisation du trottoir de la voisine d'en face sous réserve de lui laisser un passage (2021).

plus concrète par des échanges de services et de l'entraide. Par exemple, deux voisines âgées qui connaissent la gérante enquêtée depuis longtemps viennent souvent l'aider à dévider des fils électriques pour en récupérer le cuivre, sans contrepartie, pour la soulager dans son travail et faire passer le temps. Autre exemple toujours dans ce même dépôt, les gérants demandent l'aide d'une vendeuse de rue pour tenir leur commerce pendant qu'ils se reposent ou travaillent ailleurs. Le développement de ces relations de confiance avec le voisinage et les autres usagers de la rue facilite la possibilité d'étalement sur l'espace public (BERRET, 2019).

Créer des liens individuels de *tình cảm*

Les gérants de dépôts développent des stratégies pour gagner la confiance des voisins et des autorités locales afin de développer leur *tình cảm*. Selon l'une d'entre elles : « Les pauvres ont besoin de voisins. » (90). Un voisin dit : « J'ai des relations normales avec la gérante du *bãi*, elle est aussi ma voisine, il n'y a pas de différence avec les autres. Ce sont tous des voisins. » Il estime que « dans les quartiers riches où les gens ont un niveau élevé d'éducation, ils ont peu d'amis, alors que les gens pauvres se font des amis plus facilement, tout dépend de leur niveau intellectuel, mais les voisins doivent expliquer aux autres comment vivre selon le proverbe : "Si tu es à Rome, vis comme les Romains ; si tu es ailleurs, vis comme on y vit" ».

Pour exprimer le *tình cảm* entre voisins, on échange des salutations, on partage de la nourriture pour se faire un banquet sur le trottoir. « Ça nous est déjà arrivé de partager à quatre ou cinq familles un gros cochon que quelqu'un avait rapporté de son village natal. » Quand madame Hoà a du temps libre, elle apporte du thé glacé à son voisin et ils bavardent. « Parfois on se rend visite sans raison précise, juste pour se saluer. » Les voisins jouent un rôle important dans la vie. Selon lui, entretenir des relations avec ses voisins est crucial selon la tradition vietnamienne. « Si on est malade ou s'il y a un incendie, on repose sur l'aide des voisins. » (90). Les risques de conflits reposent sur un étalement excessif de matériaux sur le trottoir ou la chaussée, le bruit, les odeurs… Une fois ces risques désamorcés, les voisins disent simplement aux gérants de *bãi* de nettoyer la chaussée et le trottoir après avoir entassé des matériaux. Ceux qui se plaignent en général, ce sont les passants, pas les voisins (Nguyễn Ngọc, 2021).

Une gérante affirme que ses voisins sont très gentils et serviables. Elle développe avec eux des relations amicales et de *tình cảm* à travers des dons et des échanges de services personnels. C'est à l'aune de ces dons qu'elle peut mesurer l'expression de ces témoignages de *tình cảm* qu'elle a développés avec ses voisins. Une fois, elle était très occupée par son travail et n'avait pas le temps de préparer à manger pour les enfants. Elle n'avait que du riz. Une voisine est venue apporter de la soupe pour les enfants. Parfois, elle leur donne des bonbons. La voisine donne un coup de main au *bãi* pour trier les matériaux quand la patronne est occupée (66).

Les voisins d'en face, dont elle occupe le trottoir, leur donnent des cadeaux (fruits et nourriture) ou les offrandes après avoir célébré les ancêtres. Elle n'a pas peur qu'on leur vole le métal qui est stocké sur le trottoir car tous les voisins se connaissent dans la rue. Pour développer de bonnes relations avec ses voisins, elle s'informe de leur santé, de ce qu'ils ont mangé, de comment va leur activité. Si un voisin est à l'hôpital, elle va s'occuper de ses enfants, elle se comporte comme si elle était de leur famille et non pas une étrangère. Ainsi, les voisins l'aiment bien, ce n'est pas le cas des autres gérantes de dépôts. « Partout où je vis, les voisins c'est ce qui est important. La dame du restaurant de *phở* m'a invitée au mariage de ses enfants. Quand on m'invite à manger, je sais que je devrai payer sous forme de cadeaux en argent ou autre, c'est une tradition. C'est le *tình cảm* pour que les gens me respectent. » (90) (Nguyễn Ngọc, 2021).

La gérante du *bãi* cherche à entretenir de bonnes relations avec ses voisins. Elle considère que la communauté c'est important, sans doute un héritage de la vie villageoise qu'elle a menée depuis son enfance. Elle sait qu'elle n'a pas le droit d'utiliser le trottoir, et encore moins la chaussée, et qu'elle doit stocker tous ses matériaux dans sa maison, mais comme elle n'a pas assez de place, elle s'arrange avec la loi sur deux points pour gagner la partie de jeu : elle soudoie les autorités et développe des relations de *tình cảm* avec ses voisins pour gagner leur confiance (Nguyễn Ngọc, 2021). Une autre gérante affirme : « Quoi que vous fassiez, il faut toujours développer un peu de relations, sinon c'est difficile de vivre. J'ai dû demander activement à mes voisins de m'aider à trouver un local. Par exemple, je suis allée au *trà đá* et une femme m'a dit qu'elle avait vu une place à louer et m'a dit d'aller demander au propriétaire. Pour bien vivre, il faut avoir des voisins, spécialement quand vous êtes d'ailleurs et que vous ne connaissez personne. Il faut savoir comment aller de l'avant. » (95) (Nguyễn Ngọc, 2021).

En plus de « faire la loi » localement, les gérants de dépôts s'appuient sur leurs réseaux villageois. Les deux systèmes sont sollicités pour se maintenir sur place dans de bonnes conditions, mais ils varient selon l'ancienneté de l'installation sur place et sur leur intégration dans les réseaux et le quartier. Dans certains cas étudiés, le propriétaire de la parcelle a pu aider le gérant à effectuer les formalités pour inscrire ses enfants à l'école ou

Photo 3
Le voisin de gauche interdit l'utilisation du trottoir aux gérants du dépôt (2016).

obtenir son *hộ khẩu*[1]. Les voisins s'entendent bien et les commerçants de déchets peuvent ainsi utiliser l'espace public pour leur travail. Dans d'autres cas, les réseaux mis en place par les gérants reposent plus sur leur village d'origine (le réseau des collecteurs de Nam Định, par exemple), lesquels sont bien connectés avec des collectivités locales et peuvent appuyer les demandes des gérants de *bãi*. Ils entretiennent leur activité en s'appuyant plus sur leur réseau villageois qu'en développant localement des relations de *tình cảm*. Ils ont confiance en leur réseau bien structuré (Nguyễn Ngọc, 2021).

Le rapport de force avec les autorités

Les dépôts de déchets urbains sont désormais explicitement réglementés par la législation environnementale

1. Le *hộ khẩu* est un document administratif attribué par famille attestant du rattachement permanent à la ville ou au village de résidence. Il permet le recensement, le contrôle et le suivi des déplacements de la population et d'établir les droits et bénéfices sociaux associés au lieu de résidence (voir chapitre 18).

comme étant un type d'entreprise particulier ; les propriétaires doivent soumettre une évaluation de l'impact sur l'environnement et s'enregistrer s'ils traitent annuellement 3 000 t de déchets ou plus. La plupart des dépôts traitent un volume beaucoup plus faible et leur chiffre d'affaires est de toute façon difficile à contrôler. Ils ont donc tendance à opérer en grande partie sans enregistrement, en faisant tranquillement des affaires et en essayant de maintenir de bonnes relations avec les autorités locales et leurs voisins. Comme l'a dit un gérant de dépôts, « tant que l'on sait comment "faire la loi" [*làm luật*, c'est-à-dire payer suffisamment de pots-de-vin[2]], il ne devrait pas y avoir beaucoup de problèmes ». Il y a cependant de plus en plus d'appels à une réglementation plus stricte des dépôts de déchets au nom de l'ordre urbain et de l'environnement (NGUYỄN MINH, 2016). Depuis l'explosion intervenue dans un dépôt de l'arrondissement de Hà Đông, les gérants de dépôts doivent signer un document pour assurer que leur travail ne va pas affecter le quartier. Parmi la centaine de gérants de *bãi* interrogés, les mauvaises relations avec les mafias, *đội trật tự* (les hommes qui gèrent les trottoirs) et les autorités locales font partie des difficultés perçues du métier (57).

Les témoignages de bonne « entente » avec les autorités locales, pour qu'elles soient plus tolérantes envers ces migrants pratiquant des activités peu reconnues et stigmatisées, participent des stratégies des gérants de *bãi* ayant peu de place et de trottoir pour se faire accepter et utiliser l'espace public pour leur activité. Les amendes à payer sont courantes dans les quartiers de l'hypercentre, tout dépend du support dont les gérants bénéficient et leur capacité à « faire la loi » avec les autorités. Comme la plupart des *bãi* ne sont pas enregistrés, ils ne sont pas soumis aux régulations. En tant que migrants pour la plupart, les gérants de *bãi* doivent s'assurer de maintenir de bonnes relations avec les collectivités locales en raison de leur statut précaire à plusieurs titres : avoir leur permis de résidence, pouvoir maintenir leur activité informelle, ne pas être harcelé par la police et faire accéder leurs enfants aux services du quartier. « Tu vois, c'est mon droit de citoyen de me déclarer comme migrant. Tu dois mémoriser que l'enregistrement de migrant est le droit de tous. S'il y a des problèmes, je peux annoncer à l'autorité c'est parce que j'ai déjà déclaré mon statut de migrant. » (27).

Afin de se faire intégrer dans un quartier, quelques rares migrants se portent volontaires pour contribuer davantage aux fonds sociaux et de charité. C'est d'ailleurs une condition, selon un membre des autorités locales du vieux quartier de Hoàn Kiếm, pour développer de bonnes relations avec eux (BERRET, 2019).

Pour la majorité des dépôts enquêtés, les relations avec les autorités de quartier semblent pacifiées. Une des raisons de cette tolérance vient des arrangements monétaires réguliers passés avec la police pour garantir un droit d'usage du trottoir devant leur dépôt. « Souvent, les autorités locales viennent la voir pour lui dire de ne pas déposer de déchets dans la rue. Mais elle n'a pas de place pour recevoir et trier les déchets dans son *bãi*, donc elle entrepose les déchets au fur et à mesure de leur arrivée sur le trottoir, puis elle les trie et ensuite les range à l'intérieur. Quand ce sont des matériaux trop volumineux, elle les laisse dehors et les cadenasse. Si les autorités lui reprochent quelque chose, elle leur donne un billet et fait en sorte de ranger le soir également. » (48). La gérante de *bãi* mentionne également que son travail se situe en bas de l'échelle sociale, mais que si elle est exclue, alors elle n'aura plus de travail. « Pour avoir le droit d'utiliser le trottoir, il faut payer les gens du quartier de Ba Đình, soit environ 300 000 VNĐ mensuels tous les trois mois, plus un million de VNĐ, plus des cadeaux pour le *Tết*. Dans ma famille, c'est moi qui m'occupe de la diplomatie, mon mari et mon fils ne peuvent pas le faire. Avec la police, pour les petites et grandes choses, c'est moi qui m'en occupe. » (66) (90). Elle doit faire de la diplomatie avec plusieurs services de police du quartier pour l'utilisation du trottoir et pour garer le camion lors du chargement. « Selon la loi, je dois travailler à l'intérieur de la maison, pas sur le trottoir comme ça. Donc, je dois rencontrer beaucoup de gens. En ce qui concerne la protection contre les incendies, j'ai fait les démarches administratives, donc je ne m'inquiète pas. » (NGUYỄN NGỌC, 2021).

2. Sur les pots-de-vin, voir ENDRES, 2014.

Encadré 1

Entretien avec un responsable de quartier de l'arrondissement central de Đống Đa

Quand un *bãi* s'installe, la première étape est d'obtenir un statut résidentiel temporaire. Les propriétaires du *bãi* doivent se présenter au *Tổ dân phố*, qui est en contact avec la police du quartier, pour se faire enregistrer. Mais sur les sept *bãi* du quartier, seulement un a le statut de commerce de déchets recyclables et paie des taxes environnementales. Les autres n'ont pas de statut et ne paient pas de taxes. Le seul outil de contrôle de l'activité des *bãi* concerne la sécurité incendie. Chaque mois, la police passe dans les *bãi* pour contrôler s'ils ont un extincteur et les gérants doivent également signer un engagement à ne pas traiter des déchets dangereux.

Le décret n° 197 sur « la civilisation urbaine» mentionne la réglementation de l'utilisation des trottoirs. Chaque comité populaire de chaque quartier est chargé du contrôle des trottoirs en lien avec la police, selon les règles indiquées dans ce décret. Cela comprend également le contrôle du traitement des déchets, formels et informels.

L'équivalent vietnamien de Facebook regroupe les agents majeurs de la surveillance du quartier : des représentants du comité populaire, de la police, du *Tổ dân phố*, l'association des femmes, l'association des invalides, le fonds national, le président d'Urenco du quartier. Grâce à ce réseau en ligne, chaque acteur peut informer les autres d'un problème dans le quartier, par exemple des déchets répandus sur le trottoir, des bennes municipales trop pleines, etc. et les membres concernés vont alors informer leur équipe sur place et régler le problème presque immédiatement. Ce groupe permet une surveillance du quartier à tout moment. Des amendes peuvent être données à ceux qui n'utilisent pas bien le trottoir ou qui enfreignent les règles. Les conflits concernent surtout les larges trottoirs, où il y a beaucoup d'espace (et donc plus à partager entre différents utilisateurs) et les grands axes qui concentrent plus de problèmes. Le comité agit surtout sur les grandes rues où les voitures peuvent passer. Là où il n'y a pas de conflit, il n'y a pas de contrôle.

Rares sont les conflits qui remontent jusqu'au comité populaire. Comme l'activité des *bãi* n'est pas enregistrée, le comité n'a pas le pouvoir de les faire fermer, à moins de les expulser. La seule solution pour les contrôler est de faire payer des amendes pour l'occupation du trottoir, ou la sécurité incendie, mais pas de faire fermer le commerce. Les *bãi* des arrondissements centraux ne font qu'une activité de tri, de stockage et de transport, donc le niveau de pollution est limité, il n'y a pas de processus de recyclage polluants comme dans les villages de métier. Cette activité est tolérée car elle est peu dérangeante, elle n'émet pas d'odeur car elle traite des déchets « secs » (BERRET, 2019).

Un membre de l'autorité d'un quartier du centre-ville (60) explique qu'il a de la sympathie pour le travail des gérants de *bãi*, il ne veut pas les déranger, ne veut pas les voir partir, ne veut pas affecter leur vie. Il leur « donne » les conditions de travail et les encourage. Ce sont des voisins qui se sont plaints auprès de lui car les camions gênaient la circulation. Les voisins se plaignent au chef résidentiel et les autorités du quartier peuvent avertir les gérants de *bãi* de faire attention à leur façon de travailler. Il faut suivre les règles du trottoir et laisser une place pour que les gens y marchent. Bien que cette règle ne soit pas respectée, chaque vendeur a le droit de faire son activité, car les autorités le tolèrent. Parfois, les policiers de la rue et du quartier passent et, s'ils voient que les règles ne sont pas respectées, ils peuvent arrêter les contrevenants ou réquisitionner leur moto ou les biens qu'ils étaient en train de vendre. Ils doivent ensuite aller au service administratif du quartier pour les récupérer et payer une amende. Il n'y a pas de taxe officielle pour l'usage du trottoir, mais les vendeurs de rue ou les propriétaires de *bãi* paient des amendes s'ils ne respectent pas les règles d'usage du trottoir. Or, ces règles ne sont jamais ou presque pas respectées, car cela empêcherait d'exercer leur activité. Donc ils paient régulièrement une amende, ce qui s'apparente à une « taxe » non officielle (BERRET, 2019).

Cependant, avec la pandémie de covid, « les *bãi* en ville sont bien plus contrôlés qu'ici. C'est donc pour plusieurs raisons qu'ils se sont installés à Gia Lâm. Avec le covid, la police est devenue plus gourmande et a posé plus de conditions pour le maintien de leur entreprise » (69).

Il existe plusieurs formes d'arrangement monétaire avec la police, qui ne sont pas considérées comme de la corruption, car ces pratiques sont monnaie courante dans les différentes sphères de la société vietnamienne. « C'est sur une base quotidienne et selon des modalités très variées que les biens et l'argent circulent en dehors des institutions marchandes et étatiques. » (Pannier et Pulliat, 2016). À l'école, au travail, pour les soins médicaux, pour les démarches administratives, le système des enveloppes permet de faciliter les relations au quotidien. Papin et Passicousset (2010) parlent de « pots-de-vin légaux ». Ces pratiques, qui ne sont donc pas propres au secteur des déchets, entrent dans un système donnant-donnant qui sert aussi à compenser les faibles salaires de certains fonctionnaires. Il a été difficile de faire parler en détail des types d'arrangements passés entre les propriétaires de dépôts et la police : jusqu'où les négociations peuvent-elles aller ? En fonction de quels critères (taille de la rue, du trottoir, de l'environnement...) le montant de la « taxe » est-il défini ? La flexibilité et la volatilité de ces échanges les rendent difficilement accessibles dans le contexte de nos enquêtes.

Interrogés sur le sujet, les vendeurs de rue et les propriétaires de dépôts assurent que l'usage d'un trottoir devant chez soi est normal et compris dans la location du logement. Ils ne précisent pas que ce droit d'usage s'obtient en négociant avec la police, car ces arrangements font partie de leurs habitudes. Il n'existe pas de cadre précis, de montant fixe, de fréquence de paiement.

Finalement, plusieurs types d'arrangements monétaires permettraient d'obtenir le droit d'usage du trottoir et de l'espace public : une taxe officielle, pour avoir le droit d'exercer une activité commerciale, payée par les rares dépôts qui ont déclaré leur activité, et une taxe non officielle, permettant d'enfreindre la loi, qui peut prendre la forme d'amendes régulières. En effet, s'ils respectaient les règles d'usage des trottoirs et laissaient une place à la circulation, les vendeurs de rue ne pourraient plus exercer leur activité. L'effraction constante des règles donne lieu à des amendes régulières, qui s'apparentent alors à une « taxe » non officielle. Les étudiants parlent de *underground arrangements* ou *sidewalk money*, pour désigner ce type de taxe (Berret, 2019).

Les conflits concernent surtout les larges trottoirs et les grands axes qui concentrent plus de problèmes, car plus d'espace implique plus d'individus entre qui le partager. Là où il n'y a pas de conflit, là où le trottoir est étroit et peu fréquenté, il y a moins de contrôles. L'existence d'arrangements avec les autorités se retrouve tant dans les quartiers centraux qu'en périphérie, car ils constituent dans tous les cas un revenu supplémentaire. La pression et la régularité des contrôles peuvent se renforcer dans le centre-ville du fait de l'espace d'étalement limité et de la forte densité de population et d'activités (Berret, 2019).

Ces arrangements avec la police pour l'occupation de l'espace public ne concernent pas que les travailleurs du secteur informel de gestion des déchets. Les éboueurs des compagnies publiques comme Urenco utilisent les trottoirs pour stocker des déchets recyclables, séparés des autres déchets ménagers, pour les revendre aux commerçants de déchets et compléter leur revenu. La police est au courant de cette activité qui occupe l'espace public. Les arrangements passés permettent aux éboueurs d'utiliser seulement une partie du trottoir à partir de certaines heures du soir. Si le trottoir est occupé en dehors de ces heures, des amendes devront être payées.

De plus, les transporteurs qui surchargent leurs camions pour rentabiliser les trajets sont souvent la proie des autorités routières. Pour les éviter, ils circulent la nuit, ou alors se plient à leurs exigences pour être autorisés à enfreindre le Code de la route. Un chauffeur dit que le profit par camion chargé n'est pas très élevé et que certains mois ils paient jusqu'à 50 millions de VNĐ pour « faire la loi » sur la route. Le propriétaire dit qu'il paie assez pour sa licence professionnelle, le risque incendie et même des cours de protection contre les incendies (94).

Photo 4
Les éboueuses d'Urenco, le secteur de collecte des déchets reconnu par les autorités (2021).

Chapitre 9

Les itinéraires des *đồng nát* : un marquage fluide de leurs territoires

Marine **Litou**

Les *đồng nát* effectuent le même itinéraire deux à trois fois par jour, avec parfois des variantes soit dans les alentours de leur dortoir, leur quartier d'ancrage, soit dans un quartier qu'elles ont choisi et vers lequel elles se déplacent tous les jours. Dans ce second cas, elles comptent sur un quartier où les ressources en déchets sont importantes et où il leur sera très difficile de trouver un logement abordable, comme c'est le cas dans les quartiers huppés du centre-ville, tel Truc Bach (arrondissement de Ba Đình).

Des itinéraires pour se rapprocher des habitants

L'itinéraire a pu être hérité de la mère, de la belle-mère ou de la tante, pour les plus jeunes, ou d'une parente. Dans les zones péricentrales, les distances à parcourir sont plus grandes, car la densité résidentielle est plus faible : telle *đồng nát* rencontrée effectue 100 km par jour, tout en circulant un peu au hasard des rues dans le périmètre des *bãi* qu'elle connaît.

Chaque *đồng nát* organise son itinéraire familier autour de plusieurs pôles : 1) les *bãi* qu'elle connaît dans le voisinage ; 2) un réseau de connaissances qu'elle a tissé au fur et à mesure de ses déambulations et qui peut légèrement évoluer avec le temps : il faut avoir certaines connaissances des endroits et des gens pour pouvoir gagner plus d'argent ; 3) des pôles commerciaux et d'entreprises avec lesquels elle a des liens et qui l'appellent quand ils ont de gros volumes à lui vendre, dans ce cas la *đồng nát* doit adapter l'itinéraire aux commandes du jour où elle se laisse aller au hasard des rues de son secteur ; 4) et son dortoir.

La production de déchets varie selon les moments de la semaine ou de l'année (fêtes, vacances des étudiants dans les quartiers de résidences universitaires), des chantiers émergent de-ci de-là et obligent les *đồng nát* à adapter leur itinéraire saisonnièrement.

Nous présentons ci-après le suivi de trois itinéraires effectués par des *đồng nát* dans trois quartiers différents (centre-ville, péricentre, périurbain), réalisé en 2016 par Marine Litou et Nguyễn Tien Tam. Ils montrent la diversité des sources de déchets pour les *đồng nát*, l'importance d'avoir un réseau de clients et d'être bien traitée car ce métier est dur ; il fait l'objet d'une réelle stigmatisation et nécessite une bonne capacité de négociation des prix.

Photo 1
Les itinéraires des *đồng nát* se sont rallongés avec l'utilisation du vélo (2021).

Des itinéraires dans trois quartiers

Centre-ville

Madame Hương a 53 ans au moment de l'enquête. Originaire de Nam Định, mariée avec six enfants, elle est venue à Hà Nội avec son mari et une de ses filles étudiantes après avoir été *đồng nát* pendant vingt-trois ans dans sa province d'origine. Elle habite dans une chambre près de l'université de sa fille, avec celle-ci et son mari, et fait le trajet tous les jours vers le quartier de Hào Nam, dans l'arrondissement de Đống Đa, pour faire la collecte des déchets. C'est loin et fatigant. Elle a commencé dans cet arrondissement car c'est là que sa cousine lui a montré l'itinéraire. Elle attend que sa fille ait terminé ses études pour déménager dans son quartier de parcours. Elle ne vend ses déchets qu'à un seul *bãi* car elle s'entend bien avec les gérants. Elle couvre le même secteur, mais pas nécessairement par le même itinéraire. Elle le fait varier en fonction des demandes du jour ou au hasard quand elle n'a pas de source particulière prévue dans la journée. Elle travaille seule, mais elle a des contacts.

Elle achète ou récupère des cartons, de la ferraille, des plastiques et circule à vélo. Mais quand son chargement est assez important, elle retourne à pied jusqu'au *bãi* en poussant son vélo. Ses sources d'approvisionnement sont les habitants, les commerces, les femmes de ménage, la fouille des tas d'ordures.

Voici l'itinéraire de la collectrice suivie le 19 juin 2016 **(voir carte 1)**.

1. Départ du *bãi* de Hào Nam. Madame Hương s'arrête à peine une centaine de mètres plus loin, au niveau d'un ensemble de commerces (opticien et pharmacie) devant lesquels sont déposés des cartons qu'elle a repérés. Elle échange quelques mots avec un homme et les mets de côté. Finalement, elle est repérée et d'autres personnes viennent lui apporter des déchets. La femme de ménage qui avait mis de côté les cartons vient pour les peser (elle ramène sa propre balance, alors que la collectrice en utilise une traditionnelle). La collectrice lui paie directement en fonction du poids. Elle ne cherche pas à négocier ici, car elle a une relation strictement commerciale avec la femme de ménage qui est assez exigeante en termes de prix. Elle n'est d'ailleurs pas dans une relation permanente avec celle-ci qui vend ses déchets aussi à d'autres *đồng nát*. Premier retour au *bãi* : 16 kg de cartons, 2,5 kg de plastique, 6 cannettes, soit 72 000 VNĐ de vente avec 36 000 VNĐ de marge.

2. Après avoir vendu son premier chargement au *bãi*, elle repart dans la direction opposée et s'arrête quelques centaines de mètres plus loin. Madame Hương n'est pas arrivée ici par hasard, on l'a informée qu'il y avait des déchets à collecter. Une collectrice de ses connaissances, qui est en relation directe avec le gérant d'un magasin de vêtements, a été appelée pour aller y récupérer des déchets. Néanmoins, occupée à faire du ménage, elle a appelé madame Hương pour qu'elle y aille à sa place. Il s'agit essentiellement de grands sacs remplis de plastiques, de quelques cartons et de barres en aluminium posés sur le trottoir devant le magasin. Les employés amènent des objets au fur et à mesure. La collectrice doit attendre quelques minutes qu'ils lui amènent de nouveaux produits. Elle dit ressentir ainsi le peu de considération que les employés du magasin ont pour les collectrices par rapport au temps qu'ils mettent à lui apporter les déchets. Cela traduit, selon elle, un sentiment de supériorité à son égard. Madame Hương fait un premier tri sur place. Après avoir trié et pris ce qui l'intéresse, elle laisse le reste sur le trottoir (bois, etc.). Un nettoyeur de rues d'Urenco lui fera d'ailleurs une remarque lors de son passage en lui disant qu'il faut qu'elle aille jeter ces déchets au point de ramassage des ordures et non pas le long de la route, car ce n'est pas son travail à lui de ramasser cela. Cependant, elle continue son itinéraire sans ramasser ces déchets, mais elle se fait rattraper par l'éboueur qui l'obligera à aller déposer ces ordures au point de ramassage d'Urenco. Madame Hương explique que certains éboueurs et nettoyeurs de rues d'Urenco mettent la pression aux *đồng nát* pour qu'elles ne laissent pas de déchets dans la rue. Pourtant, les magasins paient une taxe pour le ramassage des ordures et le nettoyage des rues, et c'est donc à eux de nettoyer le trottoir après elle. Cela révèle donc simplement une

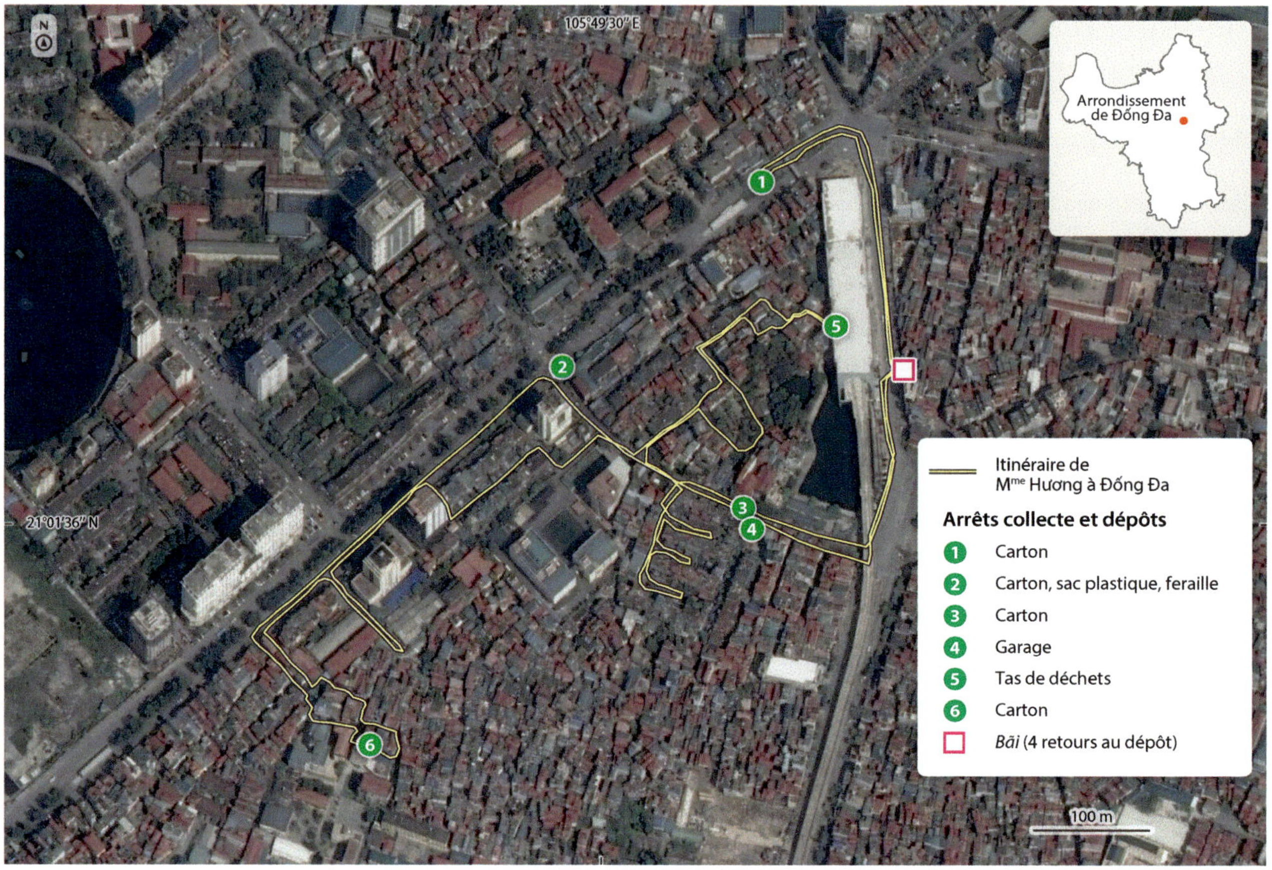

Carte 1

Itinéraire de madame Hương dans un quartier de Đống Đa en 2016.

Réalisation : Marine Litou, Cathy Chatel, Cessma ; Éric Opigez, Ceped.
Source : JEAI Recycurbs-Viet, 2016.

certaine défiance de quelques employés municipaux à l'égard des collectrices. Une fois tous les déchets apportés au *bãi*, la collectrice fait un deuxième tri pour séparer les bouteilles en plastique, les emballages plus fins, puis le papier et le carton pour les catalogues. La jeune fille (qui est de la famille), présente au *bãi* depuis quelques jours, aide la collectrice à trier les déchets à l'extérieur du *bãi*. Elles sautent sur les sacs plastiques pour tasser les matériaux à l'intérieur. Deuxième retour au *bãi* : 11 kg de plastique, 2 kg d'aluminium, 26 cartons, soit 180 000 VNĐ de vente avec 103 000 VNĐ de marge.

3. Alors que nous repartions dans la même direction, la collectrice s'arrête dans un magasin (type supérette) devant lequel sont déposés des cartons. Le tout pèse 6 kg, la collectrice paie. De retour au *bãi*, elle dépose directement les cartons sur le sol et reçoit son argent. Troisième retour au *bãi* : 6 kg de cartons achetés 13 000 VNĐ devant la supérette, revendus 16 000 VNĐ, soit une marge de 3 000 VNĐ.

4. Madame Hương repart à nouveau dans la même direction et s'arrête devant un garage. Il y a quelques sacs déposés. Un homme l'interpelle et lui propose de lui donner un des sacs (rempli de déchets recyclables) si elle amène l'autre sac au point de dépôts des ordures d'Urenco à 50 m, ce qu'elle accepte.

5. La collectrice continue ensuite son tour dans un quartier type KTT et récupère des cartons posés en tas dans une petite rue.

6. Puis, elle s'arrête devant un magasin de cosmétique devant lequel sont entreposés des cartons. La propriétaire sort pour négocier. La *đồng nát* lui propose 2 000 VNĐ le kilogramme, mais son interlocutrice ne veut pas vendre ses déchets à ce prix, elle monte donc à 3 000 VNĐ. La propriétaire dit ensuite à la *đồng nát* qu'elle a plus de produits que cela, mais qu'elle ne souhaite pas vendre à son prix. Dans tous les cas, elle n'ira pas chercher plus de produits. Cela a pour but de faire pression sur la *đồng nát* pour qu'elle accepte d'acheter plus cher que ce qui était prévu. Cela illustre de nouveau les différentes formes de pression auxquelles les *đồng nát* peuvent être confrontées pendant l'exercice de leur activité. Dans la même rue, une dame l'interpelle pour l'informer que le lendemain elle pourra venir chercher des papiers qu'elle va demander à ses petits-enfants, étudiants, de rassembler. Quatrième retour au *bãi* : un sac donné.

La *đồng nát* retourne toujours au même *bãi*. Il y a réellement une relation de confiance entre elle et les gérants du *bãi*, car ils ne contrôlent pas le poids sur la balance quand elle l'annonce. Son bénéfice de la matinée est d'environ 150 000 VNĐ.

Madame Hương fait aussi des ménages. Par l'intermédiaire de ses employeurs, elle achète ou reçoit gratuitement les déchets recyclables. Elle a développé des relations amicales avec certains éboueurs d'Urenco.

Péricentre : Hà Đông

Madame Hài est originaire d'un village périurbain de Hà Nội. Elle vient travailler entre vingt et vingt-cinq jours par mois dans le quartier de Quang Trung (Hà Đông). Elle part en bus de chez elle à 6 h, arrive à 6 h 45 à Quan Trung où commence sa collecte. Elle reste généralement en ville jusqu'à 11 h, voire 12 h. Elle circule à pied et réalise un itinéraire plus court que ses consœurs à vélo (voir carte 2).

Premier arrêt au *bãi*. Au moment où nous la rencontrons, vers 7 h 30 au niveau du *bãi*, elle revient pour vendre des déchets récupérés dans un magasin de vêtements du marché Vô qui est un de ses contacts permanents. Elle y a acheté pour 20 000 VNĐ de déchets (plastique, cartons), qu'elle revend 30 000 VNĐ au *bãi*. Le propriétaire repèse les cartons pour déterminer la somme à donner à la collectrice.

1. Nous prenons son itinéraire en cours de route vers le magasin Kem & Sua Vinamilk. Elle emprunte la charrette du *bãi* car elle doit ramener de gros volumes de déchets : 75 kg de cartons et 2,6 kg de plastique achetés 180 000 VNĐ. De retour au *bãi* de la rue Bế Văn Đàn, elle vend l'ensemble pour 230 000 VNĐ et se fait une marge de 50 000 VNĐ.

2. La collectrice repart et s'arrête au niveau d'une supérette dans laquelle elle achète 6 kg de cartons pour 12 000 VNĐ. Elle récupère également quelques emballages de médicaments.

3. Nous partons de l'autre côté de la nationale 6. La collectrice passe devant un magasin de coffres-forts qui n'a pas de déchets à vendre à ce moment-là. Elle entre dans un magasin de vêtements à côté, où elle récupère pour 5 000 VNĐ de déchets, puis dans un autre où elle achète pour 6 000 VNĐ de cartons (3 kg) et 1 000 VNĐ de plastique.

Deuxième arrêt au *bãi*. Nous nous arrêtons dans un *bãi* différent. La *đồng nát* semble bien connaître ses gérants également. Ils ont récemment failli se faire expulser de leur local, mais ils ont réussi à faire changer d'avis les autorités. Ils viennent du district rural de Quốc Oai, à une vingtaine de kilomètres. La collectrice reçoit 42 000 VNĐ pour l'ensemble de sa vente, cela revient donc à une marge de 18 000 VNĐ.

4. Nous repartons de nouveau vers un local dont les propriétaires sont des contacts permanents de la collectrice. Elle pose ses paniers au croisement de la nationale 6 et de la rue qui mène au marché Liên Hiệp, puis rentre dans plusieurs magasins. Elle ramasse également des sacs pleins de déchets valorisables qui avaient été déposés par les propriétaires d'un magasin d'accessoires pour moto. Elle achète cela pour 6 000 VNĐ (cartons) et 5 000 VNĐ (plastique). L'ensemble de son chargement lui coûte 37 000 VNĐ.

Carte 2

Itinéraire de madame Hài dans le péricentre en 2016.

Réalisation : Marine Litou, Cathy Chatel, Cessma ; Éric Opigez, Ceped.
Source : JEAI Recycurbs-Viet, 2016.

Troisième arrêt au *bãi*. Retour au premier *bãi* (rue Bế Văn Đàn), la collectrice vend ses déchets pour 55 000 VNĐ et se fait une marge de 18 000 VNĐ.

Il est 11 h, madame Hài a donc fini sa matinée avec une marge totale de 96 000 VNĐ.

Périurbain : Gia Lâm

Madame Hương a 44 ans et est originaire de la province de Thanh Hóa. Elle loue une chambre chez un particulier, non loin du *bãi* où elle vend sa collecte. Elle est arrivée dans ce village périurbain quatre ans plus tôt, lorsque sa fille a intégré l'institut d'agriculture tout proche. Auparavant, en plus de la collecte, elle faisait des ménages dans l'arrondissement de Từ Liêm. Elle collecte tout ce qu'elle trouve avec des volumes variant de 2 à 300 kg. Elle parcourt entre 20 et 30 km par jour à vélo. Elle s'annonce en chantant et dit que seuls les collecteurs qui achètent de l'électroménager ont des haut-parleurs. Elle a cinq ou six contacts permanents qui l'appellent par téléphone pour qu'elle passe acheter leurs déchets ; ce sont tous des commerces. Il y a une saisonnalité de la collecte des déchets : vers la fin de l'année avant le *Têt* et avant les vacances d'été, il y a beaucoup plus de déchets à collecter.

Son itinéraire dans la commune de Trâu Quỳ n'est pas le même tous les jours, mais il reste dans les limites de la commune (**voir carte 3**). Elle a peu à peu été intégrée dans le réseau de collectrices, car au début elle ne connaissait personne dans cette commune.

Madame Hương part de son logement à 7 h.

1. Elle est interpellée par une connaissance en train de faire des travaux qui lui demande d'aller chercher des matériaux dans la maison voisine. Elle y collecte de la ferraille : une antenne TV et un portant. Elle les dépose dans une maison à quelques mètres, chez une autre connaissance. Elle ne porte donc pas directement tous les objets de sa collecte au *bãi*. Puis, elle s'arrête devant un chantier de construction et demande aux ouvriers s'ils ont des matériaux à vendre ils lui disent de repasser plus tard.

2. Madame Hương s'arrête ensuite dans une résidence étudiante (sans étage) dont les occupants mettent en commun leurs déchets pour les vendre.

3. Puis, la collectrice va directement trouver la propriétaire d'une salle de sport avec restaurant qui lui vend plusieurs types de déchets. Celle-ci les empile sur le trottoir, puis elle compte les cannettes une par une et pèse le carton et le plastique à l'aide d'une balance qui lui est fournie par la propriétaire. Les deux femmes discutent du prix, négocient et finalement la collectrice réussit à obtenir le prix d'achat de 100 cannettes pour 110 comptées. Elle achète 11 kg de plastique, 26 kg de cartons et 110 cannettes pour une valeur totale de 105 000 VNĐ.

Première vente au *bãi*. Elle revend les déchets pour 150 000 VNĐ, avec une marge de 45 000 VNĐ. Le prix d'achat des matières aux particuliers est fixé selon les prix de vente aux entreprises de recyclage. Ainsi, la marge de la collectrice est déterminée selon sa capacité à négocier avec les vendeurs de déchets.

4. Elle repasse au troisième point de collecte pour récupérer un sac de plastique qu'elle n'avait pas pu mettre sur son vélo au précédent chargement, puis elle prend un itinéraire différent. Elle entre directement dans un couloir qui mène à une habitation et en sort avec un sac rempli de plastique. Au cours de l'itinéraire, elle s'annonce en chantant dans les rues.

5. Elle s'annonce devant une maison en interpellant directement les propriétaires à qui elle est habituée à acheter des déchets. Le monsieur lui apporte un pied en ferraille qu'elle achète pour seulement 4 000 VNĐ, alors que celui-ci pèse une quinzaine de kilogrammes. Elle sait que ce monsieur ne négocie pas et est assez gentil, elle tente donc d'acheter le moins cher possible.

6. Elle s'arrête devant une salle de jeux vidéos dont elle connaît les propriétaires. Elle collecte les déchets (cartons et plastique), puis les trie et les pèse toute seule à côté du local. Elle utilise une balance romaine pour le plastique et le carton. Elle compte les cannettes. Les propriétaires lui font confiance. Elle vient ici tous les deux à trois jours, c'est le propriétaire qui l'appelle au téléphone. La collectrice adapte donc son itinéraire du jour pour passer là quand elle est assez proche et qu'elle sait qu'elle peut compléter son chargement avec les déchets de la salle de jeux.

Deuxième vente au *bãi*. Elle retourne au *bãi* vendre le produit de sa collecte et croise une éboueuse d'Urenco qui passe avec sa charrette devant le *bãi* ; elle échange quelques mots avec la propriétaire du *bãi* et les collectrices présentes. Elle a un grand sac blanc attaché à son chariot dans lequel elle met les déchets récupérés des sacs d'ordures ou donnés par les habitants qu'elle viendra vendre au *bãi* quand elle aura fini sa tournée.

7. Madame Hương s'enfonce dans une ruelle et interpelle une étudiante dans une résidence étudiante de cinq ou six étages. Les étudiants collectent les déchets ensemble dans de grands sacs plastiques. L'argent ainsi gagné va dans une cagnotte commune avec laquelle ils achètent à manger et à boire. La collectrice lui a acheté le sac de déchets plastiques pour 5 000 VNĐ.

8. Puis, madame Hương retourne sur le chantier croisé en début d'itinéraire. Elle y achète une cinquantaine de sacs de ciment à 100 VNĐ l'unité. L'ouvrier lui demande de repasser dans l'après-midi.

9. Enfin, la collectrice aperçoit un tas de déchets de papiers devant une maison dont elle connaît le propriétaire. Elle demande si cela est à vendre, le monsieur lui demande pour combien elle l'achèterait, mais finalement la transaction n'a pas lieu. La collectrice expliquera après que ce propriétaire est « dur en affaire » et qu'il ne vend pas si ce n'est pas son prix. On peut donc sup-

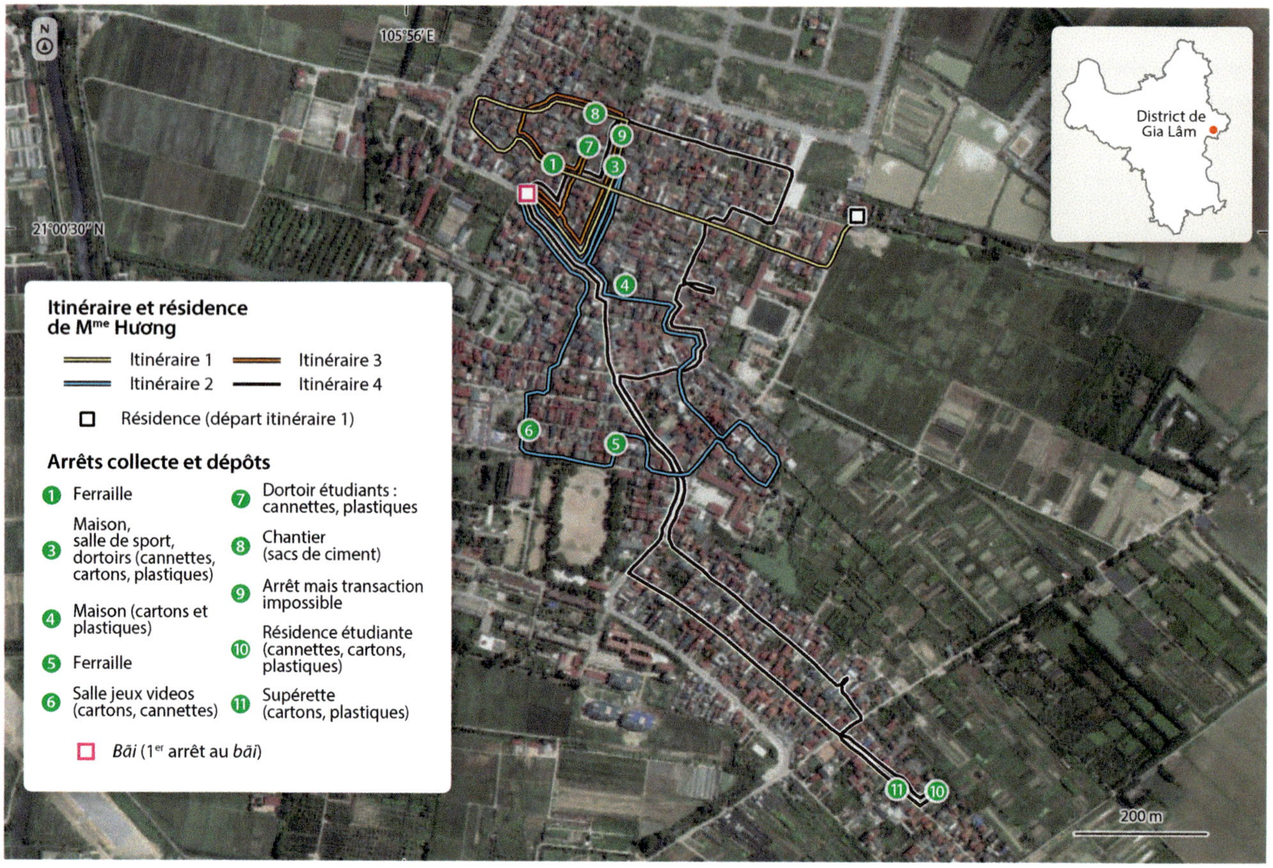

Carte 3
Itinéraire de madame Hương dans le périurbain en 2016.
Réalisation : Marine Litou, Cathy Chatel, Cessma ; Éric Opigez, Ceped.
Source : JEAI Recycurbs-Viet, 2016.

poser qu'il existe véritablement un jeu de négociation pour les prix d'achat et de vente entre les habitants, les commerces et les collectrices. Certaines sources sont plus « faciles » dans le commerce que d'autres. Les collectrices doivent donc développer un certain esprit de négociation et une rationalité économique dans l'achat ou non de déchets.

Troisième vente au *bãi*. Madame Hương retourne au *bãi* pour vendre son chargement.

10. Madame Hương fait un long parcours avant de trouver une source de déchets et s'éloigne du *bãi*. La collectrice s'enfonce dans une petite rue pour entrer dans une autre résidence universitaire. De la même manière, les étudiants collectent leurs déchets ensemble et les lui revendent.

11. Enfin, elle s'arrête dans une supérette avec laquelle elle a un contact permanent. Elle y récupère un nombre important de cartons et de plastiques. C'est le dernier chargement de la matinée.

Quatrième vente au *bãi*. Juste après cela, elle rentre au *bãi* pour la dernière fois de la matinée, il est 11 h.

Pendant la matinée, madame Hương a collecté 90 kg de cartons, 20 kg de plastique et 160 cannettes. En tout, elle a vendu pour environ 200 000 VNĐ au *bãi*. Elle obtient une marge d'environ 100 000 VNĐ. Ainsi, sa marge est équivalente à 50 % du prix de vente.

Ces différents itinéraires réalisés par ces trois collectrices montrent combien les négociations des prix avec les habitants ou commerçants sont âpres et l'importance d'avoir des contacts auprès de différents vendeurs pour diversifier les sources et donc les ressources. La circulation ne suffit pas pour y accéder. Les avantages liés à l'expérience et à l'intégration dans un réseau de *đồng nát* sont : l'accès à plus de sources de déchets du fait que la *đồng nát* ait un contact privilégié avec des habitants, des commerces ou des femmes de ménage ; la récupération des objets de la collecte d'autres *đồng nát* quand elles ne sont pas disponibles (et inversement) ; elles sont plus entraînées à l'observation et au repérage visuel de sources de déchets ; elles sont de bonnes négociatrices, ce qui leur permet d'adapter leur comportement à leurs interlocuteurs et ainsi de tirer les prix à la hausse quand cela est possible ; et enfin, les relations de longue date avec les gérants de *bãi* leur offrent certains avantages comme le fait de pouvoir y rester pour se reposer (LITOU, 2016).

Conclusion de partie

Sylvie **Fanchette**

Malgré des prévisions négatives de l'évolution spatiale et numérique des dépôts de déchets dans la ville de Hà Nội (Mitchell, 2008a), leur nombre ne fait que croître. L'équipe Recycurbs-Viet a recensé 1 115 dépôts, avec des densités par couronne de 3,38 à 0,31 unités au kilomètre carré, du centre vers la périphérie. Mais chaque couronne de la ville-province de Hà Nội (hypercentre, péricentre urbain, périurbain et rural) est desservie par un nombre relativement égal de *bãi* rapporté à sa population (en moyenne 7 677 habitants pour un *bãi* en 2019). Au sein de chaque couronne, il existe des différences entre les arrondissements, comme à Đống Đa, le berceau du métier dans le centre-ville qui accueille six fois plus de dépôts que Hoàn Kiếm, l'arrondissement historique et touristique. Le maillage régulier des dépôts va dans le sens d'une meilleure proximité avec les gisements de déchets, la proximité est en effet un des facteurs clefs de l'efficacité territoriale de la collecte et du transfert des déchets vers les villages du recyclage. Ce concept de proximité est au cœur de la théorie de l'économie circulaire. L'augmentation des gisements de déchets et, donc, des lieux de leur collecte est liée à l'accroissement de la population et à l'enrichissement de la classe moyenne, dont les modes de consommation sont parmi les plus grands « producteurs de déchets de qualité ». Par ailleurs, la tertiarisation de l'économie urbaine et le développement du commerce et des chantiers sont une véritable aubaine pour les collecteurs et les commerçants de déchets. Si les *bãi* se créent au fur et à mesure que la ville s'étend, certains gérants développent des stratégies pour se maintenir dans le centre-ville, où les gisements de déchets sont de meilleure qualité, malgré une moins grande tolérance à leur égard (selon les autorités municipales, les dépôts devraient être délocalisés en périphérie pour des raisons de sécurité et d'image de la ville) et des prix de location très élevés.

L'analyse des différences de densités de dépôts selon les arrondissements et les quartiers nécessite une approche multiscalaire qui nous a permis de comprendre les logiques de leur installation et notamment leur focalisation sur les interstices urbains, où la moitié d'entre eux s'est installée. Ces interstices sont des opportunités foncières temporaires sur des parcelles en attente. Ils se créent avec la dynamique urbaine dans cette ville deltaïque marquée par la présence de l'eau et des villages urbains qui sont une des particularités de Hà Nội. Ils sont partout dans la ville, à l'exception de certains nouveaux quartiers construits sur les terres agricoles. La temporalité, et notamment le caractère éphémère des interstices, donc des installations des dépôts, est prise en compte dans la tolérance des collectivités locales à accepter ces activités informelles. Toutefois, le grand *turnover* des dépôts lié à l'instabilité foncière oblige leurs gérants à renégocier leur place dans la ville et à réajuster leurs réseaux de voisinage, de collecteurs et d'administratifs, ce qui les vulnérabilise.

Une limite à l'installation dans les interstices pour réaliser des activités commerciales est l'accessibilité. En effet, celle-ci est une des conditions essentielles pour établir un dépôt de déchets. La visibilité du dépôt et son accès par des camions qui viennent régulièrement charger les matériaux sont limités dans les quartiers centraux faits d'un lacis de ruelles et dont les grandes rues sont interdites aux activités informelles. Dans les quartiers périurbains et ruraux, en revanche, la plupart des dépôts sont localisés le long des grandes artères. Il s'agit ainsi de choisir entre une bonne accessibilité aux déchets dans le centre et une bonne accessibilité aux dépôts par les voies de communication dans les zones excentrées.

Enfin, un troisième élément intervenant dans le choix de l'emplacement d'un local pour établir un dépôt est la présence de trottoir ou d'un espace suffisamment large pour traiter les matériaux avant de les stocker. Plus on s'éloigne du centre-ville, plus la part des dépôts ayant accès à de tels espaces augmente. Plus de la moitié des dépôts de l'hypercentre n'y ont pas accès (soit des trottoirs de moins d'un mètre, soit sans trottoir ou espace attenant). On a vu que la taille des dépôts est limitée dans le centre-ville, ce qui pose le problème du manque de place pour trier et déposer les déchets lors des transactions avec les clients. BERRET (2019) et NGUYỄN NGỌC (2021) ont analysé les stratégies territoriales des gérants de dépôts pour utiliser les espaces publics, les trottoirs, voire les trottoirs des voisins, pour exercer leur activité très gourmande en espace. Des relations amicales et de *tình cảm*, à travers des dons, des échanges de services personnels sont développées au quotidien avec les voisins et les autorités locales par ces migrants pour se faire une place dans le quartier. La « diplomatie » semble être une qualité essentielle pour être commerçant ou collecteur de déchets !

Ces pratiques renvoient à l'idée et aux représentations que les Vietnamiens se font des espaces publics que sont les trottoirs. En effet, dans le contexte vietnamien, la limite floue entre public et privé vient des interactions quasi constantes entre les deux domaines. Dans son article paru dans *Urban Studies*, Lisa B. W. DRUMMOND (2000) parle d'un usage privé de l'espace public (*inside out*) et d'un usage public de l'espace privé (*outside in*) pour illustrer la manière de faire vietnamienne. D'une part, les familles et les individus utilisent à tel point l'espace dit public pour des activités personnelles ou commerciales qu'il en devient théoriquement privé. D'autre part, l'intervention de l'État dans la sphère privée est si invasive qu'elle compromet la conceptualisation de l'espace privé. L'État a tenté d'organiser la vie familiale en régulant les naissances par la propagande ou en instaurant le système de permis de résidence ; et ses représentants tentent de contrôler des espaces publics symboliques comme le mausolée de Hồ Chí Minh-Ville ou les larges trottoirs du quartier français de Hà Nội. Mais la société vietnamienne échappe à ce contrôle et transgresse les règles d'usages des rues et des trottoirs pour y établir ses activités quotidiennes privées. Plus que les parcs et les places, ce sont donc les rues et les ruelles qui servent d'espaces publics au Việt Nam.

La rue et les trottoirs deviennent des espaces d'entre-deux, de seuil entre le planifié et l'informel, où une multitude d'activités économiques se développent, créant des services et des lieux de sociabilité. Pour Marie GIBERT-FLUTRE (2019), la rue serait comme un être vivant, un objet animé, circulé et non stable. Ce sont des espaces éphémères et changeants où les pratiques, et non les lieux, sont considérées comme publiques. En effet, au cours d'une journée, un espace de trottoir peut être utilisé pour le sport le matin, pour la vente durant la journée, puis pour le stationnement le soir. Selon les surfaces disponibles et les besoins, ces espaces sont partagés entre les usagers. Cette notion de variabilité temporelle et spatiale dans l'usage des espaces publics de rue et de trottoir a été développée par Annette Miae Kim (BERRET, 2019).

Quant aux *đồng nát*, elles développent leur emprise spatiale dans des quartiers particuliers en réalisant chaque jour le même itinéraire, parfois hérité de leurs parentes, pour être au plus proche de la population. Ces négociations territoriales évoluent avec le changement urbain et la verticalisation de la ville. L'érection de *gated communities* et de quartiers de haut standing hérissés de tours contrôlées par des gardiens fragilise le système des *đồng nát* fondé sur la proximité et l'horizontalité de la ville. Cela pose la question de l'avenir de ce système avec l'extension des nouvelles zones urbaines comme principal mode de construction de la capitale. Toutefois, l'ingéniosité sociale des collectrices et leur capacité à négocier avec les nouveaux intermédiaires des déchets – gardiens et femmes de ménage – semblent leur permettre d'accéder aux riches gisements que sont ces quartiers de la moyenne et haute société hanoïenne. Il n'empêche que la disparition progressive des interstices dans ces quartiers, donc des sites pour établir des dépôts, on l'a vu pour l'arrondissement de Cầu Giấy, vulnérabilise ce système fondé sur la proximité.

Ce système de collecte qui commercialise 20 % des déchets de la capitale participe à une part non négligeable de l'approvisionnement en matières premières secondaires des entreprises et des ateliers des clusters de villages du recyclage. Toutefois, l'intégration entre les systèmes de collecte et de recyclage dépend de nombreux facteurs que la partie 3, centrée sur les matériaux et leur recyclage, va aborder.

Partie 3

Les matériaux : du local au global

Introduction de partie

Sylvie **Fanchette**

Les pays du Sud ont eu pendant longtemps de meilleurs taux de recyclage et de réutilisation des déchets, grâce à des pratiques liées à la précarité, au manque de matières premières pour l'industrie rurale et à la petite envergure des ateliers familiaux en ville ou à la campagne. Dans un pays comme le Việt Nam, ce n'est pas l'enjeu du recyclage qui motive les entrepreneurs et artisans, mais celui de l'accès croissant aux matières premières secondaires pour l'industrialisation rurale, faute de matières premières vierges suffisantes et à un prix acceptable. Les produits de cette industrie issue de l'artisanat villageois ancestral (Gourou, 1936 ; Digregorio *et al.*, 1999 ; Digregorio, 2001 ; Fanchette et Stedman, 2009) sont destinés aux couches de la population ne pouvant pas accéder au marché formel et international des produits de consommation courante. Cette industrie s'insère dans une niche de production difficile à concurrencer, car ses coûts de production sont inférieurs à ceux de l'industrie formelle, eu égard à la faible taxation des entreprises et au non-suivi du Code du travail et de la protection de l'environnement. De nombreux ateliers emploient une main-d'œuvre familiale peu payée, en parallèle à des ouvriers et techniciens spécialisés, et utilisent des matières premières secondaires moins chères. Les produits issus du recyclage dans les clusters de villages sont ainsi de moyenne et faible qualité. Cela permet de limiter la concurrence avec la grande industrie branchée sur l'export ou le marché domestique de la classe moyenne.

Insérée dans une niche domestique bas de gamme, cette industrie du recyclage innove malgré tout en adaptant les machines et les gestes à la transformation de matériaux très complexes et hétérogènes. Le tri et le démantèlement des objets pour en récupérer les matériaux font appel à des savoir-faire et des connaissances techniques demandant beaucoup d'énergie humaine. Cependant, cette industrie du recyclage villageoise peut-elle innover, élargir son marché de consommateurs en améliorant la qualité de sa production et se mettre à niveau par *upgrading* et ainsi améliorer ses conditions environnementales de production ? Si oui, quels sont les types d'entreprises qui peuvent tirer vers le haut l'innovation et la qualité des produits ? La dépendance des plus petites entreprises des clusters à certains marchés d'approvisionnement en déchets de qualité hétérogène, tel celui des *đồng nát*, ne les enferme-t-elle pas dans un type de production bas de gamme ou, comme le dit Digregorio *et al.* (1999), ces entreprises ont-elles atteint leur plafond de verre ? L'enjeu de la qualité repose entre les mains des collecteurs, des trieurs et des recycleurs.

Aujourd'hui, cette économie du recyclage, longtemps stigmate de pauvreté ou de sous-développement, revêt un caractère beaucoup plus positif, afin de renforcer la structuration de filières entières de valorisation des déchets (Durand, 2012 ; Cavé, 2015). Cependant, « rarement reconnues dans leur propre pays, les innovations sociales mises en œuvre dans les pays du Sud font ainsi parfois un retour dans les pays du Nord, notamment pour ce qui concerne la professionnalisation de pratiques de tri et de démantèlement nécessitant une main-d'œuvre spécialisée et nombreuse, disparue dans les pays du Nord après la Seconde Guerre mondiale, mais encore bien présente dans les pays du Sud. Les déchets deviennent ainsi, dans tous les pays, de réels vecteurs de développement économique et surtout de création d'emplois parfois difficilement mécanisables » (Durand *et al.*, 2015).

Ce développement du recyclage est aussi lié à celui de l'industrie. « En effet, dans un contexte de volatilité et de renchérissement des prix des matières premières, les déchets ont progressivement acquis un statut de ressource potentielle tandis que leur valorisation, notamment pour satisfaire la demande industrielle en matières premières secondaires, apparaît progressivement aux yeux des autorités publiques comme un secteur d'activité stratégique. » (Jaglin *et al.*, 2018). De déchets

« rebuts » à déchets « ressources », la transition a du mal à se faire dans l'esprit des opérateurs publics, car les contextes du recyclage ne sont pas les mêmes au Nord et au Sud. Si en Occident « le déchet est une invention de la modernité industrielle » (MONSAINGEON, 2017) et « pour la première fois dans l'histoire humaine, la mise aux rebuts fut séparée de la production, de la consommation et de l'usage » (STRASSER, 1999, citée par MONSAINGEON, 2017), en revanche dans les pays du Sud, et le cas vietnamien est exemplaire, les rebuts et les déchets sont fortement liés à l'industrie. Celle-ci en pleine croissance en a besoin pour approvisionner ses usines et notamment celles du secteur informel. L'approche environnementale du recyclage tel qu'il est considéré en Occident, à savoir la diminution du gaspillage des ressources par la réutilisation, la sécurisation de l'approvisionnement de l'industrie en matières premières, la diminution des impacts environnementaux du fait de la moindre énergie nécessaire pour transformer ces matériaux, une moindre émission de gaz à effet de serre et une limitation des enfouissements des déchets (ADEME, 2021) est en complète contradiction avec les pratiques en cours dans la plupart des pays du Sud. En effet, dans ces pays, l'absence de politiques publiques strictes en matière environnementale, la faiblesse des investissements des petites entreprises très touchées par la concurrence de l'industrie formelle et les conditions de production sont très dégradantes pour l'environnement et la santé humaine. Les machines sont souvent obsolètes, très consommatrices d'énergie carbonée, comme le charbon, et utilisent parfois le plastique ou les déchets comme combustibles.

La concurrence sur les ressources recyclables augmente entre des recycleurs informels ou artisanaux, longtemps protégés par une activité de niche, et celui des recycleurs industriels, moins préoccupés de préservation environnementale que de captation des revenus sur des marchés régulièrement agités par des raretés, ponctuelles ou structurelles, de matières premières. Intégrées dans l'économie mondiale par le biais des clusters de production dans lesquels elles sont parties prenantes, les petites entreprises rurales sont dépendantes de la fluctuation du cours des matières premières, au risque de leur survie économique. La crise du covid l'a bien montré !

Selon la doxa libérale, « les métaux ont une forte valeur et peuvent être extraits et commercialisés dans la plupart des régions du monde pour générer des profits. Le papier de qualité supérieure fait également l'objet d'une demande à bon prix, mais il s'agit d'une matière périssable et les marchés ne sont pas toujours suffisamment proches pour assurer la rentabilité des activités de collecte et de commercialisation. Les plastiques ont, quant à eux, une valeur marchande à la fois mondiale et locale, et leur capacité à être commercialisés dépend par conséquent du type de plastique dont il s'agit, de la méthode de transformation et de la qualité du tri. La viabilité économique de la chaîne de valeur du recyclage est souvent limitée par les défaillances du marché, qui donnent lieu à une demande économique locale faible ou inexistante » (SCHEINBERG, 2011, cité par OCDE, 2017).

Au Việt Nam, le taux de recyclage reste encore limité et pratiquement inexistant dans le secteur « formel » et public. La plus grande partie du recyclage des déchets de valeur est entrepris dans des clusters de villages artisanaux. Ainsi, l'organisation en cluster des villages de recyclage et l'intégration des entreprises les plus dynamiques dans les chaînes de valeur globales[1] embarquent dans la mondialisation de nombreux acteurs du secteur

1. Les chaînes de valeur globales, ou mondiales, sont des chaînes d'approvisionnement internationales caractérisées par la segmentation des activités de production entre plusieurs sites et pays. En effet, le processus de production global, à partir de l'acquisition des matières premières jusqu'à la production et la livraison du produit fini, est de plus en plus « morcelé », de sorte que chaque activité qui lui ajoute de la valeur peut être exécutée là où l'on trouve les compétences et les matériaux nécessaires à un coût concurrentiel.

du recyclage informel. La « clusterisation » des petites et moyennes entreprises des pays du Sud par leur intégration dans ces chaînes est, selon SCHMITZ et NADVI (1999), un moyen pour elles d'entrer en concurrence avec les marchés éloignés. L'étude des agglomérations d'entreprises concerne ainsi des territoires de plus en plus vastes et mobilise des approches dites transcalaires : de l'atelier aux regroupements d'entreprises sous-traitées, aux donneurs d'ordres et à l'approvisionnement en matières secondaires sur le marché international (FANCHETTE, 2017). Ainsi, de l'amont de la chaîne, où se situent la collecte et le commerce des déchets recyclables, à l'aval avec le prérecyclage et le recyclage, l'organisation du système est fondée sur une grande division du travail, la proximité entre les différents maillons de la chaîne et des relations de confiance au sein de réseaux très structurés. La collecte et le commerce des déchets urbains, avec toutes leurs étapes de production et de services (collecte, tri, stockage, commerce), font partie des clusters du recyclage et fonctionnent selon le même type de philosophie : la division du travail et la confiance au sein de réseaux fondés sur l'appartenance villageoise et familiale.

Dans cette partie, nous mettons le focus sur les matériaux afin de répondre aux questions suivantes : pourquoi, malgré un taux de recyclage croissant au Việt Nam, les entreprises moyennes des clusters de village de métier et des zones industrielles s'approvisionnent-elles sur le marché global ? Quels sont les atouts des différentes chaînes d'approvisionnement en déchets ? Quels sont les freins à l'intégration des filières de collecte et de recyclage formels et informels ? Le système informel du recyclage peut-il supporter les fluctuations du marché des matières premières et quelles sont les stratégies mises en œuvre par les parties prenantes de la chaîne de collecte et de recyclage pour ce faire ? Pourquoi les entreprises du recyclage, qui opèrent dans des conditions environnementales désastreuses, ne bénéficient-elles pas d'un soutien technique, financier et foncier des autorités, alors qu'elles recyclent une grande partie des déchets ménagers que les villes, les usines et les chantiers produisent ? Autant de questions auxquelles les approches par les acteurs ou par le territoire dans les parties 1 et 2 de cet ouvrage n'ont pu apporter de réponses.

Nous développerons une approche multiscalaire pour étudier, du dépôt de déchets hanoïens aux clusters de villages du recyclage, le rôle des réseaux locaux, nationaux et ceux du commerce international des déchets dans la dynamique et les fluctuations du marché des déchets recyclables.

Cette partie a été rédigée grâce aux recherches réalisées depuis 2017 par Nguyễn Minh Phương dans le cadre de sa thèse d'aménagement du territoire auprès de trois clusters de villages du recyclage et des enquêtes que les étudiants du projet Recycurbs-Viet ont effectuées. Les rapports qu'il a rédigés pour la compagnie Packaging Recycling Organization Vietnam (NGUYỄN MINH *et al.*, 2021) ont été utilisés. Des enquêtes plus anciennes de Sylvie Fanchette et de deux de ses anciens doctorants, DUCHÈRE (2015) et NGUYỄN-XUÂN (2008), dans les clusters de la papeterie et de la métallurgie et leurs résultats, ont nourri la réflexion.

Chapitre 10

Incertitude de la gestion locale de la collecte des déchets

Coline **Berret**, Pascaline **Fournier**, Marine **Litou**, Sylvie **Fanchette**

PREMIER niveau de la chaîne de collecte et de recyclage, les dépôts de déchets recyclables font partie du paysage urbain. Ils sont partout dans la ville de Hà Nội, on l'a vu dans la partie 2. Cela témoigne de la dynamique de cette économie de la récupération, très consommatrice de main-d'œuvre, qui s'immisce dans tous les interstices de la ville. Toutefois, s'il a été possible, dans le cadre de notre étude, de localiser les dépôts et d'en faire un recensement exhaustif, évaluer le montant et le volume des différents déchets qui y sont stockés, triés et commercialisés relève de la gageure. Nous présenterons ci-après les particularités de ces dépôts et la façon avec laquelle les matériaux y sont gérés, ainsi que les savoir-faire mobilisés par les différents individus pour en faire le commerce.

Le tri des déchets par les acteurs

Au Việt Nam, il n'y a pas de tri institutionnel organisé par les gestionnaires municipaux des déchets : ni tri à la source ni tri pas les habitants, les entreprises ou les éboueurs. Toutefois, plusieurs types de tris sont effectués de façon informelle pour la vente des déchets par les habitants, les éboueurs ou les fouilleurs dans les décharges ou les bennes qui y voient un intérêt financier par la vente aux dépôts des objets et matériaux récupérés. Très consommateur de main-d'œuvre, le tri ne peut être financé par les autorités publiques, les coûts de gestion sont déjà bien au-delà du montant des taxes qu'elles relèvent auprès des habitants. Dans l'avenir, plusieurs mesures seront mises en place (voir chapitre 19).

Les transactions entre habitants et *đồng nát*

Le système de collecte par les *đồng nát* (voir partie 1) repose sur le tri des déchets ménagers à la source effectué par les habitants (bouteilles en plastique, cannettes de boisson, vieux papiers), qu'ils mettent de côté lors du rangement de leur maison le week-end ou lors des grands ménages préalables aux fêtes du *Tết*. Ce tri suppose de la place dans les cuisines et du temps.

Une étude réalisée par une équipe de chercheurs japonais et vietnamiens en 2012 (KAWAI *et al.*, 2012) auprès d'une centaine de ménages, dans plusieurs arrondissements de Hà Nội, a montré qu'« une grande proportion des ménages a tendance à garder de façon routinière des déchets pour les vendre ou les donner aux *đồng nát* : 78 % des papiers, 76 % des plastiques, 63 % des bouteilles en verre et 87 % des métaux. 7 % des ménages réutilisent le papier journal pour emballer des déchets alimentaires et 6 % réutilisent le verre[1] ». À Pékin, les personnes âgées, marquées par l'austérité de la période

1. À cette époque, le verre faisait encore l'objet de transactions pour le recyclage.

collectiviste et moins enclines à la surconsommation comme les jeunes générations, partagent des valeurs communes autour du recyclage des objets. Les plus anciens, socialisés dans les années 1950 pour récupérer les déchets destinés à la revente à la compagnie d'État du recyclage, considèrent le tri et le recyclage comme des activités essentielles. De plus, prenant leur retraite à la cinquantaine, les fonctionnaires, surtout les femmes, pratiquent régulièrement le tri des déchets pour la revente, ce qui leur permet d'améliorer leurs faibles pensions (LANDSBERGER, 2019). Nous n'avons pas le même type d'information pour la période collectiviste à Hà Nội, mais on peut suggérer que les habitants âgés, qui ont vécu le même type de période d'austérité qu'à Pékin, partagent la même conviction sur l'intérêt du recyclage et du tri.

Les éboueurs trient aussi les déchets

Les éboueurs récupèrent des déchets valorisables en triant les sacs d'ordures que leur apportent les habitants (voir partie 1). Parfois, les habitants bienveillants trient au préalable les déchets récupérables et les leur donnent pour qu'ils ne soient pas souillés par les déchets organiques. Les éboueurs les déposent dans de grands sacs en plastique noir accrochés à leurs charrettes. Ils les retrient à la fin de leur journée de travail et les vendent aux dépôts qui acceptent ce genre de déchets de moindre qualité. Il est difficile d'évaluer le montant des déchets récupérés par les éboueurs, mais nos observations montrent que cette pratique semble généralisée.

La partie invisible récupérée par les fouilleuses

La partie invisible est récupérée par les fouilleuses dans les charrettes d'Urenco ou dans les sacs laissés par les habitants avant le passage des éboueurs. On l'a vu dans la partie 1, sans pouvoir mesurer les volumes récupérés, les fouilleuses interviennent pour récupérer les déchets valorisables dans les bennes des éboueurs et dans la rue.

La récupération des déchets enfouis dans les décharges

Même après l'enfouissement des déchets dans les décharges, un dernier tri est réalisé par les fouilleurs vivant dans les alentours du site. Celui-ci concerne surtout les sacs et les films plastiques, car une grande partie des déchets, les plus valorisables, ont déjà été récupérés par les trois types de travailleurs mentionnés ci-dessus.

Le tri des restes des restaurants pour l'élevage de cochons

Les déchets organiques représentent plus de la moitié des déchets enfouis dans les décharges. Une très faible partie est (mal) compostée dans la décharge de Kiêu Ky. Cependant, comme vu dans la partie 1, un système très innovant de récupération des restes des restaurants sert à nourrir les cochons. Avec la pandémie et la métropolisation qui repousse toujours plus loin les élevages de cochons, l'organisation de ce système est mise en péril.

Une diversité des dépôts et des filières d'approvisionnement

La plupart des dépôts achètent plusieurs types de matériaux (plastiques, papiers, cartons et métaux). Ils sont rarement spécialisés dans un seul matériau, à l'exception de quelques papetiers et commerçants de petits électroménagers. L'achat de métaux demande des savoir-faire pour reconnaître les différents matériaux dont certains sont rares et chers (cuivre). Les novices dans le métier sont susceptibles de se faire tromper par les nombreuses contrefaçons qui circulent[2]. Les *bãi* drainent seule-

2. Dans son ouvrage sur les collecteurs de déchets à Hà Nội, NGUYỄN MINH (2019), lors d'un entretien avec une gérante de dépôt, aborde la question des tromperies dans le commerce des métaux. Une fois, la gérante avait acheté pour une somme très élevée des barres de cuivre qui semblaient relativement neuves avec le nom de la marque imprimé dessus. Une fois que

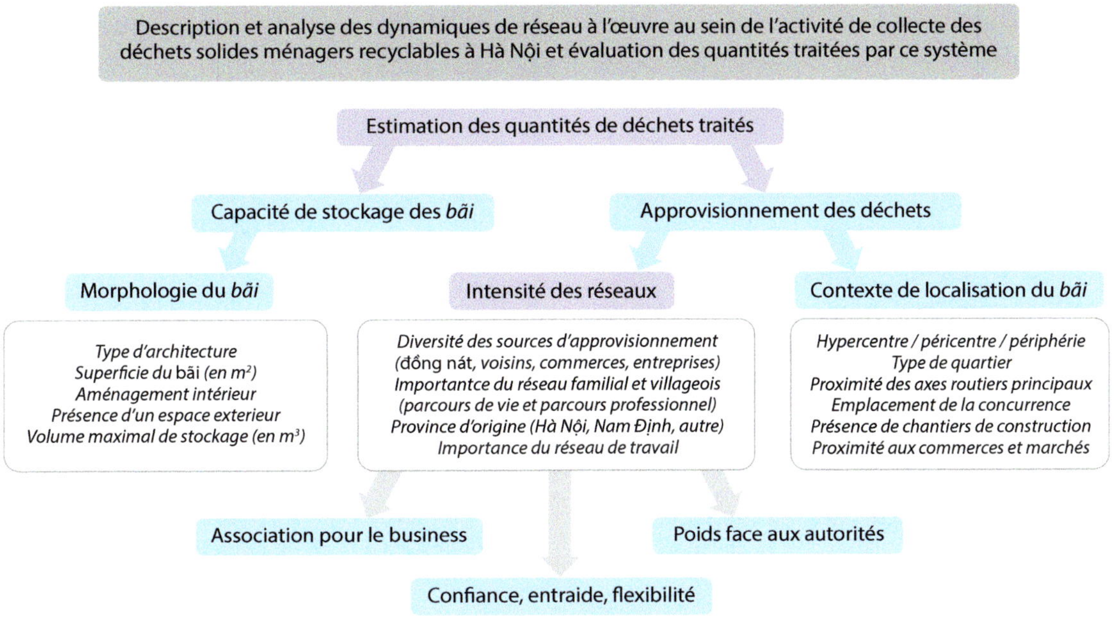

Figure 1

Méthodologie pour évaluer les volumes de déchets dans la province de Hà Nội à partir des dépôts.

Réalisation : Pascaline Fournier, avec Inkscape, 2019.

ment les matériaux recyclables de leur voisinage qui ont de la valeur sur le marché des clusters de villages de métier (papiers, cartons, métaux divers tels aluminium, fer, cuivre, et plastiques divers). Le verre a arrêté d'être commercialisé depuis quelques années, car le marché s'est tari et il n'est plus recyclé. Les déchets plastiques doivent être triés une seconde fois par types (il y en a sept) dans les villages de prérecyclage (Xà Câu et Triều Khúc) ou par des intermédiaires qui les revendront aux entreprises spécialisées dans le traitement d'un type de plastique. En effet, les villages de recyclage du plastique sont spécialisés par type de plastique et chacun possède ses propres filières d'approvisionnement.

On observe une division claire du travail entre chaque acteur, basée sur son capital socio-économique et son appartenance au réseau social commercial. Selon leur position au sein d'une chaîne de production de plus en plus fragmentée, ils peuvent acheter et collecter un volume de déchets recyclables de quelques dizaines de kilogrammes par jour (pour les *đồng nát*) à plusieurs dizaines de tonnes par mois (pour les patrons de dépôts). La capacité des gérants de dépôts à commercialiser les matériaux dépend de plusieurs facteurs : leurs réseaux de clients composés de *đồng nát*, d'entreprises, de bureaux, de magasins et de chantiers qui les approvisionnent et leur capacité à les fidéliser dans un contexte de grande concurrence dans les quartiers de l'hypercentre ; la taille de leur dépôt et leur volume de stockage ; l'accessibilité et la visibilité du dépôt ; leurs réseaux d'acheteurs et de transporteurs qui leur permettent de déstocker quand leur dépôt est plein ; le volume de main-d'œuvre qui travaille dans le dépôt (tri, démantèlement, portage, rangement…) ; la proximité

le vendeur eut tourné le dos, elle se rendit compte que le métal était du plomb coloré. De nombreux incidents de ce genre sont arrivés à ses collègues, et il n'y a aucun moyen pour les régler sur le plan juridique en raison de la zone « grise » dans laquelle se situe le commerce des déchets.

des sources de grandes quantités de matériaux, comme les zones industrielles dans les quartiers périurbains ou les immeubles de bureaux dans le péricentre dont les déchets sont volumineux et réguliers.

La proximité des chantiers de construction constitue un atout temporaire pour les commerçants de déchets. En effet, les chantiers sont éphémères, mais ils offrent de très gros volumes de matériaux, surtout des métaux qui rapportent beaucoup et sont plus denses et pondéreux.

À l'origine, le projet Recycurbs-Viet avait envisagé de mesurer la part des volumes de déchets collectés et commercialisés par les dépôts en se basant sur des enquêtes qualitatives. Les résultats auraient permis de généraliser ces données en se basant sur les statistiques offertes par la base de données des dépôts. Pascaline Fournier, stagiaire en master 2 de l'université de Paris, a expérimenté cette méthode (**figure 1**).

Cependant, les enquêtes ont montré la très grande diversité des volumes de déchets commercialisés par les *bãi*, ainsi que les variations saisonnières de ces volumes : l'équation entre les différents facteurs mentionnés dans la figure 1 est complexe. Ainsi, le volume mensuel des matériaux acheté par les différents dépôts étudiés varie entre 5 et 80 t. Ce chiffre très élevé de 80 t a été annoncé par un gérant de *bãi* qui sert parfois d'intermédiaire à un transporteur allant chercher directement les gros volumes de matériaux à la source sur les chantiers où ils ont des contacts, par exemple (entre 4 et 5 t), pour les amener vers les villages de recyclage. Ces matériaux ne transitent pas par les dépôts dont la capacité de stockage est limitée. La distribution des types de matériaux par volume et par mois dans les dépôts que nous avons enquêtés dans les trois couronnes de la ville sont : pour les métaux entre 2 et 5 t (un à deux camions), pour le plastique entre 20 et 40 sacs de 20 kg, soit entre 400 et 800 kg, et pour le papier et le carton entre 1 et 15 t, avec un pic pour les dépôts spécialisés dans le papier de 7 à 8 t par jour (dans ce cas, les commerçants de déchets de papier sont en général originaires ou bien connectés avec les villages du recyclage du papier). On remarque que ces chiffres sont très variables selon les types de quartiers, mais ils dépendent des nombreux facteurs cités plus haut[3]. Certains gérants de dépôts de déchets de Hà Nội ont à leur disposition des camions pour acheminer les déchets vers les villages artisanaux de recyclage, mais aussi pour récupérer les matériaux des *bãi* avec lesquels ils sont affiliés. La gérante d'un dépôt dans le KTT de Nguyễn Công Trứ est l'un de ces cas, la capacité du camion de ses patrons est d'environ 1 à 3 t et transporte principalement papiers et cartons.

La liste des objets commercialisés est très longue. Il y a tout d'abord les métaux, composés de cannettes de boisson, de tiges et de barres de fer originaires des chantiers de construction, de la vaisselle et des ustensiles de cuisine, des fils de cuivre et de métaux précieux récupérés des composants de machines, des fils électriques et des ordinateurs. Les déchets électroniques et les pièces du petit électroménager rapportent beaucoup, car des feuilles d'or entourent certaines pièces, tandis que les fils électriques sont en cuivre. Ce dernier se revend parfois jusqu'à un million de VNĐ le kilogramme. Les gérants de *bãi* insistent sur le fait qu'ils commercialisent des déchets non dangereux. Ils traitent aussi des matériaux plus volumineux, tels les papiers et cartons, qui occupent une grande partie des dépôts. Ces rebuts sont très variés et composés de boîtes en carton, de sacs de ciment, d'emballages en papier kraft, de cahiers, de livres, de journaux, de papiers administratifs et de rouleaux en carton. Enfin, les plastiques sont classés en sept types et comptent beaucoup d'objets de la vie quotidienne : des bouteilles d'eau et autres boissons, des bouteilles de lessive et autres liquides, de la vaisselle, des bassines, des jouets, des tuyaux en PVC, de l'électroménager, des parties de véhicules, des tabourets et des chaises, des savates, des sacs et des sachets. Les sacs à usage unique et les emballages de nourriture en plastique très fin ne sont pas commercialisés car, très légers et volumineux, ils ne sont pas rentables.

3. Enquêtes qualitatives effectuées par les étudiants en master de la JEAI et Sylvie Fanchette.

Photo 1
Nuit et jour, les éboueurs viennent vendre des déchets dans les *bãi* (2021).

Le rythme de la collecte par les commerçants de dépôts varie selon les saisons, les jours et les moments de la journée. Cela crée un stress pour l'utilisation des espaces publics que sont les trottoirs. Le week-end est chargé car les habitants nettoient leur maison. Un *bãi* de l'hypercentre dit qu'il reçoit quotidiennement dix à quinze clients en semaine et vingt le week-end. En fin d'année, avant le *Têt*, c'est le moment du grand ménage des maisons lors duquel les foyers apportent le plus de déchets. On remarque aussi une saisonnalité de l'apport de déchets : lorsque c'est la saison des pluies, les *đồng nát* travaillent moins et donc les dépôts reçoivent moins de déchets (44).

Les *bãi* sont approvisionnés par plusieurs sources

Les *đồng nát*

La plupart des *bãi* sont approvisionnés en déchets par cinq à quinze *đồng nát* en moyenne par jour. Quelques rares dépôts ne travaillent pas avec elles et vont chercher eux-mêmes les déchets auprès de leurs clients (entreprises, bureaux, magasins ou chantiers). Ils préfèrent supprimer un intermédiaire dans la transaction et parfois aussi dans le transport. Ainsi, certains gérants de *bãi* qui ont un véhicule vendent directement leurs déchets aux recycleurs. Commercialiser directement avec des producteurs de déchets, plutôt qu'avec des collectrices, leur permet d'exercer une pression à la baisse sur le prix d'achat (ces commerçants ne sont pas aussi vulnérables que les collectrices qui n'ont que de métier comme revenu). Les gérants du *bãi* s'octroient une certaine marge de bénéfice lors des transactions.

Les habitants du quartier

Les voisins viennent régulièrement apporter au *bãi* les matériaux dont ils veulent se débarrasser, soit sous forme de dons, soit pour la vente. « Les riches habitants viennent parfois lui donner des déchets, mais la classe moyenne et les pauvres les lui revendent. Mais cela dépend aussi de la personnalité : un riche peut revendre ses déchets. Quand les gens déménagent, ils donnent ou vendent beaucoup de déchets. Soit ils font appel à des *đồng nát*, soit à des gérants de *bãi* avec lesquels ils entretiennent de bons contacts. » (37). Lorsque ce sont les habitants qui viennent vendre directement leurs déchets, les propriétaires du *bãi* les leur achètent moins cher qu'aux collectrices pour plus de justice envers ces femmes, dont c'est le métier.

Les chantiers

Une autre source importante de déchets vient des chantiers de construction (tiges et barres en métal, fils électriques, tuyaux et gaines en PVC et autres plastiques). Les matériaux recyclables récupérés après destruction d'un bâtiment peuvent valoir jusqu'à des milliards de VNĐ. La mafia récupèrerait la plus grosse partie de ces déchets, notamment ceux issus des chantiers des grands groupes du bâtiment. Certains commerçants et collecteurs se plaignent qu'il ne leur reste que les matériaux les moins valorisables (37). Les gérants qui ont un camion passent généralement chercher directement sur le site sans passer par les collectrices.

Il est difficile d'évaluer le volume par type de déchet que les *bãi* commercialisent en raison du rapide *turnover* des matériaux dans les petits dépôts qui ont besoin de déstocker régulièrement pour faire de la place. Les transporteurs, qu'ils soient des intermédiaires ou des gérants de *bãi*, font la tournée quotidiennement de plusieurs dépôts pour remplir un camion et aller vendre les matériaux dans les villages artisanaux. Un gérant du péricentre affirme que le transporteur établit un contrat avec trois ou quatre *bãi* travaillant ensemble pour organiser ses tournées d'achat.

Cas d'un *bãi* spécialisé dans la collecte de papier

Le gérant de *bãi*, originaire de Hà Nội (25), collecte environ 7 à 8 t de papier par jour. Selon lui, la capacité d'un petit *bãi* de moins de 100 m² est d'environ 1 à 2 t par jour. Le patron a des relations pour s'approvisionner en déchets de papier auprès d'intermédiaires qui en achètent dans plusieurs sites à Hà Nội et les lui revendent. Ces intermédiaires sont originaires de Bình Đà, un village de métier de l'ancienne province de Hà Tây (maintenant Hà Nội) qui fabriquait autrefois des pétards et auquel le gérant vendait ses papiers. Depuis les années 1990, la fabrication des pétards est interdite et les artisans ont perdu leur métier, certains se sont reconvertis dans le commerce et la collecte des papiers usagers. Le gérant a également des relations avec les supermarchés et les usines d'emballage qui peuvent lui fournir des cartons.

Cas d'un *bãi* spécialisé dans le petit électroménager

Le *bãi*, tenu par un couple originaire de Nam Định (8), achète principalement des appareils électroménagers, appareils électriques en panne et, dans une moindre mesure, des cartons, des papiers et de la ferraille. Les gérants tirent principalement leurs revenus de la réparation d'équipements électriques, de leur qualité d'intermédiaires entre les particuliers souhaitant se débarrasser de leurs objets usés et de ceux souhaitant en acheter d'occasion une fois réparés. Les habitants du quartier

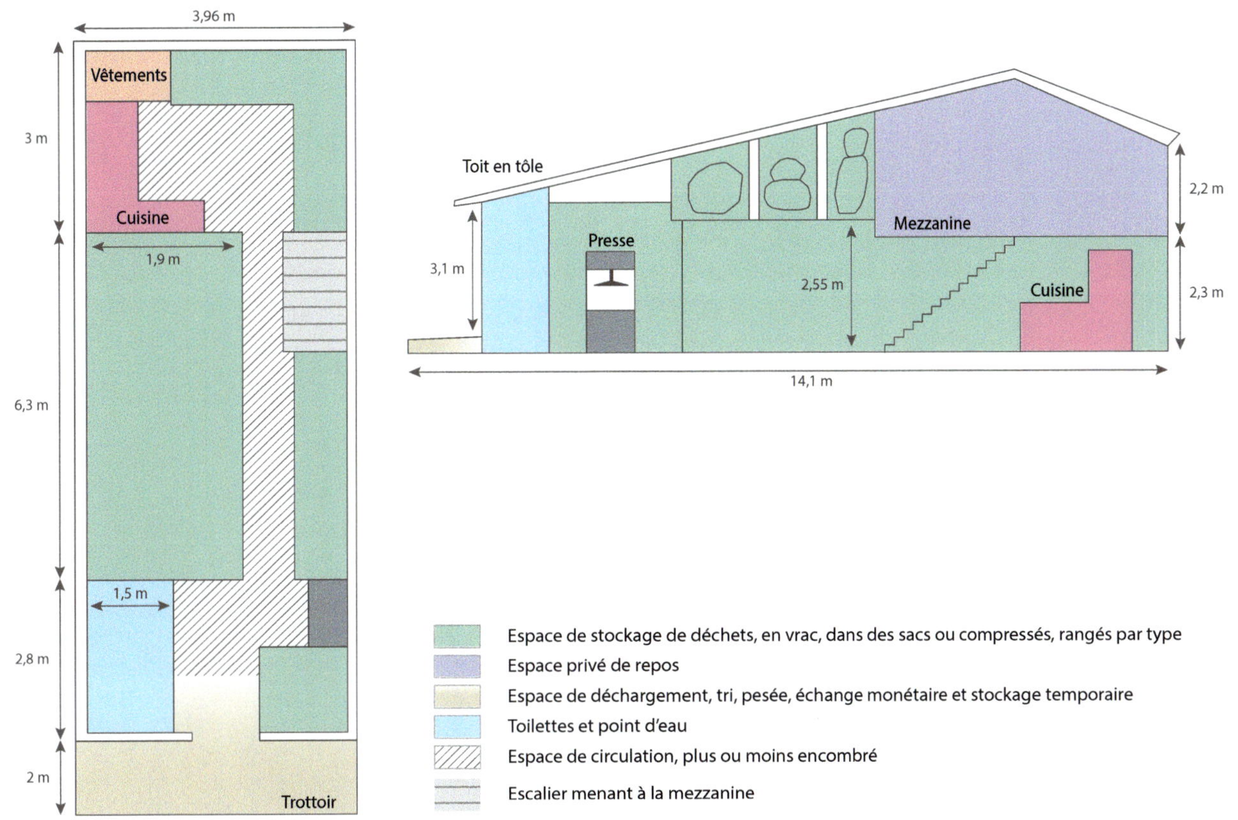

Figure 2
Organisation spatiale ordonnée d'un dépôt de l'arrondissement de Hà Đông.
Réalisation : Coline Berret à partir de plans réalisés par Minh lors de l'enquête du 25 avril 2019.

leur apportent directement leurs matériaux et objets usés. Le mari se charge de collecter et réparer les objets (ventilateurs, réfrigérateurs, fours, télévisions, etc.).

L'organisation intérieure des dépôts de déchets

Dans les dépôts, les déchets sont triés par types de matériaux et revendus à des transporteurs ou directement dans les villages de métier du recyclage. Les dépôts de déchets, à la fois lieu de travail, de stockage et de vie pour leur propriétaire, s'organisent de façon à optimiser l'espace qu'ils occupent, intérieur comme extérieur. À l'intérieur, la majorité de la surface disponible est dédiée au stockage de différents déchets ou matériaux triés par types : les plastiques (PET, PP, PVC...), les métaux (fer, aluminium, cuivre...), le carton et le papier, l'électroménager, etc. La variété et la quantité de déchets stockés dépendent de l'espace disponible, des sources d'approvisionnement, du capital financier et du réseau de revente du propriétaire. Selon son capital, le propriétaire peut posséder dans son dépôt des outils et machines permettant de réduire la taille et le volume des déchets et ainsi d'en stocker davantage. La presse à métaux, machine la plus couramment utilisée dans les dépôts, constitue un investissement rentable en temps et en énergie. Les lieux de vie des propriétaires, qui habitent pour la plupart dans le dépôt avec leur famille lorsque les enfants ne sont pas restés au village avec les grands-parents, s'insèrent dans

Photo 2
Le rangement méticuleux de l'intérieur d'un *bãi* à Hà Đông (2016).

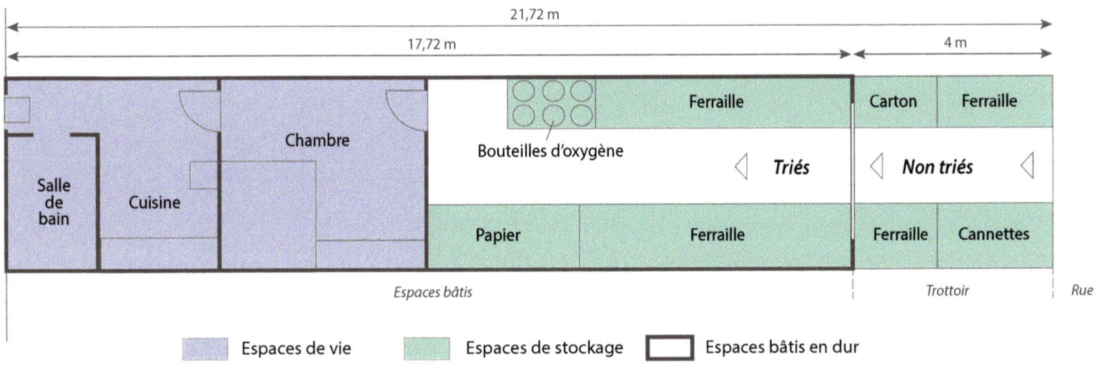

Figure 3
Organisation spatiale d'un dépôt d'An Khanh, dans le district de Hoài Đức.

Dépôt avec une partie construite d'une superficie de 70 m² (35 m² pour les déchets et 35 m² pour les pièces de vie) et équivalent à 173 m³ (85 m³ pour les pièces de vie et 88 m³ pour le stockage des déchets). À l'intérieur du dépôt, chaque type de matériaux a son espace dédié. La partie non construite, située de l'autre côté de la route et dédiée au stockage informel de déchets encombrants, est d'une superficie de 140 m². Cet espace a été négocié avec les autorités du quartier ; il est toléré car An Khanh n'est pas un quartier central, la pression foncière y est moins rude. À cela s'ajoutent les 15 m² d'espace de stockage sur le trottoir situé devant le dépôt.

Dessin : Phạm Vũ Minh Châu et Pascaline Fournier, 2019.

les espaces restants. Souvent, une mezzanine privatise un espace restreint de repos (**figure 2**). Pendant la journée, l'espace est partagé avec les différents acteurs qui interviennent dans les dépôts : les aidants familiaux, les employés et les collectrices.

Malgré des différences de superficie, l'organisation de ces dépôts de déchets est toujours plus ou moins similaire. Dans la majeure partie des cas, les gérants des dépôts habitent sur leur lieu de travail. Cela implique alors une cohabitation et une organisation particulière des pièces de vie avec les espaces dédiés au stockage des déchets.

Sur les données que nous avons récoltées, nous nous sommes aperçus que 20 à 30 m² étaient en général occupés par des espaces de vie (toilettes, chambre, cuisine), le reste étant dédié au stockage des matériaux. Les pièces de vie sont séparées de l'espace de travail, en général positionnées plutôt vers le fond du dépôt, et des espaces dédiés au stockage des déchets situés plus en avant. Les déchets ne sont pas disposés de manière aléatoire, mais bien réfléchie. En effet, chaque type de matériaux dispose de son espace dédié afin que le chargement du camion, lors de l'évacuation des déchets, soit plus facile. Les mezzanines sont plus souvent occupées par des sacs de déchets que par des matériaux « en vrac », sûrement plus simples à soulever. Enfin, les déchets sont disposés dans des espaces différents selon qu'ils viennent d'être apportés par des *đồng nát* ou des voisins, qu'ils soient triés ou qu'ils soient prêts à repartir en camion vers les villages de recyclage. Le trottoir situé devant l'entrée du *bãi* est réservé à l'arrivée des déchets : ils sont réceptionnés par les chefs de *bãi* ou les aidants familiaux, triés, pesés, enregistrés et monnayés. Ils sont ensuite déplacés vers leurs espaces de stockage respectifs à l'intérieur du dépôt ou bien dans des espaces annexes, souvent situés de l'autre côté de la voie de circulation ou sur les toits. Là, ce sont souvent des matériaux encombrants qui y sont entreposés, comme l'électroménager (frigidaires, machines à laver...) (**figure 2**). Les déchets prêts à partir vers les villages de recyclage sont placés de manière accessible afin que le chargement du camion se fasse de manière aisée, fluide et donc sur un laps de temps restreint. Toutefois, une différence entre les quartiers centraux et les quartiers périurbains se fait sentir : alors que les dépôts du centre-ville de Hà Nội ne peuvent en aucun cas stocker des déchets à l'extérieur durant la nuit, car en plus d'être interdit cela peut perturber la circulation et dégrader le paysage urbain, cet acte est en pratique plus toléré dans les districts périurbains, ce qui n'empêche pas les autorités de réclamer une contrepartie financière pour cette « dérive ».

Finalement, ces estimations de superficie et de volume des dépôts et des déchets ont servi à déterminer la capacité de stockage d'un *bãi*, sur la base d'une donnée de superficie. Ainsi, peu importe la superficie du dépôt, environ 30 m^2 sont toujours destinés aux espaces de vie, le reste étant dédié au stockage des déchets. Les *bãi* n'atteignent presque jamais leur capacité maximale de stockage, car ils évaluent le remplissage de ceux-ci avant qu'ils n'arrivent à saturation, et ce afin d'anticiper l'appel des transporteurs pour vider le dépôt de certains types de matériaux. Plus le *bãi* est petit, plus le passage des camions doit être fréquent afin de libérer de la place et permettre l'accueil de nouveaux matériaux. Dans les districts ruraux, les *bãi* étant en moyenne plus spacieux, et les possibilités de stockage à l'extérieur moins restreintes, leur capacité de stockage est plus grande et les transporteurs ont moins souvent besoin de venir chercher les matériaux.

Chapitre 11

Hétérogénéité des filières d'approvisionnement en déchets

Nguyễn Minh Phương, Sylvie **Fanchette**, Jean-Daniel **Cesaro**, Marine **Litou**, **Bạch** Hoàng Vinh, Coline **Berret**, Louise **Alvergnat**

Les clusters de villages du recyclage s'approvisionnent sur plusieurs marchés locaux, nationaux et internationaux, dont l'importance varie selon les types de matériaux (papier, plastique ou métaux) et les fluctuations des marchés au niveau international. La part du marché des *đồng nát*, pourtant local et bien organisé par les collecteurs et commerçants au sein de filières migratoires à l'aval des clusters, diminue de plus en plus face à l'ampleur des importations et du développement industriel vietnamien producteur de déchets d'emballages et de chutes ou malfaçons. Les différentes filières très fragmentées sont sollicitées de façons inégales par les entreprises et les ateliers des clusters aux envergures très hétérogènes. Les chiffres estimés par l'étude de l'université de Hochschule Bremen en 2009 ne représentent plus la réalité du marché actuel, eu égard à l'importance de l'import et de l'achat auprès des parcs industriels *via* les compagnies de l'environnement : « les villages de métier absorbent une grande partie des papiers, des métaux et des plastiques usagés et s'approvisionnent à 80 % sur ce marché ».

L'accès inégal des ateliers et des entreprises de recyclage aux déchets accentue leur hétérogénéité et leur capacité à se mécaniser et innover : la qualité des produits dépend en grande partie de celle des déchets et de la nature du tri. En 2003, dans le cluster de la papeterie de Phong Khê, un informateur affirmait que seules les entreprises qui avaient réussi à accéder aux réseaux de commerçants de déchets pouvaient mécaniser leur production (131). Les fours de métallurgistes et les chaînes de cuisson de papier tournent jour et nuit et absorbent plusieurs tonnes de déchets par jour.

Des dépôts vers les villages du recyclage

On a estimé le volume mensuel des matériaux achetés par les différents dépôts étudiés à une fourchette très large qui varie de 5 à 80 t, avec une moyenne de 10 t par mois, tandis que le nombre des dépôts recensés dans la ville-province est d'environ 1 115 (voir partie 2). Plus on s'éloigne du centre-ville, plus les volumes de déchets commercialisés par les dépôts s'élèvent. Cependant, ces chiffres trop vagues rendent difficile une estimation des volumes mensuels de déchets commercialisés par le « marché des *đồng nát* » pour toute la province de Hà Nội, mais il donne une idée de leur importance. La plupart des déchets et matériaux collectés par les dépôts de Hà Nội sont revendus vers les villages artisanaux du recyclage de la province et de celles voisines de Bắc Ninh et Hưng Yên. Certains vendent leur ferraille à des entreprises de Thái Nguyên, province montagneuse du nord du Việt Nam et berceau de l'industrie sidérurgique du pays établie depuis l'époque collectiviste[1]. Le secteur informel à Hà Nội collecte environ 20 % des déchets ménagers recyclables produits par les habitants de la ville, plus une part des déchets de la construction.

La vente se fait de trois façons : 1) soit le ou la gérante du dépôt contacte un transporteur lorsqu'il a une quantité suffisante pour remplir un camion de 2 t (carton ou ferraille) ou vingt sacs en plastique ; 2) soit le transporteur (gérant de dépôts ou commerçant) fait le tour de plusieurs dépôts pour remplir son camion. Certains transporteurs sont en lien avec les usines de la métallurgie de Thái Nguyên qui passent une fois par mois dans les dépôts avec lesquels ils ont l'habitude de faire des affaires (9) (35). Dans les dépôts du centre-ville, où la place manque, les gérants cherchent à déstocker rapidement pour faire de la place aux achats à venir et remplissent rarement un camion de 2 t. Ils essayent de vendre le plus vite possible afin de limiter les risques liés au stockage des déchets (incendies, nuisibles, etc.). Les gérants de dépôts qui disposent d'un camion passent une grande partie de leur journée à transporter les différents types de déchets dans les villages du recyclage et à faire le tour des dépôts avec lesquels ils sont en lien pour remplir leur véhicule. En général, ils laissent le transport des plastiques à des intermédiaires originaires de Triều Khúc ou de Xà Cầu qui circulent de jour avec les charrettes tirées par des motos en mauvais état[2]. Ces commerçants chargent plus d'une dizaine de gros sacs remplis de déchets plastiques et peuvent s'immiscer dans les ruelles de la ville sans difficulté et à toute heure de la journée, contrairement aux camions. Les plastiques seront triés et broyés en paillettes avant d'être vendus dans les ateliers de recyclage (voir pages 242 et 243) ; 3) soit un gérant de dépôt en lien avec un chantier envoie un transporteur récupérer ses achats sur place pour l'envoyer directement vers le village, sans transiter par le dépôt.

Les dépôts spécialisés dans un seul matériau, le papier par exemple, peuvent avoir des relations privilégiées avec des intermédiaires ou des usines. Tel ce dépôt tenu par un couple dont la femme est originaire du cluster du papier de Phong Khê et qui avait autrefois un contrat de partenariat avec une compagnie de papier japonaise qui l'a mise en relation avec l'usine de papeterie de Bãi Bằng (province de Phú Thọ) (25).

Toutefois, ces schémas de vente peuvent varier lorsque les prix des matériaux baissent. C'est le cas d'un gérant qui affirme que lorsque les prix baissent il essaie de vendre lui-même ses déchets, même si la quantité est insuffisante pour remplir un camion. Un gérant de dépôts dénonce toutefois la plus-value réalisée par les intermédiaires (5 % du prix des matériaux) et affirme que parfois il y a plusieurs intermédiaires, notamment lorsqu'il faut réaliser une ou plusieurs étapes de tri qui élèvent le coût des matériaux à destination.

Autrefois, les camions de 3 t pouvaient circuler dans la ville, mais le tonnage a été réduit à 2 t sur décision des autorités municipales afin de s'adapter au milieu urbain, ce qui limite la capacité des dépôts et des transporteurs à commercialiser les déchets issus de la ville de Hà Nội. Les prix sont fixés par les entreprises des villages de métier et donc par les transporteurs.

1. Après la libération du Việt Nam en 1954, Thái Nguyên est devenu un grand centre industriel du Nord grâce aux investissements étatiques dans la métallurgie. Le Thai Nguyễn Iron and Steel Complex fut établi en 1958, grâce à des aides techniques de la Chine pour une production annuelle de 100 000 t d'acier. Cette province est devenue le grand centre de la sidérurgie avec la construction de nombreuses usines à l'époque collectiviste. Avec l'ouverture économique dictée par les réformes du *Đổi mới*, les entreprises ont rencontré de grandes difficultés et la production a fortement baissé. Les investissements étrangers dominent actuellement la production (93 %).

2. Les commerçants choisissent ce type de moto car si la police les arrête, en raison du trop grand volume de chargements, elle ne sera pas tentée d'immobiliser ces véhicules qui ne valent plus grand-chose.

Photo 1
Le transport des plastiques en vieille moto-charrette vers Xà Cầu (2020).

Les camions n'ont pas le droit de circuler dans la capitale avant 18 h. Ceux appartenant aux propriétaires de *bãi* peuvent charger quand ils veulent, mais attendront 21 h pour sortir. Ils effectuent leurs tournées la nuit, faute de quoi ils doivent payer des amendes. Si les camions ne dépassent pas le poids autorisé (2 t), ils partent vers la province de Bắc Ninh vers 21 h. S'ils dépassent le poids autorisé, ils attendent 5 h du matin, heure à laquelle les contrôles sont moins fréquents (56).

Il est difficile d'évaluer la part des déchets originaires des dépôts, mais nous pouvons offrir une estimation pour le cluster d'aluminium de Văn Môn. À Mẫn Xá, dans le village des recycleurs, on compte environ 40 ménages sur un total de 600 qui commercialisent les déchets. Certains font le tour de plusieurs dépôts de la province de Bắc Ninh et de Hà Nội puis rentrent au village[3].

3. Si on suppose que chaque ménage de commerçants de ferraille de Mẫn Xá peut faire un ou deux trajets en camion de 2 t par jour vers Hà Nội pour s'approvisionner auprès des dépôts de déchets, on estime qu'ils achètent au maximum 4 t de déchets par jour, soit 160 t par jour pour les 40 commerçants du cluster. Ce montant représente moins de 25 % des besoins des entreprises de recyclage de Mẫn Xá.

Les restes alimentaires de la ville pour les éleveurs vulnérables

Les déchets alimentaires dans la province de Hà Nội

Travailler sur une quantification des déchets alimentaires à Hà Nội suppose de manipuler des données officielles et des estimations dont on ne connaît pas nécessairement l'unité géographique de mesure. En effet, Hà Nội est un toponyme polysémique qui peut à la fois référer à la région-municipalité (étendue en 2008) et à la ville (entité territoriale composée de quartiers urbains). Cette distinction est importante car elle peut associer, dans le premier cas, des quartiers urbains avec des districts ruraux (8 millions d'habitants) ou, dans le second, ne considérer que les quartiers urbains (4 millions d'habitants).

Le ministère de l'Environnement (Monre) rend accessibles certaines statistiques au niveau national, différenciant notamment les déchets municipaux solides (DMS) des déchets solides ruraux (DSR). Plus généralement, Urenco donne des statistiques sur son territoire de compétence qui se concentre plutôt dans les quartiers urbains. Pour la province d'Hà Nội, HOANG TRUNG *et al.* (2015) reprennent l'estimation de 2 372 500 t de DMS issue d'un rapport de l'Urenco de 2011 à l'échelle de la région (*province level municipality*). La région d'Hà Nội comptait à l'époque 6,7 millions d'habitants, soit une production de 900 g de DMS par habitant et par jour. NGUYỄN HUU et FOGARASSY (2020) annoncent le chiffre de 3 149 723 t de DMS pour une population de 7,8 millions d'habitants, soit une production de 1,1 kg par habitant en 2018. La production de DMS a donc augmenté de 22 % par habitant et de 32 % à l'échelle de la région en un peu moins de dix ans.

Selon le ministère de l'Environnement, 70 % du poids de ces déchets bruts (50 % en poids sec) se compose de déchets alimentaires, soit 630 g par habitant et par jour en 2011 et 770 g en 2018. Ce ratio généralement admis dans les statistiques vietnamiennes est issu d'une étude de terrain qui a quantifié, au niveau des décharges, la part de déchets alimentaires dans l'ensemble des DMS. Cette statistique ne renseigne pas la part non collectée de ces déchets pourtant produits à l'échelle de la région. Urenco admet généralement que 85 % des DMS sont collectés, le reste étant récupéré par d'autres acteurs liés à des filières de recyclage. Dans le cas des déchets alimentaires, la situation sur le terrain vient un peu atténuer l'importance de la collecte officielle.

Chen Liu a réalisé une étude sur la gestion de ces déchets au niveau des ménages. Après enquête, elle a déterminé qu'un ménage urbain produisait environ 1,2 kg de déchets alimentaires par jour. L'étude ne donne pas le nombre moyen de personnes par ménage. La moyenne vietnamienne se situe autour de 3,5 personnes par ménage, ce qui indiquerait une production de 400 g quotidiens par habitant. Cependant, cette étude ne prend pas en compte les déchets générés hors ménages, notamment au niveau des restaurants et des marchés, ce qui indiquerait au moins une production moyenne de 700 g quotidiens par habitant au niveau des restaurants et des marchés. En zone rurale de la province d'Hà Nội, Chen Liu constate que les ménages génèrent en moyenne 1,6 kg de déchets alimentaires par jour, soit 450 g par habitant et par jour. Cette différence s'expliquerait par la taille des ménages en zone rurale (LIU et NGUYỄN THANG, 2020).

La principale différence entre la gestion des déchets alimentaires au niveau des ménages urbains et ruraux se situe dans leur réutilisation pour l'agriculture. En effet, dans les districts ruraux, la moitié est utilisée pour l'alimentation animale et environ 30 % sont compostés. En ville, en revanche, 60 % sont évacués par des opérateurs comme Urenco ou des travailleurs informels. Il n'en reste pas moins que 10 % sont utilisés en alimentation animale et le reste est composté. En extrapolant ces chiffres à la population rurale et urbaine d'Hà Nội, il y aurait environ 800 000 t de déchets alimentaires produits par an par les ménages et recyclés soit en alimentation animale, soit en compostage. Cela représenterait 60 % de ces déchets issus des ménages ou encore 40 % des DMS générés par les ménages. Difficile de discuter la statistique officielle du taux de collecte par Urenco sans prendre en compte la production des déchets alimentaires issus de la restauration collective et des marchés. Il est donc facile de comprendre que la quantification sur la base d'enquêtes et de statistiques officielles reste un exercice complexe, mais néanmoins nécessaire pour avoir en tête des ordres de grandeur.

Les déchets alimentaires issus des restaurants et marchés

À Hà Nội, la restauration collective et celle de rue font partie de la culture populaire et du paysage urbain traditionnel. Le développement de nouveaux quartiers urbains et l'apparition des gratte-ciel avec des centres commerciaux modifient la géographie de l'alimentation telle qu'elle a pu se développer avec l'ouverture économique du pays depuis les années 1980 jusqu'aux années 2010. La ville se compose aujourd'hui d'une offre abondante de formes de restauration allant des restaurants populaires (*cơm bình dân*) et des brasseries (*bia hơi*) aux grands restaurants luxueux, pour les mariages notamment, en passant par les nouvelles chaînes de restaurations rapides (KFC, Lotteria, etc.) et les cafés. L'alimentation de base reste le riz avec des légumes, un peu de viande ou de poisson en bouillon ou « sec ». Il ne faut pas oublier dans cette restauration collective les cantines d'école représentant un volume très important, car les moins de 14 ans forment 26 % de la population.

La production de déchets alimentaires issue de la restauration collective et des marchés a été peu étudiée jusque-là. En 2015, une étude a été menée auprès d'une large gamme de restaurants pour quantifier la génération de ce tye de déchets. Les restaurateurs étaient questionnés sur la quantité et la qualité des déchets, mais aussi sur leur mode de gestion et d'externalisation. Les données recueillies sont déclaratives et ne correspondent pas à des pesées. Néanmoins, les enquêtes nous donnent des ordres de grandeur notamment sur les volumes. En effet, les restaurateurs entreposent les déchets alimentaires le plus souvent dans des bidons en PVC bleu. Ces bidons ont des contenances normées : 10, 20, 40, 60, 80 et 100 l.

Selon l'étude, les restaurants déclaraient produire 30 kg de déchets alimentaires par jour en moyenne, mais il y a fort à parier que les restaurateurs évoquaient le volume et non la masse. Ainsi, il faudrait conserver l'idée de 30 l de déchets quotidiens par restaurant. La masse de ces déchets étant en moyenne de 0,7 kg par litre, soit 20 kg environ. Selon le nombre de places dans le restaurant, l'étude conclut que la production de déchets par consommateur varie entre 250 et 400 g.

La composition des déchets alimentaires issus des restaurants a été estimée au dire de personnes interviewées comme suit : 60 % des déchets sont du riz cuit (donc gonflés par l'eau), 20 % des légumes et 20 % de la viande, du poisson, des os ou des abats. Pour être plus précis, il faudrait séparer les déchets « restes de cuisine », issus de la transformation des aliments pour nourrir les clients, de ceux laissés dans l'assiette par les clients. Cette distinction n'a pas été réalisée dans l'étude. De même, les marchés de gros et les marchés de détail n'ont pas été enquêtés ; ils représentent pourtant un volume conséquent de déchets pour les municipalités.

L'enquête au niveau des restaurateurs a révélé que 90 % des restaurants à Hà Nội ne jettent pas aux ordures les déchets alimentaires, mais les donnent ou les vendent à des collecteurs privés. Ces collecteurs qui sillonnent la ville matin et soir viennent récupérer ces déchets pour les valoriser en alimentation animale dans des fermes porcines, avicoles ou piscicoles en périphérie de la capitale. Les restaurateurs ont des contrats moraux avec les collecteurs. Ces contrats tacites définissent des termes d'échange où le déchet est valorisé en moyenne à 350 VNĐ par litre (un centime d'euro). Ce n'est évidemment pas une valeur marchande puisqu'au niveau des restaurateurs les revenus tirés des déchets sont utilisés pour motiver le personnel à trier. Les revenus globaux tirés par un restaurant ne dépassent pas 100 euros par mois en moyenne. En revanche, les restaurateurs ont intérêt à maintenir ce système puisqu'ils évitent ainsi une trop forte taxation de la part d'Urenco. Les collecteurs et les éleveurs situés en périphérie bénéficient d'un ratio bon marché, mais qui impose un certain nombre de contraintes.

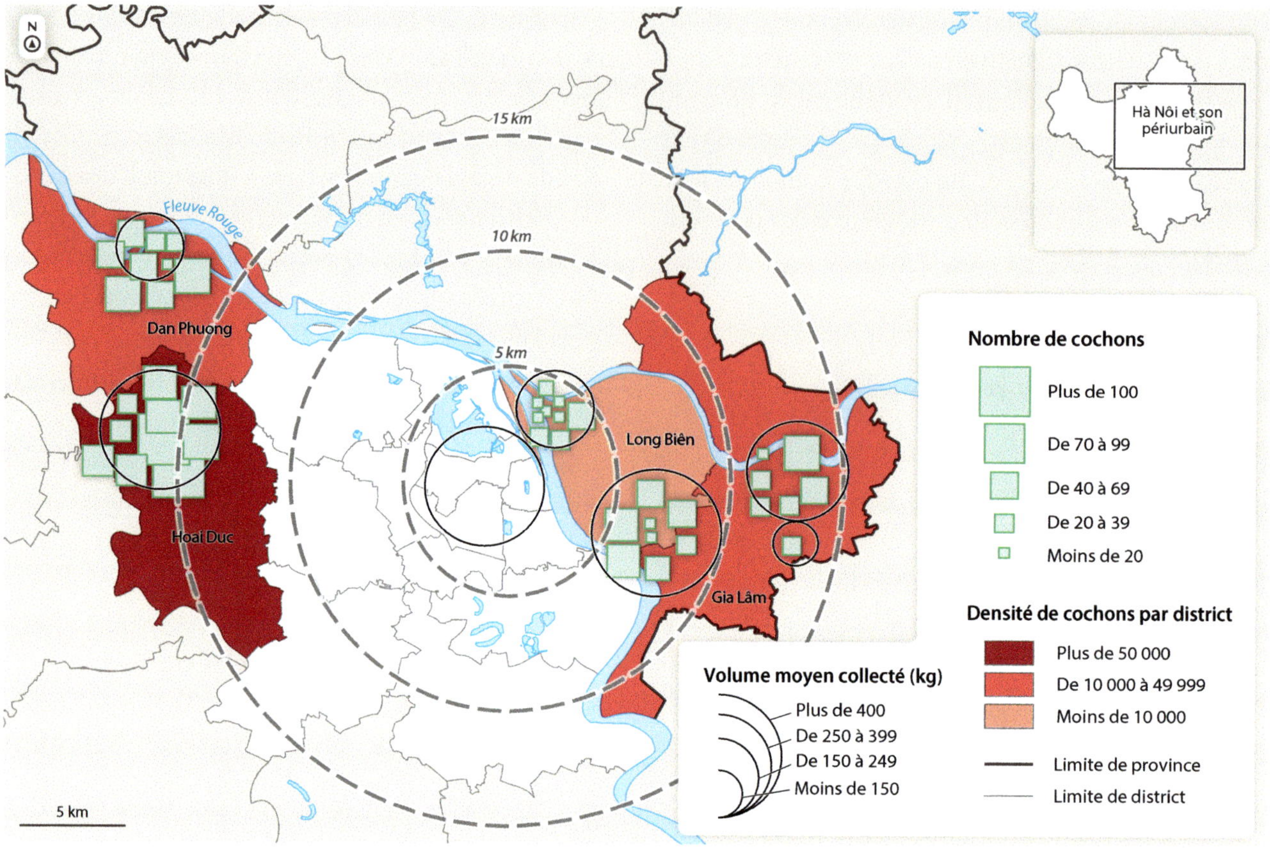

Carte 1

Nombre de cochons dans les districts périurbains étudiés de Hà Nội en 2016.

Réalisation : Timothée Cantard, 2016.
Source : enquêtes projet Blue Barrel, Cirad.

La durabilité du recyclage des déchets alimentaires pour l'élevage

L'intérêt économique d'utiliser les déchets alimentaires de façon sûre réside dans la production de viande et de fumier avec un même apport en ressources, là où le compostage ne génère qu'un seul produit. Aussi il y a le temps de digestion. Le passage par l'animal produit quasi automatiquement du lisier qui peut être utilisé ensuite en pisciculture, notamment dans les systèmes VAC (association élevage, pisciculture, agriculture) ou en agriculture avec une période de repos ou de compostage. Il y a donc de multiples boucles agroécologiques issues du recyclage de matières permettant au système de maintenir un haut niveau de productivité dans des régions densément peuplées.

Une évaluation écologique de ce système, prenant en compte l'utilisation d'énergie comme le pétrole pour déplacer les matières, ou encore l'utilisation du bois pour cuire les déchets afin de les stériliser, devrait permettre d'estimer l'intérêt de cette pratique par rapport à d'autres manières d'alimenter des animaux avec des sous-produits agricoles locaux ou des aliments industriels importés du Brésil. Il faut ainsi tenir compte d'une analyse en cycle de vie pour aboutir à des options politiques durables pour la ville.

Pour la municipalité, ce système est très intéressant puisque le plus grand volume à traiter pour la métropole reste les déchets alimentaires. Ces éleveurs représentent une économie significative pour l'Urenco. Une estimation de cette économie pourrait donner une idée de l'impact d'un arrêt de ce système de collecte et favoriserait une meilleure prise en compte de ces acteurs, voire de définir des politiques publiques afin de les accompagner à améliorer leur pratique et ainsi rendre un service optimal pour le système urbain hanoïen.

L'intégration dans les chaînes de valeur industrielles

En plus du marché des *đồng nát* et des dépôts de déchets informels, les entreprises et les ateliers du recyclage s'approvisionnent auprès de trois marchés : celui des usines des parcs industriels *via* les sociétés de l'environnement ou de grands commerçants intermédiaires, celui de l'importation et celui de la décharge de Nam Sơn où des fouilleurs ramassent des films et sacs plastiques (voir partie 1). Au sein de celui des *đồng nát*, on pourrait rajouter celui des chantiers de construction, dans lesquels les *đồng nát* et les gérants s'approvisionnent, mais nous n'avons pas de chiffres à fournir, n'ayant pas effectué d'enquêtes directement auprès de ce type de fournisseur de matériaux. Contrairement au marché des *đồng nát* qui bénéficie de la proximité des dépôts et des entreprises du recyclage, les autres marchés sont plutôt fondés sur les réseaux à travers lesquels circulent de grandes quantités de déchets aux qualités variables. On assiste ainsi à une remise en cause des principes des clusters et de l'économie circulaire, fondés sur la proximité et les circuits courts, en raison de la dispersion des sites d'approvisionnement. Les économies d'échelle que procure l'approvisionnement des grandes et moyennes entreprises par camions de type semi-remorques et porte-conteneurs (30 à 40 t) de matériaux de qualité plus standardisée deviennent plus avantageuses que la proximité.

La croissance industrielle rapide du Việt Nam

Dans le cadre de la transition vers une économie de marché, le Việt Nam compte sur l'investissement direct étranger (IDE) pour développer son économie et notamment l'industrie. Il représente presque la moitié des investissements dans ce secteur et se concentre sur le textile, l'électronique et l'informatique dont les produits sont destinés à l'exportation. En deux décennies, le PNB a crû à un rythme de 7,5 % par an et, depuis les années 2000, parmi les pays d'Asie, le Việt Nam se situe après la Chine en matière de taux de croissance. Bien que la pandémie de covid ait porté atteinte à sa croissance depuis 2019 (2,58 % en 2021, le plus faible niveau depuis trois décennies), le Việt Nam a été une des rares économies asiatiques à avoir conservé un taux de croissance positif en 2020 (+ 2,9 %) et, selon l'OMC, il a dépassé le Bangladesh pour devenir le deuxième plus grand exportateur de textile au monde en 2020.

Son économie d'exportation a aussi été boostée par la ratification de nombreux accords commerciaux avec plusieurs partenaires, dont l'accord de libre-échange entre le Việt Nam et l'Union européenne qui, entré en vigueur le 1er août 2020, supprime les droits de douane entre les deux parties. Les échanges des six premiers mois de 2021 entre le Việt Nam et l'Europe ont ainsi augmenté de 18 %, comparés à ceux de la même période de l'année précédente. Le Việt Nam s'est aussi rapproché des États-Unis, profitant des tensions sino-américaines et cherchant toujours à équilibrer ses forces pour garder sa liberté.

Le secteur industriel emploie 21,2 % de la population et représente un tiers du PIB. En 2021, 47,2 % des IDE au Việt Nam sont dans le secteur manufacturier (Ministry of Planning and Investment, 2021). Depuis 2013, l'industrie électronique dépasse le secteur textile jusqu'alors secteur clef de l'industrie. En 2016, on comptait 411 000 ouvriers dans ce secteur, pour la plupart des femmes (80 %), alors que la moyenne du taux de féminisation des migrants est de 52,4 % (GSO et UNFPA, 2016).

En 2017, le Việt Nam compte 325 parcs industriels dont 220 sont opérationnels avec un taux de remplissage de 51 %, l'IDE représentant 60 à 70 % des capitaux investis (TRẦN KHẮC, 2019). Deux grandes dorsales, ou corridors industriels, se dessinent dans le pays. Au Sud, comptant 92 des 325 zones industrielles du Việt Nam en 2017, les quatre provinces Hồ Chí Minh-Ville, Bình Dương, Đồng Nai et Vũng Tàu forment la plus grande dorsale industrielle du pays en lien avec le développement de l'économie portuaire à Vũng Tàu, où se trouvent 96 des 245 ports en 2016 (TRẦN KHẮC, 2019). Dans le Nord, le corridor Hà Nội-Bắc Ninh-Bắc Giang-Hải Phòng-Quảng Ning, où se trouvent les ports en eau profonde (56 ports), compte 60 parcs industriels.

En 2020, le Việt Nam a bénéficié des délocalisations d'entreprises chinoises, en raison de la guerre commerciale entre la Chine et les États-Unis, mais aussi de la moindre confiance des investisseurs envers la Chine, dont l'opacité de la politique anti-covid leur a fait choisir le Việt Nam. De grandes firmes asiatiques, telles Samsung[4] et Foxconn[5], ont délocalisé des unités d'assemblage dans des parcs industriels du nord du pays et possèdent de grandes parts du marché de l'export[6], ce qui leur confère un pouvoir politique et de négociation très élevé dans la politique sanitaire des provinces.

Le pays entend diversifier ses partenaires commerciaux pour faire face à une dépendance économique croissante avec la Chine. En 2020, le Việt Nam est le premier partenaire commercial de la Chine dans l'Asean, avec un volume des échanges bilatéraux atteignant 192,2 milliards de USD – un chiffre en hausse de 18,7 %. La Chine est le troisième investisseur étranger du pays (TREGLODÉ, 2021). Cette croissance industrielle a boosté de façon exponentielle les besoins en énergie, en matériaux et en main-d'œuvre. Le pays est très dépendant de la Chine pour son approvisionnement en fibres textiles du fait des prix très concurrentiels que celle-ci offre.

Le développement industriel rapide a entraîné une offre d'emballages et de rebuts de production qui alimentent en matériaux recyclables les ateliers et entreprises des villages artisanaux *via* les compagnies de l'environnement. Cette offre croissante de matériaux « propres » et de qualité constitue un atout réel pour ces entreprises du recyclage. La densité des parcs industriels dans les provinces de Bắc Ninh et de Hưng Yên renforce les liens de proximité entre les villages du recyclage et les entreprises productrices de rebuts et d'emballages recyclables (voir chapitre 12, carte 1). De plus, la production de matières premières secondaires limite la dépendance du Việt Nam envers les approvisionnements en matières premières vierges. En effet, la capacité du Việt Nam à s'approvisionner en pièces détachées et matières premières est très faible comparée aux autres pays de la région : Inde, Thaïlande et Indonésie. Dans le textile, seules 40 à 45 % des matières premières sont produites localement, tandis que pour l'électronique et les télécommunications le taux d'approvisionnement local est de 15 % et de seulement 5 % pour les industries high-tech[7].

Cette croissance économique ne doit pas cacher les nombreuses faiblesses de l'industrie vietnamienne, notamment le rôle important des grandes firmes étrangères qui sous-traitent au Việt Nam une grande partie de la fabrication et de l'assemblage de pièces, sa dépendance envers l'expertise étrangère, la faible valeur ajoutée à la production pour le pays et la précarité des conditions de vie et de travail des ouvriers, de 80 à 90 % des migrants étant originaires des provinces reculées. Les entreprises dépendent de l'importation, ce qui rend cette industrie très vulnérable aux crises produites par la pandémie de covid.

4. Samsung, installée depuis 1996 au Việt Nam, domine aujourd'hui le marché de la téléphonie et de l'électronique dans le pays où 50 % des produits de cette firme sont fabriqués et sont principalement destinés à l'exportation. Elle embauche 137 000 ouvriers, dans deux sites du Nord-Việt Nam, dans les parcs industriels de Bắc Ninh et de Thái Nguyên (IPEN et COFED, 2017).

5. Foxconn fabrique plus de 40 % des produits électroniques du monde entier – y compris pour des marques telles qu'Amazon, Dell et Hewlett-Packard – et est le plus grand et le plus important employeur privé de Chine, avec 1,2 million de travailleurs.

6. Les exportations de Samsung en 2021 représentent le quart du total des exportations du Việt Nam.

7. *Việt Nam News*, 20 juillet 2021.

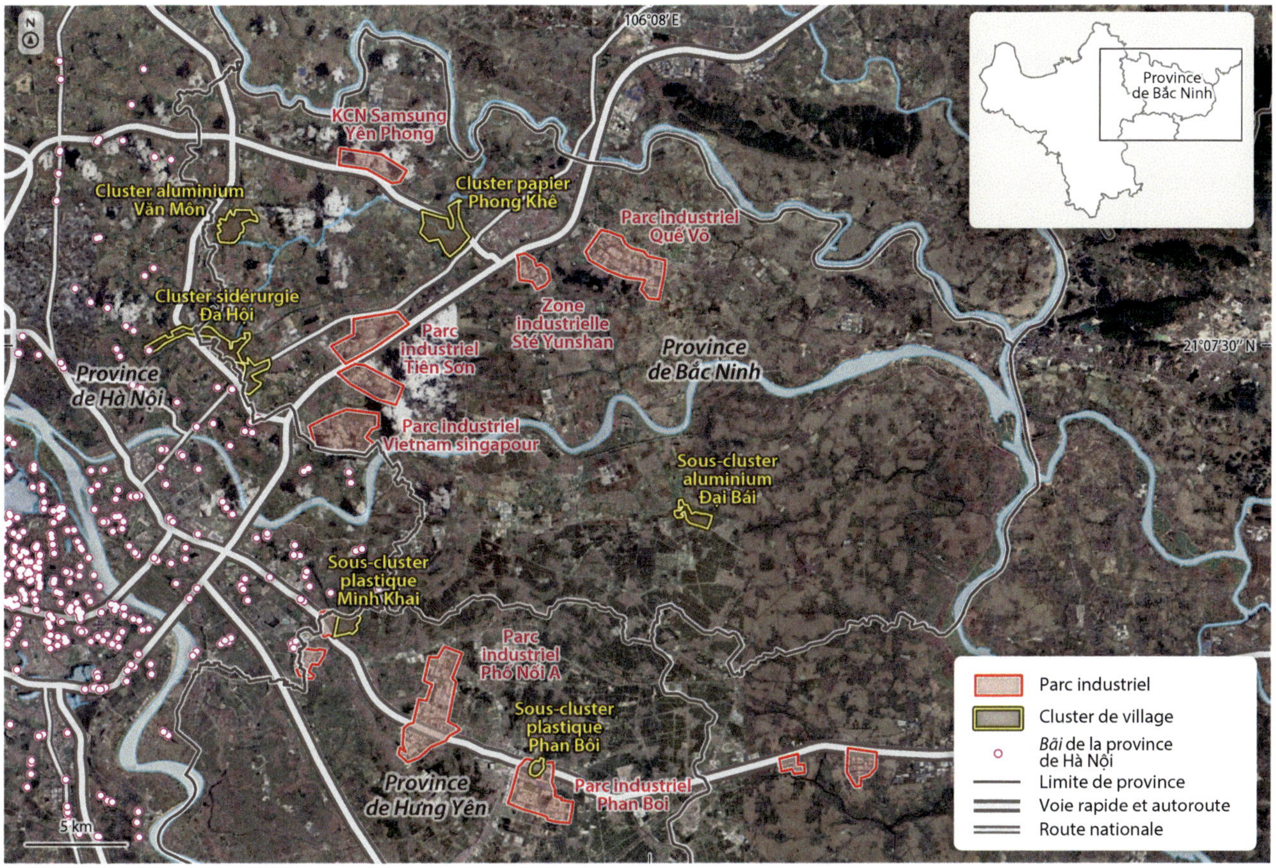

Carte 2

Proximité entre les parcs industriels et les clusters de villages du recyclage à Bắc Ninh et Hưng Yên en 2020.

Réalisation : Sylvie Fanchette, Cathy Chatel et Éric Opigez.
Source : Google Earth ; enquêtes Nguyễn Minh Phương et Sylvie Fanchette.

Un changement d'échelle de production et d'approvisionnement

L'envergure et le statut des entreprises évoluent avec l'intégration du pays dans le marché international. Elles doivent s'approvisionner sur des marchés de matières premières vierges ou secondaires de bonne qualité, de façon régulière et en gros volumes pour faire tourner leurs machines 24 h sur 24. Le marché des déchets se diversifie au détriment de celui des *đồng nát* qui, jusqu'aux années 1990, pouvait répondre à la demande des petites entreprises des clusters de villages. Dorénavant, les grandes entreprises de Văn Môn, qui recyclent quotidiennement entre 5 et 7 t de déchets d'aluminium, visent plutôt les marchés des déchets du sud du pays ou les compagnies de l'environnement que celui des *đồng nát*.

L'étude des différents réseaux d'approvisionnement très fragmentés ne permet pas d'évaluer la part de chacun dans la fourniture de matières premières secondaires dans chaque cluster de villages du recyclage. On peut juste suggérer qu'avec la croissance de la taille de leur entreprise de recyclage les industriels doivent diversifier leurs marchés d'approvisionnement pour limiter le risque et accéder à des volumes de plus en plus gros de matériaux. La grande variété des déchets qui atterrissent dans les clusters de villages montre la diversification des chaînes d'approvisionnement et combien le marché domestique offre un gisement de déchets grandissant avec l'intégra-

Photo 2
Déchargement de cannettes provenant du sud du Việt Nam (2020).

tion du Việt Nam dans la société de consommation et son industrialisation rapide. Celui-ci est entre les mains de nombreux acteurs très diversifiés qui en fragmentent l'organisation.

Nous n'avons pas pu, dans le cadre de cette étude, effectuer suffisamment d'enquêtes auprès des intermédiaires difficiles à approcher. On peut cependant suggérer que les grandes entreprises du recyclage, qui tournent jour et nuit et nécessitent un approvisionnement régulier de gros volumes de matériaux et de qualité standardisée, voire homogène, s'intéressent plutôt aux marchés de l'import et des usines des parcs industriels. En revanche, les petites entreprises qui n'effectuent qu'une seule étape du processus de production, et n'ont pas beaucoup de place pour stocker les matériaux, s'approvisionnent plutôt sur le marché des *đồng nát*. Toutefois, les différences entre les matériaux (le processus de recyclage des métaux s'effectue rarement par des entreprises qui font aussi de la production d'objet, sauf pour le cuivre) et le niveau différent de mécanisation de leur processus de recyclage rendent l'analyse plus complexe.

L'envergure des entreprises des villages du recyclage diffère des autres villages de métier (textile, céramique, vannerie et objets d'art), car elles se sont mécanisées et transformées en clusters industriels. Les commerçants privés y jouent un rôle important d'agent de changement, car ils sont intégrés dans des réseaux domestiques et transnationaux, source d'innovation, de changement technique et de fabrication de nouveaux produits (DIGREGORIO *et al.*, 1999). En parallèle, les innovations technologiques et les processus de production demandent de plus en plus de capital, que seuls certains peuvent acquérir. Un grand nombre d'entreprises ont atteint leur « plafond de verre[8] » et restent bloquées dans leur innovation, faute d'investissements. Limitées en capitaux, elles ne peuvent stocker les matériaux recyclables nécessaires pour faire tourner leurs entreprises et acheter au moment où les cours sont le plus favorables. Toutefois, les matériaux achetés sur le marché des *đồng nát* ne remplissent pas les conditions de qualité, volumes et régularité dont ont besoin les grandes et moyennes entreprises mécanisées, en raison de la fragmentation des filières d'approvisionnement et des petits volumes que transportent les camions venus des villes (maximum 2 t, même si beaucoup sont en surcharge). Seules les entreprises déclarées ont accès aux prêts bancaires et peuvent obtenir plus facilement des parcelles dans les zones artisanales.

Un nouvel intermédiaire des grandes entreprises

Entre 2010 et 2014, les déchets industriels représentaient en moyenne 7,3 % des déchets produits par la province de Hà Nội (NGUYỄN-LEROY et VƯƠNG, 2018). Une partie de ceux-ci sont réutilisés et intégrés dans les filières de distribution qui approvisionnent les clusters du recyclage. Afin que les compagnies des parcs industriels puissent vendre leurs rebuts de production, chutes et malfaçons, bobines de fil en plastique, tubes de carton des rouleaux de papier ou emballages, aux recycleurs, elles doivent passer par des compagnies de l'environnement, seules habilitées à contrôler la dangerosité des déchets industriels et à les commercialiser. En effet, les usines des parcs industriels constituent une source abondante et « propre » de déchets et matériaux qui ne nécessitent pas beaucoup de traitement avant le recyclage. Les usines de la compagnie Samsung, installées à Yên Phong, Bắc Ninh et Thái Nguyên, passent ainsi par ces compagnies pour vendre leurs rebuts aux commerçants et aux recycleurs. Les usines de la zone industrielle de Đông Thọ, voisine de Mẫn Xá, vendent de la grenaille d'aluminium par l'intermédiaire des compagnies. Certaines grandes et moyennes entreprises de papeterie sises à Phong Khê, principalement celles installées dans les zones artisanales[9], ont des contrats avec les compagnies de l'environnement de la province (voir carte 2). Elles ont aussi des relations avec des fournisseurs d'autres localités du Việt Nam afin d'obtenir de grandes quantités de déchets papier. La qualité des matériaux commercialisés par ces compagnies est de deux classes, mais il est très difficile d'obtenir des chiffres concernant les volumes.

À Mẫn Xá, dans le cluster de l'aluminium, une seule compagnie a un permis pour commercialiser les déchets des parcs industriels, la compagnie Vạn Lợi[10] (161). L'allongement de la chaîne, en raison du grand nombre d'intermédiaires et l'interférence des autorités locales, rigidifie le système de commercialisation et seuls les entrepreneurs ayant suffisamment de réseaux peuvent accaparer une grande part des matériaux. Les entreprises du recyclage s'approvisionnent dorénavant de plus en plus en déchets originaires des usines des parcs industriels du sud du pays, grâce à l'installation d'entre-

8. Le « plafond de verre » désigne le fait que, dans une structure hiérarchique, les niveaux supérieurs ne sont pas accessibles à certaines catégories de personnes (source : Wikipédia).

9. Le patron de l'entreprise Quốc Toan, dans la zone industrielle de Phong Khe 1, s'approvisionne en papiers originaires des grandes villes du Nord comme Hà Nội et du Sud comme Hué (enquête de Nguyễn Minh, 2017).

10. La compagnie Vạn Lợi est créée en 2002 par Man Van Vinh, de lignage Man, du village de Mẫn Xá. Aujourd'hui, la compagnie est dirigée par son fils, Man Van Khac. Cette compagnie est spécialisée dans la fabrication de lingots d'aluminium et constitue le partenaire de plusieurs compagnies comme Samsung ou Honda. La compagnie est aujourd'hui localisée dans la zone industrielle de Đông Thọ, à l'extérieur du village de Mẫn Xá.

preneurs de cette région dans ces villages. En effet, à Văn Môn, on compte environ 200 entrepreneurs et ouvriers qui s'y sont récemment installés. Ils ont apporté leurs réseaux d'approvisionnement en déchets de métaux de bonne qualité, comme les cannettes de boissons (151). On observe des camions semi-remorques ou porteurs de conteneurs de 15 à 30 t circulant dans le village et dont les plaques d'immatriculation témoignent de leur origine : Bình Dinh (Centre-Sud), Hồ Chí Minh-Ville (Sud) et Hải Phòng, le port du Nord-Việt Nam.

Les fournisseurs du Sud sont aussi d'anciennes relations fidèles des collecteurs de Mẫn Xá qui circulaient dans tout le pays à la recherche de déchets à récupérer (151). Un interlocuteur de ce village affirme avoir dix fournisseurs originaires du Sud pour répondre aux besoins de son usine. Ainsi, la capacité de production et la diversification de l'approvisionnement et des techniques s'améliorent, hissant ce cluster de l'aluminium dans les chaînes de valeur.

Le marché croissant de l'importation des déchets

La globalisation du commerce des déchets et l'intégration des clusters du recyclage dans les chaînes de valeur industrielles ont permis à certaines entreprises de changer l'échelle de leur production grâce à des achats de gros volumes de matériaux. Les usines de la papeterie ou les fonderies de la métallurgie ont élargi leur envergure de production grâce à l'achat de grandes parcelles dans les zones artisanales. Certaines tournent 24 h sur 24 et recyclent des volumes quotidiens de plusieurs tonnes de matériaux. L'amélioration de la qualité passe par une amélioration de celle des déchets et un approvisionnement régulier et plus standardisé.

Selon les matériaux, le marché national ne répond pas à la demande, notamment en raison du faible taux de collecte des déchets (20 % des plastiques, tandis que 80 % des granules vierges sont importées). Dans le cas des métaux, le marché national ne répond qu'à 40 % de la demande en 2018. Le Việt Nam a importé 2,6 millions de tonnes de déchets métalliques les six premiers mois de 2018[11]. Dans le village de Mẫn Xá, le chef estime que les déchets importés constituent environ 20 % du montant total des besoins du cluster de recyclage de l'aluminium[12] (163). À Phong Khê, avec le développement de leur envergure de production dans les zones artisanales, la moitié des entreprises de papeterie ont besoin de 50 à 70 t de déchets par jour et doivent s'approvisionner en partie sur le marché international (158). Cette grande dépendance envers l'importation fragilise les entreprises lors des crises économiques, la pandémie de covid l'a montré.

L'importation de déchets dépend largement des politiques mises en place aux niveaux international et national. Ainsi, depuis juin 2018, le gouvernement vietnamien a interdit l'importation des plastiques usagés, en réponse au ban imposé par la Chine à l'importation de 24 types de déchets plastiques et de la réorientation des flux vers d'autres pays de la région, notamment le Việt Nam par le port de Hải Phòng. Cette politique drastique appelée « l'épée nationale » a eu un impact très important sur les filières d'approvisionnement en déchets plastiques dans la région. La Chine et Hong Kong achetaient auparavant 60 % des déchets plastiques exportés par les pays du G7 en 2017. Cette part a chuté à moins de 10 % après la mise en place de cette politique (HOOK et REED, 2018).

Cependant, la difficulté à s'approvisionner en déchets sur ce marché des plastiques de type films a entraîné la fermeture de nombreux ateliers dans le cluster de Minh Khai, notamment ceux appartenant à des entrepreneurs chinois au début des restrictions en 2018[13].

Avant que le gouvernement vietnamien n'impose en juin 2018 des mesures pour limiter l'importation de

11. https://e.vnexpress.net/news/business/industries/vietnam-steel-association-hopes-to-circumvent-ban-on-scrap-imports-3789812.html

12. Ce chiffre a été confirmé par un grand entrepreneur du cluster en avril 2021.

13. De nombreuses entreprises appartiennent à des commerçants chinois installés à Minh Khai avec des prête-noms vietnamiens pour bénéficier de politiques plus favorables aux nationaux.

déchets plastiques de mauvaise qualité, les importations avaient doublé entre 2017 et 2018 : de 125 000 t à 254 000 t (**figure 1**). De même, celles du papier avaient doublé durant la même période : de 382 000 t, elles sont passées à 797 000 t. Cependant, l'encombrement du port de Hải Phòng au printemps 2018 par des conteneurs pleins de déchets a poussé le gouvernement vietnamien à prendre des mesures selon le message « le pays ne deviendra pas la décharge du monde » et a arrêté la production de licences d'importation pour le plastique, le métal et d'autres matériaux (HOOK et REED, 2018).

En 2019, on estimait à environ 21 600 le nombre de conteneurs de déchets plastiques bloqués dans le port de Hải Phòng, avec plus de la moitié depuis plus de trois mois. Dans un effort pour libérer le port, le gouvernement a demandé au ministère de l'Environnement d'établir des certificats d'éligibilité d'importation de certains conteneurs pour que leurs acheteurs puissent en disposer. Face à ces restrictions des importations de déchets, les grandes entreprises de plasturgie et les grands commerçants se sont mis à faire du lobbying auprès des douaniers et acteurs politiques pour débloquer les conteneurs qu'ils ont importés (157).

Malgré les restrictions imposées par le gouvernement vietnamien, les importations ont continué à la baisse. Jusqu'en 2019, on voit une rapide baisse des importations et le Japon reste dominant dans les flux. En 2020, le volume des déchets plastiques importés de ce pays s'élevait à 174 000 t, soit une hausse de 266 % entre 2016 et 2020 (66 000 t). Après la Malaisie, le Việt Nam est le second pays à destination des déchets plastiques japonais (Statista, 2020[14]). En mars 2021, le Việt Nam était un des quatre pays important le plus de déchets plastiques des États-Unis après le Canada, la Malaisie et le Mexique, à hauteur de 6,4 millions de livres[15].

Avant le décret 40/2019, les importations de plastiques relevaient de deux types : 1) les usines ayant des licences d'importation pour leur propre approvisionnement ; 2) les importateurs fiduciaires ou *nhập ủy thác*, compagnies qui disposent de permis d'importation de déchets pour en faire le commerce en direction d'autres usines[16]. Ces opérateurs peuvent contourner les lois en utilisant les failles du système et continuent à importer malgré les restrictions. En effet, selon un informateur privilégié dans la plasturgie (157), avant la mise en place du décret 40/2019, des importateurs fiduciaires importaient de gros volumes de déchets plastiques car les prix étaient très bas après le ban imposé par la Chine. Puis, après l'interdiction d'importation de déchets au Việt Nam vers mi-2018, la venue de cargos porte-conteneurs chargés de commandes réalisées par les importateurs a causé le blocage des ports, du fait des stocks trop nombreux. Les tractations sur l'import de déchets des compagnies fiduciaires se font selon les lois du commerce qui n'imposent le paiement de cautions (*tiền ký quỹ*) qu'à l'arrivée des conteneurs dans les ports (15 à 18 % de la valeur de la marchandise dans le conteneur). Cela permet aux importateurs fiduciaires de refuser leurs marchandises lorsqu'ils ne souhaitent pas les recevoir. Comme le processus de dédouanement est très long (parfois plus de quatre-vingt-dix jours), les compagnies doivent payer des charges élevées pour le stockage des conteneurs dans les ports. Lorsque le processus dure trop longtemps, les importateurs préfèrent abandonner les conteneurs pour ne pas avoir à payer les charges qui leur feraient perdre leurs profits. Cependant, les compagnies ne veulent pas payer les cautions et mettent la douane devant le fait accompli. Celle-ci n'a pas l'argent pour renvoyer ou traiter les conteneurs abandonnés qui causent l'encombrement dans les ports et se voit dans l'obligation de vendre au plus offrant le contenu de ces conteneurs (NGUYỄN MINH P. *et al.*, 2021).

14. https://www.statista.com/statistics/1251405/japan-plastic-waste-export-volume-vietnam/

15. https://resource-recycling.com/plastics/2021/04/21/exports-continue-despite-dramatic-overseas-changes/

16. https://luatminhkhue.vn/tu-van-ve-kinh-doanh-phe-lieu-va-hoat-dong-uy-quyen-uy-thac-nhap-khau-phe-lieu-theo-luat----.aspx

Photo 3
Tri des balles de plastique importées par des ouvrières d'origine montagnarde à Minh Khai (2018).

Ce long processus de dédouanement touche aussi les entreprises qui importent : comme le permis d'importation ne dure que deux ans, il arrive qu'ils arrivent à expiration avant la fin des démarches (157).

Pour obtenir une licence d'importation, les entreprises doivent suivre un certain nombre de règles, notamment le suivi des normes environnementales dans la production, comme mettre en place un plan de traitement des eaux usées. Dans la zone industrielle de Phong Khê 2, deux grandes entreprises (Vuong Thuy et Phat Dat), dont la taille s'élève à 2 000 m^2 par entreprise, ont entrepris des démarches fort coûteuses (plus de 10 milliards de VNĐ) pour ce faire. L'effet de ces plans de traitement d'eaux usées ne sera que très ponctuel ; une fois le permis d'importation obtenu, on peut supposer que l'entretien fort coûteux du système de traitement des eaux ne durera pas très longtemps !

Suite à l'interdiction d'importer des déchets plastiques au Việt Nam, de nombreuses entreprises de recyclage de Minh Khai ont dû fermer. Seuls les entrepreneurs qui arrivent à accéder aux déchets sur le marché domestique peuvent continuer leur activité. Il en existe une minorité qui parvient à accéder au marché international grâce à leurs réseaux et aux pratiques de lobbying. Un article du *Dân Trí* montre comment certains entrepreneurs parviennent à faire de faux documents et certificats pour officialiser leurs importations[17]. On évalue à 126 millions de USD le montant des plastiques importés en 2019. Des commerçants influents dans le village de Minh Khai affirmaient pouvoir débloquer en 2018 trois conteneurs dans le port grâce à des « relations » avec les douaniers. La concurrence intense entre les entreprises pour l'accès aux déchets fragilise la cohésion du cluster et renforce l'individualisation des pratiques.

17. *The Saigoneer*, 17/04/2019, Vietnam Moves to end Plastic Scrap import by 025.

Le marché des matières premières secondaires pour la Chine

Depuis que la Chine a imposé un ban sur l'importation des plastiques, le Việt Nam a changé de place dans la filière du recyclage et partage avec d'autres pays de la région (Malaisie et Thaïlande) les fonctions de recycleurs et producteurs de *pellets* que tenait jusqu'en 2017 la Chine. Cependant, si la plupart des grands commerçants de déchets chinois et ceux installés au Việt Nam ont fait faillite, un petit nombre a réussi à se reconvertir dans le commerce des granules de plastique en direction de la Chine. De plus, grand producteur de *pellets* au monde, la Chine en est devenue le plus grand importateur. L'industrie chinoise a besoin de ces matériaux secondaires pour faire tourner son industrie.

Ces changements régionaux de la place de la Chine dans les étapes de production ont interféré sur celle que les pays voisins ont prise dans la production de *pellets*. Le Việt Nam est devenu un des grands exportateurs de *pellets* en direction de la Chine et les commerçants de ce pays se sont installés dans les clusters de recyclage du plastique pour contrôler une partie de la production et des exportations. En effet, selon un grand industriel du plastique rencontré en 2020 à Hà Nội, « la Chine a passé quarante ans à recycler du plastique pour son industrie d'exportation. Elle a réussi à innover dans la fabrication des *pellets* de haute qualité destinés à la fabrication de certaines parties des voitures et des machines autrefois en métal. Grâce à ces avancées techniques, la Chine n'a plus besoin de produire de *pellets* recyclés, mais les importe pour ensuite en améliorer la qualité. Cette opération étant plus valorisante sur le plan technique et financier, elle laisse au Việt Nam et aux autres pays importateurs de plastique la partie la plus toxique sur le plan environnemental et la moins rentable du processus de recyclage ». Toujours selon cet interlocuteur, « l'augmentation rapide du revenu des Chinois va de pair avec la recherche des activités industrielles les plus rémunératrices et, selon lui, les enfants des recycleurs ne souhaitent pas continuer ce métier » (157). Ainsi, le

Việt Nam se cantonne dans les parties les moins valorisantes, les moins rémunératrices et les plus dangereuses sur le plan environnemental du recyclage des plastiques. Ces *pellets* sont destinés aussi aux entreprises vietnamiennes situées dans les parcs industriels du sud du pays.

Des commerçants transportent par camions semi-remorques de grandes quantités de déchets plastiques du sud du pays (soit des ports, soit des parcs industriels). Certains repartent avec des *pellets* qui seront vendus sur le marché domestique pour fabriquer des sacs en plastique. Ce sont parfois ces mêmes camions qui entrent dans le village avec des déchets plastiques qui proviennent d'entreprises vietnamiennes. Auparavant, les *pellets* de Minh Khai étaient surtout destinés à la Chine et commercialisés par des commerçants chinois installés dans le village.

La déstabilisation des chaînes de valeur par la pandémie de covid

L'incertitude des cours mondiaux des matières premières se répercute sur toute la chaîne des collecteurs, commerçants et recycleurs. Cette incertitude fait partie des risques qu'ils assument, sachant que d'un jour à l'autre leur entreprise peut se retrouver en banqueroute. Les variations de prix sont justement la plus grosse difficulté qu'ils rencontrent (18). Alors que le volume des déchets ne cesse de croître avec la consommation des classes moyennes, de l'urbanisation et la création de chantiers producteurs de gros volumes de matériaux ferreux, certains gérants de dépôts ont l'impression qu'il y a moins de déchets à acheter (20) et que les prix

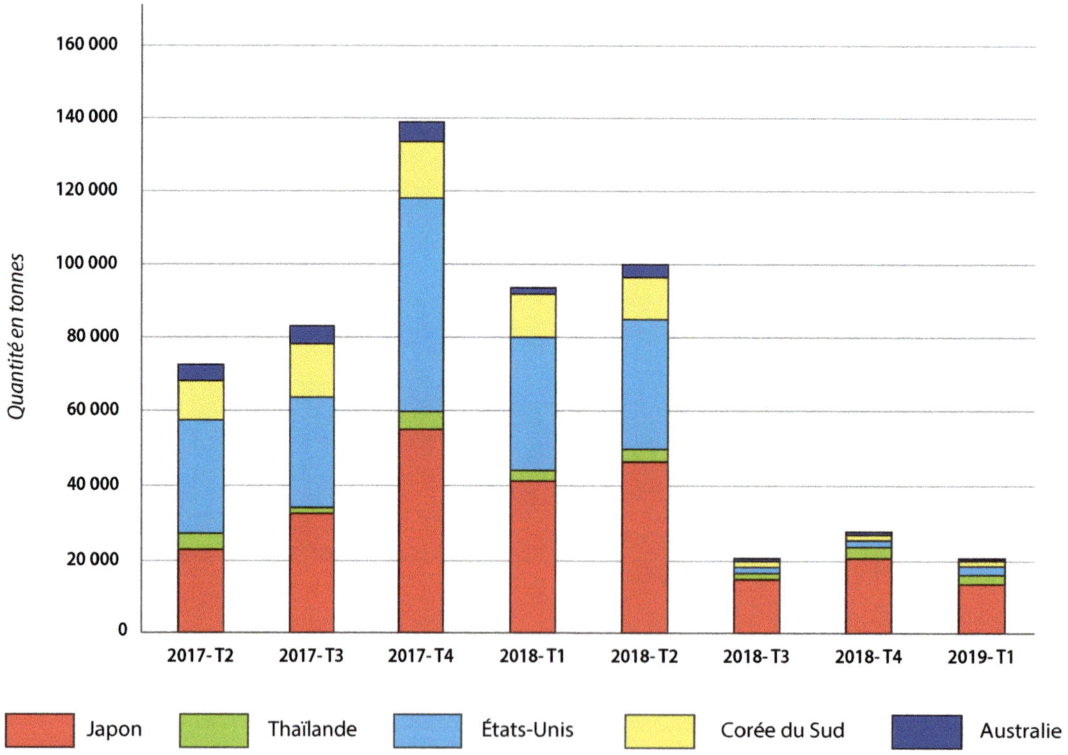

Figure 1
Origine des déchets plastiques au Việt Nam entre le second trimestre 2017 et le premier trimestre 2019.
Source : Greenpeace Malaysia, 2019.

Photo 4

Chargement de *pellets* de plastique à partir de triporteurs à Minh Khai à destination de la Chine (2018).

enregistrent une baisse significative. Cela s'expliquerait par la crise économique mondiale : moins de construction, moins de consommation, donc moins de production de déchets. En 2008, Carrie MITCHELL (2009) avait étudié les fluctuations des déchets recyclables les six mois précédant son enquête. Les variations à la hausse les plus importantes touchaient les métaux : le cuivre jaune (75 %), puis le cuivre (40 %), le fer (38 %), l'aluminium (33 %), tandis que les plastiques et les papiers enregistraient des hausses beaucoup plus faibles (19 et 13 %). Pour NGUYỄN MINH (2019), l'augmentation des risques liés à l'incertitude du marché des déchets peut remettre en cause la viabilité de leur activité.

Entre 2019 et 2021, la pandémie de covid a sérieusement affecté la filière de la collecte et du recyclage. Dès le début, la fermeture de la frontière entre la Chine et le Việt Nam a causé l'arrêt temporaire des ventes vers la Chine. Cela a eu une incidence très forte à la baisse sur le prix des matériaux. Les collecteurs ont continué leurs activités jusqu'au confinement d'avril 2020, tandis que les dépôts devaient stocker les matériaux.

Une étude réalisée par GA CIRCULAR et CIRCULATE CAPITAL en 2020 montre le double impact

Tableau 1

Impact du covid sur la fermeture des entreprises de recyclage (%)

Période	Moyenne régionale	Việt Nam	Indonésie	Inde	Thaïlande	Philippines
Pendant le confinement	26	- 20	30-60	- 10	+ 50	- 5
Après le confinement	58	50-70	60-80	20-70	+ 50	50-80
	Recycleurs en activité en pourcentage de la capacité d'origine					
	46	20-50	40-70	25-50	50-60	30-60

Source : GA CIRCULAR et CIRCULATE CAPITAL, 2020.

de la pandémie sur les plastiques recyclés. « Les prix de vente des plastiques recyclés ont diminué de 21 % en moyenne d'une année sur l'autre. Bien avant que le covid ne devienne une pandémie mondiale, les faibles prix du pétrole brut exerçaient déjà d'importantes pressions à la baisse sur les prix des résines recyclées. À partir d'avril 2020, les prix du pétrole ont baissé à des niveaux historiquement bas à près de 18 USD le baril et en juillet 2020, ils se stabilisaient à 42 USD. En avril-mai 2020, les prix des *pellets* vierges avaient diminué de 30 % par rapport à avril-mai 2019, obligeant les recycleurs interrogés à réduire les prix de 21 % par rapport aux prix de 2019 pour tenter de rester compétitifs par rapport aux résines vierges. Un certain nombre de recycleurs interrogés vendent à prix déficitaires et ne peuvent pourtant pas concurrencer les résines vierges. »

Dans le village de la papeterie du cluster de Phong Khê, les ateliers de recyclage du papier au bord de la rivière continuent à tourner au ralenti en juillet 2020 par rapport à l'année précédente. Dans les ateliers, de grands stocks de produits finis attendent la remontée des cours et occupent la majorité de l'espace.

Les gérants de dépôts ont stocké du cuivre dans la maison pour attendre que le prix se stabilise dans le futur, tandis qu'ils vendaient les autres matériaux trop encombrants. Les enquêtes effectuées avant et après les politiques restrictives très fortes mises en place en 2020 montrent la lente dégradation du prix des matières, même si la pandémie a accéléré la baisse des cours.

Chapitre 12

Croissance industrielle et stockage des matériaux recyclables

Nguyễn Minh Phương, Sylvie **Fanchette**, **Bạch** Hoàng Vinh

Avec la mécanisation des systèmes de production des villages du recyclage, l'échelle de production s'est élevée et les usines tournent jour et nuit. Les besoins en matériaux secondaires sont grandissants et, pour pallier les fluctuations des prix du marché mondial, de nombreux entrepreneurs stockent de gros volumes de matériaux qu'ils achètent lorsque les prix leur sont favorables. Les plus grandes entreprises mécanisées ont besoin au minimum de cinq à sept jours de stocks pour faire tourner leur usine sans risque de pénurie d'approvisionnement. Cependant, la place manque dans ces villages très peuplés et le foncier résidentiel et industriel est limité. Dans les zones artisanales attenantes aux villages artisanaux, les entrepreneurs, pour la plupart d'anciens artisans, n'ont pas anticipé la croissance de leur production dans les années 2000 et les besoins à venir d'espaces pour le stockage. Avec les moyens limités qui étaient les leurs au moment de la construction de ces zones artisanales, ils ont acheté des parcelles de 500 m^2 en moyenne pour installer leurs machines et leurs produits finis et ont sous-évalué l'espace dédié au stockage. En 1994, Digregorio mentionnait encore la présence d'entreprises de recyclage dans le cœur de la ville, notamment dans le quartier berceau des *đồng nát*, à Ô Chợ Dừa. Une entreprise appartenant au groupe de production Tien Thanh y faisait travailler les membres d'une ancienne coopérative d'État démantelée. Spécialisée dans les bicyclettes, cette entreprise achetait des déchets plastiques pour la fabrication de certaines pièces détachées. Cependant, avec la métropolisation et le changement d'échelle de l'industrialisation, la plupart des ateliers urbains ont été délocalisés dans les périphéries rurales ou ont été fermés.

De nouvelles entreprises spécialisées dans le commerce des matériaux se montent dans le cluster du papier ; cette activité est parfois plus rentable que le recyclage. Ainsi, à l'entrée de la zone artisanale de la papeterie de Phong Khê, de grandes usines se sont reconverties dans le commerce et le stockage des déchets de papier importés ou achetés sur le marché des compagnies de l'environnement. Cela ne les empêche pas de stocker dans la rue de grandes balles de déchets de papier au moment de l'arrivage des conteneurs. Pour les plus petits ateliers, la seule solution au manque de place est l'occupation illégale des ruelles du village, des abords des rivières et des canaux ou des terres agricoles limitrophes. La pollution des eaux et des terres est grandissante.

Photo 1
Site de stockage de ferraille en périphérie du village de trieurs de Quan Độ à Văn Môn (2020).

Le stockage plus rentable que le recyclage

L'emprise foncière du stockage des déchets à Văn Môn

Les clusters de la métallurgie, Văn Môn (aluminium), Đại Bái (martelage du bronze et de l'aluminium) et Đa Hội (sidérurgie), s'approvisionnent sur le marché régional des dépôts de déchets (cannettes de boissons), mais aussi celui national des résidus des armes de la guerre et des carcasses de navire achetées au port de Hải Phòng. Le village de Quan Độ, à Văn Môn, dans la province de Bắc Ninh, est devenu un véritable « cimetière » pour les avions, tanks et hélicoptères militaires, une casse à ciel ouvert pour des équipements de communication, des ordinateurs et des véhicules variés. Des centaines d'artisans et ouvriers s'affairent pour démonter, découper et trier ces morceaux de carcasses par types de métaux qu'ils vendent ensuite à des intermédiaires qui approvisionnent les entreprises du cluster de l'aluminium et de la sidérurgie, Đa Hội, situé dans les environs.

Dans le cluster de Văn Môn, le village de Quan Độ est spécialisé dans le commerce et la collecte des déchets métalliques et s'approvisionne auprès de plusieurs sources importantes, comme les usines des zones industrielles de la province de Bắc Ninh (les compagnies Hanaka et Samsung) et les usines d'équipement électrique de la province de Thái Nguyên. En plus, Quan Độ bénéficie de ses relations avec les militaires pour acquérir les carcasses de véhicules de guerre *via* les compagnies de l'environnement. De grandes zones de stockage à ciel ouvert s'installent sur les terres agricoles à la limite de la zone résidentielle. Le long de la digue, de grands dépôts regroupent des objets en aluminium et en fer tels que des moteurs de camions militaires datant de 1975, des fauteuils roulants, du mobilier d'hôpital, des armoires en métal, véritable liste à la Prévert d'objets du quotidien, des hôpitaux ou des services de l'armée. La localisation le long de la digue facilite l'accessibilité de ces dépôts aux camions pour acheminer des objets lourds et encombrants. Le patron d'un dépôt ouvert de déchets métalliques affirmait en juin 2020 acheter entre 500 et 600 t de ferraille par mois (160). En trente ans, 370 000 t de déchets d'aluminium ont été recyclées dans ce cluster et ont occupé les différents types d'espaces (industriel, de stockage de matériaux et déchets). Chaque four, qui peut traiter quotidiennement jusqu'à 30 t de matériaux recyclés, produit entre 3 et 4 t de scories[1] qui sont jetées dans des décharges sauvages aux alentours des villages (Le Thi Van et Sajor Edsel, 2012). Il n'y a pas de décharges pour ces déchets non valorisables. Les eaux utilisées pour nettoyer les pièces et rebuts contiennent de l'huile, des produits chimiques et des poussières qui entraînent une pollution élevée.

Le plastique occupe les espaces agricoles à Minh Khai

Chaque jour, 650 t de plastique, avec un pic de 1 000 t, sont recyclées à Minh Khai, avant le ban sur l'importation en juin 2018[2]. Le village de Minh Khai et les parcelles en cours de construction de la zone artisanale étaient alors envahis par des montagnes de balles de plastique. Sur la carte 1, on voit combien le plastique est partout, et surtout aux abords des terres agricoles et des plans d'eau. Les déchets plastiques sont stockés dans trois types d'espaces : 1) dans la zone industrielle en cours de construction, des parcelles vides sont utilisées pour le stockage de gros ballots de plastiques, pour la plupart importés. Se pose la question suivante : où les entrepreneurs vont-ils stocker ces balles une fois que leur parcelle sera construite ? Auront-ils la place de faire des réserves dans leur usine ? 2) dans la zone artisanale au nord-est du village, à la lisière des terres agricoles résiduelles, les terres agricoles sont utilisées pour le stockage des balles

1. Les scories sont des sous-produits solides issus de la fusion, de l'affinage, du traitement ou de la mise en forme des métaux à haute température. Ce sont des mélanges d'oxydes divers qui surnagent sur le métal en fusion ou s'en détachent lors de leur mise en œuvre à haute température.

2. *Việt Nam Express*, 06/08/2019.

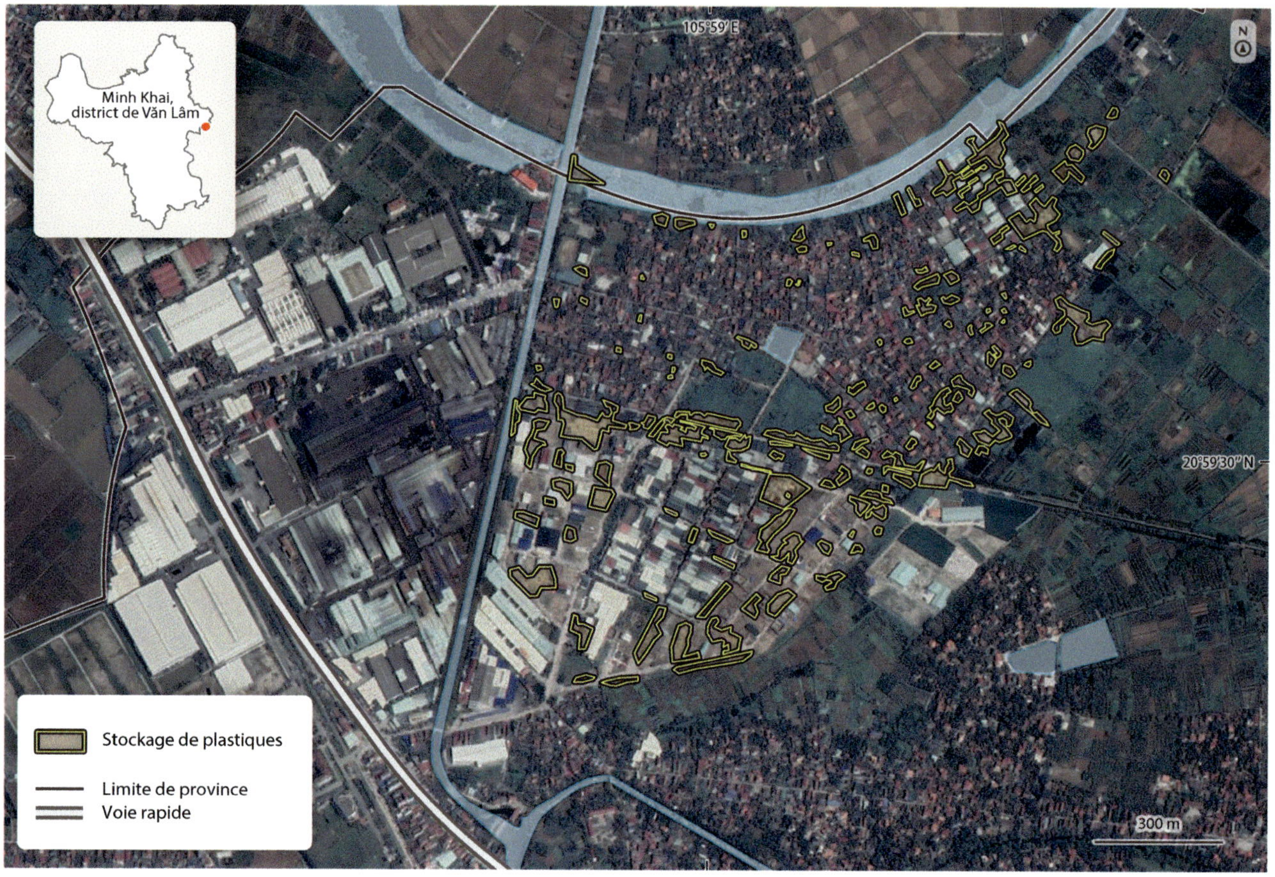

Carte 1
Occupation de l'espace par les plastiques à Minh Khai, avant le ban de l'importation de juin 2018.
Réalisation : Cathy Chatel et Éric Opigez.
Source : image Google Earth, 2018.

de plastiques, et certaines entreprises utilisent la moitié, voire les trois quarts de leur parcelle pour stocker les déchets. Les ruelles de la zone artisanale sont envahies par les plastiques. On peut supposer que certaines entreprises n'ont pas assez de place dans leur usine et utilisent l'espace public de façon plus ou moins temporaire ; 3) les ateliers situés dans le village disposent de peu de place pour stocker de gros volumes de matériaux. Certains ateliers parviennent toutefois à utiliser leur cour ou un espace attenant pour leur stockage. La photo 2 montre combien les abords des champs et les jardins situés en cœur de parcelles servent de zones de stockage. L'utilisation des terres agricoles et de leurs abords par les plastiques provoque une pollution environnementale très élevée, avec la formation de microplastiques qui se diffusent dans l'air, dans les sols et dans les cours d'eau.

En 2019, l'emprise de ces matériaux dans l'espace a fortement diminué, témoignage de l'importance du ban à l'import, même si des enquêtes ponctuelles dans les ateliers ont montré que les plastiques originaires du Japon, entre autres, parviennent à entrer dans le pays. En 2018, on remarque sur Google Earth (**carte 1**) une accumulation de plastiques stockés à l'emplacement d'une zone artisanale informelle au sud du village. Ces déchets proviennent du sud du pays ou d'autres régions. Se pose aussi la question de l'espace de stockage dédié aux produits semi-finis comme les *pellets* qui doivent être gardés à l'intérieur d'ateliers pour ne pas s'abîmer.

De nouveaux espaces de stockage à Phong Khê

Phong Khê 2 est une nouvelle zone artisanale construite par un membre d'une des familles industrielles les plus influentes du cluster de la papeterie. Elle est localisée sur le territoire du village de Ngô Khê, peuplé de catholiques convertis sur le tard. En raison de problèmes liés aux discriminations envers les catholiques à l'époque collectiviste, 75 % de la population a migré vers le Sud et a perdu l'usage de ses terres, alors gérées par la coopérative agricole de la commune. Les anciennes terres agricoles de Ngô Khê ont été affectées à la création de la zone artisanale 2 (159). Cette zone est occupée uniquement par des entrepreneurs de Dương Ổ[3] et est dédiée en grande partie au stockage des déchets. Son accès par l'autoroute est devenu un atout pour ce village autrefois très enclavé. Les chaînes de cuisson mécanisées des ateliers et entreprises de Phong Khê ont une capacité de production de 2 à 15 t de papier par jour, avec une moyenne de 5 à 7 t. En 2020, un responsable local évaluait à 400 le nombre d'ateliers en activité dans la seule commune de Phong Khê (158). Pour satisfaire les besoins quotidiens des entreprises du cluster, il faut un minimum de 2 400 t de déchets par jour (pour fabriquer 1 t de papier, il faut 1,2 t de déchets) et donc de larges espaces de stockage. Phong Khê remplit dorénavant cette fonction.

Aux alentours de la zone artisanale et au bord de la rivière Ngũ Huyện Khê, à Ngô Khê, de nombreuses balles de papiers sont stockées sur des terres non constructibles de façon illégale par les entreprises situées près du cours d'eau. En juillet 2020, de grandes balles de papier originaires de l'étranger *via* le port de Hải Phòng, des grandes entreprises des parcs industriels ou des emballages des grands magasins envahissent un espace déjà très pollué par la fumée des usines et les eaux souillées de la rivière. Les abords de l'autre côté de la rivière dans le village de Phú Lâm sont aussi le lieu de stockage de gros volumes de balles de papiers usagés.

Dans le village moins industrialisé de Châm Khê, une vingtaine de nouveaux hangars de taille moyenne sont construits à proximité des terres agricoles, là où l'espace est plus accessible. Dans ces hangars, les commerçants stockent des emballages originaires de nombreuses usines, telles celles de la compagnie Samsung à Yên Phong (Bắc Ninh) ou Thái Nguyên, ou des imprimeries de Hưng Yên ou de Hải Phòng. Ils doivent passer par des intermédiaires, telles les compagnies de l'environnement ou des grands commerçants ayant des relations. Leur capacité de stockage s'élève à plusieurs centaines de tonnes de papiers. Ces constructions sont réalisées de façon illégale sur les terres agricoles et certaines ont été détruites par les autorités locales. C'est une zone en attente de planification résidentielle pour la ville de Bắc Ninh. En l'absence d'acheteurs, les autorités laissent certains villageois occuper ces terres pour le stockage de façon temporaire, moyennant certains arrangements (158). On assiste ainsi à une redivision de l'espace dans le cluster : les villages périphériques les moins industrialisés sont devenus des zones de stockage, activité demandant moins de savoir-faire et de capitaux que la fonderie et la fabrication de la pâte à papier. Ces ateliers de stockage se chargent aussi du tri des papiers qu'ils vendent aux entreprises de Dương Ổ, de Phú Lâm, mais aussi dans la zone industrielle de Phố Nối, à Hưng Yên.

3. La zone industrielle de Phong Khê 2 a été créée en 2008 par un entrepreneur influent originaire du village mère de Dương Ổ, grâce à ses relations avec certains fonctionnaires de la province de Bắc Ninh. Selon l'accord, les autorités de la province lui ont attribué pour qu'il y construise une zone artisanale. La précédente zone avait été construite par l'autorité publique. Pour les habitants de Ngô Khê à qui il a été présenté, le projet sur le papier constituait une opportunité, « un tableau merveilleux » (*bức tranh hoàn hảo*). Il s'agit d'une zone « industrielle propre » avec tous les équipements nécessaires, comme les infrastructures, les équipements pour traiter les eaux usées, les espaces verts, etc. Dans la pratique, ce projet est devenu une catastrophe environnementale avec comme unique fonction pour l'entrepreneur la spéculation foncière lors de la vente de terrain. Celui-ci n'a réalisé aucun des travaux d'aménagement (158).

Photo 2
Stockage des déchets plastiques dans tous les recoins du village (2018).

L'entassement des plastiques dans les espaces publics de Xà Cầu

Dans le village de prérecyclage du plastique de Xà Cầu, l'envergure de la production est beaucoup plus limitée car les entreprises sont de petite taille, elles ont peu de capacité d'investissement et ne font que le tri et le broyage. On compte une centaine d'ateliers de broyage ayant une capacité journalière de 3 t maximum, soit un volume bien inférieur à la capacité des chaînes de production de papier ou des fours à aluminium qui traitent quotidiennement plus d'une dizaine de tonnes. De plus, l'activité s'effectue presque uniquement dans le village, car peu d'artisans ont les moyens d'acheter des parcelles dans la zone artisanale.

Le stockage des déchets plastiques s'effectue au détriment de l'espace public et est complètement dispersé dans le village. Chaque atelier ne dispose que d'une parcelle de 200 m^2 en moyenne et n'a pas la place d'y stocker les déchets lors de leur livraison. L'espace est déjà pour un tiers occupé par la famille et le reste affecté à la production. Dans le cœur villageois, les stocks de plastiques en attente de recyclage débordent des ate-

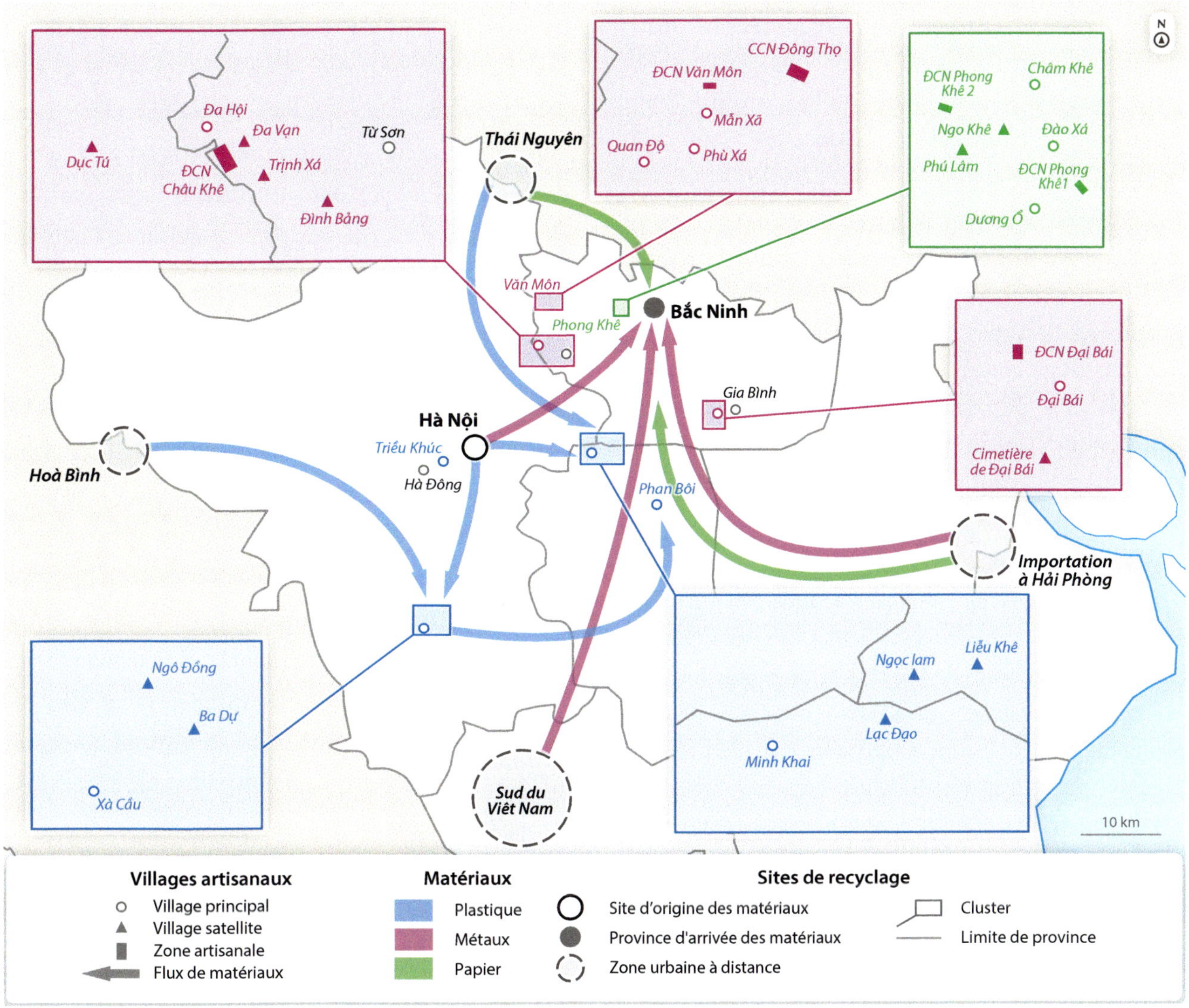

Carte 2

Les clusters de villages du recyclage dans les environs de Hà Nội en 2021.

Réalisation : Nguyễn Minh Phương, Sylvie Fanchette et Éric Opigez.
Source : enquêtes de Nguyễn Minh Phương, Sylvie Fanchette et Bạch Hoàng Vinh.

liers sur les ruelles. Certaines sont envahies de grands sacs et subissent la ronde permanente des transporteurs en *xe tải* et moto-charrette pour charger et décharger les matériaux. Ces transporteurs font le lien entre les ateliers qui effectuent les différentes étapes de production et sont source de pollutions sonore et aérienne. À l'intérieur du village, les ateliers font moins de broyage, car ils ont moins de place pour stocker de grandes quantités de matériaux pour alimenter rapidement les machines à broyer.

Un nombre limité d'ateliers de plus grande taille sont situés à l'emplacement d'anciens étangs ou jardins. Ils ont ainsi une capacité de tri et de stockage bien supérieure à celle de leurs voisins. C'est le cas d'un artisan, âgé de 30 ans, spécialisé dans le tri et le broyage des bouteilles en plastique. La superficie de sa parcelle est estimée à 400 m^2 (144). La cour occupe les trois quarts de la parcelle, avec un grand espace pour le tri et le reste pour entreposer les machines de broyage. Il y a une montagne de bouteilles en plastique au centre de la cour.

Les propriétaires des ateliers riverains utilisent la berge du canal pour stocker des matériaux. Comme ces terres ne sont pas constructibles, ils montent des entrepôts simples avec des toits en tôles ondulées, mais ils ne sont pas autorisés à construire en dur. La grande route qui longe le canal permet aux camions de transporter les marchandises vers les ateliers attenants. Les ateliers ici sont plus grands que ceux de l'intérieur du village avec de la place pour stocker dans leur cour les matériaux en attente de broyage.

Les ateliers situés dans la zone résidentielle, au sud du village et à proximité des terres agricoles, ont une superficie plus importante (plus de 400 m^2), car il s'agit d'une zone d'extension du village nouvellement construite en 2009 sur les terres de l'ancienne coopérative agricole. La terre a été transformée en terre résidentielle et revendue en lots à une vingtaine de familles dont la plupart s'adonnent au prérecyclage dans leurs ateliers. Pour stocker, ils utilisent l'espace devant leur atelier-logement sur les terres agricoles (154). Le canal qui longeait ces terres de coopérative et les rizières a été recouvert pour la construction d'une route. Presque toutes les parcelles sont construites de maisons tubes, sauf une parcelle qui abrite une usine plus large.

Dans le cluster de la papeterie, les abords des cours d'eau sont envahis par les rebuts non recyclables qui n'ont aucune valeur. En l'absence de décharge gérée par la commune, les entreprises jettent ces rebuts dont ils ne savent que faire, car sans valeur marchande. L'activité de la papeterie très consommatrice d'eau est généralement localisée le long des cours d'eau ou des étangs. Leurs abords sont des terres au statut foncier public, ce qui laisse toute liberté aux entrepreneurs de jeter sans ménagement leurs rebuts. Dans les villages du recyclage de l'aluminium, les scories de métal sont abandonnées sur les terres humides aux marges du village de Mẫn Xá ou le long de la digue.

Chapitre 13

La complexité de la filière d'approvisionnement du plastique

Nguyễn Minh Phương, Sylvie Fanchette, Bạch Hoàng Vinh

Le plastique a des caractéristiques spécifiques par rapport aux autres matériaux recyclables (papier et métaux). Dès son apparition, le plastique est considéré comme un matériau pouvant être recyclé à l'infini et qui contribuerait comme substitut à la « protection de l'environnement » (MONSAINGEON, 2017) en aidant à réduire l'exploitation des ressources naturelles. C'est un produit de consommation de masse qui favorise le progrès social, l'hygiène et l'accès au marché de consommation de toutes les classes sociales (produits de consommation quotidienne et équipements ménagers). Au XXe siècle, l'industrie mondiale du plastique a favorisé la popularité de ce matériau et le plastique est synonyme de « miracle » (MONSAINGEON, 2017).

Un système de tri et de recyclage à plusieurs niveaux

Au Việt Nam, avant 1975, la présence du plastique au Nord était très limitée (HAWKINS et DUONG, 2016). À cette époque, posséder un sac plastique signifiait un nouveau style de vie. Les habitants utilisaient les paniers en bambou et rotin pour faire leurs courses, tandis que la nourriture (riz gluant ou pâte de haricot) était emballée dans des feuilles de bananier ou de lotus, les objets demandant plus de protection l'étaient dans du papier journal. Les liquides, boissons ou sauces étaient conservés et transportés dans des bouteilles récupérées.

Depuis la réunification du pays en 1975, l'usage des objets en plastique (bols, sacs, jouets, chaussures, mobilier) s'est popularisé, tandis que les techniques de fabrication et de recyclage de l'industrie plasturgique et les machines ont été progressivement importées du sud du Việt Nam. L'usage du plastique était alors un marqueur de la classe moyenne. Il était considéré comme plus propre et plus facile à laver que le bambou. La production et l'utilisation du plastique sont progressivement devenues populaires dans la vie quotidienne. Habituée à réutiliser les contenants du fait des dures pénuries pendant les années collectivistes, la population lavait les sacs plastiques pour d'autres usages.

La grande diversité des résines employées dans la fabrication d'objets, d'emballages et autres biens (on les classe en sept grands groupes) et la variété des additifs employés rendent complexes leur recyclage et donc leur tri : ils n'ont pas tous le même niveau de recyclabilité. « C'est dans la mesure où les plastiques ne sont que rarement recyclés en des produits aux caractéristiques similaires que l'on parle aujourd'hui de "sous-cyclage". » (MONSAINGEON, 2017). Si la cannette

Photo 1
Une femme de Xà Cầu trie les matériaux récupérés par couleur et par type de plastique (2020).

en aluminium est le conteneur le plus recyclable au monde, le plastique est son exact opposé. L'aluminium peut être recyclé d'innombrables fois pour fabriquer de nouvelles cannettes, alors que le plastique ne peut être recyclé qu'un nombre limité de fois. Chaque type de plastique nécessite un processus de recyclage différent, les plastiques étant fabriqués à partir de milliers de formules distinctes. Même les sept types de plastiques les plus courants utilisés dans la fabrication des produits grand public contiennent une composition de résine irrégulière, une couleur, une transparence, un poids, une forme et une taille qui compliquent et souvent excluent l'option de recyclage (Parker, 2018). Le recyclage du plastique dépend de la qualité du tri, très consommateur de main-d'œuvre, et il ne peut fonctionner qu'avec une très faible rémunération du travail.

Selon l'emplacement des dépôts dans la ville, les déchets plastiques collectés diffèrent en qualité, types et volumes. Les *đồng nát* et les gérants de dépôts collectent principalement des bouteilles en PET des marques comme Coca-Cola, Lavie, les bouteilles en HDPE de lessive et de détergents ménagers. Les *pellets* de ces types de plastiques sont les plus demandés par les producteurs des produits finaux et ils ont une valeur économique supérieure qui se répercute sur l'ensemble de la chaîne de recyclage, des collecteurs en ville aux recycleurs dans les villages de métier.

Cependant, certains types de plastiques semblent très abondants dans la vie quotidienne des citadins, comme les verres pour servir le thé aromatisé (PE) ou les boîtes pour les repas à emporter (PS), mais ceux-ci n'ont pas d'intérêt pour les recycleurs, donc pour les collecteurs. Les enquêtes de terrain à Xà Cầu ont confirmé que, malgré la grande quantité de ces types de plastiques, ils n'intéressent pas les commerçants car leur poids est léger par rapport à leur volume, et il faut avoir parfois des centaines de pièces pour obtenir un kilogramme de matériau. Ils remplissent rapidement les camions avec un faible poids, donc un faible profit pour tous les acteurs de la chaîne.

Après leur collecte, les déchets plastiques sont acheminés dans les villages de prérecyclage (Xà Cầu) ou de recyclage (Phan Bôi), où ils seront retriés et broyés (c'est l'étape de « prérecyclage »). Après cela, les paillettes de plastique seront soit vendues aux entreprises des villages de recyclage ou en Chine, soit transformées en *pellets* dans des machines de traitement thermique, les extrudeuses (c'est l'achèvement de l'étape de « recyclage »). Les *pellets* de plastique recyclés seront ensuite transformés en produits de consommation courante (étape de fabrication du produit fini). Les activités au sein de la chaîne de recyclage sont réparties entre les villages de prérecyclage, de recyclage ou de production selon qu'ils exécutent la première, la deuxième ou la troisième étape de l'activité.

Le village de Minh Khai, en revanche, s'approvisionne plutôt sur le marché international en films de plastique auprès des compagnies d'environnement et, de façon plus limitée, auprès des commerçants des villages riverains de la décharge de Nam Sơn. Ces deux sous-clusters ont des filières d'approvisionnement différentes mais complémentaires et ils se sont différenciés depuis l'intégration de Minh Khai dans les filières globalisées.

Des sous-clusters des plastiques complémentaires

Contrairement aux clusters de villages de métier classiques, au sein desquels la proximité entre villages permet d'effectuer des économies d'échelle, le premier sous-cluster du plastique Xà Cầu-Triều Khúc-Phan Bôi est formé de trois villages éloignés de plusieurs dizaines de kilomètres. L'un se trouve aux marges de la ville, Triều Khúc, tandis que les deux autres sont situés à environ 30 à 40 km de Hà Nội, au sud-ouest le long de la nationale 21B (pour Xà Cầu) et au sud-est, le long de la nationale 5A (pour Phan Bôi). Les deux villages sont complémentaires. Chaque ménage effectue un segment du processus de production en fonction de ses moyens, de la taille et de la localisation de sa parcelle. À Xà Cầu, les entreprises effectuent une ou deux activités de prérecyclage, tandis qu'à Phan Bôi elles effectuent aussi l'étape du recyclage. À cela s'ajoutent des activités commerciales, d'intermédiaires et de transport de matériaux pour les activités du village en fonction de leur accessibilité.

Les machines utilisées pour le broyage et la granulation des plastiques dans les deux villages de prérecyclage sont similaires. Cependant, la qualité de leurs produits dépend de celle des *pellets* et donc de la qualité du tri. Dans ces deux villages, le tri se fait à la main par les ouvriers selon l'apparence visuelle et sonore des objets ; il est donc facile de se tromper et de mélanger différents types de plastiques lors du processus de tri, même pour les travailleurs les plus expérimentés.

Les deux villages de prérecyclage de plastique de Xà Cầu et de Phan Bôi n'ont pas la même capacité à s'approvisionner en matériaux et à revendre les produits finis. À Phan Bôi, les commerçants opèrent efficacement lorsqu'ils diversifient leurs sources d'approvisionnement (*đồng nát*, entreprises des parcs industriels ou import). En outre, ils ont une plus grande capacité à vendre leurs marchandises en gros et à faire des profits. Forts de cette capacité à investir, les producteurs de Phan Bôi ont une plus grande capacité de production que leurs homologues de Xà Cầu qui, faute de capitaux suffisants et mal positionnés par rapport aux zones de production industrielle et aux communications, se cantonnent dans l'étape de prérecyclage.

Xà Cầu, un village du prérecyclage des plastiques

Xà Cầu est spécialisé uniquement dans le prérecyclage du plastique HDPE et PET, contrairement à Phan Bôi. La population compte environ 700 ménages en 2019, dont 80 % (560 ménages) 80 % (560 ménages) participent à l'activité de prérecyclage du plastique, 100 ménages s'adonnent à la phase de tri et de broyage, tandis que les autres s'occupent de la collecte et du transport des déchets et des paillettes de plastique. Selon la qualité et la capacité des broyeuses, chaque atelier peut atteindre une capacité de broyage de 2 à 3 t par jour. La capacité totale des 100 ménages de broyeurs à Xà Cầu peut être estimée de 200 à 300 t par jour.

Les commerçants approvisionnent les ateliers de broyage et de tri du village en déchets qu'ils achètent dans les provinces des alentours, comme Hoa Binh, dans les dépôts de Hà Nội ou dans le village de Triều Khúc, qui sert de village-dépôt intermédiaire. Ils revendent ensuite les paillettes de plastique, avec lesquelles les recycleurs fabriqueront les *pellets*, à Hà Nội ou dans les entreprises des zones industrielles de Hưng Yên. Ils se déplacent en camion pour les longs trajets interprovinciaux ou à l'aide de charrettes tirées par des motos pour aller à Hà Nội. Les motos sont généralement usagées et sans valeur pour qu'au cas où la police arrête le conducteur en surcharge elle ne la leur confisque pas. Les commerçants de Hưng Yên sont les principaux acheteurs de paillettes, preuve de la capacité de ces commerçants à fidéliser leur approvisionnement.

Les habitants du village de Xà Cầu, à l'origine artisans dans la fabrication de l'encens ou agriculteurs, ont appris le métier de la collecte et le prérecyclage du plastique grâce à leurs relations avec les habitants du village de collecteurs-recycleurs de Triều Khúc, ainsi qu'avec les recycleurs de Minh Khai (Hưng Yên). En 1970, en pleine période collectiviste où l'économie était administrée par l'État, certains villageois de Xà Cầu se sont lancés dans le commerce des matériaux recyclés pour améliorer leurs revenus. À partir de 2010, l'activité de prérecyclage s'est rapidement développée. Toutes les machines pour le broyage du plastique du village de Xà Cầu sont achetées à Hưng Yên, ce qui montre l'intensité des relations entre les deux sous-parties du cluster, mais aussi la plus faible innovation de Xà Cầu.

L'espace villageois est divisé en plusieurs sous-espaces spécialisés qui bénéficient ou non d'atouts fonciers et d'accessibilité pour la production. Ces sous-espaces sont composés du cœur du village, un espace très limité où les entreprises ont peu de place pour stocker (moins de 200 m^2) et où elles s'adonnent en général à une seule activité : le tri ou le broyage. Ces espaces se situent aussi aux abords de la rivière, sur les terres agricoles avec l'extension au sud, dans la zone artisanale et le long de la route nationale (commerces).

De l'accessibilité et la taille des parcelles dépend le nombre d'étapes à effectuer pour le prérecyclage par les ateliers. Les activités de prérecyclage du village de Xà Cầu se déroulent principalement en deux étapes : le tri et le broyage. En outre, le village s'adonne à d'autres activités telles que la collecte des déchets plastiques, le commerce et le transport des déchets originaires des dépôts de la ville et celui des paillettes de plastique vers les clusters du recyclage. L'activité la plus polluante est le brûlage des étiquettes récupérées sur les bouteilles. Seuls quelques rares ateliers produisent des *pellets* dans la zone industrielle ; cette activité est interdite dans le village.

Le tri et le stockage sont très gourmands en espace et seules les extensions sur les terres agricoles, au sud du village ou le long de la rivière, offrent de tels avantages. En raison de la plus grande superficie dont ils bénéficient, les ateliers peuvent y effectuer plusieurs étapes de production, certains disposent de plusieurs parcelles attenantes et peuvent stocker de gros volumes de matériaux sur les terres agricoles et donc faire marcher leurs broyeurs à plein régime. Leur volume de travail dépend

Photo 2
Le broyage des plastiques à Xà Cầu : le prérecyclage avant la production de *pellets* (2020).

aussi de la main-d'œuvre qu'ils peuvent mobiliser, en moyenne entre trois à cinq ouvriers, sans compter les membres de la famille (152).

La zone artisanale du village de Xà Cầu est située à l'extérieur du village ; l'activité de fabrication des *pellets* de plastique recyclé y est très limitée mais autorisée, contrairement au centre villageois. La construction de cette zone artisanale n'est pas encore terminée en avril 2021 et le coût d'achat élevé des parcelles est peu accessible aux petites entreprises.

Les dépôts de déchets sont installés le long de la nationale 21B et le long des routes intervillages, bénéficiant d'une bonne accessibilité aux camions et une disponibilité de terrains. Ils sont approvisionnés par des dépôts de Hà Nội ou des environs, ou directement de Triều Khúc.

Durant l'étape du broyage, la perte en matériaux est évaluée à 10 % selon nos enquêtes auprès des ateliers de Xà Cầu. De ce fait, on peut estimer que dans les conditions normales le poids des plastiques HDPE et PET qui sont prérecyclés à Xà Cầu peut atteindre 220 à 330 t par jour.

Encadré 1

Itinéraire d'une patronne d'entreprise de recyclage (161)

Il y a quinze ans, cette patronne commercialisait des sacs en plastique fabriqués à Minh Khai. À cette époque, ces sacs étaient chers, la circulation était difficile et il y avait peu de gens qui en faisaient le commerce. Elle a décidé d'ouvrir une usine de fabrication de sacs en plastique à Xà Cầu. En 2006, elle achète une machine qu'elle installe dans le village, mais, en raison de problèmes de voisinage, elle déménage dans la zone artisanale. Elle bénéficie d'un bon accès à l'électricité, à un coût inférieur à celui du village. Son activité marchait bien, jusqu'à ce que de nombreuses entreprises de Minh Khai se mettent à fabriquer des sacs en plastique à des prix concurrentiels.

En effet, Minh Khai possède beaucoup plus d'atout que Xà Cầu : de grandes capacités d'investissements, des entreprises de haute technologie, une production élevée, une bonne accessibilité et une bonne intégration dans les réseaux commerciaux. La zone artisanale de Xà Cầu ne compte que deux ou trois autres fabricants de sacs en plastique qui importent tous des granules de Minh Khai. Dans la zone artisanale de Xà Cầu, on peut diversifier la production, notamment la fabrication de *pellets*, tandis que dans le village seuls le tri et le broyage de plastiques sont autorisés.

L'atelier du ménage est divisé en deux : une partie sert d'entrepôt pour la réception et la vente des marchandises, l'autre sert à la production de sacs en plastique. Trois ou quatre ouvriers fabriquent les sacs et les découpent. Ils sont obligés d'effectuer l'intégralité du processus de prérecyclage (achat de plastique, tri, lavage, broyage) et de fabrication des *pellets*.

Ce ménage utilisait parfois des *pellets* vierges, mais comme ils ne peuvent rivaliser sur la qualité des sacs, ils n'utilisent désormais que des *pellets* recyclés pour réduire les coûts. Ils les achètent à Minh Khai. Auparavant, près de Xà Cầu, un atelier produisait des granules en plastique recyclés, mais il a fait faillite au bout de moins d'un an. Avec des granules de plastique vierge, on peut fabriquer de plus beaux sacs, mais le prix est 150 % plus cher. Ceux-ci sont importés de Chine par une entreprise de Hải Phòng.

Phan Bôi, un village de recyclage des plastiques

Phan Bôi est un ancien village agricole, bien situé le long de la nationale 5A, dont les terres agricoles ont été expropriées pour la construction du parc industriel Phố Nối A et Phố Nối B à la fin des années 1990. L'activité de recyclage du village a commencé avant les années 1980 (comme ce fut le cas à Minh Khai). À l'instar de ce dernier, la recherche d'autres revenus parallèles à l'agriculture, à une période où les coopératives produisaient peu, a poussé quelques-uns à se lancer dans un autre métier. Ce métier du recyclage s'est développé suite aux expropriations des terres dans les années 1990. Les paysans n'avaient pas d'autre choix.

Les commerçants de la province de Hưng Yên vendent aux ateliers une grande diversité de plastiques HDPE et PET et certains autres plastiques durs de sources diversifiées (zones industrielles de Hưng Yên et de Hà Nội), des provinces environnantes comme Vĩnh Yen (province de Vĩnh Phúc) ou reculées comme Thanh Hóa et les provinces du sud du Việt Nam, telle Đắk Lắk. La grande diversité des sources d'approvisionnement offre de grandes quantités de matériaux répondant aux besoins de production du village.

Les entreprises de Phan Bôi s'adonnent aux deux étapes de prérecyclage et de recyclage. Le commerce des plastiques et le service pour le transport de marchandises pour approvisionner les ateliers occupent de nombreux foyers. Ceux-ci choisissent les étapes de la production et du recyclage en fonction de leurs capacités d'investissement, de leurs relations sociales, de la main-d'œuvre accessible et de l'espace de production disponible.

La zone de prérecyclage est située dans le village car elle est moins polluante, tandis que la zone de recyclage est dans une zone d'extension sur les terres agricoles, de l'autre côté de l'autoroute. En fonction de la qualité et de la capacité de la machine, chaque ménage peut broyer une moyenne d'environ 4 t de déchets plastiques quotidiens par machine (156).

Triều Khúc, un ancien village reconverti dans le recyclage

Triều Khúc était un village de collecteurs de toutes sortes d'objets, comme les plumes de canard ou les cheveux pour fabriquer des perruques. En 1994, il était considéré comme le centre de récupération de déchets le plus important de Hà Nội, après Ô Chợ Dừa. Pierre GOUROU en 1936 mentionne ce village comme étant spécialisé dans le recyclage. Avec le changement de modes de consommation dans les années 1980 et la limitation des restrictions aux mobilités, la collecte des produits recyclables s'est diversifiée. En 1994, DIGREGORIO évaluait la part des collecteurs originaires de Triều Khúc à 13,8 % du total de ceux exerçant dans la capitale.

Il s'est spécialisé dans les trois étapes de la collecte, du prérecyclage et du recyclage du plastique. Installés aux marges de la ville dans un district encore rural, les artisans de ce village de métier pouvaient pratiquer les activités sans trop de problèmes, eu égard à leur ancienneté. Proches du centre-ville et bien connectés aux gérants de dépôts de la capitale, les prérecycleurs ou les gérants de grands dépôts intermédiaires jouaient un rôle important dans le regroupement et le tri complexe des plastiques. Cependant, avec la métropolisation de la capitale et le bannissement des activités dommageables pour l'environnement, les ateliers se sont peu à peu délocalisés du centre du village vers la périphérie. On en comptait 77 en 2009, selon une enquête d'Urenco, et ils ne sont plus que quelques-uns dans le village. Lors de nos tournées, il a été très difficile de les localiser dans le cœur villageois.

En 2012, TRẦN HOÀI réalise une enquête exhaustive des différents collecteurs et recycleurs de Triều Khúc. Il recense 129 foyers qui s'adonnent à la collecte, au commerce et au recyclage du plastique. La moitié des ateliers s'approvisionnent en déchets dans le village, un tiers dans les dépôts de la ville et le reste dans d'autres provinces. Les ateliers de prérecyclage trient, séparent et broient les plastiques, comme à Xà Cầu.

Il existe au sein du village une division du travail entre les cinq hameaux qui le composent. TRẦN HOÀI (2012) présente les quatre groupes qui réalisent les différentes étapes au sein de la chaîne de collecte et de recyclage :

– groupe 1 : 12 négociants primaires achètent et vendent les déchets plastiques, sans aucun traitement ;

– groupe 2 : 27 négociants secondaires achètent des déchets plastiques, les trient et les vendent ;

– groupe 3 : 86 recycleurs primaires achètent les déchets plastiques, les trient, les lavent, les broient et fabriquent des *pellets*. Ils vendent soit des paillettes, soit des *pellets* à leurs clients ;

– groupe 4 : 4 recycleurs secondaires travaillent à partir des paillettes et des *pellets* et fabriquent des objets à partir de moules : des ustensiles ménagers en plastique (seaux, bassines, tables, chaises...) et des produits industriels (pieds de ventilateurs, prises électriques...).

Les trois quarts des entreprises ont alors dix ans d'activité et le quart restant exerce depuis plus longtemps. La plupart de ces ateliers n'embauchent pas plus de cinq personnes et seule une dizaine a une envergure de production plus large.

En 2009, une zone artisanale de 15 ha a été construite au sud du village sur les terres agricoles résiduelles par les autorités de la commune pour accueillir les entreprises du cœur villageois. Elle vise à faciliter le traitement des eaux usées, réduire les nuisances causées par les pollutions et protéger les habitants du bruit et des fumées. Seules les infrastructures de base y ont été installées, la construction des ateliers restant à la charge des

Photo 3
Les ateliers de tri du plastique s'installent en périphérie de la zone artisanale à Triều Khúc (2018).

entreprises (TRẦN NHẬT, 2010). Une nouvelle route connecte le village et la zone artisanale aux grandes artères et désenclave le village. Toutefois, lors d'une visite du site en 2017, nous n'y avons remarqué qu'un seul atelier de recyclage du plastique spécialisé dans la fabrication de jouets. Il est doté de machines modernes pour la fonte des pièces, beaucoup moins polluantes et plus silencieuses que celles que nous avons vues dans la zone informelle (169).

La plupart des entreprises sises dans cette zone sont en réalité des bureaux, des sièges sociaux d'entreprises spécialisées dans le plastique ou des commerces. La spéculation foncière dans cette marge de la ville a eu raison de l'installation des ateliers de recyclage. Les paysans ont été expropriés au très faible prix de 100 000 VNĐ le mètre carré, ce qui, pour des parcelles en général mesurant 559 m^2, élève l'indemnisation totale à 55,9 millions de VNĐ. À la suite de la construction des infrastructures de base, les prix de vente des terres ont été multipliés par 60 à 80 aux enchères. Avec les indemnisations reçues, les villageois ne pouvaient donc pas acheter de parcelle suffisamment grande pour leur atelier (TRẦN NHẬT, 2010). Selon un de nos informateurs, seuls cinq foyers ont réussi à y acquérir des parcelles en 2017 (169).

La petite envergure familiale de la plupart des ateliers en activité à Triều Khúc et les capitaux limités à leur disposition ne leur permettent pas d'accéder aux parcelles dans la zone artisanale, trop chères pour leur budget (10 millions de VNĐ le mètre carré). Certains villageois de Triều Khúc ont spéculé sur les terres et revendu leur parcelle de 500 m^2 en plusieurs lots à des personnes extérieures ou des foyers du village qui ne peuvent pas acheter des parcelles supérieures à 100 m^2. Alors que cette zone est strictement destinée à l'activité industrielle, des habitants du village, qui avaient la priorité pour acheter des parcelles, se sont arrangés à plusieurs pour acheter des terres qu'ils ont redivisées ensuite pour y construire leur maison (TRẦN NHẬT, 2010). Par ailleurs, il semblerait que les règles environnementales de production, trop strictes dans ce site, constituent un frein à l'installation d'ateliers utilisant des machines obsolètes et polluantes.

Par dépit, les artisans et petits entrepreneurs évincés du cœur villageois ont construit leurs ateliers sur leurs terres agricoles autour de la zone artisanale, le long de la nouvelle route et près du cimetière. Avec une plus grande envergure, ces ateliers se sont mis à embaucher des ouvriers des provinces du delta du fleuve Rouge et de Thanh Hoà. Ils traitent entre 10 et 20 t de déchets par mois. Ils diversifient les types de plastiques à recycler. Des commerçants de plumes ou fabricants de plumeaux s'adonnent dorénavant au recyclage du plastique. Avec l'ouverture de la route, de nombreux dépôts de déchets ont pu s'installer et bénéficient de larges espaces pour stocker et trier (**photo 3**). Les ateliers qui fabriquent des *pellets* à partir des paillettes de plastique produites dans les ateliers du village sont localisés aux abords du cimetière. Ce sont des constructions très sommaires, en tôles ondulées, et les ouvriers y travaillent dans des conditions sanitaires très mauvaises (169). En 2018, un incendie s'est déclaré dans la zone où sont concentrés les ateliers du recyclage et plusieurs ateliers ont dû fermer.

Ainsi, la délocalisation des activités de prérecyclage et de recyclage du cœur villageois a été effective, mais le projet de zone artisanale est un réel échec. On peut s'interroger sur l'avenir des activités de ce village une fois que toutes les terres agricoles auront été rendues constructibles et mises à la vente pour des projets urbains. La métropolisation et l'augmentation rapide des prix fonciers, en parallèle à des directives plus strictes de respect de l'environnement, rendent difficile le maintien dans les arrondissements urbains d'activités de recyclage, fussent-elles très anciennes.

La crise du covid et son impact sur le cluster

La quatrième vague du covid débutée en avril 2021 a réduit de 30 % l'activité du prérecyclage dans le sous-cluster du plastique par rapport à la normale, en raison des changements dans les réseaux d'approvisionnement, de la fermeture des usines dans les provinces de Bắc Giang et de Bắc Ninh. Déjà en juin 2020, entre les deux premières vagues, les prix des matériaux avaient baissé et les patrons des ateliers n'avaient pas les moyens de payer leurs ouvriers. Ils ont été obligés d'effectuer le travail eux-mêmes.

Lors d'un entretien avec une famille de Xà Cầu (154), les femmes de la maison font le tri, tandis que le transport et le chargement sont effectués par les hommes (le père et le gendre). Pendant que la jeune fille trie, son mari s'occupe du bébé. S'ils embauchaient de la main-d'œuvre, ils ne pourraient plus faire de profit. Chaque personne trie environ 500 kg par jour. Un propriétaire d'atelier enquêté le matin disait qu'avant le covid il triait et broyait 20 t de déchets par mois. Depuis, sa production a baissé à 8 t car il n'y a pas d'acheteurs. Il doit stocker plus de la moitié de la production.

Minh Khai : un sous-cluster branché sur le marché international

De la culture des pommes de terre au commerce des déchets

À la fin des années 1960, Minh Khai (commune urbaine de Như Quỳnh, district de Văn Lâm, province de Hưng

Encadré 2
Le mythe de fondation de l'activité du recyclage à Minh Khai

Tout commença avec du troc

L'histoire du commerce et du recyclage des déchets à Minh Khai a commencé en 1967 à l'initiative de madame Huych, une paysanne de 40 ans. À cette époque, le village s'adonnait essentiellement à l'agriculture. Madame Huych avait remarqué que des commerçants de déchets circulaient de temps en temps dans son village. Comme eux, elle avait besoin de ressources complémentaires aux revenus faibles apportés par la coopérative agricole. Elle se lia d'amitié avec une femme de Phố Nối, un village des environs, qui lui enseigna les bases de son métier et l'introduisit à des commerçants de son réseau. Madame Huych commença à faire le commerce des plumes de canard et de poulet ou plutôt du troc, car à cette époque collectiviste l'argent était rare. Elle troquait des bonbons contre des plumes, qu'elle revendait ensuite pour de l'argent. Elle invita plusieurs de ses amies à la rejoindre dans sa nouvelle activité. Madame Huych est considérée comme l'initiatrice du métier, l'ancêtre du village de métier de Minh Khai.

Durant les années 1970, elle continua de faire du troc et du commerce de plumes, puis étendit son activité aux os et aux déchets de papiers, plastiques, verres et métaux. Elle exerçait son activité dans un rayon de 7 km autour de son village, car elle se déplaçait à pied avec sa palanche sur l'épaule. Ses clients et fournisseurs étaient principalement des villageois de Phố Nối.

En 1978, son fils revint au village après quinze ans passés à l'armée. En chemin, il s'arrêta à Hà Nội, notamment dans le quartier de Kim Mã près de la gare routière, et il y remarqua l'importance du commerce des déchets. En arrivant à la maison, il fut surpris de voir les piles de matériaux stockés dans la cour. Sa mère lui expliqua comment elle avait commencé ce métier pour améliorer son quotidien. Il lui répondit qu'il avait remarqué l'ampleur de ce commerce à Hà Nội et lui demanda la permission d'aller vendre là-bas ses matériaux. Il chargea ceux-ci sur sa bicyclette et partit pour Hà Nội où il vendit tout à un prix bien supérieur qu'à Phố Nối, à la surprise de sa mère. En ces périodes de pénuries et de retour des soldats, trouver un nouveau revenu en dehors de la coopérative était essentiel. Le fils de madame Huych commença ainsi le commerce des déchets à Hà Nội et revendait sa collecte aux commerçants de Kim Mã et de la décharge de Giãng Võ. Toutefois, en tant que membre du Parti communiste, il n'était officiellement pas autorisé à faire du commerce. Malgré tout, il invita, à l'instar de sa mère, plusieurs de ses amis à le rejoindre dans ce métier, qui à leur tour invitèrent leurs propres amis.

Le commerce des déchets avec la ville de Hà Nội et le développement du village

La période de 1978 à 1986 fut cruciale pour le développement de la spécialisation de Minh Khai dans le plastique. C'était une période de pénurie des secteurs subventionnés de l'économie, aggravée par les guerres, les dettes et la pression démographique, mais en même temps une époque de grande invention des fondements d'une économie mixte. Durant cette période de transition, le commerce des déchets et le recyclage se trouvaient dans la « zone grise » de l'économie. Non prises en compte dans la comptabilité publique, ces activités étaient impossibles à formaliser. L'habilité de ces premiers commerçants à opérer en dehors de l'économie formelle, approvisionnant les petites entreprises collectivistes ou les foyers, a joué un grand rôle dans le renforcement du secteur non étatique à une époque où les matériaux étaient rares. Comme dans les autres villages du recyclage, la crise économique du secteur subventionné a forcé l'État à accepter les expérimentations.

Comme le nombre de commerçants de déchets de Hà Nội augmentait, les résidents de Minh Khai se mirent à chercher d'autres sources et débouchés pour leurs matériaux. Cela les entraîna vers les plus grandes zones industrielles : Việt Trì, Hải Phòng et Thái Nguyên dans le Nord, puis Hồ Chí Minh-Ville. Certains se lancèrent dans le commerce transfrontalier avec la Chine.

En 1985, les villageois commencèrent à se spécialiser dans le commerce des déchets plastiques en direction particulièrement de Hồ Chí Minh-Ville, déjà bien au fait du traitement et du recyclage de ce matériau. Une fois capables, à force d'observation et de questions, de « voler » le métier de leurs confrères de la capitale du Sud beaucoup plus en avance qu'eux, ils importèrent les machines pour broyer et fabriquer les granules de plastique.

Le recyclage ne commença pas avant 1990, moment où le fils de madame Huych prit sa retraite, mais surtout lorsque les modes de consommation de la population changèrent. Puis, ce fut au tour des petits-enfants de madame Huych d'innover ; ils furent les premiers à produire des sacs plastiques dans le village de Minh Khai (DIGREGORIO *et al.*, 1999).

Yên), anciennement village agricole, a commencé à se spécialiser dans la collecte et le commerce des déchets avec la ville de Hà Nội, puis plus tard dans le recyclage des déchets plastiques. Minh Khai est dorénavant un village de recyclage du plastique à 100 % et est considéré comme un village de métier depuis 1986.

Minh Khai est plus spécialisé dans les plastiques souples de type PE et PP, tels les films et sacs d'emballage de marchandises. Les ateliers ne s'approvisionnent donc pas dans les dépôts de Hà Nội, car les *đồng nát* ne collectent pas les films plastiques, ils achètent plutôt des déchets originaires des usines locales et provinciales, tels les emballages des usines textiles (zone industrielle de Phố Nối) ou des usines Samsung, ou de l'étranger (Japon, Chine, Corée du Sud). Entre 1999 et 2014, le nombre d'ateliers qui s'adonnent à une partie du processus de recyclage et de production dans le village de Minh Khai a beaucoup augmenté, il est passé de 296 à 720. La plupart des ménages travaillaient alors en tant que recycleurs ou producteurs d'articles en plastique (par exemple, le nombre de recycleurs de plastiques est de 400 sur 720, soit 58 % du nombre total, et le nombre de producteurs s'élève à 100 sur 720, soit 13,88 % du nombre total).

Avec la croissance du volume du recyclage des déchets plastiques et de la production de sacs en plastique, la place des villageois de Minh Khai dans la chaîne de production a beaucoup évolué et chacun se spécialise dans la partie du processus qui lui est la plus favorable et rentable. La collecte des déchets est moins rentable, tandis que la fabrication de produits en plastique, tels les sacs, est plus intéressante. Lorsqu'un villageois occupe un poste plus haut dans la chaîne, il n'effectue plus les travaux des postes antérieurs. Les activités de commerce de déchets pour approvisionner les ateliers sont délaissées aux villageois, moins bien dotés en capital physique et social. La mécanisation de la production implique toujours plus de capitaux et d'espaces de production qu'une minorité bien intégrée dans les réseaux peut obtenir.

Cette augmentation du nombre de producteurs de *pellets* et d'articles en plastique s'est accompagnée d'une extension de l'espace de production et d'une demande importante de matières recyclables, difficilement accessibles sur le marché local, d'où une diversification des approvisionnements en déchets et de l'achat sur le marché international.

Une intégration récente au marché international qui le fragilise

L'intégration aux réseaux du commerce des déchets s'est effectuée en plusieurs étapes. À partir des années 1980, les villageois de Minh Khai ont développé des liens commerciaux avec la Chine, un pays très demandeur en matières premières pour son industrie. De plus, sa localisation favorable, à la frontière de la province de Hưng Yên et de la ville de Hà Nội, à proximité de la route nationale 5A et de la ligne de chemin de fer Hà Nội-Hải Phòng, lui offre un accès facilité avec le port maritime

Photo 4
Lavage et broyage des plastiques à Minh Khai (2018).

pour l'importation des déchets internationaux (par transit *via* le port maritime international de Hong Kong).

L'industrie du Việt Nam au développement rapide, car financée par les investisseurs étrangers, offre de gros volumes de déchets produits quotidiennement dans les usines mondialisées (emballage, articles défectueux, chutes). À partir de 2017-2018, les recycleurs se mettent à utiliser les déchets des usines locales et provinciales : celles qui fabriquent les vêtements dans la zone industrielle voisine de Phố Nối, les emballages d'usine de Samsung à Bắc Ninh, tout en continuant à s'approvisionner en matériaux étrangers (Japon, Chine, Corée du Sud). Ces approvisionnements sont réguliers, en quantités importantes (30 t par camion semi-remorque) et d'une qualité homogène qui ne nécessite pas beaucoup de traitement avant recyclage. Depuis le ban des importations de déchets plastiques en Chine, le Việt Nam s'est mis à répondre à la forte demande chinoise en ce sous-produit. Il est devenu un acheteur important de déchets plastiques étrangers qui ont une qualité plus homogène que les déchets domestiques, et ceci même si les restrictions à l'importation sont fortes. Les recycleurs de Minh Khai enquêtés disent avoir acheté des déchets et revendu les *pellets* aux commerçants chinois. Cela suggère que les commerçants chinois contrôlent une partie de la chaîne de production des produits destinés à leur pays à Minh Khai. Ils exercent dans les villages de Minh Khai et Phan Bôi et ouvrent des entrepôts de stockage afin d'« acheter les marchandises » et avec l'alibi de « vendre les machines ».

Jusqu'en 2018, Minh Khai est ainsi facilement approvisionné en gros volumes de déchets plastiques importés et sa production prospère rapidement, vu l'offre très élevée pour ces déchets sur le marché international. Le niveau de vie des villageois augmente et les espaces de production industriels s'étendent au détriment des espaces agricoles. Cependant, son intégration dans les réseaux internationaux du commerce des déchets place Minh Khai dans une situation de dépendance des politiques internationales et des fluctuations des prix. À l'achat des déchets plastiques s'est ajoutée la vente de *pellets* à la Chine qui ne peut plus produire avec les plastiques importés. Cela fragilise ce cluster et le transforme en un « centre de traitement de déchets plastiques » pour la Chine.

Avant l'interdiction de l'importation de déchets plastiques au Việt Nam en juin 2018 et l'avènement de la pandémie de covid, les entrepreneurs chinois contrôlaient en partie le processus de transformation du plastique à Minh Khai en s'intéressant à deux éléments importants : l'approvisionnement de la matière recyclable et l'achat de produits recyclés, les *pellets*, destinés à leur pays. Pour effectuer ce contrôle, les commerçants chinois se sont installés dans le village de Minh Khai et les villages alentour comme Lạc Đạo et exercent sous des prête-noms. Selon une commerçante rencontrée près de la décharge de Nam Sơn qui fournit en déchets plastiques le village Lạc Đạo, des entrepreneurs chinois ont ouvert des ateliers et des « compagnies » qu'ils enregistrent sous le nom de partenaires vietnamiens. On en compte deux dans ce dernier village et deux à Minh Khai (140). Les relations de partenariat entre commerçants chinois et vietnamiens fluidifient les transactions. Tout doit passer par les partenaires vietnamiens qui ont ainsi à leur disposition les informations concernant les sources de déchets et les besoins des producteurs en Chine.

Cependant, depuis la pandémie de covid en 2020, les commerçants chinois ont quitté Minh Khai et Phan Bôi. En raison de la fermeture de la frontière au début des années 2020, les échanges ont été suspendus. Ils ont gardé les contacts avec les commerçants vietnamiens, mais la concurrence avec les industriels du sud du pays est grande. À Phan Bôi, les commerçants de la province importent des déchets étrangers, puis les revendent à des entreprises de recyclage.

La douane vietnamienne au port de Hải Phòng se charge des démarches administratives pour officialiser l'importation. Pour faciliter le processus, une compagnie intermédiaire ayant des relations avec les fonctionnaires de la douane est sous-traitée. Comme aucune entreprise de Minh Khai ne dispose de permis d'importation, elles doivent passer *via* des importateurs ou des entreprises qui en ont. Leurs hangars sont localisés dans le district de Thuy Nguyễn à Hải Phòng et dans les zones industrielles de Hải Dương et Hưng Yên (157).

Chapitre 14

Les métaux : la division spatiale du travail

Nguyễn Minh Phương, Sylvie **Fanchette**, **Bạch** Hoàng Vinh

Les villages de métallurgistes s'approvisionnent en déchets sur de nombreux marchés ; celui des *đồng nát* ne représente qu'une faible part, eu égard aux volumes très élevés que représentent les rebuts de la construction (barres, tiges de fer), de l'industrie (machines, véhicules) et les casses diverses (aéronautiques, navales). Les villages étudiés s'adonnent au recyclage de l'aluminium, du cuivre, du fer et de l'acier.

Les deux sous-clusters des villages de Mẫn Xá et de Đại Bái appartiennent au même cluster au sein duquel toutes les étapes de la collecte, du tri, du recyclage et de la production sont effectuées. La différence de rente de situation géographique de ces deux villages et les possibilités inégales d'intégration au marché national expliquent pourquoi ils occupent une position différente au sein de la chaîne de production du cluster.

Le succès de Mẫn Xá repose sur plusieurs facteurs. 1) La localisation : le sous-cluster de Mẫn Xá est bien localisé sur un axe de développement de la province Bắc Ninh, avec une bonne desserte de communication qui le relie à plusieurs localités du Việt Nam et de la Chine. Il est proche des parcs industriels des districts de Từ Sơn et de Yên Phong (voir carte 2, page 221) et du cluster des meubles d'art en bois de Đồng Kỵ. Cette proximité facilite l'approvisionnement en matériaux en provenance des parcs industriels et la venue des clients, notamment les commerçants chinois très entreprenants et bien implantés à Đồng Kỵ. Elle offre ainsi des possibilités d'intégration dans les réseaux asiatiques. 2) La temporalité : la participation de Mẫn Xá dans l'activité de recyclage a été stimulée par l'ouverture économique des années 1990 au cours de laquelle la province de Bắc Ninh, très industrielle et bien intégrée dans les réseaux politiques et économiques, a su fonder son développement. Les villages artisanaux, y compris ceux du recyclage, se sont modernisés ; ils ont mécanisé et élargi leur envergure de production et diversifié leurs marchés d'approvisionnement en matériaux et vente de produits finis. Đại Bái, village de métier millénaire, en revanche, n'a pas su se moderniser et s'ouvrir au marché à temps. Il avait déjà entrepris une révolution technique en diversifiant son activité de martelage du cuivre à l'aluminium dans les années 1960-1970, mais, excentré des zones industrielles du nord de la province, il n'a pas suivi le tournant de modernisation de Mẫn Xá. 3) Les relations : la dynamique des réseaux de commerce dans lesquels les entrepreneurs et artisans de Mẫn Xá sont intégrés explique en grande partie le succès de ce sous-cluster. Les commerçants de déchets d'aluminium ont joué un rôle très important pendant les années de guerre, notamment du fait de leurs connexions avec l'armée pour récupérer des carcasses d'hélicoptères ou d'avions, et ce, jusqu'à maintenant, aux côtés des fondeurs d'objets en aluminium. Ils circulent dans tout le pays afin de chercher les matériaux. Les entrepreneurs de Mẫn Xá, *via* ces activités, ont pu tisser des relations avec les fournisseurs de matériaux. Les responsables des coopératives d'alors les ont aidés en leur fournissant des autorisations de déplacement pour faire du commerce, alors interdit.

Văn Môn : le recyclage de l'aluminium en lingots

Un métier de fondeurs « tombé du ciel »

Le sous-cluster du recyclage de l'aluminium de la commune de Văn Môn est le plus grand du Nord-Việt Nam. Il est composé de cinq villages (Mẫn Xá, Phù Xá, Quan Đình, Quan Độ et Thôn Tiền) au sein desquels il existe une forte division du travail (voir chapitre 12, carte 2). Selon DIGREGORIO *et al.* (1999) et GOUROU (1936), Mẫn Xá et Quan Độ ont par le passé développé des activités de collecte dans le pays et intégré des réseaux de collecteurs. Ils ont ainsi accumulé des capitaux et du capital social qui leur ont permis, au moment de l'époque collectiviste puis de l'ouverture économique, d'étendre l'envergure de leur production. Toutefois, la guerre a joué un rôle d'accélérateur du développement du métier grâce à l'approvisionnement en gros volumes de carcasses de véhicules militaires, notamment d'avions et d'hélicoptères. On raconte que, en 1963, un artisan, monsieur Hoàn Đức, a entrepris de couler des pots en aluminium pour contenir de l'alcool à partir d'un avion américain tombé du ciel. En 1965, l'activité s'est développée grâce aux rebuts de l'armée et une coopérative a été créée en 1967 pour encadrer les villageois en brigades de production. Après la fermeture de la coopérative, les artisans se sont mis à leur compte et certains ont investi le commerce des déchets. Ainsi, Văn Môn a eu accès à de gros volumes de ferraille relativement homogènes à partir des années 1960, à une époque où l'accès aux matériaux était très limité, et peu à peu le nombre d'entreprises et ateliers de fonderie a augmenté.

Les commerçants de ce cluster s'approvisionnent très peu sur le marché international, à hauteur de 20 % selon le chef du village (165) (les enquêtes ont mentionné de rares cas d'importation *via* des entreprises ayant des permis et sises à Hải Phòng). Nous n'avons pas de chiffres pour l'approvisionnement auprès des *đồng nát* : ce sont surtout des petits ateliers de Phù Xá et de Mẫn Xá d'une faible capacité de fonte et qui traitent 1 à 2 t par jour. Les cannettes vendues pas les *đồng nát* coûtent moins cher que celles originaires du sud du pays, car elles doivent être triées à nouveau, étant de moindre qualité et hétérogènes.

Les commerçants de déchets de Quan Độ et les fonderies de Mẫn Xá ont accès à de nombreux rebuts, telles la grenaille d'aluminium ou les malfaçons des usines sises dans les parcs industriels, *via* les sociétés de l'environnement. C'est le cas de Samsung qui vend des supports de téléphones avec des malfaçons (152). Ce village de commerçants est devenu un grand marché de déchets de divers métaux (fer, aluminium, acier inoxydable) au sein du cluster et, après le tri, les métaux autres que l'aluminium sont revendus dans les clusters de villages de la métallurgie et les entreprises spécialisées. Un informateur affirme que chaque jour une centaine de camions apporterait des déchets de métaux de tous les coins du pays, même les cuisinières du Sud (152). On voit ainsi que l'échelle d'approvisionnement change en fonction de l'origine. Les dépôts de déchets de Hà Nội n'ont le droit de transporter que des chargements de 2 t maximum, tandis que les camions semi-remorques originaires du sud du pays chargent jusqu'à 40 t. Des camions plus petits proviennent des provinces du Nord-Việt Nam comme Thái Ninh ou Phú Thọ. Des dépôts à ciel ouvert se sont installés en limite de l'espace résidentiel pour stocker ces larges volumes, tandis que des décharges sauvages se sont ouvertes pour déverser les rebuts non vendables et les scories.

Certains dépôts sont spécialisés dans un type de rebut, tel ce gérant qui ne commercialise que de vieux climatiseurs depuis 2018. Il était auparavant commerçant de déchets et il s'intéresse depuis une dizaine d'années à la ferraille la plus rentable. Un gérant d'un grand dépôt en plein air, ancien ouvrier d'usine, affirme collecter entre 500 à 600 t de ferraille par mois qui sont revendues dans les usines de la sidérurgie de Thái Nguyên une fois triées. Cette activité très lucrative attire de nombreux villageois et leur offre de nombreuses opportunités. Ils sont peu enclins à se faire embaucher dans les usines des parcs industriels des environs, tel celui de Yên Phong, où de grandes compagnies comme Samsung offrent de

Photo 1
Chaleur et fumées toxiques durant la fonte de l'aluminium à Mẫn Xã (2020).

nombreux emplois. Les conditions de travail y sont trop contraignantes (152) (163) (164) (165).

Des entrepreneurs du Sud, installés dans le sous-cluster, ont amené les réseaux de fournisseurs de leurs régions qui chargent des camions de plusieurs dizaines de tonnes de cannettes métalliques. Cette diversification dans les techniques et les approvisionnements est bienvenue pour ce cluster parmi les plus polluants de la région. On peut s'interroger sur les raisons qui poussent les petits industriels du sud du pays à délocaliser leurs activités dans le Nord. Suite à un entretien avec un recycleur en juin 2020, il apparaît que les activités de recyclage dans le Sud très industrialisé (on y compte de nombreux parcs industriels) sont beaucoup plus contrôlées sur le plan environnemental. Malgré de meilleures conditions d'accès aux matériaux, au foncier et aux technologies, cela augmente les coûts de production par rapport à ceux de leurs homologues du Nord (152).

Le tri et le commerce des autres types de déchets métalliques tels le zinc, le plomb ou l'acier inoxydable se développent dans le cluster. Les commerçants récupèrent les restes d'aluminium issus du démantèlement des machines, des véhicules et des objets électroniques et les trient pour la vente en dehors de la commune. Les marchés de vente du cluster de Văn Môn sont divers et dépendent de la qualité des produits recyclés (lingots), de leurs volumes et des filières de distribution. Une partie limitée des lingots de meilleure qualité est vendue en Chine ou dans les usines des parcs industriels pour 50 millions de VNĐ la tonne, tandis que les lingots de moindre qualité sont vendus dans les ateliers du village de Đại Bái. Selon certains interlocuteurs (152) (164), 80 à 90 % des lingots d'aluminium seraient vendus aux usines formelles, telles les compagnies Chien Thang et Seojin Vina, deux usines spécialisées dans la fabrication des produits en aluminium de la zone industrielle du district de Từ Sơn (province de Bắc Ninh). À celles-ci, il faut ajouter les grandes entreprises des parcs industriels du sud du pays.

Cependant, comme la majorité des recycleurs de Mẫn Xã appartient au secteur informel, ils ont besoin de factures afin d'« officialiser » les ventes avec les entreprises formelles et les contrôles de police sur la route. C'est là que les « compagnies » du village entrent en jeu. On dénombre à Mẫn Xã environ une dizaine de compagnies « enregistrées ». Les recycleurs informels effectuent leurs transactions à travers ces compagnies qui ont la capacité légale de vendre les lingots aux entreprises formelles (165). Ces transactions reposent sur la confiance entre les membres de la société villageoise fondée sur les réseaux familiaux ou de voisinage. La compagnie Vạn Lợi fait partie des intermédiaires sollicités pour ces transactions. Cette compagnie créée en 2002 est spécialisée dans la fabrication de lingots d'aluminium et est partenaire de plusieurs compagnies comme Samsung ou Honda de Bắc Ninh. Elle est localisée dans la zone industrielle de Đông Thọ (à l'extérieur de Mẫn Xã). Elle possède le statut de compagnie de l'environnement qui lui permet de commercialiser les déchets et rebuts des entreprises des zones et parcs industriels, car elle est spécialisée dans le traitement des déchets industriels dangereux. En plus d'avoir un permis pour acheter des déchets, elle peut en retour alimenter les usines en lingots d'aluminium. Dans une moindre mesure, les lingots sont vendus aux ateliers du village de Đại Bái. Même s'il est difficile d'avancer des chiffres, les enquêtes dans les deux villages ont montré l'importance des transactions. Les volumes sont limités à la capacité des ateliers de ce village et la qualité des lingots diffère de ceux commercialisés avec les grandes entreprises du secteur formel. Les commerçants de Đại Bái viennent directement à Mẫn Xã pour acheter les lingots qu'ils revendent ensuite aux producteurs de leur village. Une partie des lingots, dont on ne connaît pas le montant, est commercialisée vers la Chine par une dizaine de commerçants de Mẫn Xã (165).

La forte division spatiale du travail d'un espace en extension

Les artisans de Mẫn Xã et Phù Xá exercent principalement l'activité de fondeurs d'aluminium pour la fabrication de lingots depuis une dizaine d'années, quelques-uns seulement s'adonnent à la collecte et au tri. Cette dernière activité est surtout pratiquée par les villageois de Quan Độ. Ceux-ci produisaient de l'alcool de riz dans les années 1990 et s'étaient mis alors à la fabrication de cuves en acier inoxydable pour distiller l'alcool (DIGREGORIO, 2001). Aujourd'hui, ils s'adonnent principalement au commerce, au stockage, au tri et au démantèlement des déchets métalliques. Enfin, Quan Đình est un fournisseur de moteurs électriques, de compteurs, de pompes, de transformateurs de câblages et de contrôles remis à neuf, des produits essentiels dans cette région industrialisée.

Au sein des villages de recycleurs, certaines entreprises effectuent à la fois le stockage et le tri des déchets, en plus de la fonte. En temps normal, le cluster peut recycler entre 690 et 920 t de déchets par jour[1]. Quarante entrepreneurs originaires du sud du pays se sont installés dans le cluster, principalement à Mẫn Xã. C'est un phénomène rare dans les clusters de villages du Nord, où ce sont principalement des villageois d'origine qui s'adonnent à ces métiers. La venue des « Sudistes » a permis d'innover. En effet, ces entrepreneurs utilisent

1. Ce chiffre a été calculé par Nguyễn Minh Phuong à partir de l'estimation d'une moyenne d'un volume de 2,3 t par atelier pour produire 2 t de lingots par jour.

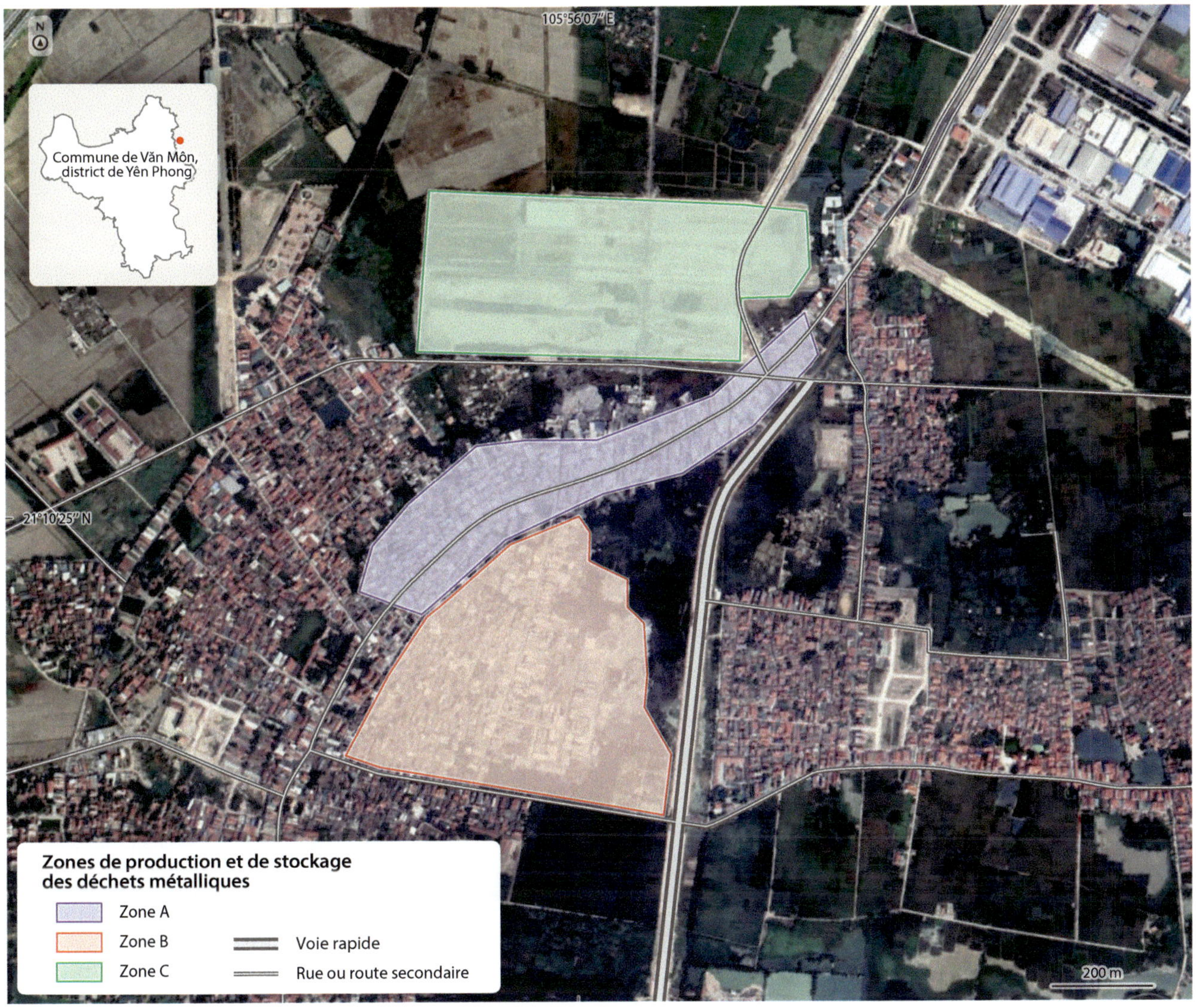

Carte 1

Zones de production et de stockage des déchets métalliques à l'air libre en 2020.

Réalisation : Nguyễn Minh Phương, Cathy Chatel et Éric Opigez.
Source : Google Earth, 2019.

des fours à diesel pour fondre les métaux, beaucoup moins polluants que les fours à charbon et plus efficaces. Ils demandent des savoir-faire que les artisans de Mẫn Xá et Phù Xá n'ont pas.

La division spatiale du travail entre les différents villages du cluster a stimulé l'extension de leur espace de production. Dans le village de Quan Độ, spécialisé dans le commerce des déchets (stockage, tri et démantèlement), plusieurs dépôts à ciel ouvert ou dans des entrepôts se sont ouverts (voir pages 232 et 233). Les propriétaires sont en relation avec les casses navales où elles récupèrent des machines, matériaux très volumineux qui nécessitent de grands espaces pour le stockage. Cette fourniture de matériaux en gros volumes permet aux fondeurs des villages de Mẫn Xá et Phù Xá de faire tourner leurs usines jour et nuit. Les villages de Mẫn Xá et Phù Xá constituent le cœur de production du cluster. Ils sont formés de trois zones de production (**carte 1**).

Photo 2
Aluminium en fusion versé dans les moules sans protection (2020).

La zone A est localisée le long de la route principale du village (DT 271). Elle a commencé à être occupée depuis la fin des années 2000 par des ateliers de recyclage (et quelques ateliers de tri) sur les deux bords de la route. Les ateliers sont installés dans des hangars (sur des parcelles de 200 m²) ou des maisons tubes (sur des parcelles de 100 m²) sur des terrains à vocation résidentielle.

La zone B, localisée à l'extérieur du cœur ancien du village sur des terrains agricoles, est occupée par des ateliers de recyclage et de tri. Cette « zone artisanale informelle » a été créée en 2008 à l'initiative des recycleurs, sans autorisation de l'autorité provinciale. Après leur installation sans aucune viabilisation du terrain, les autorités ont été mises devant le fait accompli. Les rues ont été tracées, mais les entreprises les utilisent pour stocker des matériaux. Lors de notre visite en 2020, une montagne d'objets en inox était installée au fond d'une impasse. Composée de tous les rebuts dont les artisans voulaient se débarrasser, car ils n'étaient pas en aluminium, elle était en attente d'être chargée dans le camion d'un commerçant (153). Le bras de fer pour étendre l'espace de production entre des commerçants ou entrepreneurs bénéficiant d'un capital social élevé et les autorités locales est observable dans plusieurs villages artisanaux. Cela permet aux entrepreneurs d'accéder à des parcelles de taille limitée à un prix peu élevé, contrairement aux zones artisanales formelles où les parcelles sont d'une taille minimale de 200 m², voire 500 m², et les baux de cinquante ans très chers, car vendus aux enchères (voir le cas de Triều Khúc, pages 245 à 247. En 2020, le prix pour l'achat définitif du terrain dans les zones A et B de Mẫn Xá est d'environ un milliard de VNĐ pour 100 m². La zone B a un bon accès à la route principale du village et la nouvelle route provinciale (construite vers 2018). Elle est composée principalement de hangars sur les terrains à vocation d'habitation. Les parcelles dans cette zone sont de 200 m² en moyenne (152).

La zone C est aussi localisée à proximité de la route principale du village (DT 271). Cette zone industrielle formelle a été construite depuis 2016 par la compagnie Hanaka sur 26 ha de terres agricoles pour délocaliser les ateliers de recyclage du cœur villageois (le patron Mẫn Ngọc Anh, est un villageois de Mẫn Xá, voir son portrait page 64). Les terrains y sont à vocation industrielle avec des baux de cinquante ans. Les parcelles mesurent entre 200 et 900 m², mais les recycleurs peuvent acheter plusieurs parcelles afin de construire de très grandes usines (152). En 2021, environ une dizaine d'entreprises y sont installées. Cette zone est censée offrir un système centralisé de traitement des eaux usées et regrouper les entreprises polluantes loin de l'espace résidentiel. Toutefois, les compensations offertes aux paysans lors de l'expropriation étaient de 400 000 VNĐ le mètre carré. La société Hanaka s'était engagée à louer les terres pour 4 millions de VNĐ le mètre carré, or à certains endroits le prix s'élève à 10 millions, soit deux à trois fois plus que les prix avancés aux villageois. Pour s'installer, une somme de 2 milliards de VNĐ minimum est nécessaire pour une parcelle de 200 m², somme que peu d'entrepreneurs possèdent. Seules les compagnies déclarées peuvent accéder aux prêts bancaires. De grandes unités de fonderie se sont installées, telle la compagnie Tuan Thanh qui est la deuxième plus grande usine en activité dans cette zone industrielle avec une superficie de 7 000 m² (164). Quatre fours diesel de grande capacité fondent un volume total de 3 000 t par mois. Toutefois, en avril 2021, la station d'épuration n'était toujours pas en fonctionnement, alors que plusieurs usines étaient déjà en activité : les scories d'aluminium sont déversées sur les parcelles inoccupées. L'investisseur n'aurait pas dû vendre les parcelles tant que les infrastructures étaient installées[2].

Le cluster s'est étendu à la zone industrielle de la commune de Đông Thọ limitrophe à l'est où de grands entrepreneurs de Mẫn Xá se sont installés et ont acheté de vastes superficies pour y installer des machines. Les recycleurs de Mẫn Xá ont ainsi cherché des terrains ayant un bon accès aux voies de communication (la route principale DT 271) en dehors du cœur ancien du village. Les différences entre ces trois zones sont la

2. *Dai Doan Ket*, 28/04/2021. http://daidoanket.vn/cum-cong-nghiep-man-xa-noi-lo-lang-nghe-nau-nhom-thu-hai-559110.html

taille des parcelles et le statut du terrain : les terrains des zones A et B sont à vocation résidentielle à durée illimitée, ceux de la zone C sont à vocation industrielle à durée d'usage limité à cinquante ans.

L'emprise spatiale du tri à Mẫn Xã

Pour rentabiliser au mieux la superficie de leur atelier, qui en général ne dépasse pas les 200 m^2, certains entrepreneurs essayent de supprimer l'étape du tri très consommatrice de main-d'œuvre et d'espace. La plupart des 400 recycleurs des villages de Mẫn Xã et Phù Xá ont un statut informel et une capacité de production qui ne leur permet pas de louer ou d'accéder à des parcelles supérieures à 200 m^2. Seules 40 entreprises sont déclarées. Elles exercent dans des conditions de production très dommageables pour l'environnement et la santé humaine et cherchent à réduire au maximum les coûts de production.

La qualité des déchets et matériaux métalliques est très variable et dépend de la part d'aluminium que contient l'objet. Les déchets recyclables d'aluminium varient selon les types et la taille. On les divise en deux groupes : les cannettes, boîtes de conserve, pots divers et objets de consommation courante, et les produits des casses de véhicules (avions, bateaux, camions) et les pièces détachées de machines. Ces deux types de matériaux n'ont pas la même concentration en aluminium (80 à 90 % pour les premiers et 50 à 60 % pour les seconds), ils n'ont donc pas le même prix (LE THI VAN et SAJOR EDSEL, 2012). Le taux de perte est de 50 % pour les seconds. Les résidus seront séchés à l'arrière de l'atelier, mis dans des sacs, puis revendus à des ateliers ayant assez de main-d'œuvre pour faire un nouveau tri. Comme la proportion d'aluminium dans les résidus est faible, le tri demande beaucoup de temps et de main-d'œuvre (166).

Le tri des matériaux vise à supprimer les parties non métalliques et non recyclables. Les ateliers qui achètent des déchets *via* les compagnies environnementales ou les entreprises industrielles du sud du pays disposent de matériaux homogènes et « propres », comme les cannettes de boisson qui ne nécessitent pas de tri. Elles sont compressées en cubes de 35 à 40 kg pour un meilleur stockage et transport. Un bloc fondu peut produire deux lingots de 9 kg de 40 cm de long.

Les entreprises qui achètent aux *đồng nát* ou à d'autres sources des déchets hétérogènes sont obligées de les trier. Certaines entreprises qui disposent de plusieurs fours sur plusieurs parcelles multiplient les sources d'approvisionnement pour limiter le risque de rupture de stock et achètent des métaux non triés. Cette tâche entièrement manuelle est souvent effectuée par les femmes du village de Quan Độ qui récupèrent les métaux à l'aide d'un aimant. La croissance de la demande en trieurs pour faire face à l'afflux de matériaux dans le village a permis à de nombreuses villageoises de s'installer à leur compte pour travailler en sous-traitance. Une villageoise nous dit faire ce métier depuis quatre ou cinq ans après avoir été embauchée pendant plusieurs années par des ateliers du cluster voisin de la menuiserie de Đồng Kỵ. Elle travaille pour sa sœur et dévide à la main des fils électriques pour récupérer le cuivre (152 et 153).

Un atelier qui trie d'abord les résidus le matin ne peut pas produire beaucoup de lingots l'après-midi, tandis que celui qui ne recycle que des cubes de cannettes peut fondre 100 pièces par jour. La qualité de l'aluminium est testée pour répondre aux normes de vente afin que les lingots issus de résidus aient la même qualité que ceux issus de cannettes. Les entreprises et ateliers ont des capacités de fonte très différentes, de 1,3 à 30 t par jour. La capacité quotidienne du four de plus petite capacité est de 150 lingots de 9 kg. Un atelier avec deux fours peut fondre 150 blocs de cannettes, soit 5 t de matériaux. Dans l'usine enquêtée, l'espace ne peut contenir que l'équivalent de trois jours de stockage de cubes de cannettes.

Dans la plupart des villages de métier, les familles habitent sur place et construisent l'atelier dans la cour de la maison ou dans la maison elle-même. Toute la famille s'investit dans l'activité et il est plus facile de suivre les étapes de production en étant sur place. Cependant, cela pose de graves problèmes de santé publique, notamment pour les enfants qui vivent au milieu des

© Nội-Pictures/F. Carlet-Soulages

Photo 3
Tri des déchets mélangés de ferraille d'aluminium et de fer à Mẫn Xá (2020).

émanations de fumées toxiques. Les enquêtes ont montré que dans les ateliers la place attribuée à la vie familiale représente entre 20 et 25 % de la superficie de la parcelle.

On distingue deux types d'espaces au sein des usines et ateliers. 1) L'espace destiné à la fonderie et à la production de lingots d'aluminium. C'est la tâche principale des ateliers de recyclage, la plus énergivore et dommageable pour l'environnement et la santé des travailleurs. Elle consiste à fondre dans des fours les métaux triés pour ensuite couler le métal fondu dans des moules en forme de lingots. Ces lingots seront ensuite vendus à des producteurs d'objets en aluminium dans les autres clusters de villages ou les usines des parcs industriels. Sur une parcelle de 200 m^2, on peut installer deux fours qui occuperont 25 à 30 % de la parcelle. La fonte s'effectue en deux étapes pour purifier le métal et deux types de fours sont utilisés. Les fours à charbon sont les plus utilisés et les plus polluants. Ils ont des capacités variant de 250 à 700 kg jusqu'à 2,5 t, et produisent respectivement 200, 500 ou 700 kg de lingots. Ceux qui ont une plus grande capacité de production multiplient le nombre de fours plutôt que d'en acheter de plus grands. Il s'agit d'une stratégie pour compenser les fluctuations de l'approvisionnement des déchets métalliques. Il est ainsi plus facile et moins coûteux d'arrêter un petit four qu'un plus grand lorsque les matériaux manquent (163) (164). L'autre type est les fours à diesel, on en compte 40 dans les ateliers et entreprises des recycleurs originaires du sud du Việt Nam. Ils seraient plus efficaces que ceux à charbon, mais leur manipulation nécessite des savoir-faire que la plupart des entrepreneurs de Mẫn Xá n'ont pas. De plus, ces derniers coûtent beaucoup plus cher. 2) L'espace destiné au stockage, au démantèlement des véhicules et des machines usagés et au tri des métaux dont une partie sera commercialisée dans les fonderies de la commune.

Pour les entreprises qui tournent tous les jours (seule la papeterie fonctionne jour et nuit), l'approvisionnement régulier en gros volumes de métaux est indispensable. En général, elles cherchent une autonomie d'au moins cinq jours et celles qui disposent d'un espace suffisamment grand stockent le maximum de matériaux, soit plusieurs dizaines de tonnes, ce qui peut occuper la moitié de sa superficie. Il arrive que des ateliers arrêtent temporairement la production faute de matériaux. Lorsqu'ils achètent au-delà de leurs besoins du moment, ils revendent les surplus.

Đại Bái : un ancien village pris dans les contradictions de la mondialisation

Đại Bái est un des villages de métier les plus anciens du delta du fleuve Rouge. Il est spécialisé depuis mille ans dans le martelage du cuivre et du bronze, puis depuis les années 1960 dans l'aluminium. Les artisans se sont toujours approvisionnés sur le marché de la récupération et des déchets de métaux en l'absence de matériaux vierges suffisants et accessibles dans le pays. Contrairement aux autres villages du recyclage, le marché de Bưởi approvisionnait en matériaux les artisans. En 1936, le géographe Pierre GOUROU décrit ce marché : « Tous les cinq jours se tient à Đại Bái un marché du cuivre. Sous les halles étroites que supportent de grossières colonnes de calcaire gris s'accumule un confus entassement de marchandises, de vendeurs et d'acheteurs, où l'éclat rouge ou jaune des cuivres met quelque lumière. Non loin des objets finis s'étalent les matières premières que les fabricants s'achèteront lorsqu'ils auront vendu leur propre production : charbon de bois en menus morceaux, débris de zinc, vieux cuivre. On peut voir là une intéressante exposition de vieux tuyaux de chaudière, de fils de cuivre, de plaques perforées qui ont servi à la fabrication de boîtes d'opium par la manufacture de Saigon, de douilles de cartouche ; on trouve une extraordinaire diversité de celles-ci, comme si tous les champs de bataille et tous les champs de tir du monde tenaient à envoyer quelques échantillons de leurs déchets à Đại Bái. » Ce marché a été détruit pendant la guerre contre les Français, le nouveau n'est plus qu'un marché alimentaire.

Encadré 1
Les origines du métier de Đại Bái

Le martelage du bronze : une activité millénaire

L'activité à Đại Bái est très ancienne. En 1989, on y a fêté les mille ans du martelage du cuivre et du bronze. L'ancêtre du métier serait un certain Nguyễn Công Truyền, mandarin militaire de l'époque de la dynastie des Lý, né au village en l'an 989. La tradition populaire et orale propose plusieurs versions ; nous présentons ici la plus célèbre.

Pendant sa jeunesse, l'ancêtre du métier aurait séjourné dans la province collinaire de Thanh Hoá, qui surplombe le delta au sud-ouest et qui est étroitement associée à Đồng Sơn, une culture de l'Asie du Sud-Est. Or, la culture Đồng Sơn est célèbre avant tout pour ses tambours remarquables, faits en bronze. La période Đồng Sơn coïncide plutôt avec le début de l'âge de fer (vers 2 000 -200 av. J.-C., juste après l'âge de bronze : les Dôngsoniens utilisent aussi le fer), mais c'est leur travail délicat du bronze qui leur a accordé une place prédominante dans la préhistoire culturelle vietnamienne. À la mort de son père, Nguyễn Công Truyền aurait abandonné le mandarinat et emmené sa mère revivre dans son village natal. Ensuite, il aurait commencé à instaurer le métier de martelage d'objets en cuivre pour le diffuser aux villageois.

Le mandarin-marteleur est donc considéré comme le pionnier du martelage et il est toujours célébré à l'occasion d'un festival annuel qui se tient le 29e jour du 9e mois lunaire, jour de sa mort.

Ce culte des ancêtres du métier est toujours une initiative locale et populaire, c'est-à-dire issue du peuple : un village cherche à remercier la source perçue de sa prospérité. Autrefois, à Đại Bái, la célébration annuelle officielle (*lễ hội*) la plus importante était celle du génie tutélaire (*thần thánh hoàng*) du village, *Lạc Long Quân*, ou l'esprit du dragon, fêtée le 10e jour du 4e mois lunaire. Ces festivités sont tombées en désuétude, au profit de la fête de l'ancêtre du métier (*ông tổ nghề*) : si on a martelé et vendu du métal à Đại Bái depuis des siècles et que l'on continue de le faire, c'est à l'illustre ancêtre qu'on le doit et les villageois se sentent redevables et fiers de lui.

Des hameaux spécialisés par des post-ancêtres

La spécialisation des hameaux dans la production des articles est également attribuée à cinq autres mandarins qui auraient quitté leurs fonctions pour rejoindre Đại Bái. Ils auraient ainsi organisé des corporations d'artisans au XVIIe siècle, pendant une période de paix relative. Ces hommes sont également vénérés en tant que « post-ancêtres » du métier.

Ces post-ancêtres auraient été à l'origine de la spécialisation des quatre hameaux (*xóm*), chacun dans un type d'article : Xóm Sôn, bassins en cuivre, objets de culte ; Xóm Gĩua, théières, bouilloires, petites marmites ; Xóm Tây, plateaux, bassins et Xóm Ngoài, grandes marmites pour faire de l'alcool.

Puis, en 1960, un hameau nouveau, Xóm Mới, se peuple de villageois originaires des anciens hameaux et se spécialise dans le commerce des déchets de métaux pour la vente aux fondeurs, accentuant ainsi la division du travail au sein du territoire de production (Fanchette et Stedman, 2009, d'après Mard et Jica, 2003).

Avec la construction des routes, les métaux sont désormais transportés par ce réseau (Mard et Jica, 2003). Malgré tous ses atouts, savoir-faire, réseaux anciens et structurés, diversification de la production, innovation, mécanisation et organisation en cluster, ce village est en perte de vitesse et subit les contrecoups de la mondialisation du fait de son éloignement des zones les plus dynamiques de la province de Bắc Ninh, de sa petite échelle de production et de sa faible intégration dans les réseaux d'approvisionnement en matériaux industriels.

Comme la plupart des villages de métier ancien, un mythe de fondation par un ancêtre est transmis par la tradition orale, en même temps que le métier.

La diversification des activités et des produits depuis la guerre

Après la révolution d'août 1945, Đại Bái a soutenu les Việt Minh[3] et s'est engagé dans la résistance et la guérilla contre la colonisation française. « C'était la terre des "communistes", alors que dans les zones plus chrétiennes, les gens soutenaient les Français plus facilement. » (121). Ils ont édifié des blockhaus dans les villages des alentours (Lạc Thổ, Trạm Trai, Lãng Ngâm, Thien Thai, Mão Điền, Ngâm Giao...). Après la destruction de leurs blockhaus, le village a été fortement bombardé (1951-1953). De nombreuses familles – on estime à 6 000 le nombre d'émigrants originaire de Đại Bái vivant à Hà Nội – ont été évacuées aux quatre coins du pays. Le métier du martelage s'est diffusé dans tous les lieux où les artisans ont émigré pendant la guerre : Trà Đông (Thanh Hóa), Ngũ Xã, Hàng Đông (Hà Nội), Thai Cam (Huế), Phước Triều (Quang Nam), etc. Certains sont partis s'installer dans le sud du pays, d'autres à Hà Nội. Ils ont continué d'y pratiquer leur artisanat (121).

Pendant la résistance contre les Français, les artisans à Đại Bái ont diversifié leur production pour participer à l'effort de guerre. À côté des marchandises à usage quotidien (marmites, bassines, casseroles, bols en aluminium, mais aussi en cuivre...), ils fabriquaient des casques, des boucles de ceinture, des bidons et des pièces détachées pour vélo. Au début de l'époque collectiviste, de 1955 à 1965, les artisans travaillaient au sein d'une coopérative de production artisanale. L'État fournissait la matière première et s'occupait de la vente des produits. Il était difficile de commercialiser les produits en dehors des coopératives, contrairement aux villages du nord de la province, tel Đa Hội. En 1965, lorsque la coopérative disparut, les artisans continuèrent leur activité dans leur atelier, mais de façon clandestine (120). La diversification vers l'aluminium a commencé dans les années 1960 et 1970, pour la production d'objets destinés à la vie quotidienne dans les marchés du Nord-Việt Nam. Les relations avec les artisans ayant émigré à Hà Nội durant les bombardements français ont stimulé la production de l'aluminium, sa diversification et sa mécanisation (119).

En 2010, on recense environ 644 ateliers familiaux dans lesquels travaillent les aidants familiaux et plus de 1 400 ouvriers (Đại Bái, comité populaire, 2010, cité par DUCHÈRE, 2015) qui opèrent au sein de cinq types d'ateliers.

Les producteurs d'objets d'art et de culte en cuivre

Ils suivent le métier des ancêtres. Ces artisans et artistes forment une main-d'œuvre familiale sous forme de contrats d'apprentissage et répondent à des commandes, notamment pour les clients japonais. Un nombre très limité d'artistes fabriquent, selon la tradition, des jarres, des pots, des boîtes en cuivre ciselé ou incrustées de fils d'or, d'argent ou de cuivre. C'est un travail d'orfèvrerie auquel certains rajoutent des techniques de décoration avec des motifs ou paysages de couleurs naturelles produites par des alliages métalliques. Les artisans les plus réputés produisent parfois sur commande des tableaux ornementaux avec des idéogrammes en cuivre ou même des luminaires en bronze fumé qui valent des fortunes. Le marché est très limité depuis l'ouverture économique.

Les producteurs d'objets de culte pour les ancêtres et les pagodes (statues, encensoirs, bols, vases) fabriquent par moulage et non par martelage (121). La production est principalement concentrée dans le hameau de Sôn. Đại Bái est également un centre de production important de gongs en bronze : le gong occupe une place centrale dans la vie religieuse (et sociale) de plusieurs ethnies minoritaires vietnamiennes, surtout celles des Hauts Plateaux du Centre (Tây Nguyên). Les ethnies Thái et Ede achètent des gongs de Đại Bái aussi, tandis que beaucoup d'autres sont exportés vers des pays voisins

3. Le Front pour l'indépendance du Việt Nam était une organisation politique et paramilitaire vietnamienne créée en 1941 par le Parti communiste vietnamien. Le Việt Minh se présentait comme un front commun regroupant des nationalistes de toutes obédiences visant à lutter pour l'unité et l'indépendance du Việt Nam, alors sous contrôle français et composé de deux protectorats (le Tonkin au nord, l'Annam au centre) et d'une colonie (la Cochinchine au sud) (source : Wikipédia).

de l'Asie du Sud-Est. Ces articles sont vendus dans des boutiques-ateliers localisées le long de la rue principale. Le martelage des gongs en bronze, activité manuelle épuisante, est sous-traité aux foyers les plus pauvres qui ne font que le corps du gong (123).

Les fabricants d'ustensiles de cuisine en aluminium

Ce sont pour la plupart des petits producteurs (en général des personnes âgées) qui réalisent soit manuellement des petits objets comme les casseroles, les louches ou les passoires, soit à l'aide de presses hydrauliques, des marmites, des bassines ou moules à gâteaux à partir de plaques de métal. La mécanisation coûte cher et peu d'artisans peuvent investir 100 millions de VNĐ pour une presse en 2003 (121). Ils rencontrent même des difficultés pour acheter de la matière première et utilisent en général des plaques prêtes à l'emploi. Ils travaillent à leur compte et sont pour la plupart sous-traités par des ateliers de plus grande taille ou participent à l'élaboration d'une partie d'un article. La fabrication d'une bouilloire, par exemple, est réalisée par au moins cinq artisans différents : un façonne le corps, un autre le couvercle, un autre encore le bec, etc. Le donneur d'ordre récupère les différentes parties et monte les objets à son domicile.

Les ateliers de produits en cuivre pour la quincaillerie

Ils sont de plus grande taille que la catégorie précédente et sont parfois enregistrés sous forme de compagnie ou de coopérative. Ils travaillent à la commande pour de grandes entreprises des zones industrielles et sont installés dans la zone artisanale ou dans la nouvelle extension de Xóm Trái.

Les recycleurs, fondeurs de cuivre ou d'aluminium, revendent aux artisans des plaques ou des lingots prêts à l'emploi. Ils s'approvisionnent en déchets de cuivre ou d'aluminium auprès de collecteurs, puis les trient pour les faire fondre dans des fours assez rustiques. Ils versent ensuite le métal liquide dans des moules pour en faire des plaques de 20 cm sur 30 et d'environ 1 cm d'épaisseur, ou des lingots. À l'aide de presses mécaniques, ils terminent l'aplatissement de ces plaques, puis ils les vendent aux étameurs. Les machines leur font gagner beaucoup de temps. Un petit atelier peut produire 10 t de plaques en aluminium par mois (121). Cette activité mécanisée est plus rentable que le martelage ; cependant, elle est limitée par la faible puissance de l'approvisionnement électrique à Đại Bái (FANCHETTE et STEDMAN, 2009).

Les quincailliers

En 2004, trois ateliers enquêtés font à la fois le commerce du cuivre et la fonte de ce métal pour la fabrique de lingots. Un d'entre eux coule des lingots en cuivre jaune pour les vendre à une grande entreprise de fabrication de clefs installée dans une zone industrielle. Constitué en coopérative, ce grand atelier a suffisamment d'envergure pour investir dans des machines et acheter de gros volumes de ce métal rare et cher qu'est le cuivre (124).

Les collecteurs

Au début des années 2000, on comptait environ 100 collecteurs de déchets et rebuts de métaux dans le village. Cette activité était entre les mains des femmes, 20 % gagnant alors bien leur vie. Elles collectent les chutes de cuivre des entreprises d'armement et d'outillage électrique, les chutes et la grenaille d'aluminium en provenance des ateliers de Đại Bái et des métaux usagés de toutes provenances. Elles sont intégrées dans une filière de revente de restes de cartouches, de bombes et de débris d'avions de la guerre avec le Laos. Selon leurs moyens, elles se déplacent à vélo, à moto ou louent des voitures. Elles se ravitaillent auprès des artisans du village ou dans un village de la province de Hưng Yên, dans un rayon de 20 km. La qualité des métaux qu'elles vendent est moins bonne et plus hétérogène que celle des grandes compagnies de l'environnement (124). Ce commerce leur permet d'avoir des capitaux pour investir et surtout d'avoir accès au marché des métaux à recycler pour l'atelier de leur famille. Ces réseaux de commerce des déchets restent cependant limités et ne peuvent suivre la demande des producteurs d'objets en aluminium et en cuivre. Alors que Mẫn Xá a réussi à intégrer de nombreux réseaux de ferrailleurs, notamment à l'époque collectiviste, Đại Bái en revanche a vu son activité fortement contrôlée par les coopératives. Selon un artisan du village (147), à cette période, l'approvisionnement de matériau et la vente des produits étaient contrôlés par la coopérative ; si les artisans (de cuivre et d'aluminium) souhaitent gagner plus, il leur fallait travailler de façon clandestine.

La mécanisation pose un problème car la puissance électrique est faible au sein du village. Les artisans qui ne peuvent ou ne veulent pas délocaliser leur atelier dans la zone artisanale souffrent de coupures récurrentes. Ceux qui ont acheté de grosses machines travaillent la nuit, car il n'y a pas assez de puissance le jour.

La diversification et la fin de la spécialisation des hameaux

Le changement d'échelle de la production pour rentabiliser l'investissement foncier et la concurrence avec la production d'objets de la vie quotidienne plus moderne (tel le plastique) ont sonné le glas de la spécialisation des hameaux d'origine en un type de produit. De nouvelles extensions ou de nouveaux hameaux se sont édifiés sur les terres agricoles, le long des canaux ou des chemins vicinaux, pour élargir l'espace de production et polluer plus librement ! Ainsi, les quartiers de Xóm diversifient leurs productions d'objet : des douilles de pipes à eau, des pieds de moustiquaires, des pièces de serrure, des joints de plomberie, etc. Une tendance générale ressort malgré tout : les quartiers de Xóm Gĩua et Xóm Tây fabriquent des articles en aluminium, Xóm Sôn se reconvertit progressivement vers les articles en cuivre jaune, Xóm Ngoài dans les bassines (DUCHÈRE, 2015). Les ateliers spécialisés dans la fonderie sont disséminés dans le village, de préférence le long des plans d'eau pour pouvoir plus facilement nettoyer les pièces avec des produits chimiques et y évacuer les eaux usées. Les ateliers de fabrication d'objets en cuivre fondent leur cuivre eux-mêmes dans des petits fours qu'ils n'utilisent que sporadiquement. On les trouve principalement dans l'extension de Xóm Sôn au sud-ouest, le long d'un plan d'eau en partie remblayé, et à Xóm Dinh, derrière le marché où de riches artisans ayant la maîtrise du moulage du cuivre rouge sont regroupés. Certains n'ont même pas de cheminée car ils ne fondent le métal que trois ou quatre fois par mois (136). Les relations avec de grandes entreprises de la métallurgie (robinetterie, serrurerie) se sont développées et certains ateliers innovants sont sous-traités pour la fabrication de certaines pièces en cuivre jaune.

À Xóm Trái, à l'est, une nouvelle extension du village a été créée sur les terres agricoles et accueille des entreprises plus larges. On remarque sur la carte 2 la primauté du travail du cuivre (recyclage et/ou fabrication des objets). Depuis quelques années, le cuivre jaune reprend de l'intérêt dans le village, car le marché est en progression (serrurerie, quincaillerie, tuyauterie), contrairement à l'aluminium (136). De grandes entreprises des parcs industriels sous-traitent une partie du processus de production à ces ateliers ou aux petites compagnies de Đại Bái. Les petits patrons préfèrent s'installer à Xóm Trái plutôt que dans la zone industrielle jugée trop éloignée du cœur villageois et dont les parcelles coûtent trop cher et sont trop petites, l'inconvénient est que les coupures de courant y sont fréquentes. C'est le cas d'un entrepreneur qui a construit un atelier de 1 000 m^2 sur ses terres résidentielles (composés de sa maison, de son jardin et de son étang), en plus d'une autre parcelle qu'il a achetée. Après plusieurs années de labeur et d'apprentissage dans un atelier spécialisé, ce fils de ferrailleur de cuivre a fini par se constituer en compagnie, même si les coûts de production dus à la taxation sont très élevés, pour pouvoir exporter et signer des contrats avec des entreprises formelles de la province de Hưng Yên. Il a commencé avec un petit atelier et dépendait des entreprises formelles pour passer des contrats. Il peut dorénavant exporter jusqu'en Corée du Sud des pièces détachées en cuivre pour la tuyauterie[4] (136).

4. Il fabrique des embouts de tuyaux à gaz à la commande pour des Coréens. En 2009, il a participé à une foire d'exposition à Giang Vo (Hà Nội) et a rencontré une entreprise coréenne. On lui donne un modèle qu'il doit copier et doit faire une analyse chimique de ce modèle pour connaître sa teneur en cuivre. Les Coréens veulent des pièces composées de 59 % de cuivre et 41 % de zinc.

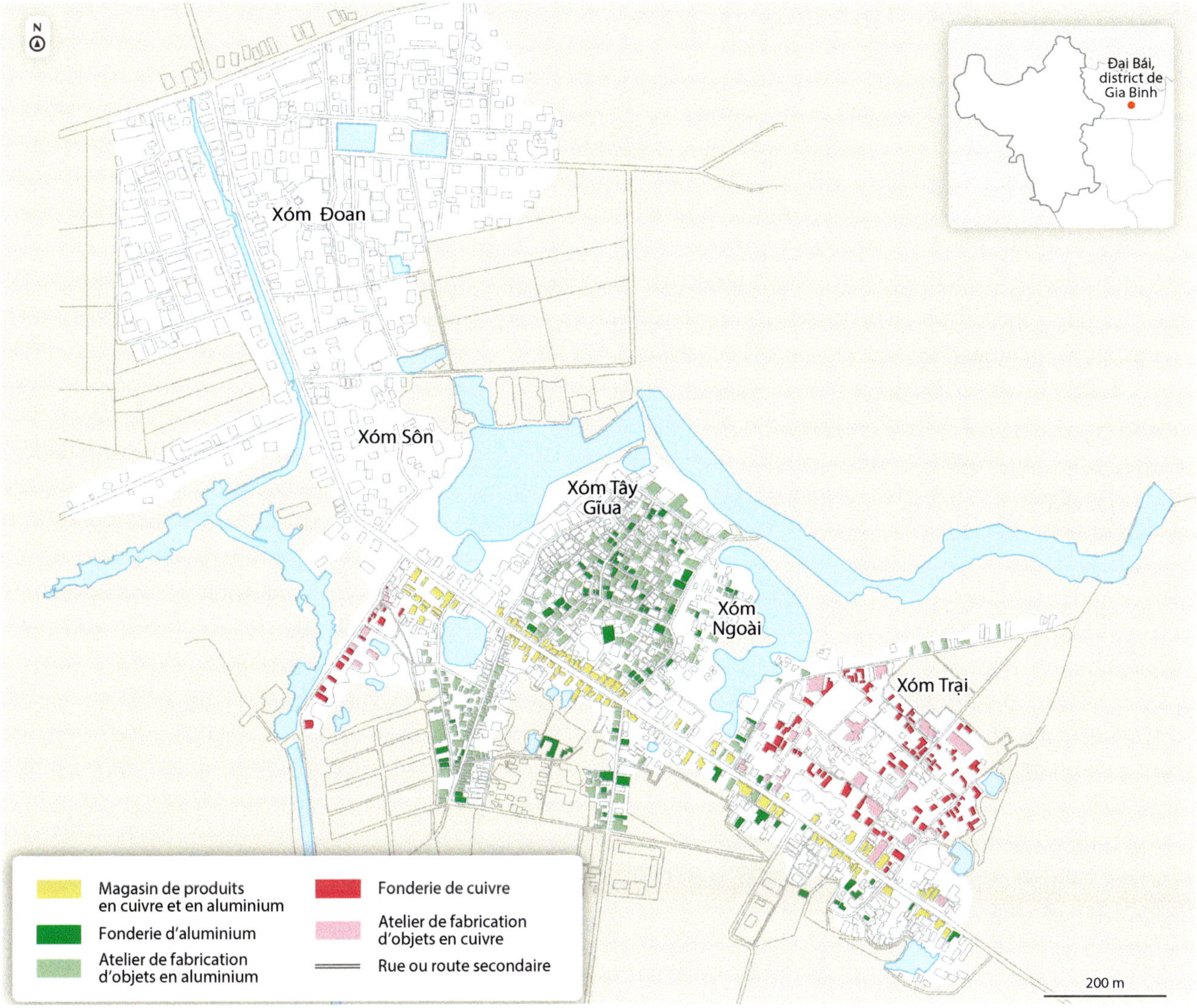

Carte 2
La reconfiguration de la division du travail au sein de Đại Bái en 2017.
Réalisation : étudiants de l'université de Phuong Dong, sous la direction de Nguyễn Minh Phương.
Source : enquêtes des étudiants de l'université de Phuong Dong et Éric Opigez.

À Xóm Trái, de nombreux ateliers fondent pour leurs propres besoins les déchets de cuivre dans des fours beaucoup plus petits que ceux pour l'aluminium (carte 2). Des entreprises plus grandes se sont spécialisées dans la fabrication de plaques prêtes à l'emploi pour le martelage ou sous forme de lingot pour la fabrication de clefs. Un atelier peut fondre en moyenne 10 t de cuivre par mois, tandis que les plus gros fondent 2 t par jour (137), comme c'est le cas d'une entreprise sise dans la zone artisanale. Le nombre de fondeurs de cuivre est dorénavant bien supérieur à celui de l'aluminium, mais les plus petits n'utilisent leurs fours que de temps en temps et pour de petits volumes.

Vers la fin du recyclage de l'aluminium ?

Actuellement, le village de Đại Bái a beaucoup diminué l'étape du recyclage de l'aluminium et se focalise sur la production d'objets en cuivre et en aluminium. Depuis une dizaine d'années, Đại Bái dépend de Mẫn Xá pour son approvisionnement en lingots d'aluminium, tandis qu'il maintient l'activité de recyclage du cuivre au volume plus limité. Trois facteurs expliquent partiellement ce changement d'activité. Depuis 2015, il est interdit de fondre du métal dans les ateliers du cœur villageois avec des cheminées de moins de 12 m de hauteur (147). Les artisans qui enfreignent cette règle sont soumis à de fortes pénalités et subissent aussi des pressions du voisinage (147). Le coût de construction de telles cheminées est élevé : 20 millions de VNĐ, contre 10 à 12 millions pour les plus petites (136). Cette augmentation induite des coûts de production rend l'achat des lingots d'aluminium de Mẫn Xá concurrentiel, d'autant qu'ils peuvent être achetés en grande quantité (147). En 2020, il ne reste plus qu'un recycleur d'aluminium dans le cœur villageois, les autres ont été délocalisés vers les marges du village, notamment dans une nouvelle implantation sur les terres agricoles proches du cimetière au sud du village ou dans la zone artisanale[5].

À proximité du cimetière, cinq ateliers se sont installés. Ils sont tenus par des entrepreneurs disposant du capital et des relations pour s'approvisionner en matériaux, notamment auprès de la compagnie Samsung dans le parc industriel de Yên Phong. Les terrains non constructibles ont été vendus en parcelles de 300 m^2 par les autorités locales à un prix de 300 à 400 millions de VNĐ (147). Par ailleurs, les parcelles de la zone artisanale, où la production des activités polluantes est censée être concentrée, subissent une pression des prix à la hausse face à la spéculation occasionnée par la création de la nouvelle zone résidentielle voisine. Les artisans se plaignent des coûts trop élevés pour s'y installer (voir pages 287 et 288, sur l'échec des zones artisanales). Certains ateliers se sont installés en marge de la zone artisanale, le long de la route qui mène au village, sur les terres agricoles beaucoup moins chères. Enfin, Mẫn Xá s'est spécialisé dans la fabrication de lingots d'aluminium et peut en vendre de gros volumes à un prix identique à celui du village.

Aujourd'hui, la production d'objets en aluminium domine au détriment de son recyclage. Même les entreprises dotées de fours et de cheminées ne les utilisent plus (147). Plus d'une centaine de ménages travaillent dans la fabrication d'objets en aluminium, mais ne fondent plus ce matériau depuis dix ans. Il n'y a plus que 26 ménages de recycleurs d'aluminium, tandis que les recycleurs de cuivre fondent ce matériau à la demande (163). C'est la situation inverse de Mẫn Xá dont l'activité du recyclage de l'aluminium est en plein essor. Ce nombre limité de recycleurs d'aluminium n'a pas la capacité de fournir suffisamment de lingots pour la production de la centaine de fabricants d'objets dans le village. Chaque ménage de recyclage à Đại Bái a une capacité de production d'environ 400 kg par jour et ne travaille que vingt jours par mois, soit une capacité bien plus faible que leurs homologues de Mẫn Xá.

La place de Đại Bái à l'aval de la chaîne de recyclage s'explique aujourd'hui par plusieurs raisons. 1) La localisation : Đại Bái est localisé à l'écart de l'axe de développement de la province de Bắc Ninh le long de la nationale 1 et des axes de communication importants, telle la route nationale 5A. De plus, il est enclavé au sein d'un district agricole et est le seul village artisanal de la commune agricole éponyme. Ce village rencontre de nombreuses pressions de la part des agriculteurs pour limiter l'emprise foncière de leur activité très polluante pour l'environnement. Cette position entrave son développement économique (DUCHÈRE, 2015). Cette situation « défavorable » ne lui permet pas une bonne desserte en infrastructure, ni l'occasion d'accéder aux matériaux recyclables issus des parcs industriels comme c'est le cas à Mẫn Xá. 2) La temporalité et les relations : Đại Bái a enregistré un fort développement de ses activités à partir de la période du *Đổi mới* (années 1990). Il

5. Ce contrôle strict résulte des décisions de la province de Bắc Ninh en 2014 pour réduire la pollution de l'environnement à Đại Bái. https://baotainguyenmoitruong.vn/bac-ninh-xu-ly-o-nhiem-moi-truong-lang-nghe-duc-dong-dai-bai-243385.html

a beaucoup changé grâce à la mécanisation de la production des produits finis (DUCHÈRE, 2015), mais il n'a pas pu accumuler suffisamment de capital, de matériaux et de réseaux, malgré tout le savoir-faire accumulé depuis mille ans, pour trouver sa place au sein du cluster de l'aluminium. Contrairement à Mẫn Xã, Đại Bái n'a pas d'entrepreneurs impliqués dans les grands réseaux de commerçants et ne produit que pour les niches artisanales (DUCHÈRE, 2015). L'autorité locale – la coopérative dans le passé et le comité populaire d'aujourd'hui – n'œuvre pas pour le développement de l'activité du village. Ainsi, de nombreux ateliers qui autrefois recyclaient la ferraille qu'ils avaient achetée pour la fabrication d'objets en aluminium (casseroles, bouilloires, plateaux...) s'approvisionnent dorénavant en lingots d'aluminium à Mẫn Xã. Leurs prix sont identiques à ceux du village et les volumes très élevés. Le nombre d'ateliers avec des fours a ainsi sérieusement diminué en raison des règles plus restrictives sur l'environnement.

Ainsi, Đại Bái, malgré son passé artisanal très ancien, ne constitue plus un cluster à part entière et a en partie perdu l'étape du recyclage de l'aluminium qui revient à Mẫn Xã. Cela le fragilise car il dépend de ce dernier pour son approvisionnement en lingots d'aluminium et ne peut plus maîtriser l'intégralité de la chaîne de production au sein de ses réseaux villageois. Les producteurs d'objets en cuivre doivent se soumettre aux directives environnementales pour le recyclage de ce matériau.

Đa Hội : un cluster en expansion mais divisé

Le village du recyclage de la sidérurgie Đa Hội (commune de Châu Khê, district de Từ Sơn) est au centre d'un des plus grands clusters de Bắc Ninh. Les six villages de sa commune, deux dans la commune voisine de Dục Tú (appartenant à la province de Hà Nội) et une petite zone industrielle dans le territoire de Đình Bảng, sont liés à l'industrie du fer et de l'acier de Đa Hội. Đa Vạn, Song Tháp et Trịnh Xá sont les premières extensions au sein de la commune de Châu Khê. Đồng Phúc, qui est peu accessible par la route, sert de zone d'extension secondaire. Les habitants de Trinh Nguyễn travaillent comme fournisseurs de charbon pour les ateliers de la commune et tous les villages de la commune approvisionnent en main-d'œuvre les ateliers de Đa Hội. Đuc Tu (Đuc Tu, Đong Anh, Hà Nội) est à la fois source de main-d'œuvre et zone d'expansion de l'espace industriel pour installer des fonderies, des ateliers de fabrication de tiges de fer, de barres de fer, de grillages et de clous. La commune de Đình Bảng, localisée le long de la nationale 1A, est une zone d'expansion des fonderies de Đa Hội. Presque tous les ateliers de cette zone appartiennent à des villageois de Đa Hội. Le village voisin de Trang Liệt, historiquement spécialisé dans la collecte des métaux recyclés, joue un rôle mineur dans l'approvisionnement des fonderies de Đa Hội. À la fin des années 1990, les terrains localisés le long de la route qui mène à la nationale 1A ont été complètement investis par des entreprises de Đa Hội pour la création de magasins et d'ateliers (DIGREGORIO *et al.*, 1999). Ce cluster a connu un développement très rapide de sa production dans les années 1990-2000, mais les enjeux environnementaux, fonciers et d'approvisionnement en matériaux de recyclage sont très élevés.

Cette croissance très rapide de la production pose deux enjeux principaux, celui de l'espace de production pour établir des entreprises mécanisées et très polluantes à l'écart des zones résidentielles villageoise, et celui de l'approvisionnement en matériaux recyclables pour alimenter les forges qui fonctionnent jour et nuit.

Dans sa thèse soutenue en 2001, DIGREGORIO divise les 642 entreprises du cluster en quatre types d'activités : les pourvoyeurs de matériaux (21) ; les fondeurs qui recyclent les matériaux en lingots (198) ; les producteurs de barres, de tiges et de pièces de quincaillerie (323) et les pourvoyeurs de services, commerce et réparateurs de machines (14).

Cela témoigne de la division accentuée du travail, de la part élevée des recycleurs, mais de la faible part des commerçants de déchets dans le village. Avec l'expansion de l'envergure de production, à la suite de la création de la zone artisanale en 2004, l'approvisionnement en matériaux s'est intensifié et de nombreux commerçants extérieurs au cluster y participent. Cela implique plus d'espaces de stockage et de tri, et donc de main-d'œuvre.

Les activités de fonderie et celles de transformation

La zone artisanale de 13,5 ha, construite en 2003 par les autorités provinciales au sud-est du cluster, avait pour but de répondre à la demande foncière des entrepreneurs en pleine mécanisation de leur activité et d'y regrouper toutes les activités chaudes, nécessitant beaucoup d'énergie, et polluantes, soit 80 % des ateliers. Seules les entreprises de transformation de tiges ou de quincaillerie, celles pratiquant des activités froides et peu polluantes, demeurent dans le village. 139 lots dont la taille varie entre 370 et 740 m^2 sont affectés aux ateliers de production et 20 lots pour les services.

Deux types d'entreprises sont installés dans la zone artisanale : celles qui fondent la ferraille pour en faire des lingots et celles qui transforment les lingots en produits finis (barres de construction, tiges...) (127).

Chaque groupe de deux parcelles a un petit transformateur pour avoir plus de puissance électrique. Il y a trois types de prix pour l'électricité. On y consomme beaucoup d'électricité dont les prix sont de trois niveaux : chaque parcelle paie 60 à 100 millions de VNĐ d'électricité par mois. Si le prix des matières premières est trop élevé, les artisans s'arrêtent de travailler (127). Quand les prix sont avantageux, les artisans travaillent tout le mois. Cependant, la construction de cette zone artisanale n'est pas suffisante pour répondre à la demande des entrepreneurs qui cherchent à élargir leur envergure de production et à se diversifier. Le stockage des matériaux à recycler et l'entreposage des nombreuses machines consomment beaucoup de place.

Les parcelles dans la zone artisanale mesurent environ 500 m^2 (achetées au prix de 350 000 VNĐ le mètre carré pour cinquante ans), superficie insuffisante pour des entreprises qui ont élargi leur envergure de production, mais supérieure à la taille moyenne des ateliers situés dans le village (200 m^2).

Selon un des grands entrepreneurs (125), il aurait fallu 60 ha pour répondre à la demande des entreprises du cluster. 80 d'entre elles ont quitté le village pour s'installer ailleurs par manque de place. Ce même entrepreneur a vu ses enfants partir s'installer dans d'autres zones industrielles de la province ou même dans le sud du pays où la pollution est moindre et les parcelles beaucoup plus grandes (2 000 m^2). Dans le cluster, au début des années 2000, on recycle 12 000 t par mois de matériaux dans une centaine de fours et 160 machines fabriquent des lingots. Certains ateliers disposent de plusieurs fours.

À Đa Hội, l'importation de ferraille semble limitée, mais nous n'avons pas de chiffres la concernant. Celle en provenance du Japon n'est pas très chère et de bonne qualité. Dans les ports maritimes, il est possible d'acheter des carcasses de bateaux. Des collecteurs d'autres communes se sont installés à Đa Hội pour faire leur commerce.

Les défis environnementaux et d'approvisionnement

La commune de Châu Khê est devenue un grand centre de production de tiges et barres de fer et acier pour la construction au Việt Nam. En 2017, il traitait plus de 1 000 t de ferraille par jour dans 1 700 ateliers et entreprises[6]. Les besoins en matières premières s'accroissent, alors que les ressources en ferraille (déchets de fer) sont limitées, d'où des difficultés croissantes dans l'approvisionnement stable, durable et suffisant des entreprises. Celles-ci cherchent à intégrer des réseaux d'approvisionnement dans d'autres localités pour acheter des matières premières, telle Văn Môn, dans le district voisin de Yên Phong. Les établissements disposant d'une reconnaissance juridique ont importé des déchets de fer pour répondre à leurs besoins. À la différence des clusters artisanaux, les entreprises dans le cluster de Châu Khê n'ont pas de réserves et doivent ainsi acheter régulièrement des matières premières par le biais des fournisseurs de ferrailles, de minerais ou de déchets de fer. Les intermédiaires qui vendent des barres et tiges de fer dans le sud

6. Moitruong.net.vn, 09/02/2017.

Photo 4
Atelier de fabrication de tiges à partir de lingots de fer à Đa Hội (2008).

du pays, au Cambodge et au Laos, reviennent chargés de ferraille et de déchets de métaux pour les revendre aux producteurs du cluster. Ils jouent ainsi un rôle important dans la circulation des produits en constituant le pont reliant les producteurs et les consommateurs au Việt Nam et même à l'étranger, comme dans les marchés laotiens et cambodgiens (NGUYỄN-XUÂN, 2008). Sur les 700 entreprises du secteur de la métallurgie de la commune de Châu Khê, 43 s'adonnent au commerce des déchets et rebuts de ferraille, soit 6 % en 2008.

Les fournisseurs de matériaux constituent la base du système industriel de Đa Hội. Ils achètent et vendent de la ferraille et de l'acier, fournissent du charbon aux laminoirs et du gaz aux soudeurs et aux découpeurs. Le groupe le moins capitalisé des fournisseurs de matériaux est composé d'environ 40 femmes qui approvisionnent les fonderies avec des déchets de métaux. La plupart de ces femmes utilisent les revenus de cette activité pour compléter les revenus de l'agriculture (DIGREGORIO, 2001). Un deuxième groupe de fournisseurs de matériaux est constitué de femmes qui font le commerce de tôles d'acier neuves et usagées, de gros morceaux de fer et d'acier de construction usagés ou malformés, achetés principalement auprès de fournisseurs de Hải Phòng et de Thái Nguyên. Ce commerce est beaucoup plus lucratif que le travail des femmes qui approvisionnent les fonderies. Quelques-unes de ces femmes sont considérées localement comme des commerçantes professionnelles et font partie des familles les plus riches du village. Plusieurs sont célibataires et ont dépassé l'âge où elles peuvent espérer fonder une famille. La plupart cependant sont membres de ménages qui découpent des plaques de fer en billettes. Elles achètent généralement entre 7 et 15 t de ferraille par voyage. Comme il s'agit d'une quantité supérieure à ce que leur ménage peut traiter et stocker, elles en revendent une partie à profit à d'autres femmes, dont la plupart sont, comme elles, membres de ménages qui exploitent des presses à découper. De cette façon, la circulation des surplus de matériaux entre les ménages permet aux femmes de chacun des ménages du village de réduire le nombre de voyages qu'elles doivent faire individuellement. Les propriétaires des dépôts de déchets où ces femmes effectuent leurs transactions louent des balances d'une demi-tonne, des espaces pour le chargement et le déchargement des camions, et leur stationnement, en plus de mener leurs propres activités commerciales.

Le volume des déchets utilisés dans le cluster ne répond ainsi qu'à 50 % des besoins, et ceux achetés à Hải Phòng et à Thái Nguyên ne peuvent pas non plus satisfaire les besoins, d'autant qu'ils sont plus chers. Ainsi, la quantité de matériaux est limitée en 2008 et certains ateliers ne peuvent fonctionner que 20 jours par mois.

Dans les autres villages du cluster, on ne pratique que les activités froides. Les habitants de ceux-ci n'ont pas les moyens d'acheter des machines et d'élargir la production comme ceux de Đa Hội qui ont investi la zone artisanale. Đa Vạn est spécialisé dans la fabrication des cages en métal (pour les poulets ou les chiens) et de tressage en fil de fer pour consolider les digues. Les petits ateliers travaillent en sous-traitance pour les producteurs de tiges en fer de Đa Hội ou des commerçants (128). On y trouve aussi des ateliers de découpe des déchets métalliques pour les producteurs de Đa Hội. À Song Táp, les habitants offrent des services pour le transport, ou la construction. D'autres villages offrent des chambres à louer pour les nombreux ouvriers qui viennent travailler dans le cluster.

Cas d'un grand collecteur de matériaux recyclables : le chef du village de Đa Vạn, 47 ans, vit dans une très grande maison au bord de la rue principale du village (129). Sa famille, sa femme et deux de ses enfants, collecte, les déchets métalliques. Chaque matin, à l'aube, ils vont en famille s'approvisionner à une des casses de bateaux à Hải Phòng avec trois camions de 3,5 t pour acheter ces matériaux qu'ils revendent ensuite au village. Ils y vont depuis une dizaine d'années. Avant, comme il n'y avait pas de grandes fonderies dans le cluster, ils n'achetaient que des plaques à découper. Depuis l'essor de la fonderie, ils travaillent beaucoup. Ils achètent des morceaux de carcasses de bateaux qu'ils découpent avec des machines et les revendent ensuite aux artisans qui fabriquent des tiges pour la construction.

Chapitre 15

Phong Khê : un cluster de la papeterie en expansion

Sylvie **Fanchette**, **Nguyễn** Minh Phương

Le cluster de la papeterie de Phong Khê est bien situé le long de la route nationale 1A et de l'autoroute 18 menant à l'aéroport de Noi Bai, dans un environnement industriel composé de nombreux parcs industriels pourvoyeurs de déchets recyclables, tels les emballages, et de clusters de villages de métier du recyclage. Il est intégré dans le territoire de la capitale de la province de Bắc Ninh depuis 2013 et subit une forte pression foncière liée à la demande urbaine, d'une part, et industrielle, d'autre part. Commune considérée comme la plus polluée de la province[1], Phong Khê a développé son envergure de production depuis les années 2000 grâce à la mécanisation et à la création de plusieurs zones artisanales formelles et informelles. L'activité manuelle de fabrication du papier dó a presque disparu. Pour répondre à la forte demande en matériaux recyclables pour alimenter les 500 ateliers de papetiers (158), qui traitent plus de 262 000 t de papier par an en 2017 (Vu Thi Hong et Ji Whan, 2018), les entrepreneurs et artisans ont dû diversifier leurs réseaux d'approvisionnement.

Une reconversion récente au recyclage

Datant de plus de sept siècles, la papeterie artisanale s'est développée dans plusieurs villages de métier du delta du fleuve Rouge à proximité des rivières. Jusqu'au début du xxe siècle, la matière première semble principalement être le *dó* (*Wikstroemia balansae* Gilg.) ou le mûrier à papier dit *cây giương* (*Broussonetia paperifera* L.). Puis, petit à petit, les artisans intègrent des déchets de papier dans la pâte pour augmenter la production et répondre à une demande croissante du marché. Cependant, l'accès limité à ces matériaux freine la production papetière.

Jusqu'aux années 1980, le papier traditionnel ou *giấy dó* est fabriqué dans des villages spécialisés pour divers usages (emballage, objets votifs, imprimerie ou papier à filigrane destiné aux brevets impériaux). Jusqu'à la révolution, l'histoire des villages ou des familles était écrite en lettres Nôm (lettres chinoises) sur des feuilles de *giấy dó* à la grande longévité. Chaque village était spécialisé dans une seule activité. Certains d'entre eux étaient implantés à proximité des lieux de production de la matière première, aux abords des collines où pousse le mûrier à papier et où l'on cultive le *dó* (Tessier et Le Failler, 2009), mais surtout à proximité des rivières dans le delta du fleuve Rouge. Ces écorces étaient transportées par voie fluviale vers les villages de papetiers du

1. Enquêtes du comité populaire de Bắc Ninh, service de l'environnement et des ressources naturelles, réalisées par Yves Duchère en mars 2012.

Photo 1
La papeterie : une activité pluriséculaire qui s'immisce dans tous les espaces de la vie des villageois (2016).

delta, ce qui explique leur proximité du fleuve ou des rivières. Au bord du lac de l'Ouest, relié au fleuve Rouge par la rivière Tô Lịch, les villages de Hô Khâu, Đông Xa et Yên Thai s'adonnaient à la papeterie. Chacun avait une spécialité : dans les deux premiers, on produisait la meilleure qualité et de plus grands formats pouvant servir à la confection des images populaires, tandis que le dernier s'adonnait à la production du papier pour l'écriture et l'imprimerie. Plus au sud, près du pont du Papier (Câu Giấy), on ne produisait que le papier de qualité supérieure destiné aux brevets officiels (TESSIER et LE FAILLER, 2009).

Dans la province de Bắc Ninh, le long de la rivière Câu, le cluster de la papeterie de Phong Khê regroupe cinq villages, Dương Ổ, Đào Xá, Châm Khê, Ngô Khê et Tam Tảo (commune de Phú Lâm), localisés de part et d'autre de la rivière Ngũ Nguyện Khê. Dương Ổ est un village de métier dont l'activité remonte à plusieurs centaines d'années. On ne connaît pas le nom du fondateur du métier, ni la date à laquelle cette activité a été initiée[2].

2. Ce phénomène est commun à tous les villages producteurs de papier du delta du fleuve Rouge, tels ceux localisés au bord du lac de l'Ouest à Hà Nội (Yen Thai, Yên Hòa, hộ khẩu, Dong Xa

Depuis les années 2000, à quelques exceptions près, seuls les papiers de faible qualité pour les objets votifs et le papier d'emballage sont fabriqués manuellement. Les artisanes ont intégré dans la pâte de *dó* des résidus de papier. La fabrication est moins soignée que celle du *giấy dó* et le séchage se fait dans les champs et les cours et non pas sur les murs des fours à bois. Le papier votif est composé jusqu'à 80 % de pulpe issue de sacs de ciment. Selon DIGREGORIO *et al.* (1999), à partir du moment où ces résidus ont été accessibles en quantité suffisante, on a commencé à les utiliser comme matière première.

La préparation de la pâte à papier *dó* est longue et nécessite beaucoup d'eau. La division sexuelle du travail y est très marquée : la préparation de la pâte à papier est essentiellement masculine, demande une grande dépense d'énergie, tandis que le façonnage de la pâte est exécuté par les femmes aux mains expertes. Cette activité demande aussi beaucoup de place (bassins, fours, zone de séchage) et de bois pour la cuisson. Pendant la période collectiviste, des villages du cluster amorcent un début de reconversion économique grâce aux coopératives artisanales, puis aux groupes de production, et participent à l'effort de guerre. Le village de Dương Ổ produit le papier destiné à la rédaction de tracts et de journaux révolutionnaires, comme le journal de Hô Chí Minh-Ville *Sauvons la Nation*. Les révolutionnaires venaient de partout pour acheter du papier. Avec la croissance de la production des pétards à la fin des années 1970, le village de Dương Ổ devint le centre d'un réseau de production en chaîne qui intégrait plusieurs villages en lien avec des entreprises publiques, dont l'armée. Un groupe de production constitué par les anciens membres de la coopérative démantelée se met à fabriquer du papier pour les explosifs de l'armée. Avant que le marché se libéralise dans les années 1980, la commercialisation des produits artisanaux ne peut s'opérer que grâce à l'intervention informelle de certains leaders politiques qui ferment les yeux sur les activités privées des producteurs (DIGREGORIO *et al.*, 1999). La demande en papier est croissante et sa fabrication s'étend à deux autres villages du cluster. Avec la croissance de la production des papiers d'emballage, des papiers votifs, des papiers pour la fabrication des pétards et des batteries de l'armée, un système de troc s'opère entre les artisans et certaines administrations. On échange du riz destiné aux fonctionnaires contre du papier usagé. Ce fructueux troc permet à certains villageois de capitaliser dans les matériaux à recycler, essentiels pour élargir leur production, mais surtout de tisser des relations avec des responsables de petites entreprises d'État productrices de papier. Ils peuvent ainsi se familiariser avec de nouveaux modes de fabrication mécanisés (DIGREGORIO *et al.*, 1999).

La qualité des papiers dépend du type de matériaux recyclés[3], des techniques de traitement, du tri des déchets et de l'expertise des papetières lors du levage des feuilles. Les villages font partie d'un large cluster de villages spécialisés dans des activités dérivées du papier : les villages des pétards, des éventails, des parasols, des estampes populaires et des objets votifs.

Une grande consommation de matériaux

L'accès à la matière première détermine le choix des entrepreneurs à produire chaque type de papier. Dans les années 1990, la matière première vendue dans les ateliers des villages de papetiers provient de déchets de

et Nghia Do), à Ha Tay (An Coc) et Bắc Ninh (Dương Ổ, Đào Xá et Châm Khê) : aucun ne connaît l'origine du métier. La première référence à l'utilisation de papier pour les examens mandarinaux date de 1450 (DIGREGORIO *et al.*, 1999).

3. Jusqu'au début de la mécanisation de la papeterie à la fin des années 1980, il existe huit types de papiers aux utilisations très variées : ceux de qualité moyenne, le *giấy phuong* ou le *giấy truc* (pour la fabrication d'objets votifs, éventails, pétards), sont composés d'écorces mélangées à des résidus de papier ; le *giấy ban* et le *giấy khan*, de basse qualité, servent à l'emballage ; le *giấy in tranh*, incrusté de nacre, est exclusivement utilisé par les fabricants d'estampes populaires de Đông Hồ ; le *giấy hanh ri* sert à l'écriture et est décoré de dessins traditionnels, tandis que d'autres de haute qualité, comme le *giấy sac* et le *giấy dó lua*, sont fabriqués essentiellement à partir des écorces de *dó* et servent à l'écriture des traités royaux ou aux œuvres d'art (DIGREGORIO *et al.*, 1999).

Photo 2
Des usines dans la zone artisanale qui tournent 24 h sur 24 et consomment des tonnes de déchets (2016).

papiers collectés par une très longue chaîne d'intermédiaires. Pour augmenter leur capacité de production, les entreprises mécanisées cherchent à s'approvisionner en déchets de papiers de façon régulière ou à faire des stocks. Un nouveau secteur d'activité, le tri, se développe dans certains quartiers résidentiels de Dương Ổ et dans les villages périphériques du cluster, notamment à Châm Khê.

À Châm Khê, les artisans ayant mécanisé et diversifié leur production sont d'anciens commerçants, des collecteurs ou des villageois insérés dans les réseaux marchands. Ils ont l'assurance de pouvoir être approvisionnés en matières premières et de vendre leurs articles. L'accès à ces matériaux est très fluctuant et conditionne la capacité de production des entreprises. Le processus de collecte des papiers usagés est long. Les papiers sont variés et d'origines locale, nationale ou importés. Tout d'abord, les chutes de papier de bonne qualité proviennent de l'usine vietnamo-suédoise de fabrication de cahiers et de papier machine de Bãi Bằng (province de Vĩnh Phúc) ; elles sont achetées à des grossistes de Hà Nội. Les papiers journaux, vieux papiers et cartons sont achetés dans les dépôts de déchets de Hà Nội ou auprès des administrations qui vendent leurs archives. Quelques rares ateliers de Châm Khê recyclent des sacs de ciment pour en extraire la pulpe de papier. En revanche, de gros volumes de papiers d'emballage originaires des usines, tels ceux des smartphones de Samsung, et les chutes des grandes imprimeries sont vendus aux entreprises du cluster *via* les sociétés de l'environnement. Enfin, des tonnes de balles de papiers sont importées, notamment du Japon, de la Corée du Sud et de la Chine. Les grands patrons d'ateliers de recyclage, notamment dans la zone artisanale de Phong Khe 2, ont des relations avec des compagnies dotées de permis d'importations qui leur permettent de s'approvisionner sur les marchés internationaux. Certaines peuvent importer directement. De grosses balles de papiers sont stockées dans les entrepôts situés à Ngô Khê. Selon l'état des marchés domestiques et internationaux, les approvisionnements des grands hangars de stockage du cluster du papier peuvent être domestiques (emballages de cartons de bière du sud du pays) ou importés d'Asie. Ces grandes balles de papiers sont souvent stockées dans les rues du site artisanal ou le long de la rivière à Ngô Khê et sont très visibles (voir page 235).

Les collecteurs de déchets de papier sont principalement originaires du cluster de Phong Khê et des environs de Hà Nội. Des familles entières s'y sont reconverties à partir de 1994 lorsque l'État a interdit la fabrication des pétards, dont une partie était produite dans ce cluster. Avec la fin du collectivisme dans les années 1980, d'anciens réseaux des coopératives ou des entreprises d'État en faillite ont été réactivés par les commerçants et les artisans qui se sont mis à leur compte. Le commerce des déchets à recycler est en général une affaire familiale. En 1999, 68 foyers de Dương Ổ s'adonnent à ce commerce avec l'extérieur du village et 13 foyers pratiquent cette activité en son sein (DIGREGORIO *et al.*, 1999). Certains grands commerçants de déchets ont pu investir dans le recyclage et la fabrication de différents types de papiers. Ils ont su mettre à profit leur capital social pour intégrer les grands réseaux de la papeterie. Parmi les entrepreneurs les plus puissants, plusieurs étaient autrefois collecteurs, le temps de capitaliser argent et réseaux pour développer leur envergure de production. Ils ont aussi sécurisé leur approvisionnement en papier de récupération en formant leurs enfants ou leurs gendres au métier de la collecte et les ont intégrés dans leurs réseaux. À Phú Lâm, nous avons rencontré en 2004 le « roi du papier », bien installé dans une splendide demeure de plusieurs étages, semblable à un palais des mille et une nuits, en plein dans les rizières. Il bénéficie de bons réseaux dans les plus hautes sphères administratives de la province et a investi dans la zone artisanale de Tam Tảo, où il a plusieurs ateliers de pliage de cartons (132). Ces commerçants s'approvisionnent dans les dépôts de Hà Nội, auprès d'intermédiaires qui sillonnent la région et d'acheteurs des chutes de papier de bonne qualité à la papeterie vietnamo-suédoise de Bãi Bằng. Depuis que les triporteurs ont été bannis, les commerçants se déplacent en petit camion et sillonnent les ruelles étroites des villages du cluster.

Une famille rencontrée à Dương Ổ pratique le commerce et le tri des papiers usagés depuis 1994 (133). Anciens producteurs de papier de basse qualité, le *giấy ban*, ils se sont reconvertis dans cette activité au moment de l'interdiction de la fabrication des pétards. Le tri du papier est plus rentable et moins fatigant que la fabrication manuelle de ce papier bas de gamme. Le père, aveugle, était lui aussi collecteur. Il achetait différentes variétés de papiers dans les provinces montagneuses, à l'instar de son père, commerçant d'écorce de *dó*. Il se déplaçait en bateau sur le fleuve. Puis, en 1994, il a initié sa famille à cette activité et l'a intégrée dans ses réseaux commerciaux. La famille achète le papier à des intermédiaires de Hà Nội, puis le trie. Ces résidus sont vendus en priorité aux trois frères du chef de famille qui ont une usine dans la zone artisanale. En parallèle, ils font du commerce pour rentabiliser la location du camion : ils achètent du papier toilette dans le village, puis le revendent à Bãi Bằng où ils s'approvisionnent en chutes de cahiers et rebuts de photocopies. Ce commerce est une activité très lucrative. En parallèle de son activité commerciale, l'épouse s'adonne à la fabrication traditionnelle du papier *dó* (FANCHETTE, 2017).

Les trieurs vivent dans les villages moins développés de la périphérie du cluster, à Châm Khê (133) et Ngô Khê, ou dans le cœur villageois de Dương Ổ. Ces villageois, pour la plupart agriculteurs à temps partiel ou petits commerçants, ont peu de moyens pour investir dans des machines et des techniques modernes. Un tiers des chefs de famille travaillent dans les usines de la zone artisanale de Dương Ổ. Les familles qui disposent d'espace dans leur cour ou de parcelles de maraîchage y stockent plusieurs dizaines de tonnes de déchets de papier à trier. Ils attendent la hausse des cours du papier pour le vendre. Les trieurs, à l'étroit dans leur résidence, sous-traitent plusieurs dizaines de familles à domicile. Celles-ci peuvent utiliser la main-d'œuvre familiale. Chaque personne trie entre 30 et 40 kg de papier par jour et reçoit 900 000 VNĐ par tonne. La sous-traitance à domicile est une façon de pallier le manque de place des artisans et de donner du travail aux villageois selon les commandes. Les trieurs fidélisent des entreprises auxquelles ils offrent leurs services, ce qui limite la concurrence. Mais travailler avec les intermédiaires qui approvisionnent régulièrement les entreprises de la zone industrielle est parfois plus rentable.

À Dương Ổ, l'activité du tri ne parvient pas à suivre la croissance de la production, faute de place de stockage et de collecteurs. Les unités de tri sont de tailles très variables et très fragmentées. Les anciennes productrices de *giấy dó* se sont reconverties dans le tri du papier en sous-traitance à domicile pour de gros collecteurs du village. Au début des années 2000, on estimait leur nombre à 200. Dans le cœur villageois, on les voit trier des bandelettes de papier sur leur pas-de-porte. Elles retirent les agrafes, les papiers collants, les revêtements plastiques des chutes de cahiers et les classent en fonction de la qualité et de la couleur.

Certains artisans se sont spécialisés dans le tri, tandis que d'autres intègrent cette activité dans leur processus de production et font appel à des femmes pour travailler dans leur atelier. En fonction de leur espace de stockage et de leur niveau de mécanisation, ils trient différents types de papiers (chutes de cahiers, papiers de moindre qualité pour le papier votif) (FANCHETTE, 2017).

À Châm Khê, des ateliers se sont reconvertis dans le nettoyage des sacs de ciment pour en extraire la pulpe de papier et la séparer du plastique qui sera vendu aux villages de métier spécialisés dans le recyclage de celui-ci. Cette activité est très dommageable pour l'environnement, car la pulpe jetée dans les champs bouche les canaux. Dans les rues de Đào Xá, des femmes trient sur le pas de leur porte des cartouches de cigarettes Vinatabac et séparent l'aluminium du carton (133).

Alors que le volume des papiers recyclables ne fait qu'augmenter, les papeteries s'approvisionnent difficilement sur le marché local. Très fragmentées et saisonnières, la collecte et la distribution des déchets de papier ne correspondent pas à la demande des entreprises. Les plus mécanisées cherchent à améliorer la qualité de leurs produits, à stocker de gros volumes de rebuts et à diversifier leur offre pour pallier l'intense concurrence et la pression sur les coûts de production. De plus, les entreprises déclarées en compagnies, coopératives ou *xí nghiệp* (entreprises) auprès du registre du commerce ont besoin de factures « rouges » lors de l'achat des matériaux, factures que les commerçants de déchets issus du secteur informel ne peuvent leur faire (FANCHETTE, 2017).

La division spatiale du travail et la fragmentation du territoire

Une grande diversité d'ateliers et d'usines

Dans le cluster de la papeterie de Phong Khê, un système de production à deux vitesses se développe en lien avec la mécanisation et la concurrence entre les entreprises. Les grandes entreprises installées dans la zone artisanale produisent du papier de qualité et ont diversifié leur production. Elles bénéficient de larges réseaux de collecteurs qui les approvisionnent en matériaux usagés de qualité (importation des pays asiatiques et à travers les

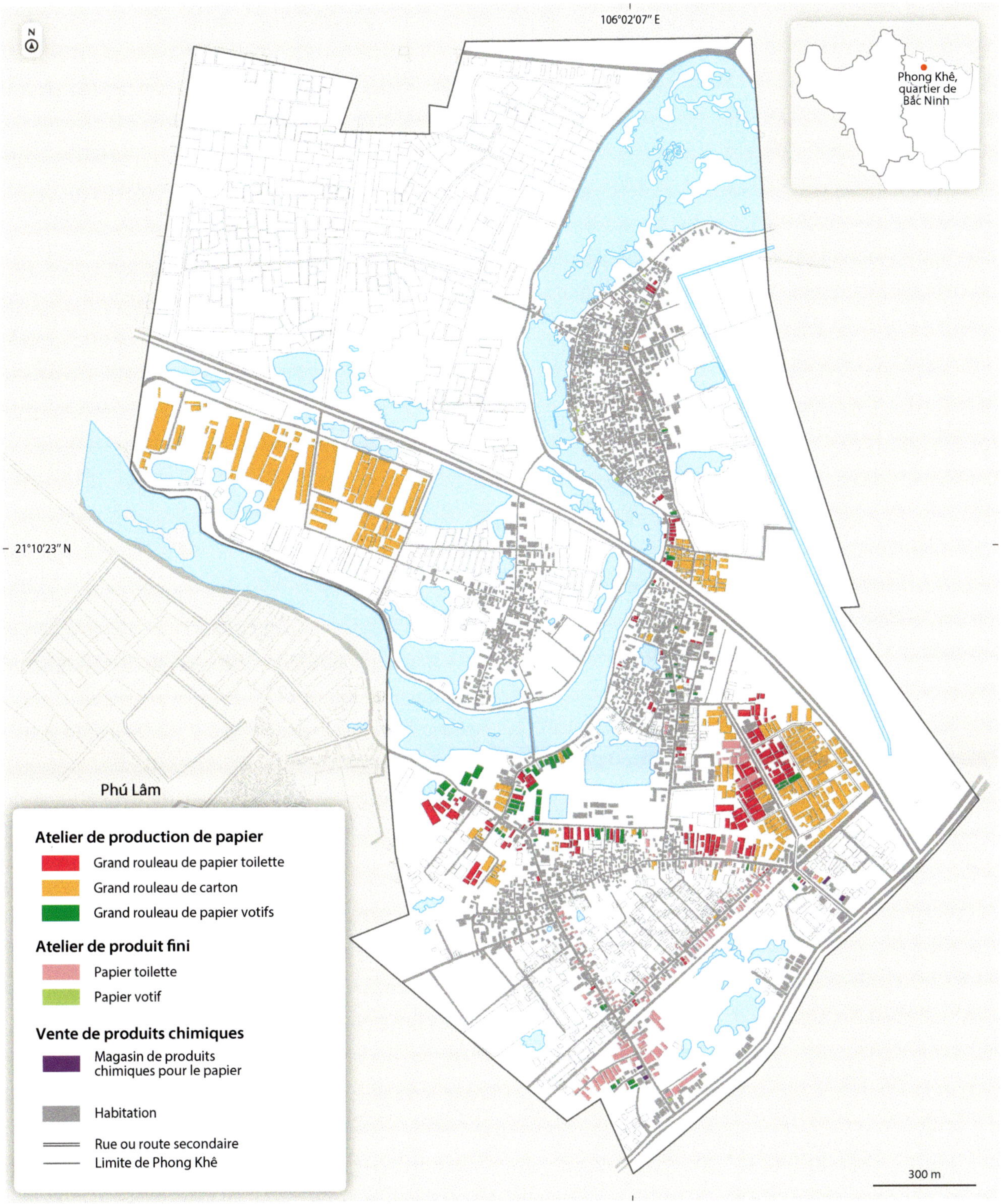

Carte 1

Division spatiale du travail entre activités chaudes et froides à Phong Khê en 2018.

Réalisation : Nguyễn Minh Phương et Éric Opigez.
Source : enquêtes de Nguyễn Minh Phương.

compagnies de l'environnement) et utilisent aussi de la cellulose importée dans la fabrication de la pâte. Enregistrées auprès de la chambre de commerce, elles peuvent importer, exporter et répondre aux commandes des entreprises d'État.

Les petites entreprises informelles tentent de s'immiscer dans les « niches » de production de papier de basse qualité fabriqué à partir de déchets et utilisent des machines souvent obsolètes. Elles s'approvisionnent essentiellement en papiers usagés, mais souffrent des irrégularités de l'approvisionnement, du manque d'espace de stockage et d'un avenir incertain, eu égard à leurs modes de production très dégradants pour l'environnement.

À l'échelle du cluster, il y a une grande division du processus de production et un inégal accès aux ressources foncières et au soutien de l'administration provinciale pour le développement, avec une domination de Dương Ổ dans l'ensemble de l'activité. On distingue deux types d'activités. 1) Les activités chaudes (la cuisson de la pâte à papier sur des chaînes) demandent beaucoup d'énergie (surtout du charbon et de l'électricité) et sont très polluantes (voir chapitre 16). Ces activités sont principalement réalisées dans la zone artisanale de Dương Ổ où les ateliers sont plus spacieux, l'accès à la centrale électrique meilleur et moins cher et l'accessibilité à la route nationale bonne. Cependant, ces ateliers se trouvent aussi le long de la rivière Ngũ Nguyện Khê, là où la mécanisation a commencé dans les années 2000. Cette zone enclavée par rapport à la route nationale bénéficie cependant de la proximité de la rivière qui sert d'exutoire aux eaux souillées. 2) Les activités froides telles la découpe, la teinture et l'emballage se trouvent sur les marges des villages ou dans un espace entre le village de Dương Ổ et la route nationale (DUCHÈRE, 2015).

On constate une grande division du processus de production entre les villages du cluster (**carte 1**) et un inégal accès aux ressources foncières et au soutien de l'administration provinciale.

Dương Ổ est le village dominant du cluster, il est bien localisé près de la route nationale 1A qui dessert Hà Nội et Bắc Ninh. C'est là que les premiers entrepreneurs ont mécanisé la production de papier dans les années 1990 dans deux petites zones artisanales informelles. Puis, en 2003, grâce au soutien des collectivités locales, une zone artisanale formelle de 13 ha de Phong Khê 1 est construite. Cette zone pourvue d'un meilleur approvisionnement en électricité était censée bénéficier d'infrastructures de traitement des eaux qui n'ont jamais été mises en œuvre. Ce village regroupe une très grande part des entreprises du cluster qui réalisent les activités chaudes de production du papier (133).

Đào Xá se spécialise dans l'activité de recyclage et le stockage de papier, mais avec des entreprises de plus petite taille que celles de Dương Ổ.

Châm Khê se spécialise plutôt dans l'activité de stockage et de tri du papier. De nouveaux hangars de taille moyenne sont construits à proximité des terres agricoles, là où l'espace est plus accessible, pour le stockage des papiers d'origine domestique venus des imprimeries de Hưng Yên, de Hải Phòng ou des usines de la compagnie Samsung, à Yên Phong (Bắc Ninh) ou à Thái Nguyên.

Bien que Ngô Khê accueille la deuxième zone artisanale du cluster (Phong Khê 2), les propriétaires de ces usines viennent de Dương Ổ. Ngô Khê a perdu ses terres au moment de la révolution et n'a pas investi dans l'industrie (159). Il fournit la main-d'œuvre pour les usines du cluster et se spécialise dans la fourniture de logements en location pour les ouvriers. Jusqu'à récemment, il était coupé du reste du cluster, car seul un petit pont non carrossable traverse la rivière.

À la fin des années 1990, l'activité s'est étendue au village de Tam Tảo appartenant à la commune voisine de Phú Lâm. Autrefois agricoles, ces villages s'adonnaient à un petit artisanat (chapeaux coniques et broderie). Puis, plusieurs villageois, après avoir travaillé dans les ateliers de Dương Ổ, se sont mis à leur compte pour produire du papier et du carton dans une petite zone artisanale informelle le long de la rivière (135). En zone classée

© Nội-Pictures/F. Carlet-Soulages

Photo 3
De grands espaces pour les machines et le stockage des matériaux et produits finis (2016).

rurale, les réglementations en matière de protection de l'environnement sont encore moins appliquées que dans les zones urbaines de Phong Khê.

Le marché est très fluctuant et la concurrence féroce entre entreprises effectuant le même type de papier. Les conditions de production sont très dégradantes pour l'environnement et la santé humaine, et les autorités locales sont incapables de faire respecter des réglementations peu adaptées aux villages de métier. L'accès à la matière première détermine le choix des entrepreneurs à produire chaque type de papier.

Une inégale accessibilité au foncier, aux matériaux et à l'énergie

Les activités les plus mécanisées sont sorties du cœur des villages où l'espace est limité. Seule la production du *giấy dó* et du *giấy ban* et le tri de petits volumes de papier se maintiennent dans l'espace familial. Les entreprises mécanisées se concentrent en bordure du village de Dương Ổ. Deux zones artisanales informelles et une zone artisanale communale ont été construites en 1994, puis en 2003. Les parcelles y sont suffisamment grandes pour installer des chaînes de production de papier mécanisées, l'accès au réseau de communication y est meilleur et l'évacuation des eaux usées se fait par les rivières, canaux et égouts après théoriquement un traitement collectif des eaux usées. Ainsi, un nouvel espace de production s'est mis en place, séparant les activités chaudes nécessitant la proximité de l'eau et un accès aux voies routières et les activités froides. En effet, la production de papier requiert une grande quantité d'eau (une tonne de papier nécessité 50 à 150 m^3 d'eau), 280 à 300 kWh d'électricité et du charbon pour faire fonctionner les chaînes de cuisson (Nguyễn Mậu, 2011). À l'entrée du village de Châm Khe, non loin d'une voie d'eau, une zone informelle de 7 000 m^2 est destinée à l'artisanat. Elle n'est pas réellement aménagée et les artisans jettent les eaux usées dans la rivière après qu'elles ont décanté dans un semblant de bassin.

La rapide croissance de la production est à l'origine de grandes disparités sociales et spatiales qui remettent en cause la cohésion sociale villageoise égalitaire mise en place durant la révolution. Les parcelles de la zone artisanale de Dương Ổ ont été distribuées en fonction de la capacité des entrepreneurs à payer les baux et les taxes, mais aussi selon les réseaux de clientèle. Les trois plus gros entrepreneurs ont obtenu une surface cumulée de 2 ha, soit un cinquième de la superficie bâtie. Ceux des villages de la périphérie du cluster ont été désavantagés.

Chapitre 16

Les enjeux environnementaux, de santé et la remise en cause des clusters

Sylvie **Fanchette**

L'Asie est la région la plus touchée par la pollution émise par les déchets plastiques. Selon une étude réalisée en 2017 par des experts états-uniens et australiens, la Chine et l'Indonésie sont les deux plus grands émetteurs de déchets plastiques dans l'environnement marin, avec respectivement 8,8 millions et 3,2 millions de tonnes. Le Việt Nam se situe en quatrième place, avec 1,8 million de tonnes par an (Lahens *et al.*, 2018).

Face à cette pollution très élevée au niveau national, on se trouve devant un terrible dilemme : le recyclage des déchets, et notamment des plastiques, s'effectue dans des conditions très dégradantes pour l'environnement et pour la santé humaine dans les clusters de villages de métier. Pourtant, ce recyclage devrait améliorer l'environnement en raison de la réutilisation des ressources et d'une moindre utilisation d'énergie pour la fabrication d'articles, plutôt que s'ils étaient produits avec des matériaux vierges. 90 % des villages de métier ont des niveaux de pollution bien supérieurs à ceux autorisés par la loi de protection environnementale vietnamienne. Bien que la pollution émise par ces villages soit bien inférieure à celle produite par les grandes zones industrielles et les villes, les risques sur la santé des ouvriers, artisans et habitants du voisinage sont très élevés et interpellent les autorités publiques (Monre, 2008). Cette situation pourrait remettre en cause l'intégralité de la chaîne de collecte et de recyclage en raison du non-suivi des normes environnementales de production. En Chine, par exemple, certains villages industriels ont vu leur production arrêtée en raison de leur haut niveau de pollution.

La gravité de la situation environnementale pose ainsi deux types de questions que nous développerons ci-après. 1) Malgré une amélioration de la législation en matière environnementale, les conditions de travail dans certains villages sont à haut risque pour la santé humaine et l'environnement et ne font que se dégrader. Est-ce que les collectivités locales ont les moyens de faire appliquer ces lois ? Sont-elles adaptées aux conditions spécifiques de ces villages de plus en plus hétérogènes et en mutation rapide ? Ces collectivités ont-elles les moyens techniques, financiers et de coercition pour accompagner ces changements et aménager ces villages ? 2) La politique du pollueur-payeur, selon laquelle les industriels et les artisans, ne prenant pas en compte les coûts environnementaux dans leur budget de production, doivent les payer sous forme d'amende, est-elle adaptée au contexte vietnamien et surtout aux petites entreprises des villages de métier ? Selon les défenseurs de cette politique strictement économique, l'obligation de payer ces taxes pousserait les artisans et les industriels à limi-

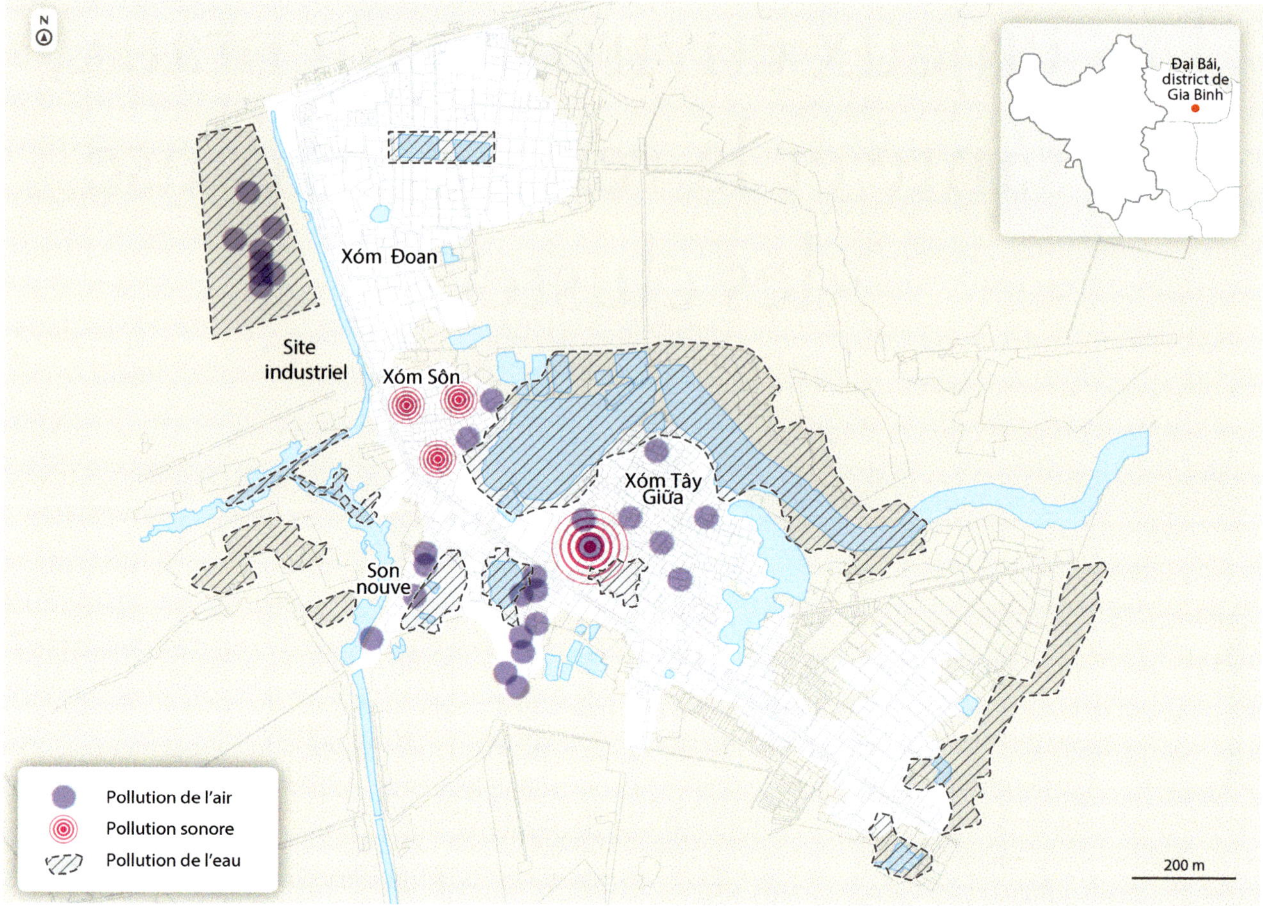

Carte 1

Les différentes pollutions dans le village de Đại Bái en 2008.

Réalisation : Yves Duchère et Éric Opigez.
Source : Céline Hamel, 2008.

ter les dégradations. Cependant, la difficulté à évaluer le coût des dégâts environnementaux et la faible capacité des collectivités locales à mettre en place des lois dans de nombreux pays limitent la portée de ce type de politique (O'ROURKE, 2004).

La pollution des eaux, des sols et de l'air

Dans cet environnement deltaïque où l'eau est omniprésente, certains cours d'eau et points d'eau à vocation d'irrigation, de drainage ou de pisciculture sont devenus de véritables égouts pour les entreprises artisanales et industrielles qui s'installent de préférence à leur proximité. Comme il n'y a pas de réseau permettant de drainer séparément les eaux agricoles et les eaux usées industrielles, les polluants émis par les villages de métier sont déposés dans les cours d'eau, puis se diffusent sur les terres agricoles. La pollution des eaux dans certains villages de métier (producteurs de papier, de métaux, de textiles...) a atteint des niveaux très élevés en métaux lourds, acides et coliformes... hypothéquant les rendements rizicoles, et, par là même, la santé publique des habitants, tout en

Tableau 1
Types de pollutions dans les villages Bắc Ninh du recyclage (tonnes par an)

Villages de métier	Charbon	Poussières	CO	CO_2	NO_2	THC
Đa Hội	270 000	2 457,00	81,00	2 894,40	2 359,80	14,88
Dương Ổ	7 606	69,21	2,28	81,54	66,48	0,42
Phú Lâm	3 430	31,21	1,03	38,77	29,98	0,19

Source : MONRE, 2012, cité par DUCHERE, 2015.

se diffusant dans les terroirs voisins. La fumée des fours à charbon des métallurgistes et papetiers diffuse dans l'air des poussières nocives pour la santé des villageois (DUCHÈRE, 2015).

« Les villages de recyclage rejettent de petites quantités d'eaux usées, mais hautement polluées. La teneur en zinc, fer, chrome et nickel de ces eaux est particulièrement élevée, notamment dans le cas des villages de sidérurgie et d'artisanat d'art. L'eau de ces villages peut contenir d'importantes quantités de métaux lourds, tels que du Cr^{6+}, du Zn^{2+} et du Pb^2. La teneur des eaux usées en métaux lourds est de 1,5 à 10 fois supérieure à la norme nationale TCVN (Tiêu Chuân Việt Nam). Les villages de recyclage du papier rejettent quant à eux de la pâte à papier qui sédimente dans les cours d'eau, des colorants ainsi que du charbon et autres déchets solides flottants (papier non recyclable, plastique, chute, etc.). Les études réalisées par le ministère de l'Environnement montrent que les taux de DBO67, DBO5 sont de 1,5 à 15 fois supérieurs à la norme nationale TCVN. » (DUCHÈRE, 2015). Les autorités de la commune de Phong Khê estiment que près de 4 ha des terres agricoles du village de Đào Xá et 8 ha des terres agricoles du village de Dương Ổ ne sont plus cultivables en raison de la pollution croissante (enquête auprès du comité populaire de Phong Khê, 2011, citée par DUCHÈRE, 2015).

Selon le rapport sur la situation environnementale à Bắc Ninh en 2006 (DONRE, 2007), les ateliers de production de papier à Phong Khê brûlent tous les jours plus de 200 t de charbon et utilisent 50 à 100 m^3 d'eau par tonne de papier produite. Dans les 2 000 à 2 500 m^3 d'eau rejetés chaque jour dans l'environnement, on retrouve près de 20 t de résidus de charbon ainsi que des métaux lourds. Chaque atelier mécanisé rejette quotidiennement dans l'environnement 5 à 15 m^3 d'eau industrielle non traitée (comité populaire de Phong Khê, 2010, cité par DUCHÈRE, 2015).

À Đại Bái, la pollution est triple : les émissions de poussières originaires des fours à charbon et les émanations de la fonte des métaux, la pollution des eaux lors du lavage des métaux avec de la soude et la pollution sonore liée au martelage des métaux, notamment la fabrication des gongs. La carte 1 montre la grande présence de l'eau et sa pollution dans ce village positionné très bas au sein du réseau hydraulique. Autrefois, une rivière le traversait, cours d'eau grâce auquel les communications s'opéraient les jours de marché. Une grande partie du cours d'eau a été remblayée à l'époque collectiviste, puis lors du développement des ateliers. La plupart des fondeurs installent leurs ateliers au bord des cours d'eau et des étangs pour y rejeter leurs eaux usées et pour s'étendre à leurs dépens.

Les fonderies fonctionnent en général au charbon et aux poussières de charbon. À Văn Môn, pour 100 kg de barres d'aluminium, on utilise 80 à 100 kg de charbon. En 2005, on estimait à 17 t le volume de charbon utilisé par jour dans ce cluster. L'eau est utilisée pour laver les déchets de plastique, de métaux et la pulpe de papier recyclée.

À Mẫn Xá, l'eau provient des puits et des canaux d'irrigation. Les fours utilisés ne nécessitent plus le lavage des déchets et le métal liquide versé dans les moules n'est plus refroidi avec de l'eau, mais à l'air libre. Durant la fusion des déchets métalliques, l'huile et le mercure des anciens transformateurs de pièces détachées d'avions sont emportés par les eaux de lavage. Ces différents

Photo 1
Émissions de fumées très nocives dans la zone artisanale de Phong Khê à l'aube (2016).

composants et résidus de cuivre, aluminium et fer fondus, de même que les déchets agricoles et les produits chimiques utilisés pour l'élevage des porcs, sont déchargés dans les canaux d'irrigation qui alimentent les rizières. Ces égouts à ciel ouvert débordent pendant les périodes d'inondation estivales (Resurrección, 2019). Durant le processus de fonte du plastique, des gaz toxiques sont émis, tels le chlorure d'hydrogène, le cyanure d'hydrogène et le monoxyde de carbone. Les maladies les plus communes dans ces villages sont respiratoires, digestives, dermatologiques, ORL et ophtalmologiques (Monre, 2012). Les villages de recyclage du papier utilisent de gros volumes d'eau pour tremper, laver, bouillir et diluer la pâte de papier ; ceux du traitement des plastiques en utilise aussi pour laver les déchets (entre 20 à 25 m^3 par tonne).

Enfin, dans le cluster de Đa Hội, la commune de Châu Khê utilise quotidiennement environ 40 000 t de charbon de bois et 18 000 m^3 d'eau, rejetant 150 t de déchets industriels dans l'environnement (scories de fer, ferraille, grenaille) et environ 15 000 m^3 d'eaux usées, selon le rapport d'évaluation du département des ressources naturelles et de l'environnement de Bắc Ninh[1]. Tous ces déchets non traités sont déversés directement dans la nature, provoquant la pollution de l'eau, de l'air et des sols des villages de métier et affectant particulièrement la vie de près de 4 000 ménages de la commune.

Les villages sont en général construits sur des élévations naturelles (bourrelets de berge et collines) ou sur des tertres artificiels pour se protéger des inondations. Les étangs, nombreux témoins des défluviations des cours d'eau, servent de réserves d'eau, de bassins d'élevage piscicole ou de zones de drainage des eaux excédentaires. Avec la densification de l'habitat et la construction des ateliers, la plupart des étangs situés à l'intérieur des villages ont été comblés et ne jouent plus leur rôle de captage des eaux de drainage pendant la mousson.

Les mesures pour délocaliser les activités polluantes du cœur villageois vers les zones artisanales (*điểm công nghiệp*) ont échoué. Elles ont accentué la dispersion des ateliers, tout en augmentant la capacité de production des artisans dotés de plus grandes parcelles. Leur extension dans les villages des alentours aggrave les risques de pollution.

Dans ce contexte, la cohabitation entre l'agriculture et l'artisanat est difficile. En quête de nouveaux espaces pour poursuivre son développement, l'industrie du recyclage se localise aussi sur les marges villageoises, c'est-à-dire au contact du réseau hydraulique et hydrographique, et profite des espaces en eau pour y rejeter les eaux usées. La complémentarité ancestrale entre les activités agricoles et artisanales est mise en danger avec la pollution des eaux d'irrigation qui affecte les rendements agricoles. À Phong Khê, les villageois ne peuvent plus utiliser l'eau souterraine pour la vie quotidienne.

1. Moitruong.net.vn, 09/02/2017.

L'échec des zones artisanales pour gérer l'environnement

En raison de l'étroitesse de l'espace résidentiel et des risques pour la santé humaine que ces activités aggravent, des mesures ont été mises en œuvre dès les années 2000. De petites zones artisanales de 10 à 15 ha ont été construites à l'initiative des provinces, en marge de l'espace villageois, pour délocaliser une partie des entreprises les plus polluantes. Cependant, les problèmes de pollution n'ont pas été réglés pour autant, quand ils n'ont pas été aggravés avec la croissance de la production, stimulée par l'extension spatiale des ateliers, un meilleur accès à l'énergie et une meilleure visibilité et accessibilité. À la fin des années 1990, dans les villages de métier ayant amorcé un début de mécanisation (Phong Khê, Châu Khê, Đại Bái), les artisans les plus entreprenants ont créé des mini-zones artisanales informelles. Puis, les comités populaires des provinces ont pris la relève dans les communes les plus dynamiques afin de délocaliser les activités les plus polluantes de l'espace résidentiel, de donner aux entreprises mécanisées les moyens d'élargir leur envergure de production, de mieux les doter en énergie électrique et en eau et de désenclaver les ateliers nichés au sein du cœur villageois. Face à la lenteur de leur mise en place dans certains clusters et à la corruption liée à la marchandisation des terres[2], les artisans n'ayant pas eu accès à des parcelles ont construit des ateliers, et parfois des résidences, de façon illégale sur les terres agricoles.

Un espace de production à trois vitesses s'est mis en place, marquant la spécialisation et la stratification sociospatiale de ces bourgs en voie d'urbanisation, et des capacités variables à polluer l'environnement. En 2002, une zone artisanale de 12 ha a été créée sur le territoire de Dương Ổ (commune de Phong Khê). Il succède à la

2. Voir le cas de la zone artisanale construite par la société Hanaka dans le cluster de l'aluminium de Mẫn Xã (article en vietnamien : Làng nghề «lên» cụm công nghiệp: Chủ tịch tỉnh Bắc Ninh chỉ đạo kiểm tra, *Lao Dong*, 09/04/2021).

zone artisanale informelle de 56 unités créée en 1996 sur le bord de la rivière Ngũ Nguyện Khê et à une autre plus ancienne créée en 1994 comptant 14 unités. Les trois plus grands entrepreneurs disposent d'une large superficie (2 ha), le reste étant réparti de façon inégale entre les 55 autres ateliers (DUCHÈRE, 2015).

Dans sa conception, la politique de création des *điểm công nghiệp* dans les clusters de villages les plus industrialisés visait à délocaliser les activités les plus nocives pour la santé humaine et l'environnement, à l'écart des zones résidentielles villageoises déjà densément peuplées. Cependant, on observe une double contradiction : d'une part, de nombreuses familles s'installent dans la zone artisanale, d'autre part, les petites entreprises n'ont pas les moyens de s'y installer et étendent leur emprise industrielle dans les zones résidentielles. La pression sur les terres industrielles varie d'un village à l'autre, notamment pour des raisons financières. Si à Dương Ổ la zone artisanale a été très rapidement saturée, à Đại Bái les petits entrepreneurs ont peu de moyens financiers pour accéder aux parcelles. En 2004, un artisan de ce village estime que la zone artisanale est pour les riches (124).

Pourtant, la très forte toxicité de l'activité métallurgique et le manque de place dans le cœur villageois ont rendu nécessaire un tel site. Cette zone relativement bien desservie par la route est malgré tout peu occupée dans les années 2010. En plus du coût élevé des parcelles, les artisans sont peu enclins à s'installer dans un lieu où les relations de complémentarité au sein de la chaîne de production ne sont pas respectées et où les normes de construction sont imposées par le comité de gestion. À Đại Bái, des artisans affirment ne pas vouloir quitter le centre villageois où se trouvent toutes les différentes étapes de la production. Et pourtant, en 2019, si l'activité industrielle semble à l'arrêt dans cette zone, la dynamique de construction de résidence ne l'est pas. Selon un artisan (147), les nouveaux installés dans la zone cherchent plutôt à construire des résidences que des ateliers. De nouvelles villas émergent à l'entrée de la zone artisanale. Ce développement résidentiel pourrait être lié au fait qu'une NZU a été édifiée depuis 2018 dans le voisinage de la ville de Bắc Ninh et que les prix du foncier urbain s'élèvent rapidement. Cela crée une pression sur les terres de cette zone artisanale qui risque de perdre sa vocation industrielle pour du logement.

Pour fuir le centre villageois très dense, les familles les plus aisées construisent des habitations de plusieurs étages dans les zones artisanales et y logent leurs familles, en complète contradiction avec la loi. Celles-ci sont ainsi fortement exposées aux pollutions, les entreprises les plus nocives pour la santé étant regroupées dans ces zones. Les artisans vivent avec leur activité qui rythme leur emploi du temps quotidien. Il leur est difficile de séparer résidence et lieu de production. Toute la famille participe à la production en fonction de leurs capacités et de leur temps mais, surtout, les usines de la papeterie tournent 24 h sur 24 et les patrons veulent pouvoir contrôler le travail. C'est aussi un moyen pour transmettre un savoir-faire familial de génération en génération.

Tous les artisans n'ont pas réussi à obtenir des parcelles dans les zones artisanales, du fait de la forte demande, de la corruption et de la spéculation foncière. Seuls les mieux argentés ont pu payer les loyers pour une durée de cinquante ans. Les entrepreneurs installés dans la zone artisanale n'ont pas pour autant abandonné leur atelier dans le village. Ils ont pour la plupart dédoublé leur activité, gardant la partie la moins mécanisée dans le village. « Ils ont maintenu les activités froides, le stockage où ils y ont installé un parent, tandis que dans la zone artisanale ils ont développé des activités chaudes, grandes consommatrices de place et polluantes. Celles-ci n'ont pas freiné la mécanisation des espaces résidentiels et ont intensifié et complexifié la production artisanale grâce à l'augmentation de la superficie et de la puissance électrique attribuée. » (DUCHÈRE, 2015). À Đại Bái et Phong Khê, les unités de production des zones artisanales peuvent correspondre à une division du travail à l'échelle des trois dernières générations : les plus jeunes ont en charge la production la plus moderne et la plus mécanisée, ceux de 40 à 50 ans gèrent un atelier dans le cœur villageois et les plus anciens peuvent s'adonner à une activité froide, telle que le tri ou la fabrication manuelle du papier. Il n'y a donc pas de désindustrialisation du cœur villageois. La

Photo 2
Le canal de Minh Khai : un exutoire pour les eaux usées et les déchets (2018).

situation de l'environnement dans l'espace résidentiel n'a pas été résolue par la création des zones artisanales (Duchère, 2015).

Une gestion locale inadaptée à l'ampleur des enjeux

Dans le contexte d'une pression de plus en plus forte sur les terres et d'« arrangements » avec les collectivités locales, les relations entre les différents acteurs villageois sont de plus en plus tendues. Jusqu'à récemment, ces derniers utilisaient leurs relations lignagères ou de voisinage pour obtenir les faveurs des membres des comités populaires, afin qu'ils ferment les yeux face à une utilisation indue des espaces publics ou des terres agricoles. Plusieurs facteurs semblent participer à la dégradation de la situation environnementale et varient d'un village à l'autre. Tout d'abord, l'incapacité des collectivités locales à faire appliquer les normes de production dans les *điểm công nghiệp* renvoie aux relations qu'elles entretiennent avec les villageois (130). Ceux-ci sont exclus des processus de décision et de gestion de leur propre territoire qui est, depuis 1945, directement géré par des institutions parfois déconnectées des réalités locales, le district ou la province. Par ailleurs, l'accès difficile au foncier précarise les entreprises qui, cherchant à mécaniser et élargir leur ampleur de production, se voient obligées de construire illégalement leur atelier sur les terres agricoles (DUCHÈRE et FANCHETTE, 2014).

La participation de la grande majorité des villageois au développement artisanal et industriel de la commune semble excuser la dégradation généralisée de l'environnement, la règle sociale consistant à ne pas polluer plus que son entourage. La forte conconcurrence entre les entreprises de même niveau les oblige à diminuer les coûts de production et, même s'ils sont conscients de l'impact négatif de leur activité pour la santé humaine et l'environnement, ils ne peuvent pas se permettre d'acheter des machines ou des énergies plus performantes. Un entrepreneur nous affirme que la protection de l'environnement est un luxe qu'il ne peut se permettre. Pour certains, il est difficile de se plaindre, car il y a des ateliers partout. La forte promiscuité ne leur permet pas d'exprimer leur mécontentement face aux nuisances que peuvent générer leurs voisins. Dans les relations de voisinage, on préserve la « bonne entente » en évitant de s'adresser reproches et critiques qui seraient déstabilisateurs pour la communauté et pour le développement de la production. Cet évitement permet par là même de s'octroyer des droits à polluer ou à gêner… dans une certaine limite. Les pratiques individuelles restent homogènes et cohérentes dans le sens où elles ont été réévaluées par la norme sociale qui fixe elle-même les limites à ne pas franchir. À Phong Khê, un atelier de papier kraft utilise des ordures comme combustible pour faire fonctionner les chaînes de cuisson de la pâte à papier ; il a automatiquement été fermé par le comité populaire communal sous la pression de la population (DUCHÈRE et FANCHETTE, 2014).

Selon Nguyễn Hoàng (2006), les villageois, dont les pratiques sont ancrées dans cette structure de relations communautaires, ne croient pas en la force de la loi et encore moins en l'idée qu'elle puisse défendre les petits entrepreneurs. Les raisons de la situation environnementale sont certes à chercher dans les impératifs politiques liés à la transition économique qui s'opère depuis quelques années, elles sont également à chercher dans les représentations qu'ont les citoyens de la loi. Les conflits sont donc le plus souvent réglés à l'amiable et de manière informelle.

Les rapports très étroits entre la population et les autorités locales ne poussent pas la population à appliquer les lois, notamment parce que de nombreux fonctionnaires et responsables locaux sont aussi des entrepreneurs[3]. Par ailleurs, les entreprises de ces sites sont gérées par des institutions différentes selon leur taille et leur statut, ce qui crée des espaces de liberté, des interstices dont savent profiter les artisans.

Selon les autorités communales, les entreprises installées dans les zones artisanales seraient les plus aptes à respecter la législation environnementale. À Phong Khê, le président du comité populaire affirme que les entreprises formelles sont sujettes à des « visites de contrôles surprises » qui les contraignent à respecter la loi (130). Pourtant, dans les zones artisanales, les espaces publics sont occupés par les tas de bois, le charbon, les machines en réparation ou encore les monticules de déchets prêts à être recyclés. Les entrepreneurs s'en servent comme espace de stockage en raison du manque de place dans leur atelier. Les autorités apparaissent incapables de faire respecter les limites entre l'espace public et les parcelles industrielles. À Phong Khê 1, pendant la saison des pluies, les précipitations sont très élevées, les canaux d'évacuation des eaux usées débordent et inondent la zone artisanale qui se retrouve sous 15 à 20 cm d'eau (DUCHÈRE et FANCHETTE, 2014).

Les plans d'aménagement des zones artisanales comprennent le plus souvent un petit système de traitement des eaux usées, notamment pour les activités artisanales

3. Dans sa thèse, Yves DUCHÈRE (2015) cite l'investisseur en charge de la zone artisanale « nouvelle génération » d'un des clusters du recyclage : « Personne [du département des ressources naturelles et de l'environnement provincial] ne vient nous embêter pour des contrôles environnementaux puisque ceux qui sont censés gérer cet espace sont les mêmes qui sont aux commandes des usines les plus importantes de la zone artisanale. Je leur en ai donné la responsabilité. »

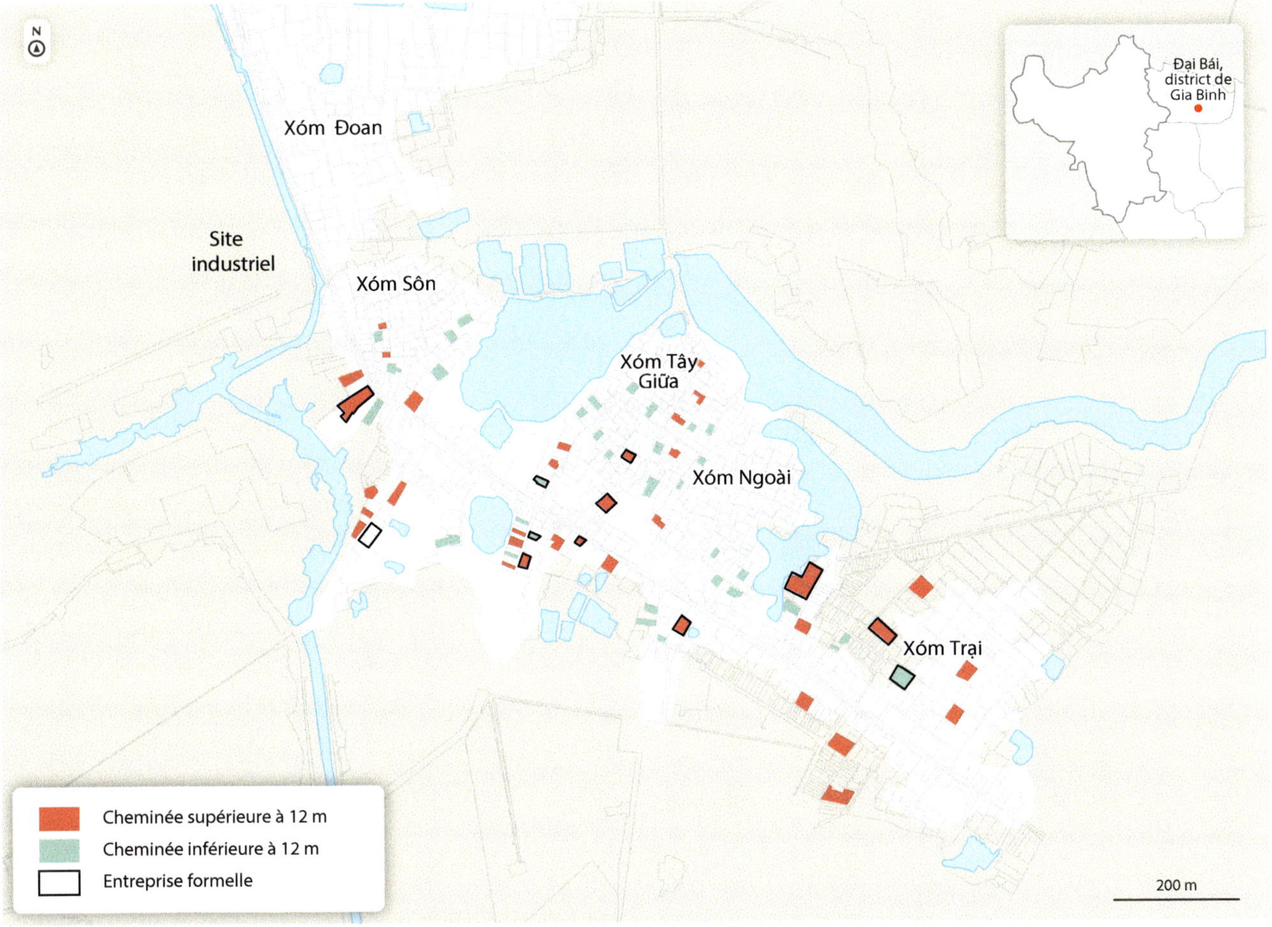

Carte 2
Les cheminées selon leur hauteur dans le village de Đại Bái en 2013.
Réalisation : Yves Duchère et Éric Opigez.
Source : DUCHERE, 2019.

polluantes comme la papeterie. Les entreprises formelles doivent payer des impôts sur les eaux usées, fournir des études d'impact avant de s'installer et se doter d'un système de traitement des eaux. Mais peu d'entreprises sont enclines à investir dans ces types d'aménagements, car ils coûtent cher et augmentent les coûts de production dans un contexte de forte concurrence. L'étude de NGUYỄN MẬU (2011) sur Phong Khê montre que les entreprises présentes dans la zone artisanale ne respectent pas davantage la législation environnementale. Elles n'y polluent donc pas moins que celles du cœur villageois ; en revanche, elles s'acquittent de taxes environnementales plus importantes. Les zones artisanales sont des concentrations d'activités très polluantes, car intensives et mécanisées, qui nécessitent un traitement politique particulier. La fragmentation administrative et la non-adéquation des lois environnementales aux clusters de villages rendent leur gestion difficile.

À Phong Khê 2, l'investisseur, un grand entrepreneur originaire de Dương Ổ, avait proposé sur le papier un très beau projet avec tout un système de traitement des eaux usées. Selon un entrepreneur de la zone, lors de la vente des parcelles, l'investisseur n'avait installé aucun de ces équipements, seul le site avait été aplani.

Ainsi, en l'absence de système de traitement des eaux, les eaux souillées sont évacuées directement dans la rivière par un système de pompe peu efficace. Le cimetière de Ngô Khê a même été inondé par ces eaux (159).

Les artisans sont en réalité rarement verbalisés pour leurs infractions à la législation environnementale. La plupart des cadres politiques de l'échelon communal ne connaissent pas la législation dans ce domaine et n'ont pas les moyens coercitifs pour les imposer.

La fragmentation des charges d'entretien de l'espace industriel entre le public et le privé et leur profession-nalisation au niveau du district, les incohérences entre les politiques foncières, productives et d'aménagement urbain, et entre les différents niveaux de la hiérarchie administrative et les services, déresponsabilisent les pollueurs qui, en définitive, paient un droit à polluer. On observe une déconnexion entre les politiques de l'État et l'organisation administrative en charge de l'application de ces politiques.

Selon Yves DUCHÈRE (2015), les textes officiels, comme la décision 128/2005/QD-UB sur la gestion des petites et moyennes zones industrielles à Bắc Ninh, ne permettent pas de définir avec précision les responsabilités de chaque niveau administratif, mais ils soulignent que la province intervient essentiellement en amont du projet, alors que le district et la commune se partagent la responsabilité de la gestion. L'article 16 de la décision 128/2005/QD-UB précise que « les comités de gestion du district et de la commune sont des organes appartenant au comité populaire du district et de la commune, mais mis en place à l'initiative de la province. Ces comités ont leur propre bureau, personnel et compte bancaire placés sous le contrôle direct de la direction générale du district et de la commune, ainsi que du service de l'industrie de la province ou d'autres bureaux compétents de la province ».

Une fragmentation des étapes de la production difficile à contrôler

Les artisans et les entrepreneurs déclarés produisent au sein d'une chaîne et sont dépendants les uns des autres, que ce soit pour effectuer une partie du processus de production, pour participer à la transformation de la matière première en amont (par exemple le tri des papiers usagers ou la production de pâte à papier à partir de sacs de ciment à Phong Khê) ou pour offrir des services (transport, réparation de machines, main-d'œuvre...). Les risques économiques et environnementaux sont répartis tout au long de cette chaîne. Même si certains villageois sont conscients des dégradations environnementales causées par les activités artisanales et connaissent les plus grands pollueurs, leur priorité va au maintien du réseau social de production qu'est le cluster (MAHANTY *et al.*, 2012). Ce mode de fonctionnement, basé sur la souplesse et l'évitement, nuit cependant très fortement aux conditions générales d'existence de la communauté. Les espaces publics sont délaissés, les canaux d'irrigation transformés en égouts et les routes défoncées.

En fait, c'est l'absence de gestion collective des externalités négatives qui nuit à l'environnement communal. La mise en place d'une production plus durable demande de prendre en considération le problème des eaux usées, des fumées toxiques et des déchets solides de manière collective afin de mutualiser les nouveaux coûts entraînés par la mise en place d'infrastructures environnementales. La difficulté à mettre en place les nouvelles réglementations sur la hauteur des cheminées dans le village de Đại Bái montre combien le collectif a du mal à être mobilisé dans un contexte de concurrence extrême entre les entreprises. En effet, suite à une nouvelle régulation, certains artisans se sont dotés de cheminées hautes de 12 m pour rejeter leurs fumées. Cet investissement coûteux n'est pas à la portée de tous (20 millions de VNĐ, contre 10 à 12 millions de VNĐ pour les plus petites) (136), mais il n'a d'intérêt sur le plan de l'amélioration des conditions environnementales et de la santé humaine que s'il existe une cohésion suffisante entre voisins pour que tous se dotent de telles installations. Selon Yves DUCHÈRE (2015), les entreprises déclarées (on en compte 27 en 2013) observent plus la réglementation en matière de hauteur de cheminée que celles du secteur informel. Il cite le président du comité de population de la commune : « L'essentiel de la production à Đại Bái est informel et de très petite taille, il est très délicat de mettre en place une surveillance de ces structures. *A contrario*, les entreprises formelles font davantage l'objet de visites de contrôle sanitaire et environnemental du district. » L'individualisation des pratiques artisanales limite la possibilité de créer des associations d'artisans qui puissent réellement rassembler, dans un contexte où les entreprises de même niveau au sein de la chaîne de production sont en concurrence sur le marché.

Dans sa thèse, Yves DUCHÈRE (2015) cite un artisan : « Ma cheminée ne fait que 6 m de haut, celle de mes voisins également. Si les autres ne se mettent pas aux normes, je ne vois pas pourquoi je le ferais. Si demain ma cheminée fait 12 m de haut et qu'autour de chez moi il n'y a que des cheminées de 6 m, qu'est-ce que cela changera ? Nous sommes tous en relation les uns avec les autres, même si les foyers conservent les bénéfices de leur production, ils partagent avec tout le village les conséquences environnementales. C'est notre mode de vie qui est comme ça, l'environnement de travail et les lieux de vie sont similaires, et c'est comme ça pour tout le monde. » (patron d'une entreprise de fonte du cuivre à Đại Bái, 2011).

« La loi n'est pas la norme de régulation sociale, elle passe après la norme politique et plus encore après la norme sociale et communautaire que nous pouvons qualifier d'impératif social. Les villageois, dont les pratiques sont ancrées dans cette structure de relations communautaires, ne croient pas en la force de la loi et encore moins en l'idée qu'elle puisse défendre un faible par rapport à un puissant. » (NGUYỄN HOANG, 2006, cité par DUCHÈRE, 2015).

Une autre expérimentation a été mise en place à Đại Bái pour limiter les pollutions aériennes : des filtres à air ont été installés à l'essai sur les cheminées de trois compagnies qui recyclent du cuivre et fabriquent des objets ; la température des fours est beaucoup plus élevée que pour l'aluminium (800 °C contre 500 °C) et elles produisent plus de fumées nocives. Ces filtres coûtent très cher (200 millions de VNĐ), un prix que peu d'entreprises peuvent débourser. Toutefois, ce projet japonais, développé par les services de l'environnement de la province de Bắc Ninh, a été un échec complet. Lors d'une enquête auprès d'une compagnie de la zone artisanale choisie pour l'expérimentation, nous avons été témoins de l'incapacité des services locaux à assister les entreprises du projet. Le filtre ne marchait pas et l'aspirateur renvoyait les fumées nocives à l'intérieur de l'atelier, rendant encore plus dangereuse la production. Le patron en a informé les services de la province ; sans aucune information sur leur retour, il ne sait pas comment arrêter le ventilateur et craint pour la santé de ses ouvriers (137).

Conclusion de partie

Sylvie **Fanchette**

En vingt ans, les volumes de déchets recyclés dans les villages artisanaux des environs de Hà Nội ont augmenté à un rythme très rapide. Le changement d'échelle de la production de ces villages, qui ne se considèrent pas comme des villages du recyclage mais de métier qui s'approvisionnent sur les marchés de la récupération, est lié à plusieurs facteurs. D'une part, l'intégration du Việt Nam dans la mondialisation et sa politique de développement fondée sur l'industrie financée par les investissements étrangers et destinée à l'export a stimulé le marché de la récupération du fait de la croissance des déchets industriels produits, tels les emballages, les chutes et les malfaçons d'objets. Par ailleurs, cette même industrie a besoin de matières premières secondaires (pellets de plastique, lingots d'aluminium) pour faire tourner ses usines, ce qui favorise son intégration au système du recyclage. Les marchés des déchets recyclables se sont diversifiés et les importations en provenance des pays de la région ou de l'Occident (papiers, plastiques et, dans une moindre mesure, métaux) ont augmenté. Malgré des politiques de restriction à l'importation des déchets plastiques de faible qualité, les frontières restent poreuses et les usines et ateliers des clusters du recyclage continuent à en traiter d'énormes quantités, bien qu'en baisse. Seules les entreprises déclarées, ou en lien avec des compagnies dotées de licences d'importation, ont accès à ce marché, mais, en tant que partie prenante de clusters de villages, elles sous-traitent un large volet de trieurs localement. Le tri est une activité très consommatrice de main-d'œuvre qui occupe les populations les moins formées du village et des alentours.

En revanche, le marché des *đồng nát* perd de son importance relative, malgré sa réelle présence dans la ville, au regard de la croissance des autres marchés nationaux et internationaux. De moindre qualité, leurs déchets sont vendus en volumes limités à 2 t (la taille des camions autorisés à circuler à Hà Nội) et ne peuvent répondre aux normes de qualité, aux volumes et à la régularité des approvisionnements demandés par les grandes usines ou les ateliers de taille moyenne des clusters. Par ailleurs, sans factures, les collecteurs ne peuvent faire du commerce avec des entreprises du secteur formel. Ainsi, le système des *đồng nát* approvisionne principalement les petites entreprises familiales qui n'ont pas assez de place pour stocker et qui achètent de petites quantités de déchets, moins chers, demandant même parfois un second tri.

Les plus grandes entreprises des clusters cherchent à diversifier leurs sources d'approvisionnement, car elles ne peuvent prendre le risque de ne dépendre que d'une seule source et doivent faire des stocks pour plusieurs jours. La pandémie de covid l'a montré, ainsi que les politiques de restriction des importations des plastiques en Chine et au Việt Nam, les marchés internationaux sont très fluctuants et sensibles aux crises pandémiques et économiques. L'accès aux déchets industriels de qualité et en quantité élevée passe par les compagnies de l'environnement, ce qui privilégie les entreprises ayant de bonnes relations au sein des réseaux de commerçants de déchets et de l'industrie. Toutefois, par l'intermédiaire des ateliers spécialisés dans le tri (pour le papier) ou le prérecyclage (pour le plastique), les grandes entreprises ont aussi accès au marché des *đồng nát*. On voit ainsi que l'intégration entre les différents types d'entreprises des clusters du recyclage et les différents marchés d'approvisionnement en déchets n'est pas complète. Chaque secteur, formel ou informel, échange en son sein des matériaux, ou *via* des intermédiaires qui trient et prérecyclent de gros volumes de déchets, et le capital social des entreprises les mieux dotées leur permet de diversifier leurs marchés d'approvisionnement.

Le système de la collecte des déchets informelle est soumis à de nombreux enjeux, car il perd en importance relative. Les petites entreprises et les ateliers informels, sans capacité d'augmenter leur envergure pour faire des économies d'échelle, sont en perte de vitesse face aux politiques plus restrictives sur l'environnement. Le paradoxe est que, pendant ce temps, les consommateurs de la classe moyenne montante produisent de plus en plus de déchets valorisables dont ces acteurs pourraient disposer.

Les politiques foncières et environnementales de création de zones artisanales dans les clusters de villages de métier ont stimulé l'accroissement du nombre et de la taille des entreprises et le *upgrading* d'une partie des clusters. Cependant, on rentre dans un cercle vicieux, car plus les entreprises s'agrandissent, plus les coûts de production augmentent et plus les entrepreneurs cherchent à faire des économies d'échelle et donc à s'approvisionner sur les marchés des déchets qui leur correspondent. En revanche, les plus petites entreprises et ateliers familiaux des clusters, ne pouvant innover dans des machines et des systèmes de production moins polluants, sont dans le viseur des autorités administratives : on l'a vu dans le cas de l'imposition d'utiliser des cheminées de plus de 12 m à Đại Bái. L'avenir du système des *đồng nát* est donc entre les mains des petits ateliers des clusters de villages qui cherchent à limiter les coûts de production, utilisent leur main-d'œuvre familiale et se maintiennent dans les niches de produits bas de gamme. Ces petites entreprises travaillent parfois en sous-traitance pour les plus grandes ou effectuent une partie du processus de production. Elles sont fortement intégrées dans les clusters, en raison de leur complémentarité avec les grandes entreprises et leurs coûts de production inférieurs.

Un autre enjeu du développement de ce système de recyclage est l'accès au foncier. Dans les villages artisanaux, les politiques de changement du statut foncier des terres agricoles à destination de l'industrie ont été très performantes dans les clusters les plus dynamiques, où de grands entrepreneurs et commerçants ont réussi à capter une grande partie de ce patrimoine. Toutefois, tout en élargissant l'espace productif et de stockage et la capacité des entreprises à recycler les matériaux, ces politiques accroissent les inégalités entre les petits ateliers et les autres. La spéculation foncière a eu raison des zones artisanales des clusters les moins dynamiques comme Triều Khúc et Đại Bái, et le manque d'investissement dans le traitement des eaux et des fumées par les promoteurs n'a fait qu'augmenter la pollution induite par ces concentrations d'entreprises. La dégradation de l'environnement produite par ces clusters artisanaux très industrialisés met à mal tout le système de la collecte des déchets et de recyclage, pourtant très performant au regard des volumes collectés et traités, de l'innovation sociale et des emplois qu'il offre.

On s'interroge sur les politiques à venir que le gouvernement vietnamien compte mettre en place, que cela soit le tri à la source ou le recyclage. Un regard vers les expériences de collecte et de recyclage mises en place dans plusieurs pays du Sud donnera une meilleure perspective pour analyser ces politiques qui ne prennent pas en compte la richesse et l'innovation des systèmes de collecte et de recyclage que nous avons présentés dans les trois premières parties.

Partie 4

Quel est l'avenir de ce système ?

Introduction de partie

Sylvie **Fanchette**

« Les autorités publiques cherchent des solutions techniques et des modes de gestion (financements et organisations) efficaces, financièrement supportables et politiquement acceptables. Or, il est désormais admis que la plupart des modes de gestion et de traitement industriels développés dans les pays du Nord ne sont pas adaptés aux caractéristiques des pays du Sud, en termes à la fois techniques, économiques et sociaux. Ces pays font au contraire l'objet d'innovations sociales et organisationnelles très dynamiques qui permettent aux villes de gérer leurs déchets selon une variété de solutions à l'intérieur d'un même espace urbain. » (Jaglin et Debout, 2018).

Cette dernière partie interroge sur l'avenir du système de collecte et de recyclage organisé par des acteurs pour la plupart appartenant au secteur informel ou non encadré par l'État au Việt Nam. Diverses expériences d'intégration et de formalisation de ce secteur dans d'autres villes du Sud et les nouvelles politiques mises en place dans le monde pour mieux contrôler la filière des matériaux recyclables (responsabilité étendue au producteur, incinération, *waste-to-energy*, applications numériques de collecte de déchets) questionnent les politiques en cours de réalisation au Việt Nam pour mieux contrôler la filière de collecte et rendre responsables les entreprises des emballages quelles produisent. Cependant, ces politiques publiques ne prennent pas en compte le secteur informel existant et s'inspirent ou copient ce qui a été fait dans les pays du Nord. Or, de nombreuses études ont montré que la fragmentation du système entre des secteurs formels et informels remet en cause les réformes (Cirelli et Florin, 2015).

En effet, dans le cadre du projet Orva2D, les différentes études abordent les modalités de la diversification du service public de gestion des déchets dans six villes du Sud[1], en s'appuyant sur des expériences innovantes. Ces expériences mettent en lien la pertinence technique avec les logiques institutionnelles et de gouvernance, et leur potentiel de pérennité économique. Deux situations apparaissent dans les villes du Sud : les principales filières de valorisation existantes procèdent d'une économie informelle dont les revenus, échappant à la fiscalité locale, ne peuvent contribuer au financement du service public des déchets. Cela suggère que pour intégrer ces filières de valorisation dans l'économie du service public il faut les formaliser. Cependant, « l'informalité étant une caractéristique transversale et prégnante des sociétés urbaines du Sud » (Lautier, 2004), elle résiste à des approches sectorielles qui parviennent au mieux à la déplacer vers d'autres segments de l'activité. Or, dans de nombreuses villes, les réformes du service des déchets ont fragilisé, voire marginalisé, l'économie informelle du recyclage, sans l'éliminer (Rateau, 2018 ; Florin, 2016). Il en résulte une coexistence de segments réglementés et non réglementés de récupération qui favorise les courts-circuits, les concurrences non régulées et menace *in fine* la légitimité même des réformes (Cavé, 2015, 2018, cités par Jaglin et Debout, 2018).

Au Việt Nam, le système de gestion des déchets s'inscrit dans les théories développementalistes qui le considèrent comme une activité marginale, située dans les marges et œuvre de marginaux, appelée à disparaître lorsque le pays aura atteint un niveau de développement économique plus élevé. Les activités informelles qui perdurent malgré la modernisation relèvent de la débrouille ou d'une économie de la survie dont il ne faut pas attendre grand-chose.

Cela explique en grande partie la non-reconnaissance et non-prise en compte des atouts de ce système en termes d'efficacité de gestion de la main-d'œuvre et d'organisation en réseau par les politiques publiques. Dans le contexte de la transition vers l'économie de marché, ce système a été toléré, mais plus l'intégration au marché mondial s'accélère, moins celui-ci est accepté. Les réfé-

1. Delhi, Surabaya, Lima, Bogotá, Lomé, Antananarivo.

Photo 1
Le tri des plastiques à Xà Cầu : un savoir-faire tiré de l'expérience (2020).

rences ultralibérales au secteur informel ne sont pas non plus reconnues.

De nombreuses études sur la gestion des déchets ont été réalisées dans les pays du Sud, que ce soit sur le plan environnemental ou social. Mais peu s'intéressent à l'intégralité de la chaîne de la collecte au recyclage et à la production industrielle, car ces recherches sont fragmentées et la chaîne de production complexe à aborder. La richesse des expériences, la variété des conditions sociales d'organisation des communautés de collecteurs et recycleurs et l'innovation de certaines parties prenantes nous obligent à nous interroger pour quelles raisons.

Plusieurs questions seront posées dans cette partie à travers les expériences menées dans d'autres pays du Sud et la mise en perspective des politiques mises en place au Việt Nam. Est-ce que l'intégration des collecteurs, commerçants de déchets et recycleurs du secteur informel dans le système institutionnel constitue une solution pour une meilleure reconnaissance de leurs savoir-faire ? Quels sont les freins au Việt Nam à une telle intégration, alors que les politiques mises en œuvre dans ce pays ne considèrent pas l'activité de populations vues comme marginales ? Alors que les collecteurs, les commerçants et les recycleurs de déchets sont intégrés dans les chaînes de valeur internationales au sein du système des clusters de villages, et que leur efficacité en matière de tri et de collecte est reconnue par de nombreuses études, quels sont les moyens pour leur donner une meilleure visibilité, tout en les protégeant de la fluctuation des prix ?

Chapitre 17

Les acteurs du secteur informel : exclusion *versus* intégration

Bénédicte **Florin***

Depuis longtemps, récupérer les déchets urbains procure des revenus aux individus, familles, groupes et communautés qui pratiquent cette activité, associée au « sale boulot » (Hughes, 1962) et à la survie. Celles et ceux qui s'y adonnent sont considérés, par métonymie, comme des « déchets sociaux », des « parias » marqués par la souillure et différentes formes de stigmates (Douglas, 2001 ; Lhuillier, 2005). Selon la Banque mondiale, plus de 15 millions de personnes dans le monde récupèrent et revendent des rebuts, souvent prétriés, parfois en partie recyclés, à des grossistes formels et informels, qu'il s'agisse des *đồng nát* vietnamiens, *cartoneros* argentins, *catadores* brésiliens, *scavengers* indonésiens, *waste pickers* indiens, *zabbâlîn* égyptiens ou des biffins en France et *binners* nord-américains. En effet, la récupération n'est pas l'apanage des pays dits en développement et, dans les pays « développés », ces pratiques que l'on croyait disparues sont bien présentes, témoignant de situations de marginalité de certains groupes – personnes âgées, chômeurs, migrants. Fouiller dans des poubelles, « faire la ferraille », glaner des aliments en fin de marché rendent compte de cette économie de la pauvreté, même s'il existe une forte hiérarchie des positions et des revenus gagnés en fonction des lieux, des matériaux récupérés, des capacités à stocker et des savoir-faire pour recycler et revendre.

* Ce texte est en parti issu et reformulé de l'article de Cirelli et Florin, 2016.

L'« inclusion perverse » des récupérateurs dans le système capitaliste

Loin d'être isolés, les récupérateurs-recycleurs, en dépit de leur position marginale et « informelle », sont pourtant intégrés dans un système multiscalaire : l'échelle locale de la revente des matériaux aux grossistes et aux usines du secteur formel, l'échelle de l'économie métropolitaine et nationale, mais également l'échelle monde en raison, d'une part, de la forte dépendance aux prix des matières premières secondaires (les effets de la volatilité des cours mondiaux du cuivre en témoignent) et, d'autre part, des circulations internationales des matériaux. Le travail des récupérateurs fonde ainsi une partie substantielle de l'activité de l'industrie formelle et lucrative du recyclage. La notion d'« inclusion perverse » (Sawaia, 2001) rend compte de ce « continuum sociotechnique » (Jaglin et Zérah, 2010). Les récupérateurs, par leur travail d'approvisionnement du secteur formel, sont inclus dans le système économique, mais de façon perverse puisqu'ils en constituent la main-d'œuvre quasi gratuite, sans aucun droit en retour.

Par ailleurs, dans un contexte de mise en place de politiques environnementales (réduction à la source, valorisation des déchets, recyclage, réemploi, problématique des décharges, etc.), de partenariats public-privé et de délégations de service, mais aussi d'enjeux financiers et de convoitises autour des déchets-ressources, apparaissent de nouveaux acteurs. Les entreprises et multinationales, captant une partie substantielle du marché, disposent de capitaux et moyens techniques importants ; elles sont porteuses d'une idéologie « modernisatrice » et d'une gestion des déchets « rationnelle », elles-mêmes soutenues par les institutions internationales. Les analyses au cas par cas montrent que l'application de ces modèles de gestion est diverse et se heurte, parfois violemment (voir page 337), aux systèmes locaux, en grande partie parce que les réformes imposées « par le haut » n'ont pas « pensé » l'intégration des récupérateurs informels (parfois illégaux), jugés pauvres, sales, archaïques et concurrentiels. Quoi qu'il en soit, plus la concurrence est rude autour du déchet-ressource, plus le « continuum » se renforce, preuve en est, dans de nombreuses situations, l'essor des intermédiaires grossistes qui constituent l'entre-deux des secteurs formel et informel.

L'évolution des approches

Trois approches se sont imposées pour analyser les pratiques de récupération « informelle ». La première, inscrite dans les théories développementalistes, les considère comme une activité marginale, située dans les marges et œuvre de marginaux, appelée à disparaître lorsque le pays aura atteint un niveau de développement économique plus élevé. Les activités informelles, qui perdurent malgré la modernisation, relèvent de la débrouille ou d'une économie de la survie dont il ne faut pas attendre grand-chose. La deuxième, relevant de l'idéologie marxiste, considère la récupération comme une composante structurelle de l'économie capitaliste et les récupérateurs en sont l'« armée de réserve ». En ce sens, ces derniers sont soumis à des rapports de domination et résultent du capitalisme[1]. La troisième, d'inspiration néolibérale, se place dans la lignée des travaux de l'économiste Hernando de Soto Polar : l'informalité y est perçue comme positive et vertueuse en ce qu'elle fait vivre de nombreuses familles, qui s'intègrent elles-mêmes par leurs initiatives « auto-entrepreneuriales » au système économique flexible, ce qui permet le désengagement de l'État (Yerochewski, 2015). Cette approche a longtemps été soutenue par les bailleurs internationaux et les pouvoirs locaux, dans une sorte de laisser-faire avantageux en termes de réduction des déchets, de régulation de la pauvreté et de (relative) paix sociale. Pourtant, dans d'autres cas, elle n'a pas empêché les réformes modernisatrices excluant du jour au lendemain les récupérateurs et les faisant basculer de l'informalité à l'illégalité, à l'exemple de ce qui s'est passé au Caire en 2003 ou à Istanbul en 2016, entraînant l'opposition des récupérateurs, et surtout des grossistes, et de vives tensions (Florin, 2015, 2016).

Depuis deux décennies, cette vision peut cependant être nuancée par les expériences menées ici et là qui tentent d'articuler la gestion des déchets et la gestion de la pauvreté par la prise en compte des conditions de travail et de santé des récupérateurs. Les résistances, mobilisations et associations de défense de ceux-ci ont joué un rôle essentiel dans la mise en place d'expériences innovantes.

Les résistances et les mobilisations

Les petites tactiques de résistance

En premier lieu, les résistances aux changements se matérialisent par des stratégies ordinaires (mais vitales pour l'accès à la ressource) de contournement des contraintes, telles la présence de la police, des habitants et des touristes, la densité de la circulation et la modernisation des dispositifs de collecte. Au Caire, à Casablanca, à Istanbul ou à Paris (Florin et Garret, 2019), les espaces publics constituent des lieux de visibilité et de vulnérabilité qui expliquent leurs collectes la nuit ou très tôt le matin, rapides et discrètes. Face à la multiplication de conteneurs enter-

1. « [Mais] on peut bien récupérer les déchets de façon informelle, solidaire et conviviale, les déchets sont bien, à l'origine, issus de l'économie formelle et y seront recyclés [...]. Tout cela ne fait pas une "autre économie" ou une "autre mondialisation". » (Lautier, 2004).

Photo 1
Les camions surchargés se déplacent la nuit pour éviter les autorités (2016).

rés, il faut connaître les horaires des camions-bennes pour collecter avant leur passage ou donner un coup de main aux éboueurs en échange du droit à récupérer des matériaux. Dans de nombreux exemples, les récupérateurs ont conclu des accords avec les commerces et hôtels, quitte à les payer, pour avoir accès aux déchets. Certains fabriquent de longues perches pour atteindre le fond du conteneur, quand d'autres collectent avec les enfants, qui se glissent à l'intérieur... C'est par ces pratiques des espaces publics, et « petites tactiques » de contournement de l'ordre établi par les systèmes de gestion, que se donnent à voir des actes de résistance, certes discrets, tantôt individuels tantôt collectifs, parfois éphémères et fragiles. On peut lire ces modalités de récupération comme une forme de soumission renvoyant au stigmate, mais elles témoignent aussi de connaissances de la ville et de la société urbaine, permettant aux récupérateurs de contourner les obstacles. La dimension spatiale joue également un rôle en ce sens que, souvent, les récupérateurs appartiennent aux mêmes communautés et vivent dans les mêmes quartiers, ce qui permet des interconnaissances fortes et une circulation rapide de l'information – bien sûr décuplée par l'usage des téléphones portables. À ces proximités spatiales et professionnelles qui favorisent les mobilisations collectives, il faut ajouter le rôle des grossistes, dont les relations avec les récupérateurs oscillent entre paternalisme et domination : maillons intermédiaires entre l'informel et le formel, parfois eux-mêmes dans un statut incertain, leur intérêt premier est de continuer à pouvoir être alimentés en matériaux, ce qui explique leurs prises de position en faveur des récupérateurs.

Les mobilisations

Les réformes imposées ont produit des mouvements d'opposition de la part des récupérateurs qui parviennent à se regrouper dans des associations portées par des leaders, à l'instar du Mouvement des travailleurs exclus (MTE) des *cartoneros* argentins, de Wiego[2] – avec une dimension internationale – ou de l'Alliance of Indian Wastepickers qui, en 2016, sollicite le ministre de l'Environnement en ces termes : « Les récupérateurs et recycleurs informels de déchets devraient être identifiés, enregistrés, autorisés et intégrés dans le système de gestion des déchets solides par les gouvernements locaux. De ce fait, ils devraient être reconnus et identifiés comme des cols verts[3]. » Nous avons évoqué ailleurs les mobilisations et grèves de collectes mises en œuvre à plusieurs reprises par les *zabbâlîn* du Caire (**voir encadré 4, page 70**), auxquelles on peut ajouter la fronde des grossistes stambouliotes contre le gouvernement turc. En effet, conscients de la valeur du déchet, les pouvoirs publics turcs encouragent la création de petites sociétés formelles dans l'objectif clair qu'elles se substituent aux dépôts sans licence des semi-grossistes. En janvier 2016, le ministère de l'Environnement interdit ainsi simultanément la récupération informelle, sous peine d'une amende de 6 200 €, et tout achat de la part des grossistes, sous peine d'une amende de près de 43 400 €. La mobilisation des grossistes, mais aussi des industriels du secteur formel, oblige le gouvernement à reporter de cinq ans la mise en œuvre de la loi (FLORIN, 2016). À ce jour, il semble qu'elle n'ait pas été mise en œuvre, et les grands projets de rénovation urbaine ont eu raison des récupérateurs et des grossistes en ville[4]... Enfin, si toutes les tentatives de création d'une association des récupérateurs casablancais ont reçu une fin de non-recevoir de la part des autorités marocaines (ALLIX et FLORIN, 2018), dans d'autres cas les mobilisations, souvent publicisées par les médias ont permis de faire évoluer un tant soit peu les représentations collectives dans le sens d'une valorisation d'eux-mêmes et de leurs activités, conduisant les pouvoirs publics à négocier, initier des réflexions et des expériences dans le sens d'une intégration.

Expériences innovantes ou intéressées ?

La reconnaissance et l'amélioration des conditions de travail, *via* les coopératives des *cartoneros* de Buenos Aires dans les années 2000 (CARRÉ, 2015) ou les études de cas réunies dans l'ouvrage Sociétés urbaines et déchets (CIRELLI et FLORIN, 2015), montrent les processus similaires d'intégration en Tunisie, au Pérou et au Brésil[5].

Si les *zabbâlîn* du Caire restent dans une sorte d'entre-deux, reconnus et tolérés, sans être toutefois officiellement « régularisés », ni sans bénéficier de soutien en retour du service de collecte qu'ils rendent, à Rabat, l'intégration des récupérateurs s'est réalisée par une coopérative de tri. Mais, alors que l'État, la Banque mondiale et la société gestionnaire du site font la promotion d'une expérience réussie d'« inclusion sociale » qu'ils érigent en *success story* à répliquer ailleurs, la formalisation des récupérateurs de l'ancienne décharge n'a pas fondamentalement amélioré leurs conditions de vie, ni modifié substantiellement celles de leur travail. Une grande partie d'entre eux, jeunes célibataires ou jeunes chefs de ménage, perçoivent un revenu plus bas et beau-

2. Women in Informal Employment: Globalizing and Organizing.
3. http://globalrec.org/2016/01/12/inclusion-of-waste-pickers-in-proposed-solid-waste-management-rules/
4. En effet, lors de notre dernier travail de terrain en 2019, les dépôts des grossistes avaient disparu, remplacés par des projets immobiliers, même si des récupérateurs isolés étaient toujours visibles.
5. Ces exemples sont notamment détaillés dans CIRELLI et FLORIN, 2015.

Photo 2
Une pause entre *đồng nát* dans le centre-ville (2021).

coup sont retournés collecter en ville. Pour les autres, qui travaillent au bord d'un tapis mécanique six heures par jour en continu, les revenus sont entièrement dépendants de leur rendement et du marché et n'excèdent pas 1,40 euro de l'heure, soit près de la moitié de ce qu'ils pouvaient gagner en une heure de travail dans la décharge. Considérés comme des travailleurs indépendants, ils doivent payer les cotisations pour la sécurité sociale, soit 25 % de leur salaire, contre 7 % pour un salarié classique. Ainsi, près des deux tiers des trieurs ne sont pas déclarés à la caisse nationale de sécurité sociale, n'y voyant aucun avantage. Enfin, les conditions de travail sont à peine meilleures. Sans tri à la source, les trieurs doivent extraire les matériaux recyclables d'un mélange de déchets ménagers, industriels et hospitaliers, alors qu'à la décharge, ils pouvaient notamment reconnaître les bennes-tasseuses venant des hôpitaux. Si aujourd'hui ils portent des gants, ceux-ci ne les protègent pas des seringues usagées par exemple (ALLIX et FLORIN, 2018). Finalement, la coopérative « protège » surtout les femmes et les personnes âgées. En revanche, l'inclusion économique perverse, elle, a bien lieu puisque les matières triées sont préemptées par la société présente sur le site, qui en fixe les prix, inférieurs à ceux du marché.

Les mécanismes pour intégrer les travailleurs des déchets dans le système formel remettent aussi en cause la présence des récupérateurs plus fragiles en ville ; dans d'autres exemples, les pouvoirs publics tentent d'éradiquer certains maillons de la chaîne ; ailleurs encore, en Argentine ou au Brésil, le modèle des coopératives a représenté une émancipation pour de nombreux récupérateurs, sans pour autant éradiquer des pratiques de collecte moins encadrées.

Chapitre 18

Une reconnaissance mitigée des acteurs non institutionnels au Việt Nam

Marie Lan **Nguyễn-Leroy**

LES collecteurs, commerçants ou recycleurs de déchets en Asie du Sud et de l'Est se considèrent comme des travailleurs indépendants. En Inde, dès les années 1980, des formes d'organisation de travailleurs – coopératives, associations ou syndicats – se sont révélées efficaces. En Amérique latine, des mouvements politiques de ramasseurs de déchets ou des organisations ont vu le jour dans les années 1990. Des réseaux comme Wiego visent à soutenir ces mouvements et associations. Depuis 2000, la modernisation des systèmes de collecte des déchets dans les pays à revenu intermédiaire a conduit les organisations de coopération pour le développement à porter attention au recyclage informel. Un rapport de l'Organisation internationale du travail (OIT) de 2004 montre que ni les approches fondées sur l'aide, ni les interventions fondées sur les droits, ni les autres approches fondées sur le développement ou la coopération ne permettaient d'améliorer réellement la position socio-économique des recycleurs informels. Le problème est que les programmes d'aide sociale, s'ils s'avéraient nécessaires, dans une certaine mesure, reposaient sur le postulat selon lequel les récupérateurs de déchets étaient des victimes sociales ayant besoin d'être secourues. Le résultat est qu'ils étaient invités, et même souvent poussés, à abandonner cette activité, considérée comme inacceptable. Toutefois, cette démarche occultait le fait que le ramassage des déchets constituait souvent une source de revenus relativement importante et stable. Les perspectives d'emploi offertes aux anciens récupérateurs étaient bien moins rémunératrices.

Les interventions dans le domaine du recyclage informel

Si les impacts environnementaux du recyclage informel sont élevés, la collecte réalisée par les travailleurs du secteur informel peut donner de très bons résultats. Cette activité est très consommatrice de main-d'œuvre et le tri, voire le démantèlement, des déchets demande une expertise fondée sur l'expérience. La question est de savoir comment procurer des avantages économiques et sociaux aux opérateurs informels, tout en atténuant l'impact environnemental de leurs activités (WILLIAMS *et al.*, 2013).

Il est possible de classer les mesures visant à intégrer ces récupérateurs informels selon les catégories suivantes.

– Les interventions fondées sur l'aide : l'intégration sociale. Elles sont centrées sur l'individu et les familles pratiquant la collecte et le recyclage informel, et sont basées sur le postulat selon lequel les collecteurs de déchets sont des personnes défavorisées du point de vue socio-économique, ayant besoin de l'aide sociale.

– Les interventions fondées sur les droits qui incluent l'organisation du travail. Elles visent à accompagner les groupes de collecteurs de déchets et leurs familles dans leurs démarches pour défendre leurs droits de travailleurs et de citoyens, et à fonder des associations et des syndicats afin de donner plus de poids à leurs revendications.

– L'intégration du secteur informel implique un processus à double sens entre la chaîne de collecte et les recycleurs. Contrats ou accords formels, cartes d'identité ou autorisations sont autant de moyens utilisés dans le cadre de la mise en œuvre de l'intégration. Celle-ci favorise la création de coopératives et d'associations professionnelles, au sein desquelles les recycleurs et collecteurs informels sont considérés comme des entrepreneurs. Les actions d'intégration donnent souvent lieu à la mise en place d'opérations de recyclage semi-formelles, en coopération avec les autorités chargées de la gestion des déchets.

– La formalisation inclut les ramasseurs et les recycleurs de déchets qui acceptent de se conformer à la législation fiscale et aux règles commerciales, de s'immatriculer comme entreprise et de se plier aux lois et à la réglementation officielle. Les instruments de promotion de la formation sont la création d'associations professionnelles, le renforcement des capacités et la formation.

– La professionnalisation et l'accès aux financements visent à soutenir les recycleurs informels établis au sein de micro-entreprises ou d'entreprises familiales autonomes, qui n'ont pas accès aux services de financement ou aux services aux entreprises en raison de leur statut social (OCDE, 2017).

Un cadre légal entre les opérateurs publics et les collecteurs

Le droit d'exercice des métiers de la collecte et du recyclage

Conformément au décret n° 01/2021/ND-CP, certaines catégories de personnes ayant de faibles revenus n'ont pas l'obligation d'enregistrer leur commerce auprès des autorités compétentes[1]. C'est le cas des vendeurs ambulants, des travailleurs mobiles, des commerçants saisonniers ou des personnes travaillant dans des métiers de services. Ainsi, en raison de son faible niveau de revenu, le métier de *đồng nát* est une profession dont l'exercice peut se faire sans avoir à effectuer de démarches préalables.

En revanche, les revenus des gérants de dépôts de déchets et des recycleurs au sein des villages de métier sont beaucoup plus élevés. Un enregistrement auprès des autorités de l'arrondissement ou du district est nécessaire pour son ouverture. De par leur petite taille, les *bãi* s'enregistrent généralement en tant que *hộ kinh doanh* (commerce familial). C'est également le cas des petits ateliers dans les villages du recyclage, dans lesquels une grande variété de tailles et de statuts existent. Juridiquement, il s'agit d'un statut simplifié qui permet de ne pas avoir à enregistrer un tampon officiel[2], d'utiliser des factures rouges[3] et de déclarer sa comptabilité. Le paiement de l'impôt se fait à taux fixe. Le commerce ne dispose pas d'un statut juridique distinct de celui du fondateur, entièrement responsable financièrement de l'activité.

1. Décret 01/2021/ND-CP du gouvernement sur l'inscription des entreprises, article 79, alinéa 2, 4 janvier 2021.
2. L'obtention de ce tampon fait l'objet d'une procédure officielle auprès du département du plan et des investissements de la ville. Cette procédure d'identification est à effectuer lors de l'enregistrement de l'entreprise.
3. Système de factures à numéro unique réglementées par le ministère des Finances identifiant le montant de la TVA.

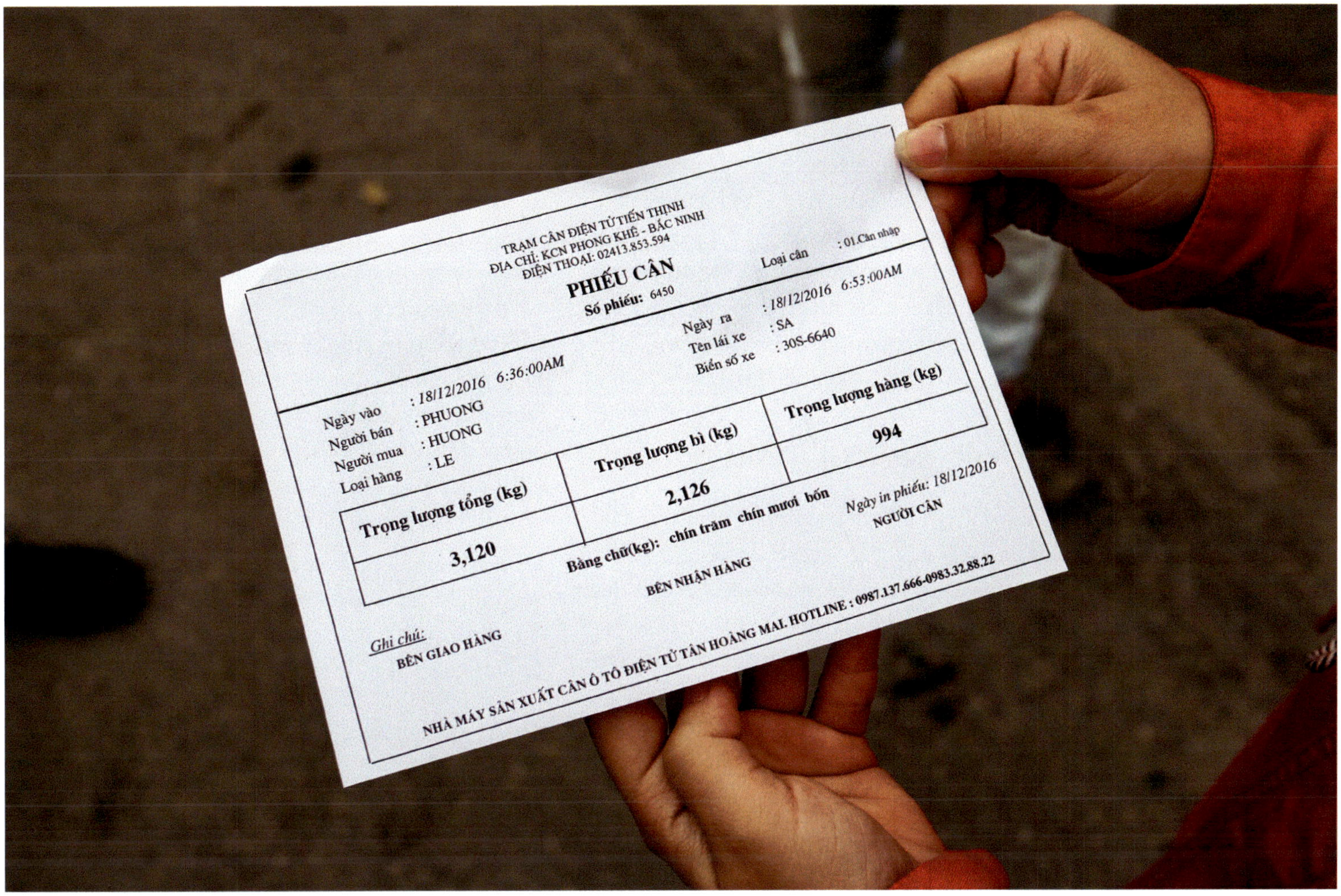

Photo 1
Un ticket de pesage des déchets de papier à Phong Khê (2016).

Dans la pratique, la majorité des entités du recyclage présentes dans les clusters de villages de métier disposent d'une autorisation d'exercice de leurs activités, contredisant ainsi l'appellation souvent usitée de « secteur informel ». L'exercice de ces activités se fait sous le statut de commerce familial ou d'entreprise lorsque l'activité atteint un niveau suffisamment important[4].

4. Informations relevées suite à des entretiens menés par PRX-Việt Nam, fin février 2000, à Minh Khai, province de Hưng Yên, et Triều Khúc, province de Hà Nội. Il existe des compagnies déclarées dans les clusters de villages du recyclage de Phong Khê (papier) et Văn Môn (aluminium) qui embauchent parfois une centaine d'ouvriers.

Néanmoins, certaines de leurs activités peuvent se dérouler à la marge de la légalité, notamment pour des raisons de coûts de production, mais également par peur de la lourdeur administrative. Selon la législation, les entreprises qui recyclent, stockent ou transportent des déchets dangereux doivent obtenir une autorisation pour leur traitement. Ainsi, théoriquement, pour ouvrir un *bãi* ou un atelier de recyclage, il faut disposer d'autorisations du district ou de la province en fonction de la dangerosité des déchets traités ou de la pollution générée lors du processus de recyclage. Dans les faits, les *bãi* rassemblant batteries, accumulateurs usagés ou bonbonnes de gaz ne disposent pas d'autorisations adéquates et déclarent uniquement l'activité de collecte et de commerce de métaux. De même, le statut de commerce familial précité ne permet pas d'importer ni d'exporter des marchandises. Cependant, l'importation et l'exportation de matières traitées se font de manière régulière au sein des villages du recyclage, par le biais d'entreprises d'importation qui ont des licences (voir pages 225 à 227). Dans le cas du plastique et du papier, des matériaux sont achetés en Chine, au Japon, en Corée du Sud, au Laos ou encore au Cambodge.

Le contrôle des espaces d'activité

Ne cadrant pas avec l'idée de modernité d'une capitale développée, les activités de collecte et de tri des déchets s'effectuent souvent de manière dissimulée, à l'abri des regards. C'est le cas pour de nombreux commerces ambulants, comme les vendeurs ou les réparateurs, qui peuvent circuler librement, mais qui ne peuvent pas s'arrêter n'importe où. Les forces publiques, en lien avec les autorités locales des quartiers, exercent ainsi une pression sur les *đồng nát*, qui ont besoin d'espace sur les trottoirs pour trier les déchets. Il en est de même pour les gérants de *bãi*, qui ont temporairement besoin d'espaces de stockage.

Pour les *đồng nát*, leurs activités peuvent être sanctionnées pour l'occupation temporaire non autorisée de la voie publique (voir chapitre 8). Les autorités locales gardent un contrôle sur les emplacements de tri et aimeraient reléguer (sans y arriver) ces activités loin des centres urbains, afin de ne pas affecter l'image de la ville. Cela remettrait complètement en cause le maillage serré nécessaire à une collecte efficace des déchets des habitants fondée sur la proximité. Certains quartiers du centre-ville leur sont interdits[5]. Le décret n° 39/2007/CP-ND précité fixe de nombreuses zones d'interdiction, permettant ainsi une large appréciation des autorités publiques. Selon l'article 6 du décret, les commerces ambulants sont interdits dans les zones classées historiques ou culturelles, les espaces verts, les quartiers de bâtiments administratifs, les routes piétonnes des zones résidentielles, les ruelles, les trottoirs, les routes piétonnisées pour des activités commerciales et tout espace déterminé par les comités populaires de province ou de district comme étant interdit aux activités commerciales. Ainsi, les zones où l'activité de collecte n'est pas tolérée sont déterminées de manière large et soumises à l'appréciation des représentants de l'autorité publique. Les *đồng nát* peuvent également être punies de 2 à 3 millions de VNĐ pour occupation des espaces réservés aux piétons. Pour les gérants de *bãi*, cela peut être sanctionné de 4 à 6 millions de VNĐ[6].

Dans la pratique, des espaces de tolérance sont aménagés pour le tri : dans les ruelles, derrière les marchés, ou dans des espaces en attente de construction. Conscients de l'utilité sociale de la filière de collecte, des accords sont trouvés avec les policiers ou les autorités locales dans le cadre de consensus établis moins par les textes juridiques que par les normes issues de l'acceptation sociale (voir chapitre 8). Même au sein des nouveaux projets urbains de standing où les entrées sont contrôlées par des gardiens et les *đồng nát* non tolérés, des écarts sont permis. Des accords sont trouvés rapidement avec les gardiens et les personnels en charge du nettoyage pour permettre l'entrée des *đồng nát* au local à poubelles, ou permettre le rassemblement et la vente des déchets à l'entrée. Il est intéressant de remarquer également la présence de *bãi* proches des entrées de ces aménagements urbains clos. Payant le rejet des déchets selon un prix fixé par estimation du tonnage, il est dans l'intérêt des gestionnaires immobiliers de ne pas intervenir dans ces transactions[7].

5. Toutefois, à la lecture de la carte de la localisation des dépôts de déchets (voir chapitre 1, carte 2), on remarque que seul le quartier de la citadelle et les alentours du lac Hoàn Kiếm ne sont pas occupés par ces installations.

6. Décret 171/2013/ND-CP du gouvernement réglementant les sanctions pour violations administratives relatives à la circulation routière et ferroviaire, article 12, 13 novembre 2013.

7. Entretien avec un prestataire de service pour des bâtiments résidentiels à Hà Nội, juillet 2021.

Un droit à la ville limité pour les migrants

En plus des difficultés juridiques qui affectent leur activité, les *đồng nát* et les gérants de *bãi* subissent de nombreuses contraintes liées à leur statut migratoire.

Les contraintes liées au lieu de résidence

En principe, les citoyens vietnamiens sont libres de résider où ils le souhaitent conformément à la loi de la résidence[8]. Dans les faits, les déplacements sont restreints *via* le système d'enregistrement du lieu de résidence auprès des autorités, notamment pour limiter l'exode rural. Ainsi, l'installation dans les grandes villes comme Hà Nội peut être rendue difficile en l'absence d'un document appelé *hộ khẩu*. C'est un document administratif attribué par famille, attestant du rattachement permanent à la ville ou au village de résidence. Il permet le recensement, le contrôle et le suivi des déplacements de la population[9]. Le *hộ khẩu* permet d'établir les droits et bénéfices sociaux associés au lieu de résidence.

La majorité des *đồng nát* travaillant à Hà Nội ne disposent pas d'un *hộ khẩu* dans la capitale, étant pour la plupart originaires de la province de Nam Định ou d'autres provinces alentour et y vivant de façon temporaire (elles ont laissé leurs enfants au village). Les conditions pour inscrire son *hộ khẩu* à Hà Nội sont restrictives. Il faut soit y avoir résidé au moins trois ans, attesté par le certificat de résidence temporaire (*sổ tạm trú*), soit avoir un membre de la famille détenteur d'un *hộ khẩu*. De plus, la résidence légale doit avoir une superficie minimale de plus de 15 m^2 par personne. Ce document ouvre droit à l'inscription à l'école des enfants et au remboursement des soins. Sans *hộ khẩu*, des difficultés se posent donc pour accéder à ces services, mais également pour avoir un contrat de travail à durée indéterminée ou acquérir des terrains.

Ce système d'enregistrement est actuellement en cours d'évolution. En 2020, le ministère de la Police a proposé une réécriture de la loi de la résidence. En effet, son ministre, le général Tô Lâm, a à plusieurs reprises pris la parole pour défendre ce projet et l'abolition du *hộ khẩu*[10]. Les changements apportés au *hộ khẩu* sont motivés par de multiples raisons. D'une part, les conditions établies par la loi de la résidence de 2004, pour limiter l'exode rural vers les municipalités et alléger la pression sur les ressources urbaines, ont été d'une efficacité relative[11]. D'autre part, l'assouplissement des conditions pour établir son domicile fixe dans les municipalités permet d'intégrer une population flottante qui n'a pas accès aux services sociaux.

La loi de la résidence de 2020 abolit progressivement le *hộ khẩu*, mais le système d'enregistrement du domicile permanent est maintenu, tout comme la distinction entre le domicile permanent et le domicile temporaire. Les *hộ khẩu* garderont une valeur juridique jusqu'en 2022. Toutes ces informations seront dorénavant enregistrées sur une base de données centralisée en ligne, gérée par la police. Depuis début 2021, une nouvelle carte d'identité avec puce (*căn cước công dân*) enregistre les informations personnelles des citoyens, dont les informations sur le lieu de résidence et les bénéfices associés, dans le cadre du programme de simplification des procédures administratives et de numérisation des données.

Désormais, il est possible d'inscrire sa résidence principale sous plusieurs conditions : possession d'une propriété, membres de la famille inscrits dans la ville, accord de l'hébergeur ou du propriétaire qui loue son bien immobilier pour inscrire une nouvelle personne, s'il a un espace individuel de plus de 8 m^2.

8. Loi de la résidence 68/2020/QH14, adoptée par l'Assemblée nationale, article 8, le 13 novembre 2020.

9. Le *hộ khẩu* n'est pas spécifique au Việt Nam. C'est un document utilisé dans divers pays asiatiques comme la Chine, le Japon ou la Corée.

10. https://vnexpress.net/bo-cong-an-de-xuat-bo-so-ho-khau-giay-4057970.html // https://laodong.vn/phap-luat/bo-cong-an-de-xuat-sua-luat-cu-tru-bo-ho-khau-giay-785759.ldo

11. https://thanhnien.vn/thoi-su/de-xuat-bo-dieu-kien-rieng-khi-nhap-ho-khau-ha-noi-tpho-chi-minh-1214362.html

Photo 2
Un métier à risque sans couverture sociale pour les migrants à Hà Nội.

Pour les *đồng nát*, le changement de législation ne facilite toujours pas l'enregistrement du lieu de résidence permanente à Hà Nội. Leur salaire est rarement suffisant pour acquérir une propriété. D'autant plus que les espaces qu'elles occupent peuvent correspondre à des aménagements fonciers ne disposant pas de droit d'usage du sol ou de permis de construire. Pour demander l'intégration au *hộ khẩu* d'un ménage qui héberge ou loue son bien immobilier, chaque personne doit disposer d'au moins 8 m², une condition difficile à remplir. Dans le quartier de Hoàng Cầu, dans le district de Đống Đa, il est fréquent de trouver des dortoirs (*nhà trọ*) de *đồng nát* de 10 m², hébergeant trois à cinq personnes[12] (voir pages 97 à 99).

Sans *hộ khẩu*, les *đồng nát* sont tout de même soumises à un système d'enregistrement : soit par une inscription du lieu de résidence temporaire, soit par un recense-

12. Dans le quartier de Hoàng Cầu, berceau des *đồng nát* dans les années 1990, nous en avons rencontré plusieurs vivant dans un dortoir de plusieurs étages, construit en matériaux récupérés sur une parcelle attenante à un petit cimetière familial, autrefois localisé en bordure du village du même nom. Ce dortoir abrite trente personnes sur un espace au sol de quelques dizaines de mètres carrés.

ment du fait de la police locale. L'inscription du lieu de résidence temporaire se fait sous les trente jours d'arrivée, avec une attestation régulière du lieu de résidence. En l'absence d'enregistrement temporaire auprès de la police locale, il est possible de se voir annuler le *hộ khẩu* dans le domicile permanent d'origine si l'absence se prolonge de plus d'un an[13].

Dans son article 19, la nouvelle loi de la résidence reconnaît que des personnes peuvent n'avoir ni domicile fixe ni domicile temporaire si elles ne remplissent pas les conditions requises. L'endroit où la personne réside est appelé *nơi ở hiện tại* (résidence actuelle) et il doit être reporté à la police, avec enregistrement dans la base de données nationale. Il s'agit des mêmes champs d'informations que doivent aussi déclarer les personnes avec un domicile fixe ou temporaire : nom, prénom, origine, ethnicité, statut marital, membres de la famille, lieu de résidence… Par ailleurs, l'enregistrement peut se faire selon l'activité professionnelle. En effet, les autorités locales gèrent un fichier sur les activités commerciales n'ayant pas besoin d'enregistrement sur leur territoire, comme c'est le cas pour les *đồng nát*[14]. Ce fichier doit concerner les personnes exerçant une activité et résidant sur le territoire, ainsi que celles qui y exercent une activité sans y être domiciliées. Pour chaque individu, ce fichier doit contenir des indications sur leur respect de la législation relative au travail ambulant. Ces dispositifs d'enregistrement de la population, gérés par la police, ne permettent pas aux *đồng nát* d'accéder à des droits et bénéfices sociaux à Hà Nội.

Un accès difficile aux prestations sociales

En l'absence de cadre contractuel et d'enregistrement du domicile à Hà Nội, l'accès aux prestations sociales des *đồng nát* devient complexe[15]. Les risques d'accidents et de maladies sont omniprésents dans leur métier. Selon leurs témoignages, les risques les plus fréquents concernent les coupures lors du tri, notamment en présence de verre brisé mélangé, et les infections cutanées. Toutefois, elles ne peuvent pas bénéficier des régimes pour accidents ou maladies liés au travail, comme beaucoup de travailleurs ambulants.

En l'absence de contrat écrit et d'employeur désigné, elles ne peuvent bénéficier de l'assurance sociale publique (*bảo hiểm xã hội*), qui permet de jouir d'avantages en cas de maladie, d'accident de travail, de retraite ou de décès. Seule une cotisation volontaire au régime public de la retraite et en cas de décès est possible, mais il faut pouvoir cotiser et justifier d'un revenu mensuel stable pour définir le taux de contribution, chose rendue difficile avec la fluctuation de leurs revenus mensuels.

En ce qui concerne l'assurance de santé publique (*bảo hiểm y tế*), elle est accessible aux travailleurs libéraux. Cependant, elle est rattachée au lieu de résidence, au *hộ khẩu* ou au lieu de résidence temporaire. Elle est également financièrement plus intéressante lorsque le rattachement se fait de manière familiale. Ainsi, dans le cas où elles ou leurs familles sont inscrites dans leur province d'origine, les *đồng nát* ne peuvent bénéficier de l'assurance santé à Hà Nội.

Les *đồng nát* viennent souvent seules à Hà Nội, laissant leur famille dans la province d'origine. Pour les enfants, l'accès à l'école dans la capitale est difficile. Au Việt Nam, tout enfant a droit à la scolarisation dans une école primaire, près de son lieu de domicile. Pour faire admettre son enfant dans une école, une attestation de résidence temporaire, ou un certificat de résidence de la police du

13. Loi de la résidence 68/2020/QH14, adoptée par l'Assemblée nationale, article 4, alinéa 1, le 13 novembre 2020.

14. Conformément à l'article 8 du décret n° 39/2007/CP-ND du gouvernement sur les activités commerciales indépendantes sans obligations d'enregistrement d'entreprise, 16 mars 2007.

15. 43,9 % des travailleurs informels sont classés comme travailleurs vulnérables, alors que seulement 14 % des travailleurs formels sont classés dans ce groupe. Alors que seulement 1,7 % des travailleurs formels ne sont pas autorisés à signer un contrat de travail, jusqu'à 62,1 % des travailleurs informels n'ont que des contrats verbaux et 14,6 % n'ont aucun accord. La plupart des travailleurs informels n'ont pas d'assurance sociale (97,9 %), tandis que la proportion de travailleurs formels sans assurance sociale obligatoire n'est que de 19,5 % (Nguyễn Hoàng et Đặng Hà, 2021).

district, peut également faire l'affaire. Toutefois, le droit d'être scolarisé dans une école hors de son lieu de domicile n'est possible que si cette dernière est en capacité de l'accepter. La législation décourage de fait les écoles qui ont atteint le quota d'élèves. À Hà Nội, la législation exige que les écoles primaires et les collèges publics limitent l'admission d'élèves qui ne sont pas domiciliés sur le territoire assigné à l'établissement.

Pour des aides ponctuelles, comme le programme de soutien aux personnes en difficulté suite au covid[16], l'accès leur est difficile, alors qu'elles ont vu leur revenu baisser de manière considérable pendant cette période. Bien que pouvant prétendre à une petite aide en tant que travailleurs libéraux, beaucoup se sont vu demander la justification de leur résidence principale à Hà Nội. Si elles ne disposent que d'un rattachement temporaire, elles doivent produire une attestation du lieu de rattachement de leur province d'origine, spécifiant qu'elles n'ont pas reçu d'aide. Cette justification est difficile à obtenir, surtout lorsque les restrictions de circulation ne permettent pas de se déplacer[17].

Ainsi, les travailleurs informels ne sont quasiment pas bénéficiaires d'aides sociales. Selon la résolution 42/NQ-CP du 9 avril 2020, les employés sans contrat (également appelés travailleurs indépendants tels que les éboueurs, les *đồng nát*, les vendeurs de rue, etc.) sont pris en charge à hauteur d'un million de VNĐ par personne et par mois, jusqu'à trois mois, d'avril à juin 2020. Le covid soulève de grandes questions pour les législateurs sur la façon d'améliorer la sécurité et les moyens de subsistance des travailleurs informels et des personnes à leur charge – une main-d'œuvre clef, mais qui n'a pas été reconnue et évaluée officiellement (NGUYỄN HOÀNG et ĐẶNG HÀ, 2021).

16. Résolution n° 68/NQ-CP du gouvernement sur les politiques d'aide aux travailleurs et employeurs en difficulté en raison de la pandémie de covid, 1er juillet 2021.

17. Entretien du 20 juillet 2021 avec madame T., *đồng nát*, arrondissement de Tây Hồ, Hà Nội.

Chapitre 19

Moderniser la collecte des déchets malgré la concurrence

Marie Lan **Nguyễn-Leroy**, Rémi **de Bercegol**, Baptiste **Monsaingeon**, Michael **Digregorio**, Bénédicte **Florin**

Le Việt Nam s'engage dans une réforme de la gestion de ses déchets en parallèle à une croissance urbaine et industrielle produisant de plus en plus de déchets. Les systèmes municipaux et privés sont incapables d'assurer le recyclage des déchets, qui de plus ne sont pas triés à la source. La transition économique du pays, d'une économie administrée par l'État vers une économie libérale stimulée par l'investissement étranger, est à l'origine de nombreux dysfonctionnements des services municipaux, qui doivent de plus en plus rentabiliser leurs activités. La question se pose de savoir s'il faut intégrer les systèmes existants de collecte et de recyclage gérés par des acteurs informels et en améliorer le fonctionnement ou ne pas en tenir compte et importer les systèmes de gestion des pays du Nord.

Les métiers traditionnels face aux orientations politiques à venir

Des changements attendus

Au Việt Nam, l'enfouissement est actuellement la méthode la plus utilisée pour traiter les déchets. En termes de volume de déchets, 71 % sont traités par enfouissement et 13 % par incinération, selon les chiffres du ministère de l'Environnement (Monre, 2019). À Hà Nội, le taux d'enfouissement est de 88 %, l'incinération compte pour 2,7 %. Aujourd'hui, les centres de traitement des déchets sont confrontés à des difficultés considérables d'ordre technique, social et écologique. De nombreux centres d'enfouissement atteignent leurs limites et font l'objet de projets d'agrandissement, qui connaissent des problématiques souvent similaires (acquisition foncière, compensations, mise en place de mesures limitant la pollution, etc.). À Hà Nội, le centre de Xuân Sơn de 27 ha reçoit entre 1 200 à 1 400 t de déchets par jour, alors qu'il ne devait en recevoir que 700, selon la conception d'origine en 1995. Ces dernières années, l'incinération a donc été privilégiée par rapport à l'enfouissement. Le Việt Nam a aujourd'hui plus de 300 sites d'incinération, construits en grande majorité après 2016 (MOC, 2019). En ce qui concerne le recyclage, il n'existe pas à l'heure actuelle d'infrastructure de recyclage à grande échelle mise en place par les organisations publiques ou parapubliques en charge du traitement des déchets. Le secteur traditionnel du recyclage reste donc maîtrisé par le réseau de la collecte

Photo 1
Saturation de la décharge de Nam Sơn : échec de la politique de gestion des déchets (2017).

traditionnelle des *đồng nát* et celui de production des villages de métier.

Dans les années à venir, le pays s'oriente vers des solutions plus durables. En 2018, une stratégie nationale de gestion des déchets solides est élaborée[1], faisant la promotion du recyclage, de la prévention, du tri et de l'utilisation des déchets comme « ressource ». En 2020, la nouvelle loi de la protection de l'environnement[2] (LPE) affirme la nécessité de « limiter, réduire, trier les déchets plastiques qui se biodégradent difficilement ». En 2019, les autorités de Hà Nội élaborent un plan pour lutter contre les déchets plastiques et sacs plastiques, renforcer la collecte et le recyclage[3]. L'accent est mis sur la réduction du plastique

1. N° 491/QD-TTg, décision approuvant l'ajustement de la stratégie nationale de gestion intégrée des déchets solides jusqu'à 2025, avec vision jusqu'en 2050, Premier ministre, 7 mai 2018.

2. Loi n° 72/2020/QH14, LPE, Assemblée nationale, 17 novembre 2020.

3. N° 232/KH-UBND, plan pour lutter contre les déchets plastiques et sacs plastiques jusqu'en 2020, avec vision vers 2025 sur le territoire de la ville de Hà Nội, comité populaire de la ville de Hà Nội, 25 octobre 2019.

à usage unique, le tri des déchets à la source, le recyclage, mais également la valorisation énergétique des déchets. À l'heure actuelle, il est trop tôt pour déterminer l'impact de ces mesures sur la filière de recyclage traditionnelle. En effet, les futurs textes réglementaires, qui seront chargés de mettre en application de manière concrète les orientations de la loi, sont en cours de discussion. Dans cette période de transition, la question se pose de savoir dans quelle mesure ces orientations exerceront un impact sur la filière de collecte des déchets recyclables non étatique, redéfinissant ses dynamiques et son rôle dans le système de gestion des déchets actuel

Les projets pour le tri des déchets à la source

La nouvelle LPE révèle la mise en œuvre des premières mesures concrètes prévues dès 2022 : les déchets ne pourront être jetés que dans des sacs payants, ceci afin de favoriser le recyclage et la réduction. Les ménages devront trier en trois catégories : déchets recyclables, déchets alimentaires, déchets de catégorie « autres ».

Le prix des sacs payés par les ménages et autres organisations jetant des déchets inclura les frais de collecte, de transport et de traitement. Le prix variera également en fonction du volume des déchets triés. Il s'agit d'un changement majeur étant donné que, actuellement, le prix payé ne suffit qu'à financer la collecte et le transport. Le traitement est financé sur budget public. Quand on a demandé à plusieurs comités populaires de province pourquoi on n'augmentait pas les taxes aux habitants, la réponse a été que la population ne l'accepterait pas. Actuellement, les éboueurs ont du mal à obtenir de l'argent de tous les foyers et entreprises qu'ils sollicitent.

Pour la filière traditionnelle de collecte et de recyclage, la mise en place de cette mesure impliquera un changement important dans le volume à traiter. Si le tri des déchets recyclables devient obligatoire, la vente de ces déchets aux *đồng nát* en sera facilitée en l'absence d'incitations contraires des pouvoirs publics. Même si dans la nouvelle réglementation les déchets de la catégorie « recyclables » pourront être jetés sans engendrer de frais s'ils sont correctement triés, tout comme la catégorie des déchets dangereux, il n'y a pas de gain financier comme dans le secteur traditionnel. La vente aux *đồng nát* par les ménages ou les agents d'entretien des entités rejetant des déchets trouve ainsi un intérêt. Ceci d'autant plus qu'avec une incitation financière ou non, le tri sera réalisé car il devient une obligation. Pour l'instant, la loi n'est pas détaillée, mais pour les déchets recyclables, les sacs devraient être gratuits. Donc, il n'y aura théoriquement pas de concurrence entre les *đồng nát* et les éboueurs. Les *đồng nát* devraient être largement privilégiées. Selon nos interviews sur Hà Nội, les jeunes sont quand même bien impliqués. En effet, en tant qu'élève ou étudiant, cela leur permet d'avoir un petit pécule en prélevant les déchets de la famille.

Le renforcement des capacités de recyclage

Sur la scène internationale, le Việt Nam ambitionne de ne recevoir que des déchets propres dans l'avenir, à savoir des déchets triés de bonne qualité. Le pays est actuellement très impacté par les décisions sur la scène internationale, notamment celle de limiter l'importation des déchets par la Chine (voir page 227). Cette interdiction a eu des conséquences importantes sur le trafic mondial des déchets en raison des volumes très importants absorbés par la Chine, auparavant estimés aux trois quarts des importations du marché mondial. Les flux de déchets des pays sont désormais dirigés vers des pays d'Asie du Sud-Est, dont fait partie le Việt Nam.

Un encadrement international existe : la Convention de Bâle en vigueur depuis 1992, dont fait partie le Việt Nam. Toutefois, cet encadrement généraliste n'a pas su empêcher les flux mondiaux de déchets vers des pays du Sud, qui eux-mêmes luttent pour traiter leurs propres déchets. Mais les pays industriels, tels la Chine ou le Việt Nam, ont besoin de matières premières secondaires, moins chères que les matières premières vierges et plus accessibles pour approvisionner leurs usines en pleine croissance !

Un amendement ratifié en décembre 2019 limite les envois de déchets dangereux, ainsi que l'exportation de

Encadré 1

L'association Greenlife et l'intervention des jeunes Nguyễn Ngọc Phương Uyên

Avec la pollution, le changement climatique et les pandémies, les jeunes sont aussi confrontés à un monde et à un futur de plus en plus incertains. Grâce à l'instantanéité de la communication, ils sont conscients de ces problèmes qui remettent en question leur style de vie. De nombreux jeunes Vietnamiens se sensibilisent à la problématique environnementale et s'engagent dans des associations à but non lucratif pour militer.

Greenlife, par exemple, est une association fondée à Hà Nội par Hoàng Quý Bình, étudiant à l'université des sciences et technologies de Hà Nội. Elle a pour mission de fournir des solutions de vie « vertes » et de trier les déchets à la source pour les habitants des grandes villes : son objectif est de réduire de 50 % les déchets d'ici 2025. En plus de sa page Facebook sur laquelle elle publie des posts informatifs sur l'environnement, elle est surtout connue pour ses événements mensuels de collecte de déchets intitulés : *Đổi giấy lấy cây* (Échange du papier contre une plante). Les participants viennent échanger leurs déchets recyclables contre des plantes et des produits verts, en fonction de la valeur des déchets qu'ils apportent. L'événement est organisé dans un quartier différent chaque mois, variant d'un immeuble d'appartements à un établissement d'enseignement. Avant de venir, les participants doivent trier leurs propres déchets recyclables et s'assurer qu'ils sont propres et bien séchés. Afin de bien préparer les déchets pour que les camionneurs viennent les récupérer à la fin de l'événement, ceux récupérés par les participants sont ensuite triés par les jeunes volontaires. Des livres en bon état sont gardés pour leur bibliothèque, des cahiers et d'autres sources de papiers sont traités par catégorie, de même que pour le plastique. Greenlife organise aussi des ateliers éducatifs pour apprendre aux enfants à bien trier les déchets à la source. D'ailleurs, beaucoup d'écoles primaires et secondaires éduquent maintenant leurs élèves sur des problèmes environnementaux et les bons gestes à adopter pour réduire l'usage des sacs plastiques et refuser l'utilisation du plastique à usage unique. Ceci permet de diffuser et de renforcer la sensibilisation des membres de la famille sur l'environnement et leur manière de consommer.

déchets plastiques. Les déchets mélangés, dont les déchets plastiques difficilement recyclables, ne pourront être expédiés qu'avec l'accord conjoint du pays exportateur et du pays importateur. Le Việt Nam, bien que signataire de la Convention de Bâle, n'a pas ratifié cet amendement.

En 2018, le Việt Nam annonce l'arrêt de l'attribution de nouvelles licences aux importations de déchets sur son territoire. Les autorités vietnamiennes prévoient également d'interdire l'importation des déchets plastiques en 2025. Conformément à la directive nº 33/CT-TTg de 2020, le ministère de l'Environnement est chargé de développer les dispositions concernant la responsabilité des producteurs et de revoir la liste des déchets autorisés à être importés, en vue d'importer seulement les déchets plastiques « propres, à haute valeur recyclable[4] ».

Ces orientations auront pour effet de consolider le secteur du recyclage au niveau national. Les déchets sur le territoire acquièrent une valeur marchande plus importante, appelant ainsi à une augmentation de la quantité de déchets collectés. À l'heure actuelle, les déchets des ménages vietnamiens, tel qu'ils sont collectés, ne peuvent répondre à la demande croissante des

4. Directive sur le renforcement de la gestion, la réutilisation, le recyclage, le traitement et la réduction des déchets plastiques, Premier ministre, 20 août 2020.

Photo 2
Un compostage difficile à réaliser sans tri (2016).

villages de métier pratiquant le recyclage. En outre, les infrastructures de rassemblement, de tri et de recyclage sur le territoire seront renforcées afin de répondre à la demande nationale.

La valorisation énergétique et la concurrence sur les déchets

Dans les années à venir, le Việt Nam ambitionne de mettre l'accent sur les technologies transformant les déchets en énergie. Des projets pilotes sont actuellement à l'œuvre sur l'ensemble du territoire. L'un des premiers sites produisant de l'électricité a été construit à Cần Thơ en 2018, avec une capacité de 400 t par jour. À Hà Nội, la plus grande centrale de valorisation électrique des déchets, avec une capacité annoncée de 4 000 t par jour, est en cours d'achèvement, implantée à proximité du complexe de traitement actuel de Nam Sơn.

Afin de promouvoir ce type de technologie, des mesures d'incitation, telles que des exemptions de taxes, rachat de l'électricité à prix fixe ou des facilités d'accès au foncier, ont été mises en œuvre[5].

Toutefois, avant d'arriver au site de traitement, la plupart des déchets à haute valeur calorifique, comme le carton ou le plastique, auront déjà été prélevés par les *đồng nát* ou par des employés en charge du ramassage pour les revendre. Un second prélèvement de moindre qualité continue à l'intérieur des sites d'enfouissement lorsque les camions déversent les déchets de la capitale, ce qui explique la présence de plusieurs *bãi* de rassemblement des déchets recyclables autour des sites de traitement de Nam Sơn et Xuân Sơn (voir pages 46 et 47). Avec les futures implantations de centres de valorisation énergétique qui ont un besoin de déchets de qualité, afin notamment de compenser l'humidité importante des déchets au Việt Nam, une concurrence avec le réseau actuel s'établira inéluctablement (voir l'incinération des déchets à Delhi et la marginalité, pages 323 à 328).

Ainsi, les autorités vietnamiennes auront à se positionner sur la question de la priorisation ou non de la réduction et du recyclage des déchets, dans le cadre d'une démarche vers l'économie circulaire, par rapport aux technologies d'incinération avec récupération d'énergie. Cela a été décidé dans la stratégie nationale de gestion des déchets, car ces infrastructures sont souvent acquises par prêt ou par des investissements privés.

Le positionnement des nouveaux acteurs du recyclage

Au regard de ces changements imminents, la question se pose alors de savoir comment les acteurs de la collecte et du recyclage vont se positionner, qu'ils soient itinérants comme les *đồng nát*, gérants de *bãi*, recycleurs et commerçants en gros de matériaux recyclables des villages de métier, ou nouveaux opérateurs privés nationaux ou internationaux tels que des entreprises spécialisées dans le traitement des déchets, des conglomérats se lançant dans le recyclage ou des entreprises productrices de déchets.

Le Việt Nam tend en effet à devenir un marché intéressant : en se lançant dans le tri à la source, les déchets seront plus facilement valorisés. Pour les entreprises productrices de déchets, il devient également plus intéressant de recycler les déchets pour éviter de contribuer aux taxes touchant à la responsabilité sociétale des entreprises, tout en économisant de l'argent et des ressources *via* la récupération et la production de matériaux. En effet, en matière de responsabilité des producteurs, dont la réglementation est en cours d'élaboration au Việt Nam, les entreprises pourront soit recycler directement les produits et emballages, soit cotiser à un fonds national pour la protection de l'environnement, qui mettra en place des projets en lien avec le recyclage.

5. N° 31/2014/QD-TTg, décision sur les mécanismes d'appui au développement de projets de production d'électricité utilisant des déchets solides au Việt Nam, Premier ministre, 17 novembre 2014. Cette décision indique que les compagnies d'électricité doivent acheter l'électricité des projets d'incinération avec récupération d'énergie au prix de 0,1005 USD le kWh.

L'association des métiers traditionnels et du système public

Le réseau existant : un atout pour les politiques publiques

En l'absence de filière officielle de recyclage, Hà Nội se repose en grande partie sur ce circuit pour gérer les déchets recyclables. Mais à part Xà Cầu et Triều Khúc (prérecyclage du plastique), la plupart des villages de métier du recyclage se trouvent dans d'autres provinces plus industrialisées, Bắc Ninh et Hưng Yên, d'où le problème de mise en place de systèmes de recyclage interprovinciaux, car Hà Nội n'a pas les capacités de recycler. Sa présence permet, d'une part, d'alléger les décharges de Hà Nội qui ont toutes besoin de plus d'espace et, d'autre part, d'éviter de financer le transport et le traitement de ces déchets, qui constituent un coût considérable pour la ville, sans compter la pollution engendrée par une noria continue de camions-poubelles. Malgré ces faiblesses, les activités des *đồng nát*, comme celles de l'ensemble du réseau de recyclage, assurent ainsi de manière spontanée et fonctionnelle une mission de service public. La présence de ce réseau permet aussi d'inciter au tri à la source des matériaux recyclables, grâce à l'incitation économique donnée aux familles. Selon une enquête menée par PRX-Việt Nam en 2020 sur la pratique des habitants de Hà Nội, 71,9 % déclarent mettre de côté des déchets recyclables pour les vendre aux *đồng nát*.

Le réseau de collecte et de recyclage des déchets peut également constituer un atout dans la politique de promotion du recyclage menée par les autorités publiques. En effet, doté d'une rationalité économique et territoriale au niveau du circuit de collecte et de rassemblement des déchets, ce réseau est très efficace en termes de quantité de déchets collectés (voir chapitre 10).

Enfin, dernier atout à prendre en compte, le réseau de collecte et de rassemblement existant est caractérisé par son dynamisme, sa réactivité et sa flexibilité. Dans le cadre de la métropolisation de Hà Nội, ces activités sont en constante mutation, tendant à évoluer pour s'adapter rapidement aux nouvelles mesures politiques à mettre en place. Pour les pouvoirs publics, l'intérêt est réel ; il est plus intéressant d'investir sur l'existant que de construire des centres de recyclage et des circuits de collecte coûteux, dont l'efficacité devra se confronter aux difficultés de la pratique. Toutefois, pour des raisons politiques et l'aspect peu moderne du secteur de collecte « informel », celui-ci est peu reconnu, lorsqu'il n'est pas stigmatisé.

Comment accompagner les besoins du secteur ?

Interrogées sur leurs besoins, les professions du recyclage traditionnel répondent qu'elles ne sont pas en recherche d'une reconnaissance officielle ou d'une formalisation de leur statut. La majorité des *bãi* et des recycleurs au sein des villages de métier sont déjà enregistrés en tant qu'entreprises (familiale, coopérative, entreprise privée, compagnie) et paient des taxes au même titre que les autres entreprises du secteur privé, bien que les petites unités familiales en paient très peu. Les *đồng nát* entrent dans la catégorie des travailleurs libres, n'ayant pas besoin de déclarer leurs activités.

Les *đồng nát* mettent en avant le besoin de plus de liberté dans l'exercice de leurs activités. Il s'agit avant tout de dépasser une relation conflictuelle ou de quémandage avec les autorités locales, notamment en matière d'occupation temporaire des espaces publics pour le tri. Pour cela, il est d'abord nécessaire de dépasser la vision dévalorisante des métiers traditionnels de la filière du recyclage et la stigmatisation de cette catégorie de population, en s'intéressant à l'activité en tant que telle et en mettant en avant le rôle économique et social de leurs activités.

Afin d'agir de manière pertinente sur ce réseau, il est important de considérer le secteur du recyclage traditionnel comme un secteur d'activité économique, que l'on accompagne dans une période de mise en place de nouvelles politiques publiques. Afin de conserver l'autonomie d'exercice propre au secteur privé, il ne s'agit donc pas de mettre en place un programme de formalisation des droits, de délivrance d'autorisations ou d'intégration auprès des services de la ville. Une approche incitative et partenariale permettrait, de manière pertinente, d'intégrer ce secteur dans une démarche durable comme maillon de l'économie circulaire. En tant que soutien à un secteur économique, une implication des autorités publiques par des mesures incitatives et des politiques d'investissements sont nécessaires. Un accompagnement technique et financier, adapté aux différentes entités de la filière de collecte, agrégation et traitement des déchets, est à mettre en place pour permettre une transition plus écologique de la gestion des déchets recyclables.

Un accompagnement économique vers une transition écologique ?

Aujourd'hui, les villages de métier connaissent de graves problèmes de pollution (voir chapitre 16). Les eaux usées contenant des produits chimiques pour blanchir le papier ou nettoyer les produits sont reversées dans la nature sans traitement. En l'absence de moyens, les autorités publiques locales ont des difficultés pour orienter vers une production plus écologique, d'autant qu'elles ne souhaitent pas freiner l'essor économique de ces territoires, rendu possible grâce à ces activités de recyclage. En accompagnant ces activités vers une production plus respectueuse de l'environnement, ce réseau présente de grandes potentialités pour une gestion plus durable des déchets à Hà Nội.

Des instruments de financement spécifiques pour la transition écologique au secteur du recyclage pourraient être mis en place, permettant aux *bãi* ou aux entreprises de recyclage d'accéder aux prêts. Des dispositifs de financement à objectifs environnementaux existent à l'échelle des provinces, mais ils sont génériques et difficiles d'accès pour les entreprises de petite taille, soumettant le demandeur à un parcours administratif important. Des prêts et subventions pourront permettre aux gérants de dépôts de déchets et aux entreprises de recyclage de réaliser des investissements durables, tels que l'acquisition d'équipements de filtrage, de protection, des dispositifs de traitement des eaux usées, etc. Mais on l'a vu dans le chapitre 16, ces aménagements ont un coût que les petites entreprises ne peuvent financer sans subventions. Pour les *đồng nát*, des soutiens pour l'acquisition d'équipements de protection et d'assurance santé leur permettront d'exercer leur métier dans de meilleures conditions. Un accompagnement spécifique et une simplification des démarches administratives, permettant l'accès à ces prêts, sont nécessaires afin de ne pas décourager les entrepreneurs.

Pour la mise en place des politiques publiques à venir en matière de recyclage, une réflexion en termes partenariaux pourrait être intéressante, en se basant sur le circuit de collecte et les dépôts actuels : favoriser la collecte sélective ou l'achat de déchets d'une filière spécifique, création de points de dépôt pour la population, revente à de nouvelles structures de recyclage, soutien des projets de consigne, etc.

En 2020, à Hồ Chí Minh-Ville, le département de l'Environnement et des Ressources naturelles souhaite réorganiser le travail des collecteurs d'initiative populaire (*thu gom rác dân lập*). Cette réorganisation ambitionne d'officialiser le travail des *vé chai*[6] par trois biais : réunion en coopérative, développement en entreprise ou intégration dans les entreprises publiques existantes en charge de la gestion des déchets de la ville[7]. La question se pose alors de savoir comment et par quels moyens inciter les collecteurs à participer à ce programme, car chaque acteur doit y trouver son intérêt. Une avancée est à noter dans ce dispositif, la ville de Hồ Chí Minh-Ville incite officiellement la population à vendre ou donner aux entités ayant la capacité de réutiliser et recycler[8].

Pour une meilleure participation des acteurs de la collecte et du recyclage traditionnels, il est nécessaire de donner une voix aux représentants du secteur, pour chaque type d'acteurs, en les associant aux discussions sur les mesures publiques locales en matière de gestion

6. Les *vé chai* sont appelés ainsi par opposition aux entreprises publiques et parapubliques officiellement en charge de la gestion des déchets de la ville.
7. Nguyễn Huu, 2020 ; HCMV, 2019.
8. Hà Văn, 2021.

des déchets. Cela peut se faire notamment à travers des débats, des programmes d'information, des événements de sensibilisation sur leurs activités, offrant ainsi une visibilité et une reconnaissance de leurs services à la ville. Toutefois, la forte concurrence entre les commerçants et la saisonnalité des migrations des *đồng nát* rendent difficile cette entreprise[9].

L'incinération des déchets à Delhi et la marginalité

Moteurs de la croissance, le développement des villes indiennes produit une quantité de déchets que les autorités peinent à éliminer. La situation est particulièrement préoccupante à Delhi où l'enfouissement des déchets est arrivé à saturation, avec des décharges de plusieurs dizaines de mètres de hauteur, qui en viennent à s'écrouler[10]. Vitrine du programme « Nettoyer l'Inde[11] », la gestion maîtrisée des déchets dans la capitale du pays est devenue non seulement une urgence sanitaire, mais aussi un enjeu stratégique pour affirmer l'attractivité du pays. Le secteur est donc l'objet de réformes dites de « modernisation », qui s'incarnent à travers la « valorisation énergétique » des déchets, c'est-à-dire leur incinération avec production d'électricité grâce à la chaleur produite. Les technologies d'incinération[12] sont ainsi pensées comme une solution pour faire disparaître les encombrantes décharges et traiter les 9 000 à 10 000 t de déchets évacuées quotidiennement par la municipalité.

Dans ce contexte, les matériaux à haute valeur calorifique, comme les déchets secs de type papiers et plastiques, sont activement recherchés comme combustibles pour assurer le bon fonctionnement des usines d'incinération. Or, la plupart des déchets secs étant prélevés en amont de manière informelle par le système des *Kabariwala* (l'équivalent indien des *đồng nát*) pour alimenter les filières de recyclage, les incinérateurs fonctionnent en dessous de leur capacité, avec une mauvaise combustion des ordures[13], du fait d'un taux d'humidité trop élevé (lié au climat tropical) et de leur faible valeur calorifique (550 à 850 kcal par kilogramme, alors que le minimum pour le bon fonctionnement devrait être de 1 200 à 1 400 kcal par kilogramme). Fin 2016, l'ouverture de l'incinérateur de Ghazipur[14] (1 300 t par jour, 10 MW), à l'est de Delhi, comme celle de l'incinérateur de Narela-Bawana[15] (4 000 t par jour, 24 MW), au nord de Delhi, ont pendant longtemps été repoussées pour des problèmes techniques. L'incinérateur d'Okhla[16] (2 500 t par jour, 16 MW), au sud de Delhi, fonctionne tant bien que mal depuis 2009, malgré des déchets entrants, majoritairement biodégradables, qui brûlent mal et qu'il faut sécher mécaniquement (voire les transformer en granulés, comme c'est le cas pour l'incinérateur de Ghazipur).

Le Centre for Science and Environment estime que seulement 13 % des déchets générés à Delhi disposent d'une valeur calorifique suffisante pour être incinérés (SAMBYAL SINGH et AGARWAL, 2019). Avec la

9. Certaines informations proviennent d'entretiens menés par PRX-Việt Nam, entre mars 2010 et février 2020, auprès des collecteurs et commerçants gérants de dépôts de déchets à Hà Nội et dans des villages de métier (MINH KHAI et TRIỀU KHÚC).

10. Le méthane, lié à la fermentation, forme parfois des poches de gaz hautement inflammables et explosifs, pouvant engloutir les travailleurs et provoquer des incendies. Les éboulements de terrains ou affaissements des monticules de déchets restent fréquents, tel l'accident mortel survenu sur la grande décharge de Ghazipur, à Delhi, haute d'une cinquantaine de mètres, qui s'est effondrée en septembre 2017, tuant deux personnes.

11. La campagne « *Swachh Bhârat Abhiyan* » (mission « Nettoyer l'Inde ») est en cours depuis le 2 octobre 2014 (dans sa deuxième phase depuis octobre 2019).

12. Delhi est ainsi la ville pilote d'une trentaine d'autres projets d'incinération en cours de développement dans le reste du pays.

13. Ceci n'est pas nouveau : en 1989, le ministère des Sources d'énergies non conventionnelles, en coopération avec le gouvernement du Danemark, avait tenté une première expérience à Delhi, avec un incinérateur prévu pour incinérer 300 t par jour et d'une capacité installée de 3,7 MW pour la production d'électricité, mais le site avait finalement fermé au bout de seulement trois semaines.

14. Opéré par ILFS (Infrastructure Leasing & Financial Services Limited). http://www.ilfsindia.com

15. Ouvert par Ramky Group. http://ramky.com

16. Géré par Jindal Group. http://www.jindalgroup.com

Tableau 1

Caractérisation des déchets entrants dans l'usine de Jindal entre 2011 et 2018 (%)

Types de déchets	2011-2012	2012-2015	2015-2016	2017-2018
Biodégradables (faible valeur calorifique)*	80	54	56	53
Secs (haute valeur calorifique)**	16	46	44	24
Inertes***	4	0	0	23

* Déchets alimentaires et déchets verts ; ** papiers, cartons, textiles, bois, caoutchouc, cuir, plastiques ; *** métaux, pierres, sable.

Source : compilation des données des rapports de surveillance de l'usine Jindal soumis à l'UNFCCC pour l'obtention des crédits carbones. https://cdm.unfccc.int/Projects/DB/SGS-UKL1185291186.52

privatisation progressive de la collecte au porte-à-porte[17], les autorités espèrent pouvoir capter ces meilleurs déchets combustibles, avant qu'ils ne soient récupérés par le secteur informel. Une analyse de la caractérisation des déchets entrants dans l'incinérateur de Jindal tend cependant à tempérer les résultats de cette stratégie (**tableau 1**), car la récupération informelle a été fragilisée par la privatisation sans pour autant être éliminée.

Grâce à cette privatisation de la collecte, l'alimentation de l'usine d'incinération de Jindal s'est peu à peu améliorée, en passant de seulement 16 % de déchets secs en moyenne, entre 2011 et 2012, à presque la moitié, avec 46 % à haute valeur calorifique entre 2015 et 2016, réduisant ainsi la part des déchets biodégradables (alimentaires et déchets verts) de 80 à 54 % sur la même période et assurant donc théoriquement une meilleure combustion. Cependant, alors que les données de 2015 et 2016 semblaient confirmer cette tendance, avec 56 % de déchets biodégradables et 44 % de déchets secs entrants, les données de 2017 et 2018 amoindrissent ces résultats en comptabilisant 23 % de matière inerte (déchets ferreux et de construction notamment), faisant baisser la part de déchets secs à seulement 23 %, pour 53 % de déchets biodégradables. Finalement, les déchets à haute valeur calorifique n'ont augmenté que de huit points entre 2017 et 2018. Cela tend à confirmer l'inadéquation des technologies d'incinération au contexte des villes indiennes.

De plus, alors que l'incinération portait la promesse de fermer les décharges de Delhi, le gouvernement reste contraint à l'ouverture de nouveaux sites d'enfouissement (**carte 1**), malgré une pression foncière très contrainte. Quatre grandes décharges restent encore en activité, dont trois ont déjà dépassé leur capacité maximale et leur durée de vie (de dix à vingt ans). Il s'agit des sites d'Okhla au sud de Delhi (22,6 ha, 1994), de Ghazipur à l'est (28,3 ha, 1984) et de Bhalwasa au nord (16,8 ha, 1993). Bien que l'ouverture, en 2012, d'un nouveau site de 60,7 ha à Narela-Bawana ait permis de désengorger quelque peu le nord-est de Delhi, la municipalité a fini par obtenir, en décembre 2018, l'allocation d'un nouveau site mitoyen à la décharge d'Okhla, afin de ne plus entasser les ordures au sommet de la décharge (et éviter ainsi un risque d'éboulement de la décharge qui dépasse les 55 m de hauteur).

Enfin, à cela s'ajoute depuis 2019 l'ouverture du site de Tajpur Pahadi (11 ha) pour enfouir les mâchefers de l'incinérateur de Jindal voisin. Si le gouvernement de Delhi est obligé de continuer à enfouir ses déchets, c'est parce qu'au-delà des 20-30 % de mâchefers restants après incinération, une partie des volumes désormais incinérés était auparavant recyclés. Ce qui était extrait informellement en amont par les récupérateurs, et de manière gratuite, revient désormais en partie aux opérateurs privés, avec un coût supplémentaire d'évacuation pour la collectivité, sans fondamentalement diminuer les quantités à enfouir. En revanche, la stratégie de l'incinération participe clairement au processus de marginalisation des récupérateurs.

17. Cette privatisation du service a débuté en 2005 avec la délégation d'une grande partie des points de collecte municipaux (*dalahos*) aux opérateurs privés payés au tonnage (Ramky, ILFS et SPML : http://www.spml.co.in/). Plus ils collectent, mieux ils sont rémunérés.

© Nôi-Pictures/F. Carlet-Soulages

Photo 3
Des déchets résiduels dans la décharge de Nam Sơn sans valeur pour l'incinération (2017).

En résumé, ce qui brûle symboliquement dans l'incinérateur, ce ne sont pas tellement les décharges que l'on voudrait faire disparaître, mais ce sont assurément les activités de récupération. La crise du covid a amplifié ce processus d'exclusion, car, en éliminant les autres acteurs concurrents lors des confinements nationaux (et en particulier le premier de mars-juin 2020 avec l'interdiction des *kabariwala* d'aller collecter les déchets recyclables), elle a permis aux délégataires privés d'accéder plus facilement aux meilleurs déchets, qui plus est dans un contexte d'abondance de plastiques à usage unique, permettant aux incinérateurs de fonctionner à plein régime au plus fort de la crise, comme dans la municipalité sud de Delhi (**figure 1**).

Ainsi, la « modernisation » du secteur est loin d'être anodine (BERCEGOL et GOWDA, 2019) et révèle des inégalités que la crise du covid a mises au grand jour (BERCEGOL *et al.*, 2020). Pour certains observateurs, l'incinération traduit un choix de société, qui incarne le primat de l'accumulation capitaliste sur la force de travail en dépossédant les travailleurs de leur source de travail, les déchets (SCHINDLER *et al.*, 2012). Cette situation d'exclusion, parfois même qualifiée d'« abjection »

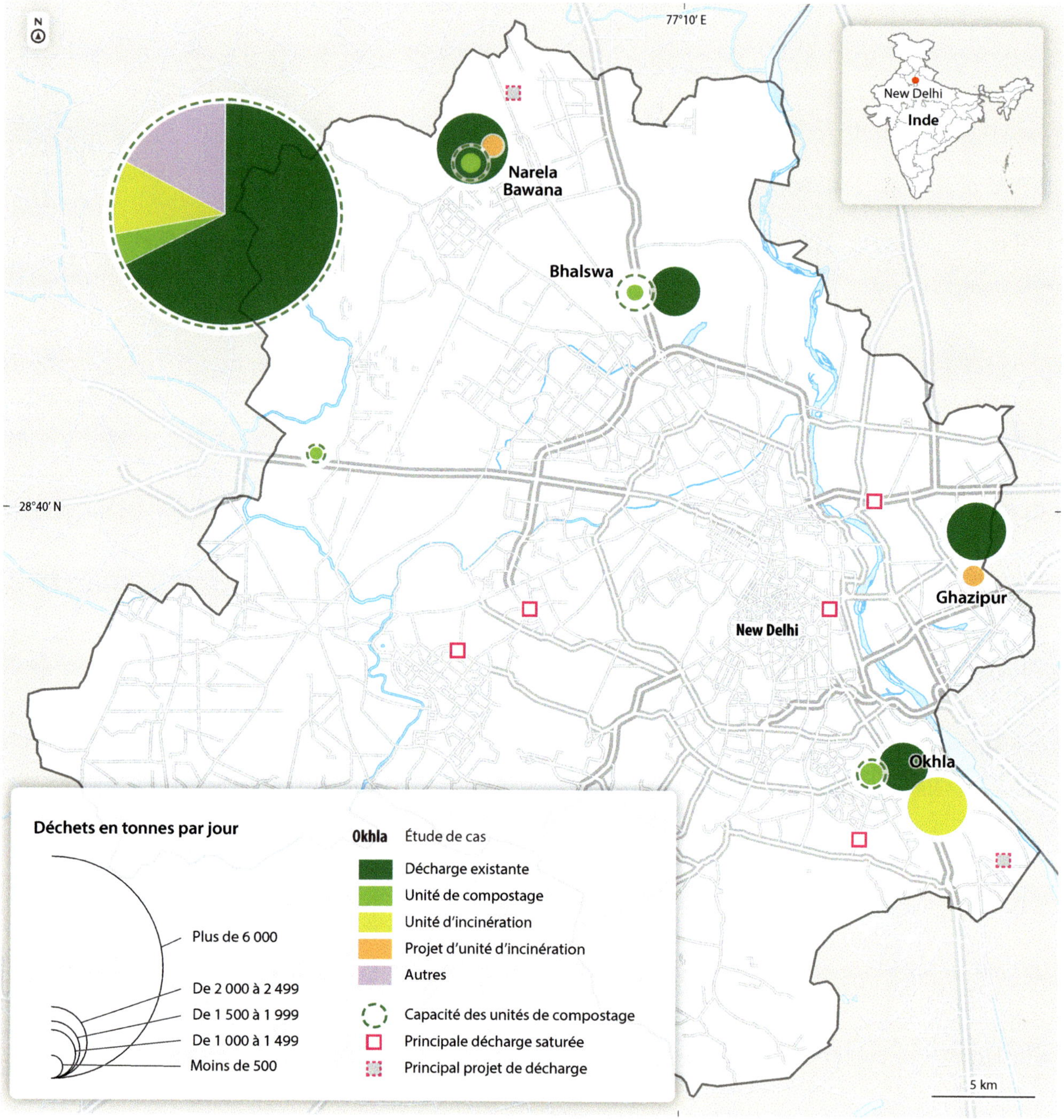

Carte 1

Infrastructures de traitements des déchets à New Delhi.

Réalisation : Sébastien Angonnet (Le Mans Université) et Éric Opigez.
Source : R. de Bercegol, programmes Syracuse et Orva2D.

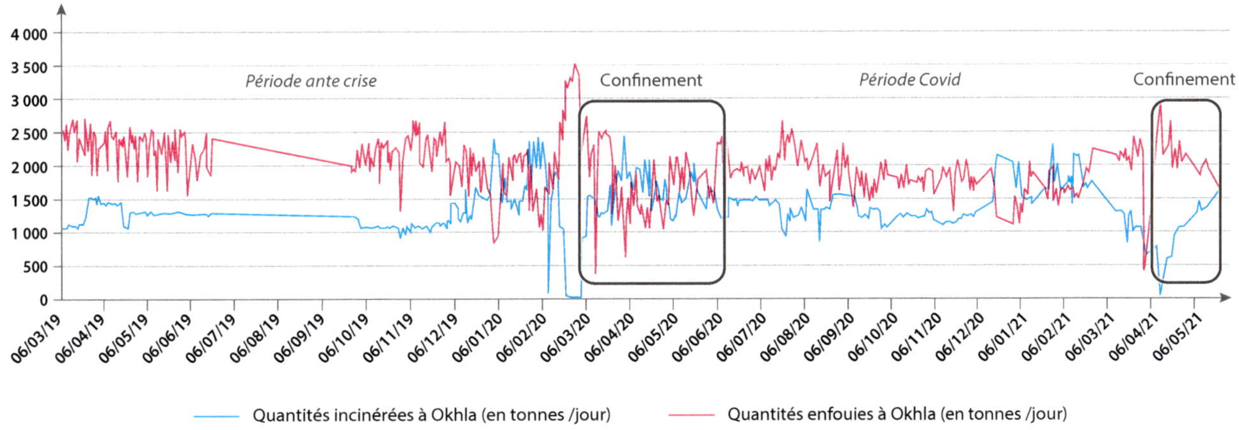

Figure 1
Quantité de déchets incinérés et enfouis à Delhi entre mars 2019 et mai 2021.

Depuis le début de la crise du covid de la mi-mars 2020 en Inde, l'écart entre les quantités incinérées et celles enfouies tend à se réduire. Cela était particulièrement visible lors des premières semaines du confinement national (22-25 mars 2020 au 31 mai 2020). Alors que d'importants problèmes techniques affectaient les capacités de l'usine d'incinération fin février 2020 (avec seulement quelques tonnes incinérées), l'arrêt complet des mobilités fin mars s'est traduit par une hausse rapide des tonnes incinérées (avec un pic à 2 437 t le 30 mars 2020, soit à pleine capacité une semaine après le début du confinement), avant de revenir à la situation d'avant crise (1 800 t en moyenne par jour, alors que l'usine est théoriquement calibrée pour 2 500 t par jour). De même, après une forte baisse, la reprise rapide de l'incinération en avril 2021 coïncide avec le confinement consécutif à la reprise de l'épidémie.

Réalisation : Rémi de Bercegol.
Source : compilation des données obtenues auprès du service d'assainissement de la municipalité de South Delhi Municipal Corporation du 6 mars 2019 au 13 mai 2021.

(Reddy, 2015), est à replacer plus largement dans un processus de « nettoyage » des éléments urbains considérés « résiduels », non seulement les flux et matériaux rejetés, mais également les populations pauvres. Car, au-delà de la question de l'inadaptation du système technique en place, le prétexte de la modernisation des infrastructures témoigne symboliquement de luttes sociales inégales pour le contrôle de la ville et de ses ressources qui produisent un « urbanisme d'exclusion » (Kundu et Sarangi, 2005).

On comprendra donc que les réformes de gestion des déchets, à Delhi comme à Hà Nội, font écho à un « idéal sanitaire » (Melosi, 2000) qui tend à dépolitiser la question des inégalités urbaines. La modernisation technique du service s'inscrit dans la continuité des politiques de « rénovation urbaine » mises en place à Delhi et qui sont en réalité un euphémisme pour la démolition des quartiers insalubres. Cet « urbanisme éviscéré » de ses populations marginalisées est particulièrement pertinent à la lumière du dernier plan directeur de Delhi. La « vision » annoncée dès le début du Master Plan 2021 est celle d'une « ville de classe mondiale », débarrassée de ses pollutions et sans bidonvilles : « La vision 2021 vise à faire de Delhi une métropole globale et une ville de classe mondiale, dans laquelle toute la population serait engagée dans un travail productif et avec une vie de meilleure qualité, vivant dans un environnement plus durable. » Cette « politique d'esthétisation » (Ghertner, 2011) fabrique une ville pour la classe moyenne, afin de reproduire Paris, New York ou Singapour, des villes de référence au sein desquelles le pauvre n'a pas sa place. Or, les chiffonniers de Delhi existent bel et bien, récupérant les restes jusqu'aux cendres des incinérateurs et tout porte à croire qu'ils seront encore là demain[18]. Il semble donc légitime d'écouter les premiers concernés pour « nettoyer l'Inde » de ses déchets et relever le défi d'une gestion plus durable que l'illusion de l'incinération.

À Delhi, contrairement au contexte vietnamien, certains travailleurs s'organisent pour prendre la parole, par la voix de leurs leaders, afin de s'opposer à ces politiques publiques qui les négligent, défendre leur existence, leur travail et leur accès à la ressource. Cela va d'associations sectorielles conçues sur des bases communautaires (comme l'association des travailleurs Khatik du marché du PVC) à des organisations conçues sur des bases plus syndicales, comme All India Kabari Mazdoor Mahasangh (la fédération indienne des travailleurs des déchets) ou la Safai Sena (littéralement « l'armée des balayeurs »). Parmi les arguments présentés, la contribution environnementale est évoquée pour légitimer l'activité de récupération, notamment pour la mettre en regard des réformes en cours.

Difficilement quantifiable, il est estimé qu'au minimum 2 000 t de matériaux par jour sont récupérés informellement (environ 20 % du total des déchets générés à Delhi), sur la base d'une quarantaine de kilogrammes collectés chaque jour en moyenne par récupérateur. Cela fait économiser au minimum 600 000 roupies aux autorités (chaque tonne coûte environ 300 roupies à la collectivité pour l'enfouissement), voire bien plus si les récupérateurs étaient payés au salaire minimum (CHINTAN, 2012). De plus, étant donné le travail de récupération effectué sur les décharges, les collecteurs contribuent aussi à diminuer les volumes enfouis. Chintan[19], une ONG de défense des *waste pickers* à Delhi, plaide ainsi qu'en évitant la mise en décharge, le secteur contribuerait à réduire les émissions de carbone à hauteur de 900 000 t par an (2012).

Pour les militants, ce ne sont donc pas les technologies d'incinération qui devraient être éligibles aux crédits carbone[20], mais les récupérateurs recycleurs de Delhi : « La collecte devrait être officiellement allouée à ceux qui la font depuis toujours et qui aident déjà à réduire la crise des déchets. » (Chitra Mukherjee, porte-parole de l'ONG Chintan, extrait d'interview de février 2018). C'est en mobilisant le même genre d'arguments que l'Alliance of Indian Wastepickers a demandé au ministre de l'Environnement indien d'inclure dans la nouvelle législation de déchets solides le rôle joué par les récupérateurs dans le système de gestion et leur intégration au système. La mobilisation de ces organisations a abouti à la mention explicite des *waste pickers* dans la version adoptée des Solid Waste and Mangement Rules de 2016. C'est la première fois qu'un texte officiel de gestion municipale des déchets les mentionne explicitement, même si, en pratique, cela n'a eu aucun impact sur leur intégration concrète au système.

Les promesses du *waste management* au Việt Nam

En 2015, une étude publiée dans la revue *Science* (JAMBECK *et al.*, 2015) a cherché à localiser les principales sources de pollution par les déchets plastiques à travers le monde. La publication, abondamment relayée dans les médias[21], pointait ainsi le lien entre la densité moyenne de population habitant sur les littoraux, le niveau de développement de leurs systèmes techniques de gestion des déchets et la pollution plastique constatée sur les littoraux. Au bilan, les discours médiatiques ont retenu de ce travail, essentiellement fondé sur l'analyse statistique, un classement peu glorieux, celui des cinq États les plus

18. https://www.prodig.cnrs.fr/le-peuple-des-dechets-vies-plastiques/
19. http://www.chintan-india.org

20. En 2009, l'incinérateur de Jindal a été enregistré auprès de l'UNFCCC (il s'agissait du premier projet enregistré en Inde) et, en 2013, un contrat de compensation carbone a permis à l'opérateur de recevoir 5 USD par tonne équivalent pétrole de déchets traités, mais cette manne s'est effondrée avec la baisse du prix du carbone sur les marchés internationaux.
21. https://www.wsj.com/articles/which-countries-create-the-most-ocean-trash-1423767676

© Nội-Pictures/F. Carlet-Soulages

Photo 4
Concurrence pour les bouteilles en plastique entre le secteur informel et les incinérateurs (2018).

pollueurs du monde en matière de déchets plastiques : la Chine, l'Indonésie, les Philippines, le Việt Nam et le Sri Lanka. Les auteurs de l'article invitant, en conclusion, les gouvernements de ces États à accélérer la modernisation de leurs systèmes techniques de gestion des déchets, tout en indiquant la nécessaire réduction des déchets dans les pays davantage industrialisés.

Sans pouvoir établir formellement ici un lien de cause à effet entre la publication de l'article, son retentissement médiatique et les évolutions politiques observées dans les années qui ont suivi dans cette région du grand Sud-Est asiatique, force est de constater que la question de la « bonne » gestion des déchets s'est imposée dans l'agenda de la plupart de ces États ces dernières années. En Chine notamment, et à la suite du programme Green Fence initié en 2013[22], le gouvernement central a décrété le lancement d'un programme législatif nommé National Sword en 2017, limitant de façon très stricte l'importation sur le territoire chinois de déchets destinés à être recyclés[23]. Au Việt Nam, diverses décisions législatives ont également visé à renforcer les limitations existantes à l'importation de déchets étrangers à partir de l'été 2018.

Dans ce contexte de transformation importante du paysage de la circulation transnationale des déchets recyclables, la question de la modernisation des systèmes techniques nationaux de gestion des déchets prend une importance notable dans l'agenda politique des États, pointés du doigt par cette étude de 2015. Cette contribution s'appuie sur un travail d'enquête mené en 2017 dans la région de Hà Nội, et sur les travaux des équipes de l'IRD au Việt Nam et de l'université d'architecture de Hà Nội. Elle entend apporter un certain nombre d'éclairages articulant les enjeux propres aux projets de modernisation des systèmes de gestion des déchets – collecte, transport, traitement et valorisation – aux problématiques de développement, dans un contexte de bouleversement écologique global. À l'heure où le Việt Nam est en passe de mettre en œuvre une politique de modernisation de la gestion de ses déchets, il s'agit donc de discuter la façon dont les notions d'économie circulaire ou de filières dites à responsabilité élargie des producteurs tendent à devenir centrales dans l'élaboration des politiques publiques et de montrer comment certains acteurs économiques tendent à accompagner ces réformes, en partageant leurs expertises et en proposant de contribuer à leur financement, tout en cherchant à défendre certains de leurs intérêts spécifiques. Il s'agit, en d'autres termes, de montrer en quoi le choix d'une stratégie de gestion industrielle des déchets ménagers est à même de verrouiller, tant sur le plan économique que sur le plan politique, des trajectoires de développement marquées par l'accroissement potentiellement incontrôlable de la production de déchets, et non pas sur leur réduction.

Les promesses de l'économie circulaire

Depuis une dizaine d'années, dans les pays les plus industrialisés d'abord, l'économie circulaire est devenue une expression omniprésente dans les discours associatifs, publics ou industriels. D'apparence particulièrement consensuelle, elle semble être une solution de bon sens pour juguler les écueils des modèles productifs industriels, aboutissant systématiquement à la création de volumes de déchets toujours plus importants. Dans les différents articles qui tendent à la définir, l'expression « économie circulaire » vise tantôt à qualifier un changement à venir du modèle productif dominant, tantôt une démarche d'optimisation des filières industrielles et même, d'une façon plus générale, un projet politique orienté vers la transition écologique (Prieto-Sandoval *et al.*, 2018). Par opposition au modèle linéaire, hérité de l'âge industriel et fondé sur le processus d'extraction, production, consommation et mise au rebut, l'économie circulaire, dans son acception la plus répandue, entend « boucler la boucle » et rompre ce processus délétère qui tend à générer toujours davan-

22. https://www.theguardian.com/sustainable-business/china-green-fence-global-recycling-innovation

23. Le texte de loi indique que seuls des déchets déjà largement triés pourront rentrer sur le territoire chinois, avec des niveaux de pureté des matériaux particulièrement difficiles à atteindre dans le cadre du grand export.

tage de pertes, de déchets et de pollutions. L'objectif très consensuel de ce programme aux contours flous est d'inventer des circuits productifs fermés, sur le modèle du *cradle to cradle*, du berceau au berceau, par opposition au modèle de la première industrialisation, « du berceau au tombeau » (McDonough et Braungart, 2002). C'est cette approche qui, au début des années 2010, deviendra le socle de la définition *mainstream* de l'économie circulaire, notamment à travers la création de la fondation Ellen MacArthur dédiée à la promotion de cette notion. En insistant sur la conception écologique des biens de consommation, en intégrant la question de leur fin de vie dès l'étape de la conception, il semble effectivement possible d'espérer parvenir à *tout* réutiliser, revaloriser, en somme, *à tout recycler*, et ce, sans puiser davantage dans les ressources non renouvelables et en évitant la pollution des milieux naturels.

Cette « réévolution » industrielle suscite aujourd'hui un engouement généralisé, sur le mode d'une promesse de transformation toujours en devenir : on retrouve des références à l'expression parmi des acteurs aussi divers que de grandes firmes industrielles (The Coca-Cola Company ou Unilever), des agences gouvernementales (l'Ademe en France ou l'EPA aux États-Unis) ou des associations de défense de l'environnement (Zero Waste Europe, WWF). Une promesse vis-à-vis de laquelle il semble difficilement justifiable de chercher à émettre des réserves tant elle semble « de bon sens », puisque l'objectif demeure bel et bien de réduire les prélèvements de ressources naturelles, notamment non renouvelables, en modernisant et en optimisant les filières de collecte et de recyclage des déchets. Aussi, là où toutes les initiatives engagées ces trente dernières années semblaient avoir échoué à engager un véritable changement de modèle économique, là où plusieurs décennies d'appels à cette transformation des modes de production et de consommation ont été paradoxalement celles où, à l'échelle globale, l'exploitation des ressources naturelles et la production de déchets en tout genre n'ont jamais autant accéléré, l'économie circulaire entend être *la* solution pour boucler la boucle, en finir avec ce gaspillage généralisé et réaliser une des promesses déçues du développement durable : parvenir à concilier les enjeux socio-économiques et environnementaux, réussir enfin à découpler la courbe du développement économique de celles mesurant les dommages causés à nos milieux de vie.

Mais, de façon paradoxale, avec l'économie circulaire, la lutte *contre* les déchets devient également un argument pour justifier le fait de continuer à en produire, dans la mesure où ce système économique à venir est fondé sur la systématisation des dispositifs de recyclage et de valorisation de *tout* ce qui est produit. L'approche dominante de l'économie circulaire, portée en Europe par la fondation Ellen MacArthur, s'appuie bel et bien sur une stratégie d'optimisation et de développement du recyclage, mais celle-ci rencontre, de surcroît, d'autres limites. S'il faut admettre, sans doute possible, que le recyclage participe à réduire les pressions exercées sur certaines ressources naturelles et contribue à réduire certaines émissions de gaz à effet de serre, il ne faut pas non plus douter, comme le faisait déjà Nicholas Georgescu-Roegen dès les années 1970, que ce modèle du tout recyclage a un coût écologique loin d'être négligeable. Les infrastructures de recyclage sont énergivores, elles nécessitent de grands espaces de stockage, qui génèrent autant de risques de contamination de l'air et des sols par des produits polluants. De même, le système technique du recyclage industriel est fondé sur le transport de ces déchets, parfois sur de très longues distances, transports qui génèrent, eux aussi, de nouvelles pollutions. Mais, pire encore, l'optimisation du recyclage est à l'origine d'un paradoxe productif : plus on recycle, mieux on recycle, plus la production de déchets augmente. C'est un effet rebond caractéristique de l'optimisation des systèmes techniques modernes. Loin de générer des économies de ressources ou une quelconque réduction des flux de matière générés, le recyclage s'inscrit, tel un moteur productif, comme un rempart à la réduction de la production de déchets. Certains travaux ont ainsi démontré que le fait que certains biens soient considérés comme recyclables tend à encourager leur (sur)consommation[24].

24. Par exemple, dans le champ de l'économie comportementale, voir Meijers *et al.*, 2014.

Dans un contexte local où de nombreux acteurs, formels et informels, organisent aujourd'hui la récupération et la transformation d'un nombre important de familles de matériaux recyclables (papiers, cartons, métaux ou encore quelques familles de plastiques), le Việt Nam n'est pas en reste en matière de gestion des déchets. Mais, en un mot, faire le choix de l'acception dominante de l'économie circulaire, et donc du tout recyclage industriel, consisterait à faire le choix d'une transformation profonde de ces organisations et à encourager le développement d'un modèle productif fondé sur l'accroissement de la production de déchets, déchets transformés en carburant du système économique et productif.

Les limites des filières de responsabilité élargie des producteurs

Parmi les outils déployés par les pouvoirs publics pour améliorer la gestion des déchets, la mise en place de filières dites à responsabilité élargie des producteurs (REP) est devenue un des leviers principaux des politiques européennes du déchet de ces vingt dernières années. Ce dispositif tend aujourd'hui à être considéré comme une solution de financement pérenne pour engager la transition vers une économie circulaire. L'OCDE définit ainsi la REP comme « une approche de politique environnementale dans laquelle la responsabilité d'un producteur à l'égard d'un produit s'étend au stade post-consommation de son cycle de vie[25] ». Une politique de REP est caractérisée par le transfert des responsabilités (physique et/ou économique, totale ou partielle) en amont des municipalités vers les producteurs et par l'incitation des producteurs à tenir compte de considérations environnementales lors de la conception de leurs produits.

Dans l'esprit du célèbre principe pollueur-payeur inspiré par l'économiste britannique Arthur Cecil Pigou, les filières REP sont généralement organisées par et autour de structures associatives ou d'entreprises de droit privé, appelées « éco-organismes ». C'est le cas, par exemple, de Citeo (anciennement Éco-Emballage, créé en 1993) en France, qui rassemble les principaux acteurs industriels de la filière emballage. À l'échelle européenne, il existe une diversité importante dans la façon dont sont organisées ces entités. En Allemagne, notamment, ces structures rassemblent non seulement les acteurs industriels, mais également des représentants d'associations environnementales et d'agences gouvernementales. En France, ces organismes chargés de redistribuer des fonds dévolus à l'amélioration des dispositifs de gestion des déchets vers les municipalités sont administrés uniquement par ses financeurs, en l'occurrence les acteurs industriels de ces filières.

Il apparaît donc ici une des premières limites importantes à la création de telles filières. Si seuls les acteurs économiques de la filière sont aux commandes, on se retrouve dans une situation où ces organismes sont à la fois juges et parties, pollueurs et payeurs soit, mais également décideurs des formes d'allocations financières et matérielles qu'ils mettent en œuvre. Autrement dit, le principe pollueur-payeur tend à devenir, dans certains contextes législatifs, un principe « pollueur-payeur-décideur ».

L'autre limite majeure de la création de telles filières tient à leur multiplication. Il existe à ce jour en France une vingtaine de filières REP, allant de l'emballage jusqu'aux bateaux de plaisance ou de sport (Aper, Association pour la plaisance écoresponsable, créée en 2019), en passant par les pneumatiques, les mobil-homes, l'ameublement ou les produits chimiques[26]. Cette division des canaux de financement de la modernisation des dispositifs de gestion pour les municipalités engendre un risque important de diminution de la capacité du législateur à réguler ce secteur stratégique du développement. De fait, les acteurs économiques contribuent bel et bien à l'optimisation des filières de récupération, mais, dans le même mouvement, ils sont à même de favoriser telle ou telle trajectoire technique, en fonction de leurs propres

25. https://www.oecd.org/fr/environnement/responsabilite-elargie-du-producteur.htm

26. À noter que, en Allemagne ou au Royaume-Uni, il n'existe que quatre filières REP.

© Nội-Pictures/F. Carlet-Soulages

Photo 5
Les bouteilles en plastique : le bonheur des récupérateurs.

intérêts, notamment économiques. Par exemple, un éco-organisme chargé de la collecte des produits chimiques, parmi lesquels les engrais domestiques, aura ainsi tout intérêt à développer de nombreuses actions de communication à destination du grand public pour encourager au « bon geste », consistant à rapporter ses bidons d'engrais chimiques en points de collecte, mais en rien à encourager au développement des pratiques de compostage domestique, pratiques permettant une réduction à la source des déchets organiques et d'un même mouvement pourvoyeuses d'engrais susceptibles de se substituer à leurs propres produits.

Au bilan, si les REP sont bel et bien des outils de délégation d'une part du poids de la gestion des déchets des collectivités publiques vers les secteurs émetteurs de déchets, elles ne semblent pas toujours à même de limiter la prolifération des déchets émis par ces mêmes filières.

Au terme de ce bref tour d'horizon de la trajectoire contemporaine des politiques publiques en matière de gestion des déchets observées dans les pays du Nord, il est légitime d'interroger les enjeux de développement pour les pays du Sud qui s'y articulent. Dans le contexte vietnamien notamment, comment comprendre la présence très large d'acteurs industriels mondiaux dans l'élaboration des politiques publiques à venir, par exemple au sein de l'association PRO Việt Nam[27], si ce n'est en y identifiant une volonté de jouer un rôle central dans la fabrique législative et dans sa mise en œuvre ? Constatant, au sein de cet ouvrage, la force et l'efficacité des acteurs actuellement à l'œuvre en termes de prise en charge des déchets domestiques, il est légitime de s'interroger sur les conséquences à venir de la modernisation, *a priori* inéluctable, du système de gestion des déchets au Việt Nam.

Dans le rapport de l'OCDE sur la REP et son impact sur le système informel des pays à revenus intermédiaires où se trouvent 20 millions de collecteurs et recycleurs informels, les auteurs affirment : « La mise en place d'un système de REP dans ces pays bouleverse les moyens d'existence des récupérateurs informels, qui se trouvent alors en concurrence avec lui pour récupérer les matières présentant une valeur. » Toutefois, « l'inclusion du secteur informel dans les systèmes de REP pourrait présenter des avantages importants en termes d'efficacité des opérations de gestion des déchets, de réalisation des objectifs de valorisation et de financement (coût abordable dans la durée) dans les pays à revenu intermédiaire, où les systèmes de gestion sont limités. Elle permettrait aussi d'assurer aux travailleurs informels des moyens de subsistance durables et une meilleure protection sanitaire et sociale » (OCDE, 2017).

Dans quelle mesure le choix d'une stratégie de développement inspirée par les acteurs économiques dominants, principaux pourvoyeurs de ces déchets qui tendent à se multiplier sur le territoire, ne risque-t-il pas d'engager la population vietnamienne dans son ensemble vers un modèle économique fondé sur la surconsommation de biens éphémères ? Les filières existantes au Việt Nam, articulant l'action des *đồng nát*, des *bãi* locaux et des opérateurs publics de la gestion des déchets, ne pourraient-elles pas, à l'inverse, constituer le point de départ d'un projet réglementaire permettant, par exemple, de penser conjointement développement économique et sobriété, accroissement du bien-être collectif et limitation des impacts écologiques liés à l'activité productive[28] ?

Attirer l'investissement privé par l'action environnementale et climatique

La situation géopolitique a radicalement changé ces dernières années, car même les pays les plus réticents ont pris conscience de l'impact du changement climatique sur leur sécurité, leur stabilité politique, leur écologie et leur économie. L'Union européenne, en particulier, a abordé ces questions par le biais de son « Pacte vert », dont le mécanisme d'ajustement carbone aux frontières (MACF) proposé fait partie. Pour l'instant, seules les importations de fer, d'acier, d'aluminium, d'engrais et de ciment seraient incluses dans le MACF. La valeur totale des exportations de ces catégories de biens du Việt Nam vers l'Union européenne pour l'année se terminant le 31 juin 2021 était d'environ un milliard d'euros. Ce chiffre est en augmentation, dominé par les produits du secteur du fer et de l'acier, qui représentaient 96 % de la valeur des exportations couvertes par le MACF vers l'Union européenne.

Il est prévu que le MACF lance une phase pilote en 2023. Au cours de cette phase, les importateurs ne seront tenus de déclarer que le carbone incorporé. À partir de 2026, cependant, ils devront acheter des certificats. Au prix actuel des quotas d'émission de l'Union européenne et au rythme actuel des exportations du Việt Nam, les importateurs de fer et d'acier devront acheter 1,7 million de certificats pour un coût de 137 millions d'euros.

27. Cette association, fondée en 2019, pourrait devenir à terme le futur éco-organisme en charge de la filière REP des emballages au Việt Nam, avec les réserves évoquées plus tôt liées aux conséquences en termes d'interférence dans l'élaboration des politiques publiques que la présence majoritaire de ce type d'acteurs peut induire. https://provietnam.com.vn/en/about-us/

28. À ce titre, il peut être utile de rappeler les travaux pionniers d'Ignacy Sachs autour de l'écodéveloppement (Sachs, 2013) ou, plus récemment, autour de la gestion des déchets au Sud : Durand *et al.*, 2019.

© Nội-Pictures/F. Carlet-Soulages

Photo 6
Recycler les barres de fer des chantiers de construction à Đa Hội (2008).

L'Union européenne a clairement indiqué que le ACF n'est pas conçu comme une taxe génératrice de recettes, mais plutôt comme un outil permettant d'éviter les « fuites de carbone », c'est-à-dire la délocalisation des industries à forte intensité de carbone de l'Union européenne vers des pays et régions où le coût du carbone est moins élevé. Toutefois, en exigeant des partenaires commerciaux non européens qu'ils paient un prix pour les émissions de carbone, équivalent aux quotas d'émission de l'UE, le ACF entend encourager une transition plus rapide vers des économies à faible émission de carbone. Nous reconnaissons les possibilités offertes par cette transition. Plutôt que de tenter de « rattraper » les trajectoires de développement à forte intensité de carbone du siècle dernier, le Việt Nam a la possibilité de bâtir son économie sur les technologies nouvelles et émergentes de ce siècle.

Le secteur du fer et de l'acier en est un parfait exemple. L'avenir de sa production se concentrera probablement en un petit nombre d'entreprises produisant à partir de minerai de fer et en utilisant des hauts fourneaux, tandis que de nombreux petits producteurs répartis dans le monde entier produiront du fer et de l'acier en utilisant des fours à arc électrique (FAE), des fours à induction, de la ferraille et du fer directement réduit (FDR).

La ferraille, ou déchets de fer, joue un rôle clef et est un facteur limitant dans cette transition. La production d'acier à partir de ferraille réduit à la fois la demande d'énergie et les émissions de CO_2, car elle est beaucoup moins gourmande en énergie que la production primaire à partir de minerai de fer. La ferraille est principalement utilisée comme matière première dans les FAE et les fours à induction. Elle est également utilisée avec des intrants à base de minerai dans la production de hauts fourneaux. Dans les deux cas, son utilisation réduit les émissions et l'intensité énergétique. Les émissions peuvent être encore réduites en mélangeant la ferraille au FDR. Le fer et l'acier produits à l'aide d'une combinaison de ferraille et de FDR, et de plus en utilisant de l'hydrogène vert comme source d'énergie dans des FAE ou des fours à induction, peuvent être pratiquement sans carbone.

Aujourd'hui, les FAE produisent 15 à 20 % de la production totale d'acier brut au Việt Nam. Toutefois, la plupart utilisent des technologies dépassées et énergivores, importées de Chine. En outre, de nombreuses petites entreprises locales utilisent des petits fours Bessemer et des fours à induction à creuset ouvert qui produisent un volume inutilement élevé de particules. Compte tenu des tendances actuelles du secteur et de l'objectif mondial de réduction des émissions de carbone, la nécessité de développer l'utilisation de FAE à plus grande échelle, et à plus faibles émissions, est vitale pour la compétitivité du Việt Nam et ses engagements en matière de réduction des émissions. Dans le même temps, la technologie de production dans les villages de métier historiques de production d'acier, notamment dans le delta du fleuve Rouge, doit être modernisée. Cela permettrait aux producteurs de ces villages de disposer d'une source d'intrants à plus faible teneur en carbone pour leurs laminoirs, ainsi que pour les petites usines produisant du fil, des clous, des vis, des boulons, des clôtures en maille de fer et de nombreux autres produits d'usage courant. Enfin, nous considérons cette transition vers des FAE plus grands et plus propres comme une occasion de créer une demande dans des régions comme le Centre-Sud du Việt Nam qui ont un fort potentiel d'énergie solaire et éolienne, mais une demande d'électricité limitée. En fait, compte tenu de leurs besoins énergétiques élevés, quelques FAE ou un groupe de fours à induction pourraient résoudre la réduction de la demande dans ces régions.

La qualité de l'air constitue un enjeu élevé dans les villes et les régions industrielles. Au Việt Nam, la concentration de particules très fines est la plus élevée dans le delta du fleuve Rouge, et surtout dans les provinces de Bắc Ninh, Hưng Yên, Hai Duong et Hà Nội. Le secteur industriel, qui comprend la production d'électricité, est responsable d'environ la moitié (48,3 %) de ces particules. Le rôle de l'énergie thermique au charbon, en tant que source de particules, n'est pas clair. Il y a 40 centrales thermiques au charbon en activité dans le delta du fleuve Rouge et les provinces adjacentes. Bien que toutes les centrales thermiques au charbon du Việt Nam soient tenues d'installer des électrofiltres pour réduire les émissions de particules, les données des systèmes de surveillance continue des émissions ne sont ni rendues publiques ni régulièrement analysées par les décideurs politiques.

En plus des problèmes notés ci-dessus, la communauté des entreprises étrangères est préoccupée par l'utilisation excessive du plastique, en particulier celui à usage unique, par la capacité de recyclage limitée dans l'ensemble et par la gestion insuffisante des déchets. Certaines de ces entreprises ont commenté en détail ces questions lors de leur examen du projet de directives sur la mise en œuvre de la loi sur la protection de l'environnement. Dans ces commentaires, elles ont noté que le fait de placer entièrement le fardeau du recyclage sur les producteurs ne tient pas compte de la réalité des marchés actuels des matériaux recyclables au Việt Nam. Ces marchés sont organisés par des collecteurs individuels, des commerçants et des villages de recycleurs et de producteurs. Les impacts environnementaux et sanitaires négatifs de ces activités industrielles sur les individus et sur les communautés de recycleurs sont énormes. L'amélioration des conditions de production et de vie des recycleurs « de fait » devrait être au centre des efforts du gouvernement pour établir une économie circulaire. L'expérience a montré que les tentatives de contourner ce système de collecteurs, de négociants et de producteurs du secteur privé sont vouées à l'échec car : 1) le recyclage est une profession qui a une longue histoire et des réseaux établis au Việt Nam ; 2) le public n'a pas encore montré sa volonté de participer aux projets de tri à la source exigés par les monopoles de gestion des déchets parrainés par l'État dans les secteurs public ou privé ; 3) le manque d'investissement a empêché le développement d'une industrie du recyclage capable de se conformer pleinement aux normes et réglementations de la loi.

Non seulement le coût de l'établissement de systèmes de recyclage à forte intensité technologique est élevé, mais le débit nécessaire pour les rendre rentables exige que ces installations aient un quasi-monopole sur le traitement des matériaux recyclables. Nous ne pensons pas que cela soit possible. Pour ces raisons, les entreprises étrangères ont suggéré que l'établissement d'une économie circulaire se fasse avec la collaboration des producteurs, des détaillants, des consommateurs et des personnes travaillant dans le système « de fait », y compris les recycleurs non autorisés et non officiels.

L'exemple des *zabbâlîn* égyptiens face aux pouvoirs publics

Au Caire, les *zabbâlîn* (voir encadré 4, page 70) ont mis en place un « artisanat industriel » (FLORIN, 2019) qui conserve, en partie, une dimension artisanale – organisation du travail familiale et communautaire, capitaux limités, « informalité », procédés de fabrication rudimentaires –, tout en empruntant, en partie, à la dimension industrielle quelques-uns de ses outils « modernes », sa concentration spatiale et sa force de travail. Ce système organique est fondé sur la collecte quasi gratuite des déchets urbains, sans que ce « service » et la participation des *zabbâlîn* à l'économie des déchets ne soient pour autant reconnus par les autorités. Paradoxalement, la « privatisation » en 2002 et l'abattage des cochons en 2009 excluent les *zabbâlîn* et les placent sur le devant de la scène politique et médiatique.

En effet, en 2002, cinq filiales de multinationales européennes ont signé des contrats s'engageant à la collecte et au recyclage de 20 % des déchets du Caire. Du fait de cette « privatisation[29] », tout ramassage d'ordures, dorénavant propriété des entreprises privées, devient illégal. Cette politique modernisatrice, s'inscrivant dans la logique des directives de la Banque mondiale des années 1990, ne peut intégrer l'activité informelle des *zabbâlîn*, ou même les « penser » comme des acteurs susceptibles de jouer un rôle, ce qui explique qu'ils n'aient jamais été avertis de la réforme. Cependant, menées par les leaders de la communauté, des négociations s'établissent avec les entreprises délégataires. Pour avoir accès à la ressource qu'est le déchet, des accords de sous-traitance de collecte sont signés par les patrons d'ateliers bien positionnés dans la corporation. En ce qui concerne les « petits » *zabbâlîn* exclus des négociations, les oppositions individuelles à la réforme se multiplient : dégradation des bennes à ordures des sociétés, éparpillement des déchets dans les rues, grèves de la collecte... Sollicités par les médias, les *zabbâlîn* argumentent de leurs compétences au recyclage, à l'écologie et de la gratuité de leur travail pour la collectivité. Les habitants du Caire prennent également la défense de « leurs » *zabbâlîn*, louant les mérites de la collecte au porte-à-porte, contestant le fait de devoir payer davantage le service rendu, et remettent en cause le choix d'entreprises « étrangères » qui ne comprennent pas les coutumes des Égyptiens. Les difficultés des sociétés étrangères sont telles que seule la société italienne achèvera son contrat en 2017 (DEBOUT et FLORIN, 2011).

Apparue début 2009 au Mexique, la grippe A(H1N1) est surnommée « grippe porcine », malgré les scientifiques qui démontrent qu'il s'agit d'une grippe interhumaine. En mai 2009, sur décision du chef de l'État,

29. Il s'agit, à proprement parler, d'une délégation de service public (partenariat public-privé). L'objectif des autorités égyptiennes était de rationaliser la collecte et de l'étendre à toute la ville.

Hosni Moubarak, la police et des vétérinaires procèdent à l'abattage de 300 000 porcs des *zabbâlîn*. L'Égypte est le seul État au monde à prendre cette décision : la panique collective a saisi la population, aucune contestation n'est possible et la crise est instrumentalisée par les Frères musulmans. Ce choix, éminemment politique sous couvert d'urgence sanitaire, témoigne à l'excès du stigmate qui marque les *zabbâlîn*.

Pour les autorités, il s'agit d'une « mesure d'hygiène générale » et il n'est plus temps de délocaliser les porcheries hors des villes comme le prévoyait une loi de 1994, jamais appliquée. L'abattage des porcs déclenche au sein des quartiers de graves confrontations entre la police et les *zabbâlîn*, mais l'intériorisation de la violence étatique, la brutalité policière et la conscience de la marginalité des *zabbâlîn* expliquent l'impossibilité d'une mobilisation collective. L'abattage ne met pas fin à la psychose collective. Pire, les *zabbâlîn* sont accusés d'être contaminés et « on les traite comme s'ils avaient la peste ». Pour leur part, ils vivent la situation comme une immense injustice, d'autant que, depuis des décennies, ils n'ont jamais rien demandé en échange de leur travail. La riposte des *zabbâlîn* est pourtant radicale : collecter l'organique, en l'absence de cochons, n'a plus aucun intérêt et ils procèdent alors au « tri sélectif » dans les rues, certains d'entre eux se mettent même en grève totale. Le Caire se couvre de déchets, ce qui oblige le gouvernement à reconnaître en 2010, puis en 2014, le rôle des *zabbâlîn*. Ceci dit, aujourd'hui, on ne peut que constater le *statu quo* : les *zabbâlîn* collectent dans les quartiers des classes moyennes et aisées du Caire, à côté d'entreprises égyptiennes qui collectent (plus ou moins) dans les autres quartiers. L'élevage des porcs, autorisé à nouveau, a repris difficilement, mais avec l'interdiction d'en vendre la viande en Égypte. Si les *zabbâlîn* restent tolérés, ils ne sont toujours pas réellement intégrés.

Chapitre 20

Expériences d'intégration du secteur informel au formel dans les villes du Sud

Sonia Maria **Dias**, Juliana **Gonçalves**, Jérémie **Cavé**, Idaa **Warmadewanti**

Lorsque la ville de Belo Horizonte (Brésil) a fermé sa décharge à ciel ouvert, la possibilité de gagner sa vie en collectant des déchets commercialisables a conduit de nombreux pauvres à descendre dans la rue pour récupérer les matières recyclables, lors de l'inauguration de la décharge sanitaire en 1975. À l'époque, les collecteurs travaillaient de manière indépendante, sans aucune reconnaissance du service qu'ils rendaient. La création de la première coopérative de collecteurs (Asmare) en 1990 a fait la lumière sur le droit de gagner sa vie à partir des produits recyclables, et a conduit cette organisation à lutter pour les droits des travailleurs.

L'intégration des acteurs indépendants à Belo Horizonte

En 1993, la ville a reconnu la contribution des travailleurs au système de gestion des déchets solides de la ville et a établi un partenariat avec la coopérative Asmare pour la mise en œuvre de son programme de recyclage municipal. Belo Horizonte, capitale de l'État du Minas Gerais, est la quatrième ville du pays, avec une population de 2 400 000 habitants (IBGE, 2010).

Avant 1993, la ville ignorait la contribution des travailleurs informels à la santé publique et à l'environnement ; elle pénalisait leur activité en confisquant les matériaux et en les chassant. En 1993, un changement majeur a été entrepris en faveur d'un système favorable aux pauvres. Pour comprendre le passage de Belo Horizonte à l'inclusion, il est important de le situer dans deux aspects majeurs : le processus de plus grande réactivité aux demandes sociales au Brésil à cette époque et l'avènement de la gestion intégrée des déchets solides en tant que concept général, qui a introduit une approche multidimensionnelle de la gestion des déchets.

Le Brésil a connu une vague de réactivité des gouvernements locaux aux demandes de la société civile à la fin des années 1980 et au début des années 1990 et, à cette fin, de nombreuses villes ont commencé à reconnaître l'importance de l'inclusion sociale dans les systèmes urbains et en particulier dans les systèmes de gestion des déchets. Dans le même temps, les premières associations et coopératives de ramasseurs de déchets ont été fondées dans de nombreuses villes ; des chercheurs et des militants d'ONG se sont engagés à fournir une assistance au processus d'organisation et à défendre les travailleurs informels. En 1998, avec le lancement de la campagne nationale de l'Unicef « Déchets et citoyenneté », de multiples acteurs de l'État (à tous les niveaux), des coopératives, de la société civile et de l'industrie se sont engagés dans un programme majeur qui comprenait de nombreuses initiatives : l'allocation en espèces, *bolsa-escola*, pour les enfants des récupérateurs de déchets, afin de soutenir leur scolarité ; un important renforcement des capacités en matière de gestion intégrée des déchets solides pour les municipalités, et ce, afin d'améliorer leur compréhension des principaux aspects sociaux et environnementaux de la gestion des déchets ; la création de lignes de financement pour soutenir l'infrastructure des coopératives et d'autres projets relatifs aux déchets, entre autres initiatives.

Le cadre juridique a également subi des changements majeurs, afin d'inclure les collecteurs de déchets en tant que parties prenantes essentielles dans la gestion des déchets : des lois municipales dans certaines villes incluant des clauses relatives aux collecteurs de déchets, des décrets au niveau fédéral créant une collecte sélective solidaire des déchets dans les bâtiments publics, des directives, conditionnant la fermeture des décharges à ciel ouvert à l'existence de plans de subsistance, parmi d'autres ordonnances et lois légales. En 2010, la politique nationale brésilienne en matière de déchets solides a été approuvée et a institué la responsabilité élargie des producteurs. Dans ce contexte, le soutien exceptionnel de Belo Horizonte à l'intégration des travailleurs remonte à la première vague de soutien du gouvernement local aux collecteurs de déchets dans les années 1990. Ainsi, la ville a une longue tradition de gouvernance participative, en particulier au sein de l'agence de nettoyage de la ville, et aussi un fort activisme des mouvements sociaux autour de la question des déchets depuis 1988. La combinaison d'une société mobilisée et d'un personnel technique au sein du gouvernement engagé dans la gestion inclusive des déchets solides a permis vingt-huit ans de partenariat avec les coopératives de collecteurs de déchets, malgré l'actuelle présence de partis politiques opposés à ces partenariats dans les institutions administratives nationales et régionales au Brésil.

Par conséquent, les préoccupations socio-environnementales, telles que l'amélioration des systèmes existants et la génération de revenus pour les pauvres, ont encouragé les améliorations vers un système de gestion des déchets solides (GDS) intégré et durable dans la ville. Cela a conduit en 1993 à l'adoption d'un modèle axé sur la promotion du tri à la source, afin de minimiser l'impact environnemental nuisible causé par les déchets et de maximiser les avantages sociaux et économiques pour la ville. Le nouveau système intégré a apporté des améliorations de grande envergure. Celles-ci comprenaient l'amélioration de la gestion de la décharge existante, la collecte sélective et un programme de recyclage des déchets de la construction, le compostage des matières organiques, l'éducation environnementale, l'amélioration des conditions de travail des travailleurs formels (balayeurs et éboueurs) et un engagement fort en faveur de l'inclusion des collecteurs informels de matières recyclables (Dias, 2011a).

Le système municipal intégré de collecte et de ramassage des ordures

En 1993, l'agence publique de nettoyage (SLU) a entrepris un processus de consultation avec la coopérative de collecte et ramassage des ordures (Asmare), ainsi que les ONG Pastoral de Rua et Cáritas afin de déterminer le meilleur modèle pour la ville. Un système mixte comprenant un système de dépôt des déchets recyclables dans des conteneurs, la reconnaissance officielle des collecteurs et le soutien des collecteurs informels a été soumis à la ville en réponse aux demandes de ces travailleurs. SLU et Asmare sont devenus des partenaires dans le système municipal de collecte sélective des déchets. Au fil des années, alors que le nombre de coopératives passait de un à six, le système de collecte municipal a évolué vers sa forme actuelle : la municipalité récupère, en partenariat avec les coopératives sous contrat, les matériaux recyclables non organiques du flux de déchets solides domestiques à travers quatre canaux principaux.

Tout d'abord, le système de dépôt consiste en l'installation de conteneurs répartis dans toute la ville, dans lesquels la population peut déposer les matières recyclables (plastique, papier, métaux et verre) sur une base volontaire (**carte 1**). Les conteneurs sont vidés chaque

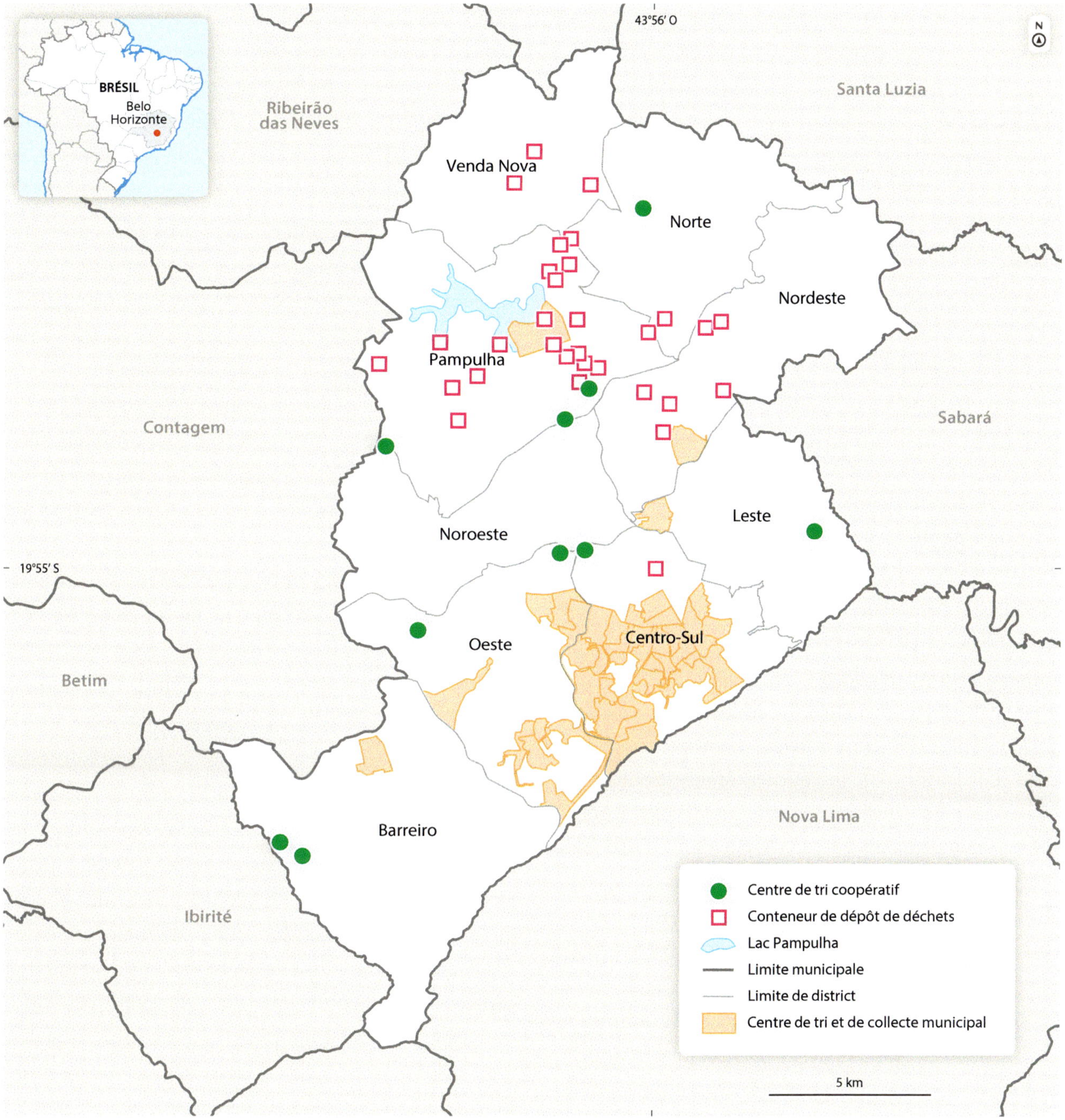

Carte 1

Les conteneurs des centres de tri pour le dépôt des déchets à Belo Horizonte en 2020.

Réalisation : P. M. B. Chaves et Éric Opigez.
Source : Prodabel (2020) et IBGE (2010).

semaine par le personnel de SLU et les matériaux sont transportés vers les centres de tri des coopératives pour un traitement ultérieur. En moyenne, ce système permet de collecter 335 t par mois (SNS et SNIS, 2020). L'un des inconvénients de ce système est le niveau élevé de dommages causés aux conteneurs de recyclage par le vandalisme et par des populations, n'appartenant pas aux coopératives, à la recherche de produits recyclables.

Puis, la collecte en porte-à-porte des produits recyclables est organisée par des coopératives dans les zones non résidentielles. Les coopératives de collecteurs de déchets récupèrent les matériaux recyclables auprès des gros générateurs tels que les établissements commerciaux et les bureaux, en particulier dans le centre-ville de Belo Horizonte, à l'aide de véhicules appartenant aux coopératives. Les matériaux sont acheminés vers des centres de tri pour être traités et commercialisés.

Par ailleurs, la collecte en porte-à-porte des produits recyclables dans les zones résidentielles est organisée dans des zones désignées par les camions des coopératives sous contrat avec la municipalité. Dans ce système, 15 % de la population est concernée. Les matériaux sont acheminés vers des centres de tri pour être traités et commercialisés. En moyenne, 188 t de déchets par mois sont collectées (SNS et SNIS, 2020).

Enfin, la collecte des déchets recyclables est aussi entreprise par des collecteurs de déchets indépendants (non-membres de coopératives). Bien que le système officiel de la ville n'intègre que les travailleurs organisés en coopératives, la ville ne pénalise pas les collecteurs de déchets indépendants qui parcourent les rues en récupérant les recyclables avec leurs charrettes.

Les matériaux collectés par les coopératives sont amenés dans des centres de tri leur appartenant et/ou loués par elles. Là, les matériaux sont traités avant de remonter la chaîne de recyclage. Toutes les coopératives disposent de balances, d'équipements de protection individuelle et de grands sacs. Certaines disposent de broyeurs, de chariots élévateurs à fourche et de tapis roulants de tri manuel. Les matériaux sont vendus dans des usines à Belo Horizonte ou ailleurs dans l'État du Minas Gerais. Les coopératives reçoivent tout l'argent des ventes, qui est ensuite partagé entre les associés (DIAS et SAMSON, 2016). Selon le Système national d'information sur l'assainissement (SNS et SNIS, 2020), le système de tri formel à la source entrepris par les coopératives et les entreprises de collecteurs indépendants de Belo Horizonte a collecté 546 t par mois en 2019, ce qui représente 1 % de la masse des recyclables. Ces données ne prennent pas en compte ce qui est récupéré par les travailleurs informels à travers les systèmes de collecte réalisés par les coopératives et les travailleurs indépendants liés aux intermédiaires.

Jusqu'en 1999, il n'y avait qu'une seule coopérative dans la ville, puis de nouveaux groupes de personnes travaillant à la collecte des produits recyclables ont été formés. Ces groupes ont commencé à demander à être inclus comme partenaires du système de recyclage au même titre que l'Asmare de la ville. Un Forum des déchets et de la citoyenneté a été créé en 2003, qui comprenait des représentants des nouveaux groupes de recycleurs informels, du gouvernement local et des ONG, dans le but de permettre à toutes les parties prenantes de discuter des lignes directrices pour l'intégration des organisations de recycleurs informels et l'accès aux ressources publiques.

Pendant la pandémie de covid en 2020, le forum municipal des déchets et de la citoyenneté a joué un rôle important puisqu'il s'est organisé en deux groupes pour contribuer aux actions de soutien aux récupérateurs de déchets qui ont travaillé en ligne, étant donné les mesures de distanciation sociale mises en place. L'un des groupes de travail était chargé d'organiser des réseaux de soutien, de donner des paniers de nourriture et de contacter les collecteurs de déchets, ce qui a permis d'aider plus de 500 familles. Le second groupe a été organisé pour construire des protocoles de sécurité afin de reprendre les activités de collecte sélective. L'interruption de la collecte pour la protection des collecteurs a duré sept mois ; le résultat de ce groupe de travail a été la construction collective d'un manuel opérationnel pour soutenir les coopératives.

La gouvernance participative a été cruciale pour étendre les droits des citoyens et consolider une approche inclusive de la gestion des déchets solides. C'était déjà le cas en 2003 lorsque de nouvelles coopératives ont émergé et c'est encore le cas aujourd'hui (DIAS, 2016).

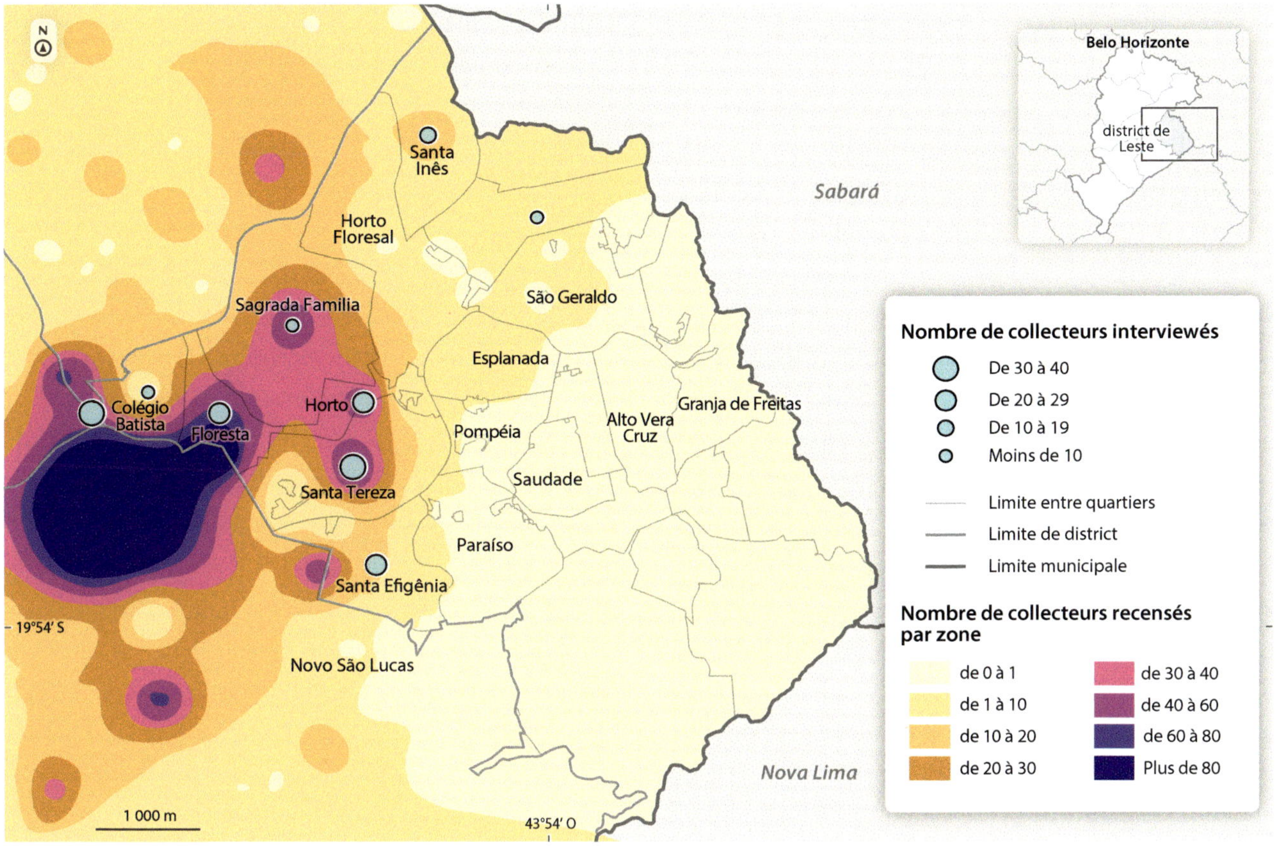

Carte 2
Intensité de l'activité des ramasseurs de déchets indépendants à Belo Horizonte en 2015.
Réalisation : préfecture de Belo Horizonte.
Source : plan de gestion municipale intégrée des résidus solides de la ville de Belo Horizonte, 2015.

Les collecteurs de déchets indépendants

Au Brésil, la majorité des collecteurs de déchets travaillent de manière autonome ou, dans certains cas, avec l'aide de leur conjoint et de leurs enfants. Certains peuvent vivre dans la rue, mais beaucoup vivent dans des logements informels. Bien que ces travailleurs ne soient pas organisés en coopératives ou en associations, ils peuvent former des groupes d'entraide ou d'autres modes de regroupement informels. L'étude de DIAS *et al.* (2009) a révélé que seuls 15 % des collecteurs de déchets à Belo Horizonte étaient organisés, ce qui signifie que la majorité travaille en tant que collecteurs de déchets autonomes.

Dans le centre-ville de Belo Horizonte, la majorité des collecteurs de déchets indépendants transportent les matériaux à l'aide de charrettes à bras à leur propre point de collecte. La carte 2 montre la fréquence d'activité des collecteurs de déchets indépendants dans la ville en 2014. Le centre-ville est le lieu qui compte le plus de travailleurs en raison du flux important de personnes et de l'existence de nombreux gros producteurs de déchets. La zone est connaît également une présence intense de ramasseurs de déchets autonomes. Cela est dû à son emplacement, près du centre-ville, et à sa proximité avec les commerçants intermédiaires de matériaux recyclables. La plus forte concentration de travailleurs indépendants dans cette région est également due à l'existence de centres de référence pour les sans-abris, qui leur offrent un filet de sécurité sur lequel ils peuvent compter.

Comme certains de ces travailleurs indépendants n'ont pas le capital nécessaire pour acheter une voiture ou leur propre charrette, ils doivent les emprunter à des intermédiaires. Par conséquent, ces travailleurs sont rarement libres de vendre leurs produits recyclables où ils le souhaitent, car une condition préalable imposée par les intermédiaires pour prêter des outils est que les matériaux soient vendus au propriétaire de l'outil.

Il convient de souligner que les travailleurs indépendants sont plus vulnérables que les travailleurs organisés, en raison de l'absence de politiques spécifiques pour soutenir leurs stratégies de subsistance. Les défis à relever pour inclure ces collecteurs dans le système de collecte actuel sont les suivants : 1) l'absence d'un système de statistiques et d'enregistrement au niveau de la ville, qui pourrait permettre de connaître la taille et les principales caractéristiques de ce sous-groupe et donc de concevoir des politiques adéquates ; 2) le contrôle des conditions de travail dans les boutiques de recyclage des intermédiaires par le secrétariat de la réglementation urbaine de la ville ; 3) des politiques plus complètes répondant aux besoins spécifiques de ce groupe sectoriel, tels que les infrastructures, la santé, le logement et la protection sociale.

Les systèmes alternatifs de zéro déchet

Les villes sont des lieux d'une incroyable diversité culturelle, géographique et physique. La diversité des dynamiques territoriales au sein de la profession de ramasseur de déchets est l'un des éléments clefs à prendre en considération dans la gestion des déchets solides et appelle une approche qui tienne compte des expériences *bottom-up*, ainsi que des spécificités de chaque territoire.

À Belo Horizonte, il existe des « systèmes alternatifs », c'est-à-dire des actions et des pratiques *bottom-up* menées par les récupérateurs de déchets avec la population locale dans certains territoires. Une de ces expériences est le projet Zero Waste Santa Tereza qui articule les collecteurs de déchets, la communauté locale des quartiers de Santa Tereza et les organisations de la société civile, et comprend diverses initiatives : compostage des aliments, système de coopérative alimentaire, jardin potager et sensibilisation à l'environnement (LIMA *et al.*, 2019).

Le Zero Waste Santa Tereza dispose de deux sites où les résidents peuvent se débarrasser de leurs déchets recyclables et organiques (dans un système de dépôt), moyennant des frais de service mensuels. Le système dessert plus de 90 familles voisines. En plus d'être un point de collecte, les sites disposent également d'un jardin potager agroécologique, d'un emporium pour la consommation d'aliments sains et d'un système de coopérative alimentaire pour l'achat collectif.

Le projet fournit un service de collecte de quartier, desservant 150 familles, dans lequel la coopérative de collecteurs de déchets (Coopesol Leste) effectue une collecte en porte-à-porte des produits recyclables, moyennant une redevance mensuelle payée par les résidents desservis. La coopérative fournit également des services de collecte aux grands générateurs de déchets du territoire, contribuant ainsi à une augmentation du volume de matériaux collectés et, par conséquent, du revenu global des travailleurs. Coopesol Leste est également impliquée dans la cartographie des collecteurs indépendants en partenariat avec le secrétariat social municipal, afin de créer des liens de solidarité entre les collecteurs de déchets et d'étendre les droits aux travailleurs indépendants[1].

La carte 3 montre l'étendue des services et des acteurs desservis par ce système alternatif dans la zone est de la ville. Il est juste de dire que ce système alternatif, conçu en étroite interaction avec la coopérative locale et respectueux de leur capacité opérationnelle, a permis d'offrir une large gamme de services et un plus grand nombre d'utilisateurs, et d'intégrer différentes stratégies

1. Enregistrement effectué par la coopérative en 2019-2020. Il s'agit de collecteurs qui ont été identifiés par la coopérative, mais il existe des centaines d'autres collecteurs travaillant dans la région.

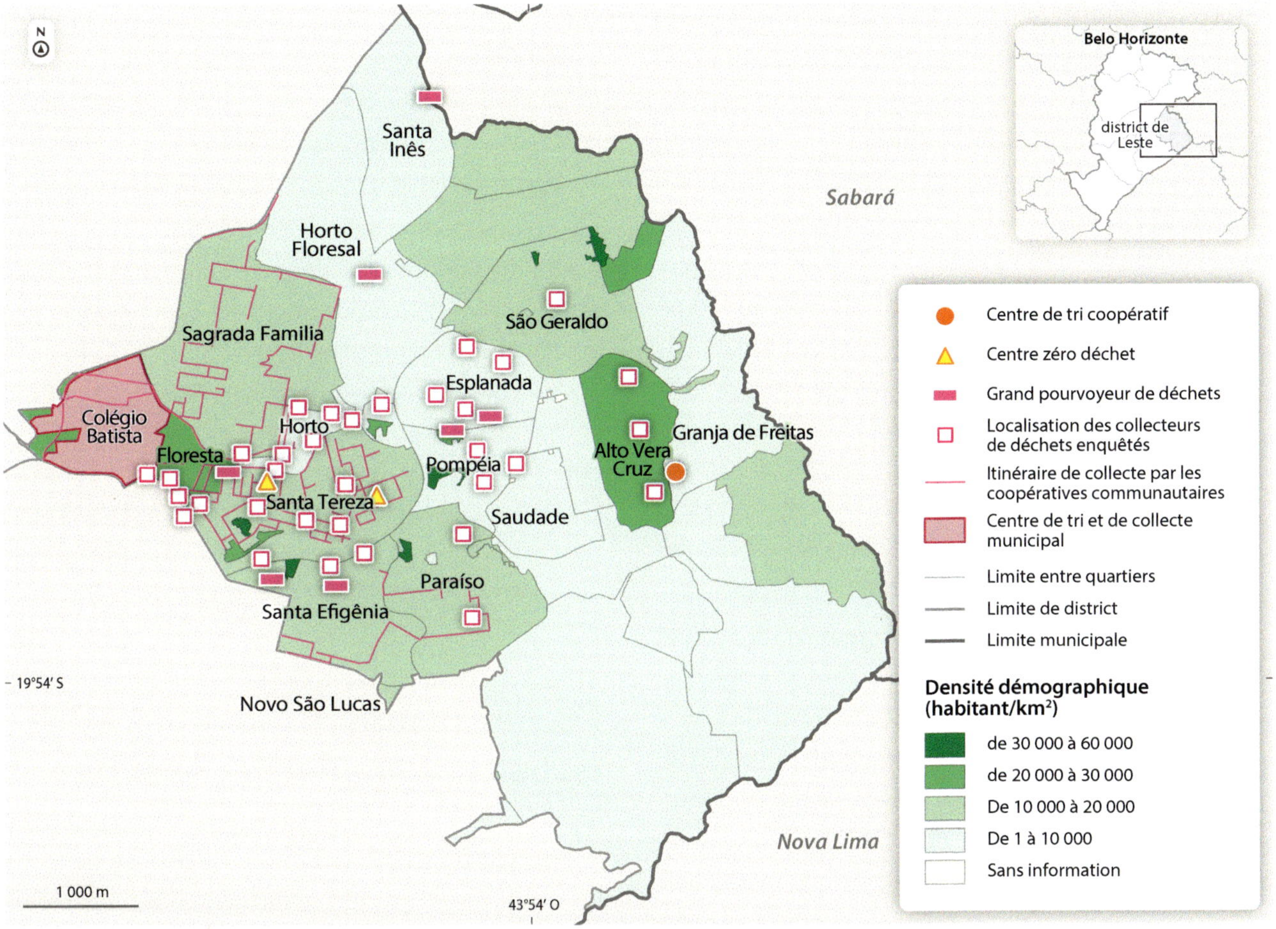

Carte 3

Interface entre les systèmes de collecte alternatifs et formels à Belo Horizonte en 2020.

Réalisation : P. M. B. Chaves et Éric Opigez.
Sources : Prodabel (2020) et IBGE (2010).

pour gérer les déchets solides tout en abordant l'inclusion sociale. L'intégration de systèmes alternatifs dans les systèmes formels existants de gestion des déchets solides peut accroître la portée et l'étendue des politiques publiques, améliorer les taux de recyclage et renforcer les approches innovantes.

Le projet Zero Waste cherche à créer de nouveaux paradigmes pour traiter la question des déchets solides urbains, en mettant en scène un nouveau concept de récupération sélective de déchets et de mobilisation sociale, fondé sur la participation de la communauté locale et sur l'intégration de tous les types de déchets générés par la communauté. En ce sens, le projet ne travaille pas seulement avec les emballages postconsommation, mais plutôt avec l'ensemble du flux de déchets recyclables (déchets organiques et secs, médicaments, déchets électroniques, gestion des déchets encombrants, vêtements et meubles, piles, entre autres matériaux qui peuvent être réduits, réutilisés et recyclés), avec l'objectif de n'envoyer à la décharge qu'une fraction des déchets rejetés. Le zéro déchet est une approche contemporaine capable d'intégrer les questions environnementales et urbaines au développement économique, y compris l'inclusion sociale des collecteurs de déchets.

Dans les années 1990, le concept de gestion intégrée et durable des déchets solides (GIDS) est apparu et est devenu de plus en plus populaire parmi les spécialistes concernés par les dilemmes du développement humain et durable. Ce concept a problématisé l'approche principalement technico-opérationnelle en ajoutant d'autres dimensions pertinentes à la planification de la gestion des déchets solides, en particulier la dimension sociale avec un accent particulier sur les aspects participatifs et d'inclusion sociale (WILSON *et al.*, 2013). La modernisation de la gestion des déchets solides va bien au-delà des technologies à forte intensité de capital. Elle peut et doit impliquer, en particulier dans les pays du Sud, une approche de la gestion des déchets fondée sur le développement humain et des technologies locales, ce que la littérature sur la modernisation écologique appelle des « mélanges modernisateurs » (SCHEINBERG, 2011).

Le système de gestion des déchets de Belo Horizonte, tant dans son système formel que dans son système communautaire, adopte une approche mixte de la gestion des déchets solides, qui comprend : des systèmes de recyclage par tri à la source, qui peuvent être des systèmes de collecte au porte-à-porte et/ou de dépôt, les travailleurs informels étant intégrés en tant que prestataires de services pour la collecte et/ou le tri et le traitement des matières recyclables ; une initiative communautaire « zéro déchet » ; une gouvernance participative.

Un autre élément à mentionner est que le cas de Belo Horizonte aide à comprendre l'importance des éléments sociospatiaux dans le développement de modèles alternatifs de déchets solides. Les dynamiques sociales et territoriales des ramasseurs de déchets devraient être prises en compte dans les processus de planification.

En réfléchissant de manière critique, il est nécessaire d'établir un système cohérent de documentation et d'indicateurs socio-environnementaux pour le suivi des modèles formels et alternatifs (BESEN et DIAS, 2011). Une autre question clef est la nécessité d'universaliser le système en étendant la couverture des services (collecte sélective des déchets, déchets organiques et autres). De même, le développement de méthodologies pour le paiement des différents services rendus par les différents acteurs (coopératives, ramasseurs de déchets indépendants, opérateurs de sites « zéro déchet »), en tenant compte de la dimension service (collecte, tri, traitement) et de la dimension environnementale (contribution à la préservation de l'environnement et à l'atténuation du changement climatique), reste un défi majeur.

La capacité des systèmes de gestion des déchets solides à offrir des solutions qui intègrent à la fois les préoccupations sociales et environnementales dépend d'un changement de paradigme dans lequel les différents systèmes – formels, informels, communautaires – sont pris en considération dans les processus de planification. Il va sans dire que la gouvernance participative, c'est-à-dire l'existence de plateformes multipartites pour la coproduction, la mise en œuvre et le suivi est l'épine dorsale des systèmes de gestion des déchets solides inclusifs.

Les gisements urbains de déchets : un bassin commun de ressources

À Hà Nội, la récupération des déchets recyclables par les travailleurs du secteur informel semble à la croisée des chemins entre intégration et disparition, du fait de la régulation annoncée du secteur. Au sein de ce secteur, la question des déchets recyclables risque de cristalliser les tensions. Des convoitises concurrentes se profilent avec la mise en œuvre du principe de la responsabilité élargie des producteurs, dans un pays où le secteur informel de la récupération n'est pas reconnu à sa juste valeur par les autorités.

L'expérience prouve que l'affirmation, par les autorités municipales, d'un monopole sur l'ensemble des déchets urbains, se traduisant par une éviction des récupérateurs informels au nom de la « modernisation », est souvent assez inopérante. Pour éviter cette déroute annoncée, il pourrait être intéressant de penser les gisements urbains de déchets comme des communs. De fait, les déchets (*res derelicta*) n'appartiennent juridiquement à personne. Cependant, la gestion d'une ressource ne devient un *commun* que si les différents acteurs se concertent et négocient les règles d'usage.

Le cas du Brésil constitue un exemple intéressant de ce point de vue-là. À la fin des années 2000, juste avant l'adoption de la première loi nationale en matière de gestion des déchets, eut lieu à Vitória, capitale de l'État de l'Espírito Santo, un processus tout à fait intéressant de gestion concertée entre les différents acteurs du secteur. Ce cas offre un éclairage original d'une transition entre un système où la récupération était informelle, mais tolérée, et un système où elle entre potentiellement en concurrence avec des opérateurs privés formels qui cherchent à accéder aux ressources recyclables.

Le processus de structuration du secteur à Vitória

Vitória est la ville-centre d'une agglomération de 1,3 million d'habitants. La dynamique autour de la gestion des déchets dans cette région métropolitaine débuta, en 2002, de la volonté de résoudre des conflits d'appropriation récurrents : « Il y a eu une réunion pour centraliser, parce que c'était confus. Par exemple, dans le quartier résidentiel de Jardim Camburí, les *catadores* passaient avant le camion de collecte de la municipalité. Cela a provoqué des bagarres. C'est de là qu'est venue l'idée de monter un dispositif qui prenne tout le monde en compte. » (CAVÉ, 2015).

Afin de mettre fin à une situation de gestion disputée, les autorités publiques sectorielles créent une plateforme institutionnelle de dialogue qui permet d'aborder les conflits d'appropriation, avec pour objectif d'élaborer un cadre réglementaire pour la valorisation des déchets. Deux institutions clefs ont ainsi été créées. Le conseil gestionnaire de déchets de l'Espírito Santo, composé de 35 institutions publiques et autant d'organisations privées, est une arène destinée à débattre collectivement des aspects réglementaires. Le programme Capixaba de matériaux recyclables, défini à la fois comme « politique publique et promotion d'affaires », est une plateforme d'échanges entre acteurs, destinée à maximiser la valorisation des déchets.

Au-delà, la dynamique de concertation a amené les autres parties prenantes du secteur à s'organiser. Les négociants et recycleurs formels se sont fédérés en un réseau (Ecociência), dont l'objectif est de récupérer l'ensemble des déchets recyclables des entreprises, puis de se les répartir. De leur côté, les sept associations de *catadores* de la région métropolitaine tentent de monter une centrale commune de revente des recyclables. À l'échelle de l'agglomération, le conflit le plus ardu oppose justement ces deux organisations. L'enjeu de ce conflit est le produit de la collecte sélective.

L'idée du réseau Ecociência consiste à fédérer les différents acteurs de la chaîne de récupération et de recyclage au sein d'une marque unique. Ils n'auraient alors plus à payer pour obtenir certains déchets secs, mais seraient rémunérés pour gérer l'ensemble des résidus dont l'entreprise cherche à se débarrasser. La difficulté dans l'élaboration de ce réseau réside dans le fait que les négociants doivent développer une culture de coopération. Au contraire des *catadores* qui ont très tôt développé des formes de solidarité (grâce au MNCR[2] notamment), les négociants sont des *self-made men*, souvent partis de rien et endurcis par une concurrence impitoyable. Quoi qu'il en soit, Ecociência fait du lobbying en vue d'obtenir des incitations fiscales, un meilleur accès au crédit et surtout un droit reconnu sur certaines sections du gisement de déchets. Les responsables du réseau Ecociência prétendent vouloir inclure les *catadores* dans leur démarche.

Les partisans des *catadores*, toutefois, ne sont pas dupes. Plutôt que d'être phagocytés par des opérateurs plus puissants, les *catadores* ont le projet de former un réseau avec les autres associations de la région métropolitaine. L'enjeu consiste à acquérir du volume et des équipements en vue de percevoir des recettes de vente plus importantes. Vendre des matériaux secs en vrac rapporte, par exemple, moitié moins que si l'ensemble est séparé par type et par couleur. La perspective de *agregar valor*[3] est attirante, mais le défi pour ces organisations de travailleurs informels est

2. Movimento Nacional dos Catadores de Materiais Recicláveis (Mouvement national des récupérateurs de matériaux recyclés).
3. C'est-à-dire : s'élever dans la chaîne de valeur.

que chacun accepte cet engagement sur la durée. Au fil des mois, les séances de concertation organisées permirent de surmonter ce nœud conflictuel entre Ecociência et les *catadores* et d'aboutir en 2009 à l'adoption d'une loi régionale de gestion des déchets, un an avant la loi nationale !

Les déchets urbains comme bassin commun de ressources

Même s'ils ne le formulent pas en ces termes, les acteurs envisagent le gisement métropolitain de déchets comme un bassin commun de ressources (BCR). Ils reconnaissent collectivement l'existence d'un ensemble de ressources, relativement accessibles et pourtant peu exploitées. Et ils définissent un objectif commun : maximiser la valorisation des déchets urbains de l'agglomération.

À nos yeux, l'erreur courante (Bose et Blore, 1993 ; Chaturvedi et Gidwani, 2010 ; Lane, 2011) consiste à n'envisager que les recyclables comme communs, en excluant le reste du gisement (Cavé, 2015).

Or, comme l'explique Ostrom (1990), tout système de ressources est formé par deux composantes interdépendantes : le stock et les flux. L'apport principal du concept de BCR réside précisément dans cette distinction analytique. Le flux de ressources correspond au prélèvement d'unités au sein du stock de ressources (ex : les poissons du lac qui seront pêchés), tandis que le stock est assimilé aux unités qui ne sont pas extraites de la ressource (ex : les jeunes poissons d'un lac).

De même, le gisement de déchets est composé de flux[4] et d'un stock[5]. Concevoir le gisement urbain de déchets comme un BCR implique cependant d'inverser la dynamique interne du système. Si, dans les BCR ostromiens[6], le stock est nécessaire pour le renouvellement du flux, dans le cas des déchets, c'est l'inverse : le flux (les déchets-ressources) s'accompagne d'un stock (les déchets-ordures) qui peut potentiellement nuire et qui par conséquent ne doit pas croître, mais que personne ne veut s'approprier.

Autrement dit, le danger ne réside pas dans l'épuisement du stock, mais bien plutôt dans sa croissance et sa dissémination incontrôlée. Le risque que les récupérateurs font courir est qu'en extrayant la partie la plus lucrative du gisement ils déséquilibrent financièrement le service municipal et, partant, mettent en péril l'enfouissement contrôlé des déchets ultimes. En effet, si les autorités publiques investissent pour mettre en place un dispositif destiné à collecter les déchets recyclables, mais que les récupérateurs informels écrèment systématiquement le gisement de ses éléments les plus précieux, le service public (ou le dispositif de REP) risque de battre de l'aile.

Étant donné que les interceptions par des récupérateurs apparaissent inéluctables, compte tenu des ruptures de charge du service (les déchets ne sont pas évacués dans des tuyaux enterrés, ils gisent dans l'espace public) et de la valeur d'une partie des matériaux concernés (métaux, plastiques, papiers et cartons notamment), l'attribution de droits d'usage apparaît comme une façon originale de régler les conflits d'appropriation. À la différence des droits de propriété, les droits d'usage définissent « qui peut faire quel usage de quelle quantité de la ressource sous la forme de quels biens et services dérivés de celle-ci » (Varone *et al.*, 2008). Les droits d'usage renvoient donc à des permissions de prélèvement d'unités de ressources, sans pour autant conférer une totale liberté dans leur utilisation.

Puisque l'exclusion de la jouissance de ce commun est en pratique impossible, il est vain d'interdire les détournements de flux, mais il importe de les reconnaître et de les réguler afin de garantir la maîtrise du stock. Dans un tel système, les initiatives de recyclage extragouvernementales ne seraient pas évincées au profit d'un service monopolistique centralisé. Les récupératrices pourraient être incorporées en tant qu'agentes capables de prélever efficacement – à la source – le plus de déchets

4. Les déchets recyclables qui sont pour ainsi dire aspirés par les mécaniques marchandes.

5. Les déchets non recyclables dont personne ne veut et qui s'accumulent.

6. Bassin commun de ressources considéré par Ostrom : « système de ressources assez important pour qu'il soit coûteux, mais pas impossible d'exclure des agents de l'accès aux bénéfices liés à son utilisation ».

© Nội-Pictures/F. Carlet-Soulages

Photo 1
Les déchets organiques : un gisement faiblement convoité – site de compostage formel (2017).

possible. Elles seraient toutefois intégrées, à la condition de canaliser les résidus de leurs processus de valorisation vers des installations de traitement centralisées, afin de gérer convenablement ces externalités sanitaires et environnementales (déchets solides, eaux polluées, fumées nocives). De la sorte, la gestion du stock serait centralisée, tandis que la gestion des flux serait décentralisée.

Si la vision des déchets comme communs constitue une ouverture intéressante à l'heure d'appréhender d'éventuels conflits entre acteurs pour accéder à la crème des déchets, la validité de la comparaison entre Vitória et Hà Nội est toutefois à pondérer. En particulier parce que les autorités publiques de Vitória étaient prêtes à reconnaître l'existence, et même la compétence, des *catadores*. Des années de plaidoyer de la société civile auprès des responsables politiques et d'appui à l'organisation collective des récupérateurs avaient porté leurs fruits.

Par ailleurs, les *catadores* brésiliennes se contentent de glaner les déchets, elles ne les rachètent pas, contrairement aux *đồng nát*. Ceci étant, le fait que les matériaux recyclables soient commercialisés n'empêche nullement de raisonner en termes d'un bassin commun de ressources. L'élaboration d'une gouvernance collective permet d'attribuer des modalités d'accès et de prélèvement de la ressource commune. Et elle rend potentiellement les appropriatrices redevables d'un droit de regard sur la validité environnementale et sociale de leurs débouchés.

Pour autant, il reste délicat de se positionner sur l'impact à venir de la mise en application de la REP au Việt Nam. L'impact des cours mondiaux des matières premières, allié à un discours sur la responsabilité sociale des entreprises, aboutit à la formulation de stratégies d'extraction minière urbaine. Le modèle de la collecte sélective apparaît bien fragile face au déploiement massif de ces logiques d'économie industrielle dans les pays émergents. Si, comme nous l'avons constaté, des conflits d'appropriation se manifestent, c'est parce que le secteur de la récupération, devenant stratégique, est en train d'être pénétré par l'industrie. Autrement dit, un véritable marché mondial d'extraction de matières secondaires est en train de voir le jour.

Dans cette perspective, l'idée des déchets comme bien commun est une proposition afin de réimaginer les politiques urbaines au-delà de la dichotomie État-marché qui se révèle un axe structurel de dynamiques d'expropriation dans de nombreux pays aujourd'hui.

Les banques de déchets à l'épreuve du covid

Surabaya, ville portuaire située sur l'île indonésienne de Java, est connu pour avoir un système semi-décentralisé bien structuré de GDS dans lequel la communauté est impliquée. Dans les zones résidentielles, la collecte et le recyclage des déchets solides sont gérés par des organisations communautaires locales, au niveau du sous-district. Les déchets collectés et non triés sont transportés de la source vers des stations de transfert ou des installations de récupération des matériaux. Les déchets y sont triés manuellement par des collecteurs et les résidus sont enfouis dans des décharges (MUHAMAD *et al.*, 2020). La vente des déchets apporte des ressources économiques aux communautés et celles-ci choisissent de trier, puis de vendre leurs déchets à des banques de déchets (BROTOSUSILO *et al.*, 2020).

Depuis 2008, le recyclage des déchets solides de Surabaya dépend principalement de l'activité des banques de déchets. Une banque de déchets est définie comme une activité d'ingénierie sociale qui apprend aux gens à trier les déchets solides dans le cadre de l'éducation environnementale des activités de GDS (RIDLEY-DUFF et BULL, 2019). C'est un lieu de stockage collectif des déchets recyclables et à vocation de sensibilisation des communautés à l'environnement (SINGHIRUNNUSORN *et al.*, 2012 ; SOLIHIN *et al.*, 2018). Les déchets collectés sont pesés et le collecteur récompensé par une certaine somme d'argent. Ils sont ensuite vendus à des industries ou à des entreprises de moyenne ou grande taille. Surabaya compte 374 banques de déchets en activité, au niveau des sous-districts, et une seule à l'échelle de la ville, à savoir la banque de déchets centrale qui rassemble les déchets principalement auprès des unités de banque de déchets.

Le recyclage des déchets est lié au secteur informel du recyclage (SIR). La banque de déchets a toujours coopéré avec le SIR, comme les entreprises de recyclage de déchets solides à petite ou grande échelle. Selon des études antérieures, 67 % des banques de déchets dans la partie sud de Surabaya ont vendu leurs déchets au secteur informel parce qu'il est plus pratique et plus flexible que les autres types d'entreprises (WARMADEWANTI ET HAQQ, 2019). Le prix unitaire des déchets peut également être déterminé selon un accord direct entre la banque de déchets et les entreprises de recyclage à petite ou grande échelle. En outre, le SIR dispose de son propre système de collecte. Les ménages apportent volontairement leurs déchets à l'unité de la banque de déchets la plus proche, et les petites et grandes entreprises les collectent régulièrement pour les vendre ensuite à l'industrie, principalement aux industries du plastique et du papier.

Les relations de réciprocité entre les banques de déchets, les petites et grandes entreprises et les industries de recyclage sont considérées comme propres à l'économie circulaire. Les organisations de ces banques de déchets au niveau des communautés locales ont également inclus les entreprises du secteur informel du recyclage comme une composante du système de gestion. Leur activité est florissante dans les communautés à revenu moyen ou faible (PUTRA *et al.*, 2018 ; TOWOLIOE *et al.*, 2016).

L'impact économique sur les personnes qui travaillent dans les SIR est très élevé, et elles ont le plus souffert de la baisse de leurs revenus pendant le confinement. L'impact de cette pandémie s'est concentré sur les clients des banques de déchets, la gestion de ces banques et le SIR qui s'intègre au système en circuit fermé (CLS pour *Close Loop System*) de recyclage des déchets solides.

Les banques de déchets et la diminution des déchets dans les décharges

Au cours des dix dernières années, les banques de déchets ont contribué à la réduction des déchets solides à enfouir à Surabaya. Il s'agit d'une forme de GDS communautaire dans une ville ou une régence en Indonésie. Elles font partie du secteur du recyclage des déchets, tels que le plastique et le papier, ainsi que d'autres déchets de valeur. En outre, l'existence d'une banque de déchets est une condition obligatoire pour les régences ou les villes qui souhaitent rejoindre le programme de récompense environnementale (Adipura), basé sur le règlement du ministère de l'Environnement et des Forêts de la République d'Indonésie n° 53/2016. Ce prix a ensuite stimulé la participation de la communauté à la gestion des activités de la banque de déchets dans de nombreuses villes, dont Surabaya. En outre, ce projet touche principalement des populations à faibles revenus, qui trouvent un intérêt dans les gains potentiels qu'il offre. Plus de 80 % des clients de la banque de déchets ont un revenu mensuel inférieur à 235 USD. Elles sont considérées comme un moyen non seulement pour améliorer la gestion de déchets et son recyclage, mais aussi pour améliorer l'économie locale (WULANDARI *et al.*, 2017). La motivation des communautés défavorisées est davantage liée au bénéfice économique de la participation aux activités de la banque de déchets. Pour ces communautés, elle agit comme une plateforme pour gagner de l'argent supplémentaire, économiser de l'argent pour des vacances ou une occasion spéciale (par exemple, l'Aïd) et obtenir un prêt. Ce sont les principales raisons de participer au programme. Seul un petit pourcentage (33 %) a rejoint le programme pour obtenir un environnement plus propre. Après y avoir adhéré, chaque client de la banque des déchets dispose d'un livret et peut demander des microcrédits, qui seront ensuite remboursés avec l'argent collecté sur les déchets. Les déchets collectés sont pesés et classés en fonction de leur prix unitaire. Ils sont ensuite vendus aux industries de recyclage partenaires, afin de créer un CLS pour la GDS. Certains déchets plastiques sont achetés par les communautés de femmes au niveau du sous-district pour être utilisés comme matière première pour l'artisanat (UMYATI *et al.*, 2018).

L'analyse des CLS pour la GDS avant la pandémie montre que les unités de la banque de déchets et le secteur informel ont joué un rôle crucial dans le recyclage à Surabaya. Elle montre également que si un composant est interrompu l'ensemble du cycle est affecté.

Les unités de la banque de déchets sont principalement situées au niveau du sous-district. Surabaya en compte 374 (SURABAYA CITY GOVERNMENT, 2019). Sur la base des échantillons de ces unités, elle collecte en moyenne 183,45 kg de matériaux recyclables, tels que le papier et les déchets plastiques, depuis la source (ménages), les points de collecte (unités de banques de déchets), jusqu'au point où les déchets solides sont utilisés ou recyclés par l'industrie pour produire des matières premières. Les liens entre toutes les parties prenantes de la GDS de Surabaya sont possibles grâce à plusieurs facteurs, par exemple la disponibilité de la main-d'œuvre de la banque de déchets. La flexibilité et l'autonomie de gestion de ces banques ont permis aux communautés d'ajuster le système en fonction des besoins du quartier. Les facteurs influençant leur succès incluent le leadership de leur président, le sentiment d'appartenance au système de GDS communautaire, l'implication des communautés de femmes et les niveaux de compétences du personnel (INDRIANTI, 2016).

Environ 65 % des déchets solides collectés dans ces unités sont vendus à des entreprises de recyclage de petite taille, en tant qu'activité de recyclage informel. SENG et FUJIWARA (2018) mentionnent que l'intégration du secteur informel dans le recyclage des GDS pourrait atteindre des taux de recyclage spécifiques d'environ 20 à 30 % dans les pays en développement. À l'instar de la situation à Surabaya, les banques de déchets collaborent avec des unités de recyclage informelles créées par le CLS. Le prix des déchets, tels que le polyéthylène téréphtalate, le papier et le carton, proposé par les petites entreprises de recyclage, est plus élevé que celui proposé par la banque centrale des déchets.

Les banques de déchets des sous-districts vendent également des déchets à la banque centrale de déchets car elles achètent tous les types de déchets à recycler, y compris ceux de faible valeur, tels que les sacs et les bouchons de bouteilles en plastique, le plastique multicouche et tous les types de papiers. En outre, la banque centrale de déchets organise régulièrement des ateliers et des formations pour renforcer les capacités de gestion de ses unités.

Le total des déchets solides collectés auprès de ces banques en activité est de 720,35 t par an, volume qui intéresse de nombreuses industries. Cependant, pour pouvoir leur vendre des déchets, il faut qu'ils soient propres et de bonne qualité. Le manque de ressources et d'espace pour nettoyer les déchets ou améliorer leur qualité est donc la principale raison pour laquelle la banque centrale de déchets les vend plutôt au secteur informel. Néanmoins, une petite quantité pourrait être utilisée directement par les industries, notamment ceux de grande valeur, comme le PET et le polyéthylène haute densité de bonne qualité. BERCEGOL *et al.* (2017) ont mentionné que, comme dans la plupart des villes asiatiques, les mécanismes de réutilisation et de recyclage des déchets dans les pays en développement sont principalement menés par le secteur informel, qui participe à la mise en place d'une économie circulaire des déchets. C'est également le cas à Surabaya, où des entreprises de recyclage à grande échelle effectuent le recyclage des déchets et augmentent leur valeur, par exemple en détachant les étiquettes en plastique, en broyant le plastique et en séparant la colle des livres et des magazines. Le défi majeur de ces entreprises de recyclage à grande échelle est lié à la manipulation des résidus, une activité qui peut entraîner des problèmes environnementaux, la propagation de contaminants et une pollution inesthétique (EZEAH *et al.*, 2013).

Outre les avantages environnementaux des entreprises de recyclage à grande échelle sous la forme de taux de récupération élevés, une réforme ou une formalisation des SIR pourrait être nécessaire pour permettre aux gouvernements de contrôler les processus au sein des entreprises de recyclage (GTZ, 2010). Une formalisation ou une intégration des travailleurs du secteur informel dans le système formel leur permettra d'avoir un accès direct aux matériaux recyclables, ce qui augmentera leur efficacité et créera du succès (VELIS *et al.*, 2012). Il est également essentiel que les gouvernements reconnaissent le rôle de ce secteur dans la gestion municipale des déchets solides pour assurer la durabilité du recyclage des déchets solides à long terme (APARCANA, 2017).

L'impact du covid sur le système des banques de déchets

À Surabaya, ce système circulaire de gestion des déchets municipaux a été interrompu pendant la pandémie de covid. Au cours de la dernière semaine de mars 2020, Surabaya a été fortement affectée par celle-ci et la municipalité a mis fin aux activités de la banque centrale de déchets. Cependant, aucun rapport ou preuve n'a mentionné que la chaîne de valeur des déchets pouvait propager le virus du covid (SINHA *et al.*, 2020). Le secteur de la GDS a été impacté négativement, notamment la partie du recyclage. Celui du plastique et d'autres produits s'est considérablement ralenti en raison des risques perçus de transmission du covid causée par les déchets plastiques. Cela a entraîné des perturbations de la chaîne d'approvisionnement et des réductions dans

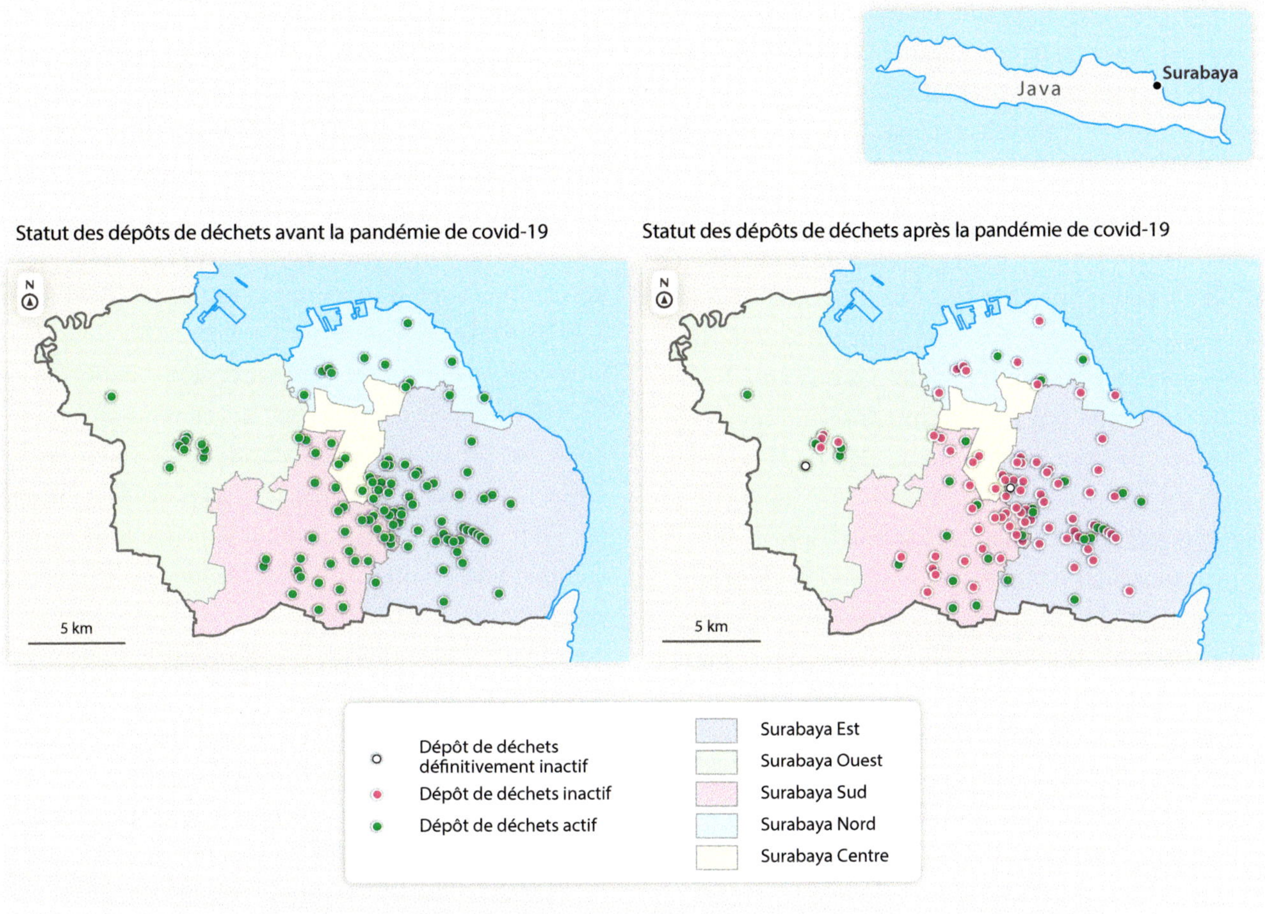

Carte 4

Situation des banques de déchets avant et pendant la pandémie de covid à Surabaya en 2020.

Réalisation : équipe d'Idaa Warmadewanti, département de l'Ingénierie environnementale, université de Surabaya.
Source : enquêtes réalisées par téléphone et en présentiel par l'équipe d'Idaa Warmadewanti.

l'activité manufacturière et commerciale (SINHA *et al.*, 2020).

Le papier et le plastique sont toujours les matériaux les plus valorisables collectés en 2020 à la banque centrale de déchets, avec respectivement 23,46 et 10,36 t par mois. Ceux collectés en mars 2020 étaient inférieurs à 30 t car l'activité a dû s'arrêter à la mi-mars en raison du nombre élevé de cas confirmés de covid à Surabaya. La pandémie a obligé le gouvernement local à mettre en place des mesures de distanciation sociale à grande échelle du 28 avril au 8 juin qui ont sérieusement affecté les activités commerciales, y compris la gestion des déchets solides dans la ville. Le nombre de cas confirmés est passé de 23 la dernière semaine de mars 2020 à 1 927 la dernière semaine de mai (SURABAYA CITY GOVERNMENT, 2020). La plupart des activités dans les unités de la banque de déchets ont également été arrêtées et la banque centrale a été fermée (**carte 4**).

Sur les 374 banques de déchets disponibles à Surabaya, seules 223 ont répondu à l'entretien téléphonique, dont 15 % étaient encore en activité pendant la pandémie. Celles-ci recevaient les déchets des clients, puis les stockaient dans leurs entrepôts. Cependant, l'activité de recyclage fonctionnait au ralenti. Des entretiens avec les clients ont été menés pour analyser leurs opinions sur la situation. Les résultats ont révélé que les questions sociales (interaction sociale limitée et diminution des revenus des clients) représentaient environ 68 % des problèmes ressentis par les populations et que 32 % étaient liées à la question environnementale (augmentation des déchets non gérés).

L'un des avantages des banques de déchets est qu'elles offrent l'occasion pour leurs membres de se rassembler au sein des communautés. Habituellement, les femmes se retrouvent une fois par mois pour trier les déchets dans les banques afin de les vendre à la banque centrale de déchets ou à des petites entreprises de recyclage. Cela crée de bonnes relations au sein de la communauté, car les femmes peuvent travailler et interagir de façon régulière. Ces pratiques sociales sont habituellement plus rares dans les zones métropolitaines telles que Surabaya. Le fait que les banques de déchets y fonctionnent depuis plus de cinq ans sur une base communautaire est impressionnant. Des activités comme les banques de microcrédit créent du lien social au sein de la communauté par le biais de l'épargne distribuée à tour de rôle, cela fait partie depuis longtemps de la culture locale. Les associations d'épargne et de crédit, les arisan, sont les associations informelles d'épargne mutuelle les plus populaires en Indonésie (KHARISMA *et al.*, 2020). En général, les clients retirent leurs économies au moins une fois par an, pendant la fête de l'Aïd (achats et visites aux proches). La pandémie de covid a affecté les activités des banques de déchets, y compris leur capacité à redistribuer les économies des clients à l'occasion de l'Aïd.

La pandémie a aussi affecté les communautés et les activités du secteur informel, telles que les entreprises de recyclage de petite et grande taille. Pendant la pandémie, les entreprises de recyclage de grande taille ont pour la plupart cessé leurs activités. Des entretiens avec des entreprises de ce type ont révélé qu'elles collectaient en moyenne 1 à 2 t par jour de déchets recyclables (plastique et papier) avant la pandémie. Cependant, toutes les grandes entreprises choisies comme échantillon de recherche ont fermé pendant la pandémie en raison de la baisse du flux de déchets.

Les revenus obtenus des banques de déchets dépendent plus de la qualité de ceux-ci que des quantités vendues. Le prix unitaire varie selon les types de déchets et les accords entre les collecteurs et les entreprises. L'unité la moins chère avant la pandémie était le sac en plastique à usage unique (environ 0,042 USD par kilogramme). Les déchets solides à base d'aluminium valaient jusqu'à 1,08 USD par kilogramme avant la pandémie et leur prix a chuté de 30 à 70 % pendant la pandémie. La plupart des entreprises interrogées n'ont pas été confrontées à une réduction de leurs déchets collectés, bien que leurs revenus aient diminué. Cette situation est due à la baisse des prix unitaires des déchets collectés. Quatre des 13 entreprises de recyclage ont dû réduire leurs effectifs pour limiter leurs dépenses. L'impact socio-économique de la pandémie de covid sur les entreprises de recyclage peut être résumé en trois catégories : 1) diminution de la collecte des déchets, des revenus et de la main-d'œuvre (31 %) ; 2) diminution de la collecte des déchets et des revenus, mais main-d'œuvre stable (31 %) ; 3) collecte des déchets et main-d'œuvre stables, mais diminution des revenus (38 %). Les première et deuxième catégories étaient dues à la mise en œuvre de restrictions sociales à grande échelle, entraînant une diminution des activités de plein air et des prix unitaires. Les prix de certains déchets de valeur ont considérablement diminué pendant la pandémie : selon des entretiens avec des entreprises de recyclage de grande taille, il s'avère que ceux du plastique ont chuté de façon spectaculaire en raison de la baisse de la demande des entreprises. Le prix du polypropylène pour les collecteurs était d'environ 0,49 à 0,55 USD le kilogramme dans des conditions normales, alors que pendant la pandémie, le prix est tombé à 0,069 USD le kilogramme.

Selon l'Association indonésienne du recyclage (Adupi), le prix du pétrole brut affecte indirectement le prix des plastiques recyclés (HANA, 2019). La baisse du prix du pétrole a entraîné une baisse du prix des matériaux vierges également. Le prix du PET vierge est passé de 1 100 à 800 USD la tonne. Les faibles prix des matériaux vierges ont forcé l'industrie à prendre des matériaux vierges plutôt que des matériaux recyclés. Cependant,

JIANG *et al.* (2015) et GU *et al.* (2020) ont mentionné que le prix du recyclage des déchets, en particulier du plastique, n'était pas lié au prix du pétrole brut. La demande et l'offre de plastiques recyclés sont également influencées par d'autres facteurs tels que les politiques et la disponibilité des technologies.

Les revenus tirés du recyclage du plastique ont diminué pendant la pandémie et ont touché le secteur informel du recyclage. Ce secteur joue un rôle essentiel dans la réduction de la quantité de déchets solides dans la ville. Des études supplémentaires sur les coûts et les avantages, les ressources humaines, les conflits sociaux potentiels et la politique gouvernementale liés à la gestion des banques de déchets seraient utiles pour leur développement dans d'autres villes (MARYATI *et al.*, 2018).

La situation de la pandémie de covid a eu un impact important sur les activités de recyclage des déchets solides à Surabaya. Les impacts socio-économiques sur les communautés et les activités des banques de déchets concernent principalement le manque de socialisation au sein des communautés, les problèmes environnementaux et les perturbations économiques dues à la perte de revenus supplémentaires provenant de ces banques. Le système de gestion des déchets impliquant les secteurs formels de recyclage, les banques de déchets et le secteur informel pour le recyclage a également été interrompu pendant cette pandémie. Le SIR a été le plus touché, car le prix des déchets de valeur a diminué et le secteur informel a cessé ses activités en raison des restrictions sociales à grande échelle mises en place par le gouvernement de Surabaya. Les défis socio-économiques auxquels le SIR est confronté comprennent la baisse des revenus et la réduction de la main-d'œuvre. Le gouvernement doit surmonter ce problème en établissant des mesures de contrôle de la santé des travailleurs du recyclage et de la sécurité des entreprises. L'intégration du SIR dans la GDS municipale pourrait également maximiser le potentiel de réussite du système de l'économie circulaire de recyclage des déchets solides.

Les limites des applications en ligne de collecte des déchets à Pékin

Les applications en ligne pour se débarrasser des déchets recyclables en Asie, et principalement en Chine, font partie des nouvelles solutions digitales. Partis du constat que la collecte en porte à porte est très coûteuse en temps et en ressources, de nouveaux opérateurs proposent des plateformes auxquelles les habitants peuvent se connecter. Cela permet aux entreprises du recyclage d'avoir accès à l'information localisée des gisements des déchets valorisables et de collecter de façon plus rapide que ne le font les collecteurs informels. Cependant, aussi attrayantes qu'elles soient en raison de la modernité et de leur apparente efficacité en termes de connexion entre clients et opérateurs, ces applications rencontrent de nombreux obstacles.

Encadré 1
Les « O2O »

Un nouveau modèle commercial de collecte des déchets recyclables

À Pékin, en 2017, le phénomène dit « O2O » (*on-line to off-line*) a donné naissance à un large éventail de modèles commerciaux et d'approches visant à résoudre toutes sortes de problèmes sociaux et de consommation par le développement d'Internet et du commerce en ligne.

Les plateformes de collecte des déchets recyclables qui offrent des services en ligne se vantent d'avoir une main-d'œuvre bien élevée, portant des uniformes appropriés, et promettent une élimination des déchets sans produire de pollution. Il suffit de faire une demande en ligne pour l'enlèvement des déchets et dans un bref délai des collecteurs viennent chez vous. En bref, ils sont exactement le type de collecteur de déchets que le gouvernement aimerait avoir.

Mais ce travail est-il attrayant ou accessible pour les collecteurs de déchets informels ? Qu'est-ce que cela signifie pour eux de devenir un employé d'une telle entreprise, d'être embauché pour enlever les déchets recyclables qui ont été signalés par les citoyens à l'aide d'applications dédiées sur leurs smartphones ? Que faut-il faire pour devenir un tel employé ?

Le site web de l'application Taoqibao définit ce qu'il attend des « collecteurs », comme il appelle ses employés potentiels. Ils doivent être âgés de 18 à 35 ans et avoir terminé le lycée, mais une formation universitaire est préférable. En contrepartie, l'employé gagne un salaire mensuel fixe de 2 200 yuans[7] ; ce salaire peut augmenter par le biais de la rémunération à la commission (à la pièce) pour atteindre un revenu moyen de 4 000 à 7 000 yuans par mois. L'entreprise offre plusieurs types d'assurances sociales (retraite, médicale, chômage, accidents du travail et maternité). Des vêtements de travail sont également fournis gratuitement tout au long de l'année. L'entreprise organise une série d'activités pour le personnel, apparemment pour créer un véritable esprit d'entreprise. Outre les employés à temps plein, la société est également intéressée par l'embauche de free-lances, des personnes qui souhaitent gagner de l'argent pendant leur temps libre.

Après avoir comparé les offres d'emploi publiées par trois entreprises O2O, force est de constater que les collecteurs de déchets informels, qui appartiennent généralement aux cohortes de travailleurs migrants, ne semblent pas répondre aux exigences. Les recruteurs recherchent des ressources humaines qui ont un parcours urbain, ont terminé leur scolarité au niveau secondaire, sont des professionnels ou supérieurs, parlent couramment le chinois standard, ont une apparence agréable, etc.

Les collecteurs de déchets, des gérants et des employés de dépôts de déchets et des travailleurs réguliers de l'assainissement, interrogés sur ces sujets, ont d'abord été amusés par les questions de l'auteur, puis se sont invariablement moqués de sa suggestion de rejoindre une entreprise O2O. Eux, qui avaient acquis leurs connaissances par la pratique, avaient-ils vraiment besoin d'être formés pour faire un travail qui n'exigeait aucune formation ? Pourquoi auraient-ils besoin d'élever leur niveau de service à la clientèle ? Aucun d'entre eux ne considère le fait de travailler pour une entreprise O2O comme une option sérieuse. Ils ne se souviennent pas d'avoir rencontré des travailleurs O2O et ne les considèrent donc pas comme des concurrents. Ils estiment également que le potentiel de travail et de revenu d'une entreprise O2O est défavorable, pour diverses raisons. Tous considèrent que le salaire proposé est beaucoup trop bas.

Tout en reconnaissant que le caractère informel de leur travail peut signifier qu'ils gagnent moins certains jours, la plupart des collecteurs sont convaincus qu'ils peuvent gagner beaucoup plus que les 2 000 yuans par mois, somme qu'offrent la plupart des emplois O2O. En effet, la corrélation entre un travail acharné et un revenu élevé a été mentionnée le plus souvent avec beaucoup de fierté. Certains patrons laissent entendre qu'ils ont été approchés par des entreprises O2O, mais qu'ils ont refusé leur offre de coopération plus formelle. Ils ont déclaré que les 3 000 à 4 000 yuans par mois que les entreprises leur avaient proposés n'étaient pas comparables à la somme d'argent qu'ils peuvent gagner eux-mêmes en une journée en dépendant de leur propre force de travail.

7. 1 yuan = 0,15 euro.

Les entreprises O2O ne sont que des relations commerciales comme les autres, rien de plus. Ni les collecteurs ni les patrons n'avaient entendu parler des applications pour smartphone que les entreprises O2O avaient développées, et ils se demandaient ce qu'elles étaient.

Les collecteurs n'aiment pas l'idée qu'on puisse les convoquer dans une résidence pour chercher des déchets. Cela contredit en fait les histoires rapportées dans un certain nombre d'articles de médias chinois, qui font référence à l'aspect pratique des applications pour les collecteurs (ZHANG, 2016 ; ZHENG, 2017). Quelques collecteurs ou gérants de dépôts ont mentionné que, parfois, des clients de longue date avec lesquels ils ont établi des relations profitables, comme des entreprises ou des restaurants, les contactent à « l'ancienne », en leur passant un coup de fil lorsqu'ils ont des déchets à vendre. Ils se décident généralement sur place, en fonction du prix qu'ils doivent payer pour de telles offres et l'idée de prix fixes ne les dérange pas.

Ils sont convaincus qu'il ne s'agit que d'astuces conçues par les entreprises O2O pour obtenir des subventions gouvernementales ; l'utilisation d'applications ne change en rien l'activité de collecte et de vente de déchets. Il y a aussi la question de l'informalité du travail qu'ils font actuellement. En tant qu'auto-entrepreneurs, ils ont plus de liberté et de droits pour décider des prix auxquels ils achètent et vendent, de la charge de travail et du temps qu'ils veulent investir – même si les descriptions de postes O2O suggèrent effectivement un paiement à la tâche. Aucune des sources ne s'est montrée intéressée par le fait de rejoindre la moindre véritable entreprise. « Mes revenus dépendent uniquement de moi-même. Si je travaille aujourd'hui, je suis payé », est le type de réponse qu'ils donnent régulièrement. La possibilité de rejoindre ce type d'entreprise, qui protégerait leur travail contre les pressions extérieures, comme celles des gouvernements ou des agents de gestion urbaine craints et détestés, ne leur est pas venue à l'esprit. En fait, les collecteurs de déchets n'ont pas mentionné ressentir une quelconque pression de la part de ces agents. Certains des patrons ont dit que ces types de pression sont précisément le genre de griefs qu'ils ont à gérer lorsqu'ils cherchent à s'implanter sur de nouveaux territoires.

Les difficultés rencontrées par les travailleurs informels des déchets

En effet, la difficulté de trouver de nouveaux terrains vacants pour leurs activités de tri et de collecte leur pose vraiment un problème. Ils sont constamment contraints de s'éloigner de la ville car leurs points de collecte sont sans cesse occupés. La perspective de porter un uniforme d'entreprise n'est pas du tout attrayante et semble même gêner un peu les sources, bien qu'elles soient sensibles à l'idée d'obtenir gratuitement des vêtements de travail. Ils ne sont pas du tout attirés par la promesse d'une assurance sociale que certains contrats O2O offrent, car ils sont convaincus que les primes sont prélevées sur les salaires. La seule chose qu'ils apprécient dans l'emploi O2O est la possibilité d'obtenir des outils gratuits, comme un chariot.

Quant à l'idée de gagner un statut et d'être mieux acceptés par les Pékinois en devenant des employés réguliers, ils ne sont pas convaincus que rejoindre une entreprise O2O soit le bon moyen d'y parvenir. Après tout, ils « n'ont pas de culture », ils n'ont pas de *suzhi*. Ils se demandent s'ils veulent vraiment faire tout cela pour être acceptés ; ils ont plutôt indiqué que le respect qu'ils ont ou qu'ils peuvent obtenir dans leur propre communauté compte plus que la reconnaissance à Pékin. Tous sont convaincus que le fait de rejoindre une entreprise O2O les aiderait à réduire les dépenses liées à l'obtention des différents permis nécessaires à leur travail, mais ils sont également certains qu'emprunter cette voie ne les aidera pas à accéder à un enregistrement urbain.

Les attitudes des travailleurs réguliers de l'assainissement diffèrent de celles des travailleurs informels des déchets à bien des égards. La plupart des travailleurs réguliers sont nés et ont grandi à Pékin, et la perspective de rejoindre une entreprise O2O pour obtenir un *hukou* urbain ne les attire pas du tout. De plus, ils travaillent déjà pour les départements d'assainissement des gouvernements municipaux ou de district, ou pour des comités résidentiels. Bien qu'ils effectuent un travail bas de gamme, ils bénéficient d'une certaine considération et d'un certain respect, car ils occupent une position officielle. Tous les agents sanitaires interrogés sont fiers de leur travail et de leur contribution à la société. Ils portent leur uniforme avec fierté, car il les distingue des autres et leur confère une position officielle dans le schéma plus large de la société urbaine. Alors qu'ils conduisent leurs camions-poubelles ou leurs tricycles pour ramasser les ordures, tous fournis par leurs employeurs municipaux, l'idée d'avoir des outils de travail gratuits à leur disposition n'a aucun attrait (LANDSBERGER, 2019).

Conclusion de partie

Sylvie **Fanchette**

Si la citation en introduction de cette partie rappelle qu'« il est désormais admis que la plupart des modes de gestion et de traitement industriels développés dans les pays du Nord ne sont pas adaptés aux caractéristiques des pays du Sud, en termes à la fois techniques, économiques et sociaux », la plupart des projets et des mesures mises en place pour réformer et améliorer le système de gestion des déchets au Việt Nam sont empruntés au Nord : l'incinération des déchets pour limiter l'enfouissement, la subvention par les grandes entreprises productrices d'emballage de société à des entreprises de recyclage tel PRO, dans le cadre de la responsabilité élargie aux producteurs de déchets, la nouvelle loi de la protection de l'environnement de 2020 pour favoriser le tri à la source et limiter l'usage des plastiques à usage unique, etc. Ces mesures sont mises en œuvre sans concertation avec les principaux intéressés, les habitants et les travailleurs informels de collecte et de recyclage des déchets, en raison de leur inexistence juridique et de l'absence de syndicats ou d'associations pouvant les regrouper. En revanche, le type d'expériences réalisées dans d'autres pays du Sud, qui reposent sur les innovations sociales et organisationnelles (les coopératives, les banques de déchets...), tout en militant pour la diminution de la production des déchets et du tri à la source, n'est pas pris en compte dans ce pays.

Au Việt Nam, de nombreuses politiques œuvrent pour l'aide aux défavorisés et aux populations pauvres, mais sur leur lieu de résidence. Les migrants sont contrôlés par des livrets de résidence plutôt qu'aidés sur leur lieu de travail en ville, car ils n'y sont pas considérés comme résidents. Ils ne sont pas comptabilisés dans les politiques d'aménagement et de gestion de la ville (logement, aides sociales), alors qu'ils œuvrent au développement des services urbains du secteur informel. La population « flottante », composée de migrants saisonniers travaillant dans la capitale, est nombreuse et les estimations les plus farfelues ont pu être données (15 % de la population sont avancés, PAPIN ET PASSICOUSSET, 2010). Une large part des travailleurs informels du secteur des déchets est très précaire et vulnérable, principalement les collectrices, en raison de leur droit limité à la ville et aux prestations sociales, et d'une stigmatisation liée à leurs rapports avec les déchets et à leurs méthodes de travail, peu conciliables avec l'idée de modernité dont les autorités municipales et certaines catégories sociales se font de leur capitale. La crise du covid l'a montré, ne bénéficiant pas de permis de résidence en ville, la plupart des *đồng nát* n'ont pas pu bénéficier des allocations et aides pendant la pandémie pour survivre en ville. C'est un réel cercle vicieux : leur besoin et leur volonté d'être libres et de circuler entre la ville et la campagne, où vit leur famille, limitent leur intégration à la ville et à ses services, et les vulnérabilisent, car les aides sont distribuées aux personnes sur leur lieu de résidence principale. Leur mobilité, en même temps, limite leur possibilité de s'organiser et de faire partie d'association ou de toute autre structure professionnelle qui pourrait les aider.

Les projets et les évaluations des politiques présentés dans cette partie suggèrent la complexité de leur mise en œuvre et la nécessaire prise en compte de la dimension sociale des enjeux. Cette dimension sociale n'a pas été considérée dans les projets ayant une optique plutôt techniciste. En effet, la compétition sur les déchets les plus valorisables dans le cadre de l'incinération des déchets, pour en récupérer de l'énergie ou des projets de REP, remet en cause la place du secteur informel qui collecte à Delhi ou à Hà Nội environ 20 % des déchets recyclables. Ne pas prendre en compte ce secteur dans la mise en place des politiques, alors que l'on pourrait se reposer en partie sur lui, comporte de nombreux risques sociaux et d'organisation. Selon le rapport de l'OCDE sur la REP, la mise en place de ce système dans ces pays à revenus intermédiaires bouleverse les moyens d'existence des récupérateurs informels, qui se trouvent alors en concurrence avec lui pour récupérer les matières présentant une valeur, tels les déchets secs les plus valorisés par les collecteurs. Bénédicte Florin montre combien les travailleurs du secteur informel ont des savoir-faire et constituent une main-d'œuvre nombreuse sous-payée, à laquelle le secteur public ou privé n'a pas accès. Une multinationale italienne, à qui la gestion du ramassage des ordures du Caire a été confiée, n'a trouvé d'autre solution que de sous-traiter leur activité aux *zabbâlîn* du Caire, qui jusqu'alors étaient les principaux acteurs à l'œuvre !

L'autre catégorie de projet présentée dans cette partie met en avant la capacité des systèmes de gestion des déchets solides à offrir des solutions qui intègrent à la fois les préoccupations sociales et environnementales. Ceux-ci nécessitent un changement de paradigme dans lequel les différents systèmes – formels, informels, communautaires – sont pris en considération dans les processus de planification. Ce type d'initiative implique un changement de politique et une approche plus bienveillante des autorités locales à l'égard des travailleurs du secteur informel de la collecte et du recyclage, et de la société civile qui les accompagne, mais aussi la création d'arènes de concertations entre les différents acteurs pour arriver à des consensus pour accéder aux déchets et limiter la concurrence. Le système de gestion des déchets de Belo Horizonte, tant dans son système formel que dans son système communautaire, adopte une approche mixte de la gestion des déchets solides. Elle comprend des systèmes de recyclage par tri à la source, qui peuvent être des systèmes de collecte au porte-à-porte et/ou de dépôt. Les travailleurs informels sont intégrés en tant que prestataires de services pour la collecte et/ou le tri et traitement des matières recyclables. Le système comprend aussi une initiative communautaire « zéro déchet » et une gouvernance participative.

Toutefois, selon le rapport de l'OCDE de 2017, les collecteurs, commerçants ou recycleurs de déchets en Asie du Sud et de l'Est se considèrent comme des travailleurs indépendants et ne sont pas organisés en coopératives. Si les mobilisations contre des réformes imposées en Inde, en Turquie, en Argentine ou dans des pays où l'ONG Wiego intervient ont permis aux récupérateurs de faire entrendre leur voix (voir page 308), de tels mouvements n'existent pas au Việt Nam et en Chine. « Les actions menées en Asie semblent avoir débuté en Inde dans les années 1980, avec la Sewa (Association des travailleuses indépendantes) dans le Gujarat et à Calcutta. Le premier syndicat de ramasseurs de déchets, le KKPKP, a été créé en Inde, à Pune, dans les années 1990. En dehors de l'Inde et de l'Afrique du Sud, les syndicats de recycleurs informels sont rares. » (OCDE, 2017). Ces travailleurs indépendants semblent refuser d'être contrôlés par une quelconque structure étatique ou communautaire, et d'être associés à des confrères et consœurs avec lesquels ils sont en compétition sur les ressources. Les recherches que nous avons pu réaliser sur la labellisation des produits artisanaux et leur nécessaire encadrement par des associations professionnelles ont montré la méfiance des artisans à l'égard des formes de coopération (l'expérience très négative des coopératives de l'époque collectiviste n'a pas porté ses fruits et réfreine les velléités d'organisation des collecteurs et commerçants de déchets !).

Cela questionne le type de support dont ces acteurs informels pourraient bénéficier pour porter leur voix face aux autorités qui s'inscrivent dans l'approche développementaliste, à savoir qu'elles « les considèrent comme une activité marginale, située dans les marges et œuvre de marginaux, appelée à disparaître lorsque le pays aura atteint un niveau de développement économique plus élevé. Les activités informelles qui perdurent, malgré la modernisation, relèvent de la débrouille ou d'une économie de la survie dont il ne faut pas attendre grand-chose » (voir Bénédicte Florin, page 302). L'absence de représentation politique des travailleurs indépendants du secteur des déchets en Asie peut être considérée comme la « rançon » du mode d'organisation communautaire, mais pas seulement. Les résultats des enquêtes qualitatives auprès des collecteurs et des gérants de dépôts de déchets montrent combien les appuis villageois au sein de la filière migratoire d'origine de Nam Định sont puissants, tout en se limitant pour les seconds aux affaires sociales. « Le manque de sécurité économique des populations marginalisées des villes est compensé par des réseaux d'échanges réciproques de biens et de services… En outre, ils leur offrent un soutien affectif et moral face à la quasi-absence de toute participation organisée dans la vie de la cité. » (CIRELLI et FLORIN, 2015).

Enfin, la valorisation du discours sur l'économie circulaire, basée en partie sur la proximité et le recyclage des déchets, sert à justifier des pratiques et des projets qui ne sont en réalité pas durables sur le plan environnemental. Pour reprendre l'argument que Baptiste Monsaingeon a développé dans cette partie : « De façon paradoxale, avec l'économie circulaire, la lutte *contre* les déchets devient également un argument pour justifier le fait de continuer à en produire, dans la mesure où ce système économique à venir est fondé sur la systématisation des dispositifs de recyclage et de valorisation de *tout* ce qui est produit. Ce modèle du tout recyclage a un coût écologique loin d'être négligeable en énergie et en transport…. Mais, pire encore, l'optimisation du recyclage est à l'origine d'un paradoxe productif : plus on recycle, mieux on recycle, plus la production de déchets augmente. » Il apparaît en effet difficile de pousser les habitants de pays émergents en pleine croissance industrielle et économique qui se sont lancés dans « l'aventure du consumérisme et du gaspillage » (WU et ZHANG, 2019) à limiter leur production de déchets !

Conclusion générale

Sylvie **Fanchette**

L'ENJEU environnemental de la gestion des déchets, de leur recyclage et de leur diminution est au centre de la durabilité des villes du Sud. À Hà Nội, l'augmentation des gisements de déchets est liée à l'accroissement de la population et à l'enrichissement de la classe moyenne, dont les modes de consommation sont parmi les plus grands « producteurs de déchets de qualité » comme les emballages, les bouteilles en plastique et les cannettes en aluminium. Par ailleurs, la tertiarisation de l'économie urbaine et le développement du commerce et des chantiers de construction sont une véritable aubaine pour les collecteurs et les commerçants de déchets. Enfin, l'intégration du Việt Nam dans la mondialisation et sa politique de développement fondée sur l'industrie financée par les investissements étrangers et destinée à l'export a stimulé le marché de la récupération du fait de la croissance des déchets industriels produits, tels les emballages, les chutes et malfaçons d'objets. Cette même industrie a besoin de matières premières secondaires (*pellets* de plastique et lingots d'aluminium) pour faire tourner ses usines, ce qui favorise son intégration avec le système du recyclage. Les marchés des déchets recyclables se sont diversifiés, notamment depuis la mise en place de la politique chinoise du National Sword (voir pages 224 et 330), et les importations en provenance des pays de la région ou de l'Occident (papier, plastiques et, dans une moindre mesure, métaux) se développent. Les déchets sont bien une ressource pour la plupart des parties prenantes, tandis que les politiques municipales en œuvre ne se chargent que d'évacuer les ordures pour les enfouir dans des décharges, sans aucun tri préalable. Les déchets dans ce dernier cas sont ainsi considérés comme des ordures dont il faut se débarrasser.

La plupart des politiques proposées pour gérer ces déchets au Việt Nam s'inspirent de celles mises en place dans les pays du Nord, même s'il est admis que la plupart des modes de gestion et de traitement industriels qui y sont développés ne sont pas adaptés aux caractéristiques de ces pays (OCDE, 2017 ; CIRELLI et FLORIN, 2015). Des recherches ont en effet montré que « dans le cadre des réformes des services urbains dans les pays dits du Sud, encouragées par les organismes et les bailleurs internationaux, le modèle occidental, fondé sur des critères d'excellence environnementale, nécessite aussi des équipements toujours plus sophistiqués, des savoir-faire spécialisés et des investissements importants. Il est exporté par les grandes firmes convoquées par des administrations urbaines ne pouvant faire face aux nouveaux défis dans les métropoles où le service des déchets est peu structuré... Cependant, ces tentatives de transposition du modèle occidental se sont heurtées à des dispositifs locaux préexistants et fortement ancrés » (CIRELLI et FLORIN, 2015).

Malgré leur non-prise en compte, les acteurs non intégrés dans les dispositifs institutionnels jouent un rôle indispensable dans le cycle de traitement et d'élimination des déchets. « Pour autant, ils sont fréquemment exclus des processus décisionnels et des restructurations liées aux réformes des services publics. L'opposition "formel" et "informel" relève souvent d'un continuum de prise en charge des déchets qui relativise cette dichotomie. Plus les enjeux autour de cette matière première secondaire sont grands et plus le continuum est observable : preuve en est de l'essor de nouveaux intermédiaires, acheteurs et vendeurs de déchets qui constituent l'entre-deux des secteurs formel et informel. » (CIRELLI et FLORIN, 2015). En dépit de tous les obstacles à leur participation et de l'ostracisation dont ils font l'objet, ils se maintiennent en place, et ceci jusqu'au cœur de la ville de Hà Nội.

Nous avons posé en début de cet ouvrage plusieurs questions et hypothèses pour y répondre, et nous articulerons cette conclusion autour de deux grandes thématiques de discussion. La première aborde le caractère éminemment pluridisciplinaire et donc pluriacteurs de la gestion des déchets et de son recyclage, et d'une nécessaire approche multiscalaire de son analyse en raison de son caractère à la fois local, national et dorénavant international. C'est pour cela qu'il nous paraît important que ce secteur ne demeure pas entre les mains uniquement des techniciens et des politiques. La deuxième thématique concerne l'avenir de ce secteur non institutionnel de collecte et de recyclage des déchets qui est abordé à partir de plusieurs entrées.

– Le rôle ambigu de la métropolisation dans la création d'interstices et d'espaces en attente où les commerçants et les collecteurs peuvent temporairement s'installer, sous réserve de négocier leur place avec les autorités locales et le voisinage. La durée éphémère de certains interstices pose la question de la dynamique urbaine, de leur rôle et de leur localisation dans l'avenir pour accueillir les migrants du secteur des déchets n'ayant pas accès au foncier et un droit à la ville. Par ailleurs, la mise aux normes urbaines et l'étalement des villes remettent en cause le maintien de villages du recyclage très polluants sur leur territoire.

– La proximité entre les différentes parties prenantes, fondement de base de l'économie circulaire, est interrogée du fait de l'inévitable changement d'échelle de l'approvisionnement en déchets recyclables par des entreprises qui cherchent une rentabilité plus immédiate, ceci au détriment du secteur informel local organisé par les *đồng nát* et les gestionnaires de *bãi*.

– La transition industrielle du Việt Nam, le *upgrading*, et les changements d'aspiration des jeunes mieux formés que leurs aînés à exercer des emplois plus valorisés socialement posent la question de la pérennité du « vivier » de ruraux et migrants pour faire ce travail difficile et stigmatisé. Cela questionne le type de support dont ces acteurs informels pourraient bénéficier pour porter leur voix face aux autorités qui s'inscrivent dans l'approche développementaliste, à savoir qui « les considère comme une activité marginale, située dans les marges et œuvre de marginaux, appelée à disparaître lorsque le pays aura atteint un niveau de développement économique plus élevé. Les activités informelles qui perdurent malgré la modernisation relèveraient de la débrouille ou d'une économie de la survie, dont il ne faudrait pas attendre grand-chose. » (voir chapitre 17).

Un objet de recherche à ne pas laisser entre les seules mains des techniciens et des politiques

Une approche pluridisciplinaire et multiscalaire

L'intérêt partagé par de multiples parties prenantes pour bénéficier des ressources des déchets recyclables est bien réel : ce système non institutionnel de collecte et de recyclage des déchets crée plusieurs dizaines de milliers d'emplois à Hà Nội et ses périphéries pour les ruraux et les migrants, des entreprises artisanales sont demandeuses de matières premières secondaires, moins chères que les matières premières vierges, tandis que les usines mondialisées produisent de plus en plus de déchets (emballages, malfaçons et chutes) qu'elles cherchent à vendre, voire à racheter une fois recyclées. Enfin, les municipalités ont un intérêt non affirmé pour ce système qui leur permet de limiter l'enfouissement de 20 % des déchets dans des décharges complètement saturées. Tous ces facteurs démontrent le caractère économique, social et environnemental de ce secteur qui devrait impliquer une gestion partagée des ressources qu'il génère. « Il s'agit de penser les services urbains des déchets comme un système résultant de l'articulation entre, d'une part, les savoirs et procédés techniques, d'autre part, les jeux d'acteurs et, enfin, les modes de régulation et logiques territoriales qui les sous-tendent. » (CIRELLI et FLORIN, 2015).

Une approche multidisciplinaire et multiscalaire pour cet objet de recherche multisectoriel qu'est la gestion des déchets est donc incontournable. L'approche croisée des jeux d'acteurs et de leurs pratiques, des stratégies territoriales et des dynamiques des filières de matériaux à recycler permet d'appréhender la complexité des interdépendances entre ces trois processus qui fondent la particularité de la gestion sélective des déchets et son recyclage dans la ville-province de Hà Nội, en lien avec ses périphéries. Cette entrée multiple nous a permis de mieux appréhender comment les collecteurs et les commerçants de déchets, anciens paysans pour la plupart, se reconvertissent dans la migration, comment les espaces en attente, les interstices, sont reconvertis temporairement comme support de la gestion des déchets en attendant des projets résidentiels plus valorisables et, enfin, comment les matériaux et déchets sélectionnés sont recyclés et bénéficient d'une nouvelle vie et d'un nouvel usage. Pour mener à bien ce projet, nous avons mobilisé en plus le concept de « cluster » (FANCHETTE, 2019), chaîne de valeur transcalaire supportée par des réseaux villageois et professionnels, car le moindre dépôt de déchets est lié à la fois aux réseaux de collecteurs et de recycleurs, mais aussi au commerce international des déchets, dont il subit la fluctuation des prix. De réseaux transnationaux à celui des filières de migrants, on mesure la transcalité des enjeux de la gestion des déchets dans les villes du Sud.

Par ailleurs, la mobilisation de l'expertise de nos collègues, qui réalisent des recherches dans d'autres villes du Sud, offre un regard croisé sur les politiques et les options prises dans des contextes sociaux, politiques et culturels bien différents. Comprendre le système de gestion des déchets recyclables à Hà Nội ne pouvait se faire sans ce regard. Et l'on mesure, en effet, la particularité de ce pays en transition vers l'économie de marché qui durant trois décennies a vécu sur ses propres ressources et celles des pays socialistes, jusqu'à la fin de l'embargo américain en 1994. La faiblesse de la société civile et l'approche très *top-down* de la gestion des déchets, même au niveau municipal, semblent limiter le soutien des travailleurs informels et leur accompagnement dans le développement de services dont profitent les villes. On a bien vu combien ces deux facteurs sont à l'origine d'une sérieuse prise en compte par les autorités locales des collecteurs et ramasseurs de déchets au Brésil, au Pérou (RATEAU, 2015) ou à Surabaya, en Indonésie (CAVÉ et NUGROHO, 2016).

Le social, une question essentielle pour la gestion des déchets

Les évaluations des politiques plutôt technicistes présentées dans la dernière partie montrent la non-prise en compte de la dimension sociale. En effet, la compétition sur les déchets les plus valorisables dans le cadre de l'incinération des déchets pour en récupérer de l'énergie (voir pages 323 à 328), des projets de REP (voir pages 332 et 333) et de mise en place du tri des déchets (voir page 317), remettent en cause la place du secteur informel et comportent de nombreux risques sociaux et d'organisation (voir page 321). Selon le rapport de l'OCDE (2017), la REP bouleverse les moyens d'existence des récupérateurs informels qui se trouvent alors en concurrence avec les sociétés en charge de la mettre en œuvre pour accéder aux matières présentant une valeur, tels les déchets secs les plus valorisés par les collecteurs. « Dès lors, le service municipal entre en rivalité avec les acteurs qui occupaient jusque-là – ou souhaitent pénétrer – ce marché. Cette situation de convoitises convergentes, émanant d'acteurs aux statuts hétérogènes, aboutit à des conflits d'appropriation, qui se produisent la plupart du temps au détriment des plus vulnérables. » (CAVÉ, 2018). En même temps, le paradoxe repose sur le fait que les travailleurs du secteur informel ont des savoir-faire (le tri, le recyclage) et constituent une main-d'œuvre nombreuse sous-payée, à laquelle le secteur public ou privé n'a en général pas accès.

Mais la politique d'intégration des travailleurs informels dans les systèmes existants, malgré leurs atouts en termes de protection sociale et d'inclusion, n'est pas une réponse satisfaisante pour tous. En effet, au regard des expériences présentées dans cet ouvrage et dans d'autres (RATEAU, 2015, 2018 ; FLORIN, 2016), les acteurs du secteur informel n'ont pas toujours intérêt à s'intégrer ou rencontrent des difficultés à être reconnus par les municipalités, en raison des conflits d'intérêts sur les territoires de collecte (RATEAU, 2015). La précarité des conditions de vie de ceux situés au plus bas de l'échelle et la stigmatisation dont ils font l'objet en tant que migrants ou de personnes ayant affaire aux déchets (les fouilleurs et les *đồng nát*) ont été largement étudiées (WU et ZHANG, 2019). « Dans certains cas, les récupérateurs s'opposent à toute formalisation en revendiquant, par exemple, leur indépendance, l'avantage de ne payer ni charges ni taxes ou de ne pas avoir à respecter les normes de sécurités. » (CIRELLI et FLORIN, 2015). Certaines expériences d'intégration des collecteurs et récupérateurs de déchets dans des organismes formels ont eu un impact limité, car les salaires proposés étaient bien inférieurs aux revenus obtenus jusqu'alors. Même l'intégration grâce aux applications numériques n'est pas aussi attirante pour les collecteurs que de nombreuses publicités veulent le démontrer (voir le cas pékinois, pages 356 et 357). Si les revenus du secteur informel sont plus élevés, ils n'intègrent toutefois pas le coût des prestations sociales de protection, des impôts, tout en sachant que les travailleurs sont assujettis à de nombreuses taxes « informelles » sous forme d'amendes ou pots de vins qu'ils doivent de façon perpétuelle renégocier. Ces emplois ont un coût social et sanitaire qui n'est pas intégré dans les revenus qu'ils obtiennent des emplois à haut risque pour la santé.

Pour limiter leur vulnérabilité socio-économique et migratoire, la plupart des acteurs que nous avons rencontrés sont intégrés dans des réseaux villageois et familiaux qui leur assurent un appui logistique pour accéder au foncier ou aux déchets et un transfert de savoir-faire, d'entraide pour la vie quotidienne et de capital social. Les collectrices et les commerçants de déchets ne s'organisent qu'au sein de réseaux d'entraide villageois de ressortissants de Nam Định, tel le groupe *đồng hương* (même village natal). Ce type de groupe ou d'association leur permet de garder le lien, mais ne les aide pas à s'organiser pour défendre leur métier ou leur position auprès des municipalités et à faire entendre leur voix.

Ainsi, à Hà Nội, aucune association professionnelle ne regroupe les collecteurs, les commerçants ou les recycleurs de déchets, du type de celles que l'on peut rencontrer dans d'autres pays du Sud, tel le Brésil (voir page 340). Dans les villages du recyclage, la compétition féroce entre les ateliers et les usines sont des obstacles à l'organisation des artisans et entrepreneurs au sein d'associations professionnelles. Ils semblent refuser d'être contrôlés par une quelconque structure étatique ou communautaire et d'être associés à des confrères et consœurs avec lesquels ils sont en compétition sur les ressources. Les recherches que nous avons pu réaliser sur la labellisation des produits artisanaux, et leur nécessaire encadrement par des associations professionnelles, ont montré la méfiance des artisans à l'égard des formes de coopération par crainte de copies des produits et des techniques, mais aussi parce que l'expérience des coopératives de l'époque collectiviste n'a pas porté ses fruits !

En Amérique latine, des systèmes de soutien et de subventionnement sous forme de coopératives par les autorités municipales existent pour encadrer une partie des collecteurs sélectifs et ramasseurs de déchets (voir pages 340 à 342). Au Pérou, des législations en faveur de l'intégration des récupérateurs informels ont été édictées avec tout un volet de sensibilisation des habitants (RATEAU, 2015). En Asie du Sud-Est, et notamment au Việt Nam, ceci n'existe pratiquement pas. On fait état de cas exceptionnels de municipalités très dynamiques et investies dans la gestion innovante des déchets, telle celle de Surabaya en Indonésie (CAVÉ et NUGROHO, 2016), à l'initiative des banques de déchets présentées par Warmadewanti (voir pages 352 à 355). Au Việt Nam, les formes d'encadrement des associations ou projets par la société civile ou les ONG sont très limitées. La position des migrants dans la société vietnamienne, qui pour la plupart exercent des activités considérées comme informelles, et dont la collecte des déchets fait partie, est complexe et leurs déplacements contrôlés par des permis de résidence. Leur intégration en ville est peu soutenue par les autorités publiques et ils doivent se reposer sur leurs propres ressources familiales, villageoises, voire individuelles, comme la capacité à faire de la « diplomatie » avec leurs voisins et les autorités locales. Soucieux de garder leur indépendance et leur liberté de circulation, ces acteurs marginalisés ne cherchent pas à s'organiser ou à avoir des représentants qui pourraient faire entendre leur voix.

Les politiques de responsabilités élargies aux producteurs ou aux acteurs de ramassage des ordures impliquant un tri à la source, ont été mises en place sans aucune prise en compte des pratiques des *đồng nát* et des gérants de *bãi,* qui, de toutes les façons, ne sont pas organisées et n'ont aucune structure de représentation qui pourrait exercer du lobbying au sein de la municipalité. Au Brésil, les chercheurs spécialisés dans le développement du secteur des déchets (voir pages 345 et 346) remettent en cause l'approche principalement technico-opérationnelle et insistent sur la nécessaire prise en compte de la dimension sociale, avec un accent particulier sur les aspects participatifs et d'inclusion sociale (WILSON *et al.*, 2013). La modernisation de la gestion des déchets solides va bien au-delà des technologies à forte intensité de capital. Elle peut et doit impliquer, en particulier dans les pays du Sud, une approche de la gestion des déchets fondée sur le développement humain et des technologies locales, ce que la littérature sur la modernisation écologique appelle des « mélanges modernisateurs » (SCHEINBERG, 2011).

Les incertitudes de l'avenir du secteur de la collecte et du recyclage non institutionnel

Les interstices n'offrent qu'un accès temporaire au foncier

La métropolisation joue un rôle ambigu comme créatrice d'interstices et d'espaces en attente où les commerçants et les collecteurs peuvent s'installer, ceci sous réserve de négocier leur place avec les autorités locales et le voisinage.

À Hà Nội, ces interstices accueillent la moitié des dépôts des commerçants de déchets et ils se créent avec la dynamique urbaine, en tant qu'opportunités foncières temporaires sur des parcelles en attente. La temporalité, et notamment le caractère éphémère de ces interstices donc des installations des dépôts, est prise en compte dans la tolérance des collectivités locales à accepter ces activités. Toutefois, le grand *turnover* des dépôts lié à l'instabilité foncière oblige leurs gérants à renégocier leur place dans la ville et à réajuster leurs réseaux de voisinage, de collecteurs et d'administratifs, ce qui les vulnérabilise. Des relations amicales et de *tình cảm* à travers des dons et des échanges de services personnels sont développées au quotidien avec les voisins et les autorités locales par ces migrants pour se faire une place dans le quartier. La « diplomatie » semble être une qualité essentielle pour être commerçant ou collecteur de déchets !

La durée éphémère de certains interstices pose la question de la dynamique urbaine, de leur rôle et de leur localisation dans l'avenir pour accueillir les acteurs n'ayant pas accès au foncier et un droit à la ville. L'érection de *gated communities* et de quartiers de haut standing, hérissés de tours contrôlées par des gardiens, fragilise ce système fondé sur la proximité et l'horizontalité de la ville. Cela pose la question de son avenir avec l'extension des nouvelles zones urbaines, comme principal mode de construction de la capitale, et la disparition progressive des interstices dans ces quartiers qui vulnérabilisent ce système.

Par ailleurs, la mise aux normes urbaines et l'étalement des villes interrogent la possibilité du maintien de villages du recyclage très polluants. La commune où se trouve le cluster de la papeterie de Phong Khê a été intégrée dans la ville chef-lieu de la province de Bắc Ninh et fait partie des périphéries de cette capitale. Le renchérissement des parcelles pour la construction de nouveaux quartiers résidentiels entre en concurrence avec l'exercice de cette industrie rurale.

La proximité et le changement d'échelle de l'approvisionnement en déchets

Ce système de collecte des déchets urbains et de leur recyclage dans des villages artisanaux en périphérie possède une des caractéristiques développées par les défenseurs de l'économie circulaire et de la ville durable, à savoir la proximité. On observe deux types de proximités : celle entre les entreprises de recyclage et leurs sources d'approvisionnement et celle entre les dépôts et leurs clients (collecteurs, commerces urbains, chantiers, bureaux...). La proximité entre les dépôts de la ville et les villages de recycleurs des provinces voisines de Bắc Ninh et Hưng Yên, et celle entre les usines des parcs industriels grands pourvoyeurs d'emballages, de chutes et de malfaçons et les villages du recyclage renforcent la circularité du système. Cependant, à l'analyse des enquêtes sur les flux de déchets vers les villages, il apparaît que ces deux sources de déchets ne suffisent pas et que de gros conteneurs de déchets, originaires du Sud du pays où sont localisés de grands parcs industriels et de l'international, alimentent les plus grosses entreprises de ces clusters. Cela s'effectue au détriment du secteur informel local organisé par les *đồng nát* et les gestionnaires de *bãi* qui n'approvisionnent que les plus petites entreprises et ateliers de recyclage.

Le changement d'envergure des entreprises du recyclage, qui malgré le statut informel de la plupart parviennent à changer d'échelle pour rentabiliser des infrastructures et des machines de plus en plus coûteuses, s'accompagne d'une consommation croissante de déchets. C'est le paradoxe que Baptiste Monsaingeon relève page 331[1]. Ce paradoxe a aussi été relevé au Caire, lors d'un entretien en mars 2022 avec le trésorier de l'association des *zabbâlîn*. Celui-ci affirmait que pour faire tourner leurs extrudeuses de plastique à plein rendement (4 t par jour), ils devaient acheter des déchets bien triés des provinces limitrophes de la capitale. Les déchets plastiques du Caire, capitale de 17 millions d'habitants, ne semblent pas suffire ! Les évaluations des tonnages de matériaux à recycler par jour dans les différents clusters étudiés peuvent être remises en question, mais elles montrent leur importance relative : 1 000 t dans les clusters de la sidérurgie de Đa Hội et de la papeterie de Phong Khê, entre 690 à 920 t dans celui de l'aluminium de Mẫn Xá et entre 650 et 1 000 t à Minh Khai. On peut suggérer que ces chiffres vont aller croissant, malgré les fluctuations des matériaux sur les cours internationaux, car l'industrie vietnamienne – et le marché chinois pour le plastique – a besoin de ces matériaux secondaires produits à moindre coût. Ainsi, les logiques de marché et l'ampleur que prend ce système de recyclage semblent stimuler cette production, malgré son coût environnemental et de santé publique. On se trouve ainsi dans une situation paradoxale. Alors que le volume des déchets recyclables augmente avec la croissance de la consommation de produits composés de nombreux emballages par les classes moyennes, l'urbanisation et l'industrialisation, le secteur informel de collecte sélectif des déchets ne récupère qu'une partie limitée de ceux-ci pour approvisionner les entreprises du recyclage. La limitation à 2 t des chargements de déchets par les camions qui circulent en ville et leur grande hétérogénéité ne peuvent satisfaire la demande des plus grandes entreprises, qui consomment entre 5 et 7 t de matériaux par jour. La non-intégration des secteurs de collecte et de recyclage interroge les échelles d'exercice et de production de ces différents secteurs, alors que la rentabilisation du recyclage implique une augmentation de la taille des entreprises, donc une consommation croissante de déchets.

Les dépôts de déchets sont distribués dans la ville de Hà Nội selon un maillage relativement régulier qui suit les densités de population pour offrir un service de proximité. Chaque couronne de la ville-province de Hà Nội est desservie par un nombre relativement égal de *bãi* rapporté à sa population (en moyenne 7 677 habitants pour un *bãi* en 2019). Si, jusque dans le centre-ville, ces dépôts se maintiennent, c'est grâce à une grande

1. L'optimisation du recyclage est à l'origine d'un paradoxe productif : plus on recycle, mieux on recycle, plus la production de déchets augmente. C'est un effet rebond caractéristique de l'optimisation des systèmes techniques modernes : loin de générer des économies de ressources, ou une quelconque réduction des flux de matière générés, le recyclage s'inscrit tel un moteur productif.

innovation sociale dans la « diplomatie » et les négociations avec les collectivités locales et les riverains. Cette proximité est essentielle pour organiser une collecte sur tout le territoire, et ceci malgré les politiques d'embellissement urbain et les règles de plus en plus dures pour l'utilisation des espaces publics par les collecteurs. Ce maillage resserré de la collecte est toutefois remis en cause par les autorités municipales, qui cherchent à éjecter du centre-ville ces dépôts pour des raisons sanitaires et d'image urbaine. À Pékin, les dépôts de déchets et de tri se trouvent dans les cours de villages urbains situés dans le sixième périphérique et impliquent le transport des déchets sur de grandes distances du centre-ville au moyen de tricycles, de voitures ou de vélos pour les récupérateurs les plus pauvres (WU et ZHANG, 2019). Les *đồng nát* développent leur emprise spatiale dans des quartiers particuliers en réalisant chaque jour le même itinéraire, parfois hérité de leurs parentes, pour être au plus proche de la population. Ces négociations territoriales évoluent avec le changement urbain et la verticalisation de la ville.

On mesure bien ici l'importance de l'intervention du secteur public pour appuyer et subventionner ces collecteurs et commerçants de déchets qui s'immiscent dans tous les coins de la ville, avec une efficacité pour l'utilisation de la main-d'œuvre, des savoir-faire et de la négociation sur le territoire qu'elles rentabilisent temporairement.

La transition, le *upgrading* des industries et les aspirations des jeunes

La Chine a pris des mesures drastiques pour interdire l'importation des déchets plastiques pour des raisons environnementales, mais aussi parce que, en raison de son niveau de développement, ce pays préfère abandonner les activités de recyclage les moins valorisantes et les plus polluantes aux pays de la région ayant un niveau de développement plus bas, comme le Việt Nam (voir page 227). Si les récupérateurs et autres types de collecteurs perdurent dans ce pays (WU et ZHANG, 2019), les opportunités de travail et les salaires offerts dans d'autres secteurs sont en hausse.

Les deux premières étapes de la gestion des déchets recyclables très gourmandes en main-d'œuvre – la collecte sélective et le tri, voire le prérecyclage pour le plastique – sont des activités difficiles à mécaniser. Elles ne sont pas rentables pour des entreprises formelles, qui cherchent à faire de la plus-value dans un contexte économique de forte concurrence sur les matières premières secondaires et qui ont des coûts élevés de production (taxes, gestion, suivi du Code du travail...). Celles-ci préfèrent externaliser la partie du processus de production le moins mécanisable et le plus dommageable pour l'environnement aux ateliers et petites entreprises informelles des clusters de villages artisanaux pour se spécialiser dans l'étape de la production. Cependant, ces entreprises productives ont besoin de matières premières secondaires de qualité, dont la production doit suivre un certain itinéraire technique.

Produire des objets de qualité avec des matériaux recyclés implique un tri minutieux des déchets ménagers très hétérogènes, notamment pour les plastiques. Ce tri ne peut se faire qu'à la main par des personnes ayant de l'expertise. Il a donc un coût que les entreprises capitalistes, fondées sur la rentabilité maximale des investissements, ne peuvent assumer. Le travail laborieux de tri par les *đồng nát*, les prérecycleurs et des gérants des dépôts, de même que celui des *zabbâlîn* du Caire, se fait au détriment de leur santé et de leurs conditions de vie, alors qu'ils sont les seuls capables et volontaires pour réaliser ce travail. Les services de la ville ne peuvent pas financer le tri, et le tri à la source par les habitants n'est pas toujours accepté socialement. Au Việt Nam, pour Michael Digregorio, « le public n'a pas encore montré sa volonté de participer aux projets de tri à la source exigés par les monopoles de gestion des déchets parrainés par l'État dans le secteur public ou privé » (voir page 337). En Égypte, pour des raisons culturelles, les habitants des villes ne sont pas prêts à descendre leur poubelle dans les conteneurs et encore moins à trier leurs déchets : « Les enquêtes montrent des stratégies de résistances de la part des habitants qui restent attachés à la collecte de porte-à-porte, d'où les réticences de certains à aller jeter leurs ordures dans les bennes réservées par les sociétés auxquelles le gouvernement a délégué le ramassage des ordures, car comme quelques habitants l'affirment : "Ce n'est pas dans notre culture". Les gens ne sont pas habitués à porter eux-mêmes leurs ordures, cela est considéré comme dégradant, c'est une question d'honneur et de fierté, ils délèguent souvent cette tâche à l'aide ménagère ou au *bawâb* (concierge). La préférence est à la collecte au porte-à-porte par le chiffonnier qui vient récupérer les déchets à domicile. Les gens restent attachés au secteur informel, considéré comme plus fiable. » (MONQID, 2011).

Cela interroge donc les raisons pour lesquelles ce système, qui offre un service gratuit à la ville, n'est pas pris en compte et soutenu par les autorités publiques. Pour relever la conclusion de Michael Digregorio (voir pages 336 et 337), « l'amélioration des conditions de production et de vie des recycleurs "de fait" devrait être au centre des efforts du gouvernement pour établir une économie circulaire. L'expérience a montré que les tentatives de contourner ce système de collecteurs, de négociants et de producteurs du secteur privé sont vouées à l'échec, car le recyclage est une profession qui a une longue histoire et des réseaux établis au Việt Nam, et le manque d'investissement a empêché le développement d'une industrie du recyclage capable de se conformer pleinement aux normes et réglementations de la loi ».

Quant à l'avenir du métier, eu égard aux politiques discriminantes envers le secteur informel de gestion des déchets, on peut douter que la relève sera complètement assurée par les jeunes générations issues des filières migratoires de Nam Định. On a vu dans la première partie qu'une partie des enfants ne veut pas suivre les parents, qui ont investi dans l'ascension sociale de leur progéniture à travers la scolarisation. Une hypothèse très intéressante est celle développée par WU et ZHANG (2019), selon laquelle « vivre avec les déchets » dans les faubourgs de Pékin serait une stratégie d'émancipation des récupérateurs dans les villes chinoises. Ceux-ci entrent dans ce commerce, pas uniquement pour les revenus qu'ils apportent, mais aussi car il procure l'expérience d'une forme de citoyenneté urbaine, en s'affranchissant du régime de travail, des usines et en s'adonnant à une forme d'entrepreunariat rendant possible le fait de fonder un foyer dans la périphérie de la capitale du pays.

Sans subventionnement et d'appui de l'État, et amélioration des conditions sanitaires et environnementales du recyclage, on peut supposer que ce système a atteint son « plafond de verre ». La spéculation foncière a eu raison des zones artisanales des clusters les moins dynamiques, comme Triều Khúc et Đại Bái, et le manque d'investissement dans le traitement des eaux et des fumées par les promoteurs n'ont fait qu'augmenter la pollution produite par ces concentrations d'entreprises. La dégradation de l'environnement produite par ces clusters artisanaux très industrialisés met à mal tout le système de la collecte des déchets et de recyclage, pourtant très performant au regard des volumes collectés et traités, de l'innovation sociale et des emplois qu'il offre.

Bibliographie

ADEME, 2021 – *Le recyclage, un enjeu stratégique pour l'économie.* https://expertises.ademe.fr/economie-circulaire/dechets/passer-a-laction/valorisation-matiere/dossier/recyclage/recyclage-enjeu-strategique-leconomie

AGERGAARD J., VU THI T., 2011 – Mobile, flexible, and adaptable: female migrants in Hanoi's informal sector. *Population, Space and Place*, 17 (5) : 407-420.

ALLIX E., FLORIN B., 2018 – Indésirables dans la ville, utiles dans l'ordure ? *Géographie et cultures* [En ligne], 98. http://journals.openedition.org/gc/4434

ALVERGNAT L., 2018 – *La perception du rôle environnemental de leurs métiers de la part des collectrices et intermédiaires de bãi à Hà Nội.* Mémoire de master 1 d'expertise en population et développement, université Paris-Descartes, 78 p.

APARCANA S., 2017 – Approaches to formalization of the informal waste sector into municipal solid waste management systems in low- and middle-income countries: Review of barriers and success factors. *Waste Management*, 61 : 593-607.

BARLES S., 2010 – Society, energy and materials: the contribution of urban metabolism studies to sustainable urban development issues. *Journal of Environmental Planning and Management*, 53 : 439-455.

BENNETT J., 2014 – Gifted Places: The Inalienable Nature of Belonging in Place. Environment and Planning D. *Society and Space*, 32 (4) : 658-671.

BERCEGOL R. (de), GOWDA S., 2018 – « Waste and Energy Nexus: rethinking the modernisation of waste services in Delhi ». *In* MONSTADT J., COUTARD O. (eds) : *Urban Studies*, numéro special sur Urban Nexus.

BERCEGOL R. (de), GOWDA S., 2019 – « Nettoyer l'Inde », la marginalisation des récupérateurs de déchets à Dehli. *Les Cahiers d'Outre-Mer, Environnement : perspectives indiennes*, 281 : 41-68.

BERCEGOL R. (de), CAVÉ J., NGUYEN THAI H., 2017 – Waste Municipal Service and Informal Recycling Sector in Fast-Growing Asian Cities: Co-Existence, Opposition or Integration? *Resources*, 6 (4) : 70.

BERCEGOL R. (de), GOREAU-PONCEAUD A., GOWDA S., RAJ A., 2020 – Confining the margins, marginalizing the confined: The Distress of Neglected Lockdown Victims in Indian Cities. *EchoGéo* [En ligne].

BERRET C., 2019 – *L'usage de l'espace public par le secteur informel de récupération des déchets à Hà Nội, entre tolérance, surveillance et négociations sociales*. Rapport de stage de master 2 de géographie, université Paris-1 Panthéon-Sorbonne, 62 p.

BERTRAND J. R., LAURENT F., 2003 – *De la décharge à la déchetterie : questions de géographie des déchets*. Rennes, Presses universitaires de Rennes, 170 p.

BESEN G., DIAS S., 2011 – Gestão Pública e Sustentável de Resíduos Sólidos-Uso de Bases de Dados Oficiais e de Indicadores de Sustentabilidade. *Revista Pegada Eletrônica* : 112-134 [En ligne].

BOSE A., BLORE I., 1993 – Public waste and private property. An enquiry into the economics of solid waste in Calcutta. *Public Administration Development*, 13 : 1-15. https://doi.org/10.1002/pad.4230130102

BRIGHENTI A. M., 2016 – *Urban Interstices. The Aesthetics and the Politics of the IN-between*. Routledge, 230 p.

BROTOSUSILO A., NABILA S. H., NEGORO H. A., UTARI D., 2020 – The level of individual participation of community in implementing effective solid waste management policies. *Global Journal of Environmental Science and Management*, 6 (3) : 341-354.

CAMPOS L. S., VARELLA C. V. S., LIMA F. P. A., GONÇALVES J. T., 2019 – *The centrality of the waste pickers' work for the development of recycling in Brazil.* 29th Iswa World Congress, Bilbao.

CARRÉ M.-N., 2015 – « Gestion intégrée et valorisation des déchets à Buenos Aires (Argentine) ». *In* CIRELLI C., FLORIN B. (éd.) : *Sociétés urbaines et déchets*, Tours, Presses universitaires François-Rabelais.

CAVÉ J., 2015 – *La ruée vers l'ordure : conflits dans les mines urbaines de déchets.* Rennes, Presses universitaires de Rennes.

CAVÉ J., 2018 – En quête des communs urbains. La gestion conflictuelle des déchets au Brésil. *Revue internationale des études du développement*, 233 : 177-137.

CAVÉ J., NUGROHO S., 2016 – *Surabaya. La valorisation communautaire des déchets dans le cadre d'un service semi-décentralisé.* Rapport de terrain, projet Orva2D.

CESARO J. D., CANTARD T., NGUYEN-LEROY M. L., PEYRE M. I., LE THU THAN H., DUTEURTRE G., 2019 – Les élevages-recycleurs de déchets alimentaires à Hà Nội : un service informel en transition. *Flux*, université Paris-Nanterre, 116-117 : 74-94.

CHATURVEDI B. *et al.*, 2009 – Document de présentation de New Dehli. Chintan environmental Research and Action Group, Delhi, rapport non publié, cité par SCHEINBERG A. *et al.* (eds) : *Solid Waste Management in the World's Cities*, London, Earthscan for UN-Habitat.

CHATURVEDI B., GIDWANI V., 2010 – « The Right to Waste: Informal Sector Recyclers and Struggles for Social Justice in Post-Reform Urban India ». *In* WAQUAR A. *et al.* (eds) : *India's New Economic Policy: A Critical Analysis*, New York, Routledge : 125-153.

CHINTAN, 2012 – *Give Back Our Wastl. What the Okhla Waste-to-Energy Plant has Done to Local Wastepickers.* **https://www.chintan-india.org/sites/default/files/2019-07/chintan-report-give-back-our-waste.pdf**

CIRELLI C., FLORIN B., 2015 – « Introduction ». *In* CIRELLI C., FLORIN B. (éd.) : *Sociétés urbaines et déchets. Éclairages internationaux*, Tours, Presses universitaires François-Rabelais, coll. Villes et Territoires, 450 p.

CIRELLI C., FLORIN B., 2016 – Les récupérateur·e·s de déchets : entre marginalisation et reconnaissance. *Mouvements.* **https://mouvements.info/recuperateurs-de-dechets/#ftn16**

COURLET C., PECQUEUR B., 2013 – *L'économie territoriale.* Presses universitaires de Grenoble, 144 p.

COUTARD O., RUTHERFORD J., 2009 – Les réseaux transformés par leurs marges : développement et ambivalence des techniques « décentralisées ». *Flux*, 2009/2-3, 76-77 : 6-13.

Dân Trí, 2017 – *Penser à éliminer l'économie des trottoirs.* **Internationatri.com.vn/dien-dan/nghi-ve-viec-phai-lot-bo-nen-kinh-te-via-he-20170325092848491.htm**

ĐANG XUÂN D., LE HÔNG K., 2000 – « La population de Hà Nội ». *In* GUBRY P. (éd.) : *Population et développement au Vietnam*, Paris, Ceped-Karthala : 243-262.

DE OLIVEIRA NEVES F., 2013 – *Gestão pública de resíduos sólidos urbanos: problemática e práticas de gestão no oeste paranaense.* Thèse de doctorat, Curitiba, université fédérale du Paraná, 280 p.

DEAT, 1998 – *Working with Waste, Guidelines on Recycling of Solid Waste.* Tshwane, Afrique du Sud.

DEBOUT L., FLORIN B., 2011 – Chiffonniers et entreprises privées internationales : stratégies d'adaptation des acteurs formels et informels face à la réforme de la gestion des déchets au Caire. *Égypte-Monde arabe*, Le Caire, Cedej. **https://journals.openedition.org/ema/3036**

DEDEYAN C., 2018 – *Collecte, recyclage et migrations dans le delta du fleuve Rouge.* Mémoire de master 1 d'expertise en population et développement, université Paris-Descartes, 100 p.

DIAS S. M., 2006 – *Waste and Citizenship Forum – Achievements and Limitations*. WASH Workshop, CWG, Solid waste, Health and the Millennium Development Goals.

DIAS S. M., 2009 – *Trajetórias e memórias dos Fóruns Lixo e Cidadania no Brasil: experimentos singulares de justiça social e governança participativa*. Thèse de doctorat en sciences politiques, faculté de philosophie et sciences humaines, université de Minas Gerais.

DIAS S. M., 2011a – Integrating Informal Workers into Selective Waste Collection: The Case of Belo Horizonte, Brazil. Cambridge, *Wiego Policy Brief (Urban Policies)*, 4, 12 p.
http://www.inclusivecities.org/wpcontent/uploads/2012/07/Dias_WIEGO_PB4.pdf

DIAS S. M., 2011b – Statistics on Waste Pickers in Brazil. *Wiego Statistical Brief*, 2.

DIAS S. M., 2011c – Overview of the Legal Framework for Inclusion of Informal Recyclers in Solid Waste Management in Brazil. *Wiego Policy Brief (Urban Policies)*, 6, 8 p.

DIAS S. M., 2016 – Waste Pickers and Cities. *Environment and Urbanization*, International Institute for Environment and Develoment IIED-375, 28 (2) : 375-390.

DIAS S. M., SAMSON M., 2016 – *Informal Economy Monitoring Study Sector Report: Waste Pickers*. Cambridge, Wiego, 60 p.
https://www.wiego.org/publications/informal-economy-monitoring-study-sector-report-waste-pickers

DIAS S. M., SCHIMIDT H., 1997 – *Street Scavengers: Partners in the Selective Collection of Inorganic Materials of Belo Horizonte City*. Iswa's 97 World Conference Towards Sustainability: opportunities and challenges, Wellington, New Zealand, Session Proceedings, 2 : 48-55.

DIAS S. M., SILVA V. A. C., 2017 – « Waste pickers in Brazil: Recognition and Annual Bonus ». *In* EATON S. *et al.* (eds) : *Negotiating the Recycling Bonus Law: Waste Pickers & Collective Bargaining in Minas Gerais, Brazil*, New York, Cornell University Press.

DIAS S. M., IJOSSE J., BARROS R. T., 2009 – « Solid Waste Management and Recycling in Belo Horizonte, Brazil in 2009 ». *In* SCHEINBERG A. *et al.* (eds) : *Solid Waste Management in the World's Cities*, London, Earthscan for UN-Habitat : 1-19.

DIGREGORIO M. R., 1994 – *Urban Harvest: Recycling as a Peasant Industry in Northern Vietnam*. East-West Center, Occasional Papers, Environment Series, 17.

DIGREGORIO M. R., 2001– *Iron works. Excavating alternative futures in a Northern Vietnamese craft village*. Thèse de doctorat de planification urbaine, Los Angeles, University of California.

DIGREGORIO M. R., DANG KIM C., DANG THI S., HO THANH H., NGUYÊN THANH B., 1999 – *The Environment of Development in Industrializing Craft Villages*. Working paper. Hanoi, Center for Natural Resources and Environmental Studies, Vietnam National University.

DONRE, 2007 – *Proposal for mitigating and treating the environmental pollution in craft villages in Bac Ninh Province*. Bac Ninh, Internal paper.

DOUGLAS M., 2001 – *De la souillure. Essai sur les notions de pollution et de tabou*. Paris, La Découverte.

DOUGLASS M., 2012 – *Global Householding and Social Reproduction: Migration Research, Dynamics and Public Policy in East and Southeast Asia*. Singapore, Asia Research Institute, Working paper Series : 188.

DOUGLASS M., HUANG L., 2007 – Globalizing the city in Southeast Asia: Utopia on the urban edge. The case of Phu My Hung, Saigon. *International Journal of Asia Pacific Studies*, 3 (2) : 1-42.

DRUMMOND L. B., 2000 – Street Scenes: Practices of Public and Private Space in Urban Vietnam. *Urban Studies*, 37-12 : 2377-2391.

DRUMMOND L. B., LE THI VAN H., 2020 – Social differentiation and access to clean water: a case study from Bac Ninh, Vietnam. *International Development Planning Review*, 42 (3) : 357-379.

DUCHÈRE Y., 2012 – État de l'environnement et de sa gestion dans deux villages de métier du delta du fleuve Rouge, province de Bắc Ninh. *ÉchoGéo*, 21 : 1-28.

DUCHÈRE Y., 2015 – *Métropolisation, gouvernance de l'environnement et enjeux de pouvoir. Le cas des villages de métier de Hà Nội et Bắc Ninh (Việt Nam)*. Thèse de doctorat, université Paris-8.

DUCHÈRE Y., 2019 – *Hà Nội et sa région. Une géographie du compromis en régime autoritaire*. Indes savantes, 238 p.

DUCHÈRE Y., FANCHETTE S., 2014 – « Les enjeux environnementaux dans les villages de métier périurbains : quels types de gouvernance pour une meilleure intégration dans la ville ? ». *In* CHALÉARD J.-L. (éd.) : *Métropoles aux Suds, le défi des périphéries ?*, Karthala : 395-408.

DURAND M., 2012 – Mesurer les inégalités environnementales et écologiques dans les villes en développement : déchets et eaux usées à Lima. *Flux*, 3-4 (89-90) : 67-78.

DURAND M., 2015 – *L'application du principe de proximité dans la gestion des déchets : divergence d'enjeux sociaux, techniques et environnementaux*. Colloque « Construire les proximités dans un monde global : enjeux territoriaux, organisationnels et sociétaux », Tours, 20-22 mai 2015.

DURAND M., 2018 – *Le projet Orva2D : Organisation de la valorisation des déchets dans les villes en développement*. Paris, AFD.

DURAND M., DJELLOULI Y., NAOARINE C. (éd.), 2015 – « Introduction : conjurer innovations techniques, sociales et territoriales ». *In* DURAND M. *et al.* : *Gestion des déchets*, Rennes, PUF : 11-19.

DURAND M., BAHERS J. B., BERAUD H., 2016 – Vers une économie circulaire... de proximité ? Une spatialité à géométrie variable. *Déchets sciences et techniques*, 71 : 49-63.

DURAND M., CAVÉ J., PIERRAT A., 2019 – Quand le low-tech fait ses preuves : la gestion des déchets dans les pays du Sud. *Urbanités*. https://www.revue-urbanites.fr/12-durand-cave-pierrat/

ENDRES K. W., 2014 – Making Law: Small-Scale Trade and Corrupt Exceptions at the Vietnam-China Border. *American Anthropologist*, 116 (3).

EZEAH C., FAZAKERLEY J. A., ROBERTS C. L., 2013 – Emerging trends in informal sector recycling in developing and transition countries. *Waste Management*, 33 : 2509-2519.

FANCHETTE S. (éd.), 2015 – *Hà Nội, future métropole. La rupture de l'intégration urbaine des villages*. Marseille, IRD Éditions, coll. Petit Atlas urbain, 196 p. (3 versions : française, anglaise et vietnamienne).

FANCHETTE S., 2017 – Papeterie et recyclage dans les villages de métier : la fin d'un modèle de production ? (delta du fleuve Rouge, Vietnam). *Techniques et Culture* « Réparer le monde : excès, restes et innovation », 65-66 : 198-201.

FANCHETTE S., 2019 – « Dynamiques multi-scalaires des villages de métier au Vietnam : des clusters en réseaux ». *In* BOULAY S., FANCHETTE S. (éd.) : *La question des échelles en sciences humaines et sociales*, Versailles, Quae/IRD Éditions : 139-154.

FANCHETTE S., NGUYEN XUAN H., 2012 – « L'intégration entre les secteurs formel et informel dans les villages de métier ». *In* CLING J. P. *et al.* (éd.) : *L'économie informelle dans les pays en développement*, Paris, AFD, Conférences & Séminaires, 6 : 87-106.

FANCHETTE S., STEDMAN N., 2009 – *Discovering Craft Villages in Vietnam. Ten itineraries around Hanoi. Hà Nội*, Éditions Thê Gioi/IRD Éditions, rééd. 2010 et 2016, 324 p.

FLORIN B., 2010 – Réforme de la gestion des déchets et reconfigurations des territoires professionnels des chiffonniers du Caire. *GéoCarrefour*, 85 (2) : 109-118.

FLORIN B., 2011 – « Résister, s'adapter ou disparaître : la corporation des chiffonniers du Caire en question ». *In* CORTEEL D., Le Lay S. (éd.) : *Les Travailleurs des déchets*, Toulouse, éditions Érès : 69-91.

FLORIN B., 2015 – Les chiffonniers du Caire. Soutiers de la ville ou businessmen des ordures ? *Ethnologie française*, 3 (45) : 487-498.
https://www.cairn.info/revue-ethnologie-francaise-2015-3-page-487.htm

FLORIN B., 2016 – De l'indignité à l'indignation : petites luttes, résistances quotidiennes et tentatives de mobilisation des récupérateurs de déchets à Istanbul. *Cultures et Conflits*, 101.
http://journals.openedition.org/conflits/19184

FLORIN B., 2019 – « Travailleurs des tanneries, travailleurs des déchets du Caire. Paysages urbains singuliers, histoires de familles et savoir-faire professionnels ». *Égypte/Monde arabe*
https://journals.openedition.org/ema/4658#quotation

FLORIN B., GARRET P., 2019 – « Faire la ferraille » en banlieue parisienne : glaner, bricoler et transgresser. *EchoGéo* : 47.
http://journals.openedition.org/echogeo/16942

FOURNIER P., 2019 – *Projet JEAI Recycurbs-Viet.* Rapport de stage, master 2 géographie, université Paris-1 Panthéon-Sorbonne, sous la direction de Fanchette S., Nguyen Thai H., Fau N., 81 p.

GA CIRCULAR, CIRCULATE CAPITAL, 2020 – *Safeguarding the Plastic Recycling Value Chain: Insights from Covid-19 impact in South and Southeast Asia*. Rapport, 18 p.

GEERTMAN S., KIM B., 2019 – « Hanoi: A study of informally developed housing and its role in the political arena of a post-reform communist city ». *In* ROCCO R., VAN BALLEGOOIJEN J. (eds) : *Informal Urbanization*, Delft University of Technology, Routledge : 112-123.

GHERTNER D. A., 2011 – Gentrifying the state, gentrifying participation: Elite governance programs in Delhi. *International Journal of Urban and Regional Research*, 35 (3) : 504-532.

GIBERT M., PHAM THAI S., 2016 – Understanding the Vietnamese Urban Fabric from the Inside: A View from Hanoi and Ho Chi Minh City Alleyway Neighbourhoods. *The IIAS Newsletter*, 73 : 32-33.

GIBERT-FLUTRE M., 2019 – Les envers de la métropolisation. *Les ruelles de Hồ Chí Minh-Ville, Vietnam*. Éditions CNRS, 243.

GILMARTIN M., 2008 – Migration, Identity and Belonging. *Geography Compass*, 6 (2) : 1837-1852.

GOLDBLUM C., FRANCK M., 2007 – Les villes aux marges de la métropolisation en Asie du Sud-Est. *Espace géographique*, 3 (36) : 229-236.

GOUHIER J., 2000 – *Au-delà du déchet, le territoire de qualité. Manuel de rudologie*. Rouen, Presses universitaires de Rouen et du Havre, chap. 2 : 95.

GOUROU P., 1936 – *Les paysans du delta tonkinois*. Paris, École française d'Extrême-Orient, Éditions d'Art et d'Histoire, 666 p.

GREENPEACE MALAYSIA, 2019 – *Southeast Asia's Struggle Against the Plastic Waste Trade. A Policy Brief for Asean Member States*. 20 p.

GSO, 2020 – *Completed Results of the 2019 Viet Nam Population and Housing Census*, 842 p.

GSO, UNFPA, 2016 – *The 2015 National Internal Migration Survey: Major Findings*. Vietnam News Agency Publishing House, 246 p.

GTZ., 2010 – *The waste experts: Enabling conditions for informal sector integration in solid waste management*. Federal Ministry for Economic Cooperation and Development.
www.giz.de/de/downloads/gtz2010-waste-experts-conditions-is-integration.pdf

Gu F., Wang J., Guo J., Fan Y., 2020 – Dynamic linkages between international oil price, plastic stock index and recycle plastic markets. *The International Review of Economics & Finance*, 68 : 167-179.

Hà Văn, 2021 – Tri des déchets en deux groupes : avantages doubles. Saigon Giải Phóng. **https://www.sggp.org.vn/phan-loai-rac-thai-2-nhom-loi-ca-doi-duong-742880.html**

Hana O. D. B., 2019 – Harga Jual Turun, Industri Daur Ulang Kian Tertekan [Lower selling prices, the recycling industry is under pressure]. bisnis.coomi.bisnis.com/read/20191203/257/1177321/harga-jual-turun-industri-daur-ulang-kian-tertekan

Hannon J., Zaman A. U., 2018 – Exploring the phenomenon of zero waste and future cities. *Urban Science*, 2 (3) : 90.

Hawkins G., Duong M., 2016 – « Plastic in Hanoi: The Changing Material Textures of Consumption and Waste in Vietnam » *In* Minh P. Q. *et al.* (eds) : *Globalization, Modernity and Urban Change in Asian Cities*, Hà Nội, Knowledge Publishing House 197-212.

HCMV, 2019 – *Encourager les collecteurs populaires de déchets à changer leur mode de fonctionnement.* Parti communiste, division de HCMV, Đình Lý. **https://hcmcpv.org.vn/tin-tuc/khuyen-khich-luc-luong-thu-gom-rac-dan-lap-chuyen-doi-mo-hinh-hoat-dong-1491860198**

Hoang Trung T., Yabar H., Higano Y., 2015 – Analysis of the Environmental Benefits of Introducing Municipal Organic Waste Recovery in Hanoi City, Vietnam. *Procedia Environmental Sciences*, 28 : 185-194.

Hook L., Reed J., 2018 – Why the world's recycling system stopped working. China's refusal to become the west's dumping ground is forcing the world to face up to a waste crisis. *Financial Times Magazine*.

Hughes E. C., 1962 – Good people and dirty work. *Social Problems*, 10 (1), 1996 pour l'édition française, *Le regard sociologique. Essais choisis*, Paris, EHESS.

Huot S., Dodson B., Rudman D. L., 2014 – Negotiating belonging following migration: Exploring the relationship between place and identity in Francophone minority communities. *The Canadian Geographer*, 3 (58) : 329-340.

Huynh Trung H., Ha Vinh H., Nguyen Duc Q., 2015 – An overview of electronic waste recycling in Vietnam. *Journal of Material Cycles and Waste Management*, Springer, Japan, 9 p.

IBGE, 2010 – *Censo 2010*. Brasília.

Indrianti N., 2016 – Community-based Solid Waste Bank Model for Sustainable Education. *Procedia - Social and Behavioral Sciences*, 224 : 158-166.

Ipea, 2013 – *Situação social das catadoras e dos catadores de material reciclável e reutilizável*. Brasília, 68 p.

Ipen, Cofed, 2017 – *Stories of women workers in Vietnam's electronics industry*. Hà Nội, 46 p.

Jaglin S., Debout L., 2018 – « Introduction. Recyclage des déchets dans les villes du Sud. Articulation difficile d'une économie de la valorisation et d'un service public ». *In* Durand M. : *Le projet Orva2D : Organisation de la valorisation des déchets dans les villes en développement*, Paris, Agence française de développement.

Jaglin S., Zérah M. H., 2010 – Eau des villes. Repenser des services en mutations. *Revue Tiers Monde*, Armand Colin, 203 : 7-22.

Jaglin S., Debout L., Salenson I. (éd.), 2018 – *Du rebut à la ressource. Valorisation des déchets dans les villes du Sud*. Paris, Agence française de développement.

Jambeck J., Geyer R., Wilocx C., Siegler T., Perryman M., Andrady A., Narayan R., Law K. L., 2015 – Plastic waste inputs from land into the ocean. *Science*, 347 (6223) : 768-771.

Jiang J., Marsh T. L., Tozer P. R., 2015 – Policy induced price volatility transmission: Linking the U.S. crude oil, corn and plastics markets. *Energy Economics*, 52 : 217-227.

KARIS T., 2013 – Unofficial Hanoians: Migration, Native Place and urban Citizenship in Vietnam. *The Asia Pacific Journal of Anthropology*, 3 (14) : 256-273.

KAWAI K., OSAKO M., MATSUI S., DONG N. T., 2012 – Identification of junk buyers' contribution to recycling of household waste in Hanoi, Vietnam, through a physical composition analysis. *Waste Management & Research*, 30 : 681-688.

KHARISMA B., REMI S. S., HADIYANTO F., SAPUTRA A. D., 2020 – The Economics of Rotating Savings and Credit Associations (ROSCAs) and Poverty in Indonesia. *Jurnal Economia*, 16 : 100-111.

KIM A. M., 2012 – The Mixed-Use Sidewalk. *Journal of the American Planning Association*, 78 : 225-238.

KIM A. M., 2015 – Sidewalk city: remapping public space in Ho Chi Minh City. *The University of Chicago Press*, 264 p.

KOH D., 2006 – *Wards of Hanoi*. Singapour, Institut d'études de l'Asie du Sud-Est.

KONSTADAKOPULOS D., 2008 – Environmental and Resource Degradation Associated with Small-Scale Enterprise Clusters in the Red River Delta of Northern Vietnam. *Geographical Research,* 46 (1) : 51.

KUNDU A., SARANGI N., 2005 – Issue of Urban Exclusion. *Economic and Political Weekly*, 40 (33) : 3642-3646.

LÄHDESMÄKI T., SARESMA T., 2016 – « Emotive Strategies and Affective Tactics in "Islam Night" ». *In* POWER M. J. *et al.* (eds) : Public and Political Discourses of Migration, London, Rowman & Littlefield : 57-71.

LAHENS L., STRADY E., KIEU-LE T. C., DRIS R., BOUKERMA K., RINNERT E., GASPERI J., TASSIN B., 2018 – Macroplastic and microplastic contamination assessment of a tropical river (Saigon River, Vietnam) transversed by a developing megacity. *Environmental Pollution*, 236 : 661-67. doi.org/10.1016/j.envpol.2018.02.005

LANDSBERGER S., 2019 – *Beijing Garbage. A City Besieged by Waste*. Amsterdam University Press, 232 p.

LANE R., 2011 – The Waste Commons in an Emerging Resource Recovery Waste Regime: Contesting Property and Value in Melbourne's Hard Rubbish Collections. *Geographical Research*, 49 (4) : 395-407.

LAUTIER B., 2004 – *L'économie informelle dans le Tiers-Monde*. La Découverte, 128 p.

LE BACH D., TRAN GIANG L., NGUYEN THI PHUONG T., 2011 – *Social Protection for Rural-Urban Migrants in Vietnam: Current Situation, Challenges and Opportunities*. Institute for Social Development Studies.

LE MEUR M., 2016 – Controverse autour du recyclage du plastique. Désirs globaux contre inquiétudes locales à Nhu Quynh, Việt Nam. *Mouvements, Essai et Débat,* 17 nts.info/controverse-recyclage-plastique/

LE MEUR M., 2019 – *Plasti-cités : enquêtes sur les déchets et les transformations écologiques au Việt Nam*. Thèse en sciences politiques, faculté de philosophie et sciences sociales, université libre de Bruxelles, 411 p.

LE THI VAN H., SAJOR EDSEL E., 2012 – « Livelihood and environment Trade-offs at the Time of Doi Moi: Industrial Water Use and Wastewater Management in a Craft Village in Peri-Urban Hanoi Water Rights and Climate Vulnerability ». *In* LAZARUS K. *et al.* (eds) : *Water Rights and Social Justice in the Mekong Region*, Routledge.

LEAF M., 2008 – *The periurban frontier of Ho Chi Minh City, Vietnam*. Vietnam, integration and development, The Third international Conference on Vietnamese studies, Vass & Vietnam National University of Hanoi, 4-7 Dec. 2008, Vietnam National University Publishers, 14 p.

LHUILLIER D., 2005 – Le sale boulot. *Travailler*, 14 (2) : 73.

LIMA F.P.A, GONÇALVES J. T., CAMPOS L. S., SOUZA M. A., VALLE W. A., 2019 – Estratégias de desenvolvimento da reciclagem com inclusão de catadores. N: IX Encontro Nacional da Anppas (Enanppas), GT 17: Resíduos Sólidos, Brasília.

LINCOLN M., 2008 – Report from the field: Street vendors and the informal sector in Hanoi. *Dialectical Anthropology*, 32 (3) : 261-265.

LITOU M., 2016 – *Collecte, recyclage et migrations dans la ville de Hà Nội : les recompositions territoriales et métropolitaines.* Rapport de stage master 2 Ingénierie des services urbains en réseaux dans les pays en développement, Sciences politiques, Rennes.

LIU C., NGUYÊN THANG T., 2020 – Evaluation of Household Food Waste Generation in Hanoi and Policy Implications towards SDGs Target 12.3. *Sustainability*, 12 (16) : 6565.

MAHANTY S., DANG DINH T., PHUNG GIANG H., 2012 – *Crafting sustainability: managing water pollution in Vietnam's craft villages.* Development Policy Centre Discussion, paper n° 20, 48 p.

MARCU S., 2014 – Geography of belonging: nostalgic attachment, transnational home and global mobility among Romanian immigrants in Spain. *Journal of Cultural Geography*, 31 (3) : 326-345.

MARD, JICA, 2003 – *Report on bronze casting in Dai Bai village, Bac Ninh province.* Rédigé par le musée vietnamien d'ethnologie, Hà Nội, monographie non publiée.

MARYATI S., ARIFIANI N. F., HUMAIRA A. N. S., PUTRI H. T., 2018 – Factors influencing household participation in solid waste management (case study: Waste Bank Malang). *IOP Conference Series: Earth and Environmental Science*, 124 : 12015.

MATETE N., TROIS C., 2008 – Towards zero waste in emerging countries – A South African experience. *Waste management*, 28 (8) : 1480-1492.

MCDONOUGH W., BRAUNGART M., 2002 – *Cradle to cradle : créer et recycler à l'infini.* Paris, Éditions Alternatives.

MEIJERS M. H. C., NOORDEWIER M. K., AVRAMOVA Y. R., 2014 – « I Just Recycled. Can I Use The Car Now? When People Continue or Discontinue Behaving Sustainably after an Initial Sustainable Act ». *In* VAN TRIJP H. C. M. (ed.) : *Encouraging Sustainable Behavior: Psychology and the Environment*, Psychology Press, New York.

MELOSI M., 2000 – *The sanitary city: Environmental services in urban America from colonial times to the present.* Pittsburgh, University of Pittsburgh Press, 400 p.

MILLINGTON N., LAWHON M., 2018 – Geographies of waste: Conceptual vectors from the Global South. *Progress in Human Geography, Sage Journals*, 6 (43) : 1044-1063.

MINISTRY OF PLANNING AND INVESTMENT, 2021 – Report on foreign direct investment in the first 8 months of 2021. www.mpi.gov.vn/en/Pages/tinbai.aspx?idTin=51272&idcm=122

MITCHELL C. L., 2008a – Altered landscapes; altered livelihoods: the shiftong experience of informal waste collecting during Hanoi'surban transition. *Geoforum*, 39 : 2019-2029.

MITCHELL C. L., 2008b – *Recycling the city: the impact of urban change on the informal waste-recovery trade in Hanoi, Vietnam.* Thèse de doctorat, université de Toronto.

MITCHELL C. L., 2009 – Trading trash in the transition: economic restructuring, urban spatial transformation, and the boom and bus of Hanoi's informal waste trade. *Environment and Planning A*, 41 : 2633-2650.

MOC, 2019 – *Rapport annuel pour l'examen des activités en 2018 et la mise en œuvre des programmes en 2019 du secteur de la construction.* Hà Nội, ministère de la Construction.

MONQID S., 2011 – La gestion des déchets ménagers au Caire : les habitants en question. Cedej, *Égypte-Monde arabe*, 8, Développement durable au Caire : une provocation ?

MONRE, 2012 – *Rapport national sur l'environnement au Việt Nam en 2008 : l'état de l'environnement des villages de métier. Hà Nội*, 98 p.

MONRE, 2019 – *Rapport sur l'examen des technologies de traitements de déchets solides ménagers au Việt Nam. Proposition de solutions pour les prochaines années.*

MONSAINGEON B., 2017 – *Homo detritus. Critique de la société du déchet.* Éditions du Seuil, coll. Anthropocène, 280 p.

MOUSTIER P., NGUYỄN THI TẤN L., HO THANH S., HOANG BANG A., 2007 – Promotion of Public-Private Dialogue to Maintain Poor-friendly Fruit and Vegetable Street Vending in Hanoi. *Acta Horticulturae*, 794 : 239-247.

MUHAMAD A. F., ISHII K., SATO M., 2020 – Strategy of landfilled waste reduction by a distributed materials recovery facility system in Surabaya, Indonesia. *Waste Management & Research*, 38 : 1142-1152.

NGO D., 2001 – Waste and informal recycling activities in Hanoi, Vietnam. *Third World Planning Review*, 23 (4) : 405-429.

NGUYỄN HOÀNG A., 2006 – La répartition des compétences entre pouvoir central et pouvoir local au Việt Nam. *The Review of Public Administration and Management*, 6 p.

NGUYỄN HOÀNG P., ĐẶNG HÀ G., 2021 – *Repenser le rôle du secteur informel dans l'économie circulaire des déchets solides au Việt Nam*. Groupe consultatif juridique et politique, rapport non publié, en vietnamien.

NGUYỄN HUU H., 2020 – Organisation de trois schémas d'initiative populaire de collecte de déchets à HCMV. *Lao Động*. https://laodong.vn/xa-hoi/sap-xep-3-hinh-thuc-hoat-dong-thu-gom-rac-dan-lap-o-tphcm-814485.ldo

NGUYỄN HUU H., FOGARASSY C., 2020 – Sustainability Evaluation of Municipal Solid Waste Management System for Hanoi (Vietnam). Why to Choose the "Waste-to-Energy" Concept? *Sustainability*, MDPI, 12 (3) : 1-20.

NGUYỄN MAI H., 2021 – *Les conditions de la marche à pied dans les déplacements des habitants de Hà Nội et leur prise en compte dans le projet d'urbanisme*. Thèse de doctorat, université Gustave-Eiffel, école doctorale Ville, Transports et Territoires.

NGUYỄN MẬU D., 2011 – Compliance of paper-making plants with regulations on wastewater management in Bac Ninh Province, Vietnam. *Environment, Development and Sustainability*, 13 : 35-50.

NGUYỄN MINH T. N., 2016 – Trading in broken things: Gendered performances and spatial practices in a northern Vietnamese rural-urban waste economy. *American ethnologist*, 43 (1) : 116-129.

NGUYỄN MINH T. N., 2019 – *Waste and Wealth, an Ethnography of Labour, Value, and Morality in a Vietnamese Recycling Economy*. Oxford University Press, 208 p.

NGUYỄN MINH P., FANCHETTE S., BACH HOÀNG V., 2021 – *Le système d'approvisionnement en déchets et rebuts des entreprises de recyclages informelles aux alentours de Hà Nội*. Rapport financé par la Packaging Recycling Organization Vietnam (PRO), avec le soutien de Paris Région Expertise à Hà Nội.

NGUYỄN NGỌC T., 2021 – *Les relations des commerçants de déchets avec leurs voisins et les autorités locales : stratégies de négociations territoriales d'une population marginalisée de Hà Nội*. Rapport de stage, université des sciences sociales de Hà Nội, 76 p.

NGUYỄN THAI H., *et al.*, 2021 – *Informal waste collectors and aggregators space and activities in Hanoi city, Vietnam, Compose project (2019-2021)*. https://doi.org/10.23708/QVLEUZ

NGUYỄN THỊ KIM T., 2009 – Hazardous industrial waste management in Vietnam: current status and future direction. *Journal of Material Cycles and Waste Management* : 258-262.

NGUYỄN THỊ PHƯƠNG C., HOÀNG CẦM, 2021 – *Le trottoir de Hà Nội : espace multidimensionnel interactif*. Hà Nội, Polytechnic Publishing House.

NGUYỄN THỊ TÂN L., NGUYỄN HOÀNG Y., HOANG VIET A., 2009 – *Update information about present distribution of fresh vegetables in 2009 in Hanoi*. Favri and Malica, Hanoi.

NGUYỄN-LEROY M. L., VƯƠNG C. C., 2018 – *La gestion des déchets solides à Hà Nội*. Les études de Paris Région Expertise, Việt Nam.

NGUYỄN-XUÂN H., 2008 – *Le processus de « clusterisation » des villages de métier dans le delta du fleuve Rouge au Việt Nam*. Rapport de thèse de doctorat non soutenue, université de Saint-Quentin-en-Yvelines.

OCDE., 2017 – *La responsabilité élargie du producteur. Une mise à jour des lignes directrices pour une gestion efficace des déchets.* OCDE Environment working paper, 142, Paris.

O'Rourke D., 2004 – *Community-Driven Regulation: Balancing Development and the Environment in Vietnam.* Cambridge and London, MIT Press.

Ostrom E., 1990 – *Governing the Commons: The Evolution of Institutions for Collective Action.* Cambridge, Cambridge University Press.

Palladino A. L., 2001 – *Industrial waste management in Hanoi, Vietnam. A case study of Thuon Dinh Industrial Zone.* Mémoire de master de géographie, université de Toronto, 116 p.

Pandolfi L., 2001 – *Une terre sans prix. Réforme foncière et urbanisation au Việt Nam. Hà Nội, 1986-2000.* Thèse de doctorat en urbanisme et aménagement, université Paris-8, Institut français d'urbanisme, 568 p.

Pannier E., 2018 – Affects, dons cérémoniels et structures sociales. Figures et expressions des tình cảm en milieu rural au nord du Việt Nam. *Tsanstsa : revue de la société suisse d'ethnologie*, 23 : 33-42.

Pannier E., Pulliat G., 2016 – Échanges, dons et dettes. Réseaux sociaux et résilience dans le Việt Nam d'aujourd'hui. *Revue Tiers Monde*, 226 : 95-121.

Papin P., Passicousset L., 2010 – *Vivre avec les Vietnamiens.* Éditions de l'Archipel, 384 p.

Parker L., 2018 – La Chine refuse l'importation de déchets plastiques, provoquant une crise sans précédent. *National Geographic.* https://www.nationalgeographic.fr/environnement/la-chine-refuse-limportation-de-dechets-plastiques-provoquant-une-crise-sans-precedent

Pasquier-Doumer L., Oudin X., Nguyen T., 2017 – *The importance of Household Businesses and the informal sector for inclusive growth in Vietnam. Hà Nội*, Vietnamese Academy of social Sciences et IRD Éditions, 330 p.

Pham T.S., 2010 – *Morphologie urbaine, dispositifs techniques et pratiques sociales. Cas des quartiers de ruelles hanoiens.* Thèse d'urbanisme, Insa de Lyon.

Prieto-Sandoval V., Jaca C., Ormazabal M., 2018 – Towards a consensus on the circular economy. *Journal of Cleaner Production*, 179 : 605-615.

Pulliat G., 2013 – Les migrants à Hà Nội : construction politique d'un groupe dominé. Éditions Érès, Paris, *Espaces et Sociétés*, 154 : 87-102.

Putra H. P., Damanhuri E., Sembiring E., 2018 – *Integration of formal and informal sector (waste bank) in waste management system in Yogyakarta, Indonesia.* MATEC Web Conferences, 154 : 2007.

Rateau M., 2015 – *Intégration des récupérateurs à Lima. Étude de trois modèles liméniens de structuration des filières de valorisation des déchets.* Rapport de terrain, projet Orva2D, sous la direction de M. Durand.

Rateau M., 2018 – « Expériences de formalisation des récupérateurs à Lima (Pérou) ». *In* Jaglin S. *et al.* (éd.) : *Du rebut à la ressource. Valorisation des déchets dans les villes du Sud*, Paris, AFD : 115-13. www.afd.fr/fr/du-rebut-la-ressource

Reddy R. N., 2015 – Producing abjection: E-waste improvement schemes and informal recyclers of Bangalore. *Geoforum*, 62 : 166-174.

Renaud P., Quertamp F., 2020 – *Extended Producer Responsibility (EPR) for packaging waste in Vietnam.* Department of Legal Affairs of Monre, Citeo, 18 p.

Resurrección B. P., 2019 – « Water Insecurity in Disaster and Climate Change Contexts, A Feminist Political Ecology View ». *In* Rigg J., Reyes Mason L. (eds) : *People and Climate Change: Vulnerability, Adaptation, and Social Justice*, Oxford Press.

RESURRECCIÓN B. P., KHANH H. T. V., 2007 – Able to Come and Go: Reproducing Gender in Female Rural-Urban Migration in the Red River Delta. *Population, Space and Place*, 13 : 211-224.

RIDLEY-DUFF R., BULL M., 2019 – *Understanding Social Enterprise: Theory and Practice*. Sage Publications Ltd.

RUTKOWSKI J. E., RUTKOWSKI E. W., 2015 – Expanding worldwide urban solid waste recycling: The Brazilian social technology in waste pickers inclusion. *Waste Management & Research* : 1084-1093.

SACHS I., 1993 – *L'écodéveloppement : stratégies de transition vers le XXIe siècle*. Paris, Syros.

SAMBYAL SINGH S., AGARWAL R., 2018 – *To Burn or Not to Burn: Feasibility of Waste-to-Energy Plants in India*. Centre for Science and Environment, 52 p.

SAMSON M. (ed.), 2009 – *Refusing to be Cast Aside: Waste Pickers Organizing Around the World*. Cambridge, MA, Women in Informal Employment: Globalizing and Organizing, 96 p.

SAWAIA B., 2001 – *As Artimanhas da exclusão. Análise psicossocial e ética da desigualdade social*. Petrópolis, Vozes, 188 p.

SCHEINBERG A., 2011 – *Value added: modes of sustainable recycling in the modernisation of waste management systems*. Thèse de doctorat, université de Wageningen, Pays-Bas.

SCHINDLER S., DEMARIA F., PANDIT S. B., 2012 – Delhi's waste conflict. *Economic and Political Weekly*, 47 (42) : 18-21.

SCHMITZ H., NADVI K., 1999 – Clustering and Industrialization: Introduction. *World Development*, 27 : 1503-1514.

SCHRAMM S., NGUYEN THI THANH M., 2019 – Turning waste into resources and resources into waste: Centralised waste-t-o-energy nexuses in Hanoi. *Urban Studies*, 56 (11) : 2315-2332.

SENG B, FUJIWARA T., 2018 – Suitability assessment for handling methods of municipal solid waste. *Global Journal of Environmental Science and Management*, 4 : 113-126.

SINGHIRUNNUSORN W., DONLAKORN K., KAEWHANIN W., 2012 – Contextual factors influencing household recycling behaviours: A case of waste bank project in Mahasarakham Municipality. *Procedia – Social and Behavioral Sciences*, 36 : 688-697.

SINHA R., MICHELSEN J. D., AKCURA E., NJIE L., 2020 – *Covid-19's Impact on the Waste Sector*. International Finance Corporation (IFC), World Bank Group.

SLU, 2016 – *Plano Municipal de Gestão Integrada de Resíduos Sólidos*, PMGIRS-BH. Belo Horizonte.

SNS, MDR, 2019 – *Diagnóstico do Manejo de Resíduos Sólidos Urbanos*. Brasília, Sistema Nacional de Informaçãoes sobre Saneamento.

SNS, SNIS, 2020 – *Diagnóstico do Manejo de Resíduos Sólidos Urbanos – 2019*. Brasília, SNS/MDR, 244 p.

SOLIHIN M., MULJONO P., SADONO D., 2018 – Sustainable waste management through trash bank in Ragajaya Village, Bogor Regency, West Java Province, Indonesia. *International Journal of Progressive Sciences and Technologies*, 9 (2) : 190-198.

STRASSER S., 1999 – *Waste and Want: A Social History of Trash*. New York, Metropolitan Books, 356 p.

SURABAYA CITY GOVERNMENT, 2019 – *Dokumen Informasi Kinerja Pengelolaan Lingkungan Hidup Daerah* [DIKPLHD, City's Environmental Management Performance Document]. Kota Surabaya Tahun 2018.

SURABAYA CITY GOVERNMENT, 2020 – *Surabaya Tanggap Covid-19: Peta dan Visualisasi Data* [Surabaya Responds to Covid-19: Map and Visualization Data].

TESSIER O., LE FAILLER P., 2009 – « Préface ». *In* OGER H. : *Technique du peuple annamite*, réédition revue et augmentée trilingue, Hà Nội, Éditions The Gioi, École française d'Extrême-Orient, 272 p.

Towolioe S., Permana A. S., Aziz N., Ho C. S., 2016 – The Rukun Warga-based 3Rs and waste bank as sustainable solid waste management strategy. *Planning Malaysia Journal*, 14 : 181-196.

Trần Hoài A., 2015 – Urban Space Production in Transition: The Cases of the New Urban Areas of Hanoi. *Urban Policy and Research*, 33 : 1.

Trần Hoài L.,2012 – *Evaluation study on the role of plastic waste collection and recycling in Hanoi City: proposal of a relevant management model.* Mémoire de master d'ingénierie civile, université de génie civil de Hà Nội, 94 p.

Trần Khắc M., 2019 – *Des métropolisations en concurrence : le développement des périphéries urbaines de la région de Hô Chi Minh-Ville (Việt Nam) sous l'effet de la création de zones industrielles.* Thèse de géographie, université Paris-1.

Trần Nhật K., 2010 – *Le patrimoine villageois face à l'urbanisation : le cas des villages périurbains de Trieu Khuc et de Nhan Chinh, Hà Nội, Việt Nam.* Thèse de géographie et aménagement, université de Toulouse-2 Le Mirail, 262 p.

Trần Nhật K., 2015 – « La fabrique urbaine et la transformation du bâti à Trieu Khuc ». *In* Fanchette S. (éd.) : *Hà Nội, future métropole. La rupture de l'intégration urbaine des villages.* Marseille, IRD Éditions, coll. Petit Atlas urbain.

Treglodé B. (de), 2021 – *Việt Nam, un tournant sécuritaire pour la nouvelle équipe dirigeante.* Paris, Institut Montaigne.

Turner S., Schoenberger L., 2012 – Street Vendor Livelihoods and Everyday Politics in Hanoi, Vietnam: The Seeds of a Diverse Economy? *Urban Studies*, 49 (5) : 1027-1044.

Umyati A., Dwiyanti Y., Partuti T., 2018 – Pengaruh program bank sampah terhadap tingkat pendapatan keluarga nasabah bank sampah mandiri di Kelurahan Kebonsari [The influence of the waste bank program on the family income level of the waste bank customers in Kebonsari]. *Journal Industrial Services*, 4.

Urban Catalyst, 2007 – « Patterns of the unplanned ». *In* Franck K., Stevens Q. (eds): *Loose space: possibility and diversity in urban life*, Londres, Routledge : 271-288.

Varone F., Nahrath S., Gerber J.-D., 2008 – Régimes institutionnels de ressources et théorie de la régulation. *Revue de la régulation*, 2. **https://regulation.revues.org/**

Velis C. A., Wilson D. C., Rocca O., Smith S. R., Mavropoulos A., Cheeseman C. R., 2012 – An analytical framework and tool (*"InteRa"*) for integrating the informal recycling sector in waste and resource management systems in developing countries. *Waste Management & Research*, 30 : 43-66.

Vietnam Ministry of Trade, 2006 – *The strategy for domestic trade development for the period 2010-2015 and development orientation to 2020.* Hanoi, Ministry of Trade, Department of Domestic Market Policies, 30 p.

Vu Thi Hong H., Ji Whan A., 2018 – Climate Change Issues of paper Manufacturing Production at Phong Khe Craft Village. *Journal of Energy Engineering*, 27 : 40-50.

Vu Tung D., Pinnoi A., 2000 – Vehicle routing-scheduling for waste collection in Hanoi. *European Journal of Operational Research* 125 : 449-468.

Warmadewanti I., Haqq M., 2019 – Implementation of waste banks for reduction of solid waste in South Surabaya. Matec Web Conferences, 276 : 6021.

Williams E., Kahhat R., Bengtsson M., Hayashi S., Hotta Y., Totoki Y., 2013 – Linking informal and formal electronics recycling *via* interface organization. *Challenges*, 4 (2) : 136-153.

WILSON D. C, VELIS C. A., RODIC A., 2013 – Integrated sustainable waste management in developing countries. *Proceedings of Institution of Civil Engineers: Waste and Resource Management*, 166 (2) : 52-68. https://doi.org/10.1680/warm.12.00005

WU K.-M., ZHANG J., 2019 – Vivre avec les déchets. L'émancipation des récupérateurs dans les villes chinoises. *China Perspectives*, 2.

WULANDARI D, UTOMO S, NARMADITYA B., 2017 – Waste bank: Waste management model in improving local economy. *International Journal of Energy Economics and Policy*, 7 : 36-41.

YEROCHEWSKI C. (éd.), 2015 – Travail et informalité : nouvelles figures de l'exploitation et des mobilisations au Nord et au Sud. *Sociologie et sociétés*, 47 (1).

ZÉRAH M. H., 2020 – *Quand l'Inde s'urbanise : services essentiels et paradoxes d'un urbanisme bricolé*. La Tour d'Aigues, Éditions de l'Aube, 320 p.

ZHANG YE, 2016 – App developers rush to grab share of estimated $100b recycling industry. *Global Times*.

ZHENG J., 2017 – Seniors aid the recycling trend. *China Daily*.

Liste des tableaux et des figures

Annexes

Liste des cartes

Chapitre 1

Chapitre 2

Chapitre 4

Chapitre 5

Chapitre 6

Liste des photos

Chapitre 1

Chapitre 2

Chapitre 3

Chapitre 4

Chapitre 5

Chapitre 6

Liste des encadrés

Liste des enquêtes réalisées par les membres de l'équipe Recycurbs-Viet

Numéro	Type enquêté	Enquêteur	Date	District	Quartier	Province /commune	Lieu de naissance
1	Gérant *bãi*	Litou, Nguyen T.T.	06/05/2016	Đống Đa	Hàng Bột	Hà Nội	Nam Đinh
2	Gérant *bãi*	Litou, Nguyen T.T.	19/05/2016	Đống Đa	Cát Linh	Hà Nội	Xuân Thượng, Xuân Trường, Nam Định
3	Gérant *bãi*	Litou, Nguyen T.T.	23/05/2016	Đống Đa	Văn Miếu	Hà Nội	Xuân Trường, Nam Định
4	Gérant *bãi*	Litou, Nguyen T.T.	23/05/2016	Đống Đa	Ô Chợ Dừa	Hà Nội	Nam Định
5	Gérant *bãi*	Litou, Nguyen T.T.	06/06/2016	Đống Đa	Ô Chợ Dừa	Hà Nội	Xuân Thượng, Xuân Trường, Nam Định
6	Gérant *bãi*	Litou, Nguyen T.T.	10/06/2016	Đống Đa	Nam Đồng	Hà Nội	Xuân Hồng, Xuân Trường, Nam Định
7	Gérant *bãi*	Litou, Nguyen T.T.	14/06/2016	Đống Đa	Láng Hạ	Hà Nội	Xuân Trường, Nam Định
8	Gérant *bãi*	Litou, Nguyen T.T.	06/05/2016	Hà Đông	Văn Quán	Hà Nội	Nam Đinh
9	Gérant *bãi*	Litou, Nguyen T.T.	26/05/2016	Hà Đông	Văn Quán	Hà Nội	Văn Quán, Hà Đông
10	Gérant *bãi*	Litou, Nguyen T.T.	27/05/2016	Hà Đông	Văn Quán	Hà Nội	Xuân Trường, Nam Định
11	Gérant *bãi*	Litou, Nguyen T.T.	27/05/2016	Hà Đông	Văn Quán	Hà Nội	Xuân Thượng, Xuân Trường, Nam Định
12	Gérant *bãi*	Litou, Nguyen T.T.	22/06/2016	Hà Đông	Vạn Phúc	Hà Nội	Xuân Hồng, Xuân Trường, Nam Định
13	Gérant *bãi*	Litou, Nguyen T.T.	22/06/2016	Hà Đông	Ngô Thì Nhậm	Hà Nội	Nam Định et Nghe An
14	Gérant *bãi*	Litou, Nguyen T.T.	22/06/2016	Hà Đông	Quang Trung	Hà Nội	Xuân Trường, Nam Định
15	Gérant *bãi*	Litou, Nguyen T.T.	18/05/2016	Gia Lâm	Kim Lan	Hà Nội	Tân Tiến, Văn Giang, Hưng Yên
16	Gérant *bãi*	Litou, Nguyen T.T.	18/05/2016	Gia Lâm	Bát Tràng	Hà Nội	Vũ Hòa, Kiến Xương, Thái Bình
18	Gérant *bãi*	Litou, Nguyen T.T.	01/06/2016	Gia Lâm	Bourg de Trâu Quỳ	Hà Nội	Xuân Hồng, Xuân Trường, Nam Định
19	Gérant *bãi*	Litou, Nguyen T.T.	14/07/2016	Gia Lâm	Dương Xá	Hà Nội	Xuân Thượng, District de Xuân Trường, Nam Định
20	Gérant *bãi*	Litou, Nguyen T.T.	14/07/2016	Gia Lâm	Phú Thị	Hà Nội	Phú Thị, Gia Lâm

Numéro	Type enquêté	Enquêteur	Date	District	Quartier	Province /commune	Lieu de naissance
21	Gérant *bãi*	Litou, Nguyen T.T.	14/07/2016	Gia Lâm	Phú Thị	Hà Nội	Xuân Thượng, Xuân Trườngn, Nam Định
22	Gérant *bãi*	Litou, Nguyen T.T.	15/07/2016	Gia Lam	Dương Xá	Hà Nội	Xuân Thượng, Xuân Trường, Nam Định
23	Gérant *bãi*	Devedian, Alvergnat, Pham	30/06/2016	Hà Đông	Quang Trung	Hà Nội	Phú Thọ et Hà Tây
24	Gérant *bãi*	Devedian, Alvergnat, Pham	01/04/2018	Đống Đa	Nam Đồng	Hà Nội	Xuân Thượng, Xuân Trường, Nam Định
25	Gérant *bãi*	Devedian, Alvergnat, Pham	24/04/2018	Đống Đa	Ô Chợ Dừa	Hà Nội	Hà Nội
26	Gérant *bãi*	Devedian, Alvergnat, Pham	24/04/2018	Đống Đa	Ô Chợ Dừa	Hà Nội	Xuân Thượng, Xuân Trường, Nam Định
27	Gérant *bãi*	Devedian, Alvergnat, Pham	24 & 27/04/2018	Đống Đa	Phạm Ngọc Thạch	Hà Nội	Xuân Hồng, Xuân Trường, Nam Định
28	Gérant *bãi*	Devedian, Alvergnat, Pham	10/04/2018	Hà Đông	Văn Quán	Hà Nội	Xuân Trường, Nam Định
30	Gérant *bãi*	Devedian, Alvergnat, Pham	12 & 13/04/2018	Hà Đông	Mỗ Lao	Hà Nội	Xuân Trường, Nam Định
31	Gérant *bãi*	Devedian, Alvergnat, Pham	11/04/2018	Hà Đông	Mỗ Lao	Hà Nội	Trung Ha, Yen Lac, Vinh Phuc
32	Gérant *bãi*	Devedian, Alvergnat, Pham	11/04/2019	Hà Đông	Vạn Phúc	Hà Nội	Xuân Hồng, Xuân Trường, Nam Định
33	Gérant *bãi*	Devedian, Alvergnat, Pham	13/04/2018	Hà Đông	Ngô Thì Nhậm	Hà Nội	la femme est de Nam Định le mari est de Nghe An
34	Gérant *bãi*	Devedian, Alvergnat, Pham	10/04/2018	Hà Đông	Văn Quán	Hà Nội	Xuân Trường, Nam Định
35	Gérant *bãi*	Devedian, Alvergnat, Pham		Hà Đông	Văn Quán	Hà Nội	Văn Quán, Hà Đông
37	Gérant *bãi*	Berret, Fournier	12/06/2019	Ba Dinh	Cong Vi	Hà Nội	Nam Định
38	Gérant *bãi*	Berret, Fournier	12/06/2019	Ba Dinh	Vĩnh phúc	Hà Nội	Nam Định
39	Gérant *bãi*	Berret, Fournier	08/06/2019	Cau Giấy	Dịch Vọng	Hà Nội	Xuan Truong Nam Định
40	Gérant *bãi*	Berret, Fournier	15/05/2019	Cau Giấy	Dịch Vọng Hậu	Hà Nội	Nam Định
41	Gérant *bãi*	Berret, Fournier	15/05/2019	Cau Giấy	Dịch Vọng Hậu	Hà Nội	Xuân Trường, Nam Định. Xa Kieu

Numéro	Type enquêté	Enquêteur	Date	District	Quartier	Province /commune	Lieu de naissance
43	Gérant *bãi*	Berret, Fournier	08/06/2019	Cau Giây	Dịch Vọng Hậu	Hà Nội	Xuân Trường, Nam Định
44	Gérant *bãi*	Berret, Fournier	03/05/2019	Dong Anh	Vĩnh Ngọc	Hà Nội	Vĩnh Ngọc
45	Gérant *bãi*	Berret, Fournier	07/06/2019	Dong Anh	Vĩnh Ngọc	Hà Nội	Vĩnh Ngọc
46	Gérant *bãi*	Berret, Fournier	07/06/2019	Dong Anh	Vĩnh Ngọc	Hà Nội	Vĩnh Ngọc
47	Gérant *bãi*	Berret, Fournier	07/06/2019	Dong Anh	Vĩnh Ngọc	Hà Nội	Vĩnh Ngọc
48	Gérant *bãi*	Berret, Fournier	20/05/2019	Đống Đa	Khương Thượng	Hà Nội	Xuan Truong, Nam Dinh
49	Gérant *bãi*	Berret, Fournier	29/06/2019	Đống Đa	Kim Lien	Hà Nội	NDI
50	Gérant *bãi*	Berret, Fournier	25/04/2019,	Đống Đa	Kim Lien	Hà Nội	Xuan Trong, Nam Dinh
51	Gérant *bãi*	Berret, Fournier	08/06/2019	Đống Đa	Láng Hạ	Hà Nội	Nam Định, Xuân Trường
52	Gérant *bãi*	Berret, Fournier	11/06/2019	Đống Đa	Phương Mai	Hà Nội	Hà Nội
53	Gérant *bãi*	Berret, Fournier	29/05/2019	Đống Đa	Phương Mai	Hà Nội	Xuan Truong, Nam Dinh,
56	Gérant *bãi*	Berret, Fournier				Hà Nội	Nam Dinh, Xuan Truong
57	Gérant *bãi*	Berret, Fournier		Hà Đông	Văn Quán	Hà Nội	Xuân Trường, Nam Định
58	Gérant *bãi*	Berret, Fournier	10/05/2019	Ha Dong	Van Quan	Hà Nội	Nam Dinh, Xuan Truong
59	Gérant *bãi*	Berret, Fournier	15/05/2019	Hoai Duc	An Khanh	Hà Nội	Hà Nội
60	Gérant *bãi*	Berret, Fournier	19/06/2019	Hoàn Kiếm	Hang Buon	Hà Nội	Nam Dinh, Xuan Truong
61	Gérant *bãi*	Berret, Fournier	25/05/2019	Nam Tu Liem	Tay Mo	Hà Nội	Xuan Truong, Nam Dinh
62	Gérant *bãi*	Berret, Fournier	29/05/2019	Thanh Xuân	Khương Mai	Hà Nội	Nam Dinh, Xuan Truong
63	Gérant *bãi*	Nguyen N.P.U.	08/05/2020	Ba Đình	Đội Cấn	Hà Nội	Nam Dinh, Xuan Truong
64	Gérant *bãi*	Nguyen N.P.U.	06/05/2020	Ba Đình	Kim Ma	Hà Nội	Nam Định, Xuân Trường
65	Gérant *bãi*	Nguyen N.P.U.	13/05/2020	Ba Đình	Đội Cấn	Hà Nội	Nam Định
66	Gérant *bãi*	Nguyen N.P.U.	18/05/2020	Ba Đình	Kim Mã	Hà Nội	Nam Định
67	Gérant *bãi*	Nguyen N.P.U.	26/05/2020	Ba Đình	Lieu Giai	Hà Nội	Nam Định
68	Gérant *bãi*	Nguyen N.P.U.		Ba Đình	Lieu Giai	Hà Nội	Xuân Trường, Nam Định
69	Gérant *bãi*	Fanchette et Nguyen N.P.U.		Ba Đình	Ngọc Hà	Hà Nội	Xuân Trường Nam Định
70	Gérant *bãi*	Fanchette et Nguyen N.P.U.	28/05/2020	Ba Đình	Ngọc Hà	Hà Nội	Xuân Trường Nam Định
71	Gérant *bãi*	Nguyen N.P.U.	02/06/2020	Ba Đình	Phúc Xá	Hà Nội	Nam Định, Xuân Trường

Numéro	Type enquêté	Enquêteur	Date	District	Quartier	Province /commune	Lieu de naissance
72	Gérant *bãi*	Fanchette et Nguyen N.P.U.	04/06/2020	Ba Đình	Thành Công	Hà Nội	Nam Định
73	Gérant *bãi*	Fanchette et Nguyen N.P.U.	01/06/2020	Ba Đình	Phúc Xá	Hà Nội	Hà Nội
74	Gérant *bãi*	Fanchette et Nguyen N.P.U.	19/06/2020	Đống Đa	Khương Thượng	Hà Nội	Nam Định, Xuân Trường
75	Gérant *bãi*	Fanchette et Nguyen N.P.U.	08/06/2020	Đống Đa	Láng Hạ	Hà Nội	Nam Định, Xuân Trường
76	Gérant *bãi*	Nguyen N.P.U.	16/06/2020	Đống Đa	Láng Hạ	Hà Nội	Nam Định, Xuân Trường
77	Gérant *bãi*	Fanchette et Nguyen N.P.U.	26/06/2020	Đống Đa	Lang Thuong	Hà Nội	Nam Định, Xuân Trường
78	Gérant *bãi*	Fanchette et Nguyen N.P.U.	25/06/2020	Đống Đa	Lang Thuong	Hà Nội	Xuân Trường, Nam Định
79	Gérant *bãi*	Nguyen N.P.U.	15/05/2020	Đống Đa	Ô chợ dừa	Hà Nội	Xuân Trường, Nam Định
80	Gérant *bãi*	Nguyen N.P.U.	13/05/2020	Đống Đa	Ô chợ dừa	Hà Nội	Proche de Hà Nội
81	Gérant *bãi*	Fanchette et Nguyen N.P.U.		13/05/2020	Đống Đa	Ô chợ dừa	Hà Nội Nam Định
82	Gérant *bãi*	Nguyen N.P.U.	18/05/2020	Đống Đa	Phương Liên	Hà Nội	Nam Định, Xuân Trường
83	Gérant *bãi*	Fanchette et Nguyen N.P.U.	04/06/2020	Đống Đa	Ô chợ dừa	Hà Nội	Nam Định
85	Gérant *bãi*	Nguyen N.P.U.	22/07/2020	Thanh Xuân	Thanh Xuân Trung	Hà Nội	Nam Định
86	Gérant *bãi*	Nguyen N.P.U.	22/07/2020	Thanh Xuân	Nhan Chinh	Hà Nội	Nam định, Xuân Trường
87	Gérant *bãi*	Nguyen N.P.U.	22/07/2020	Thanh Xuân	Hạ Đình	Hà Nội	Nam Định, Xuân Trường
88	Gérant *bãi*	Nguyen N.P.U.	22/07/2020	Thanh Xuân	Hạ Đình	Hà Nội	Nam Định, Xuân trường
89	Gérant *bãi*	Fanchette et Nguyen N.P.U.	15/07/2020	Ba Đình	Truc Bach	Hà Nội	Nam Định
90	Gérant *bãi*	Nguyen N.T. Xuân trường	4-9/01/21	Ba Đình	Kim Ma	Hà Nội	Nam Định,
91	Gérant *bãi*	Nguyen N.T. Xuân trường	15/01/2021	Thanh Xuân	Khuong Trung	Hà Nội	Nam Định,
92	Gérant *bãi*	Nguyen N.T.	24/01/2021	Hai Bà Trưng	Lê Đại Hành	Hà Nội	Bắc Ninh
93	Gérant *bãi*	Nguyen N.T. Xuân trường	03/03/2021	Hai Bà Trưng	Ngo Thi Nham	Hà Nội	Nam Định,
94	Gérant *bãi*	Nguyen N.T. Xuân trường	01/04/2021	Thanh Xuân	Xuân Đinh	Hà Nội	Nam Định,
95	Gérant *bãi*	Nguyen N.T. Xuân trường	22/04/2021	Cau Giây	Dịch Vọng	Hà Nội	Nam Định,
96	Gérant *bãi*	Nguyen M.P.	23/01/2019		Khuong Trung	Hà Nội	
97	Autorité locale	Berret	24/01/2019	Đống Đa	Khuong Trung	Hà Nội	

Numéro	Type enquêté	Enquêteur	Date	District	Quartier	Province /commune	Lieu de naissance
98	*đồng nát*	Litou, Nguyen T.T.	17/06/2016	Đống Đa	Cat Linh	Hà Nội	Xuân Tân, Xuân Trường, Nam Định
99	*đồng nát*	Litou, Nguyen T.T.	19/06/2016	Đống Đa	Cat Linh	Hà Nội	Xuân Ngọc, Xuân Trường, Nam Định, Việt Nam
100	*đồng nát*	Litou, Nguyen T.T.	02/06/2016	Gia Lâm	Trâu Quỳ	Hà Nội	Thieu Thinh, Thanh Hoa, Thieu Hoa
101	*đồng nát*	Litou, Nguyen T.T.	23/06/2016	Hà Đông	Quang Trung	Hà Nội	
102	*đồng nát*	Litou, Nguyen T.T.	07/07/2016	Hà Đông	Van Quan	Hà Nội	
103	*đồng nát*	Devedian, Alvergnat, Pham	10/04/2018	Hà Đông	Van Quan	Hà Nội	Võng Xuyên, Phúc Thọ, Hà Nội
104	*đồng nát*	Devedian, Alvergnat, Pham	10/04/2018	Hà Đông	Văn Quán	Hà Nội	Thái Nguyên
105	*đồng nát*	Devedian, Alvergnat, Pham	10/04/2018	Hà Đông	Văn Quán	Hà Nội	Thái Nguyên
106	*đồng nát*	Devedian, Alvergnat, Pham	11/04/2018	Hà Đông	Phu La	Hà Nội	
107	*đồng nát*	Devedian, Alvergnat, Pham	11/04/2018	Hà Đông	Mỗ Lao	Hà Nội	Mỹ Đức, Hà Tây
108	*đồng nát*	Fanchette et Nguyen N.P.U.	17/12/2020	Tây Hồ	Phú Thượng	Hà Nội	
109	*đồng nát*	Nguyen N.T.	24/01/2021	Hai Bà Trưng	Lê Đại Hành	Hà Nội	
110	*đồng nát*	Nguyen N.T.	26/01/2021	Hai Bà Trưng	Lê Đại Hành	Hà Nội	Xuân Trường Nam Định
111	*đồng nát*	Nguyen N.T.	03/03/2021	Hai Bà Trưng	Ngo Thi Nham	Hà Nội	Nam Dinh, Xuan Truong
112	*đồng nát*	Fanchette et Nguyen N.P.U.	22-24/08/2021	Ba Đình	Ngọc Hà	Hà Nội	Thanh Hoa
113	*đồng nát*	Fanchette et Nguyen N.P.U.	24/08/2021	Ba Đình		Hà Nội	Nam Dinh, Xuan Truong
114	*đồng nát*	Nguyen N.P.U.	14/03/2021	Thanh Xuân	Nhanh Chinh	Hà Nội	Hà Nội
115	*đồng nát*	Nguyen N.P.U.	14/04/2021	Thanh Xuân		Hà Nội	
116	*đồng nát*	Nguyen N.P.U.	07/09/2020	Ba Dinh	Kim Ma	Hà Nội	Hung Yên
117	*đồng nát*	Devedian, Alvergnat, Pham	10/04/2018	Hà Dong	Van Quan	Hà Nội	Hải Dương
118	*đồng nát*	Fanchette et Nguyen N.P.U.	15/07/2020	Ba Đình	Truc Bach	Hà Nội	

Numéro	Sujet	Enquêteurs	Date	District	Quartier	Province /commune	Caractéristique enquêtée
119	Recyclage	Fanchette	02/02/2004	Hoàn Kiếm	Hang Đông	Hà Nội	Vieil artisan de Đại Bái
120	Recyclage	Fanchette	16/12/2003	Gia Binh	Đại Bái	Bắc Ninh	Artisan et responsable local
121	Recyclage	Fanchette	19/12/2003	Gia Binh	Đại Bái	Bắc Ninh	Artisan du village
122	Recyclage	Fanchette	19/12/2003	Gia Binh	Đại Bái	Bắc Ninh	Petit producteur
123	Recyclage	Fanchette	19/12/2003	Gia Binh	Đại Bái	Bắc Ninh	Membre comité populaire
124	Recyclage	Fanchette	13/04/2004	Gia Binh	Đại Bái	Bắc Ninh	Divers commerçants déchets
125	Recyclage	Fanchette	25/05/2006	Từ Sơn	Chau Khê Đa Hội	Bắc Ninh	Grand entrepreneur du village
126	Recyclage	Fanchette	28/04/2006	Từ Sơn	Chau Khê Đa Hội	Bắc Ninh	Plusieurs artisans, Mme Binh
127	Recyclage	Fanchette	28/04/2006	Từ Sơn	Chau Khê Đa Hội	Bắc Ninh	Responsable environnement
128	Recyclage	Fanchette	25/05/2006	Từ Sơn	Chau Khê Đa Hội	Bắc Ninh	Autorité locale
129	Recyclage	Fanchette	25/05/2006	Từ Sơn	Chau Khê Đa Hội	Bắc Ninh	Commerçant de déchets
130	Recyclage	Fanchette	02/06/2006	Bắc Ninh	Phong Khê Dương Ổ	Bắc Ninh	Autorité locale
131	Recyclage	Fanchette	05/12/2003	Bắc Ninh	Phong Khê Dương Ổ	Bắc Ninh	Commerçant de déchets
132	Recyclage	Fanchette	23/01/2004	Tiên Du	Phu Lâm Tam Tao	Bắc Ninh	Divers artisans
133	Recyclage	Fanchette	23/11/2006	Bắc Ninh	Phong Khê Dương Ổ	Bắc Ninh	Responsable activité industrielle
134	Recyclage	Fanchette	07/05/2009	Bắc Ninh	Phong Cham Khe	Bắc Ninh	Trieurs de déchets
135	Recyclage	Fanchette	05/12/2003	Yen Phong	Phu Lam	Bắc Ninh	Entrepreneuse
136	Recyclage	Fanchette	22-29/03/2010	Gia Binh	Đại Bái	Bắc Ninh	Divers artisans
137	Recyclage	Fanchette	02/04/2010	Gia Binh	Đại Bái	Bắc Ninh	Divers artisans et responsables
138	Recyclage	Nguyen Minh Phuong	07/09/2017	Sóc Sơn	Lai Sơn	Hà Nội	Responsable décharge
139	Recyclage	Nguyen Minh Phuong	17/10/2018	Sóc Sơn	Lai Sơn	Hà Nội	Divers villageois
140	Recyclage	Nguyen Minh Phuong	17/10/2018	Sóc Sơn	Lai Sơn	Hà Nội	Intermédiaires
141	Recyclage	Nguyen Minh Phuong	08/11/2018	Van Lam	Nhu Quynh Minh Khai	Hưng Yên	Villageois
142	Recyclage	Nguyen Minh Phuong	26/09/2018	Van Lam	Nhu Quynh Minh Khai	Hưng Yên	Divers ouvriers
143	Recyclage	Nguyen Minh Phuong	26/09/2018	Phong Khê	Bắc Ninh	Bắc Ninh	
144	Recyclage	Nguyen Minh Phuong	29/10/2018	Ung Hoa	Xà Cầu	Hà Nội	Divers artisans

Numéro	Sujet	Enquêteurs	Date	District	Quartier	Province /commune	Caractéristique enquêté
145	Recyclage	Nguyen Minh Phuong	09/07/1905	Bắc Ninh	Phong Khê	Bắc Ninh	Divers artisans zone industrielle
146	Recyclage	Nguyen Minh Phuong	10/09/2018	Bắc Ninh	Phong Khê	Bắc Ninh	Divers artisans
147	Recyclage	Nguyen Minh Phuong	06/11/2019	Gia Binh	Đại Bái	Bắc Ninh	Divers patrons ateliers
148	Recyclage	Nguyen Minh Phuong	07/11/2019	Minh Khai		Hưng Yên	Villageois
149	Recyclage	Fanchette et Nguyễn Minh Hiền	16/01/2020	Ung Hoa	Xa Cau	Hà Nội	Autorité locale
150	Recyclage	Fanchette et Nguyễn Minh Phương	21/01/2020	Đại Bái	Gia Binh	Bắc Ninh	Divers patrons ateliers
151	Recyclage	Nguyễn Minh Phương	21/06/2020	Đại Bái	Gia Binh	Bắc Ninh	Divers patrons ateliers
152	Recyclage	Nguyễn Minh Phương	12/06/2020	Yên Phong	Văn Môn	Bắc Ninh	Divers patrons ateliers
153	Recyclage	Fanchette et Nguyen N.P.U.	12/06/2020	Yên Phong	Văn Môn	Bắc Ninh	Divers patrons ateliers
154	Recyclage	Fanchette et Nguyen N.P.U.	29/06/2020	Ung Hoa	Xà Cầu	Hà Nội	Divers patrons ateliers
155	Recyclage	Nguyễn Minh Phương	29/06/2020	Ung Hoa	Xà Cầu	Hà Nội	Divers patrons ateliers
156	Recyclage	Nguyễn Minh Phương	27/08/2020	My Hao	Phan Boi	Hưng Yên	Patrons ateliers
157	Recyclage	Nguyễn Minh Phương	22/07/2020		Thanh Xuan	Hà Nội	Directeur grande compagnie plastique
158	Recyclage	Nguyễn Minh Phương	10/09/2020	Bắc Ninh	Phong Khê	Bắc Ninh	Divers artisans
159	Recyclage	Nguyễn Minh Phương	23/07/2020	Bắc Ninh	Phong Khê Ngô Khê	Bắc Ninh	Autorité religieuse et divers
160	Recyclage	Nguyễn Minh Phương	15/06/2020	Yên Phong	Văn Môn	Bắc Ninh	Divers artisans
161	Recyclage	Nguyễn Minh Phương	12/03/2021	Ung Hoa	Xà Cầu	Hà Nội	Divers artisans
162	Recyclage	Nguyễn Minh Phương Bach Hoàng Vinh	15/03/2021	Yên Phong	Văn Môn	Bắc Ninh	Divers artisans
163	Recyclage	Nguyễn Minh Phương Bach Hoàng Vinh	29/03/2021	Yên Phong	Văn Môn	Bắc Ninh	Divers artisans
164	Recyclage	Nguyễn Minh Phương Bach Hoàng Vinh	05/04/2021	Yên Phong	Văn Môn	Bắc Ninh	Entreprise formelle

Numéro	Sujet	Enquêteurs	Date	District	Quartier	Province /commune	Caractéristique enquêté
165	Recyclage	Nguyễn Minh Phương Bach Hoàng Vinh	05/04/2021	Yên Phong	Văn Môn	Bắc Ninh	Chef de village
166	Recyclage	Nguyễn Minh Phương Bach Hoàng Vinh	05/04/2021	Yên Phong	Văn Môn	Bắc Ninh	Patrons de restaurant et artisans
167	Recyclage	Nguyễn Minh Phương Bach Hoàng Vinh	02/07/2021	Van Lam	Nhu Quynh Minh Khai	Hưng Yên	Divers artisans
168	Recyclage	Nguyễn Minh Phương et Bach Vinh	09/07/2021	Ung Hoa	Xà Cầu	Hà Nội	Divers artisans
169	Recyclage	Fanchette	09/11/2017	Thanh Trì	Triều Khúc	Hà Nội	Divers artisans

Liste des sigles

Ademe : Agence de l'environnement et de la maîtrise de l'énergie
Aper : Association pour la plaisance écoresponsable
Arts : Allocations de recherche pour une thèse au Sud de l'IRD
Asean : Association des nations d'Asie du Sud-Est
Asmare : Coopérative de collecte et de ramassage des ordures (Belo Horizonte, Brésil)

BCR : Bassin commun de ressources
BRT : Bus express

Casrad : Center for Agrarian System Research and Development
Ceped : Centre Population et Développement
Cessma : Centre d'études en sciences sociales sur les mondes africains, américains et asiatiques
CLS : *Close Loop System*
CNRS : Centre national de la recherche scientifique

DEAT : Department of Environmental Affairs and Tourism of south Africa
DMS : Déchets municipaux solides
Donre : Département des ressources naturelles (Việt Nam)
DSR : Déchets solides ruraux

EPA : Agence de protection de l'environnement des États-Unis
ESO : UMR Espace et Sociétés (Rennes)
EVFTA : Accord de libre-échange entre l'Union européenne et le Việt Nam

FAE : Fours à arc électrique
FDR : Fer directement réduit
FFEM : Fonds français pour l'environnement mondial

GDS : Gestion des déchets solides
GIDS : Gestion intégrée et durable des déchets solides
GSO : General Statistics Office of Vietnam

HAU : Hanoi Architectural University
HDPE : *High Density Poly Ethylene*

IBGE : Institut brésilien de géographie et de statistiques
Icise : The International Centre for Interdisciplinary Science and Education
IDE : Investissement direct étranger
Insa : Institut national des sciences appliquées
Ipen : Réseau mondial d'ONG sur l'environnement et la santé
IRD : Institut de recherche pour le développement
IUCN : Union internationale pour la conservation de la nature

JEAI : Jeune équipe associée à l'IRD

KĐTM : *Khu Đô Thị Mới* (nouvelle zone urbaine)
KKPKP : Premier syndicat de ramasseurs de déchets en Inde
KTT : *Khu Tập Thể*, logements sociaux de l'époque collectiviste

LPE : Loi de la protection de l'environnement

MACF : Mécanisme d'ajustement carbone aux frontières
MDR : Ministère du Développement régional (Brésil)
MNCR : Mouvement national des récupérateurs de matériaux recyclés
Monre : Ministère de l'Environnement et des Ressources naturelles (Việt Nam)
MTE : Mouvement des travailleurs exclus

NZU : Nouvelles zones urbaines

OCDE : Organisation de coopération et de développement économiques
OIT : Organisation internationale du travail
OMC : Organisation mondiale du commerce
ONG : Organisation non gouvernementale

PE : Polyéthylène (type de plastique)
PET : Polyéthylène téréphtalate (type de plastique)
PIB : Produit intérieur brut
PNB : Produit national brut
PP : Polypropylène (type de plastique)

PPA : Peste porcine africaine
PRX : Paris-Région Expertise
PVC : Polychlorure de vinyle (type de plastique)

REP : Responsabilité élargie des producteurs

SIG : Système d'information géographique
SIR : Secteur informel du recyclage
SLU : Agence publique de nettoyage (Belo Horizonte, Brésil)
Snis : Système national d'information sur l'assainissement
SNS : Secrétariat national d'assainissement (Brésil)

TCVN : Norme Tiêu Chuân Việt Nam

UMR : Unité mixte de recherche (unité regroupant des équipes de différents organismes de recherche) en France
UNFCCC : Convention-cadre des Nations unies sur les changements climatiques
UNFPA : Fonds des Nations unies pour la population
Urenco : Urban environment Limited Compagny (Việt Nam)

VAC : Jardin, étang et porcherie (système intégré d'agro-élevage au Việt Nam)
Vass : Académie vietnamienne des sciences sociales

Wiego : Women in Informal Employment: Globalizing and Organizing
WWF : Fonds mondial pour la nature

Glossaire vietnamien-français

bãi phế liệu ou *bãi* : dépôt de déchets recyclables
bảo hiểm y tế : assurance de santé publique
bảo hiểm xã hội : assurance sociale publique
bia hơi : brasserie
biết điều : compassion
bướng : patron informel plus ou moins mafieux qui gère des droits de collecte dans les décharges

căn cước công dân : carte d'identité avec puce
chị em đồng hương : « sœurs » du même village
cơm bình dân : restaurant populaire

đi chợ : aller au marché
điểm công nghiệp : zone artisanale dans les villages de métier
Đổi mới : ouverture économique du Việt Nam en 1986
Đổi giấy lấy cây : échange du papier contre une plante
đội trật tự : les hommes qui « gèrent » les trottoirs
đồng hương : du même village natal
đồng nát : collecteur itinérant de déchets recyclable dans le Nord-Việt Nam
dân trí cao : classe sociale bien éduquée
dĩ hòa vi quý : réconciliation
duyên : la fortune du Ciel (chance)

giấy dó : papier fabriqué avec l'écorce de rhamnomeuron
giấy ban : papier fabriqué manuellement avec des déchets de papier

hộ khẩu : permis de résidence en ville
hộ kinh doanh : commerce familial

Khu Đô Thị Mới (KĐTM) : nouvelle zone urbaine
Khu Tập Thể (KTT) : quartiers collectifs construits à l'époque collectiviste

làm luật : « faire la loi », par extension payer des « pots de vin »
lễ hội : festival annuel
luộc nấu : commerçante intermédiaire entre les commerçants de papier et les industriels

nhà cấp iv : maison de niveau 4
nhà trọ : dortoir ou chambre de facture très précaire louée aux migrants
nhập ủy thác : importateur fiduciaire
nơi ở hiện tại : lieu de résidence actuelle

ông tổ nghề : ancêtre du métier dans les villages artisanaux

phở : soupe de nouille de riz au bœuf
phường : quartier (unité administrative)

quê : village natal

sắt vụn : ferraille
sổ tạm trú : certificat de résidence temporaire

Tết : Nouvel An vietnamien
thần thánh hoàng : génie tutélaire de village
thuận mua vừa bán : acheter et vendre avec le prix concordant
thu gom rác dân lập : collecteurs de déchets d'initiative populaire
tiền ký quỹ : paiement de cautions
tình cảm : empathie
Tổ dân phố : niveau administratif inférieur au quartier
trà đá : thé glacé, par extension le bar de rue qui vend du thé glacé

ve chai : nom donné aux *đồng nát* dans le sud du pays

Xanh, Sạch, Đẹp và Văn Minh Đô Thị : une ville verte, propre, belle et civilisée
xe ôm : taxi-moto
xe tải : camion
xí nghiệp : entreprise privée
xóm : hameau

Présentation des auteurs

Louise Alvergnat : stagiaire master 1 en sciences sociales, université Paris-Descartes (trois mois en 2018).

Après une licence de science politique (Paris-13), Louise Alvergnat a suivi un master à l'université Paris-Descartes durant lequel elle a réalisé un stage à Hà Nội sur la perception du rôle environnemental des collecteurs informels de déchets. Elle a ensuite fait un master spécialisé à AgroParisTech en gestion des écosystèmes à l'international, elle est actuellement en stage avec le FFEM (Fonds français pour l'environnement mondial) et travaille sur les appels à projets et leur efficacité environnementale.

Bạch Hoàng Vinh : assistant de recherche, expertise projet PRO (mars à juillet 2021).

Bạch Hoàng Vinh est diplômé d'un master en géomatique de l'université Gustave-Eiffel. Il travaille à l'Institut de recherche pour le développement à Hà Nội (IRD Việt Nam). Son expérience dans le parcours de l'architecture à l'université d'architecture de Hà Nội l'a aidé pour les entretiens qu'il a menés avec Nguyễn Minh Phương. Les résultats ont été ensuite finalisés par la carte, par sa compétence en cartographie.

Coline Berret : stagiaire master 2 en géographie, université Paris-Sorbonne (trois mois en 2019).

Coline Berret est diplômée du master de géographie Dynped (Dynamiques spatiales des pays émergents et en développement) de l'université Paris-1-Panthéon-Sorbonne. Elle a effectué un de ses stages de fin d'études au sein du programme de recherche JEAI Recycurbs-Viet, et s'est rendue trois mois à Hà Nội afin de travailler avec des étudiants vietnamiens sur les stratégies d'accès aux espaces publics par les collecteurs de déchets. Elle a été chargée d'étude des dysfonctionnements de la collecte des déchets alimentaires dans le IIe arrondissement de Paris et de sensibilisation des Parisiens au tri des déchets.

Rémi de Bercegol : géographe, spécialiste de la gestion des déchets et services urbains en Inde, CNRS.

Rémi de Bercegol est chargé de recherche au CNRS, affilié en France au Prodig (UMR 8586, Paris). Il est titulaire d'un doctorat en urbanisme du Latts (groupe de recherche sur les technologies, territoires et sociétés) de l'École nationale des ponts et chaussées, université Paris-Est. Ses recherches actuelles portent sur la transition sociotechnique des services urbains de base (eau, assainissement, déchets, énergie) en Inde, Afrique de l'Est et Asie du Sud-Est, et plus largement sur les dynamiques urbaines. En plus de la publication de ses travaux académiques, il a participé à différentes expositions pour communiquer sur ses activités de recherche avec le projet City of Waste et la réalisation du film *People of Waste*.

François Carlet-Soulages : photographe, Nội-Pictures.

Photographe depuis 1997, François Carlet-Soulages est établi depuis 2002 à Hà Nội. En 2008, il a ouvert l'agence photographique Nội-Pictures, qui représente plusieurs photographes, aux spécialités hétéroclites, venus des quatre coins du monde. L'agence Nội-Pictures diffuse également une banque d'images sur le Việt Nam. Il a déjà collaboré avec Sylvie Fanchette sur plusieurs ouvrages. www.noipictures.com

Jérémie Cavé : géographe, consultant en écologie politique et gestion des déchets.

Jérémie Cavé est diplômé de l'Institut d'études politiques de Paris et titulaire d'un doctorat en aménagement du territoire et urbanisme, réalisé au Latts (ENPC/université Paris-Est). Il est actuellement chercheur en écologie territoriale, enseignant à Sciences Po Toulouse et membre de l'Atelier d'écologie politique (Atécopol). Ses recherches portent sur les liens entre la gestion des déchets en aval et l'extraction des ressources en amont. Il est l'auteur de *La Ruée vers l'ordure* (Presses universitaires de Rennes, 2015) et de *Rudologie* (Les Arènes, à paraître).

Jean-Daniel Cesaro : géographe, chargé de recherche, Cirad.

Jean-Daniel Cesaro est spécialiste du secteur agricole et des liens entre élevage et territoires. Il a écrit une thèse sur le développement de l'industrie des productions animales au Việt Nam et a contribué à la publication de l'atlas des transitions de l'élevage au Việt Nam (1986-2016). Il a développé des recherches sur les éleveurs-recycleurs de déchets alimentaires en périphérie de Hà Nội. Il est actuellement au Sénégal et travaille sur la transformation des territoires pastoraux au Sahel.

Cathy Chatel : géographe et cartographe, ingénieure, Cessma, université Paris-Cité.

Cathy Chatel est docteure en géographie (université Paris-7-Denis-Diderot). Elle est actuellement ingénieure de recherche en géographie et bases de données à l'université Paris-Cité, au Centre d'études en sciences sociales sur les mondes africains, américains et asiatiques (UMR 245) et à la plateforme de recherche Geoteca (Géographie, télédétection, cartographie). Son travail porte sur l'analyse quantitative de données, avec une spécialisation pour les données de population multidates et historiques (XIXe-XXIe siècles) à l'échelle des localités (recensements nationaux) et des agglomérations urbaines (base de données Geopolis). Ses analyses quantitatives sont complétées par une expertise en matière de production, de traitement et de visualisation de données avec une réflexion particulière sur les découpages et limites territoriales.

Celia Dedeyan : stagiaire master 1 en sciences sociales, université Paris-Descartes (trois mois en 2018).

Après une licence de sciences humaines et sociales, Celia Dedeyan a suivi un master 1 à l'université Paris-Descartes durant lequel elle a réalisé un stage à Hà Nội sur le rôle des migrations dans le système de collecte informel. Elle a ensuite fait un stage de master 2 aux Philippines sur le tourisme durable. Elle travaille actuellement à la Fédération Léo-Lagrange en tant que responsable des projets européens.

Sonia Maria Dias : sociologue, garbologiste au Brésil depuis 1985, Wiego.

Formée initialement en sociologie et titulaire d'un doctorat en sciences politiques, Sonia Maria Dias est une « garbologue » spécialisée dans la gestion des déchets solides. Elle est la spécialiste mondiale des déchets de Women in Informal Employment: Globalizing and Organizing (Wiego). Avant de rejoindre Wiego, elle a acquis de l'expérience en tant qu'agent municipal travaillant dans l'agence municipale de nettoyage de sa ville natale au Brésil, en tant que consultante pour des agences internationales et en tant que boursière Eisenhower pour le programme d'intérêt commun sur les défis de l'urbanisation, entre autres rôles bénévoles et universitaires. Sonia Maria Dias s'intéresse à la promotion de l'inclusion sociale, de l'égalité des sexes et de la santé au travail dans les forums sur les déchets dans le monde entier.

Michael Digregorio : directeur de Asia Foundation, Hà Nội.

Michael Digregorio est titulaire d'une thèse en aménagement urbain de la School of Public Policy and Social Research, Université de Californie Los Angeles (Ucla). Il est actuellement le représentant de la Asia Foundation à Hà Nội. Il dirige aussi le Vietnam Business Forum's Environment Working Group et intervient dans le comité de direction du groupe de travail sur l'électricité et l'énergie de VBF. Son mémoire de master *Urban harvest: Recycling as a peasant industry in northern Vietnam* a été publié par le East West Center. Sa thèse de doctorat sur l'économie culturelle des villages artisanaux en voie d'industrialisation dans le delta du fleuve Rouge fournit une ethnographie de la transformation de Da Hoi, un village de production de fer et d'acier dans la province de Bắc Ninh. Ses travaux actuels portent sur l'exploitation de l'expertise et des incitations commerciales pour une croissance verte, la résilience au changement climatique, la réduction des risques de catastrophe et une transition énergétique rapide, équitable et juste.

Đỗ Lương Quỳnh Hoa : dessinatrice, étudiante en architecture, université de Hà Nội.

Đỗ Lương Quỳnh Hoa est étudiante en cinquième année d'architecture à l'université d'architecture de Hà Nội. Au cours de sa licence, elle a fait de nombreuses recherches sur les questions environnementales et humaines urbaines de Hà Nội. En 2018, elle a participé au Vietnam Bamboo Workshop 2019 organisé par l'université d'architecture de Hà Nội et l'université de Tasmanie, pour améliorer la sensibilisation aux matériaux durables et locaux. En 2019, elle a reçu le premier prix de l'atelier Less is Moji-Reboot the City qui a été organisé par le NPO Asian Institute of Low Carbon Design, université de Kitakyushu.

Sylvie Fanchette : géographe, correspondante de la JEAI, directrice de recherche, IRD.

Sylvie Fanchette est géographe, directrice de recherche à l'IRD et intégrée à l'UMR Cessma à Paris. Ses recherches portent sur les formes et les dynamiques de l'urbanisation subalterne dans les régions de hautes densités démographiques en Asie et les relations ville-campagne à travers le prisme des migrations et du recyclage des déchets urbains dans les clusters de villages artisanaux. Elle a été la correspondante du projet Recycurbs-Viet (2017-2020) et a finalisé les enquêtes qualitatives de 2019 à 2021 lors de son détachement à l'université d'architecture de Hà Nội. Elle étudie comment ce système de collecte et de recyclage informel s'immisce dans un territoire métropolitain en pleine recomposition, les stratégies des migrants ruraux pour s'intégrer à la ville, et le potentiel de ce système informel de collecte et de recyclage des déchets.

Bénédicte Florin : maîtresse de conférences en géographie, université de Tours, chercheuse à l'Emam (Équipe monde arabe et Méditerranée, UMR Citeres).

Les travaux de Bénédicte Florin portent sur le monde arabe. Depuis 2007, elle s'intéresse aux récupérateurs de déchets, aux systèmes de gestion des déchets et à ce service public en Égypte, au Maroc et en Turquie. Depuis 2016, elle a commencé un travail de terrain sur les ferrailleurs de la région parisienne. Activités et bibliographie : https://sud.hypotheses.org/557

Pascaline Fournier : stagiaire master 2 en géographie, université Paris-Sorbonne (trois mois en 2019).

Pascaline Fournier est diplômée du master de géographie Dynped (Dynamiques spatiales des pays émergents et en développement) de l'université Paris-1-Panthéon-Sorbonne, et du master Midec (Management et ingénierie des déchets et économie circulaire) de l'université du Mans. Elle a effectué un de ses stages de fin d'études au sein du programme de recherche JEAI Recycurbs-Viet, et s'est rendue trois mois à Hà Nội afin de travailler avec des étudiants vietnamiens sur la quantification des déchets traités par le système informel et les relations interpersonnelles structurantes de cette activité. Désormais, elle exerce dans un bureau d'études et de conseil aux collectivités en gestion des déchets et propreté urbaine.

Juliana Gonçalves : sociologue, Wiego, Brésil.

Juliana Gonçalves a une formation scientifique en environnement social et est titulaire d'une maîtrise en ingénierie de la production. Elle est en cours de préparation d'un doctorat en ingénierie de la production à l'université fédérale du Minas Gerais.

Marine Litou : stage de master d'urbanisme de mars à juillet 2016.

Marine Litou est diplômée d'un master 2 en ingénierie des services urbains en réseaux, réalisé à Sciences Po Rennes. Elle est actuellement chargée d'études environnement et santé à l'Agence d'urbanisme et de développement intercommunal de l'agglomération rennaise (Audiar). Elle travaille sur les liens entre aménagement du territoire, agriculture, santé et biodiversité.

Baptiste Monsaingeon : sociologue-philosophe, maître de conférences à l'université de Reims, spécialiste de la philosophie des déchets.

Baptiste Monsaingeon est sociologue et maître de conférences à l'université de Reims-Champagne-Ardenne. Ses recherches interrogent les relations entre les sociétés contemporaines et leurs déchets. En 2017, il a publié *Homo Detritus, Critique de la société du déchet* aux éditions du Seuil, et travaille actuellement à l'élaboration d'une histoire sociale des déchets plastiques à l'heure des bouleversements écologiques globaux.

Marie Lan Nguyễn-Leroy : juriste, chargée de mission PRX (Paris Région Expertise), spécialiste de la gestion des déchets et gouvernance.

Docteur en droit public de l'université Paris-Panthéon-Assas, Marie Lan Nguyễn-Leroy travaille en tant que consultante au sein de Paris Region Expertise-Việt Nam, un organisme de coopération entre la Région Île-de-France et le comité populaire de Hà Nội. Elle est responsable du programme qualité de vie-qualité de ville, œuvrant pour l'intégration des questions environnementales dans le développement urbain à Hà Nội, sur les thématiques de l'urbanisme durable, de la qualité de l'air et de la réduction des déchets.

Nguyễn Minh Phương : doctorant (université de Paris et HAU) depuis 2017, bénéficiaire d'une bourse Arts de l'IRD, encadrement d'étudiants sur le terrain, thèse sur le recyclage dans les villages de métier.

Nguyễn Minh Phương est titulaire du master en géographie et aménagement de l'université Grenoble-Alpes en 2012. Il a participé à l'enseignement universitaire depuis 2013. Depuis 2020, il est enseignant du programme francophone en architecture à l'université d'architecture de Hà Nội. Depuis 2018, il est doctorant du programme cotutelle entre l'université Paris-Cité et l'université d'architecture de Hà Nội, sous la direction de Sylvie Fanchette et de Nguyễn Thai Huyen (professeur de l'université d'architecture de Hà Nội). Sa thèse porte sur les villages de recyclage dans la zone métropolitaine de Hà Nội.

Nguyễn Ngọc Phương Uyên : stagiaire assistante de recherche de l'IRD (mai à août 2020).

Nguyễn Ngọc Phương Uyên est diplômée d'un Bachelor en design produit de l'école de Condé de Bordeaux. Elle est actuellement designer d'interfaces à Hà Nội. Son travail consiste à concevoir des interfaces numériques. Ceci concerne la réalisation de tests utilisateurs en personne, d'observations sur le terrain et d'entretiens, afin d'identifier et d'analyser les comportements des consommateurs pour optimiser l'expérience utilisateur sur un site internet ou une application mobile.

Nguyễn Ngọc Tram : stagiaire (janvier-mai 2020), université des sciences sociales et humaines, Hà Nội.

Nguyễn Ngọc Tram est titulaire d'une licence en anthropologie à l'université des sciences sociales et humaines de Hà Nội. Elle a effectué un stage de trois mois à l'IRD, sous la direction de Sylvie Fanchette et de Emmanuel Pannier (IRD). Elle a rédigé un mémoire pour l'obtention de son diplôme sur la façon dont les gérants de dépôts de déchets négocient leur accès aux espaces publics à Hà Nội, et l'importance de la compassion et de l'entraide avec le voisinage dans la gestion quotidienne des dépôts.

Idaa Warmadewanti : spécialiste des banques de déchets, Institut de technologie de Surabaya (Indonésie).

Idaa Warmadewanti est enseignante à l'institut de technologie, département de l'Ingénierie environnementale de l'université de Surabaya. Elle fait partie du centre de recherche pour les infrastructures et le développement durable. Elle a un doctorat en ingénierie chimique de la National Taiwan University of Sciences and Engineering. Elle est spécialisée en gestion des déchets solides. Elle s'intéresse aux banques de déchets dans la ville de Surabaya.

Table des matières

Partie 2 : Des territoires en perpétuelle recomposition

Partie 3 : Les matériaux : du local au global

Imprimé en France (La Courneuve) sur les presses d'Isiprint
Dépôt légal : septembre 2023